Höhere Festigkeitslehre

Grundlagen und Anwendung

von

Prof. Dr.-Ing. Peter Selke

Oldenbourg Verlag München

Prof. Dr.-Ing. Peter Selke lehrte von 1992 bis 2009 Technische Mechanik, Maschinendynamik und Finite-Elemente-Methode an der Technischen Hochschule (FH) Wildau.

Bibliografische Information der Deutschen Nationalbibliothek

Die Deutsche Nationalbibliothek verzeichnet diese Publikation in der Deutschen Nationalbibliografie; detaillierte bibliografische Daten sind im Internet über http://dnb.d-nb.de abrufbar.

Rosenheimer Straße 143, D-81671 München
Telefon: (089) 45051-0
www.oldenbourg-verlag.de

Lektorat: Dr. Gerhard Pappert
Herstellung: Tina Bonertz
Einbandgestaltung: hauser lacour
Gesamtherstellung: Grafik + Druck GmbH, München

Dieses Papier ist alterungsbeständig nach DIN/ISO 9706.

ISBN 978-3-486-71407-4
eISBN 978-3-486-74860-4

Vorwort

Der Begriff „Höhere Festigkeitslehre" suggeriert, ähnlich, wie die „Höhere Mathematik" eine gehobene Festigkeitslehre. Gemeint sind damit aber bestimmte Themen, die auf der mathematischen *Elastizitätstheorie* basieren. Diese Theorie ist jedoch meist kompliziert und erfordert in jedem Fall einen größeren mathematischen Aufwand, der in der Regel mittels Rechentechnik betrieben wird. Deshalb hat sich für die praktische Bauteilberechnung die *Festigkeitslehre* entwickelt, die die Probleme unter vereinfachenden Annahmen untersucht. Für viele praktische Probleme sind diese Berechnungen auch hinreichend genau.

Mit dem vorliegenden Buch soll eine Brücke von der Festigkeitslehre, wie sie im Grundstudium der Ingenieurwissenschaften an den Fachhochschulen und Technischen Hochschulen angeboten wird, zu den Themen, die gewöhnlich im Hauptstudium in Lehrgebieten wie der Elastostatik bzw. Elastizitätstheorie aber auch der Finite-Elemente-Methode gelehrt werden, geschlagen werden.

Kurz: Von den Grundgleichungen der Festigkeitslehre bis zur Lösung mit finiten Elementen.

Dabei werden in diesem Buch die Mathematikkenntnisse des Grundstudiums sowie die Grundlagen der technischen Festigkeitslehre vorausgesetzt. Dessen ungeachtet wird jedem Kapitel das für das Verständnis seines Inhaltes erforderliche Grundwissen – anschaulich mit Beispielen – vorangestellt.

Die ersten Kapitel, der Spannungs- , der Verzerrungszustand und die Materialgesetze (Kapitel 2 bis 4) stellen z.T. eine Wiederholung der Grundlagen der Festigkeitslehre dar und sollen den Übergang zur räumlichen Betrachtungsweise mit dem dazugehörenden mathematischen Handwerkzeug (Tensoren, Matrizen) erleichtern.

In Hinblick auf die FEM-Anwendungen in diesem Buch sind die oben beschriebenen Grundlagen als Formelzusammenstellungen hierzu im 5. Kapitel in Matrixform zusammengefasst. Letzteres ist eine Voraussetzung für das Arbeiten mit dieser Methode

Für die Festigkeitshypothesen (die dem Leser schon bekannt sein sollten) sind im Kapitel 6 auf der Grundlage der Fließbedingungen die Zusammenhänge, die zur Formulierung dieser Hypothesen geführt haben, mit Hinweisen auf die Anwendung ausführlich erläutert.

Das Problem der Spannungsüberhöhung durch Kerben und scharfe Übergänge, einer exakten Lösung in den meisten technischen Anwendungen kaum zugänglich und meist nur numerisch zu lösen, ist Gegenstand des Kapitels 7. Über das Prinzip von DE SAINT-VENANT werden die Grundlagen z.T. auch über den bisher eingehaltenen linear elastischen Bereich hinaus beschrieben und mit Übungen vertieft. Die Rissproblematik mit plastischen Verformungsbereichen, das Konzept der Bruchmechanik, wurde im Überblick dargestellt, um das Verständnis für die spezielle Herangehensweise zu wecken und den Einstieg in die entsprechende Fachliteratur dieses inzwischen eigenständigen Fachgebietes zu erleichtern.

Die Auswirkungen von Kerben und Rissen bei schwingender Bauteilbeanspruchung wurde aufgezeigt – ohne allerdings dabei auf die umfangreiche Problematik der Ermüdungsfestigkeit umfassend einzugehen. Dies sei der Fachliteratur zur Betriebsfestigkeit vorbehalten.

Relativ breiten Raum nimmt das Kapitel 8, die Energieprinzipien, ein. Dies ist – neben der Möglichkeit viele Berechnungen der Festigkeitslehre zu vereinfachen und anschaulicher darzustellen – auch mit der Bedeutung für die Näherungsverfahren, welche die Grundlage für moderne computergestützte Berechnungsverfahren bilden, begründet.

Ein Schwerpunkt dieses Kapitels ist das Prinzip der virtuellen Arbeit mit seinen Folgerungen und Anwendungen in den durch hervorragende Wissenschaftler formulierten Sätzen. Mit den in diesem Kapitel ausführlich vorgerechneten Beispielen sollen die mathematischen Zusammenhänge auch physikalisch erfasst und der praktische Nutzen als einfaches Verfahren über den Rahmen der Computeranwendung hinaus gezeigt werden.

Die Methode der Finiten Elemente, Kapitel 9, gehört zum Handwerkzeug des Ingenieurs. Die Grundlagen zum Verständnis dieses Verfahrens zur Anwendung in der Strukturmechanik – ohne ein spezielles Lehrbuch hierzu ersetzen zu wollen – beschließen den Inhalt des Buches. Auch hier ist großer Wert auf das grundsätzliche Verständnis der Arbeitsweise dieser Programme, unabhängig eines speziellen Softwarepaketes, gelegt worden.

Was in fast jedem Mechanik-Buch erwähnt ist, gilt auch hier: Die Beherrschung der Mechanik ist nicht allein durch – auch noch so gewissenhaftes – Literaturstudium zu erlangen. Die selbständige Problemlösung und Übung ist eine unabdingbare Voraussetzung dafür. Um dies zu unterstützen (um nicht zu sagen „erzwingen"), wurden nach altem Vorbild im Ergebnisteil nur die Lösungen angegeben. Das nur formale Nachrechnen vorgegebener Lösungsalgorithmen führt nicht zu anwendbaren Fertigkeiten und ist Zeitverschwendung. Zur Hilfe beim „Finden" des Lösungsweges sei auf die durchgerechneten Beispiele in den jeweiligen Kapiteln verwiesen.

Das systematische Durcharbeiten eines Fachbuches von vorn bis hinten ist wohl die Ausnahme. Die Regel wird sein, dass man dort zu lesen beginnt, wo man eine Antwort auf die zu lösende Problematik erwartet oder aber die Beschreibung eines interessierenden Sachverhaltes. Dem Rechnung tragend werden im Text viele Hinweise auf Kapitel bzw. Abschnitte, Abbildungen und Formeln gegeben, die für das jeweilige beschriebene Problem Voraussetzung sind oder im Zusammenhang damit stehen. Der wissende Leser wird diese Hinweise ohnehin überlesen.

Ich bedanke mich sehr herzlich bei meinem Laboringenieur Frau Dipl.-Ing. (FH) Gabriele Wille, die sehr kompetent und mit viel Kreativität und Hingabe alle Zeichnungen in diesem Buch angefertigt hat sowie beim Kanzler der TH Wildau (FH), Herrn Thomas Lehne für die Unterstützung der Arbeit an diesem Buch.

Ein Dankeschön auch meinem Kollegen Prof. Dr.-Ing. Norbert Miersch für einige Übungsaufgaben in den Kapiteln 2, 3 und 4.

Dem Verlag und im besonderen Maße dem Lektor Herrn Dr. Gerhard Pappert danke ich für die sehr gute Zusammenarbeit.

Berlin, im Frühjahr 2013 Peter Selke

Inhaltsverzeichnis

Vorwort V

1 Einleitung 1

2 Der Spannungszustand 3

2.1 Allgemeines ... 3

2.2 Der einachsige (lineare) Spannungszustand ... 4
2.2.1 Der Spannungsbegriff ... 4
2.2.2 Überblick über die Beanspruchungsarten ... 6
2.2.3 Spannungen im schrägen Schnitt ... 7
2.2.4 Der MOHRsche Spannungskreis ... 9

2.3 Der zweiachsige (ebene) Spannungszustand ... 11
2.3.1 Grundlagen ... 11
2.3.2 Spannungen im gedrehten Scheibenelement ... 13
2.3.3 Spannungen in dünnwandigen Behältern unter Innendruck ... 22
2.3.4 Hinweis auf den MOHRschen Spannungskreis ... 26

2.4 Der dreiachsige (räumliche) Spannungszustand ... 27
2.4.1 Zum Tensorbegriff ... 27
2.4.2 Der Spannungstensor ... 28
2.4.3 Spannungen in beliebiger Schnittebene ... 31
2.4.4 Hauptspannungen ... 35
2.4.5 Gleichgewichtsbedingungen ... 42

2.5 Rotationssymmetrischer Spannungszustand ... 44

2.6 Übungen ... 48

3 Der Verzerrungszustand 51

3.1 Begriffe ... 51

3.2 Verzerrungen des einachsigen Spannungszustandes ... 51
3.2.1 Die Dehnung ... 51
3.2.2 Die Schiebung ... 56

3.3 Der ebene Verzerrungszustand ... 56

3.4 Der allgemeine Verzerrungszustand ... 61

3.5 Übungen ... 65

4 Materialgesetze 67

4.1 Werkstoffverhalten – Modellannahmen 67

4.2 Elastizitätsgesetze 68
4.2.1 Linearer Spannungszustand 68
4.2.2 Ebener Spannungszustand 72
4.2.3 Ebener Verzerrungszustand 78
4.2.4 Das verallgemeinerte Elastizitätsgesetz 79
4.2.5 Das Elastizitätsgesetz für den rotationssymmetrischen Spannungszustand 86

4.3 Der Zusammenhang der Werkstoffkonstanten 88

4.4 Die Volumendehnung 88

4.5 Übungen 91

5 Zusammenfassung der elastomechanischen Grundlagen 93

5.1 Begriffe 93

5.2 Zusammenstellung der Grundgleichungen in Matrixform 94

5.3 Randwertprobleme 99

6 Die Fließbedingungen und Festigkeitshypothesen 101

6.1 Fließbedingungen 101

6.2 Festigkeitshypothesen für mehrachsige Spannungszustände 105
6.2.1 Problembeschreibung 105
6.2.2 Die Normalspannungshypothese 107
6.2.3 Die Schubspannungshypothese 110
6.2.4 Die Gestaltänderungsenergiehypothese 115
6.2.5 Zur Anwendung der Festigkeitshypothesen 119

6.3 Übungen 124

7 Kerbspannungen 125

7.1 Das Prinzip von DE SAINT-VENANT 125

7.2 Kerb- und Rissprobleme 125

7.3 Spannungsüberhöhung durch Kerbwirkung 129
7.3.1 Spannungsverhältnisse im Kerbbereich 129
7.3.2 Der Fließbeginn in der Kerbe 133
7.3.3 Plastifizierung im Kerbbereich 134
7.3.4 Die plastische Stützzahl 139
7.3.5 Kerbeinfluss bei Schwingbeanspruchung 141
7.3.6 Die Kerbwirkung bei spröden Werkstoffen 144

7.4 Das Konzept der Bruchmechanik 145
7.4.1 Einführung 145

7.4.2 Linear elastische Bruchmechanik ... 147
7.4.3 Das elastisch-plastische Bruchmechanikkonzept ... 156

7.5 Übungen ... 159

8 Energieprinzipien 161

8.1 Grundlagen ... 161

8.2 Die Formänderungsenergie ... 162
8.2.1 Der Arbeitssatz der Mechanik ... 162
8.2.2 Formänderungsenergie für die Grundbeanspruchungen ... 164
8.2.3 Die Formänderungsenergie für den räumlichen Spannungszustand ... 175

8.3 Das Prinzip der virtuellen Arbeit ... 178
8.3.1 Darstellung des Prinzips ... 178
8.3.2 Das Prinzip der virtuellen Verrückung ... 180
8.3.3 Das Prinzip der virtuellen Kräfte ... 182

8.4 Das Verfahren von CASTIGLIANO ... 198
8.4.1 Die Sätze von CASTIGLIANO, ENGESSER und MENABREA ... 198
8.4.2 Anwendung der Sätze von CASTIGLIANO ... 200

8.5 Die Sätze von MAXWELL und BETTI ... 205
8.5.1 Einflusszahlen ... 205
8.5.2 Die MAXWELL-BETTI-Reziprozitätssätze ... 206

8.6 Das Prinzip vom stationären Wert der potentiellen Energie ... 211
8.6.1 Problembeschreibung ... 211
8.6.2 Zum Verständnis der Variationsrechnung ... 212
8.6.3 Zum Potentialbegriff ... 215
8.6.4 Der Satz vom stationären Wert der potentiellen Energie ... 217

8.7 Näherungsverfahren ... 219
8.7.1 Problembegründung und Überblick ... 219
8.7.2 Das Näherungsverfahren von RITZ ... 221

8.8 Übungen ... 228

9 Anwendung der Finite-Elemente-Methode in der Strukturmechanik 231

9.1 Grundgedanke der Methode der finiten Elemente ... 231

9.2 Prinzipieller Aufbau eines Finite-Elemente-Programms ... 235

9.3 Allgemeine Vorgehensweise ... 236

9.4 Die Matrix-Steifigkeitsmethode ... 241
9.4.1 Allgemeines ... 241
9.4.2 Stab in Lokalkoordinaten ... 241
9.4.3 Stab in Globalkoordinaten ... 250
9.4.4 Steifigkeitsmatrix des Balkens ... 258

9.5 Diskretisierung des Kontinuums 261
9.5.1 Ansatzfunktionen 261
9.5.2 Überblick über die Elemente zur Strukturanalyse 263
9.5.3 Das Dreieckelement mit linearem Verschiebungsansatz 263
9.5.4 Elemente mit höherer Ansatzfunktion 275
9.5.5 Vernetzungsstrategien 281
9.5.6 Rand- und Zwangsbedingungen 283

9.6 Grenzen und Risiken der FEM-Anwendung 289

9.7 Übungen 290

Ergebnisse der Übungsaufgaben 293

Formelzeichen **301**

Anhang **307**

Literatur 323

Sachverzeichnis 327

1 Einleitung

Die Festigkeitslehre ist eine relativ alte Wissenschaftsdisziplin. Erste Untersuchungen zur Festigkeit, der Bruchfestigkeit biegebeanspruchter Balken wurden bereits im 17. Jahrhundert durch GALILEO GALILEI[1] geführt. Sie hat mit der Fragestellung nach dem Reißen oder Brechen eines Maschinenteils ihren Anfang genommen. GALILEI formulierte den quadratischen Einfluss der Höhe auf den Biegewiderstand rechteckiger Balken und erkannte die höhere Tragfähigkeit flächengleicher Hohlquerschnitte zum vollen Querschnitt und die „Anwendung" dieses Leichtbauprinzips in der Natur[2] – z.B. bei Vogelknochen und Getreidehalmen.

Aus der Beobachtung und dem Versuch entstanden, beruht die Mechanik auf nur wenigen – auf Axiomen[3] gegründeten – Gesetzen. In diesen Naturgesetzen werden die mechanischen Größen der komplexen Naturzusammenhänge wie Körper, Ort, Zeit, Masse, Kraft, Energie und Arbeit auf vereinfachende, und damit der Rechnung zugängliche Modelle abgebildet.

Die Technische Mechanik, als ingenieurwissenschaftliche Grundlage, wie wir sie heute kennen, entstand aus der Zunahme der Bedeutung der Mechanik für die Technik. Mit dieser eigenständigen Entwicklung haben sich aus den unterschiedlichen Erfordernissen verschiedene Fachdisziplinen, wie die z.B. die Statik oder die Dynamik herausgebildet.

Eine dieser Fachdisziplinen ist die *Festigkeitslehre*. Dies ist die traditionelle Bezeichnung für die *Mechanik deformierbarer fester Körper*, einem Teilgebiet der Kontinuumsmechanik[4].

Die Hauptaufgabe der Festigkeitslehre ist die Ermittlung von Spannungen und Verzerrungen und die mit ihnen im Zusammenhang stehenden Kräfte an Bauteilen und Tragwerken.

Als *Spannung* bezeichnen wir die auf die Flächeneinheit fiktiver infinitesimal kleiner Elemente bezogenen Kräfte. Die Gesamtheit der Spannungen an einem beliebigen Punkt eines Körpers bezeichnet man als *Spannungszustand.* Jeder am realen Bauteil wirkende Spannungszustand ist immer ein räumlicher Spannungszustand.

Die aus der äußeren Belastung (wir zählen auch Temperaturänderungen dazu) entstehenden Änderungen der Gestalt und der Größe wird als *Verformung* bezeichnet. Die auf Ausgangsform bezogen Verformung bezeichnet man als *Verzerrung.*

In gleicher Weise, wie wir die Gesamtheit aller Spannungsgrößen in allen Richtungen zur Beschreibung des Spannungszustandes formuliert haben, können wir auch die Verzerrungen durch die Angabe von Verschiebungen und Drehungen für alle Punkte eines Körpers im räumlichen Koordinatensystem definieren. Dies bezeichnet man dann analog dazu als *Verzerrungszustand.* Auch der Verzerrungszustand ist dreiachsig. Das heißt, dass unabhängig

---

1 GALILEO GALILEI: 1564–1642, italienischer Mathematiker, Physiker, Astronom und Philosoph.

2 Discorsi, Leyden 1638.

3 Axiom ‹griech.›: einleuchtendes, nicht beweisbares Grundgesetz.

4 Unter einem Kontinuum versteht man eine den Raum zusammenhängend ausfüllende Materie; also auch Fluide.

vom Spannungszustand bei ungehinderter Verformungsmöglichkeit auch immer eine dreidimensionale Verformung eintritt.

Erst die Kenntnis des Spannungs- und Verformungszustands einer Struktur ermöglicht die Beurteilung des Bauteilverhaltens und somit der Gebrauchstauglichkeit. Konkret bedeutet das die Vorherbestimmung der optimalen Bauteilabmessungen, die Werkstoffauswahl sowie die Beurteilung und Gewährleistung der Sicherheit, d.h. der Betriebsbewährung der technischen Konstruktionen.

Die wichtigen Beziehungen zwischen den Verformungen und den dazugehörenden Spannungen sind werkstoffabhängig und nur experimentell zu ermitteln. Aus den Versuchsergebnissen lassen sich *Material- oder Stoffgesetze* formulieren.

Wichtige Grundlage für die Festigkeitslehre ist die *Elastizitätstheorie*, die das Verhalten elastischer Körper[5] mathematisch beschreibt: Es werden die kinetischen Beziehungen, das sind die Gleichungen zwischen den wirkenden Belastungen und den Spannungen (Gleichgewichtsgleichungen), kinematische Verschiebungs-Verzerrungsgleichungen und die werkstoffabhängigen Verzerrungs-Spannungsgleichungen (konstitutive Gleichungen), für einen beliebigen Punkt des untersuchten Körpers formuliert. Die analytische Lösung eines elastizitätstheoretischen Problems ist die Lösung dieser Gleichungen unter Berücksichtigung der Anfangs- und Randbedingungen für die Verschiebungen und Kräfte.

Eine strenge Lösung dieses Problems liegt vor, wenn die Gleichungen und Randbedingungen im betrachteten Körper in jedem Punkt erfüllt sind und den Anfangsbedingungen exakt entsprochen wird. Dies ist allerdings nur für einfache Fälle möglich; bei den meisten praktisch wichtigen Aufgabenstellungen muss man auf Näherungslösungen zurückgreifen.

Für die Modellierung der zu lösenden Aufgabenstellungen werden in der Festigkeitslehre verschieden Tragstrukturen zugrunde gelegt:

- Linienelemente: Stab, Balken
- Flächenelemente: Scheibe, Platte, Schale
- Volumenelemente: dreidimensionale Bauteile.

Für die in diesem Buch betrachteten Bauteile setzen wir voraus, dass sie homogen und isotrop sind, d.h. in jedem Punkt die gleiche Zusammensetzung aufweisen und nach allen Richtungen gleichartiges physikalisches Verhalten zeigen.

Für die Belastungen soll allgemein gelten, dass die Krafteinleitung eine statische ist, die Belastungsgeschwindigkeit also sehr gering (theoretisch „unendlich langsam“) ist, um dem Körper die erforderliche Zeit zur Ausbildung des Gleichgewichtszustandes zwischen äußeren und inneren Kräften zu lassen.

Die behandelten Formänderungen werden als sehr klein gegenüber den Bauteilabmessungen vorausgesetzt. Diese Annahme erlaubt mit hinreichender Genauigkeit das Aufstellen der Gleichgewichtsbedingungen am unverformten Körper (Theorie 1. Ordnung) mit den daraus folgenden wesentlichen mathematischen Vereinfachungen einer linearen Theorie.

---

5 Von einem elastischen Körper sprechen wir, wenn sein von einer Belastung hervorgerufene Verformung nach vollständiger Entlastung verschwindet. Die Belastung besteht i.A. aus äußeren Kräften, wie Volumenkräften (z.B. Schwerkraft), Oberflächenkräften (z.B. Schneelast) oder auch Temperaturdifferenzen zum Ausgangszustand.

2 Der Spannungszustand

2.1 Allgemeines

An jedem belasteten Bauteil treten z.T. sichtbare Verformungen und im Bauteil – immer unsichtbare – *Spannungen* auf. Die Gesamtheit der Spannungen an einem beliebigen Punkt eines Körpers bezeichnet man als *Spannungszustand.* Wirken die Spannungen in allen Richtungen, wird das als *räumlicher* oder *dreiachsiger Spannungszustand* bezeichnet. Jeder am realen Bauteil wirkende Spannungszustand ist ein räumlicher Spannungszustand.

Die Berechnung der räumlichen Spannungen – wie übrigens auch die der Verformungen – realer und damit dreidimensionaler Bauteile ist in aller Regel aufwendig. Obwohl sich die Spannungen auch kompliziert geformter Bauteile mit Hilfe leistungsfähiger Programme berechnen lassen, ist es aus wirtschaftlichen Gründen nicht immer sinnvoll, derartige Rechnungen in allen Phasen der Entwicklung zu führen. Sinnvolle Vereinfachungen führen je nach Grad der Vereinfachung auf Rechenmodelle, die vielfach mit weitaus geringerem Aufwand und Kosten ein für die jeweiligen Erfordernisse hinreichend genaues Ergebnis liefern. Dabei gilt – wie für jedes Modell – das Prinzip: So einfach wie möglich und so genau wie nötig.

Sind in einer Koordinatenrichtung alle Spannungen so klein, dass wir sie vernachlässigen können, sie also praktisch Null sind, sprechen wir von einem *ebenen* (*zweiachsigen*) Spannungszustand. Diese Annahme ist für dünne, flächige Bauteilen bei spannungsfreier Oberfläche praktisch gültig.

Mit der Annahme, die nur von einer Spannungsrichtung ausgeht (z.B. glatter Zugstab im elastischen Bereich) lassen sich viele Probleme wie Seil- und Stabberechnungen mit guter Genauigkeit lösen. Diesen Sonderfall bezeichnen wir als *linearen* oder *einachsigen Spannungszustand.*

2.2 Der einachsige (lineare) Spannungszustand

2.2.1 Der Spannungsbegriff

Wenn wir Aussagen über die Werkstoffbeanspruchung und damit auch über Bauteilversagen etc. treffen wollen, müssen wir die inneren Beanspruchungen kennen. Dazu sind die Schnittflächen an gedacht geschnittenen Bauteilen zu untersuchen. Dies führt zu dem Begriff der *mechanischen Spannungen.*

Zur Definition des Spannungsbegriffs schneiden wir den im Gleichgewicht der äußeren Kräfte befindlichen Körper in zwei Teile mit gemeinsamer glatter Schnittfläche A, die das Flächenelement dA mit dem nach außen gerichteten Normalenvektor $\underline{n}$ im Punkt P einschließt (siehe Bild 2.1b). Da nun auch für die beiden Teilkörper Gleichgewicht herrschen muss (EULERsches Schnittprinzip[6]), kennen wir damit die Kräfte an der Schnittfläche.

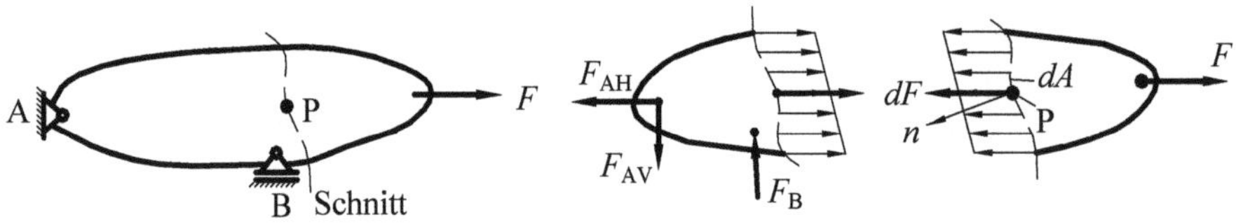

a) belasteter Körper im Gleichgewicht b) geschnittener Körper

Bild 2.1: Zur Definition des Spannungsbegriffs

Mit dF als der Gesamtheit der Kräfte (Resultierende) der auf dA angreifenden Kräfte wird – basierend auf der Formulierung von EULER aus dem Jahre 1727 – die Spannung der inneren Kräfte als Spannung im Punkt P zu

$$\underline{S} = \frac{d\underline{F}}{dA} \tag{2.1}$$

definiert. Mit der Einführung des Spannungsbegriffs ist es möglich, auch die Verteilung der Schnittkräfte längs des Querschnitts zu beschreiben. Die Spannung ist ein Maß für die Beanspruchung des Bauteils; sie ist ein Vektor.

Die Größe dieser Flächenkraft $\underline{S}$, hängt nicht nur von der Position P des Flächenelementes dA, sondern auch von der Orientierung des Normalenvektors $\underline{n}$ in Bezug zum Körper ab.

Wie auch aus Bild 2.1 zu ersehen, muss die Schnittkraft nicht senkrecht (normal) auf der Schnittfläche stehen, kann aber als vektorielle Größe in beliebige Richtungen zerlegt werden (siehe dazu Bild 2.2c); meist zweckmäßigerweise in drei Komponenten auf ein kartesisches Koordinatensystem[7].

Eine Spannung lässt sich somit allgemein in eine Normalkomponente (d.h. normal zur Fläche dA), die *Normalspannung*, und in zwei Tangentialkomponenten (in der Fläche dA lie-

---

6 LEONHARD EULER, 1707–1783, Schweizer Mathematiker.

7 Der Begriff kartesisch geht auf RENÉ DESCARTES zurück
RENÉ DESCARTES, 1596–1650, französischer Philosoph, Mathematiker und Naturwissenschaftler.

gend), die *Tangentialspannungen*, zerlegen. Beim hier vorerst betrachteten einachsigen Spannungszustand tritt nur eine Tangentialspannung auf.

Die Normalspannungen können als Zug-, Druck-, oder als Biegespannungen auftreten; die Tangentialspannungen als Scher-, Schub-, oder Torsionsspannungen. Schließt der Spannungsvektor $\underline{S}$ mit dem Normalenvektor $\underline{n}$ einen spitzen Winkel ein, ist die Normalspannung positiv (Zugspannung), bei stumpfem Winkel ist die Normalspannung negativ (Druckspannung).

Der Oberbegriff Normalspannung wird einheitlich gehandhabt. Im Gegensatz dazu wird für den Oberbegriff Tangentialspannung meist die Bezeichnung Schubspannung verwendet. Zudem wird häufig auch nicht zwischen Scherung und Schub (zur Erklärung siehe Tabelle 2.1) unterschieden. Der Autor dieses Buches hält sich aufgrund der allgemeinen Verwendung dieser Zuordnung an den überwiegend verwendeten Begriff der *Schubspannung* auch als Oberbegriff tangential wirkender Spannungen.

Wie schon aus der Statik bekannt, werden auch in der Festigkeitslehre die Schnittflächen, die Schnittufer und die drei positiven Spannungen für ein Flächenelement dA bezogen auf die Koordinatenachsen eines Bezugssystems definiert:

- Weisen Flächennormale $\underline{n}$ und Achse des Koordinatensystems in die gleiche Richtung, liegt ein positives Schnittufer vor. Im umgekehrten Fall ein negatives Schnittufer.
- Am positiven Schnittufer sind alle Spannungskomponenten in positiver Koordinatenrichtung positiv definiert.
- Am negativen Schnittufer zeigen die positiven Spannungskomponenten in die negative Koordinatenrichtung.

2.2.2 Überblick über die Beanspruchungsarten

Unter den idealisierten Annahmen der technischen Festigkeitslehre lassen sich die Grundbeanspruchungsarten gemäß Tabelle 2.1 berechnen:

Tabelle 2.1: Beanspruchungsarten

Beanspruchung	Belastung Spannungsverlauf	Spannungsgleichung
Zug	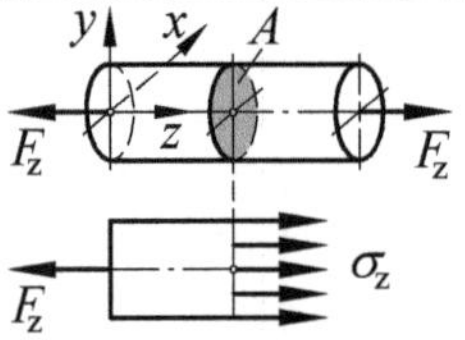	$\sigma_z = \frac{F_z}{A}$
Druck	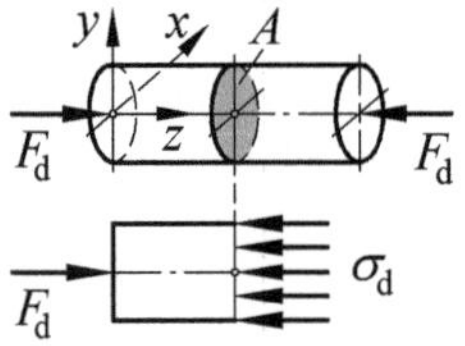	$\sigma_d = \frac{F_d}{A}$
Biegung	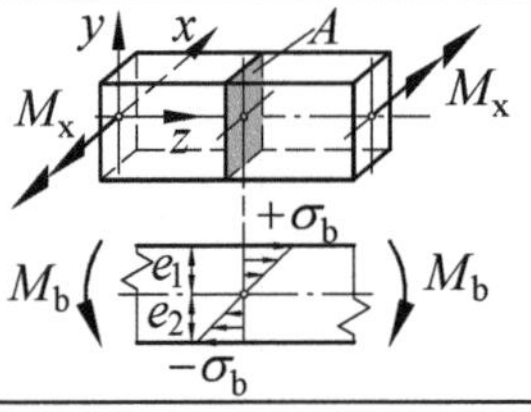	$\sigma_{bx} = \frac{M_x}{I_x} \cdot y$ $\sigma_{b\,max} = \frac{M_b}{W_{min}}$
Scherung	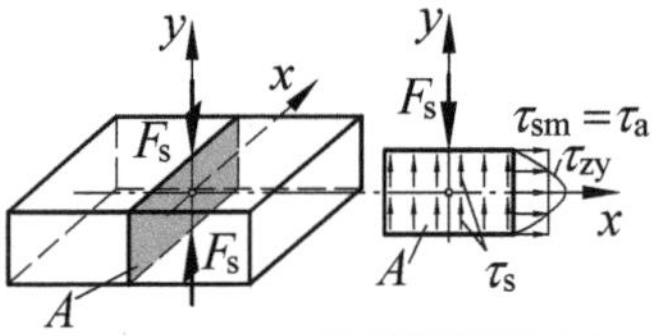	$\tau_a = \frac{F_s}{A}$
Schub	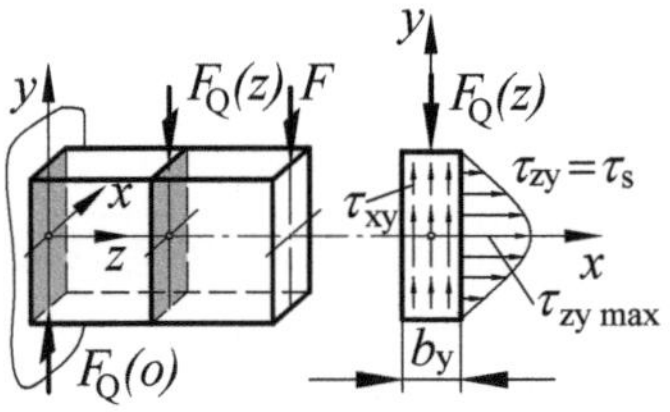	$\tau_s = \frac{F_Q(z) \cdot H_x(y)}{I_x \cdot b(y)}$ $\tau_{s\,max} = \frac{3}{2} \cdot \tau_a$ (Rechteck) $\tau_{s\,max} = \frac{4}{3} \cdot \tau_a$ (Kreis) $\tau_{s\,max} = 2 \cdot \tau_a$ (Kreisring)
Torsion (Kreisquerschnitt)	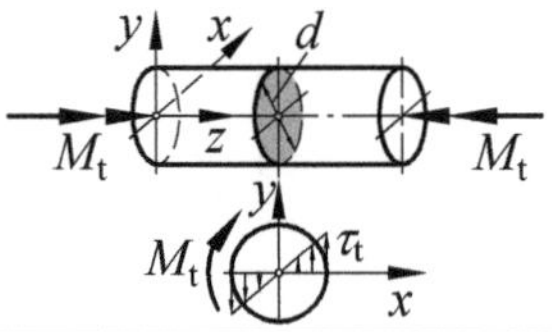	$\tau_t = \frac{M_t}{I_p} \cdot r$ $\tau_{t\,max} = \frac{M_t}{W_p}$

2.2.3 Spannungen im schrägen Schnitt

Der vielen Berechnungsverfahren und den Werkstoffkennwerten zugrunde liegende einachsige Spannungszustand soll an einem Zugstab mit gerader Stabachse und zentrischen Kraftangriff, Bild 2.2, untersucht werden.

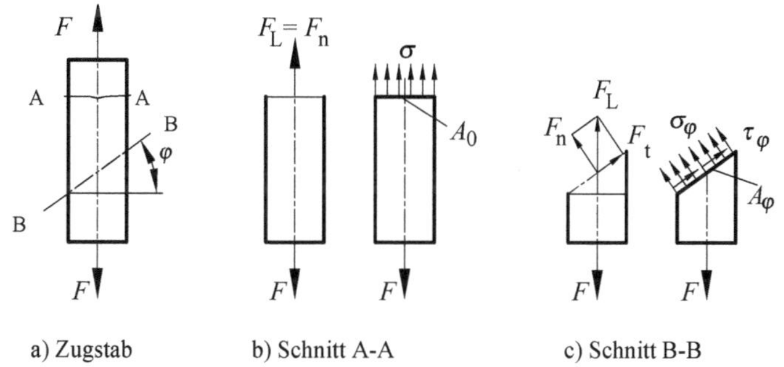

Bild 2.2: Kräfte am geschnittenen Zugstab

Bei diesen Untersuchungen wollen wir die Störungen an der Krafteinleitungsstelle, die eine lineare Spannungsverteilung in diesem Bereich nicht zulassen, dadurch umgehen, dass wir die Spannungen in hinreichender Entfernung von dieser (Abstand ca. Dicke des Querschnittes) gemäß dem Prinzip von DE SAINT-VENANT[8], auf das im Abschnitt 7.1 eingegangen wird, betrachten.

Es ist einsichtig, dass die Spannungen in schrägen Schritten unter verschiedenen Winkeln nicht gleich groß sein können. Ein Zugstab aus Stahl reißt bei Überlastung gewöhnlich quer zur Lastrichtung und nicht unter beliebig verschiedenen Winkeln. Um diesen Sachverhalt zu bestätigen und ihn dann auch zu quantifizieren, wenden wir das Schnittprinzip (Bild 2.2b) an.

Für den unter dem Winkel φ gelegten Schnitt (Bild 2.2c) wirkt im Gleichgewichtsfall im abgeschnittenen Teil in der Schnittfläche die Normalspannung

$$\sigma_\varphi = \frac{F_\mathrm{n}}{A_\varphi}. \tag{2.2}$$

Mit der Normalkomponente der Schnittkraft $F_\mathrm{n} = F \cdot \cos\varphi$ und der Schnittfläche $A_\varphi = \dfrac{A_0}{\cos\varphi}$

wird mit den Ausgangsgrößen für die Kraft und den Querschnitt diese Spannung zu

$$\sigma_\varphi = \frac{F}{A_0} \cdot \cos^2\varphi. \tag{2.3}$$

Zur folgenden Interpretation der Zusammenhänge bei verschiedenen Winkeln für φ ist die Kosinusfunktion im Quadrat nicht sehr anschaulich. Der Übergang auf den doppelten Winkel

---

8 BARRÉ DE SAINT-VENANT, 1797–1886, französischer Ingenieur, Mathematiker und Physiker.

erlaubt uns die trigonometrischen Ausdrücke übersichtlicher zu schreiben. Deshalb formen wir die Gleichung (2.3) unter Verwendung des Additionstheorems für die Kreisfunktionen $\cos^2\varphi = \frac{1}{2}\cdot(1+\cos 2\varphi)$ und der bekannten Zugspannungsgleichung für den homogenen Spannungszustand $\sigma = \frac{F}{A_0}$ zu

$$\sigma_\varphi = \frac{\sigma}{2}\cdot(1+\cos 2\varphi) \tag{2.4}$$

um. Mit der Tangentialkomponente der Schnittkraft $F_t = F\cdot\sin\varphi$ und der trigonometrischen Beziehung $\sin\varphi\cdot\cos\varphi = \frac{1}{2}\cdot\sin 2\varphi$ wird auf gleichem Wege die Tangentialspannung (Schubspannung) ermittelt:

$$\tau_\varphi = \frac{F_t}{A_\varphi} = \frac{F}{A_0}\cdot\sin\varphi\cdot\cos\varphi\,;$$

$$\tau_\varphi = \frac{\sigma}{2}\cdot\sin 2\varphi\,. \tag{2.5}$$

Die Gleichungen (2.4) und (2.5) zeigen, dass sich die Spannungen nach der Kosinus- bzw. Sinusfunktion stetig ändern. Das heißt auch, dass Extremwerte und Nullstellen auftreten, siehe Bild 2.3. Aus der Darstellung lässt sich das Folgende entnehmen:

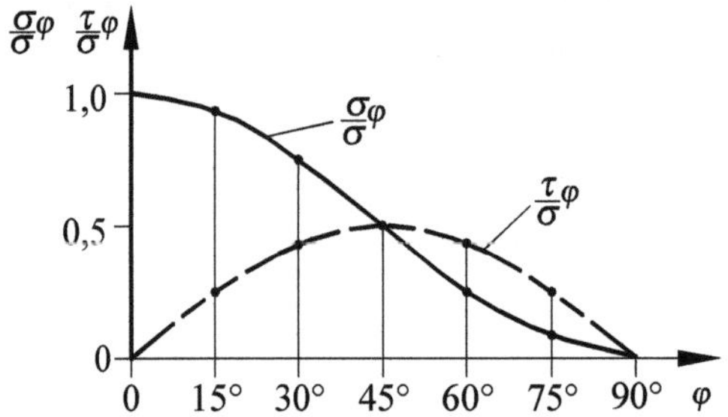

Bild 2.3: Spannungen in Abhängigkeit vom Schnittwinkel

Für: $\varphi = 0°:\ \Rightarrow\ \sigma_\varphi = \sigma_{max} = \frac{F}{A_0}$ und $\tau_\varphi = 0$

$\varphi = 90°:\ \Rightarrow\ \sigma_\varphi = \sigma_{min} = 0$ und $\tau_\varphi = 0$

$\varphi = 45°:\ \Rightarrow\ \sigma_\varphi = \frac{\sigma}{2}$ und $\tau_\varphi = \tau_{max} = \frac{\sigma}{2}$

Zusammengefasst, können wir schreiben:

- Im schrägen Schnitt durch den Zugstab wirken Normal- **und** Schubspannungen; in ihrem Betrag abhängig von der Schnittrichtung.

- Die maximale Zugspannung $\sigma_{max} = \sigma_1$ tritt im Querschnitt $(\varphi = 0°)$ auf; der Längsschnitt ($\varphi = 90°$) $\sigma_{min} = \sigma_2 = 0$ ist spannungslos.
  Die Extremwerte der Normalspannungen σ_1 und σ_2 werden als *Hauptspannungen* bezeichnet. Dabei gilt entsprechend ihrer algebraischen Größe die Festlegung $\sigma_1 > \sigma_2$. (d.h. $\sigma_1 = 1\,\mathrm{N/mm^2} > \sigma_2 = -10\,\mathrm{N/mm^2}$). Die Hauptspannungen stehen senkrecht aufeinander.
- In den Schnitten senkrecht zu den Hauptspannungen wirken keine Schubspannungen.
- Die Schubspannungen nehmen unter einem Winkel von 45° zu der Hauptspannungsebene Größtwerte an.
- Der Spannungszustand, bei dem die zweite Hauptspannung verschwindet, ist der einachsige Spannungszustand.

2.2.4 Der MOHRsche Spannungskreis

Die oben beschriebenen Zusammenhänge lassen sich übersichtlich in einer Darstellung, die auf MOHR[9] zurückgeht, veranschaulichen. MOHR hatte wohl nach einer Möglichkeit die Zusammenhänge graphisch darzustellen gesucht und dabei den Zusammenhang zwischen den Spannungsgleichungen und der Kreisgleichung erkannt und genutzt. Die Gleichungen (2.4) und (2.5) beschreiben also die Kreisparameter in der σ - τ - Ebene. Werden die beiden Gleichungen quadriert und anschließend addiert, kommt man auf die gesuchte Kreisgleichung.

Gleichung (2.4) umgeformt $$\sigma_\varphi = \frac{\sigma}{2} \cdot (1 + \cos 2\varphi) = \frac{\sigma}{2} + \frac{\sigma}{2} \cdot \cos 2\varphi\,,$$

umgestellt $$\sigma_\varphi - \frac{\sigma}{2} = \frac{\sigma}{2} \cdot \cos 2\varphi\,,$$

quadriert $$\left(\sigma_\varphi - \frac{\sigma}{2}\right)^2 = \left(\frac{\sigma}{2}\right)^2 \cdot \cos^2 2\varphi\,.$$

Gl. (2.5) quadriert $$\tau_\varphi^2 = \left(\frac{\sigma}{2}\right)^2 \cdot \sin^2 2\varphi\,,$$

und addiert $$\left(\sigma_\varphi - \frac{\sigma}{2}\right)^2 + \tau_\varphi^2 = \left(\frac{\sigma}{2}\right)^2 \cdot (\cos^2 2\varphi + \sin^2 2\varphi)\,.$$

Mit $\cos^2 2\varphi + \sin^2 2\varphi = 1$ folgt schließlich die Gleichung des *MOHRschen Spannungskreises*

$$\left(\sigma_\varphi - \frac{\sigma}{2}\right)^2 + \tau_\varphi^2 = \left(\frac{\sigma}{2}\right)^2, \tag{2.6}$$

9 CHRISTIAN OTTO MOHR, 1835–1918, deutscher Ingenieur.

dessen Konstruktion mit dem Radius $\sigma/2$ anhand des Bildes 2.4 deutlich wird. Wie zu erkennen, lassen sich für die verschiedenen Winkel die Spannungsbeträge direkt ablesen. Auf der σ-Achse liest man die Hauptspannung σ_1 ab ($\sigma_2 = 0$), der Radius des Kreises entspricht τ_{max}.

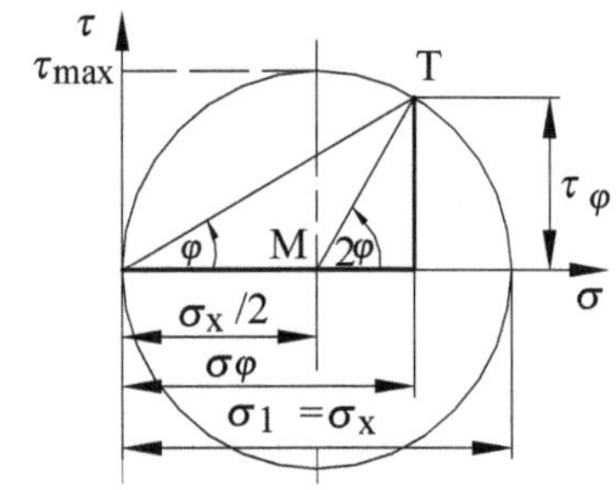

Bild 2.4: MOHRscher Spannungskreis

Beispiel 2.1

Für den nach Bild 2.5 geklebten Zugstab mit den Abmessungen $b = 96\,\text{mm}$ und $s = 32\,\text{mm}$ gelten für die Klebeverbindung die zulässigen Spannungen für die Zugfestigkeit $\sigma_{zul} = 10\,\text{N/cm}^2$ und für die Scherfestigkeit $\tau_{zul} = 8\,\text{N/cm}^2$.

a) Unter welchem Winkel φ müsste die Verklebung erfolgen, um eine volle Ausnutzung der zulässigen Spannungen zu erreichen?

b) Welche maximale Zugkraft könnte damit übertragen werden?

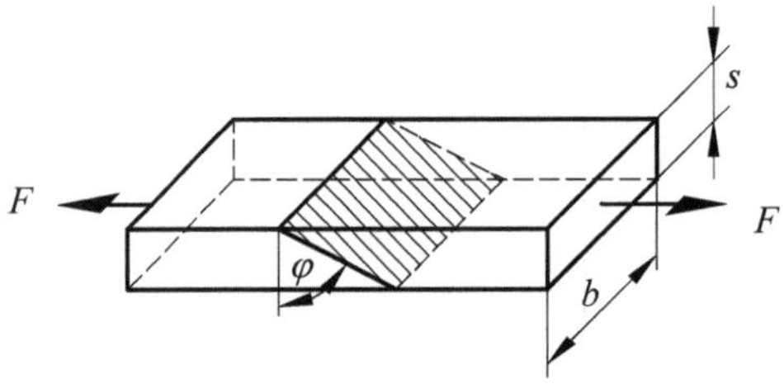

Bild 2.5: Zugbelastete Klebeverbindung

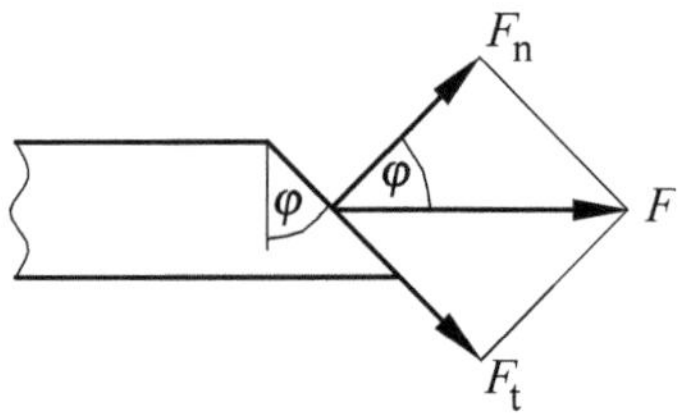

Bild 2.6: Kräfte am schrägen Schnitt

Lösung:

a) Eine optimale Auslastung der Verbindung ergibt sich, wenn die zulässigen Spannungen beider Beanspruchungsarten voll ausgenutzt werden können.

Nach Bild 2.6 gilt: $F_n = F \cdot \cos\varphi$, $F_t = F \cdot \sin\varphi$.

Mit Gl. (2.3), umgestellt : $F = \sigma_{zul} \cdot \dfrac{A_0}{\cos^2\varphi}$

bzw. Gl. (2.5) $F = \tau_{zul} \cdot \dfrac{A_0}{\sin\varphi \cdot \cos\varphi}$

folgt $\dfrac{\sigma_{zul}}{\cos^2\varphi} = \dfrac{\tau_{zul}}{\sin\varphi \cdot \cos\varphi}$

und damit $\dfrac{\tau_{zul}}{\sigma_{zul}} = \dfrac{\sin\varphi}{\cos\varphi} = \tan\varphi = \dfrac{8\,\text{N/cm}^2}{10\,\text{N/cm}^2} = 0{,}80 \Rightarrow \underline{\varphi_{opt} = 38{,}66°}$.

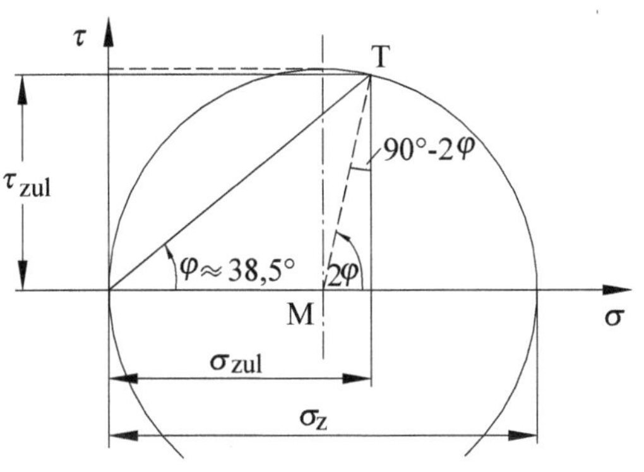

Bild 2.7: Lösung mit dem MOHRschen Spannungskreis

Sehr anschaulich kommen wir, wie auf Bild 2.7 gezeigt, mit dem MOHRschen Spannungskreis (mit der für graphische Lösungen unvermeidlichen Abweichung) zum vergleichbaren Ergebnis.

b) Mit $\varphi_{\text{opt}} = 38{,}66°$ folgt:

$$F = \sigma_{\text{zul}} \cdot \frac{b \cdot s}{\cos^2 \varphi_{\text{opt}}}$$

$$= \tau_{\text{zul}} \cdot \frac{b \cdot s}{\sin\varphi_{\text{opt}} \cdot \cos\varphi_{\text{opt}}} = \underline{504\,\text{N}}.$$

2.3 Der zweiachsige (ebene) Spannungszustand

2.3.1 Grundlagen

Ein gezogener Blechstreifen, Bild 2.8a, lässt sich, wie im Abschnitt 2.2 beschrieben, hinreichend genau mit den Gleichungen des einachsigen Spannungszustandes berechnen. Weist dieser Streifen aber Kerben oder Durchbrüche auf, treten auch quer zur Zugrichtung Spannungen auf, Bild 2.8b, die meist nicht vernachlässigt werden können (ausführlich hierzu: siehe Kapitel 7).

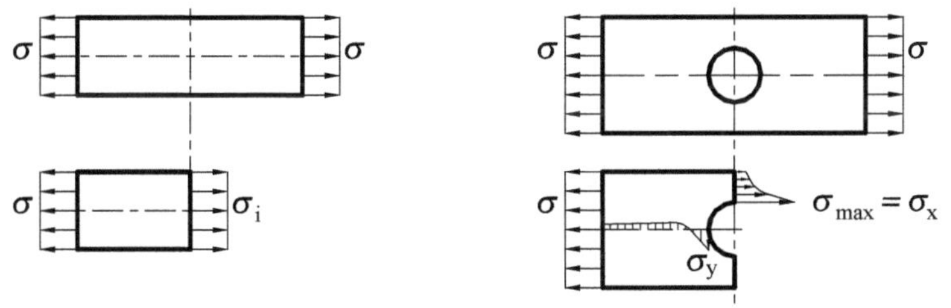

a) glatter Blechstreifen b) Blechstreifen mit Loch

Bild 2.8: gezogener Blechstreifen

Hier handelt es sich um einen *ebenen Spannungszustand*. Bei dieser Annahme, z.B. für Bauteile, deren Dicke s klein gegenüber den Abmessungen in der Ebene und die nur durch Kräfte in der Ebenen belastet sind (Scheiben), treten Spannungen in zwei Richtungen auf; in der dritten Koordinatenrichtung sind alle Spannungen null. Verwenden wir die Koordinatenrichtungen des Bildes 2.8b, gilt an den Deckflächen des gelochten Bleches $\sigma_z = \tau_{xz} = \tau_{yz} = 0$.

In guter Näherung können wir annehmen, dass auch im Inneren diese Spannungen im Vergleich zu den übrigen Spannungskomponenten vernachlässigbar klein sind und dem entsprechend $\sigma_z = \tau_{xz} = \tau_{yz} = 0$ für die gesamte Scheibe gilt. Die verbleibenden Spannungskomponenten σ_x, σ_y und τ_{xy} hängen nur x und y ab.

Dabei stellt sich dann die Frage, bei welchem Verhältnis von Dicke zur Länge des Bauteils diese Vereinfachung zu ungenau wird. Eine allgemeingültige Antwort hierauf gibt es nicht. Je nach Anforderungen hinsichtlich Sicherheit, Kosten und Aufwand sind die Kriterien im Allgemeinen ca. 3 ··· 5% Abweichung zum Versuchswert (Realwert).

Dieser Spannungszustand ist für die technische Berechnung von besonderer praktischer Bedeutung. Beispiele für den ebenen Spannungszustand sind die Grundbelastungsarten Scherung und Torsion oder auch die Wandungen von unter Innendruck stehenden Behältern und Rohren. Auch bei Trägern mit überlagerter Biege- und Torsionsbeanspruchung (Wellen) sowie auch häufig an der Oberfläche komplizierter Bauteile (dort auch gut experimentell erfassbar) oder auch an schnell rotierenden, und damit durch Fliehkräfte belasteten, flachen Scheiben liegt ein ebener Spannungszustand vor.

Auf Bild 2.9 ist ein Scheibenelement der Blechdicke s mit den Seitenlängen dx und dy und den positiv angenommenen Schnittspannungen dargestellt.

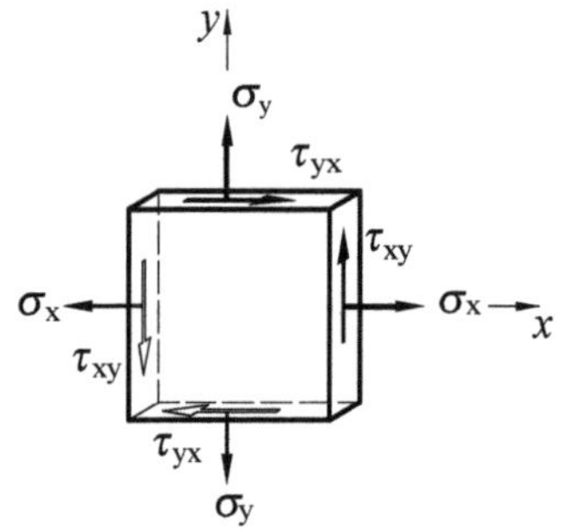

Zur Definition der Spannungen gilt im kartesischen Koordinatensystem die Festlegung:
Der erste Index gibt die Richtung der Flächennormalen der Fläche an, in der die Spannung wirkt; der zweite Index gibt die Spannungsrichtung an. Für die Normalspannungen fallen – wie schon der Name sagt – die Richtungen der Flächennormale und der Spannungen naturgemäß zusammen. Aus diesem Grunde schreibt man häufig auch nur z.B. σ_x anstelle σ_{xx} usw..

Bild 2.9: Ebener Spannungszustand

Stellen wir für die tangentialen Komponenten (Schubspannungen) τ_{xy} bzw. τ_{yx} die Bedingungen für das Momentengleichgewicht um den Schwerpunkt des Scheibenelementes

$$\tau_{xy} \cdot s \cdot dy \cdot dx = \tau_{yx} \cdot s \cdot dx \cdot dy$$

auf, folgt:

$$\tau_{xy} = \tau_{yx} \,. \qquad (2.7)$$

Das Ergebnis, auch als BOLTZMANNsches Axiom[10] bekannt, lässt sich wie folgt interpretieren: Schubspannungen, die in zueinander senkrechten Schnittebenen auftreten, sind gleich groß. Die Schubspannungen treten immer paarweise auf und wirken auf eine gemeinsame Schnittkante zu oder von ihr weg. Man spricht von *zugeordneten Schubspannungen.* Diese Beziehung gilt für jeden beliebigen Spannungszustand.

---

[10] LUDWIG BOLTZMANN, 1844–1906, österreichischer Physiker und Philosoph.

Zur mathematischen Beschreibung des Spannungszustandes ist eine Vorzeichenfestlegung für die Richtung der Spannungen erforderlich. Bei den Normalspannungen ist dies unproblematisch, da die Spannungsrichtung zum Querschnitt mit einer physikalischen Wirkung einhergeht und somit aus der Belastung erkannt werden kann. So verursacht die Zugspannung eine andere Wirkung im Bauteil, als die Druckspannung. Als Beispiele sind hier das Bruchverhalten zäher Stähle oder die bei Druck auftretende Stabilitätsproblematik zu nennen. Anders stellt sich das Problem bei den Schubspannungen dar. Es existiert keine physikalisch erklärbare Vorzeichenzuordnung und somit lässt sich das Vorzeichen auch nicht unmittelbar aus der Belastung definieren.

Für die einheitliche mathematische Beschreibung wird die folgende Regel nach DIN 1080 angewandt: Spannungen sind positiv definiert, wenn Normalenvektor und Spannungsrichtung die gleiche mathematische Orientierung im Koordinatensystem haben. Bei unterschiedlichen Vorzeichen sind die Spannungen demgemäß negativ definiert. Wie auch schon aus der Statik der Stäbe bekannt, werden Zugkräfte und -spannungen positiv und Druckkräfte und -spannungen negativ definiert. Somit sind in Bild 2.9 nach dieser Regel alle Spannungen positiv eingezeichnet.

2.3.2 Spannungen im gedrehten Scheibenelement

Zur Beschreibung der Spannungsverhältnisse wird aus einer nur in seiner Mittelebene belasteten flachen Scheibe konstanter Dicke ein Element herausgeschnitten (Bild 2.10).

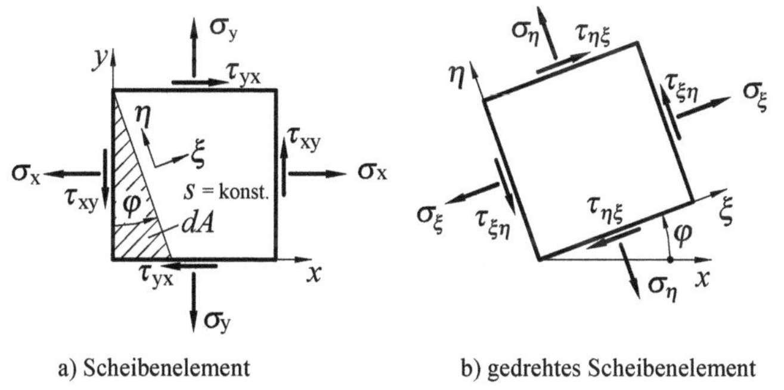

Bild 2.10: Spannungen im Scheibenelement

An diesem Element wirken bei entsprechender Belastung in zwei Achsen in der *x*-*y*-Ebene die senkrecht zueinander stehenden Normalspannungen σ_x und σ_y und tangential die Schubspannungen τ_{xy} und τ_{yx} (Bild 2.10a). In dieser Darstellung sind alle Spannungen positiv angetragen.

Für das um den Winkel φ gedrehte $\xi-\eta$-Koordinatensystem mit dem Scheibenelement, Bild 2.10b, treten nun, wie im Abschnitt 2.2.3 gezeigt, Spannungen auf, deren Betrag von der Richtung der Schnittflächen abhängt.

Um diesen Zusammenhang darstellen zu können, werden wieder die Gleichgewichtsbedingungen am herausgeschnittenen Scheibenelement, Bild 2.11, aufgestellt.

Die Gleichgewichtsbedingung für die Kräfte in Richtung der ξ-Achse $\sum F_\xi = 0$ führt auf die folgende Gleichung:

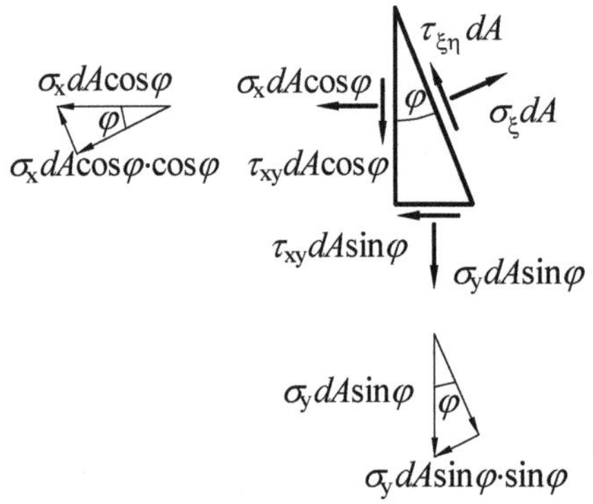

Bild 2.11: Spannungen in einem beliebigen Schnitt

$$\sigma_\xi dA - \sigma_x dA\cos\varphi\cdot\cos\varphi - \tau_{yx} dA\cos\varphi\cdot\sin\varphi - \sigma_y dA\sin\varphi\cdot\sin\varphi - \tau_{xy} dA\sin\varphi\cdot\cos\varphi = 0\,.$$

Mit dem Satz der zugeordneten Schubspannungen $\tau_{xy} = \tau_{yx}$ wird die Normalspannung im schrägen Schnitt

$$\sigma_\xi = \sigma_x\cdot\cos^2\varphi + \sigma_y\cdot\sin^2\varphi + 2\tau_{xy}\cdot\sin\varphi\cdot\cos\varphi\,.$$

Die Gleichung wird übersichtlicher, wenn wir wieder die Additionstheoreme für Kreisfunktionen

$$\cos^2\varphi = \frac{1}{2}\cdot(1+\cos 2\varphi)\,,\ \sin^2\varphi = \frac{1}{2}\cdot(1-\cos 2\varphi)\,,\ \sin\varphi\cdot\cos\varphi = \frac{1}{2}\cdot\sin 2\varphi\,.$$

einführen. Damit nimmt sie die folgende Form an:

$$\sigma_\xi = \frac{\sigma_x+\sigma_y}{2} + \frac{\sigma_x-\sigma_y}{2}\cdot\cos 2\varphi + \tau_{xy}\cdot\sin 2\varphi\,. \qquad (2.8)$$

Die dazu senkrechte Normalspannung σ_η folgt aus der Anschauung für $\eta = \xi + \pi/2$ mit $\sin(\varphi+\pi/2) = \cos\varphi$ und $\cos(\varphi+\pi/2) = -\sin\varphi$ zu

$$\sigma_\eta = \frac{\sigma_x+\sigma_y}{2} - \frac{\sigma_x-\sigma_y}{2}\cdot\cos 2\varphi - \tau_{xy}\cdot\sin 2\varphi\,. \qquad (2.9)$$

Durch Aufstellen der Gleichgewichtsbedingungen, also auf dem gleichen Wege, wie oben (für die selbständige Übung empfohlen) erhalten wir die Gleichung für die Schubspannungen im schrägen Schnitt:

$$\tau_{\xi\eta} = \tau_{\eta\xi} = -\frac{\sigma_x-\sigma_y}{2}\cdot\sin 2\varphi + \tau_{xy}\cdot\cos 2\varphi\,. \qquad (2.10)$$

Auch für den ebenen Spannungszustand ist die Frage nach dem Zusammenhang zwischen Schnittwinkel und Extremwerten der Spannungen zu klären. Die Normalspannungen nehmen Extremwerte an, wenn wir die erste Ableitung der Gleichung (2.8) nach dem Schnittwinkel Null setzen. Das heißt

$$\frac{d\sigma_\xi}{d\varphi} = -2 \cdot \frac{\sigma_x - \sigma_y}{2} \cdot \sin 2\varphi + 2 \cdot \tau_{xy} \cdot \cos 2\varphi = 0\,,$$

umgestellt

$$(\sigma_x - \sigma_y) \cdot \sin 2\varphi = 2 \cdot \tau_{xy} \cdot \cos 2\varphi$$

und mit $\sin 2\varphi / \cos 2\varphi = \tan 2\varphi$ wird der Winkel, unter dem die Normalspannungen Extremwerte annehmen, der sog. *Hauptachsenwinkel*

$$\tan 2\varphi_{1/2} = \frac{2 \cdot \tau_{xy}}{\sigma_x - \sigma_y}\,. \tag{2.11}$$

Das gleiche Ergebnis erhält man auch bei Anwendung der Erkenntnis aus dem einachsigen Spannungszustand, Abschnitt 2.1, dass in den Schnitten senkrecht zu den Hauptspannungen keine Schubspannungen existieren. Setzen wir also Gleichung (2.10) zu Null

$$\tau_{\xi\eta} = -\frac{\sigma_x - \sigma_y}{2} \cdot \sin 2\varphi + \tau_{xy} \cdot \cos 2\varphi = 0\,,$$

erhalten wir, wie man sofort sieht, die obige Gleichung (2.11).

Ob mit dieser Gleichung der Winkel für die maximale Normalspannung (also φ_1) oder der für die minimale Normalspannung (φ_2) berechnet wurde, erkennen wir, wie aus der Mathematik bekannt, aus dem Ergebnis der zweiten Ableitung

$$\frac{d^2\sigma_\xi}{d\varphi^2} = -2(\sigma_x - \sigma_y)\cos 2\varphi - 4\,\tau_{xy} \sin 2\varphi \begin{cases} < 0 \Rightarrow \varphi_1 (\text{Maximum}) \\ > 0 \Rightarrow \varphi_2 (\text{Minimum}). \end{cases} \tag{2.12}$$

Nach dieser mathematischen Bestimmung des Hauptachsenwinkels, dürfen wir auch die folgende (ganz unwissenschaftliche) Merkregel nutzen – oder besser – zur Kontrolle verwenden. Die Regel stimmt allerdings nur, wenn die Schubspannungsrichtungen entsprechend der tatsächlichen Bauteilbelastung festgelegt und nach der im Abschnitt 3.1 erläuterten Vorzeichenregel definiert werden.

Merkregel: Der Hauptachsenwinkel φ_1 liegt in dem Quadranten, in dem die Schubspannungen zusammenlaufen.

Der Hauptachsenwinkel im Bild 2.9 liegt also im 1. bzw. 3. Quadranten. Den Zusammenhang zwischen dem Hauptachsenwinkel und den Hauptnormalspannungen (im Ingenieurjargon meist nur als Hauptspannungen bezeichnet) zeigt Bild 2.12.

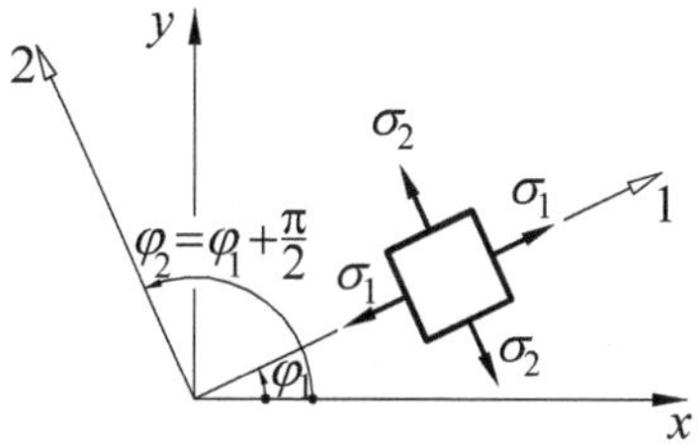

Bild 2.12: Hauptnormalspannungen

Die Beträge der Hauptnormalspannungen erhält man, wenn man die Gleichung (2.11) für den Hauptachsenwinkel in die Spannungsgleichung (2.8) einsetzt:

$$\sigma_{1/2} = \frac{\sigma_x + \sigma_y}{2} \pm \sqrt{\left(\frac{\sigma_x - \sigma_y}{2}\right)^2 + \tau_{xy}^2}\,. \qquad (2.13)$$

Dabei gilt $\sigma_1 > \sigma_2$ entsprechend ihrer algebraischen Größe.

Den Achsenwinkel, unter dem die Schubspannung maximal wird, erhalten wir durch Nullsetzen der ersten Ableitung der Gleichung (2.10) nach dem Schnittwinkel. Das heißt

$$\frac{d\tau}{d\varphi} = -2 \cdot \frac{\sigma_x - \sigma_y}{2} \cdot \cos 2\varphi - 2 \cdot \tau_{xy} \cdot \sin 2\varphi = 0\,.$$

Daraus folgt analog dem oben gezeigten Vorgehen

$$\tan 2\varphi_s = -\frac{\sigma_x - \sigma_y}{2 \cdot \tau_{xy}} = -\frac{1}{\tan 2\varphi_{1/2}}\,. \qquad (2.14)$$

Damit lässt sich allgemein der Zusammenhang $\varphi_s = \pm\varphi_1 \mp \pi/4$ beschreiben, was die Aussage im Abschnitt 2.2, dass die Schubspannungen unter einem Winkel von 45° zu der Hauptspannungsebene Größtwerte annehmen, bestätigt. Die Normalspannungen werden unter diesem Winkel nicht Null, sondern gleich groß; mit dem Wert

$$\sigma_M = \frac{\sigma_x + \sigma_y}{2}\,. \qquad (2.15)$$

Die oben dargestellten Zusammenhänge sind in Bild 2.13 gezeigt.

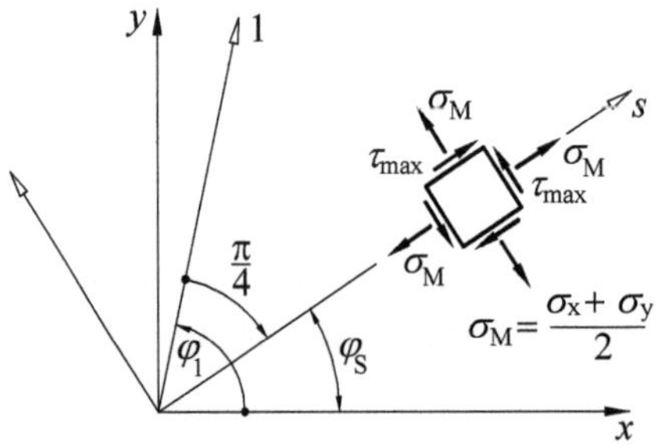

Bild 2.13: Hauptschubspannungen am Scheibenelement

Den Betrag für die maximale Schubspannung erhält man auf gleichem Weg wie für die Normalspannungen zu

$$\tau_{max} = \sqrt{\left(\frac{\sigma_x - \sigma_y}{2}\right)^2 + \tau_{xy}^2}\,. \qquad (2.16)$$

Mit den Gleichungen (2.8), (2.9) und (2.13) folgt eine *Invarianzbedingung*[11]

$$\sigma_x + \sigma_y = \sigma_\xi + \sigma_\eta = \sigma_1 + \sigma_2 , \tag{2.17}$$

die zur Kontrolle der Zahlenrechnung dienen kann. Setzen wir diese in Gl. (2.16) ein, lässt sich die maximale Schubspannung, aus den Hauptnormalspannungen kürzer berechnen bzw. die Schubspannungsrechnung der überprüfen:

$$\tau_{max} = \frac{\sigma_1 - \sigma_2}{2} . \tag{2.18}$$

Da in den Hauptnormalspannungsebenen keine Schubspannungen auftreten, lässt sich mit $\tau_{xy} = 0$ aus den Gleichungen (2.8) bis (2.10) zur Berechnung der Spannungen im *x-y*-Koordinatensystem für den Fall bekannter Hauptspannungen schreiben:

$$\sigma_x = \frac{\sigma_1 + \sigma_2}{2} + \frac{\sigma_1 - \sigma_2}{2} \cdot \cos 2\varphi_1 \tag{2.19}$$

$$\sigma_y = \frac{\sigma_1 + \sigma_2}{2} - \frac{\sigma_1 - \sigma_2}{2} \cdot \cos 2\varphi_1 \tag{2.20}$$

$$\tau_{xy} = \frac{\sigma_1 - \sigma_2}{2} \cdot \cos 2\varphi_1 . \tag{2.21}$$

Zur Veranschaulichung des oben Dargestellten soll das folgende einfache Zahlenbeispiel dienen.

Beispiel 2.2

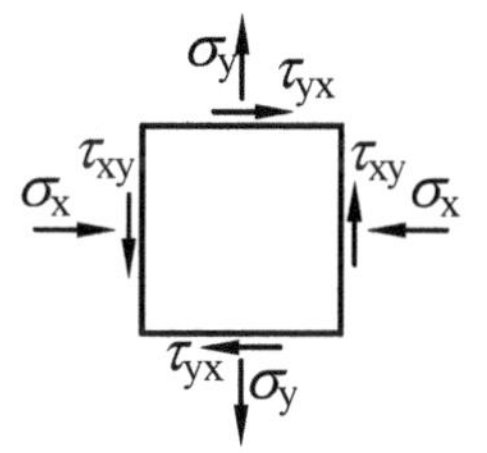

Für die folgenden, z.B. aus einer vorangegangenen Rechnung oder auch aus gemessenen Dehnungswerten, ermittelten Werte an einem Scheibenelement sind Betrag und Richtung der Hauptspannungen zu berechnen:

$\sigma_x = -20\,\text{N/mm}^2$, $\sigma_y = +10\,\text{N/mm}^2$, $\tau_{xy} = +5\,\text{N/mm}^2$.

Bild 2.14: Spannungen am Scheibenelement

Lösung:

Vor der formalen Anwendung der Berechnungsgleichungen ist es sinnvoll eine Skizze, aus der die Richtungen der Spannungen hervorgehen (siehe Bild 2.14), anzufertigen.

Die Hauptnormalspannungen werden mit Gl. (2.13)

$$\sigma_{1/2} = \frac{\sigma_x + \sigma_y}{2} \pm \sqrt{\left(\frac{\sigma_x - \sigma_y}{2}\right)^2 + \tau_{xy}^2} = \left(\frac{-20+10}{2} \pm \sqrt{\left(\frac{-20-10}{2}\right)^2 + 5^2}\right)\frac{\text{N}}{\text{mm}^2}$$

---

[11] Invarianz ‹lat.›: Unabhängigkeit der Werte gegenüber Koordinatentransformation: Die Herleitung hierzu erfolgt im Abschnitt 2.4.4.

$$\underline{\sigma_1 = 10{,}8\,\text{N/mm}^2}; \quad \underline{\sigma_2 = -20{,}8\,\text{N/mm}^2} \qquad (\sigma_1 > \sigma_2).$$

Die Kontrolle mit Gl. (2.17)

$$\sigma_x + \sigma_y = \sigma_1 + \sigma_2 = (-20 + 10 = 10{,}8 - 20{,}8)\,\text{N/mm}^2 = -10\,\text{N/mm}^2$$

bestätigt die Rechnung. Nach Gl. (2.11) wird

$$\tan 2\varphi_{1/2} = \frac{2 \cdot \tau_{xy}}{\sigma_x - \sigma_y} = \left(\frac{10}{-20-10}\right)\frac{\text{N}}{\text{mm}^2} = -\frac{1}{3} \quad \Rightarrow \quad \underline{\varphi = -9{,}2°}.$$

Nach Gl. (2.12) gilt

$$\frac{d^2\sigma_\xi}{d\varphi^2} = 63{,}... > 0 \quad \Rightarrow \quad \varphi = \underline{\varphi_2 = -9{,}2°} \text{ und somit } \underline{\varphi_1 = 80{,}8°}.$$

Die vorstehende Rechnung bestätigt die Merkregel zu den Vorzeichen.
Die maximale Schubspannung unter

$$\varphi_s = \pm\varphi_1 \mp \pi/4 = 80{,}8° - 45° = \underline{35{,}8°}$$

beträgt nach Gl. (2.16):

$$\tau_{max} = \sqrt{\left(\frac{\sigma_x - \sigma_y}{2}\right)^2 + \tau_{xy}^2} = \left(\sqrt{\left(\frac{20-10}{2}\right)^2 + 5^2}\right)\frac{\text{N}}{\text{mm}^2} = \underline{+15{,}8\,\text{N/mm}^2}.$$

Die Kontrolle Gl. (2.18)

$$\tau_{max} = \frac{\sigma_1 - \sigma_2}{2} = \left(\frac{10{,}8 - (-20{,}8}{2}\right)\frac{\text{N}}{\text{mm}^2} = \underline{+15{,}8\,\text{N/mm}^2}$$

führt zum gleichen Ergebnis.
Die Lage der Hauptachsen und die Hauptspannungen sind auf Bild 2.15 dargestellt.

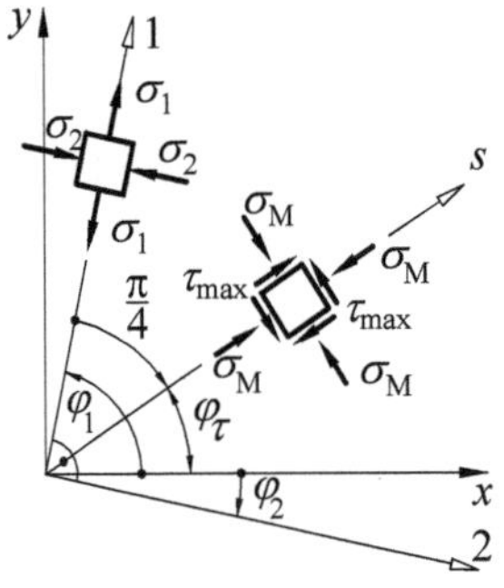

Bild 2.15: Hauptspannungen am Scheibenelement

Im Folgenden werden drei Sonderfälle untersucht:

1. Allseitiger Zug (Bild 2.16a)

Bei dieser Beanspruchung, die z.B. in einem kugelförmigen, unter Innendruck stehenden Behälter entsteht, gilt $\sigma_x = \sigma_y = \sigma$. Setzen wir diese Bedingung in die Gleichung (2.8) ein, erhalten wir für alle Werte von φ.

$$\sigma_\xi = \frac{\sigma + \sigma}{2} + 0 + 0\,; \qquad \sigma_\xi = \sigma\,. \tag{2.22}$$

2. Allseitiger Druck (Bild 2.16b)

Beim allseitigen Druck, vorstellbar für eine Tauchkugel unter Außendruckbelastung, liegen mit $\sigma_x = \sigma_y = -p$ die gleichen Verhältnisse, wie beim allseitigen Zug vor:

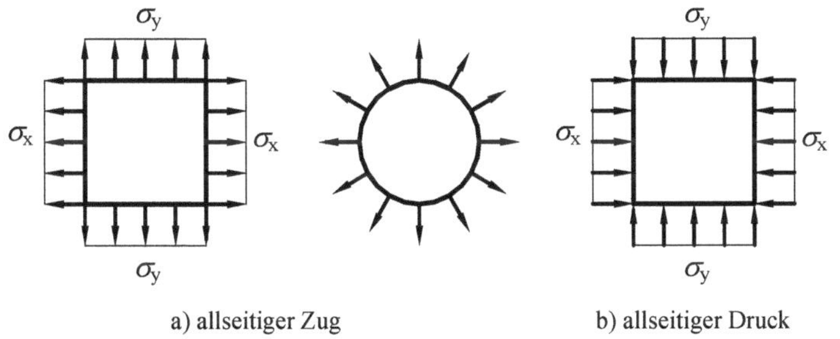

Bild 2.16: Normalspannungen am Scheibenelement

$$\sigma_\xi = \frac{-p - p}{2} + 0 + 0\,; \qquad \sigma_\xi = -p \tag{2.23}$$

Die Schubspannungen werden in beiden Fällen mit Gleichung (2.10)

$$\tau_{\xi\eta} = \tau_{\eta\xi} = -\frac{\sigma - \sigma}{2} \cdot \sin 2\varphi + 0 = 0$$

für alle Werte von φ, also in jeder Schnittebene Null.

Man bezeichnet diesen radialen oder strahlenförmigen Spannungszustand, bei dem alle Radialschnitte den gleichen Spannungswert aufweisen und die schubspannungsfrei sind, auch als *ebenen hydrostatischen Spannungszustand.*

3. Reiner Schub (Bild 2.17)

Abschließend wird eine Beanspruchung nach Bild 2.17 mit $\sigma_x = -\sigma_y$ untersucht.

Mit Gleichung (2.8)

$$\sigma_\xi = \frac{\sigma_x - \sigma_y}{2} \cdot \cos 2\varphi + 0 \qquad \sigma_\xi = \sigma \cdot \cos 2\varphi \tag{2.24}$$

und Gl. (2.10)

$$\tau_{\xi\eta} = \tau_{\eta\xi} = -\frac{\sigma_x - \sigma_y}{2} \cdot \sin 2\varphi + 0; \qquad \tau_{\xi\eta} = -\sigma \cdot \cos 2\varphi \tag{2.25}$$

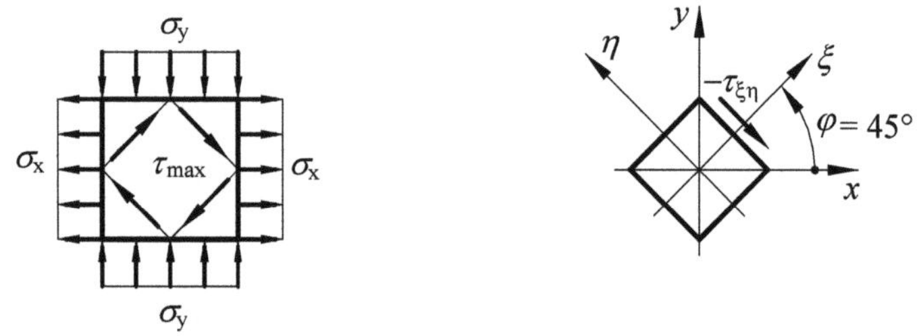

a) Scheibenbelastung b) Schubspannungsrichtung

Bild 2.17: Schubspannungen am Scheibenelement

sind diese Spannungen vom Schnittwinkel φ abhängig; und zwar:

$\underline{\varphi = 0°}$: $\sigma_\xi = \sigma$ $\tau_{\xi\eta} = 0$

$\underline{\varphi = 45°}$: $\sigma_\xi = 0$ $\tau_{\xi\eta} = -\sigma = -\tau_{max}$

$\underline{\varphi = 90°}$: $\sigma_\xi = -\sigma$ $\tau_{\xi\eta} = 0$.

Beispiel 2.3

Für das in Bild 2.18a gezeigte Stahlrohr, $D = 500\text{mm}$, $s = 10\,\text{mm}$ aus St 44.4, das über den Flansch durch ein Drehmoment von $M_d = 176\text{kNm}$ belastet wird, sind die Hauptspannungen in Größe und Richtung zu berechnen

Lösung:

Am belasteten Flächenelement, Bild 2.18b, wirken für das festgelegte Koordinatensystem die folgenden Spannungen:

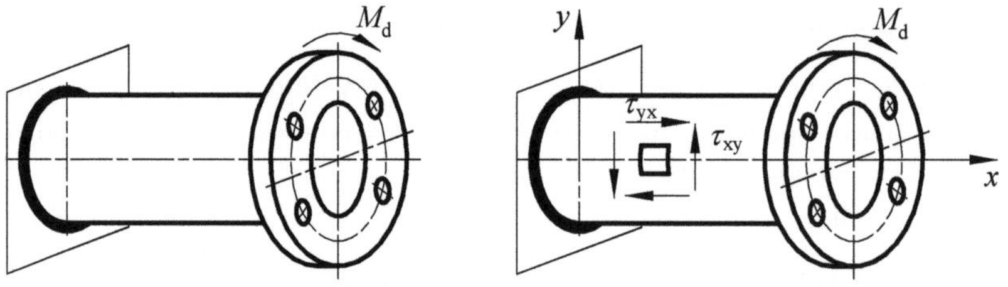

a) Belastung am Rohr b) Flächenelement am Rohr

Bild 2.18: belastetes Stahlrohr

$$\sigma_x = \sigma_y = 0\,, \qquad \tau_t = +\tau_{xy} = \frac{M_d}{W_p}\,.$$

Mit dem polaren Widerstandsmoment für den Kreisringquerschnitt

$$W_p = \frac{\pi}{16}\cdot\frac{D^4-d^4}{D} = \frac{\pi}{16}\cdot\left(\frac{50^4-48^4}{50}\right)\text{cm}^3 = 3697{,}6\,\text{cm}^3$$

und dem Drehmoment von $M_d = 17600\,\text{kNcm}$ wird die Torsionsspannung

$$\tau_t = \frac{M_d}{W_p} = \frac{17{,}6\cdot 10^3\,\text{kNcm}}{3{,}6976\cdot 10^3\,\text{cm}^3} = 5{,}71\,\text{kN/cm}^2 = 57{,}1\,\text{N/mm}^2\,.$$

Die Hauptnormalspannungen werden nach Gl. (2.13) berechnet:

$$\sigma_{1/2} = \frac{\sigma_x+\sigma_y}{2} \pm \sqrt{\left(\frac{\sigma_x-\sigma_y}{2}\right)^2 + \tau_{xy}^2} = \pm\sqrt{\tau_{xy}^2} = \pm\tau_{xy}\,,\ \text{also}\ \ \underline{\underline{\begin{array}{l}\sigma_1 = +57{,}1\,\text{N/mm}^2\\ \sigma_2 = -57{,}1\,\text{N/mm}^2.\end{array}}}$$

Für den Hauptachsenwinkel gilt mit Gl. (2.11)

$$\tan 2\varphi_{1/2} = \frac{2\cdot\tau_{xy}}{\sigma_x-\sigma_y} = \frac{2\cdot\tau_{xy}}{0} = \infty \quad\Rightarrow\quad \underline{\varphi_1 = 45°}.$$

Wenn wir bei den Lösungen zu den Hauptnormalspannungen nicht schon stutzig geworden sind, erkennen wir beim Winkel für die Hauptschubspannungen mit $\varphi_s = \varphi_1 - \pi/4 = 0°$ den Zusammenhang: Dieses Beispiel stellt den oben beschriebenen Fall der reinen Schubbeanspruchung dar. Somit können wir auch ohne die Rechnung mit den Gleichungen (2.16) bzw. (2.18) schreiben:

$$\underline{\tau_{max} = \tau_t = +57{,}1\,\text{N/mm}^2}\,.$$

Dieser Sachverhalt wird auch aus Bild 2.19 für die Hauptspannungen am herausgeschnittenen Flächenelement deutlich.

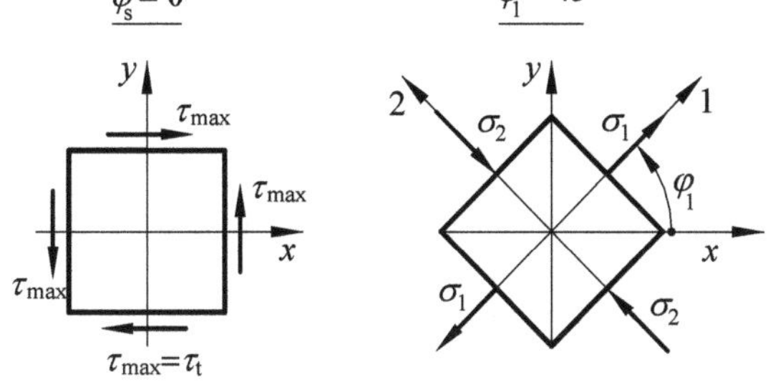

a) Hauptnormalspannungen b) Hauptschubspannungen

Bild 2.19: Hauptspannungen am Flächenelement

2.3.3 Spannungen in dünnwandigen Behältern unter Innendruck

Behälter werden unter dem Begriff der *Schalen* zusammengefasst. Sie unterliegen im allgemeinen Fall durch eine Normalspannung und zwei aufeinander senkrechten Schubspannungen an einer Schnittfläche einem räumlichen Spannungszustand. Wenn wir nur die Spannungen, die in der Tangentialebene des Schalenelementes liegen, berücksichtigen, also die Biegespannungen vernachlässigen, bewegen wir uns im Rahmen der sog. *Membrantheorie.* Die Voraussetzung hierfür ist eine *rotationssymmetrische Belastung* (Gas ohne Eigengewicht) einer *stetig gekrümmten Mittelfläche* und stets *senkrecht* auf die innere Mantelfläche des Hohlzylinders *kontinuierlich verteilt wirkender Innendruck.* Somit treten an den Schnittstellen auch keine Momente und Querkräfte auf. Dieser Zustand wird als *Membranspannungszustand* bezeichnet (vgl. Bild 2.20). Ein solcher Behälter – auch als *rotationssymmetrische Membranschale* bezeichnet – ist eine spezielle Anwendung des ebenen Spannungszustandes.

Die Annahme geringer Wanddicken im Verhältnis zum (mittleren) Durchmesser der rotationssymmetrischen Behälter erlaubt die Annahme einer konstanten Spannungsverteilung im Querschnitt mit hinreichender Genauigkeit und die Vernachlässigung der Spannungen senkrecht zur Schalenmittelfläche (*Radialspannungen* σ_r). Als dünnwandig sollen Behälter aufgefasst werden, deren Außen- zu Innenradius der Bedingung $r_A / r_i \leq 1{,}2$ (DIN 2413) gehorcht.

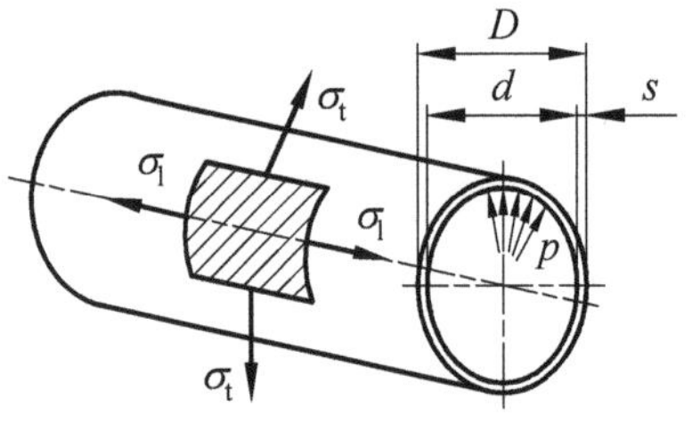

Bild 2.20: Behälter unter Innendruck

Die in diesem Abschnitt vorgenommene Beschränkung auf die Belastung durch inneren Überdruck ist dem Umstand geschuldet, dass durch den Außendruck zusätzlich zum Festigkeitsproblem ein Stabilitätsproblem – das *Beulen* – auftreten kann, das mit den für die Festigkeitslehre postulierten Voraussetzungen nicht lösbar ist.

Die folgenden Betrachtungen lassen sich auch auf Rohre mit entsprechender Geometrie übertragen.

Bei einem inneren Überdruck p treten in der Behälterwandung sowohl in Richtung der Behälterlängsachse als auch in tangentialer Richtung Zugspannungen als *Längsspannungen* σ_l und als sog. Tangentenspannungen[12] σ_t auf (siehe Bild 2.20).

Da die in Richtung des Radius wirkende Radialspannung σ_r mit den oben gemachten Einschränkungen vernachlässigt wird, ist der Spannungszustand nur durch Spannungen, die parallel zur Wandung wirken, bestimmt.

Indem man einen Normal- bzw. Axialschnitt führt, erhält man Hauptspannungsflächen, in denen keine Schubspannungen, wie in schrägen Schnitten, wirken.

---

[12] Der Index „t" bezeichnet die tangentiale Richtung dieser Normalspannung zur Behälterwand. Teilweise wird hierfür auch der Begriff „Tangentialspannung" verwendet. Dies ist irreführend. Hier ist eine Normalspannung (normal zum Blechquerschnitt) mit tangentialer Richtung zur Behältermittelfläche gemeint, die **nicht** mit der auch als Schubspannung bezeichneten „Tangentialspannung", die als Komponente senkrecht zur Normalspannungskomponente wirkt (siehe Bild 2.2c) und einen anderen Spannungscharakter beschreibt, zu verwechseln ist. Besser ist der Begriff „Umfangsspannung", wie er im Abschnitt 2.4 in Zylinderkoordinaten definiert ist.

a) Zugspannungen in Längsrichtung im Behälterquerschnitt

Ausgehend von konstantem Innendruck und einer konstanten Spannungsverteilung in der Querschnittsfläche des Behälters, Bild 2.21, sowie hinreichender Entfernung von den Endflächen (Böden) gehen wir von einem homogenen Spannungszustand aus und berechnen die Zugspannung in der Kreisringfläche, die Längsspannung (auch Axialspannung) zu

$$\sigma_l = \frac{F}{A_Q}.$$

Die Belastung F ergibt sich aus der Definition für den Innendruck zu

$$F = p \cdot A_p = p \cdot \frac{\pi}{4} \cdot d^2 .$$

In dieser Gleichung ist A_p die Kreisfläche der „pressenden Luftsäule“ auf den Behälterboden. Für die Querschnittsfläche des Behälters (Kreisringfläche) gilt

$$A_Q = \frac{\pi}{4}\left(D^2 - d^2\right) = \frac{\pi}{4}(D+d)(D-d) .$$

Mit $(D-d) = 2 \cdot s$ und der Näherung für den dünnwandigen Behälter $D \approx d$; also $D + d \approx 2 \cdot d$ wird die Querschnittsfläche:

$$A_Q = \frac{\pi}{4} \cdot 2d \cdot 2s = \pi \cdot d \cdot s .$$

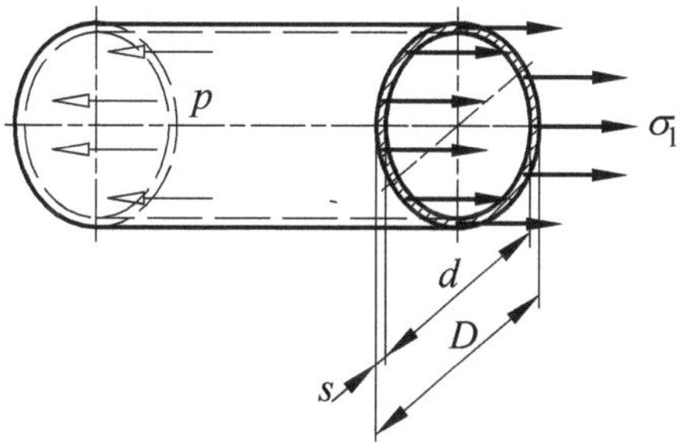

Bild 2.21: Normalschnitt eines zylindrischen Behälters

Damit ergibt sich die Spannungsgleichung für die Zugspannung in Längsrichtung zu:

$$\sigma_l = \frac{F}{A_Q} = \frac{p \cdot \frac{\pi}{4} \cdot d^2}{\pi \cdot d \cdot s} ; \qquad \sigma_l = \frac{p \cdot d}{4 \cdot s} . \tag{2.26a}$$

In vielen Fällen wird das für die Anwendbarkeit der Gleichung wichtige Verhältnis r / s (dabei wird häufig $r \approx R$ gesetzt) zur Berechnung verwendet. Damit können wir die Gleichung auch in der Form

$$\sigma_l = \frac{1}{2} \cdot \frac{r}{s} \cdot p \tag{2.26b}$$

schreiben.

b) Umfangsspannungen im Längsschnitt des Behälters

Die Umfang- oder auch *Ringspannung* (Tangentenspannung) berechnen wir analog zur Längsspannung. Der Belastungskennwert F ist auch bei konstanter Druckannahme wegen der gewölbten Zylinderfläche (siehe dazu Bild 2.22) nicht konstant. Als Näherung wird der Innendruck mit der Projektion der gewölbten Druckfläche multipliziert (im Prinzip das gleiche Vorgehen, wie zur Berechnung der Zapfenpressung bei Gleitlagern):

$$F = p \cdot l \cdot d\ .$$

Die Fläche der längs geschnittenen Behälterwandung A_L, direkt aus Bild 2.22 abzulesen, ist

$$A_\mathrm{L} = (D - d) \cdot l = 2 \cdot s \cdot l\ .$$

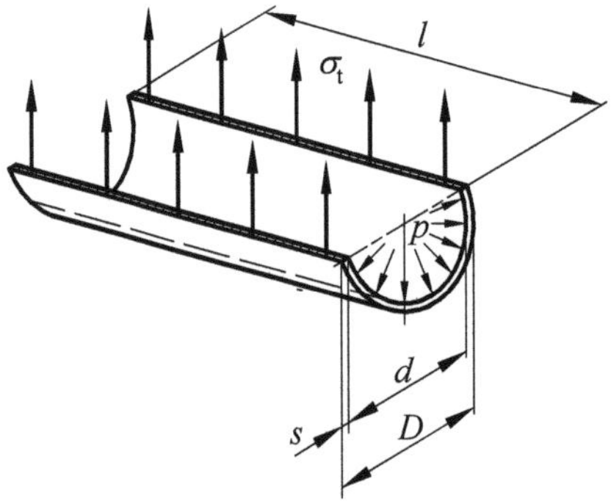

Bild 2.22: Axialschnitt eines zylindrischen Behälters

Die Umfangsspannung wird somit

$$\sigma_\mathrm{t} = \frac{F}{A_\mathrm{L}} = \frac{p \cdot l \cdot d}{2 \cdot s \cdot l} = \frac{p \cdot d}{2 \cdot s} \qquad (2.27a)$$

bzw.

$$\sigma_\mathrm{t} = \frac{r}{s} \cdot p\ . \qquad (2.27b)$$

Die beiden Gleichungen (2.26) und (2.27) werden auch *Kesselformeln* genannt. Wir erkennen sofort: Die Spannung im Längsschnitt, Gl. (2.27), ist doppelt so groß, wie die im Querschnitt, Gl. (2.26):

$$\sigma_\mathrm{t} = 2 \cdot \sigma_l\ . \qquad (2.28)$$

Das heißt, dass im Versagensfall der Behälter längs aufreißen wird (wie auch bei einer Bockwurst im Naturdarm zu beobachten).

Wegen des rotationssymmetrischen Problems treten in den Schnitten entsprechend Bild 2.21 und Bild 2.22 keine Schubspannungen auf. Daraus folgt, dass die Spannungen σ_l und σ_t Hauptspannungen sind. Nach Gleichung (2.28) ist $\sigma_\mathrm{t} = \sigma_1$ und $\sigma_l = \sigma_2$.

Die maximale Schubspannung tritt in Schnitten unter 45° zu den Hauptspannungen auf (siehe dazu auch das folgende Beispiel) und errechnet sich nach Gleichung (2.18) zu

$$\tau_\mathrm{max} = \frac{\sigma_1 - \sigma_2}{2} = \frac{p \cdot d}{8 \cdot s} = \frac{1}{4} \cdot \frac{r}{s} \cdot p\ . \qquad (2.29)$$

Wegen der oben getroffenen Vereinfachungen sind dies keine exakten Lösungen. Kann nicht mehr von einer rotationssymmetrischen Belastung ausgegangen werden (Eigengewicht des Behälters, Innendruck durch Flüssigkeiten, ...) oder handelt es sich um dickwandige Behälter sind die Kesselformeln nicht mehr hinreichend genau. Für die Berechnung unter den dann gegebenen Verhältnissen müssen Lösungen auf der Basis der Theorie der Flächentragwerke zur Anwendung kommen. Diese Gleichungen lassen sich allerdings auch nur für einfache Randbedingungen auflösen (siehe hierzu Abschnitt 2.5). Für viele praktische Fälle sind somit numerische Näherungslösungen – z.B. FE-Analysen – eine Alternative.

Eine gut nachvollziehbare Kurzfassung der Schalen- und Beulproblematik ist – neben der Spezialliteratur über Flächentragwerke – z.B. in /19/ und in /41/ zu finden.

Beispiel 2.4

- Für einen Kugelbehälter aus St 37.0, Außendurchmesser $D = 10\,\text{m}$, ist die Wanddicke für einen Innendruck von $p = 2{,}0\,\text{Mpa}$ bei einer zulässigen Zugspannung von $\sigma_{\text{zul}} = 100\,\text{N/mm}^2$ festzulegen.
- Für das Zuführungsrohr zum Behälter aus dem gleichen Werkstoff ($\sigma_{\text{zul}} = 100\,\text{N/mm}^2$) sind Rohrwanddicke und Rohrdurchmesser festzulegen.
- Es sind die Spannungsnachweise für den Behälter und das Rohr zu führen

Lösung:

1. Kugelbehälter

Im Kugelbehälter treten in jedem möglichen Schnitt immer nur Längsspannungen auf (vgl. Bild 2.23a). Es gilt infolge der Kugelsymmetrie für die beiden Hauptspannungen $\sigma_l = \sigma_t$ (Bild 2.23b). Somit gilt mit Gleichung (2.26a); $\sigma_l = p \cdot d / (4 \cdot s)$. Mit der Näherung $D \approx d$ wird der Grobentwurf geführt:

$$s_{\text{erf K}} \approx \frac{p \cdot D}{4 \cdot \sigma_{\text{zul}}} = 50\,\text{mm}.$$

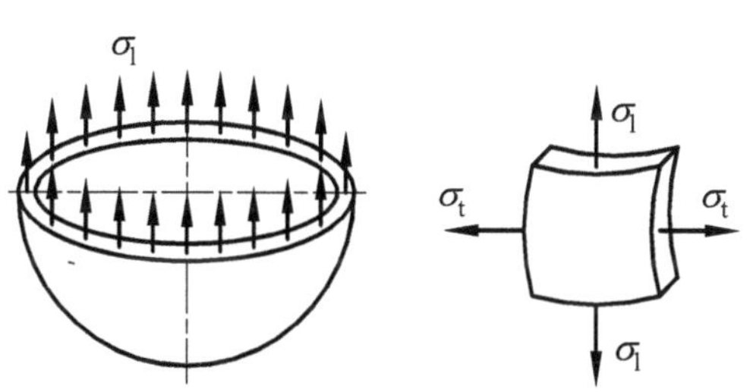

a) Längsspannungen b) Spannungen im Schalenelement

Bild 2.23: Kugelbehälter

Für die gewählte Blechdicke von $\underline{s = 50\,\text{mm}}$ (und damit $d = 9900\,\text{mm}$) wird

$$\sigma_l = \frac{p \cdot d}{4 \cdot s} = \frac{2 \cdot 9900}{4 \cdot 50} \cdot \frac{\text{N/mm}^2 \cdot \text{mm}}{\text{mm}} = \underline{99\,\text{N/mm}^2 < \sigma_{\text{zul}}}.$$

2. Rohr

Da in der Rohrwandung die Spannungen doppelt so groß werden, wie in der des Kugelbehälters müssen wir Gleichung (2.27) $\sigma_t = p \cdot d / (2 \cdot s)$ zugrunde legen

$$s_{\text{erf R}} \approx \frac{p \cdot d}{2 \cdot \sigma_{\text{zul}}}.$$

Die Entwurfsgleichung enthält, da in diesem Fall der Rohraußendurchmesser nicht vorgegeben ist, zwei unbekannte Größen, sodass eine eindeutige Lösung nicht möglich ist. Wir können aber mit den vorgegebenen Größen einen für den Grobentwurf ausreichenden Zusammenhang zwischen Innendurchmesser und Wanddicke darstellen, der eine Auswahl anhand der Herstellerangaben zulässt:

$$s_{\text{erf R}} \approx \frac{p}{4 \cdot \sigma_{\text{zul}}} \cdot d = \frac{2 \cdot}{4 \cdot 10^2} \cdot \frac{\text{N/mm}^2}{\text{N/mm}^2} \cdot d = \frac{1}{100} \cdot d.$$

Es wird ein geschweißtes Rohr 813 x 8, DIN 2458, aus St 37.0 DIN 1626 ausgewählt. Mit $s = 8\,\text{mm}$ und $d = 797\,\text{mm}$ wird

$$\sigma_t = \frac{p \cdot d}{2 \cdot s} = \frac{2 \cdot 797}{2 \cdot 8} \cdot \frac{\text{N/mm}^2 \cdot \text{mm}}{\text{mm}} = \underline{99{,}6\,\text{N/mm}^2 \approx \sigma_{zul}}\,.$$

2.3.4 Hinweis auf den MOHRschen Spannungskreis

Auch die Gleichungen (2.8) und (2.10) sind die Kreisparameter in der σ-τ-Ebene. Die Kreisgleichung für den MOHRschen Spannungskreis erhält man analog dem Vorgehen im Abschnitt 2.2.4, wenn die beiden Gleichungen quadriert und anschließend addiert werden (zur selbständigen Übung empfohlen).

$$\left(\sigma_\xi - \frac{\sigma_x + \sigma_y}{2}\right)^2 + \tau_{\zeta\eta}^2 = \left(\frac{\sigma_x - \sigma_y}{2}\right)^2 + \tau_{xy}^2\,. \qquad (2.30)$$

Die Gleichung (2.30) beschreibt einen um $\sigma_M = \dfrac{\sigma_x + \sigma_y}{2}$ auf der σ-Achse verschobenen Kreis mit dem Radius $r = \sqrt{\left(\dfrac{\sigma_x - \sigma_y}{2}\right)^2 + \tau_{xy}^2}$.

Mit der im Abschnitt 2.3.1 erläuterten allgemeinen Vorzeichenregel besteht keine Übereinstimmung zwischen der Schubspannung und dem MOHRschen Spannungskreis. Die Schubspannungen am Volumen- oder Flächenelement sind nach dem Satz der zugeordneten Schubspannungen entweder alle positiv oder alle negativ, am MOHRschen Spannungskreis aber wegen der Kreisgeometrie unterschiedlich. Die Vorzeichen können immer nur in einer Kante übereinstimmen. Dafür existiert neben anderen z.B. diese Merkregel: Die Schubspannung τ_{xy} wird vorzeichenrichtig über σ_x und mit umgekehrtem Vorzeichen über σ_y aufgetragen. Aus Bild 2.24 ist zu erkennen, dass bei gegebenen Spannungen σ_x, σ_y und τ_{xy} der Durchmesser zwei Punkte auf dem Kreis verbindet, für die die Spannungen für den entsprechenden Schnittwinkel φ abgelesen werden können. Analog zum Bild 2.4 können auch hier die Hauptspannungen σ_1 und σ_2 auf der σ-Achse abgelesen werden; der Radius entspricht τ_{max}.

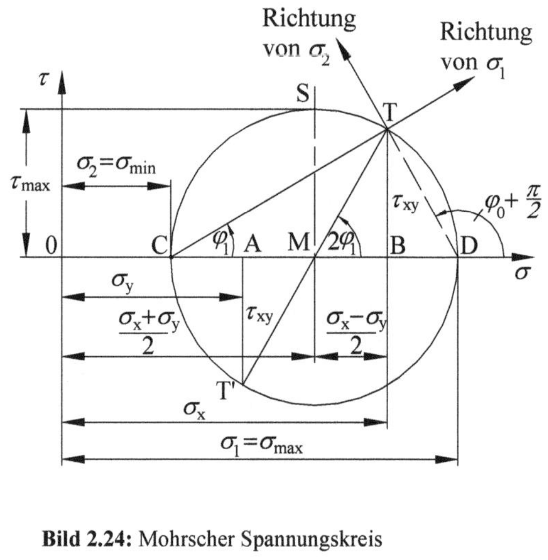

Bild 2.24: Mohrscher Spannungskreis

Weil im MOHRschen Spannungskreis mit dem doppelten Winkel 2φ gearbeitet wird, erscheinen σ_1 und τ_{max} um 90° versetzt, und nicht, wie nach Gl. (2.14) um 45°. Dies ist bei der Anwendung zu beachten.

Auch wenn die zeichnerische Ermittlung von Spannungen mit Hilfe des MOHRschen Verfahrens nicht mehr praktiziert wird, ist dieses für die Anschauung sehr hilfreich, auch weil es ermöglicht, die Veränderungen der Spannungskomponenten in Abhängigkeit vom Schnittwinkel zu veranschaulichen.

Für den am MOHRschen Kreis interessierten Leser sei auf /2/, /14/ und auf /47/, in denen das Verfahren anhand zahlreicher Anwendungen ausführlich erläutert wird, verwiesen.

2.4 Der dreiachsige (räumliche) Spannungszustand

2.4.1 Zum Tensorbegriff

Dreidimensionale Berechnungen führen fast zwangsläufig auf das Matrizenkalkül. Anliegen dieses Abschnittes ist es, die dafür erforderlichen Grundlagen in einfacher Form darzustellen. Zur Auffrischung der mathematischen Grundkenntnisse wollen wir an dieser Stelle kurz zusammenfassen:

Wie bekannt, wird der Vektorbegriff in der Geometrie, der linearen Algebra und der Physik verwendet. In der Physik als gerichtete Größe (Kraft, Geschwindigkeit, etc.) mit einer zugeordneten Einheit, in der die Größe gemessen wird. Für das Rechnen gelten die Regeln der Elementaren Vektorrechnung.

In der linearen Algebra werden Zeilen- und Spaltenvektoren definiert, die eine Anordnung von n Zahlen darstellen. Die Zeilen- und Spaltenvektoren lassen sich zu *Matrizen* zusammenfassen.

Zur anschaulichen Erklärung des im Folgenden verwendeten Begriffs des *Tensors* betrachten wir zunächst einen Kraftvektor. Diesen können wir als Pfeil mit einer bestimmten Länge (für den Betrag) und Richtung darstellen. Mit einem Bezugssystem, aufgespannt durch drei linear unabhängige Basisvektoren, lässt sich der Kraftvektor in seine Wirkanteile in Richtung der Basisvektoren zerlegen. Diese Zerlegung kennen wir als Koordinaten- bzw. Komponentendarstellung des Kraftvektors.

Wir betrachten nun den Spannungszustand an einem Punkt einer belasteten Struktur. Der Spannungszustand wird vollständig durch einen Tensor beschrieben, der durch die Spannungsvektoren in drei senkrecht aufeinander stehenden Richtungen dargestellt ist. Wollen wir auch für den Spannungstensor eine Koordinatendarstellung angeben, müssen wir dafür zwei Bezugssysteme bereitstellen. Aus der Spannungsdefinition, Gl. (2.1), ist sofort einsichtig, dass ein Bezugssystem für die Darstellung des Kraftvektors und ein zweites für die Darstellung des Flächenelementes erforderlich ist.

Im Unterschied zum Tensor ist der Vektor noch einer einfachen geometrischen Deutung zugänglich. Er ist durch eine gerichtete Strecke darstellbar. Diese geometrische Anschaubarkeit ermöglicht es, von ihm wie von einer Zahl zu sprechen (Betrag des Vektors). Ist der Tensor von Punkt zu Punkt veränderlich, sprechen wir von einem Tensorfeld.

Wenn wir die Koordinaten eines Tensors in einem Bezugssystem kennen, können wir die Koordinaten in einem anderen Bezugssystem über lineare Transformationen berechnen. Diese Eigenschaft – die Invarianz gegen Koordinatentransformation (Drehung) – charakterisiert die Vektoren als Tensoren und dient i.A. als Definition des Tensors.

Die Anzahl der erforderlichen Basissysteme gibt die Stufe eines Tensors an:

- Tensor 1. Stufe: 1 Basissystem, 3^1 Komponenten (Maßzahlen) z.B. Kraftvektor
- Tensor 2. Stufe: 2 Basissysteme, 3^2 Komponenten z.B. Spannungstensor
- Tensor *n*. Stufe: *n* Basissysteme, 3^n Komponenten z.B. Elastizitätstensor (4.Stufe).

Der Spannungstensor basiert auf einer 1823 von CAUCHY[13] veröffentlichten Definition. Er weist die – nicht von allen in der Physik auftretenden Tensoren geteilte – Besonderheit auf, dass zwischen seinen Komponenten eine gewisse Bindung besteht.

2.4.2 Der Spannungstensor

Im dreiachsigen Spannungszustand können in jedem Punkt P eines belasteten Bauteils Spannungen in jeder Richtung auftreten. Zur Beschreibung des Spannungszustandes in diesem Punkt schneiden wir ein würfelförmiges Volumenelement, dessen Kanten parallel zu den Achsen eines kartesischen Koordinatensystems liegen, heraus. Die Spannungen am herausgeschnittenen Volumenelement im Koordinatensystem zeigt Bild 2.25a. Diese Spannungen kann man in jeder Fläche des Volumenelementes in die drei Koordinatenrichtungen als Normal- und Tangentialkomponenten (Schubspannungen) zerlegen. Die in den Flächen des herausgeschnittenen Volumenelementes wirkenden – in die drei Koordinatenrichtungen als Normal- und Tangentialkomponenten zerlegten – Spannungsvektoren zeigt das Bild 2.25b.

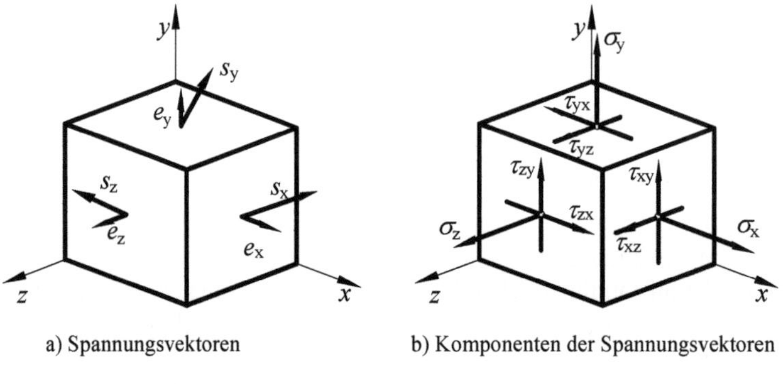

Bild 2.25: Räumlicher Spannungszustand

Da für die Normalspannungen die Richtungen der Flächennormale und der Spannungen naturgemäß zusammenfallen, schreiben wir im Folgenden abkürzend den Index wieder nur einfach; also σ_x anstelle σ_{xx} usw.

---

[13] Baron AUGUSTIN LOUIS CAUCHY, 1789–1857, französischer Mathematiker u. Ingenieur.

Jeder Vektor ist in einer Basis als Linearkombination von drei Komponenten darstellbar; somit gilt mit Bild 2.25 und den bekannten Einheitsvektoren $\underline{e}_x, \underline{e}_y, \underline{e}_z$ für die unter einem beliebigen Winkel zur jeweiligen Schnittfläche mit den Flächennormalen $\underline{n}_x, \underline{n}_y, \underline{n}_z$ stehenden Spannungsvektoren $\underline{s}_x, \underline{s}_y, \underline{s}_z$ in der Koordinatendarstellung:

$$\begin{aligned}
\underline{s}_x &= \sigma_x \cdot \underline{e}_x + \tau_{xy} \cdot \underline{e}_y + \tau_{xz} \cdot \underline{e}_z \\
\underline{s}_y &= \tau_{yx} \cdot \underline{e}_x + \sigma_y \cdot \underline{e}_y + \tau_{yz} \cdot \underline{e}_z \\
\underline{s}_z &= \tau_{zx} \cdot \underline{e}_x + \tau_{zy} \cdot \underline{e}_y + \sigma_z \cdot \underline{e}_z .
\end{aligned} \tag{2.31}$$

Durch die Normalspannungen $\sigma_x, \sigma_y, \sigma_z$ und die Schubspannungen $\tau_{xy} = \tau_{yx}$, $\tau_{xz} = \tau_{zx}$, $\tau_{yz} = \tau_{zy}$ ist der räumliche Spannungszustand in einem Punkt vollständig festgelegt. Die Spannungskomponenten stellen damit ein geeignetes Maß für die örtliche Materialbeanspruchung im Bauteil dar. Ordnet man die Komponenten in einer Matrix zu

$$\underline{\underline{S}} = \begin{bmatrix} \sigma_{xx} & \tau_{xy} & \tau_{xz} \\ \tau_{yx} & \sigma_{yy} & \tau_{yz} \\ \tau_{zx} & \tau_{zy} & \sigma_{zz} \end{bmatrix}, \tag{2.32}$$

entsteht der Spannungstensor 2. Stufe $\underline{\underline{S}}$ mit neun Komponenten. Der Spannungstensor beschreibt den Spannungszustand in einem beliebigen Punkt des Bauteils. Die Hauptdiagonale enthält die Normalspannungen σ_x, σ_y, und σ_z. Mit dem BOLTZMANNschen Axiom der Gleichheit der zugeordneten Schubspannungen (drei gleiche Paare von Schubspannungen) ist die Spannungsmatrix symmetrisch. Damit liegen nur noch sechs voneinander unabhängige Spannungskomponenten vor.

Häufig wird für die formelmäßige Beschreibung die sog. *Indexnotation*[14] angewendet. Hierbei werden die drei Koordinaten x, y, z durch x_1, x_2, x_3 ersetzt.

Das bedeutet, dass die drei Richtungen durch die Indizes 1, 2, 3 festgelegt sind.

Das gilt entsprechend auch für die Komponenten eines Vektors, wie Bild 2.26 zeigt sowie auch für den Spannungstensor, für dessen Komponenten wir σ_{11}, σ_{12}, σ_{13} usw. schreiben oder allgemein σ_{ij}, mit $i, j = 1, 2, 3$:

$$\underline{\underline{S}} = \left[\sigma_{ij}\right] = \begin{bmatrix} \sigma_{11} & \sigma_{12} & \sigma_{13} \\ \sigma_{21} & \sigma_{22} & \sigma_{23} \\ \sigma_{31} & \sigma_{32} & \sigma_{33} \end{bmatrix}. \tag{2.33}$$

Bei dieser Schreibweise ist jetzt nur an den Indizes zu erkennen, ob es sich um eine Normal- oder Schubspannung handelt. Gleiche Indizes kennzeichnen Normalspannungen, ungleiche Indizes Schubspannungen.

---

[14] Notation ‹lat.›: Aufzeichnung in ...

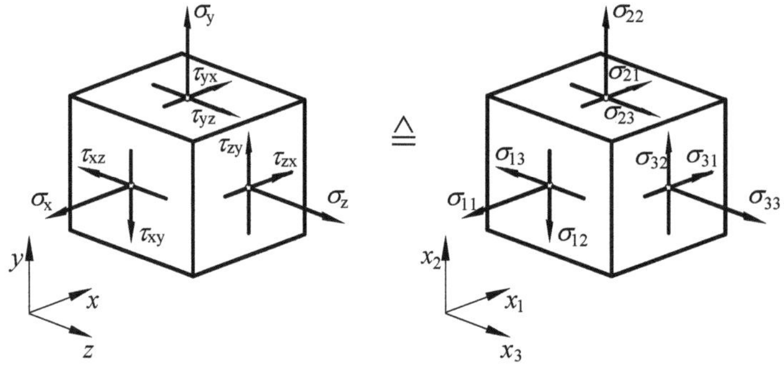

Bild 2.26: Indexnotation

Da die Größe σ_{ij} alle Spannungskomponenten repräsentiert, kann sie als Symbol für den Spannungstensor selbst angesehen werden. Mit Hilfe der Indexnotation können wir die Symmetrie des Spannungstensors durch $\sigma_{ij} = \sigma_{ji}$ ausdrücken.

Die Indexnotation gewinnt mit der *Summationskonvention*, auch als *EINSTEINsche Summationsregel*[15] bezeichnet, eine besondere Bedeutung. Danach ist vereinbart, dass zu summieren ist, wenn in einem Term der gleiche Index doppelt auftritt.

Der Spannungstensor ergibt in der Komponentendarstellung einen aus neun Gliedern bestehenden Summenausdruck:

$$\begin{aligned} \underline{\underline{S}} &= \sigma_{11} \cdot e_1 \cdot e_1 + \sigma_{12} \cdot e_1 \cdot e_2 + \sigma_{13} \cdot e_1 \cdot e_3 \\ &+\sigma_{21} \cdot e_2 \cdot e_1 + \sigma_{22} \cdot e_2 \cdot e_2 + \sigma_{23} \cdot e_2 \cdot e_3 \\ &+\sigma_{31} \cdot e_3 \cdot e_1 + \sigma_{32} \cdot e_3 \cdot e_2 + \sigma_{33} \cdot e_3 \cdot e_3 . \end{aligned} \tag{2.34}$$

Dabei definiert jedes Glied einen auf die Flächeneinheit bezogenen Kraftvektor, dessen Wirkungsrichtung durch den ersten Basisvektor vorgegeben ist. Das Flächenelement wird durch seinen Normalenvektor über den zweiten Basisvektor definiert. Die Gleichung (2.34) können wir auch als Doppelsumme zu

$$\underline{\underline{S}} = \sum_{i=1}^{3} \sum_{j=1}^{3} \sigma_{ij} \cdot e_i \cdot e_j = \sigma_{ij} \cdot e_i \cdot e_j \tag{2.35}$$

schreiben. In der Indexschreibweise lässt man nach der Summationsregel die Summationssymbole weg. Zur Erklärung die folgenden Beispiele:

$$\sigma_{ii} = \sum_{i=1}^{3} \sigma_{ii} = \sigma_{11} + \sigma_{22} + \sigma_{33} ,$$

$$\sigma_{ji} \cdot n_j = \sum_{j=1}^{3} \sigma_{ji} \cdot n_j = \sigma_{j1} \cdot n_1 + \sigma_{j2} \cdot n_2 + \sigma_{j3} \cdot n_3 .$$

Dabei können die Summationsindizes durch beliebige andere ausgetauscht werden.

15 ALBERT EINSTEIN, 1879–1955, deutscher Physiker, Begründer der Relativitätstheorie.

Die kurzen Erklärungen am Ende dieses Abschnittes zur Indexnotation und Summationsregel sind zum Verständnis der unterschiedlichen Schreibweisen in der Fachliteratur gedacht und sollen den Einstieg hierzu erleichtern. In diesem Lehrbuch wird – auch wegen der Anwendungen im Kapitel 9 – mit der Matrixschreibweise gearbeitet.

2.4.3 Spannungen in beliebiger Schnittebene

Durch die sechs unterschiedlichen Spannungskomponenten des Spannungstensors ist der Spannungszustand aber noch nicht ausreichend beschrieben. Für eine andere Orientierung des kleinen Würfels im Raum ergibt sich ein Tensor mit anderen Komponenten, der aber den gleichen Spannungszustand beschreibt. Legt man also durch ein Volumenelement Schnitte in unterschiedlicher Richtung, wirken – wie schon in den vorangegangenen Abschnitten ausführlich beschrieben – in den Flächenelementen unterschiedliche Schnittkräfte und damit Spannungen, abhängig von der Schnittrichtung. Bild 2.27 zeigt ein aus dem Volumenelement herausgeschnittenes Tetraederelement.

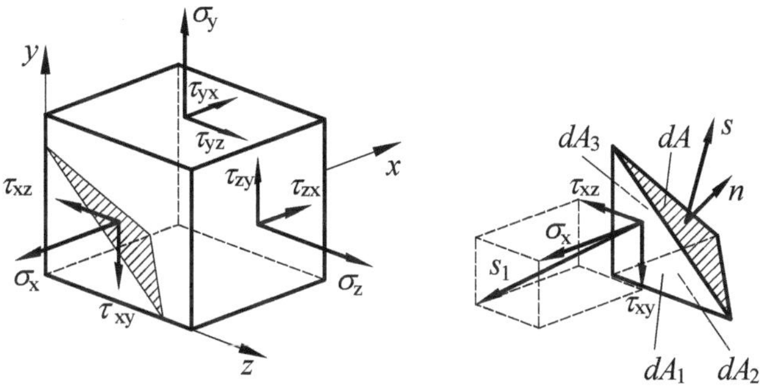

Bild 2.27: Spannungen am Tetraederelement

Die räumliche Lage der schrägen Schnittebene dA wird durch ihren Normalenvektor $\underline{n}$ (räumlicher Einsvektor $|\underline{n}| = 1$) festgelegt. Mit Bild 2.27a gilt:

$$\underline{n} = \begin{bmatrix} n_x \\ n_y \\ n_z \end{bmatrix} = \begin{bmatrix} \cos\alpha \\ \cos\beta \\ \cos\gamma \end{bmatrix}. \tag{2.36}$$

Durch skalare Multiplikation des Normalenvektors mit sich selbst (trigonometrischer PYTHAGORAS[16]) ergibt sich der Zusammenhang zwischen den Richtungskosinus

$$\underline{n}^2 = n_x^2 + n_y^2 + n_z^2 = \cos^2\alpha + \cos^2\beta + \cos^2\gamma = 1. \tag{2.37}$$

---

[16] PYTHAGORAS VON SAMOS um 570–500 v.u.Z., griechischer Philosoph und Mathematiker.

Projizieren wir die schräge Tetraederfläche dA auf die einzelnen Koordinatenebenen, erhalten wir die drei restlichen senkrecht aufeinander stehenden Tetraederflächen. Das heißt, dass der Winkel, den zwei Ebenen miteinander einschließen, gleich dem Winkel zwischen den Normalenvektoren dieser Ebenen sein muss. Der Normalenvektor der Schnittebene dA ist $\underline{n}$ (Bild 2.28b). Der Normalenvektor der Grundfläche des herausgeschnittenen Tetraeders dA_2 auf Bild 2.28c ist die y-Achse. Der Winkel β, zwischen dem Normalenvektor $\underline{n}$ und der y-Achse ist zugleich auch der Winkel zwischen den beiden Ebenen dA und dA_2.

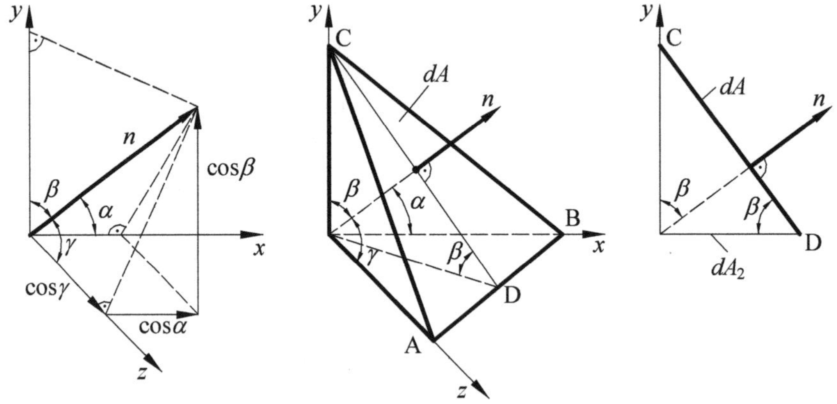

a) Definition des Richtungskosinus b) Schnittfläche dA mit Normalenvektor n c) Ansicht senkrecht zur y-Achse

Bild 2.28: Geometrische Zusammenhänge am Tetraederelement

Aus der Projektion von dA auf die x-z-Ebene folgt:

$$dA_2 = dA \cdot \cos\beta$$

und entsprechend auf die y-z- und x-y-Ebenen

$$dA_1 = dA \cdot \cos\alpha ,$$

$$dA_3 = dA \cdot \cos\gamma .$$

Wie Bild 2.27b am Beispiel $\underline{s}_1$ zeigt, wirken die Spannungsvektoren schräg zur jeweiligen Tetraederfläche. Für das Gleichgewicht am freigeschnittenen Tetraederelement benötigen wir die auf die Flächen wirkenden Kräfte, deren vektorielle Summe Null sein muss:

$$\underline{s} \cdot dA = \underline{s}_1 \cdot dA_1 + \underline{s}_2 \cdot dA_2 + \underline{s}_3 \cdot dA_3 = \underline{s}_1 \cdot dA \cdot \cos\alpha + \underline{s}_2 \cdot dA \cdot \cos\beta + \underline{s}_3 \cdot dA \cdot \cos\gamma ,$$

dividiert durch die Fläche dA

$$\underline{s} = \underline{s}_1 \cdot \cos\alpha + \underline{s}_2 \cdot \cos\beta + \underline{s}_3 \cdot \cos\gamma . \qquad (2.38)$$

Mit den normal und tangential zu den Schnittflächen gerichteten Spannungskomponenten s_x, s_y und s_z schreiben wir die Gleichgewichtsbedingungen am Tetraederelement:

$$\underline{s} = \begin{bmatrix} s_x \\ s_y \\ s_z \end{bmatrix} = \begin{bmatrix} \sigma_{xx} \\ \tau_{yx} \\ \tau_{zx} \end{bmatrix} \cdot \cos\alpha + \begin{bmatrix} \tau_{xy} \\ \sigma_{yy} \\ \tau_{zy} \end{bmatrix} \cdot \cos\beta + \begin{bmatrix} \tau_{xz} \\ \tau_{yz} \\ \sigma_{zz} \end{bmatrix} \cdot \cos\gamma ,$$

$$\underline{s} = \begin{bmatrix} s_x \\ s_y \\ s_z \end{bmatrix} = \begin{bmatrix} \sigma_{xx} + \tau_{xy} + \tau_{xz} \\ \tau_{yx} + \sigma_{yy} + \tau_{yz} \\ \tau_{zx} + \tau_{zy} + \sigma_{zz} \end{bmatrix} \cdot \begin{bmatrix} \cos\alpha \\ \cos\beta \\ \cos\gamma \end{bmatrix} \tag{2.39a}$$

bzw. mit Gl. (2.36)

$$\underline{s} = \begin{bmatrix} s_x \\ s_y \\ s_z \end{bmatrix} = \begin{bmatrix} \sigma_{xx} + \tau_{xy} + \tau_{xz} \\ \tau_{yx} + \sigma_{yy} + \tau_{yz} \\ \tau_{zx} + \tau_{zy} + \sigma_{zz} \end{bmatrix} \cdot \begin{bmatrix} n_x \\ n_y \\ n_z \end{bmatrix} , \tag{2.39b}$$

oder in symbolischer Schreibweise

$$\underline{s} = \underline{\underline{\sigma}} \cdot \underline{n} . \tag{2.39c}$$

Diese Beziehung wird als CAUCHYsche Formel bezeichnet. Sie beschreibt einen linearen Zusammenhang – eine Abbildung – zwischen den Vektoren. Danach ist beim Spannungstensor $\underline{\underline{\sigma}}$ jedem Normalenvektor $\underline{n}$ ein Spannungsvektor $\underline{s}$ zugeordnet.

Wenn die Vektoren $\underline{s}$ und $\underline{n}$ zusammenfallen, ist $\underline{s}$ eine *Hauptnormalspannung*. Ist dies nicht der Fall, lässt sich der Spannungsvektor $\underline{s}$ gemäß Gleichung (2.31) in seine Komponenten zerlegen. Die senkrechte Projektion des Spannungsvektors $\underline{s}$ auf den Normaleneinheitsvektor $\underline{n}$ liefert die Normalspannungskomponente σ des Spannungsvektors zur Schnittebene dA (Bild 2.29) mit dem Betrag aus dem Skalarprodukt von $\underline{s}$ und $\underline{n}$

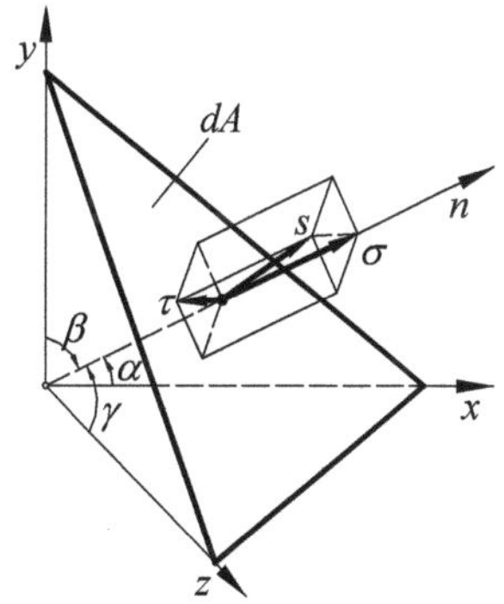

Bild 2.29: Spannungen in beliebiger Schnittrichtung

$$\sigma = \underline{s} \cdot \underline{n} = \begin{bmatrix} s_x & s_y & s_z \end{bmatrix} \cdot \begin{bmatrix} \cos\alpha \\ \cos\beta \\ \cos\gamma \end{bmatrix} . \tag{2.40}$$

Zusammengefasst lässt sich für den Betrag der Normalspannung in beliebiger Schnittrichtung bei bekanntem Spannungszustand schreiben:

$$\sigma = \sigma_x \cdot \cos^2\alpha + \sigma_y \cdot \cos^2\beta + \sigma_z \cdot \cos^2\gamma$$
$$+2 \cdot (\tau_{xy} \cdot \cos\alpha \cdot \cos\beta + \tau_{yz} \cdot \cos\beta \cdot \cos\gamma + \tau_{zx} \cdot \cos\gamma \cdot \cos\alpha)\,.$$

Mit dem Satz des PYTHAGORAS können wir gemäß Bild 2.29 den Betrag der Schubspannungen in der Schnittebene

$$\tau = \sqrt{s^2 - \sigma^2} \tag{2.41}$$

berechnen.

Beispiel 2.5

Für den in einem Punkt durch

$$\underline{\underline{S}} = \begin{bmatrix} 108 & -81 & 0 \\ -81 & -108 & 0 \\ 0 & 0 & 54 \end{bmatrix} \frac{\mathrm{N}}{\mathrm{mm}^2}$$

vorgegebenen Spannungszustand sind für einen Schnitt durch diesen Punkt mit dem Normalenvektor

$$\underline{n} = \begin{bmatrix} 2/3 \\ -2/3 \\ 1/3 \end{bmatrix}$$

der Spannungsvektor $\underline{s}$ sowie die Normalkomponenten $\underline{\sigma}$ und $\underline{\tau}$ zu berechnen.

Lösung:

Die Komponenten des Spannungsvektors $\underline{s}$ berechnen wir mit Gl. (2.39) zu

$$s_x = \left[108 \cdot \frac{2}{3} - 81 \cdot \left(-\frac{2}{3}\right) + 0\right] \mathrm{N/mm^2} = 126\,\mathrm{N/mm^2}\,,$$

$$s_y = \left[-81 \cdot \frac{2}{3} - 108 \cdot \left(-\frac{2}{3}\right) + 0\right] \mathrm{N/mm^2} = 18\,\mathrm{N/mm^2}$$

$$s_z = \left[0 + 0 - 54 \cdot \frac{1}{3}\right] \mathrm{N/mm^2} = 18\,\mathrm{N/mm^2}$$

mit dem Betrag

$$s = \sqrt{s_x^2 + s_y^2 + s_z^2} = \sqrt{126^2 + 18^2 + 18^2} \cdot \mathrm{N/mm^2} = \underline{128{,}5\,\mathrm{N/mm^2}}\,.$$

Aus dem Skalarprodukt von $\underline{s}$ und $\underline{n}$ berechnen wir mit Gl. (2.40) die Normalspannung

$$\sigma = \underline{s} \cdot \underline{n} = \begin{bmatrix} s_x & s_y & s_z \end{bmatrix} \cdot \begin{bmatrix} n_x \\ n_y \\ n_z \end{bmatrix} = \left[126 \cdot \frac{2}{3} + 18 \cdot \left(-\frac{2}{3}\right) + 18 \cdot \frac{1}{3}\right] \mathrm{N/mm^2} = \underline{78\,\mathrm{N/mm^2}}\,.$$

Damit folgt für den Betrag der Schubspannung, Gl. (2.41)

$$\tau = \sqrt{s^2 - \sigma^2} = \sqrt{128{,}5^2 + 78^2} \cdot \mathrm{N/mm^2} = \underline{102\,\mathrm{N/mm^2}}\,.$$

2.4.4 Hauptspannungen

Für den Festigkeitsnachweis dreiachsiger Probleme ist in der Regel die Kenntnis von Betrag – und häufig auch der Richtung – der Hauptspannungen erforderlich.

Zur Ermittlung der *Hauptnormalspannungen* dreht man das Würfelelement so um alle drei Achsen, bis alle Schubspannungen in den Würfelflächen (Schnittebenen) verschwinden. Für diesen Fall nehmen die Normalspannungen Extremwerte an. Die Hauptnormalspannungen werden mit σ_1, σ_2 und σ_3 bezeichnet ($\sigma_1 > \sigma_2 > \sigma_3$). Sie zeigen in Richtung der *Hauptachsen* 1, 2, 3, auf die die Matrix des Spannungstensors; Gleichung (2.32) transformiert werden kann:

$$\underline{\underline{S}} = \underline{\underline{S}}^{\mathrm{T}} = \begin{bmatrix} \sigma_{\mathrm{xx}} & \tau_{\mathrm{xy}} & \tau_{\mathrm{xz}} \\ \tau_{\mathrm{yx}} & \sigma_{\mathrm{yy}} & \tau_{\mathrm{yz}} \\ \tau_{\mathrm{zx}} & \tau_{\mathrm{zy}} & \sigma_{\mathrm{zz}} \end{bmatrix} = \begin{bmatrix} \sigma_1 & 0 & 0 \\ 0 & \sigma_2 & 0 \\ 0 & 0 & \sigma_3 \end{bmatrix}. \tag{2.42}$$

Den so gedrehten Würfel bezeichnet man als *Hauptspannungselement,* seine Flächen (Schnittebenen) als *Hauptspannungsebenen* bzw. *Hauptebenen* und die entsprechende Schnittrichtungen als *Hauptspannungsrichtungen.*

Die resultierenden Spannungsvektoren $\underline{\sigma}_{\mathrm{i}}$ (i = 1, 2, 3) verlaufen in Richtung der Flächennormalen der Hauptebenen $\underline{n}$. Sie haben den Betrag σ_{i}; d.h. sie sind σ_{i}-mal so groß, wie der Einheitsvektor. Es gilt $\underline{\sigma}_{\mathrm{i}} = \sigma_{\mathrm{i}} \cdot \underline{n}_{\mathrm{i}}$ $\quad (i = 1, 2, 3)$

$$\begin{bmatrix} \sigma_{\mathrm{ix}} \\ \sigma_{\mathrm{iy}} \\ \sigma_{\mathrm{iz}} \end{bmatrix} = \sigma_{\mathrm{i}} \cdot \begin{bmatrix} \cos\alpha \\ \cos\beta \\ \cos\gamma \end{bmatrix}. \tag{2.43}$$

Der nach Gleichung (2.43) beschriebene Spannungszustand für die Hauptschnittebene wird so auch in Gleichung (2.39) für eine allgemeine Schnittebene beschrieben. Damit kann man die Spannungswerte gleichsetzen:

$$\begin{aligned} s_{\mathrm{x}} &= \sigma_{\mathrm{i}} \cdot \cos\alpha = \sigma_{\mathrm{x}} \cdot \cos\alpha + \tau_{\mathrm{xy}} \cdot \cos\beta + \tau_{\mathrm{xz}} \cdot \cos\gamma \\ s_{\mathrm{y}} &= \sigma_{\mathrm{i}} \cdot \cos\beta = \tau_{\mathrm{yx}} \cdot \cos\alpha + \sigma_{\mathrm{y}} \cdot \cos\beta + \tau_{\mathrm{yz}} \cdot \cos\gamma \\ s_{\mathrm{z}} &= \sigma_{\mathrm{i}} \cdot \cos\gamma = \tau_{\mathrm{zx}} \cdot \cos\alpha + \tau_{\mathrm{zy}} \cdot \cos\beta + \sigma_{\mathrm{z}} \cdot \cos\gamma \end{aligned}$$

bzw. auf einer Gleichungsseite zusammengefasst, wird

$$\begin{aligned} &(\sigma_{\mathrm{x}} - \sigma_{\mathrm{i}}) \cdot \cos\alpha + \tau_{\mathrm{xy}} \cdot \cos\beta + \tau_{\mathrm{xz}} \cdot \cos\gamma = 0 \\ &\tau_{\mathrm{yx}} \cdot \cos\alpha + (\sigma_{\mathrm{y}} - \sigma_{\mathrm{i}}) \cdot \cos\beta + \tau_{\mathrm{yz}} \cdot \cos\gamma = 0\,. \\ &\tau_{\mathrm{zx}} \cdot \cos\alpha + \tau_{\mathrm{zy}} \cdot \cos\beta + (\sigma_{\mathrm{z}} - \sigma_{\mathrm{i}}) \cdot \cos\gamma = 0 \end{aligned} \tag{2.44}$$

Damit erhält man ein homogenes, lineares Gleichungssystem zur Berechnung der Richtungskosinus der Normalenvektoren der Hauptspannungsebenen $\cos\alpha$, $\cos\beta$, $\cos\gamma$ sowie der Hauptspannungen selbst. Die notwendige Bedingung für nichttriviale Lösungen besteht im Verschwinden der Koeffizientendeterminante. Dann ist jede der drei Gleichungen als Linearkombination der beiden anderen darstellbar. Die fehlende dritte unabhängige Gleichung zur Bestimmung der Richtungskosinus ergibt sich aus Gl. (2.37): $\cos^2\alpha + \cos^2\beta + \cos^2\gamma = 1$.

Die Berechnung der Hauptspannungen stellt mathematisch ein *Eigenwertproblem* dar, das sich aus der zu Null gesetzten Koeffizientendeterminante der Gl. (2.44)

$$\begin{vmatrix} \sigma_{xx} - \sigma_i & \tau_{xy} & \tau_{xz} \\ \tau_{yx} & \sigma_{yy} - \sigma_i & \tau_{yz} \\ \tau_{zx} & \tau_{zy} & \sigma_{zz} - \sigma_i \end{vmatrix} = 0$$

bestimmen lässt. Diese ergibt, aufgelöst, eine Gleichung dritten Grades (*Eigenwertgleichung*), deren Lösung die gesuchten Eigenwerte der Spannungsmatrix d.h. die Hauptnormalspannungen σ_i (*Eigenwerte des Spannungstensors*) sind

$$\sigma_i^3 - (\sigma_x + \sigma_y + \sigma_z)\sigma_i^2 + (\sigma_x\sigma_y + \sigma_y\sigma_z + \sigma_z\sigma_x - \tau_{xy}^2 - \tau_{yz}^2 - \tau_{zx}^2)\sigma_i$$
$$-(\sigma_x \cdot \sigma_y \cdot \sigma_z + 2\cdot\tau_{xy}\cdot\tau_{yz}\cdot\tau_{zx} - \sigma_x\cdot\tau_{yz}^2 - \sigma_y\cdot\tau_{zx}^2 - \sigma_z\tau_{xy}^2) = 0 \qquad (2.45a)$$

oder kürzer

$$\sigma_i^3 - I_1\cdot\sigma_i^2 + I_2\cdot\sigma_i - I_3 = 0\,. \qquad (2.45b)$$

Die Koeffizienten I_1, I_2, I_3 in der Eigenwertgleichung (2.45b) sind die *Invarianten des räumlichen Spannungstensors*; d.h. unveränderliche Größen in Bezug auf Koordinatentransformation (Drehung). Sie werden – wie aus dem Vergleich der beiden obigen Gleichungen zu erkennen – wie folgt berechnet:

$$I_1 = \sigma_x + \sigma_y + \sigma_z = \sigma_1 + \sigma_2 + \sigma_3 \qquad (2.46)$$

ist die Summe der Hauptdiagonalen des Spannungsvektors (Spur der Spannungssumme).

$$I_2 = \sigma_x\sigma_y + \sigma_y\sigma_z + \sigma_z\sigma_x - \tau_{xy}^2 - \tau_{yz}^2 - \tau_{zx}^2 = \sigma_1\sigma_2 + \sigma_2\sigma_3 + \sigma_3\sigma_1 \qquad (2.47)$$

ist die Summe der zweireihigen Unterdeterminanten der Spannungsmatrix (Streichung der 3.Zeile und 3. Spalte).

$$I_3 = \sigma_x\sigma_y\sigma_z + 2\tau_{xy}\tau_{yz}\tau_{zx} - \sigma_x\tau_{yz}^2 - \sigma_y\tau_{zx}^2 - \sigma_z\tau_{xy}^2 = \sigma_1\sigma_2\sigma_3 \qquad (2.48)$$

ist die Determinante der Spannungsmatrix.

Die Invarianz gegen Koordinatentransformation vom *x-y-z*-System ins Hauptachsensystem erlaubt auch die Darstellung der Invarianten über die Hauptnormalspannungen (rechte Seite der Gleichungen). Die somit mittels Gl. (2.46) gegebene gute Kontrollmöglichkeit bei der Berechnung der Hauptspannungen sollte genutzt werden (siehe auch Abschnitt 2.3.2).

Wegen der Symmetrie der Koeffizientendeterminante hat die Eigenwertgleichung stets drei reelle Lösungen – die Hauptspannungen σ_1, σ_2 und σ_3.

Die *Hauptschubspannungen* wirken – wie auch schon in den Abschnitten 2.2.3 und 2.3.2 gezeigt – jeweils in Schnittebenen, die mit den Hauptspannungsebenen einen Winkel von 45° einschließen und zu einer der Hauptachsen parallel verlaufen (siehe Bild 2.30).

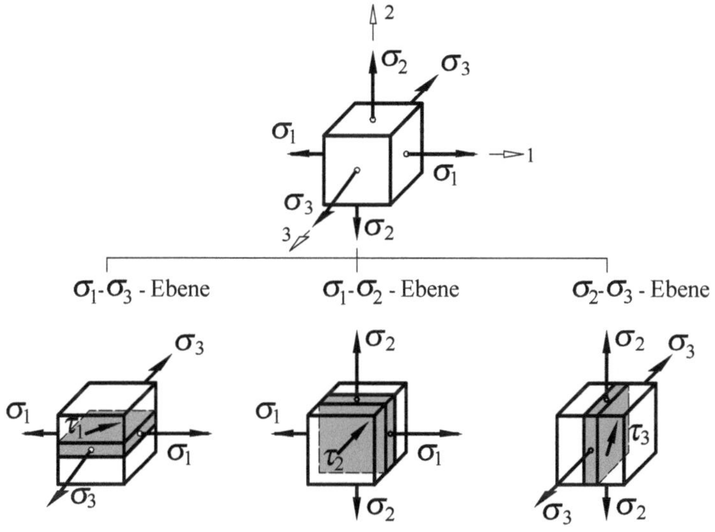

Bild 2.30: Hauptschubspannungen am Hauptspannungselement

Sie lassen sich am einfachsten und sehr anschaulich bei bekannten Hauptspannungen in den Hauptspannungsebenen aus den Radien der drei MOHRschen Spannungskreise, siehe Bild 2.31, aus einem zweiachsigen Spannungszustand herleiten.

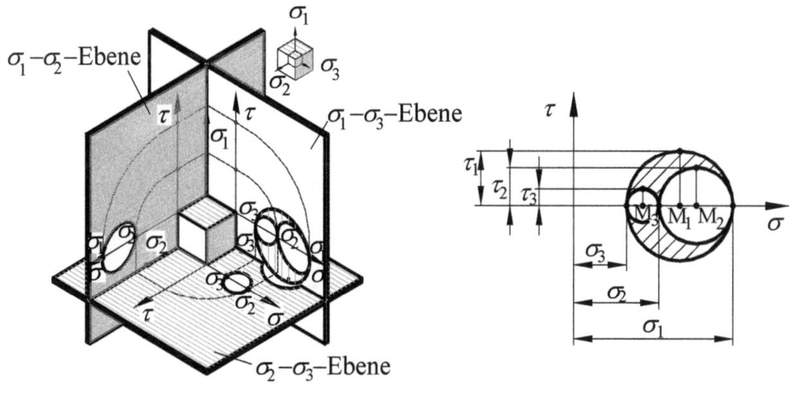

a) perspektivische Darstellung nach /55/ b) in die $\sigma_1 - \sigma_3$ – Ebene geklappt

Bild 2.31: MOHRsche Spannungskreise in den Hauptspannungsebenen

In der Hauptspannungsebene berühren sich die Nebenkreise und werden vom Hauptspannungskreis eingeschlossen. Damit können die Gleichungen direkt aus Bild 2.32 aufgeschrieben werden:

$$\tau_1 = \frac{\sigma_1 - \sigma_3}{2} = \tau_{max} \tag{2.49}$$

$$\tau_2 = \frac{\sigma_1 - \sigma_2}{2} \tag{2.50}$$

$$\tau_3 = \frac{\sigma_2 - \sigma_3}{2}. \tag{2.51}$$

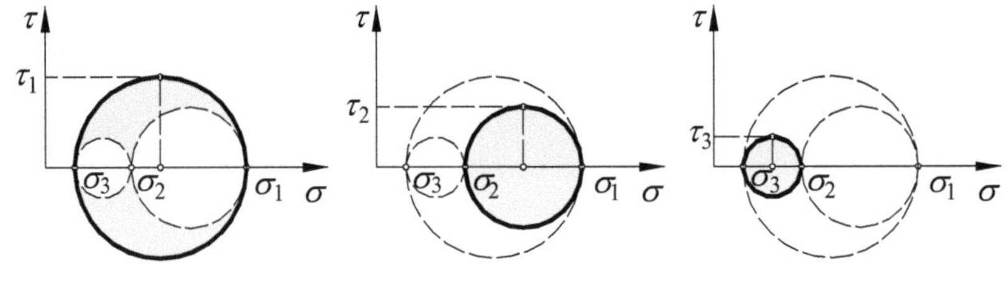

a) Hauptkreis 1-3 b) Nebenkreis 1-2 c) Nebenkreis 2-3

Bild 2.32: Hauptschubspannungen in den Hauptspannungsebenen

Die Ermittlung der Hauptnormalspannungen sowie der Normal- und Schubspannungen in jeder beliebigen Schnittebene mit Hilfe des MOHRschen Spannungskreises, wie es im zweiachsigen Spannungszustand anschaulich darstellbar ist, ist im dreiachsigen Spannungszustand so nicht mehr möglich.

Beispiel 2.6

Für das auf Bild 2.33 gezeigte dickwandige Rohr wird der Spannungszustand im Punkt P durch die folgenden (auf 10 N/mm^2 gerundeten) Spannungen beschrieben:

$\sigma_x = 180\,\text{N/mm}^2$ $\tau_{xy} = 100\,\text{N/mm}^2$

$\sigma_y = 60\,\text{N/mm}^2$ $\tau_{yz} = 30\,\text{N/mm}^2$

$\sigma_z = 120\,\text{N/mm}^2$ $\tau_{xz} = 140\,\text{N/mm}^2$

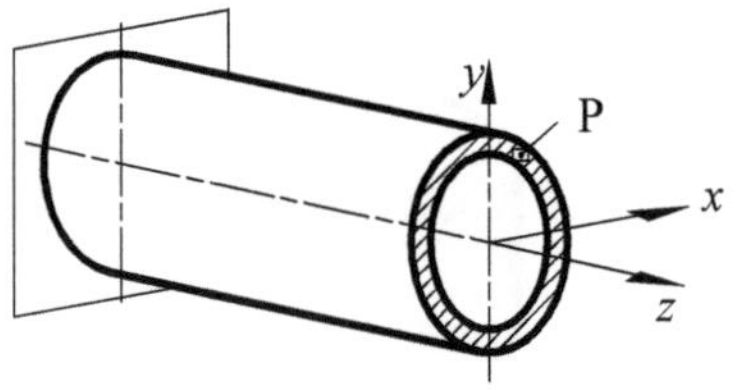

Bild 2.33: Hochdruckrohr

Es sind:

a) In einer Schnittebebe E, deren Normalenvektor die Winkel $\alpha = \gamma = 60°, \beta = 45°$ mit dem x-y-z-Koordinatensystem einschließt, die Normal- und Schubspannung zu berechnen.

b) Die Hauptnormalspannungen sowie die Hauptschubspannungen zu berechnen.

c) Unter welchem Winkel verläuft die maximale Hauptnormalspannung zum *x-y-z*-Koordinatensystem?

Lösung:

a) Mit dem Spannungstensor im Punkt P entsprechend Gleichung (2.32)

$$\underline{\underline{S}}_P = \begin{bmatrix} \sigma_{xx} & \tau_{xy} & \tau_{xz} \\ \tau_{yx} & \sigma_{yy} & \tau_{yz} \\ \tau_{zx} & \tau_{zy} & \sigma_{zz} \end{bmatrix} = \begin{bmatrix} 18 & 10 & 14 \\ 10 & 6 & 3 \\ 14 & 3 & 12 \end{bmatrix} \cdot \text{kN/cm}^2$$

und dem Normalenvektor, Gl. (2.36), für die Ebene E

$$\underline{n}_E = \begin{bmatrix} n_{Ex} \\ n_{Ey} \\ n_{Ez} \end{bmatrix} = \begin{bmatrix} \cos\alpha \\ \cos\beta \\ \cos\gamma \end{bmatrix} = \begin{bmatrix} 1/2 \\ \sqrt{2}/2 \\ 1/2 \end{bmatrix}$$

wird für den Spannungsvektor auf der Ebene nach Gl. (2.39).

$$\underline{S}_E = \begin{bmatrix} \sigma_{xx}\cdot\cos\alpha + \tau_{xy}\cdot\cos\beta + \tau_{xz}\cdot\cos\gamma \\ \tau_{yx}\cdot\cos\alpha + \sigma_{yy}\cdot\cos\beta + \tau_{yz}\cdot\cos\gamma \\ \tau_{zx}\cdot\cos\alpha + \tau_{zy}\cdot\cos\beta + \sigma_{zz}\cdot\cos\gamma \end{bmatrix} = \begin{bmatrix} 9 + 7{,}071 + 7 \\ 5 + 4{,}243 + 1{,}5 \\ 7 + 2{,}121 + 6 \end{bmatrix} \text{kN/cm}^2 = \begin{bmatrix} 23{,}071 \\ 10{,}743 \\ 15{,}121 \end{bmatrix} \text{kN/cm}^2 .$$

Der Betrag des Spannungsvektors errechnet sich damit zu

$$s_E = \sqrt{23{,}071^2 + 10{,}743^2 + 15{,}121^2} \cdot \text{kN/cm}^2 = 29{,}6 \cdot \text{kN/cm}^2 .$$

Die Normalkomponente des Spannungsvektors auf der Ebene E wird nach Gl. (2.40) berechnet:

$$\sigma_E = \sigma_x \cos^2\alpha + \sigma_y \cos^2\beta + \sigma_z \cdot \cos^2\gamma + 2(\tau_{xy}\cos\alpha\cos\beta + \tau_{yz}\cos\beta\cos\gamma + \tau_{zx}\cos\gamma\cos\alpha)$$
$$= [4{,}5 + 3 + 3 + 2\cdot(3{,}536 + 1{,}061 + 3{,}5)]\cdot \text{kN/cm}^2 = 26{,}692\,\text{kN/cm}^2 = \underline{267\,\text{N/mm}^2} .$$

Nach Gleichung (2.41) wird damit die Schubspannungskomponente:

$$\tau_E = \sqrt{s_E^2 - \sigma_E^2} = \sqrt{29{,}603^2 - 26{,}692^2} \cdot \text{kN/cm}^2 = 12{,}80\,\text{kN/cm}^2 = \underline{128{,}0\,\text{N/mm}^2}.$$

b) Die Berechnung der Hauptspannungen aus der Eigenwertgleichung (2.45) ist die Lösung einer Gleichung 3. Grades und naturgemäß etwas aufwendiger. Hierfür stehen entsprechende Rechenprogrammen zur Gleichungsauflösung – die nicht teuer sein müssen – zur Verfügung. Die ausführliche Handrechnung (mit den „übersichtlichen“ Zahlenwerten der Aufgabenstellung) steht dem daran interessierten Leser im Anhang A2 zum Nachvollzug zur Verfügung.

Die auf ganze Zahlen gerundeten Ergebnisse lauten:

$$\underline{\sigma_1 = 329\,\text{N/mm}^2},$$

$$\underline{\sigma_2 = 54\,\text{N/mm}^2}$$

$$\underline{\sigma_3 = -23\,\text{N/mm}^2}.$$

Mit der Invarianzbedingung, Gl. (2.46) führen wir die Probe durch:

$$\sigma_x + \sigma_y + \sigma_z = \sigma_1 + \sigma_2 + \sigma_3 = (180 + 60 + 120)\,\text{N/mm}^2 = (329 + 54 - 23)\,\text{N/mm}^2 = I_1 .$$

Die Hauptschubspannungen werden mit den Gleichungen (2.49) bis (2.51) berechnet:

$$\tau_1 = \frac{\sigma_1 - \sigma_3}{2} = \underline{176\,\text{N/mm}^2},$$

$$\tau_2 = \frac{\sigma_1 - \sigma_2}{2} = \underline{137\,\text{N/mm}^2},$$

$$\tau_3 = \frac{\sigma_2 - \sigma_3}{2} = \underline{38\,\text{N/mm}^2}.$$

c) Die Berechnung der Winkel der Hauptachse 1 mit dem *x-y-z*-Koordinatensystem ist ein geometrisches Problem. Den Zusammenhang zwischen den Hauptspannungen und ihren Richtungen beschreibt die Gleichung (2.44).

Mit den Gleichungen (2.44) sowie der Gl. (2.36) berechnen wir die Hauptspannungsrichtung von σ_1:

$$(\sigma_x - \sigma_i) \cdot \cos\alpha + \tau_{xy} \cdot \cos\beta + \tau_{xz} \cdot \cos\gamma = (\sigma_x - \sigma_1) \cdot n_1 + \tau_{xy} \cdot n_2 + \tau_{xz} \cdot n_3 = 0$$

$$\tau_{xy} \cdot \cos\alpha + (\sigma_y - \sigma_i) \cdot \cos\beta + \tau_{yz} \cdot \cos\gamma = \tau_{xy} \cdot n_1 + (\sigma_y - \sigma_1) \cdot n_2 + \tau_{yz} \cdot n_3 = 0$$

$$\tau_{zx} \cdot \cos\alpha + \tau_{zy} \cdot \cos\beta + (\sigma_z - \sigma_i) \cdot \cos\gamma = \tau_{zx} \cdot n_1 + \tau_{zy} \cdot n_2 + (\sigma_z - \sigma_1) \cdot n_3 = 0 .$$

Die Spannungswerte in kN/cm^2 eingesetzt, wird:

$$(18 - 32{,}86) \cdot n_1 + 10 \cdot n_2 + 14 \cdot n_3 = -14{,}86 \cdot n_1 + 10 \cdot n_2 + 14 \cdot n_3 = 0$$

$$14 \cdot n_1 + (6 - 32{,}86) \cdot n_2 + 3 \cdot n_3 = 14 \cdot n_1 - 26{,}86 \cdot n_2 + 3 \cdot n_3 = 0$$

$$14 \cdot n_1 + 3 \cdot n_2 + (12 - 32{,}86) \cdot n_3 = 14 \cdot n_1 + 3 \cdot n_2 - 20{,}86 \cdot n_3 = 0 .$$

Wenn wir die ersten beiden Gleichungen durch n_3 dividieren, erhalten wir:

$$-14{,}86\cdot\frac{n_1}{n_3}+10\cdot\frac{n_2}{n_3}=-14\cdot\frac{n_3}{n_3}$$

$$14\cdot\frac{n_1}{n_3}-26{,}86\cdot\frac{n_2}{n_3}=-3\cdot\frac{n_3}{n_3}.$$

Aus diesen beiden Gleichungen berechnen wir für die Verhältnisse

$$\frac{n_1}{n_3}=1{,}358 \qquad \text{und} \qquad \frac{n_2}{n_3}=0{,}617.$$

Mit der Kontrolle durch die dritte Gleichung

$$14\cdot 1{,}358+3\cdot 0{,}617=20{,}86\cdot n_3 \quad\Rightarrow\quad n_3=1$$

ergibt sich auch das Vorzeichen für das Verhältnis n_3/n_3.

Damit wird Gl. (2.36)

$$\underline{n}_{(\sigma_1)}=\begin{bmatrix} n_1/n_3 \\ n_2/n_3 \\ n_3/n_3 \end{bmatrix}=\lambda\cdot\begin{bmatrix} 1{,}358 \\ 0{,}617 \\ 1{,}000 \end{bmatrix}.$$

Gemäß Gl. (2.37) muss der Richtungsvektor den Betrag 1 haben, also

$$\underline{n}=\lambda\cdot\sqrt{1{,}358^2+0{,}617^2+1^2}=\lambda\cdot\sqrt{3{,}224}=1 \quad\Rightarrow\quad \lambda=\frac{1}{\sqrt{3{,}224}}.$$

Damit wird der Richtungsvektor der Hauptspannung σ_1:

$$\underline{n}_{(\sigma_1)}=\frac{1}{\sqrt{3{,}224}}\cdot\begin{bmatrix} 1{,}358 \\ 0{,}617 \\ 1 \end{bmatrix}=\begin{bmatrix} 0{,}756 \\ 0{,}344 \\ 0{,}557 \end{bmatrix}$$

und die Winkel der Hauptachse 1: $\underline{\alpha_1=40{,}9°}$

$\underline{\beta_1=69{,}9°}$

$\underline{\gamma_1=56{,}2°}$.

Auf dem gleichen Rechenweg, mit den Hauptspannungen $\sigma_i=\sigma_2$ und $\sigma_i=\sigma_3$, erhält man die Richtungen der beiden anderen Hauptachsen. Zur Kontrolle selbständiger Übung sind sie nachfolgend angegeben.

Die Winkel der Hauptachse 2: $\alpha_2=98{,}9°$, $\beta_2=137{,}1°$, $\gamma_2=48{,}5°$,

die Winkel der Hauptachse 3: $\alpha_3=129{,}0°$, $\beta_3=54{,}0°$, $\gamma_3=60{,}0°$.

2.4.5 Gleichgewichtsbedingungen

An einem durch äußere Kräfte belasteten Körper, der sich im verformten Zustand im Gleichgewicht befindet, stellt sich – abgesehen von einfachen (homogenen) Spannungszuständen – im Inneren eine stetige Spannungsverteilung ein. Die Spannungskomponenten sind somit stetige Funktionen der Koordinaten.

Wie im Abschnitt 2.4.2 gezeigt, lässt sich der Spannungszustand eines Körpers in einem Punkt durch den Spannungstensor beschreiben. Dabei sind die in Bild 2.25b dargestellten Komponenten des Spannungstensors im Allgemeinen nicht unabhängig voneinander, sondern durch *Gleichgewichtsbedingungen* miteinander verknüpft. Anhand des herausgeschnittenen Quaders mit den Seitenlängen *dx*, *dy*, *dz* gemäß Bild 2.34 wollen wir die Zusammenhänge untersuchen:

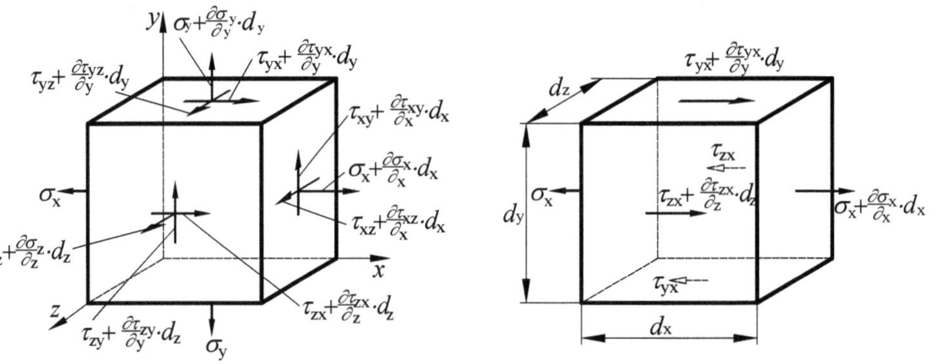

a) Spannungen b) Spannungen in x-Richtung

Bild 2.34: Spannungen am Volumenelement

Im Allgemeinen hängen die Spannungen von x, y und z ab, sodass sie auf den gegenüberliegenden Flächen des auf Bild 2.34a gezeigten Volumenelementes nicht gleich groß sind. Sie unterscheiden sich durch infinitesimale Zuwächse. Jede stetige Funktion lässt sich in eine TAYLOR-Reihe[17] entwickeln. Dabei sind die Spannungen an den Flächen bei $(x+dx)$, $(y+dy)$ und $(z+dz)$, in

$$f(x+dx,y,z)=f(x,y,z)+\frac{1}{1!}\cdot\frac{\partial f}{\partial x}\cdot dx+\frac{1}{2!}\cdot\frac{\partial^2 f}{\partial x^2}\cdot dx^2+\cdots,$$

$$f(x,y+dy,z)=f(x,y,z)+\frac{1}{1!}\cdot\frac{\partial f}{\partial y}\cdot dy+\frac{1}{2!}\cdot\frac{\partial^2 f}{\partial y^2}\cdot dy^2+\cdots \qquad (2.52)$$

$$f(x,y,z+dz)=f(x,y,z)+\frac{1}{1!}\cdot\frac{\partial f}{\partial z}\cdot dz+\frac{1}{2!}\cdot\frac{\partial^2 f}{\partial z^2}\cdot dz^2+\cdots$$

entwickelt; wobei die Glieder höherer Ordnung vernachlässigt sind.

---

17 BROOK TAYLOR; 1685–1731, britischer Mathematiker.

Es wirken zudem an dem zu einem Parallelepiped[18] verformten Element in Richtung der drei Achsen die Komponenten einer nicht eingezeichneten, im Schwerpunkt angreifenden Volumenkraft p.

Mit den drei Momentengleichgewichtsbedingungen um die Schwerpunktachsen kann man zeigen, dass der Satz der zugeordneten Schubspannung auch für den räumlichen Spannungszustand Gültigkeit besitzt.

Betrachten wir zunächst vereinfachend die Verhältnisse in nur einer Koordinatenrichtung, der in x-Richtung, (siehe Bild 2.34b), ergibt sich mit der in x-Richtung wirkende Komponente der Volumenbelastung

$$p_{\mathrm{x}} = \frac{F_{\mathrm{V}}}{dx \cdot dy \cdot dz}.$$

Für das Gleichgewicht der Kräfte:

$$-\sigma_{\mathrm{x}} \cdot dy \cdot dz + \left(\sigma_{\mathrm{x}} + \frac{\partial \sigma_{\mathrm{x}}}{\partial x} \cdot dx\right) dy \cdot dz - \tau_{\mathrm{zx}} \cdot dx \cdot dy + \left(\tau_{\mathrm{zx}} + \frac{\partial \tau_{\mathrm{zx}}}{\partial z} \cdot dz\right) dx \cdot dy$$

$$-\tau_{\mathrm{yx}} \cdot dx \cdot dz + \left(\tau_{\mathrm{yx}} + \frac{\partial \tau_{\mathrm{yx}}}{\partial y} \cdot dy\right) dx \cdot dz + p_{x} \cdot dx \cdot dy \cdot dz = 0\,,$$

$$\frac{\partial \sigma_{\mathrm{x}}}{\partial x} \cdot dx \cdot dy \cdot dz + \frac{\partial \tau_{\mathrm{yx}}}{\partial y} \cdot dx \cdot dy \cdot dz + \frac{\partial \tau_{\mathrm{zx}}}{\partial z} \cdot dx \cdot dy \cdot dz + p_{\mathrm{x}} \cdot dx \cdot dy \cdot dz = 0\,.$$

Dividiert durch das Volumen $dx \cdot dy \cdot dz$ erhalten wir die unter Berücksichtigung der im Schwerpunkt des Massenelementes angreifenden Komponenten der Volumenkraft die Gleichgewichtsbedingung und auf gleichem Wege die Gleichungen für die beiden anderen Koordinatenrichtungen des räumlichen Spannungszustandes:

$$\frac{\partial \sigma_{\mathrm{x}}}{\partial x} + \frac{\partial \tau_{\mathrm{yx}}}{\partial y} + \frac{\partial \tau_{\mathrm{zx}}}{\partial z} + p_{\mathrm{x}} = 0$$

$$\frac{\partial \tau_{\mathrm{xy}}}{\partial x} + \frac{\partial \sigma_{\mathrm{y}}}{\partial y} + \frac{\partial \tau_{\mathrm{zy}}}{\partial z} + p_{\mathrm{y}} = 0 \qquad (2.53\mathrm{a})$$

$$\frac{\partial \tau_{\mathrm{xz}}}{\partial x} + \frac{\partial \tau_{\mathrm{yz}}}{\partial y} + \frac{\partial \sigma_{\mathrm{z}}}{\partial z} + p_{\mathrm{z}} = 0\,.$$

---

[18] Parallelepiped: ein durch drei Paare zueinander paralleler Ebenen begrenzter Körper.

In der Matrixschreibweise nehmen die Gleichungen die folgende Form an:

$$\begin{bmatrix} \frac{\partial}{\partial x} & 0 & 0 & \frac{\partial}{\partial y} & 0 & \frac{\partial}{\partial z} \\ 0 & \frac{\partial}{\partial y} & 0 & \frac{\partial}{\partial x} & \frac{\partial}{\partial z} & 0 \\ 0 & 0 & \frac{\partial}{\partial z} & 0 & \frac{\partial}{\partial y} & \frac{\partial}{\partial x} \end{bmatrix} \cdot \begin{bmatrix} \sigma_{xx} \\ \sigma_{yy} \\ \sigma_{zz} \\ \tau_{xy} \\ \tau_{yz} \\ \tau_{zx} \end{bmatrix} + \begin{bmatrix} p_x \\ p_y \\ p_z \end{bmatrix} = \begin{bmatrix} 0 \\ 0 \\ 0 \end{bmatrix} \tag{2.53b}$$

bzw. in kompakter Schreibweise

$$\underline{\underline{D}}^{\mathrm{T}} \cdot \underline{\sigma} + \underline{p} = \underline{0} . \tag{2.53c}$$

2.5 Rotationssymmetrischer Spannungszustand

Rotationssymmetrische Körper bilden eine spezielle Gruppe räumlicher Tragwerke. Für sie ist häufig die Formulierung in Zylinderkoordinaten gemäß Bild 2.35 sinnvoll. Die Zylinderkoordinaten in Radial-, Umfangs- und Axialrichtung werden mit r, φ und z bezeichnet.

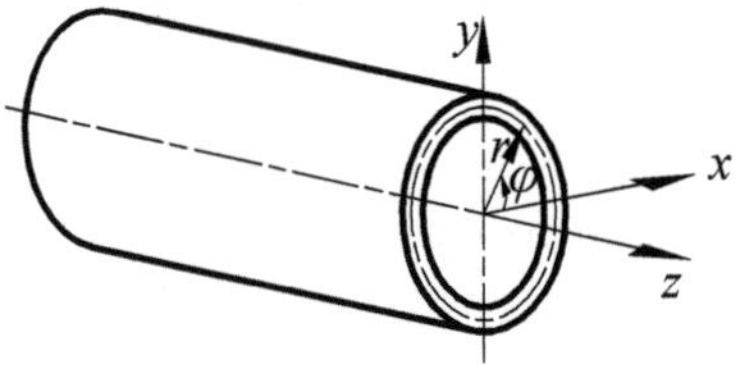

Bild 2.35: Rohr mit Zylinderkoordinaten

Damit hat die Spannungsmatrix nach Gleichung (2.32) die folgenden Einträge

$$\underline{\underline{S}} = \begin{bmatrix} \sigma_{rr} & \tau_{r\varphi} & \tau_{rz} \\ \tau_{\varphi r} & \sigma_{\varphi\varphi} & \tau_{\varphi z} \\ \tau_{zr} & \tau_{z\varphi} & \sigma_{zz} \end{bmatrix} . \tag{2.54}$$

In dieser Matrix sind $\sigma_{rr} = \sigma_r$ die *Radialspannung* und $\sigma_{\varphi\varphi} = \sigma_\varphi$ die *Umfangsspannung* und $\sigma_{zz} = \sigma_z$ die *Längsspannung* (*Axialspannung*).

Für die folgenden Überlegungen dieses Abschnittes setzen wir voraus, dass der betrachtete Körper nur durch Schnitte $z =$ konst. und $r =$ konst. begrenzt ist, dass die Belastung nur in r-Richtung wirkt und nur von der Koordinate r abhängt. Bei homogenem, isotropem Material hängen sämtliche Spannungen und Dehnungen somit auch nur von r ab. Unter diesen Annahmen spricht man von einem *rotationssymmetrischen Spannungszustand.* Ein solcher Spannungszustand ist noch durch gewöhnliche Differentialgleichungen zu beschreiben.

Die Abhängigkeit von der Geometrie oder den Belastungen führt auf partielle Differentialgleichungen.

Zur Herleitung der Gleichgewichtsbedingungen gehen wir wieder von einem durch die Volumenkraft p belastetes und die Schnitte $r,\ r+dr,\quad z,\ z+dz$; $\varphi,\ \varphi+d\varphi$ begrenztes infinitesimalen Volumenelement der Dicke s nach Bild 2.36 aus. Die Normalspannungen an den Schnitten $r=$ konst., $\varphi=$ konst., $z=$ konst. sind σ_r, σ_φ und σ_z.

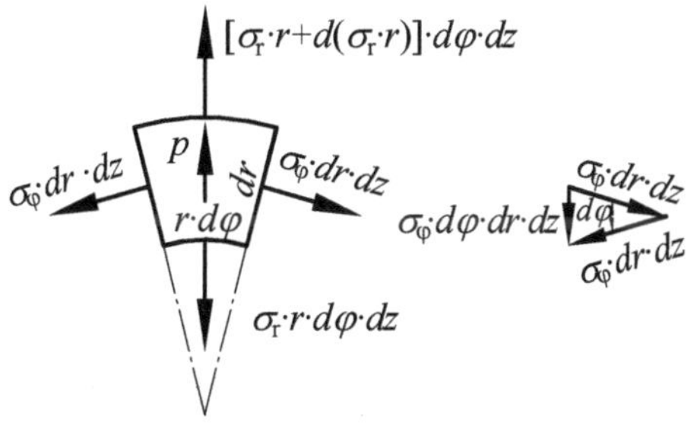

Bild 2.36: Gleichgewicht am Volumenelement

Eine Kraft pro Volumeneinheit in r-Richtung wird mit p bezeichnet; der Ausdruck $d(\sigma_r\cdot r)$ berücksichtigt die Änderung der Kraft $(\sigma_r\cdot r)\cdot d\varphi\cdot dz$ auf dem Wege dr. Wegen der obigen Voraussetzungen können keine Schubspannungen auftreten.

Aus der Kräftebilanz in r-Richtung erhalten wir:

$$-\sigma_r\cdot r\cdot d\varphi\cdot dz+\ \sigma_r\cdot r\cdot d\varphi\cdot dz+\frac{d(\sigma_r\cdot r)}{dr}\cdot dr\cdot d\varphi\cdot dz-\sigma_\varphi\cdot dr\cdot d\varphi\cdot dz+p\cdot r\cdot d\varphi\cdot dr\cdot dz=0$$

bzw.

$$\frac{d(\sigma_r\cdot r)}{dr}-\sigma_\varphi+p\cdot r=0\,. \qquad (2.55)$$

Da keine weitere Gleichgewichtsbedingung existiert, ist das Problem statisch unbestimmt. Dies erfordert die Untersuchung der Formänderungen, die Gegenstand des folgenden Kapitels sind.

Mit den im Abschnitt 3.4 beschriebenen Verformungsgleichungen (3.28) bis (3.30) lassen sich durch die Verknüpfung durch das Materialgesetz, Abschnitt 4.2.5, die Spannungsgleichungen (4.45) bis (4.47) angeben. Diese führen – zusammen mit der Gleichgewichtsbedingung (2.55) – zur Lösung des Problems.

Um eine Gleichung für die radiale Verschiebung v_r, siehe Bild 3.10, zu bekommen, werden die Verformungsgleichungen (3.28) bis (3.30) in die Gleichgewichtsbedingung (2.55) eingesetzt. Aus

$$\frac{E}{(1+\nu)\cdot(1-2\cdot\nu)}\cdot\left[(1-\nu)\frac{d}{dr}(\varepsilon_r\cdot r)+\nu\cdot\frac{d}{dr}(v_r+\varepsilon_z\cdot r)-(1-\nu)\cdot\varepsilon_\varphi-\nu\cdot(\varepsilon_r+\varepsilon_z)\right]+p\cdot r=0$$

erhalten wir die Differentialgleichung

$$\left(\frac{d^2v_r}{dr^2}+\frac{1}{r}\frac{dv_r}{dr}-\frac{v_r}{r^2}\right)\cdot(1-\nu)+\nu\cdot\frac{d\varepsilon_z}{dr}+\frac{p\cdot(1+\nu)\cdot(1-2\cdot\nu)}{E}=0\,, \qquad (2.56)$$

die für verschiedene Sonderfälle gelöst werden kann.

Die Lösung für den ebenen Spannungszustand ($\sigma_z = 0$) erhalten wir aus Gl. (4.47) – in Gl. (2.56) eingesetzt – als inhomogene Differentialgleichung zweiter Ordnung zu

$$\frac{d^2 v_r}{d r^2} + \frac{1}{r}\frac{dv_r}{dr} - \frac{v_r}{r^2} + \frac{p \cdot (1 - \nu^2)}{E} = 0 . \qquad (2.57)$$

Setzen wir in die Verformungsgleichungen (3.28) bis (3.30) ε_z = konst. ein und gehen damit in die Gleichgewichtsbedingung (2.55), führt das auf die Lösung für den ebenen Verzerrungszustand.

$$\frac{d^2 v_r}{d r^2} + \frac{1}{r}\frac{dv_r}{dr} - \frac{v_r}{r^2} + \frac{p \cdot (1 + \nu) \cdot (1 - 2 \cdot \nu)}{(1 - \nu) \cdot E} = 0 . \qquad (2.58)$$

Die vollständige Lösung dieser Differentialgleichungen setzt sich – wie bekannt – aus einer Lösung der homogenen Gleichung und aus einem partikulären Integral, welches von der Art der Volumenkraft abhängt, zusammen. Die Lösungen dieser Probleme sind in der Spezialliteratur zu den Flächentragwerken (Schalentheorie) zu finden.

Ohne ausführliche Ableitung wird nachfolgend die homogene Lösung $p = 0$ der EULERschen Differentialgleichung (2.57) über den Ansatz

$$v_{\text{rhom}} = A_i \cdot r^{\lambda_i}$$

gezeigt. Den Ansatz in Gl. (2.57) eingesetzt, erhalten wir

$$A_i \cdot r^{\lambda_i - 2} \cdot \left[\lambda_i \cdot (\lambda_i - 1) + \lambda_i - 1\right] = 0 .$$

Die charakteristische Gleichung liefert die folgenden Wurzeln

$$\lambda_{1,2} = \pm 1 .$$

Damit können wir schreiben

$$v_{\text{rhom}} = A_1 \cdot r + \frac{A_2}{r} . \qquad (2.59)$$

Daraus erhalten wir

$$\sigma_r = \frac{E}{1 - \nu^2} \cdot \left[A_1 \cdot (1 + \nu) - \frac{A_2}{\text{r}^2} \cdot (1 - \nu) \right] = A + \frac{B}{\text{r}^2} \qquad (2.60)$$

und

$$\sigma_\varphi = \frac{E}{1 - \nu^2} \cdot \left[A_1 \cdot (1 + \nu) + \frac{A_2}{\text{r}^2} \cdot (1 - \nu) \right] = A - \frac{B}{\text{r}^2} . \qquad (2.61)$$

Die Konstanten A und B sind aus den Randbedingungen zu ermitteln (siehe folgendes Beispiel).

Beispiel 2.7

Für den mittleren Teil eines sehr langen Hohlzylinders mit dem Innenrand $r = r_i$ und dem Außenrand $r = r_A$, der durch den Innendruck p_i und den Außendruck p_a belastet wird, ist die homogene Lösung zu entwickeln.

Lösung:

Da die Randbedingungen des Problems durch Spannungen vorgegeben sind, werden die beiden Konstanten aus der Gleichung (2.60) bestimmt:

$$-p_i = A + \frac{B}{r_i^2} \qquad \text{und} \qquad -p_a = A + \frac{B}{r_A^2}.$$

Damit werden die Konstanten:

$$A = \frac{p_i \cdot r_i^2 - p_a \cdot r_A^2}{r_A^2 - r_i^2} \qquad \text{und} \qquad B = (p_a - p_i)\frac{r_i^2 \cdot r_A^2}{r_A^2 - r_i^2}.$$

Für die Spannungen gilt somit

$$\sigma_r = \frac{p_i \cdot r_i^2}{r_A^2 - r_i^2} \cdot \left(1 - \frac{r_A^2}{r^2}\right) - \frac{p_a \cdot r_A^2}{r_A^2 - r_i^2} \cdot \left(1 - \frac{r_i^2}{r^2}\right), \tag{2.62}$$

$$\sigma_\varphi = \frac{p_i \cdot r_i^2}{r_A^2 - r_i^2} \cdot \left(1 + \frac{r_A^2}{r^2}\right) - \frac{p_a \cdot r_A^2}{r_A^2 - r_i^2} \cdot \left(1 + \frac{r_i^2}{r^2}\right). \tag{2.63}$$

Aus der folgenden Abbildung wird die Spannungsverteilungen des dickwandigen Rohres $r_A / r_i = 2$ unter Innen- und Außendruck ersichtlich.

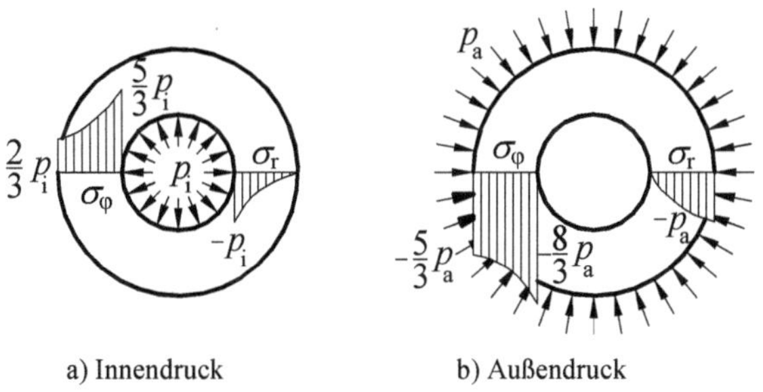

Bild 2.37: Spannungsverteilungen im dickwandigen Zylinder unter Druckbeanspruchung /50/

Bild 2.37 lässt erkennen, dass die Maximalwerte der Spannungen innen am Rohr auftreten. Mit zunehmender Wanddicke laufen die Spannungswerte bei Innendruck an der Rohrinnenseite zu $\sigma_\varphi = p_i$ und $\sigma_r = -p_i$; am Außenrand werden beide Spannungen zu Null. Für Außendruck laufen die Spannungswerte zu $\sigma_\varphi = -2p_i$ und $\sigma_r \approx 0$; am Außenrand werden beide Spannungen $-p_a$. Das heißt, dass die Außenschichten des Rohres immer einen geringeren Beitrag zum Tragvermögen leisten und dass nicht die Wanddicke den maximal möglichen Innendruck begrenzt, sondern der Werkstoffkennwert.

Für den Sonderfall des dünnwandigen Zylinders mit $r_A/r_i \leq 1{,}2$ (siehe Abschnitt 2.3.3) führt die Gleichung (2.63) auf Gl. (2.27b) und man erhält mit Gl. (2.27a) $\sigma_r \approx 0$.

2.6 Übungen

Aufgabe A2.6.1

Ein unter $\varphi = 60°$ zur Zugrichtung geschweißtes Zugblech, Länge $l = 120\,\text{mm}$, Breite $b = 60\,\text{mm}$, Dicke $s = 5\,\text{mm}$, wird mit einer Kraft $F = 20\,\text{kN}$ in Längsrichtung des Bleches belastet. Zu berechnen sind die Normal- und Schubspannung in der Schweißnaht.

Aufgabe A2.6.2

Ein Stützpfeiler aus Stahlbeton ($\rho = 2{,}3\,\text{g/cm}^3$), $h = 10\,\text{m}$, $D = 500\,\text{mm}$, Bild A2.6.2 wird mit einer Kraft $F = 2\,\text{MN}$ belastet. Zu bestimmen sind:

a) die Druckspannungen, das Eigengewicht und die Fläche als Funktion der Koordinate z

b) die Druckspannungen, das Eigengewicht und die Fläche an unterschiedlichen Positionen z des Pfeilers.

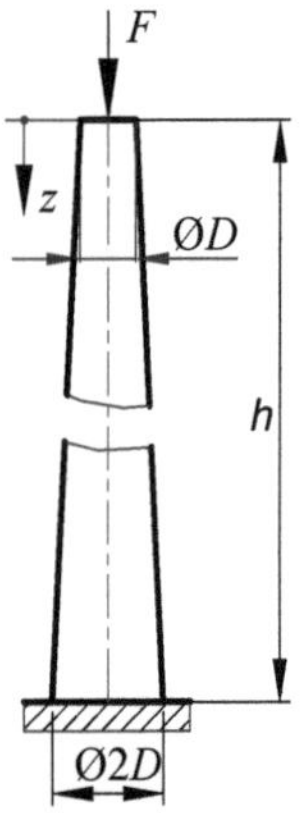

Bild A2.6.2: Stützpfeiler

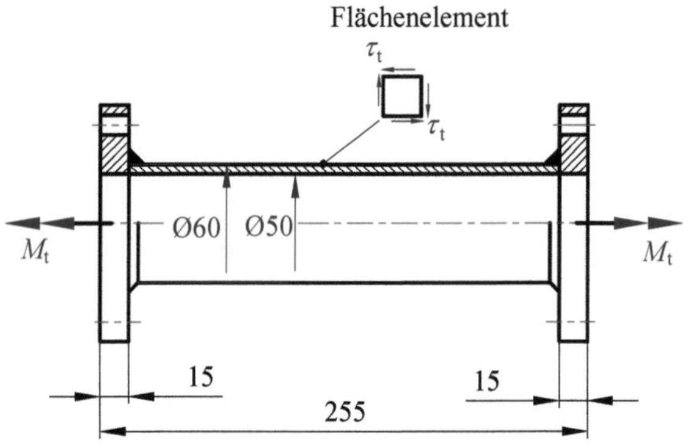

Bild A2.6.3: Kupplungsflansch

Aufgabe A2.6.3

Ein Rohrstück aus S235 JR (St37-2) nach Bild A2.6.3 dient als Flanschverbinder (Kupplungsflansch) und überträgt ein Drehmoment von $M_d = 1500\,\text{Nm}$.

Zu berechnen sind am dargestellten Flächenelement bei Annahme eines zweiachsigen Spannungszustandes

a) die Hauptnormalspannungen, die Hauptschubspannung,

b) die Mittelspannung und

c) die Hauptachsenwinkel.

Aufgabe A2.6.4

Das nach Bild A2.6.4 einseitig eingespannte Rohr (Außendurchmesser $d_A = 100\,\text{mm}$, Innendurchmesser $d_i = 94\,\text{mm}$, $l = 300\,\text{mm}$, $a = 100\,\text{mm}$) wird exzentrisch mit einer Kraft $F = 1{,}8\,\text{kN}$ belastet. Im Rohr herrscht ein Innendruck von $p_i = 20\,\text{bar}$.

Für die Stelle A sind Betrag und Richtung:

a) der Hauptspannungen zu berechnen,

b) der maximalen Schubspannung zu berechnen,

c) die Mittelspannungen zu berechnen,

d) Skizze der Ergebnisse der Rechnungen.

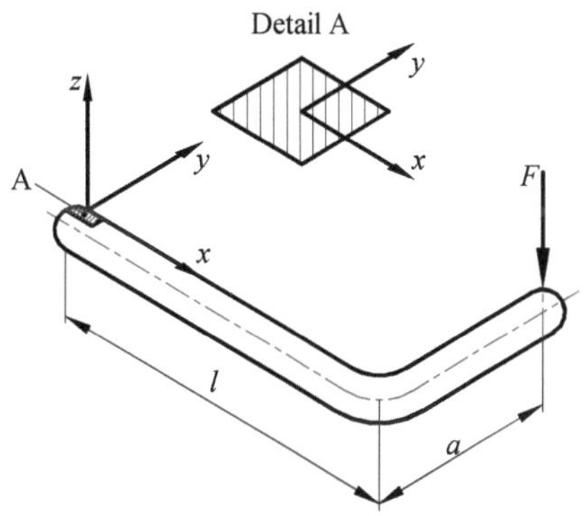

Bild A2.6.4: Rohr unter Innendruck

Aufgabe A2.6.5

Ein Spiralnahtrohr aus St 44.4, Außendurchmesser $d_A = 500\text{mm}$, Wanddicke $s = 10\text{mm}$, wird über einen Flansch durch eine Druckkraft $F_d = 1{,}92\,\text{MN}$ und ein Drehmoment $M_d = 176\,\text{kNm}$ belastet.

Es sind die Spannungen in der Schweißnaht des Rohres, die um $\varphi = 60°$ zur Rohrlängsachse geneigt ist, zu berechnen.

Aufgabe A2.6.6

Am Volumenelement; Bild A2.5.6 sind für die gegebenen Hauptspannungen des dreiachsigen Spannungszustandes unter a) und b) die Schubspannungen zu ermitteln:

a) $\sigma_1 = 6\,\text{N/mm}^2$, $\sigma_2 = 3\,\text{N/mm}^2$, $\sigma_3 = 0\,\text{N/mm}^2$

b) $\sigma_1 = 31{,}2\,\text{N/mm}^2$, $\sigma_2 = 0$, $\sigma_3 = -51{,}2\,\text{N/mm}^2$

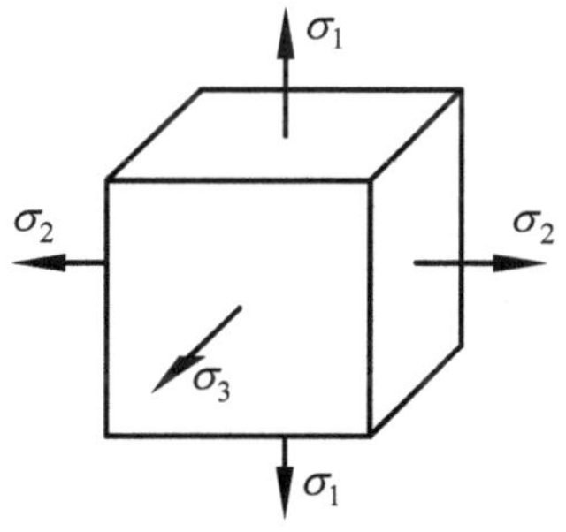

Bild A2.6.6: Volumenelement

Aufgabe A2.6.7

Aus den Messungen der Normal- und Schubspannungen an einen Körperpunkt eines Hochdruckrohres (Bild A2.6.7) sind mit der Spannungsmatrix

$$\underline{\underline{S}} = \begin{bmatrix} \sigma_{xx} & \tau_{xy} & \tau_{xz} \\ \tau_{yx} & \sigma_{yy} & \tau_{yz} \\ \tau_{zx} & \tau_{zy} & \sigma_{zz} \end{bmatrix} = \begin{bmatrix} 200 & 0 & 40 \\ 0 & 160 & 40 \\ 40 & 40 & 180 \end{bmatrix} \frac{\text{N}}{\text{mm}^2}$$

die Beträge der Hauptnormalspannungen zu berechnen.

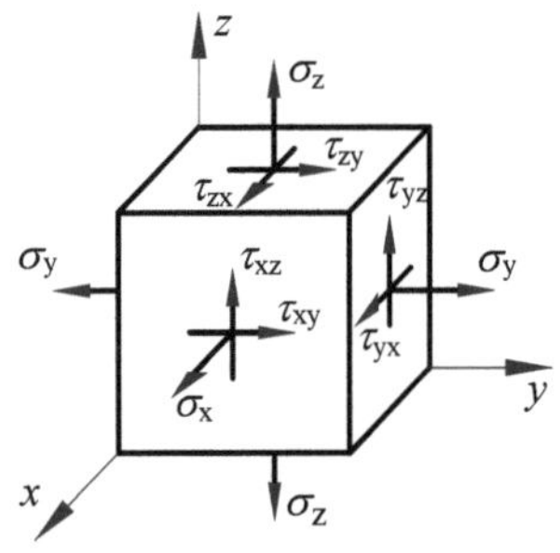

Bild A2.6.7: Spannungskörper

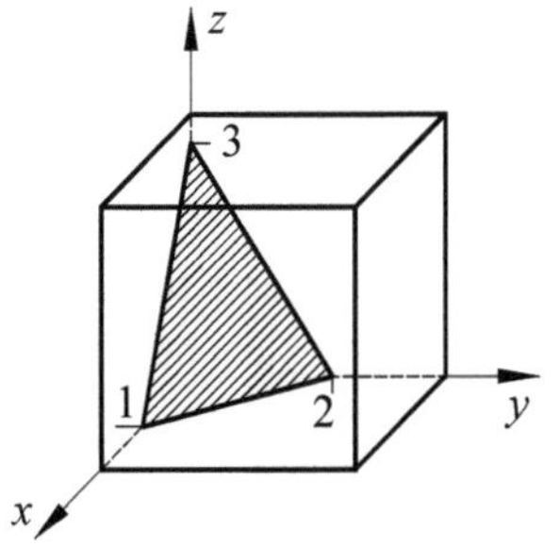

Bild A2.6.8: Schnittebene im Volumenelement

Aufgabe A2.6.8

Der Spannungszustand eines beanspruchten Bauteils ist durch die folgende Spannungsmatrix beschrieben:

$$\underline{\underline{S}} = \begin{bmatrix} 20 & 5 & 10 \\ 5 & 20 & 10 \\ 10 & 10 & 10 \end{bmatrix} \frac{\text{kN}}{\text{cm}^2} .$$

Für die auf Bild A2.6.8 vorgegebene Schnittebene sind zu berechnen:

a) der in der Schnittebene wirkende Normalenvektor $\underline{n}$, der Spannungsvektor $\underline{s}$, die Normalspannungskomponente σ und die Tangentialkomponente τ

b) die Hauptnormal und -schubspannungen.

Aufgabe A2.6.9

Für eine sehr große gelochte kreisförmige Scheibe ($r_A >> r_i$), die allseitig gezogen wird, sind für die Annahmen $p_i = 0$ und $p_a = -\sigma_0$ die Spannungsgleichungen sowie die Spannungswerte am Lochrand anzugeben.

3 Der Verzerrungszustand

3.1 Begriffe

Für praktische Bauteilberechnungen ist häufig die Kenntnis des Verformungszustandes in jeder Richtung des Bauteils erforderlich. Für die Beurteilung müssen wir die Größe und Richtung der maximalen Verformung kennen. Bei Kenntnis des Zusammenhanges zwischen Verformungsgrößen und Bauteilrichtung lassen sich die Verformung in einer beliebigen Richtung rechnerisch oder experimentell bestimmen. Mit diesem Ergebnis kann auf Richtung und Höhe der Maximalbeanspruchung geschlossen werden.

Als **Verformungen** werden die durch Belastungen hervorgerufenen absoluten (maßeinheitenbehafteten) Größen, wie die Längenänderung (in mm), die auch als *Verschiebung* eines Körperpunktes beschrieben werden kann oder aber die *Winkeländerung* oder *Verdrehung* (z.B. der Verdrehwinkel) eines Bauteils (in Grad), bezeichnet. Dabei ist der Begriff Verschiebung nicht mit der *Schiebung*, die eine Verzerrungsgröße ist (siehe unten) zu verwechseln. Verschiebung und Verdrehung fasst man auch als *Verrückung* zusammen.

Die dimensionslosen **Verzerrungsgrößen** sind die aus den Verformungen abgeleitete

- **Dehnung;** das ist die Längenänderung auf die Ausgangslänge bezogen und die
- **Schiebung** (auch Schubverzerrung) Tangens der Winkeländerung eines ursprünglich rechten Winkels bzw. für kleine Beträge der Winkel selbst im Bogenmaß.

Der Begriff der *Gleitung*, der oft den Begriff der Schiebung ersetzt, soll nach DIN 13316 nur noch für die bleibende Schubverzerrung verwendet werden.

Wir können jede – auch komplizierte – Verformung eines Körpers durch zwei typische Anteile beschreiben. Dazu stellen wir uns den Körper in (differentiell) kleine Würfel unterteilt vor. Bei der Verformung können sich die Kantenlängen des Würfels verändern wie auch die ursprünglich rechten Winkel zwischen den Kantenflächen. Diese können zu spitzen oder stumpfen Winkeln werden. Wenn es gelingt die Formänderung des Quaders zu beschreiben, gelingt dies auch für den ganzen Körper.

3.2 Verzerrungen des einachsigen Spannungszustandes

3.2.1 Die Dehnung

3.2.1.1 Die technische (konstante) Dehnung

Mit der einachsigen Dehnung ist häufig die Deformation des Zugstabes gemeint. Gehen wir von Spannungen im elastischen Bereich aus, sind die Formänderungen so klein, dass bei Berücksichtigung der Zuwächse nur Glieder 1. Ordnung berücksichtigt werden (lineare

Theorie). Diesen einfachsten Fall von Verformung beobachten wir am Zugstab mit konstantem Querschnitt bei konstanter Belastung, also konstanter Spannung.

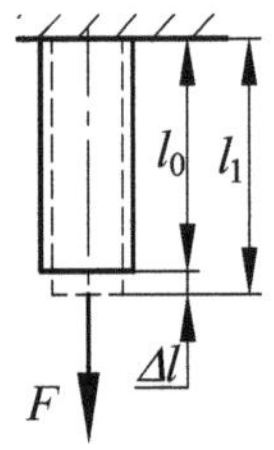

Bild 3.1: Belasteter Zugstab

Der durch eine Zugkraft belastete Stab, Bild 3.1, verlängert sich unter der Last um $\Delta l = l_1 - l_0$. Beziehen wir diese Verformung, die als absolute Größe oft wenig Aussagekraft hat, auf die unverformte Gesamtlänge l_0, erhalten wir als relative (bezogene) Größe die Dehnung ε

$$\varepsilon = \frac{l_1 - l_0}{l_0} = \frac{\Delta l}{l_0}. \tag{3.1}$$

Bezogene Verformungen bezeichnet man als Verzerrung. Da die unveränderte Anfangslänge l_0 als Bezugsgröße zugrunde gelegt wurde, ist die Veränderung der Stablänge in jedem Zwischenstadium eines Zugversuches nicht berücksichtigt und somit der Längenzuwachs der Längenänderung und folgende vernachlässigt worden. In diesem Fall sprechen wir von der *konventionellen oder technischen* Dehnung (Theorie 1. Ordnung).
Ungeachtet der Tatsache, dass die Dehnung als Verhältnis zweier Längen eine dimensionslose Größe ist, ist es auch üblich, sie als Verhältnis von Längeneinheiten, m/m bzw. mm/mm anzugeben. Gewöhnlich sind die Zahlenwerte der Dehnungen so klein, dass die Angabe in µm/m günstiger ist. Außerdem sind Angaben in Promille (‰) und Prozent (%) gebräuchlich.

Ein gezogener Stab wird aber nicht nur länger, sondern auch schlanker. Für den überelastischen Bereich, wo diese Zusammenhänge nicht mehr linear sind, ist das z.B. beim Zugversuch zu beobachten; dort allerdings als örtliche Einschnürung. Im elastischen Bereich können wir so tun, als würde sich der Querschnitt des Stabes über der gesamten Länge gleichmäßig verringern. Mit dieser Annahme, die praktisch hinreichend genau ist, berechnet sich die so genannte *Querdehnung*, in diesem Fall besser *Querkontraktion* analog z.B. mit dem Stabdurchmesser d zu

$$\varepsilon_q = -\frac{\Delta d}{d}. \tag{3.2}$$

Das negative Vorzeichen beschreibt dabei die Durchmesserverkleinerung durch den Zug. Für die Druckbeanspruchung gelten entsprechend die umgekehrten Verhältnisse.

Ein einachsiger Spannungszustand ($\sigma_x \neq 0; \sigma_y = \sigma_z = 0$) verursacht also einen dreiachsigen Verzerrungszustand mit Dehnungen $\varepsilon_x, \varepsilon_y, \varepsilon_z$ zwischen denen ein linearer Zusammenhang besteht und die Vorzeichen von ε_y und ε_z dem von ε_x entgegengesetzt gerichtet sind.

Der Zusammenhang zwischen den Verzerrungen wird mit $\varepsilon_y = \varepsilon_z = \varepsilon_q$ durch eine Materialkonstante, der *Querdehnungszahl* oder einfach *Querzahl*

$$\nu = \left|\frac{\varepsilon_q}{\varepsilon}\right| \tag{3.3}$$

beschrieben. In manchen Fällen wird auch mit dem Kehrwert, der sog. *POISSONschen Konstante*[19]

$$m = \frac{1}{\nu} \tag{3.4}$$

gearbeitet. Im elastischen Bereich gilt für die gebräuchlichen Metalle $\nu = 0{,}20 \cdots 0{,}35$; für Stahl wird i.A. mit $\nu = 1/3$ bzw. $\nu \approx 0{,}3$ gerechnet. Für alle Materialien liegt die Querzahl zwischen 0 (keine Querdehnung; z.B. Beton $\nu \approx 0$) und 0,5 (inkompressibles Material; z.B. manche Gummisorten $\nu \approx 0{,}48$). Das Zustandekommen dieser beiden Grenzwerte, die – im Gegensatz zu den Tabellenwerten für die unterschiedlichen Materialien und Werkstoffe – keine Versuchswerte sind, wird im Abschnitt 4.3 untersucht.

Wenn man berücksichtigt, dass die Querdehnung für Metalle nur ca. 1/3 der Längendehnung ausmacht und die Bezugsgröße, die Querschnittsmaße schlanker Stäbe nur ein Bruchteil der Längenmaße betragen, ist nachvollziehbar, dass für derartige Bauteile die Querschnittsänderungen in Berechnungen häufig nicht berücksichtigt werden müssen.

Beispiel 3.1

Bei einem Zugversuch wurden an einem langen Proportionalstab ($d_0 = 12\,\text{mm}, L_0 = 120\,\text{mm}$) aus Stahl mittels Feindehnungsmessung bei einer Kraft von $F = 14{,}00\,\text{kN}$ im Proportionalitätsbereich die folgenden Werte gewonnen: $d_1 = 11{,}998\,\text{mm}, L_1 = 120{,}070\,\text{mm}$.

Es sind a) die Nennspannung σ_z

b) die Dehnung ε

c) die Querkontraktionszahl ν

zu berechnen.

Lösung:

a) Die Zug-Nennspannung wird zu $\sigma_z = \dfrac{F}{A_0} = \dfrac{4 \cdot F}{\pi \cdot d_0^2} = \underline{123{,}8\,\text{N/mm}^2}$ berechnet.

b) Nach Gl. (3.1) wird die Dehnung $\varepsilon = \dfrac{\Delta l}{l_0} = \dfrac{0{,}070\,\text{mm}}{120\,\text{mm}} = \underline{5{,}8\bar{3} \cdot 10^{-4} = 0{,}58\,‰}$.

c) Mit Gl. (3.2) $\varepsilon_q = -\dfrac{\Delta d}{d} = \dfrac{-0{,}002\,\text{mm}}{12\,\text{mm}} = \underline{-1{,}\bar{6} \cdot 10^{-4} = -0{,}16\,‰}$

und Gl. (3.3) wird $\nu = \left|\dfrac{\varepsilon_q}{\varepsilon}\right| = \underline{0{,}286}$.

Neben den Kräften sind auch *Temperaturänderungen* Ursache von Verformungen. Die Temperatur selbst hat auf die Werkstoffkonstanten E, G und ν in einem verhältnismäßig breiten – für verschiedene Werkstoffe unterschiedlichen – Temperaturbereich einen relativ geringen Einfluss. Temperaturänderungen allerdings verursachen auch ohne äußere Belastungen Ver-

---

19 SIMEON-DENIS POISSON, 1781–1840, französischer Mathematiker und Physiker.

zerrungen mit oft erheblichen Spannungen und Kräften. Wie die *Wärmedehnung* ε_T von der Temperaturänderung abhängt, wird experimentell bestimmt. Dabei zeigt sich, dass sie bei den meisten Werkstoffen in einem breiten Temperaturbereich proportional zur Temperaturdifferenz ΔT ist. Damit lässt sich für die Wärmedehnung, bei der auch die Querschnittsmaße zunehmen, ganz einfach schreiben:

$$\varepsilon_T = \frac{\Delta l_T}{l} = \alpha_T \cdot \Delta T \,. \tag{3.5}$$

In dieser Gleichung ist α_T der *thermische Längenausdehnungskoeffizient.* Für Stahl beträgt der Wert $\alpha_T = (9 \cdots 19) \cdot 10^{-6} K^{-1}$. Konkrete, auf Versuchen beruhende Angaben hierzu sind in einschlägigen Tabellenwerken zu finden.

3.2.1.2 Die natürliche (nicht konstante) Dehnung

Für große überelastische Verformungen wird die *natürliche* oder *logarithmische Dehnung*

$$\varepsilon_n = \int_{l_0}^{l_1} \frac{dl}{l} = \ln \frac{l_1}{l_0} = \ln\left(1 + \frac{\Delta l}{l_0}\right) = \ln(1+\varepsilon) \tag{3.6}$$

berechnet (Theorie 2. Ordnung). Sie ist das Integral der momentanen Dehnung dl/l über die Gesamtänderung Δl zwischen den Grenzen l_0 und l_1 mit $l_1 = l_0 + \Delta l$. Die natürlichen Dehnungen haben nur für die Walz- und Presstechnik eine wesentliche Bedeutung.

Liegt im Falle der linear elastischen Dehnung kein konstanter Querschnitt vor, müssen wir die *von der Querschnittsverteilung* $A(x)$ *abhängige Dehnung* berechnen. Dazu werden für den unbelasteten Stab der Länge l_0 mit veränderlichem Querschnitt, Bild 3.2a, zwei parallele Schnitte an den Stellen x und $x + \Delta x$ gelegt. Infolge der Zugbelastung verschiebt sich die obere Seite um $u(x)$, die untere Seite um $u + \Delta u = u(x + \Delta x)$, Bild 3.2b.

Die Verlängerung beträgt somit $\Delta u = u(x + \Delta x) - u(x)$. Der Abstand der parallelen Schnitte ist durch die Zugbelastung um Δu größer geworden. Mit $u(0) = 0$ (die Einspannstelle kann sich nicht verschieben) verschieben sich alle nachfolgenden, hintereinander liegenden n Elemente. Die einzelnen Verlängerungen Δu_i summieren sich zur Gesamtlängenänderung des Stabes

$$\Delta l = \sum_{i=1}^{n} \Delta u_i = u(l) - u(0) = u(l) \,.$$

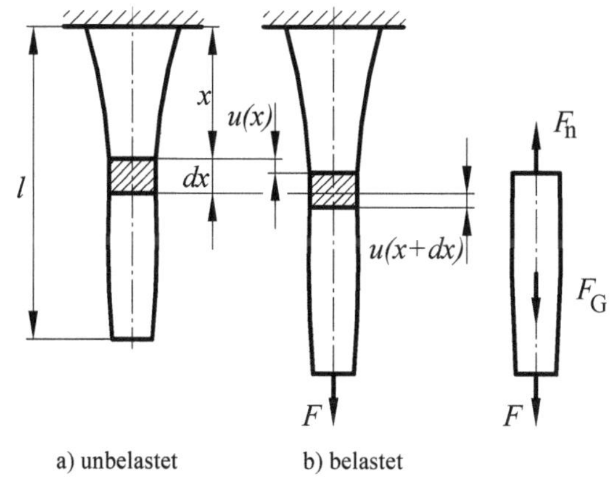

Bild 3.2: Zugstab mit nicht konstantem Querschnitt

Bezogen auf die unverformte Gesamtlänge l_0, erhalten wir die Dehnung ε. Die örtliche Dehnung an der Stelle x erhalten wir durch Grenzwertbildung

$$\varepsilon_x = \lim_{\Delta x \to 0} \frac{u(x+\Delta x) - u(x)}{\Delta x} = \frac{du}{dx}. \tag{3.7}$$

Die Verschiebung an einer Stelle $du = \varepsilon_x \cdot dx$ finden wir durch Integration

$$u(x_k) = \int_0^{x_k} \varepsilon_x \cdot dx. \tag{3.8a}$$

Die Verschiebung des Stabendes (Gesamtverlängerung) wird mit $x_k = l$

$$u(l) = \int_0^{l} \varepsilon_x \cdot dx. \tag{3.8b}$$

Bei konstantem Spannungsverlauf und homogenem, isotropen Werkstoff ist $\varepsilon_x = \varepsilon = \text{konst}$ und damit $u(l) = \Delta l = \varepsilon \cdot l$. Das ist die Gleichung (3.1).

Beispiel 3.2

Für einen auf Zug beanspruchten langen Träger nach Bild 3.2 soll die Querschnittsfläche so bestimmt werden, dass die Zugspannung bei Berücksichtigung der Trägermasse über der Länge konstant ist.

Lösung:

Zur Ermittlung von $A(x)$ werden die Gleichgewichtsbedingungen am herausgeschnittenen Flächenelement (Bild 3.3) aufgestellt:

$$\sigma(A+dA) + d\,F_G - \sigma \cdot A = 0.$$

Mit $dF_G(x) = \rho \cdot g \cdot A \cdot dx$ wird

$$\sigma \cdot dA = -\rho \cdot g \cdot A \cdot dx\,.$$

Wir lösen diese lineare Differentialgleichung durch Trennung der Variablen und Integration von x bis l:

$$\int_{A(x)}^{A(l)} \frac{dA}{A} = -\frac{\rho \cdot g}{\sigma} \cdot \int_x^l dx\,.$$

Die Auflösung der Integrale liefert:

$$\ln \frac{A(l)}{A(x)} = -\frac{\rho \cdot g}{\sigma} \cdot (l - x)\,.$$

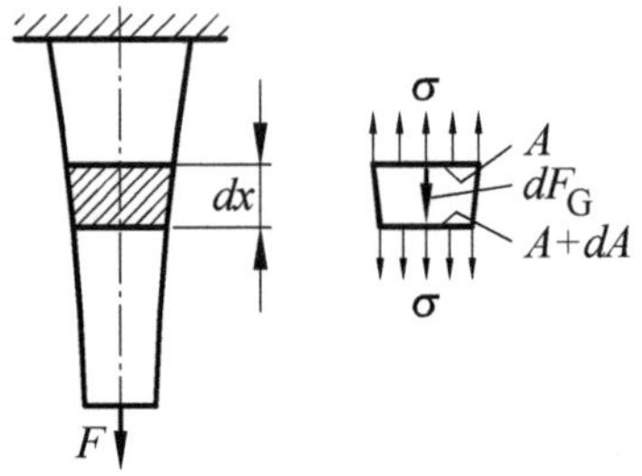

Bild 3.3: Träger unter Zugbelastung

Mit $A(l) = \dfrac{F}{\sigma}$ wird $\underline{A(x) = \dfrac{F}{\sigma} \cdot e^{\frac{\rho \cdot g}{\sigma} \cdot (l-x)}}$.

Das Ergebnis zeigt, dass sich die Querschnittsfläche nach der e-Funktion verjüngt.

3.2.2 Die Schiebung

Für diese Verzerrungsgröße existieren mehrere Bezeichnungen. Neben dem in der Überschrift verwendeten Begriff sind auch die Bezeichnungen *Winkelverzerrung, Schubverzerrung*, leider auch Scherung (nicht zu verwechseln mit der Scherbeanspruchung (Tabelle 2.1), was etwas anderes ist) üblich. Der auch verwendete Begriff *Gleitung* ist nach DIN 13316 der bleibenden Verformung vorbehalten.

Die Schiebung (der Schubwinkel) wird nach Bild 3.4 für kleine Werte γ zu

$$\tan \gamma \approx \gamma = \frac{\Delta s}{h} \qquad (3.9)$$

als Winkelveränderung des ursprünglich rechten Winkels berechnet. In den meisten der technisch relevanten Fällen ist $\gamma_{xy} << 1$.

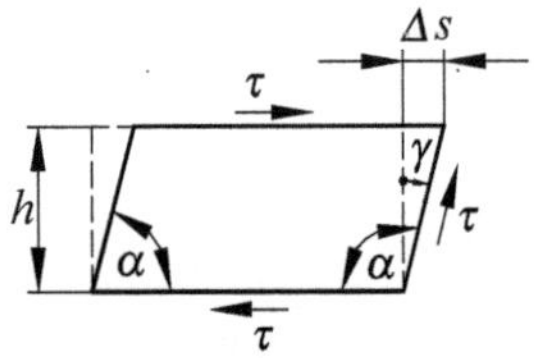

Bild 3.4: Schubverformung

Formulieren wir nach Bild 3.4 $\gamma = \alpha - \pi/2$, ergibt sich die folgende Vorzeichenfestlegung:

Schiebungen sind **positiv** bei Vergrößerung des ursprünglich rechten Winkels.

3.3 Der ebene Verzerrungszustand

Treten in einer Koordinatenrichtung, z.B. der z-Richtung, keine Verzerrungen auf, also $\varepsilon_z = \gamma_{yz} = \gamma_{xz} = 0$, und hängen die beiden anderen Verschiebungskomponenten nicht von z ab, wie das häufig für flächige Körper hinreichend genau angenommen werden kann, liegt ein *ebener Verzerrungszustand* vor. Als Beispiel für einen solchen Zustand können wir uns ein dickwandiges Rohr unter Innendruck vorstellen, dass sich in seiner Längsrichtung nicht ausdehnen kann.

Zur Beschreibung der Verzerrungen gehen wir von einem Flächenelement gemäß Bild 3.5 aus. Beim Flächenelement wird die totale Ableitung der Verschiebung eines Stabes in x-Richtung nach Gl. (3.7) zur partiellen Ableitung von u nach x. Aus Bild 3.5a lesen wir für die Dehnung in x-Richtung ab:

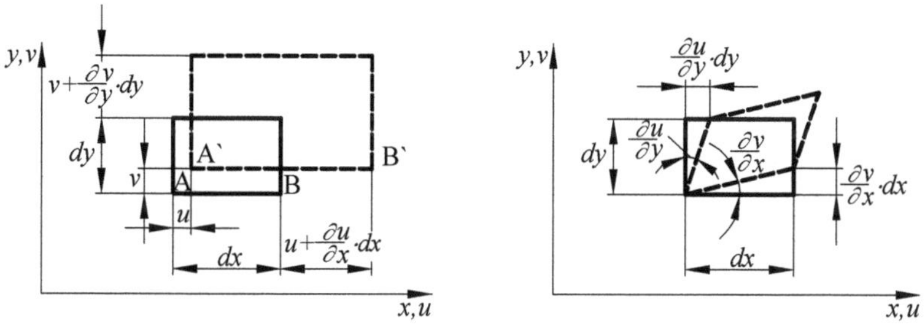

a) Normalverformung   b) Schubverformung

Bild 3.5: Definition der Verzerrungen

$$\varepsilon_{\mathrm{x}} = \frac{dx + \frac{\partial u}{\partial x} \cdot dx - dx}{dx} = \frac{\partial u}{\partial x} \tag{3.10}$$

und entsprechend für die y-Richtung

$$\varepsilon_{\mathrm{y}} = \frac{dy + \frac{\partial v}{\partial y} \cdot dy - dy}{dy} = \frac{\partial v}{\partial y}. \tag{3.11}$$

Die Winkelverformung (Schiebung) zeigt sich am reinen Schubspannungszustand. Die ursprünglichen rechten Winkel des spannungslosen Elementes, Bild 3.5b, verändern sich um $\frac{\partial v}{\partial x} \cdot dx$ der Verschiebung in v-Richtung und $\frac{\partial u}{\partial y} \cdot dy$ in die u-Richtung:

$$\gamma_{\mathrm{xy}} = \gamma_1 + \gamma_2 = \frac{\frac{\partial v}{\partial x} \cdot dx}{dx + \frac{\partial u}{\partial x} \cdot dx} + \frac{\frac{\partial u}{\partial y} \cdot dy}{dy + \frac{\partial v}{\partial y} \cdot dy}.$$

Mit der Vernachlässigung der zweiten Summanden im Nenner der obigen Gleichung (Produkt zweier differentiell kleiner Größen) schreiben wir

$$\gamma_{\mathrm{xy}} = \frac{\partial u}{\partial y} + \frac{\partial v}{\partial x}. \tag{3.12}$$

Es ist zu erkennen, dass die Indizes x, u und y, v ohne Einfluss auf das Ergebnis vertauscht werden können, also $\gamma_{xy} = \gamma_{yx}$ gilt.

Auch der Zusammenhang zwischen der Dehnung ε und der Schiebung γ ist auf diese Weise abzuleiten. Auf Bild 3.6 sind die Belastung mit $\sigma_x = -\sigma_y$ und das unter dieser Belastung verformte Scheibenelement gezeigt. Mit Bild 3.6c gilt mit $dx = dy$ und $\varepsilon_x = \varepsilon_y$:

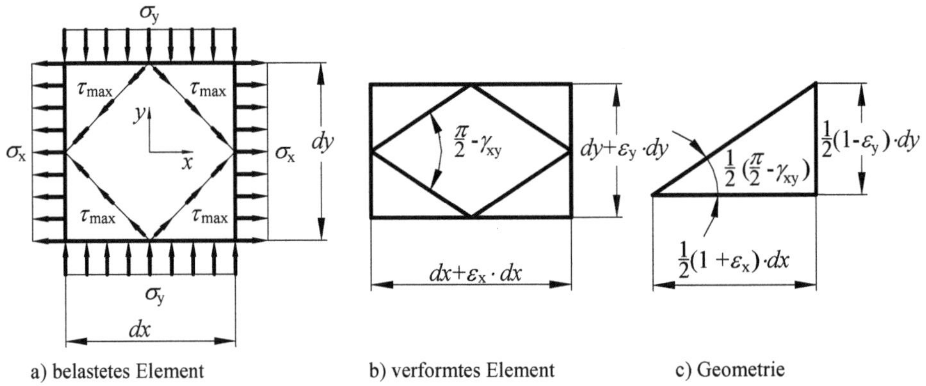

Bild 3.6: Schubwinkel und Dehnung am Scheibenelement

$$\tan\left(\frac{\pi}{4} - \frac{\gamma}{2}\right) = \frac{1-\varepsilon}{1+\varepsilon}.$$

Mit dem Additionstheorem für den Tangens:

$$\tan\left(\frac{\pi}{4} - \frac{\gamma}{2}\right) = \frac{\tan\frac{\pi}{4} - \tan\frac{\gamma}{2}}{1 + \tan\frac{\pi}{4} \cdot \tan\frac{\gamma}{2}}$$

und mit $\tan\frac{\pi}{4} = 1$ wird

$$\tan\left(\frac{\pi}{4} - \frac{\gamma}{2}\right) = \frac{1 - \tan\frac{\gamma}{2}}{1 + \tan\frac{\gamma}{2}} = \frac{1-\varepsilon}{1+\varepsilon}.$$

Somit gilt für den Zusammenhang zwischen der Dehnung und der Schiebung

$$\varepsilon = \frac{1}{2} \cdot \gamma \tag{3.13}$$

Es ist unwahrscheinlich, dass sich der feste Gesamtkörper aus den einzelnen verformten Elementen ohne zusätzliche Bedingungen wieder lückenlos zusammensetzen lässt. Tatsächlich müssen auch noch *Verträglichkeits- oder Kompatibilitätsbedingungen* aufgestellt werden. So wie die Spannungen die Gleichgewichtsbedingungen erfüllen müssen, müssen die Verzerrungsgrößen den Verträglichkeitsbedingungen genügen.

Für den ebenen Verzerrungszustand genügt eine Kompatibilitätsbedingung, die sich aus den Gleichungen (3.10) bis (3.12) gewinnen lässt. Man erhält sie durch partielle Differentiation der nicht voneinander unabhängigen Verzerrungen zu

$$\frac{\partial^2 \varepsilon_x}{\partial y^2} + \frac{\partial^2 \varepsilon_y}{\partial x^2} = \frac{\partial^2 \gamma_{xy}}{\partial x \cdot \partial y} . \tag{3.14}$$

Im linear elastischen Bereich lassen sich die Gleichungen (2.8) bis (2.10) des ebenen Spannungszustandes auf die Berechnung der Verzerrungen unter einem definierten Winkel φ formal übertragen.

$$\varepsilon_\xi = \frac{\varepsilon_x + \varepsilon_y}{2} + \frac{\varepsilon_x - \varepsilon_y}{2} \cdot \cos 2\varphi + \frac{\gamma_{xy}}{2} \cdot \sin 2\varphi \tag{3.15}$$

$$\varepsilon_\eta = \frac{\varepsilon_x + \varepsilon_y}{2} - \frac{\varepsilon_x - \varepsilon_y}{2} \cdot \cos 2\varphi - \frac{\gamma_{xy}}{2} \cdot \sin 2\varphi \tag{3.16}$$

$$\gamma_{\xi\eta} = \quad -(\varepsilon_x - \varepsilon_y) \cdot \sin 2\varphi + \frac{\gamma_{xy}}{2} \cdot \cos 2\varphi . \tag{3.17}$$

Damit ergeben sich auch zwei senkrecht aufeinander stehende *Hauptdehnungsrichtungen*, die mit den Hauptspannungsrichtungen identisch sind. Der *Hauptdehnungswinkel* (identisch also mit dem Hauptachsenwinkel) ist

$$\tan 2\varphi_{1/2} = \frac{\gamma_{xy}}{\varepsilon_x - \varepsilon_y} . \tag{3.18}$$

Für die Hauptdehnungsrichtung existieren dann auch keine Schiebungen, die Dehnungen nehmen Extremwerte an und heißen *Hauptdehnungen.* Sie berechnen sich zu

$$\varepsilon_{1/2} = \frac{\varepsilon_x + \varepsilon_y}{2} \pm \sqrt{\left(\frac{\varepsilon_x - \varepsilon_y}{2}\right)^2 + \left(\frac{\gamma_{xy}}{2}\right)^2} . \tag{3.19}$$

Mit der Analogie zwischen den Spannungen und den Verzerrungen kann man auch einen MOHRschen Verzerrungskreis zeichnen. Dabei sind σ durch ε und τ durch $\gamma/2$ zu ersetzen.

Unter den Voraussetzungen des im Abschnitt 2.2.3 beschriebenen Membranspannungszustandes für dünnwandige Behälter unter Innendruck erhalten wir den zugeordneten ebenen Verzerrungszustand mit der Längsdehnung $\varepsilon_l = \varepsilon_z$ und der Umfangsdehnung $\varepsilon_t = \varepsilon_\varphi$. Da infolge der geringen konstanten Wanddicke s die Dickenverzerrung ε_r vernachlässigt wird, liegt als Sonderfall hier ein gleichzeitiger ebener Spannungs- und Verformungszustand vor. In der Praxis interessiert meist die radiale Aufweitung der Zylinderschale, die sich aus der

Umfangsdehnung ε_φ berechnen lässt. Mit der Funktion für den Umfang $U(r)$ und der *Aufweitung* v_r in Richtung r gemäß Bild 3.7 gilt:

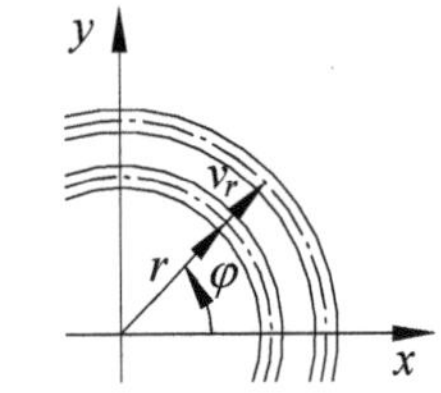

$$\varepsilon_\varphi = \frac{U(r+\Delta r)-U(r)}{U(r)} = \frac{2\pi(r+v_r)-2\pi}{2\pi r} = \frac{v_r}{r}. \quad (3.20)$$

Bild 3.7: Umfangsdehnung

Beispiel 3.3

Bei komplizierter Bauteilgeometrie sowie einer komplexen Beanspruchung können die Lastspannungen und damit der Spannungszustand nur mit einem hohen Berechnungsaufwand ermittelt werden. Eine andere Möglichkeit ist die experimentelle Ermittlung der Spannungen über gemessene Dehnungswerte mit *Dehnmessverfahren*, bei denen sog. *Dehnmessstreifen* (DMS) an der höchst beanspruchten Stelle der Bauteiloberfläche aufgeklebt werden. Bei bekanntem Verformungszustand kann der Spannungszustand zur Führung des Festigkeitsnachweises ermittelt werden – siehe dazu das folgende Kapitel, Beispiel 4.4. Während man die Dehnungen ε einigermaßen genau messen kann, sind die Winkeländerungen γ auf diese Weise nicht zu bestimmen. Zur Lösung dieses Problems werden Dehnungen in einem Punkt nach drei verschiedenen Richtungen gemessen. Dabei wird unterschieden, ob die Dehnmessstreifen in einem Winkel von jeweils 45° (0°-45°-90° DMS-Rosette) aufgebracht werden, oder beliebige Winkel einschließen.

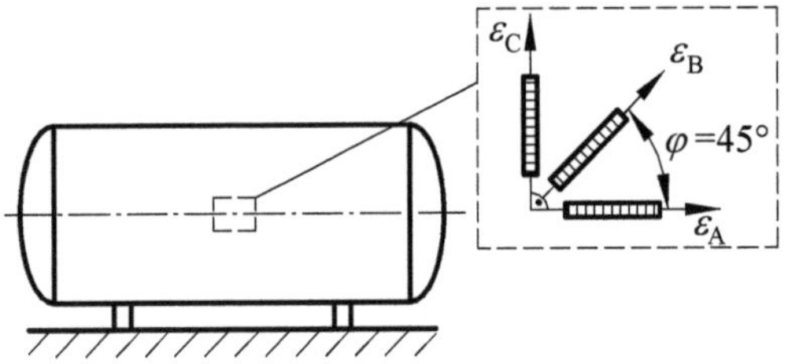

Zur Ermittlung des Verformungszustandes eines durch Innendruck beanspruchten Behälters ist eine handelsübliche 0°-45°-90° DMS-Rosette nach Bild 3.8 aufgebracht worden.

Bild 3.8: Messung mit Dehnmessstreifen

Unter Belastung sind die folgenden Dehnungswerte gemessen worden:

$\varepsilon_A = \varepsilon_x = 0{,}371‰$, $\varepsilon_B = \varepsilon_\xi = 0{,}435‰$, $\varepsilon_C = \varepsilon_y = 0{,}092‰$.

Zu berechnen sind:

a) die Verzerrungen in der x-y-Ebene

b) Größe und Richtung der Hauptdehnungen.

Lösung:

a) Die Schiebung γ_{xy} können wir mit den gemessenen Dehnungswerten sowie für den Winkel $\varphi = 45°$ nach Bild 3.8 mit der Gl. (3.15) berechnen:

$$\varepsilon_\xi = \frac{\varepsilon_x + \varepsilon_y}{2} + \frac{\varepsilon_x - \varepsilon_y}{2} \cdot \cos 2\varphi + \frac{\gamma_{xy}}{2} \cdot \sin 2\varphi .$$

Für den Winkel $\varphi = 45°$ zur x- Achse ist $\cos 2\varphi = 0$ und $\sin 2\varphi = 1$.

Damit wird $\varepsilon_\xi = \frac{\varepsilon_x + \varepsilon_y}{2} + \frac{\gamma_{xy}}{2}$ und schließlich

$$\gamma_{xy-} = 2 \cdot \varepsilon_\xi - \varepsilon_x - \varepsilon_y = (2 \cdot 4{,}35 - 3{,}71 + 0{,}92) \cdot 10^{-4} = \underline{4{,}07 \cdot 10^{-4} = 0{,}407\,‰}\,.$$

Mit diesen Werten lassen sich die Spannungswerte – wie die Fortführung dieses Beispiels im Kapitel 4, Beispiel 4.4 zeigt – errechnen.

b) Die Hauptdehnungen berechnen wir nach Gl. (3.19)

$$\varepsilon_{1/2} = \frac{\varepsilon_x + \varepsilon_y}{2} \pm \sqrt{\left(\frac{\varepsilon_x - \varepsilon_y}{2}\right)^2 + \left(\frac{\gamma_{xy}}{2}\right)^2} \Rightarrow \begin{cases} \underline{\varepsilon_1 = 4{,}783 \cdot 10^{-4} = 0{,}478\,‰} \\ \underline{\varepsilon_2 = -1{,}539 \cdot 10^{-5} = -0{,}015\,‰}\,. \end{cases}$$

Die Richtung der Hauptdehnungen (und damit auch die der Hauptspannungen) erhalten wir unter Berücksichtigung von Gl. (2.12) aus der Gleichung (3.18):

$$\tan 2\varphi_{1/2} = \frac{\gamma_{xy}}{\varepsilon_x - \varepsilon_y} = \frac{4{,}07}{3{,}71 - 0{,}92} = 1{,}4602 \quad \Rightarrow \quad \underline{\varphi_{1/2} = 27{,}8°}\,.$$

3.4 Der allgemeine Verzerrungszustand

Die im Abschnitt 3.3 gezeigten Gleichungen des ebenen Verzerrungszustand es können wir problemlos auf den allgemeinen räumlichen Fall erweitern. Für den Fall kleiner Verzerrungen mit $\varepsilon \ll 1$; $\gamma \ll 1$ (lineare Verzerrung) lassen sich die Verschiebungen gemäß Bild 3.5a zu

$$du = \frac{\partial u}{\partial x} \cdot dx + \frac{\partial u}{\partial y} \cdot dy + \frac{\partial u}{\partial z} \cdot dz\,,$$

$$dv = \frac{\partial v}{\partial x} \cdot dx + \frac{\partial v}{\partial y} \cdot dy + \frac{\partial v}{\partial z} \cdot dz\,,$$

$$dw = \frac{\partial w}{\partial x} \cdot dx + \frac{\partial w}{\partial y} \cdot dy + \frac{\partial w}{\partial z} \cdot dz$$

beschreiben. Damit gilt analog zum im Abschnitt 3.3 gezeigten Vorgehen für die Dehnungen

$$\varepsilon_x = \frac{\partial u}{\partial x}, \qquad \varepsilon_y = \frac{\partial v}{\partial y}, \qquad \varepsilon_z = \frac{\partial w}{\partial z}. \tag{3.21}$$

Der Elementquader verformt sich durch die Winkeländerungen, wie auf Bild 3.5b gezeigt, zu einem Parallelepiped.

$$\gamma_{xy} = \frac{\partial u}{\partial y} + \frac{\partial v}{\partial x}, \qquad \gamma_{yz} = \frac{\partial v}{\partial z} + \frac{\partial w}{\partial y}, \qquad \gamma_{zx} = \frac{\partial w}{\partial x} + \frac{\partial u}{\partial z}. \tag{3.22}$$

Diese sechs Gleichungen lassen sich in der Matrixform zusammenfassen

$$\underline{\varepsilon} = \begin{bmatrix} \varepsilon_{xx} \\ \varepsilon_{yy} \\ \varepsilon_{zz} \\ \gamma_{xy} \\ \gamma_{yz} \\ \gamma_{zx} \end{bmatrix} = \begin{bmatrix} \frac{\partial}{\partial x} & 0 & 0 \\ 0 & \frac{\partial}{\partial y} & 0 \\ 0 & 0 & \frac{\partial}{\partial z} \\ \frac{\partial}{\partial y} & \frac{\partial}{\partial x} & 0 \\ 0 & \frac{\partial}{\partial z} & \frac{\partial}{\partial y} \\ \frac{\partial}{\partial z} & 0 & \frac{\partial}{\partial x} \end{bmatrix} \cdot \begin{bmatrix} u \\ v \\ w \end{bmatrix} \tag{3.23a}$$

oder symbolisch

$$\underline{\varepsilon} = \underline{\underline{D}} \cdot \underline{u} \,. \tag{3.23b}$$

Durch diese Gleichungen, abgeleitet von CAUCHY, wird der Verzerrungszustand des Körpers eines jeden Punktes für kleine Verformungen eindeutig beschrieben. Die Dehnungen ε sowie die halben Schubverzerrungen $\gamma/2$ (siehe Bild 3.9) bilden die Elemente des *Verzerrungstensors* (auch *infinitesimaler Verzerrungstensor*).

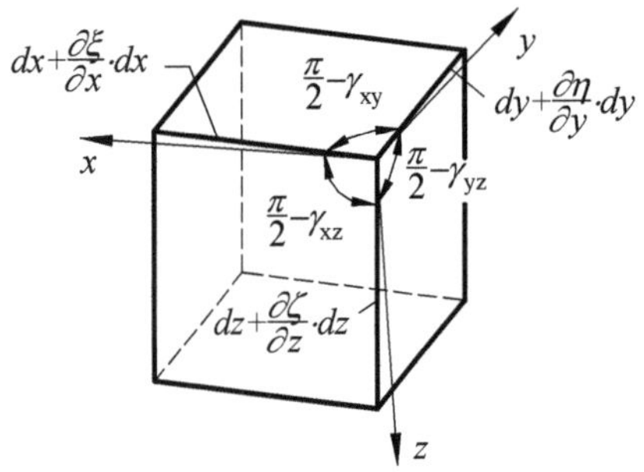

Bild 3.9: Verformung des Elementarquaders

$$\underline{\underline{\varepsilon}} = \underline{\underline{\varepsilon}}^{\mathrm{T}} = \begin{bmatrix} \varepsilon_{xx} & \frac{1}{2}\gamma_{xy} & \frac{1}{2}\gamma_{xz} \\ \frac{1}{2}\gamma_{yx} & \varepsilon_{yy} & \frac{1}{2}\gamma_{yz} \\ \frac{1}{2}\gamma_{zx} & \frac{1}{2}\gamma_{zy} & \varepsilon_{zz} \end{bmatrix}. \tag{3.24}$$

Dieser ist – wie auch der Spannungstensor – symmetrisch. Das bedeutet, dass nur sechs der neun kinematischen Beziehungen unabhängig sind.

Die halben Schubverzerrungen $(1/2)\cdot\gamma_{ij} = \varepsilon_{ij}$ werden auch als *gemischte Dehnungen* bezeichnet. Auf diese Weise wird erreicht, dass das Verhalten der Spannungen und Verzerrungen bei Drehung der Bezugskoordinaten gleich ist.

Bei dieser Schreibweise, der Indexnotation (vgl. Abschnitt 2.4.2), ist jetzt nur an den Indizes zu erkennen, ob es sich um eine Normal- oder Schubverzerrung handelt. Gleiche Indizes kennzeichnen Normalverzerrungen, ungleiche Indizes Schubverzerrungen. Mit den gemischten Dehnungen schreibt sich der Verzerrungstensor

$$\underline{\underline{\varepsilon}} = \underline{\underline{\varepsilon}}^{\mathrm{T}} = \begin{bmatrix} \varepsilon_{xx} & \varepsilon_{xy} & \varepsilon_{xz} \\ \varepsilon_{yx} & \varepsilon_{yy} & \varepsilon_{yz} \\ \varepsilon_{zx} & \varepsilon_{zy} & \varepsilon_{zz} \end{bmatrix}. \tag{3.25}$$

Wie der Spannungstensor ist auch der Verzerrungstensor ein symmetrischer Tensor 2. Stufe. Da der Verzerrungstensor die gleichen mathematischen Eigenschaften wie der Spannungstensor aufweist, lassen sich die dafür entwickelten Gleichungen formal übertragen. Es existieren auch drei Invarianten sowie ein Hauptachsensystem mit den zugehörigen *Hauptdehnungen* ε_1, ε_2, ε_3.

$$\underline{\underline{\varepsilon}} = \underline{\underline{\varepsilon}}^{\mathrm{T}} = \begin{bmatrix} \varepsilon_1 & 0 & 0 \\ 0 & \varepsilon_2 & 0 \\ 0 & 0 & \varepsilon_3 \end{bmatrix}. \tag{3.26}$$

Die Verzerrungs-Hauptrichtungen lassen sich experimentell leicht ermitteln, was mit Hilfe der Materialgesetze für die Spannungsermittlung genutzt wird.

Die sechs Verzerrungsgrößen des Verzerrungstensors werden durch drei Komponenten des Verschiebungsvektors ausgedrückt. Die drei Kompatibilitätsbedingungen für den räumlichen Verzerrungszustand erhalten wir aus der nochmaligen partiellen Differentiation der Verzerrungen, Gleichungen (3.21), (3.22) oder formal durch Vertauschen der Indizes zu

$$\left.\begin{aligned} \frac{\partial^2 \varepsilon_x}{\partial y^2} + \frac{\partial^2 \varepsilon_y}{\partial x^2} - \frac{\partial^2 \gamma_{xy}}{\partial x \cdot \partial y} = 0 \\ \frac{\partial^2 \varepsilon_y}{\partial z^2} + \frac{\partial^2 \varepsilon_z}{\partial y^2} - \frac{\partial^2 \gamma_{yz}}{\partial y \cdot \partial z} = 0 \\ \frac{\partial^2 \varepsilon_z}{\partial x^2} + \frac{\partial^2 \varepsilon_x}{\partial z^2} - \frac{\partial^2 \gamma_{xz}}{\partial x \cdot \partial z} = 0 \end{aligned}\right\}. \tag{3.27}$$

Für den rotationssymmetrischen Spannungszustand, siehe Abschnitt 2.5, wollen wir zur Lösung des statisch unbestimmten Problems die Formänderungen untersuchen. Zur Beschreibung in Zylinderkoordinaten gemäß Bild 2.35 bezeichnen wir die Verformungen in Radial-, Umfangs- und Axialrichtung mit v_r, v_φ und v_z. Die Verschiebung v_z bewirkt Dehnungen in Axialrichtung. Die Aufweitung v_r führt zu Dehnungen in Radial-, und Umfangsrichtung. Eine Verschiebung v_φ ist wegen der Rotationssymmetrie nicht vorhanden. Aus Bild 3.10 entnehmen wir die folgenden Beziehungen:

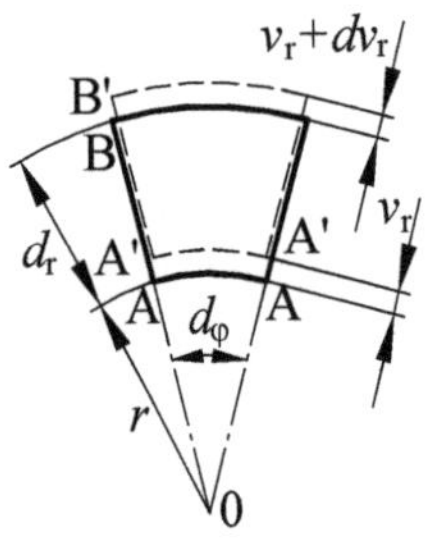

$$\varepsilon_r = \frac{\overline{A'B'} - \overline{AB}}{\overline{AB}} = \frac{dr + dv_r - dr}{dr} = \frac{dv_r}{dr}, \tag{3.28}$$

$$\varepsilon_\varphi = \frac{\overline{A'A'} - \overline{AA}}{\overline{AA}} = \frac{(v + v_r)\cdot d\varphi - r\cdot d\varphi}{r\cdot d\varphi} = \frac{v_r}{r}. \tag{3.29}$$

Für die Dehnung in Axialrichtung gilt

$$\varepsilon_z = \frac{dv_z}{dz}. \tag{3.30}$$

Bild 3.10: Verzerrungen beim rotationssymmetrischen Spannungszustand

Beispiel 3.4

Zur formalen Anwendung der Verträglichkeitsbedingungen (3.27) sind die folgenden Verschiebungen vorgegeben:

$$u(x,y,z) = 2x^2 + 3x^2\cdot 2y^2 + y^4,$$

$$v(x,y,z) = 4z^2 + 5x^2\cdot 2z^2 + 2z^4$$

$$w(x,y,z) = 3y^2 + 2x^2\cdot 2z^2.$$

Es ist zu überprüfen, ob die Verträglichkeitsbedingungen erfüllt sind.

Lösung:

Zur Lösung benötigen wir die Dehnungen nach den Gleichungen (3.21)

$$\varepsilon_x = \frac{\partial u}{\partial x} = 4x + 12xy^2,$$

$$\varepsilon_y = \frac{\partial v}{\partial y} = 0,$$

$$\varepsilon_z = \frac{\partial w}{\partial z} = 8x^2 z$$

und die Schiebungen nach den Gleichungen (3.22)

$$\gamma_{xy} = \frac{\partial u}{\partial y} + \frac{\partial v}{\partial x} = 12x^2 y + 4y^3 + 20xz^2,$$

$$\gamma_{yz} = \frac{\partial v}{\partial z} + \frac{\partial w}{\partial y} = 8z + 20x^2 z + 8z^3 + 6y,$$

$$\gamma_{xz} = \frac{\partial w}{\partial x} + \frac{\partial u}{\partial z} = 8xz^2.$$

Die Verzerrungen, partiell differenziert und in die Kompatibilitätsbedingungen (3.27) eingesetzt, ergeben:

$$\frac{\partial^2 \varepsilon_x}{\partial y^2} + \frac{\partial^2 \varepsilon_y}{\partial x^2} - \frac{\partial^2 \gamma_{xy}}{\partial x \cdot \partial y} = 24x + 0 - 24x = 0\,,$$

$$\frac{\partial^2 \varepsilon_y}{\partial z^2} + \frac{\partial^2 \varepsilon_z}{\partial y^2} - \frac{\partial^2 \gamma_{yz}}{\partial y \cdot \partial z} = 0 + 0 = 0\,,$$

$$\frac{\partial^2 \varepsilon_z}{\partial x^2} + \frac{\partial^2 \varepsilon_x}{\partial z^2} - \frac{\partial^2 \gamma_{xz}}{\partial x \cdot \partial z} = 16z + 0 - 16z = 0\,.$$

Dass diese Bedingungen erfüllt sind, kann nicht überraschen, da die Abhängigkeit der Verschiebungen von den Koordinaten in der Aufgabenstellung vorgegeben wurde.

3.5 Übungen

Aufgabe A3.5.1

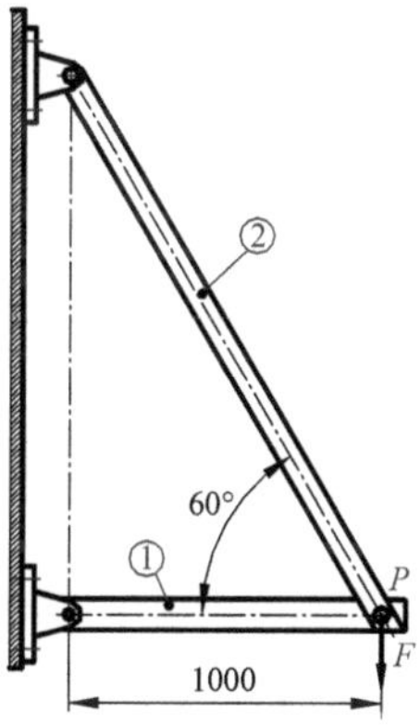

Auf Bild A3.5.1 wird ein belastetes Stahlgerüst zur Befestigung der Schiene für einen Stromabnehmer eines Portalkrans dargestellt. Die Aufnahme wird mit einer Kraft $F = 80\,\text{kN}$ belastet.

Als Halbzeug für den horizontalen Stab (Einzelteil 1) wird ein Flachstab EN 10058-50x6 F Stahl EN 10025-S235JR verwendet. Für den diagonalen Stab (Einzelteil 2) wird ein Hohlprofil EN 10210-40x40x2 S355J0 eingesetzt. Zu berechnen sind für die beiden Stäbe die Längenänderungen der Stäbe und die vertikale Verschiebung des Punktes P durch die Belastung der Konsole.

Bild A3.5.1: Konsole

Aufgabe A3.5.2

An einem dünnwandigen Rohr aus Stahl wurden durch eine Dehnungsmessung mittels Dehnmessstreifens, 45°-Rosette nach Bild A3.5.2, folgende Dehnungen gemessen:

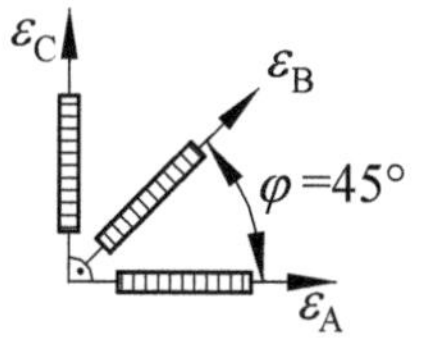

$\varepsilon_x = \varepsilon_A = 0{,}45\,‰$,

$\varepsilon_y = \varepsilon_C = -0{,}32\,‰$,

$\varepsilon_\varphi = \varepsilon_B = 0{,}37\,‰$.

Bild A3.5.2: 45°-Rosette

Es sind die Hauptdehnungen in Größe und Richtung zu berechnen.

Aufgabe A3.5.3

Mittels dreier Dehnmessstreifen, (Rosette: $0°/60°/135°$) wurden folgende Dehnungen ermittelt:

$\varphi_1 = 0°: \varepsilon_{\varphi 1} = \varepsilon_x = 8{,}48 \cdot 10^{-4}$, $\varphi_2 = 60°: \varepsilon_{\varphi 2} = -7{,}52 \cdot 10^{-4}$, $\varphi_3 = 135°: \varepsilon_{\varphi 3} = 5{,}20 \cdot 10^{-4}$.

Es sind Betrag und Richtung der Hauptdehnungen zu berechnen.

4 Materialgesetze

4.1 Werkstoffverhalten – Modellannahmen

Die in den vorhergehenden Abschnitten beschriebenen Gesetzmäßigkeiten für das Kontinuum von Festkörpern sind alle materialunabhängig. Das Verhalten des Werkstoffs dieser Festkörper lässt sich durch *Materialgesetze* beschreiben, die nur durch Experimente gewonnen werden können. Durch diese werden die Spannungen mit den Verzerrungen verknüpft. Die in diesen Gesetzen vorkommenden physikalischen Größen, die bestimmte Eigenschaften festlegen, bezeichnen wir als *Materialkonstanten.* In der Ingenieurpraxis werden diese durch Versuche bestimmt; sie sind häufig (wie z.B. bei Stählen) durch große Streubreiten charakterisiert.

Verhält sich ein Werkstoff bei den Versuchen bzw. der Belastung in allen Punkten gleich, nennt man das Werkstoffverhalten *homogenen*[20], anderenfalls *inhomogen.* Materialeigenschaften, die von der Richtung unabhängig sind, werden als *isotrop*[21] bezeichnet. Bei *anisotropem* Materialverhalten sind die Eigenschaften richtungsabhängig (z.B. „Textur“ bei gewalzten Blechen oder faserverstärkte Kunststoffe).

Wir bezeichnen einen Werkstoff als *elastisch,* wenn eine eindeutig umkehrbare Beziehung zwischen den Spannungen, Verzerrungen und der Temperatur besteht. In diesem Fall sind alle Verzerrungen eines Körpers *reversibel*[22]. Das bedeutet, dass das Werkstoffverhalten unabhängig von der Belastungsgeschichte und von der Zeit ist.

Die Annahme ideal elastischen Verhaltens ist eine Idealisierung. Reale Bauteile zeigen immer Abweichungen davon, die aber in vielen Fällen so klein sind, dass man sie vernachlässigen kann. Die Rechnung mit solchen idealisierten Modellanahmen ist für viele Anwendungen sinnvoll. Andere häufig gebrauchte einfache idealisierte Modellanahmen sind der starre und der plastische Körper. Durch die Kombination von Materialeigenschaften erhält man weitere einfache Modelle, z.B. elasto-plastische oder visko-elastische Körper mit entsprechenden Materialgesetzen. In diesem Kapitel werden wir uns auf ideal elastische isotrope Körper beschränken. Wir setzen also neben der geometrischen auch physikalische Linearität des homogenen Körpers und somit Ortsunabhängigkeit der Materialkonstanten voraus.

---

20 Homogen ‹griech.›: gleichartig.

21 Isotrop ‹griech.›: nach allen Richtungen des Raumes hin gleiche Eigenschaften aufweisend.

22 Reversibel ‹lat.›: umkehrbar.

4.2 Elastizitätsgesetze

4.2.1 Linearer Spannungszustand

Im einachsigen Zugversuch wird bei langsamer Belastungsgeschwindigkeit (quasistatisch) der Zusammenhang zwischen der Dehnung ε und der Spannung σ bestimmt. Für den linear elastischen Fall gilt für viele Metalle der von HOOKE[23] 1678 formulierte Zusammenhang „*ut tensio sic vis*“[24]; das heißt die Kraft jeder Feder verhält sich wie ihre Auslenkung. Dieser lineare Zusammenhang zwischen Kraft und Verformung – heute zwischen Spannung und Dehnung – als HOOKEsches Gesetz (auch *Elastizitätsgesetz*) zu

$$\sigma = E \cdot \varepsilon \tag{4.1}$$

beschrieben, enthält als Proportionalitätsfaktor, den *Elastizitätsmodul E*. Dieser wurde allerdings erst ca. 150 Jahre später, 1826 von NAVIER[25], eingeführt. Gleiches trifft auch für den erst später, 1727 von EULER eingeführten Spannungsbegriff zu.

Der Elastizitätsmodul wird aus dem Zugversuch bestimmt und repräsentiert den Anstieg der Geraden in dem Spannungs-Dehnungs-Diagramm des Versuches. Das Bild 4.1 zeigt das Spannungs-Dehnungs bzw. Spannungs-Stauchungs-Diagramm duktiler (zäher) Metalle.

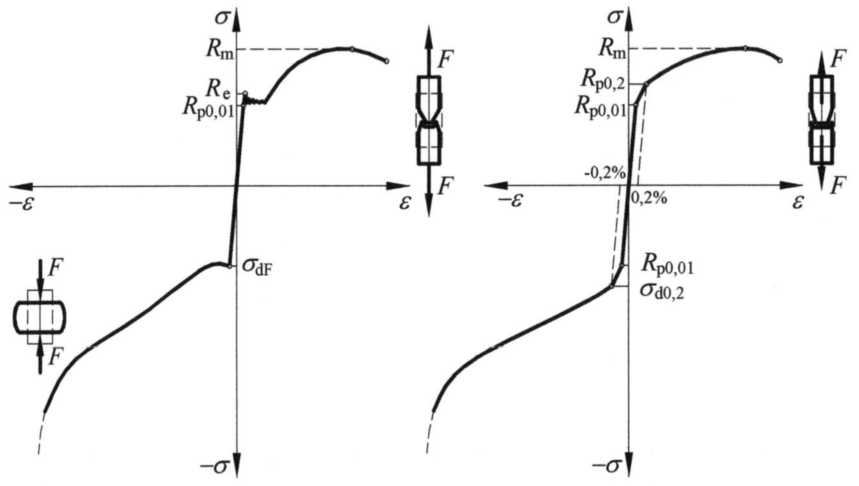

a) Werkstoff mit ausgeprägter Streckgrenze b) Werkstoff ohne ausgeprägte Streckgrenze

Bild 4.1: Spannungs-Dehnungs- / Spannungs-Stauchungs-Diagramm duktiler Metalle

Auch wenn der Elastizitätsmodul die Maßeinheit einer Spannung hat, ist er kein Spannungskennwert, sondern ein Maß für den Werkstoffwiderstand gegen elastische Verformung – eine Materialkenngröße. Die Werte für die *E*-Moduln bei Raumtemperatur unterschiedlicher

23 ROBERT HOOKE, 1635–1703, englischer Physiker.

24 Ut tensio sic vis ‹lat.›: wie die Kraft, so die Streckung.

25 CLAUDE-LOUIS-MARIE-HENRI NAVIER, 1785–1836, französischer Mathematiker.

Werkstoffe sind in den gängigen Tabellenbüchern zu finden. Für Stahl beträgt der Wert für $E = (1{,}9 \cdots 2{,}2) \cdot 10^5 \, \mathrm{N/mm^2}$; häufig wird mit $E = 2{,}1 \cdot 10^5 \, \mathrm{N/mm^2}$ gerechnet.

Der wichtigste Kennwert für Festigkeitsberechnung ist die Grenze der elastischen Dehnung, die so genannte *Streckgrenze* R_e. Für diesen Wert sind z.T. auch die ursprünglich eigenständigen Begriffe *Proportionalitätsgrenze* σ_P, *Elastizitätsgrenze* σ_E, inzwischen zusammengefasst zur *Dehngrenze* $R_{p0,01}$, gebräuchlich, was wie Bild 4.1 zeigt, nicht korrekt ist. Bei ausgeprägter Streckgrenze dient der untere Wert R_{eL} als Konstruktionskennwert. Für Materialverhalten ohne ausgeprägte Streckgrenze (Bild 4.1b) wird eine „Ersatzstreckgrenze" (vormals technische Streckgrenze), die Dehngrenze $R_{p0,2}$ mit der plastischen Dehnung von 0,2 % festgelegt.

Sowohl aus werkstoffmechanischer Sicht, als auch messtechnisch ist die Bestimmung der Dehngrenzen schwierig. Dehngrenzen feiner, als 0,2 % sind zudem an die konkrete Werkstoffcharge gebunden und können somit nicht den Werkstofftabellen entnommen werden, sondern müssen – so sie tatsächlich benötigt werden – an Proben des konkreten Objekt ermittelt werden. Die Ungenauigkeit der Tabellenwerte muss andernfalls durch Sicherheitszuschläge ausgeglichen werden.

Die *Zugfestigkeit* R_m ist die maximale Kraft, bezogen auf den Ausgangsquerschnitt. Diese Größe schließt – ausgenommen spröde Werkstoffe – plastische Verformung ein.

Spröde Werkstoffe ertragen unter Druckbeanspruchung um ein Vielfaches höhere Belastungen als unter Zuglast. Sie versagen unter Zugbeanspruchung sobald die Zugspannung σ_z die Zugfestigkeit R_m erreicht hat durch *Trennbruch.*

Bei Druckbeanspruchung erfolgt das Versagen durch die *Druckschubspannung* τ_B mit einem *Schiebungsbruch* (siehe Bild 4.2).

Der für die Festigkeitsberechnung relevante Werkstoffkennwert ist die *Druckfestigkeit* σ_{dB}. Aus dem einachsigen Druckversuch ergibt sich $\tau_B = \sigma_{dB}/2$ (siehe dazu auch Abschnitt 2.2.3).

Sowohl das HOOKEsche Gesetz (4.1) als auch die Verzerrung (3.5) sind linear, somit ist eine Superposition – nicht nur für den einachsigen Spannungszustand – möglich.

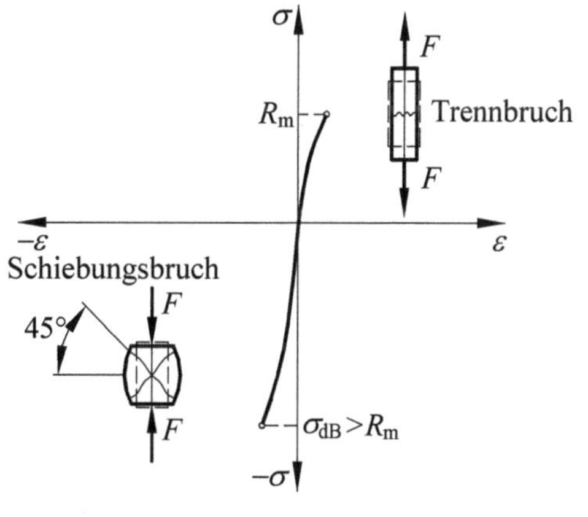

Bild 4.2: Bruchversagen spröder Metalle

Weil die Wärmedehnung infolge einer konstanten Temperaturerhöhung für homogenes isotropes Material in allen Richtungen gleich groß ist, können keine Schiebungen existieren.

Das HOOKEsche Gesetz für die Dehnung mit Berücksichtigung der Wärmedehnung ist somit

$$\varepsilon = \frac{1}{E} \cdot \sigma + \alpha_T \cdot \Delta T \,. \tag{4.2}$$

Wenn sich der Stab frei dehnen kann, werden im Bauteil keine Spannungen erzeugt. Erst bei Dehnungsbehinderung treten Spannungen auf, die auch als *Wärmespannungen* bezeichnet werden.

Analog zur Verknüpfung der Normalspannungen mit den Dehnungen nach Gl. (4.1) existiert auch eine auf Versuchen basierende Gleichung für den Zusammenhang der Schubspannungen mit den Schiebungen

$$\tau = G \cdot \gamma \,, \tag{4.3}$$

die unabhängig von Temperaturänderungen ist, weil keine Dehnungen auftreten. In dieser Gleichung ist G der *Schubmodul* (auch *Gleitmodul*), der sich z.B. aus einem Verdrehversuch bestimmen lässt oder bei bekannten Elastizitätsmodul E und Querdehnzahl ν nach der Beziehung

$$G = \frac{E}{2 \cdot (1 + \nu)} \tag{4.4}$$

berechnen lässt. Im Abschnitt 4.4 wird dieser Zusammenhang hergeleitet.

Beispiel 4.1

Ein mit Kunststoff ummanteltes nahtloses 12 m langes Stahlrohr 127 x 3,2 nach DIN 2448 aus St 52.0 DIN 1626 wird durch eine zentrisch angreifende Zugkraft von $F = 360\,\text{kN}$ statisch belastet (Bild 4.3). Der Kunststoffmantel von $s = 2\,\text{mm}$ Dicke ist fest mit dem Rohr verbunden. Das Werkstoffverhalten des Kunststoffes ($E_M = 1{,}28 \cdot 10^4\,\text{N/mm}^2$) wird genähert linear elastisch angenommen.

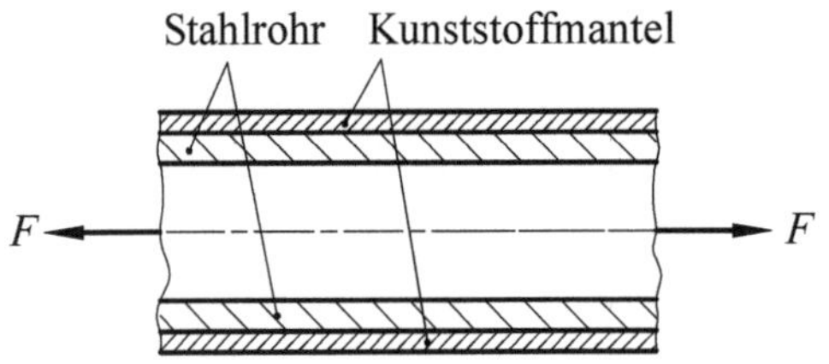

Bild 4.3: Ummanteltes Stahlrohr

Es sind:

a) die Verlängerung des Zugstabes unter der Last
b) die Spannungen im Rohr und im Mantel zu berechnen

Lösung:

a) Die Stabverlängerung Δl berechnen wir mit dem HOOKEschen Gesetz, Gl. (4.1)

$$\sigma = E \cdot \varepsilon = \frac{F}{A}; \qquad \text{daraus die Kraft } F = E \cdot \varepsilon \cdot A \,.$$

Für die Zugkraft, die anteilig vom Rohr und vom Mantel aufgenommen wird, gilt somit

$$F = F_R + F_M = E_R \cdot \varepsilon_R \cdot A_R + E_M \cdot \varepsilon_M \cdot A_M \,.$$

Mit der festen Verbindung von Rohr und Kunststoffmantel gilt $\varepsilon_R = \varepsilon_M = \varepsilon = \frac{\Delta l}{l}$.

Damit schreiben wir für die Kraft $F = (E_R \cdot A_R + E_M \cdot A_M) \cdot \frac{\Delta l}{l}$.

Mit dieser Beziehung, umgestellt nach der Längenänderung, und mit der Gleichung für die Kreisringflächen $A = \pi / 4 \cdot (D^2 - d^2)$ für das Rohr und die Ummantelung wird:

$$\Delta l = \frac{F \cdot l}{E_R \cdot A_R + E_M \cdot A_M} = \frac{F \cdot l}{\frac{\pi}{4} \cdot \left[E_R \cdot \left(D_R^2 - d_R^2\right) + E_M \cdot \left(D_M^2 - d_M^2\right)\right]};$$

$$\Delta l = \frac{3{,}6 \cdot 10^5\,\mathrm{N} \cdot 12 \cdot 10^3\,\mathrm{mm}}{\frac{\pi}{4} \cdot \left[2{,}1 \cdot 10^5 \cdot \left(127^2 - 120{,}6^2\right) + 1{,}28 \cdot 10^4 \cdot \left(131^2 - 127^2\right)\right] \cdot \mathrm{mm}} = \underline{15{,}9\,\mathrm{mm}}.$$

b) Für die Spannung nach dem HOOKEschen Gesetz wird $\sigma = E \cdot \varepsilon = E \cdot \frac{\Delta l}{l}$.

$$\sigma_R = E_R \cdot \frac{\Delta l}{l} = 2{,}1 \cdot 10^5\,\mathrm{N/mm^2} \cdot \frac{15{,}9\,\mathrm{mm}}{12 \cdot 10^3\,\mathrm{mm}} = \underline{278\,\mathrm{N/mm^2}},$$

$$\sigma_M = E_M \cdot \frac{\Delta l}{l} = 1{,}28 \cdot 10^4\,\mathrm{N/mm^2} \cdot \frac{15{,}9\,\mathrm{mm}}{12 \cdot 10^3\,\mathrm{mm}} = \underline{17\,\mathrm{N/mm^2}}.$$

Beispiel 4.2

Bild 4.4 zeigt eine Getriebewelle. Durch die Temperaturabstrahlung des Getriebegehäuses nach außen entsteht ein Temperaturunterschied zwischen Gehäuse und Welle und damit unterschiedliche Längenausdehnungen. Diese muss durch das Loslager realisiert werden.

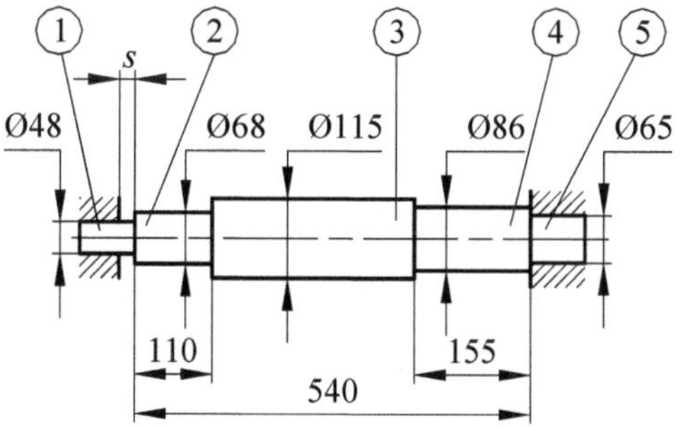

Bild 4.4: Abgesetzte Welle

a) Es ist das erforderliche axiale Lagerspiel des Loslagers zum Ausgleich der Wärmedehnung der Welle aus 34Cr4 mit $E = 2{,}2 \cdot 10^5\,\mathrm{N/mm^2}$ und $\alpha_T = 1{,}2 \cdot 10^{-5}\,1/\mathrm{K}$ für eine Temperaturdifferenz von 25 K zu berechnen.

b) Welche Druckspannung und welche axiale Kraft entstünde, wenn kein Lagerspiel vorhanden wäre?

Lösung:

a) Die thermisch bedingte freie Verlängerung der Welle zwischen den Lagerstellen beträgt für die vorgegebene Temperaturdifferenz nach Gleichung (3.5)

$$\Delta l_{\mathrm{T}} = s = \alpha_{\mathrm{T}} \cdot \Delta T \cdot (l_2 + l_3 + l_4) = 1{,}2 \cdot 10^{-5}\,1/\mathrm{K} \cdot 25\,\mathrm{K} \cdot 540\,\mathrm{mm} = \underline{0{,}162\,\mathrm{mm}}.$$

b) Die Druckspannung, nur aus der verhinderten Längenänderung der Welle, beträgt

$$-\sigma = \sigma_{\mathrm{d}} = E \cdot \varepsilon_{\mathrm{T}} = E \cdot \frac{\Delta l_{\mathrm{T}}}{l} = 2{,}2 \cdot 10^5\,\mathrm{N/mm^2} \cdot \frac{0{,}162\,\mathrm{mm}}{540\,\mathrm{mm}} = \underline{66\,\mathrm{N/mm^2}}.$$

Die in der Welle (und von der Welle auf das Lager und Gehäuse) wirkende axiale Druckkraft lässt sich mit $\sigma_{\mathrm{d}} = F_{\mathrm{d}} / A$ und dem HOOKEschen Gesetz aus dem erforderlichen Axialspiel

$$s = \Delta l = \frac{F_{\mathrm{d}} \cdot l}{E \cdot A}$$

berechnen. Allerdings ist der Durchmesser der Welle (und damit die Fläche) nicht konstant. Das heißt, wir müssen die Berechnung abschnittsweise führen:

$$s = \Delta l_2 + \Delta l_3 + \Delta l_4 = \frac{F_{\mathrm{d}} \cdot l_2}{E \cdot A_2} + \frac{F_{\mathrm{d}} \cdot l_3}{E \cdot A_3} + \frac{F_{\mathrm{d}} \cdot l_4}{E \cdot A_4} = \frac{4 \cdot F_{\mathrm{d}}}{\pi \cdot E} \cdot \left(\frac{l_2}{d_2^2} + \frac{l_3}{d_3^2} + \frac{l_4}{d_4^2} \right).$$

Diese Gleichung stellen wir nach der Kraft um

$$F_{\mathrm{d}} = \frac{\pi \cdot E \cdot s}{4} \cdot \frac{1}{\frac{l_2}{d_2^2} + \frac{l_3}{d_3^2} + \frac{l_4}{d_4^2}} = \frac{\pi \cdot 2{,}2 \cdot 10^5\,\mathrm{N/mm^2} \cdot 0{,}162\,\mathrm{mm}}{4 \cdot \left(\frac{110}{68^2} + \frac{275}{115^2} + \frac{155}{86^2} \right) \frac{\mathrm{mm}}{\mathrm{mm^2}}}$$

$$\underline{F_{\mathrm{d}} = 427\,091\,\mathrm{N} = 427{,}1\,\mathrm{kN}}.$$

Man stelle sich vor: Diese enorme Kraftwirkung tritt ein, bei einer Temperaturdifferenz von nur 25 K = 25 °C und einem konstruktiv nicht berücksichtigten erforderlichen Spiel von nicht einmal 2/10 mm.

4.2.2 Ebener Spannungszustand

Beim ebenen Spannungszustand mit Normalspannungen in zwei Richtungen, Bild 4.5a, beeinflusst jede Normalspannung auch die Dehnung in der dazu senkrechten Richtung (Querkontraktion).

Die Dehnung in x-Richtung setzt sich zusammen aus:

- Dehnung durch σ_{x}: $\varepsilon_{\mathrm{x1}} = \frac{1}{E} \cdot \sigma_{\mathrm{x}}$
- Kontraktion durch σ_{y}: $\varepsilon_{\mathrm{x2}} = -\nu \cdot \varepsilon_{\mathrm{y}} = -\frac{\nu}{E} \cdot \sigma_{\mathrm{y}}$.

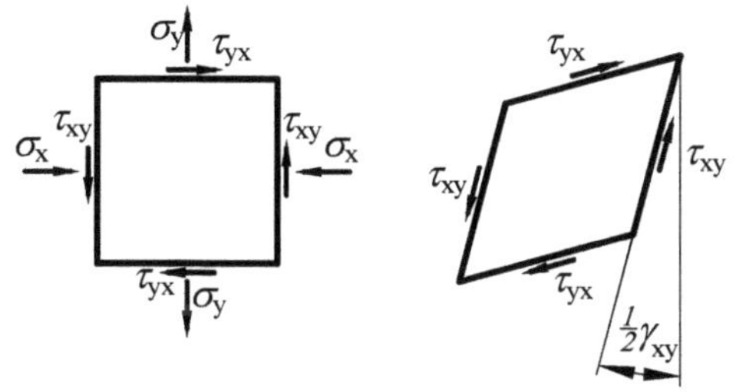

a) Spannungen b) Schubverformung

Bild 4.5: Verhältnisse am Scheibenelement

Weil die Beziehungen zwischen der Spannung und der Dehnung linear sind, gilt das Superpositionsprinzip. Die Überlagerung der beiden Dehnungsanteile ergibt

$$\varepsilon_x = \frac{1}{E} \cdot (\sigma_x - \nu \cdot \sigma_y) \tag{4.5}$$

und analog für die *y*-Richtung

$$\varepsilon_y = \frac{1}{E} \cdot (\sigma_y - \nu \cdot \sigma_x) . \tag{4.6}$$

Da diese Gleichungen für zwei beliebige zueinander senkrechte Richtungen gelten, müssen sie auch für die Hauptspannungsrichtungen anwendbar sein.

$$\varepsilon_1 = \frac{1}{E} \cdot (\sigma_1 - \nu \cdot \sigma_2) ; \tag{4.7}$$

$$\varepsilon_2 = \frac{1}{E} \cdot (\sigma_2 - \nu \cdot \sigma_1) . \tag{4.8}$$

Tatsächlich rufen die Zugspannungen σ_x und σ_y auch noch eine Querkontraktion in der dazu senkrechten – der *z*-Richtung

$$\varepsilon_z = -\frac{\nu}{E} \cdot (\sigma_x + \sigma_y) \tag{4.9}$$

hervor, was dann einen dreiachsigen Verzerrungszustand beschreibt. Die Gleichung (4.9) wird – ähnlich der Querkontraktion beim dünnen Zugstab – bei flächigen Bauteilen mit geringer Materialdicke, wie sie bei Berechnungen zum ebenen Spannungszustand häufig vorkommen, kaum genutzt.

Wird allerdings diese Querkontraktion durch geeignete Maßnahmen nicht zugelassen, entsteht aus dem *ebenen Verzerrungszustand* durch die zusätzliche Spannung in *z*-Richtung

$$\sigma_z = \nu \cdot (\sigma_x + \sigma_y) , \tag{4.10}$$

die aber durch σ_x und σ_y bestimmt ist, ein dreiachsiger Spannungszustand.

Die Schiebung beim ebenen Spannungszustand beschreibt nach Gleichung (3.12) die Abweichung vom rechten Winkel als Summe der beiden Winkel gemäß Bild 4.5b. Analog Gleichung (4.3) gilt mit (4.4)

$$\gamma_{xy} = \frac{1}{G} \cdot \tau_{xy} = \frac{2 \cdot (1+\nu)}{E} \cdot \tau_{xy} \,. \tag{4.11}$$

Beim MOHRschen Verfahren oder der Tensorrechnung wird meist mit $\gamma_{xy}/2$, gearbeitet, sodass z.T. auch hier oft verschiedene Bezeichnungen verwendet werden. Die Schiebung nach Gleichung (4.11) wird dann als *technische Schiebung/Gleitung* im Unterschied zur *tensoriellen Schiebung/Gleitung* (auch *gemischte Dehnung*) $\varepsilon_{xy} = \gamma_{xy}/2$ bezeichnet.

Experimentelle Spannungsermittlungen basieren in der Regel auf gemessenen Dehnungen. Zur Auswertung dieser Messergebnisse sind die Gleichungen (4.7), (4.8) und (4.11) nach den Spannungen umzustellen:

$$\sigma_x = \frac{E}{1-\nu^2} \cdot (\varepsilon_x + \nu \cdot \varepsilon_y) \tag{4.12}$$

$$\sigma_y = \frac{E}{1-\nu^2} \cdot (\varepsilon_y + \nu \cdot \varepsilon_x) \tag{4.13}$$

$$\tau_{xy} = G \cdot \gamma_{xy} = \frac{E}{2 \cdot (1+\nu)} \cdot \gamma_{xy} \,. \tag{4.14}$$

Analog schreiben wir für die Hauptnormalspannungen

$$\sigma_1 = \frac{E}{1-\nu^2} \cdot (\varepsilon_1 + \nu \cdot \varepsilon_2) \tag{4.15}$$

$$\sigma_2 = \frac{E}{1-\nu^2} \cdot (\varepsilon_2 + \nu \cdot \varepsilon_1) \,. \tag{4.16}$$

Beispiel 4.3

Für das mit F_1 = 30 kN, F_2 = 100 kN belastete Rohr DIN 2448-S235 JRG3-219,1 x 6,3 des Winkelhebels, Bild 4.6, sind mit l_1 = 800 mm und l_2 = 700 mm für die maximal beanspruchte Stelle:

a) die Größe und die Richtung der Hauptnormalspannungen,

b) die Größe und Richtung der maximalen Schubspannung und

c) die Größe der Hauptdehnungen zu berechnen.

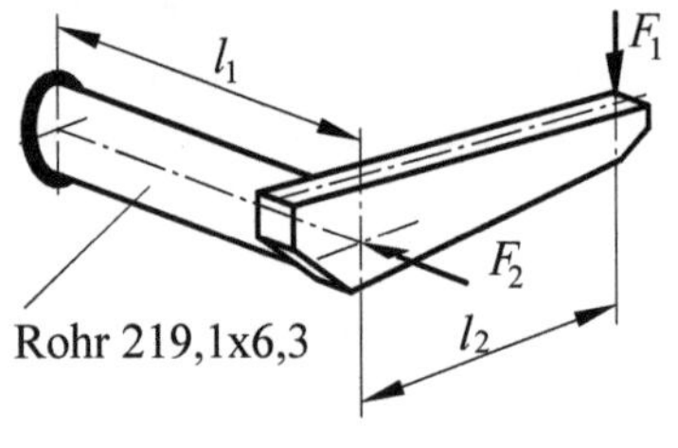

Bild 4.6: Winkelhebel

d) Es ist eine Skizze anzufertigen, aus der Ort und Richtung der Hauptnormalspannungen und der maximalen Schubspannungen am Rohr ersichtlich werden.

Eine Knickgefährdung des Rohres durch die Druckbelastung ist aufgrund des Schlankheitsgrades von $\lambda < 25$ nicht gegeben.

Lösung:

Zur Ermittlung der am höchsten beanspruchten Stelle am Rohr müssen wir die einzelnen Beanspruchungen kennen. Nach Bild 4.6 wirken:

$$\sigma_d = \frac{F_2}{A} = \frac{4 \cdot F_2}{\pi \cdot (D^2 - d^2)} = \frac{4 \cdot 10^5 \,\text{N}}{\pi \cdot (219{,}1^2 - 206{,}5^2)\,\text{mm}^2} = -23{,}7\,\text{N/mm}^2,$$

$$\sigma_b = \frac{F_1 \cdot l_1}{W} = \frac{32 \cdot D \cdot F_1 \cdot l_1}{\pi \cdot (D^4 - d^4)} = \frac{32 \cdot 219{,}1 \cdot 3 \cdot 10^4 \cdot 800\,\text{N} \cdot \text{mm} \cdot \text{mm}}{\pi \cdot (219{,}1^4 - 206{,}5^4)\,\text{mm}^4} = \pm 110{,}2\,\text{N/mm}^2,$$

$$\tau_t = \frac{F_1 \cdot l_2}{W_p} = \frac{16 \cdot D \cdot F_1 \cdot l_2}{\pi \cdot (D^4 - d^4)} = \frac{16 \cdot 219{,}1 \cdot 3 \cdot 10^4 \cdot 700 \cdot \text{N} \cdot \text{mm} \cdot \text{mm}}{\pi \cdot (219{,}1^4 - 206{,}5^4)\,\text{mm}^4} = 48{,}2\,\text{N/mm}^2,$$

$$\tau_s = \frac{2 \cdot F_1}{A} = \frac{4 \cdot 2 \cdot F_1}{\pi \cdot (D^2 - d^2)} = \frac{8 \cdot 3 \cdot 10^4 \,\text{N}}{\pi \cdot (219{,}1^2 - 206{,}5^2)\,\text{mm}^2} = 14{,}3\,\text{N/mm}^2.$$

Durch die Überlagerung der Druckspannung mit dem Biegedruck tritt die größte Belastung an der Rohrunterseite auf. Für ein an dieser Stelle herausgeschnittenes Flächenelement mit der Rohrlängsachse als x-Achse, Bild 4.7, gelten die folgenden Spannungen:

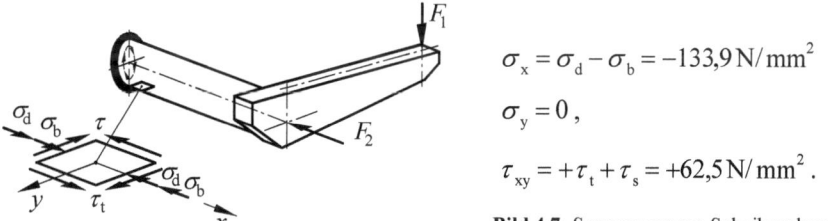

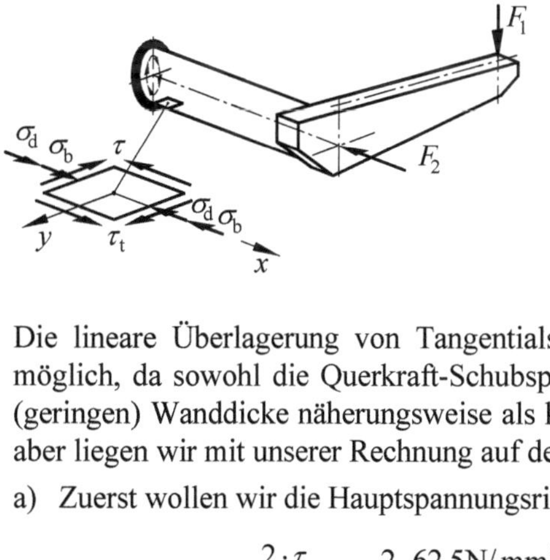

$$\sigma_x = \sigma_d - \sigma_b = -133{,}9\,\text{N/mm}^2$$

$$\sigma_y = 0,$$

$$\tau_{xy} = +\tau_t + \tau_s = +62{,}5\,\text{N/mm}^2.$$

Bild 4.7: Spannungen am Scheibenelement

Die lineare Überlagerung von Tangentialspannungen ist für den Kreisringquerschnitt so möglich, da sowohl die Querkraft-Schubspannung als auch die Torsionsspannung über der (geringen) Wanddicke näherungsweise als konstant betrachtet werden dürfen; auf jeden Fall aber liegen wir mit unserer Rechnung auf der „sicheren Seite“.

a) Zuerst wollen wir die Hauptspannungsrichtung nach Gl. (2.11) berechnen

$$\tan 2\varphi_{1/2} = \frac{2 \cdot \tau_{xy}}{\sigma_x - \sigma_y} = \frac{2 \cdot 62{,}5\,\text{N/mm}^2}{-133{,}9\,\text{N/mm}^2} = -0{,}9335 \Rightarrow \quad \varphi = -21{,}5°.$$

Nach unserer Merkregel ist das der Winkel φ_2; die korrekte Nachrechnung nach Gleichung (2.12):

$$-2 \cdot (\sigma_x - \sigma_y) \cdot \cos 2\varphi - 4 \cdot \tau_{xy} \cdot \cos 2\varphi = 13 > 0 \Rightarrow \varphi_2$$

bestätigt dies auch. Damit ist der Hauptachsenwinkel $\underline{\varphi_1 = 68{,}5°}$.

Mit Gleichung (2.13) berechnen wir nun die Hauptspannungen

$$\sigma_{1/2} = \frac{\sigma_x + \sigma_y}{2} \pm \sqrt{\left(\frac{\sigma_x - \sigma_y}{2}\right)^2 + \tau_{xy}^2} = \left(\frac{-133{,}9}{2} \pm \sqrt{\left(\frac{-133{,}9}{2}\right)^2 + 62{,}5^2}\right)\frac{\text{N}}{\text{mm}^2}$$

$$\underline{\sigma_1 = +24{,}6\ \text{N/mm}^2}$$

$$\underline{\sigma_2 = -158{,}5\,\text{N/mm}^2}\,.$$

Kontrolle der Hauptspannungen mit der Invarianzbedingung, Gl. (2.17):

$$\sigma_x + \sigma_y = \sigma_1 + \sigma_2 = -133{,}9\,\text{N/mm}^2 + 0 = 24{,}6\,\text{N/mm}^2 - 158{,}5\,\text{N/mm}^2\,.$$

Die maximale Schubspannung gemäß Gl. (2.16) beträgt

$$\tau_{max} = \sqrt{\left(\frac{\sigma_x - \sigma_y}{2}\right)^2 + \tau_{xy}^2} = \left(\sqrt{\left(\frac{-133{,}9}{2}\right)^2 + 62{,}5^2}\right)\frac{\text{N}}{\text{mm}^2} = \underline{91{,}6\,\text{N/mm}^2}\,.$$

und verläuft unter einem Winkel von $\varphi_\tau = \varphi_1 - \pi/4 = \underline{23{,}5°}$.

Die Hauptdehnungen nach (4.7) und (4.8)

$$\varepsilon_1 = \frac{1}{E}\cdot(\sigma_1 - \nu\cdot\sigma_2) = \frac{1}{2{,}1\cdot 10^5\,\text{N/mm}^2}\cdot(24{,}6 + 0{,}3\cdot 158{,}5)\text{N/mm}^2 = \underline{3{,}44\cdot 10^{-4}}\,,$$

$$\varepsilon_2 = \frac{1}{E}\cdot(\sigma_2 - \nu\cdot\sigma_1) = \frac{1}{2{,}1\cdot 10^5\,\text{N/mm}^2}\cdot(-158{,}5 - 0{,}3\cdot 24{,}6)\text{N/mm}^2 = \underline{-7{,}90\cdot 10^{-4}}$$

wirken, wie wir wissen, in Richtung der Hauptspannungen.

d) Die Hauptspannungsrichtungen mit den dazugehörenden Spannungen sind auf Bild 4.8 dargestellt. Dazu wurde das an der Rohrunterseite liegende Spannungselement (Bild 4.7) um 90° nach oben in die Zeichenebene gedreht.

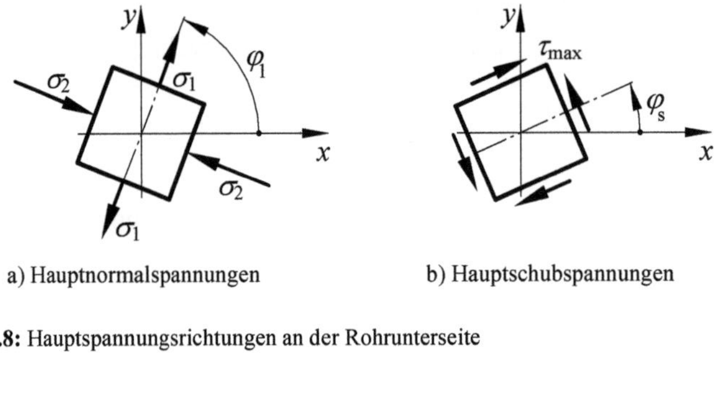

a) Hauptnormalspannungen b) Hauptschubspannungen

Bild 4.8: Hauptspannungsrichtungen an der Rohrunterseite

Beispiel 4.4

Im Rahmen einer experimentellen Spannungsanalyse mit Dehnungsmessstreifen (DMS) zur Ermittlung der Hauptspannungen sollen die Ergebnisse des Beispiels 3.3 (Bild 3.8) verwendet werden. Die Verzerrungen dieses Beispiels sind im Tensor

$$\underline{\underline{\varepsilon}} = \begin{bmatrix} \varepsilon_{xx} & \gamma_{xy} \\ \gamma_{yx} & \varepsilon_{yy} \end{bmatrix} = \begin{bmatrix} 3{,}71 & 4{,}07 \\ 4{,}07 & 0{,}92 \end{bmatrix} \cdot 10^{-4} = \begin{bmatrix} \varepsilon_1 & 0 \\ 0 & \varepsilon_2 \end{bmatrix} = \begin{bmatrix} 4{,}78 & 0 \\ 0 & -0{,}15 \end{bmatrix} \cdot 10^{-4}$$

aufgeführt.

Mit den Werkstoffkennwerten $E = 2{,}1 \cdot 10^5\,\text{N/mm}^2$, $G = 8{,}1 \cdot 10^4\,\text{N/mm}^2$ und $\nu = 0{,}3$ sind:

a) die Lastspannungen

b) Betrag und Richtung der Hauptspannungen

zu berechnen.

Lösung:

a) Mit den Werten für den Verzerrungszustand lassen sich die Lastspannungen in den Koordinatenrichtungen anhand der Gleichungen (4.12) bis (4.14) berechnen:

$$\sigma_x = \frac{E}{1-\nu^2} \cdot (\varepsilon_x + \nu \cdot \varepsilon_y) = \frac{2{,}1 \cdot 10^5\,\text{N/mm}^2}{1-0{,}3^2} \cdot (3{,}71 - 0{,}3 \cdot 0{,}92) \cdot 10^{-4} = \underline{79{,}0\,\text{N/mm}^2},$$

$$\sigma_y = \frac{E}{1-\nu^2} \cdot (\varepsilon_y + \nu \cdot \varepsilon_x) = \frac{2{,}1 \cdot 10^5\,\text{N/mm}^2}{1-0{,}3^2} \cdot (-0{,}39 + 0{,}3 \cdot 3{,}54) \cdot 10^{-4} = \underline{15{,}5\,\text{N/mm}^2},$$

$$\tau_{xy} = G \cdot \gamma_{xy} = 8{,}1 \cdot 10^4 \cdot (4{,}07 \cdot 10^{-4}) = \underline{33{,}0\,\text{N/mm}^2}.$$

b) Die Hauptspannungen können wir sowohl aus den oben berechneten Lastspannungen oder auch aus den Hauptdehnungen berechnen. Aus den Lastspannungen mit Gl. (2.13) werden

$$\sigma_{1/2} = \frac{\sigma_x + \sigma_y}{2} \pm \sqrt{\left(\frac{\sigma_x - \sigma_y}{2}\right)^2 + \tau_{xy}^2} \quad \Rightarrow \quad \begin{cases} \underline{\sigma_1 = 92{,}0\,\text{N/mm}^2} \\ \underline{\sigma_2 = 46{,}9\,\text{N/mm}^2}. \end{cases}$$

Die Hauptachsenwinkel, die auch die Hauptdehnungswinkel sind (vgl. Beispiel 3.3), nach Gl. (2.11) bestimmt, betragen

$$\varphi_1 = \frac{1}{2} \cdot \arctan\left(\frac{2 \cdot \tau_{xy}}{\sigma_x - \sigma_y}\right) = \underline{27{,}8^\circ} \text{ sowie } \varphi_2 = \varphi_1 + \pi/2 = \underline{117{,}8^\circ}.$$

Die Hauptschubspannung nach Gl. (2.16) unter dem Winkel, $\varphi_\tau = \varphi_1 - \pi/4 = \underline{-17{,}2^\circ}$ beträgt $\tau_{max} = \sqrt{\left(\frac{\sigma_x - \sigma_y}{2}\right)^2 + \tau_{xy}^2} = \underline{40{,}0\,\text{N/mm}^2}$.

4.2.3 Ebener Verzerrungszustand

Für den ebenen Verzerrungszustand verschwinden die Formänderungen in einer Richtung, z.B. $\varepsilon_z = \gamma_{yz} = \gamma_{zx} = 0$.

Die Voraussetzung des ebenen Verzerrungszustandes ist gewöhnlich ein räumlicher Spannungszustand. Für $\varepsilon_z = 0$ folgt, wenn $\sigma_x \neq -\sigma_y$ gilt, entsprechend Gl. (4.10) eine Spannung

$$\sigma_z = \nu \cdot (\sigma_x + \sigma_y).$$

Setzen wir diese Spannung in die Dehnungsgleichung des räumlichen Spannungszustandes

$$\varepsilon_x = \frac{1}{E} \cdot \left[\sigma_x - \nu \cdot (\sigma_y + \sigma_z)\right]$$

ein, wird:

$$\varepsilon_x = \frac{1}{E} \cdot \left[\sigma_x - \nu \cdot (\sigma_y + \nu \cdot \sigma_x + \nu \cdot \sigma_y)\right] = \frac{1}{E} \cdot \left[\sigma_x \underbrace{(1-\nu^2)}_{(1+\nu)(1-\nu)} \cdot (\sigma_y + \nu \cdot \sigma_y \cdot (1+\nu)\right].$$

Damit schreiben wir für die Dehnungen des ebenen Verzerrungszustandes:

$$\varepsilon_x = \frac{1+\nu}{E} \cdot \left[(1-\nu)\sigma_x - \nu \cdot \sigma_y\right] \tag{4.17}$$

$$\varepsilon_y = \frac{1+\nu}{E} \cdot \left[(1-\nu)\sigma_y - \nu \cdot \sigma_x\right]. \tag{4.18}$$

Für die Spannungen gilt:

$$\sigma_x = \frac{E}{(1+\nu)\cdot(1-2\nu)} \cdot \left[(1-\nu)\cdot\varepsilon_x + \nu \cdot \varepsilon_y\right] \tag{4.19}$$

$$\sigma_y = \frac{E}{(1+\nu)\cdot(1-2\nu)} \cdot \left[(1-\nu)\cdot\varepsilon_y + \nu \cdot \varepsilon_x\right] \tag{4.20}$$

$$\sigma_z = \frac{E}{(1+\nu)\cdot(1-2\nu)} \cdot \left[\nu \cdot (\varepsilon_x + \varepsilon_y)\right]. \tag{4.21}$$

Beispiel 4.5

Eine Scheibe 160 x 200 x 30 (*b* x *l* x *s*), Werkstoff E 295 ($E = 2{,}1 \cdot 10^5\,\text{N/mm}^2$, $\nu = 0{,}3$) ist spielfrei zwischen zwei starren Platten gelagert und wird durch $q_x = 3{,}6\,\text{kN/mm}$ und $q_y = 4{,}5\,\text{kN/mm}$ gemäß Bild 4.9 belastet.

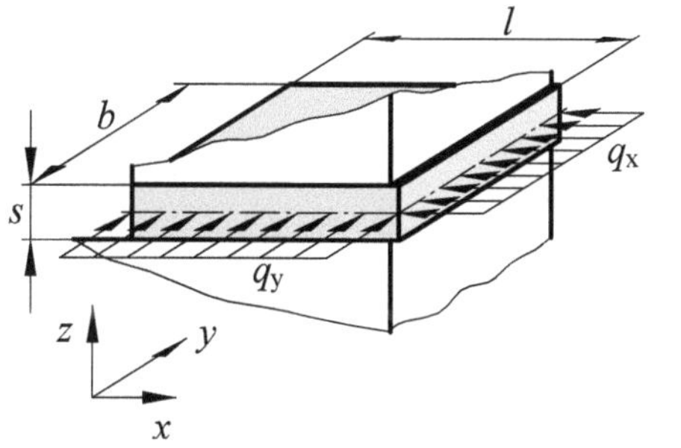

Bild 4.9: Belastete Scheibe

Rechnung:

a) Wir bestimmen die Druckspannungen durch die Belastungen zu

$$\sigma_x = -\frac{q_x}{s} = -\frac{3600\,\mathrm{N}}{30\,\mathrm{mm}\cdot\mathrm{mm}} = -120\,\mathrm{N/mm^2}$$

$$\sigma_y = -\frac{q_y}{s} = -\frac{4500\,\mathrm{N}}{30\,\mathrm{mm}\cdot\mathrm{mm}} = -150\,\mathrm{N/mm^2}.$$

Mit Gl. (4.10) tritt bei spielfreier Führung der Platte die Druckspannung in *z*-Richtung

$$\sigma_z = \nu\cdot(-\sigma_x - \sigma_y) = 0{,}3\cdot(-120-159)\,\mathrm{N/mm^2} = \underline{-81\,\mathrm{N/mm^2}} \text{ auf.}$$

b) Die Verzerrungen berechnen wir mit den Gleichungen (4.17) und (4.18) zu

$$\varepsilon_x = \frac{1+0{,}3}{2{,}1\cdot10^5\,\mathrm{N/mm^2}}\cdot\left[(1-0{,}3)(-120)-0{,}3\cdot(-150)\right]\mathrm{N/mm^2} = \underline{2{,}41\cdot10^{-4}}$$

$$\varepsilon_y = \frac{1+0{,}3}{2{,}1\cdot10^5\,\mathrm{N/mm^2}}\cdot\left[(1-0{,}3)(-150)-0{,}3\cdot(-120)\right]\mathrm{N/mm^2} = \underline{4{,}27\cdot10^{-4}}.$$

c) Das für die freie Ausdehnung quer zur Belastungsrichtung erforderliche Mindestspiel ermitteln wir unter Zugrundelegung eines ebenen Spannungszustandes mit Gl. (4.9)

$$\varepsilon_z = -\frac{\nu}{E}\cdot(\sigma_x+\sigma_y) = -\frac{0{,}3}{2{,}1\cdot10^5\,\mathrm{N/mm^2}}\cdot-(120+150)\,\mathrm{N/mm^2} = 3{,}86\cdot10^{-4}$$

und damit zu $\Delta s = \varepsilon_z\cdot s = 3{,}86\cdot10^{-4}\cdot30\,\mathrm{mm} = \underline{0{,}016\,\mathrm{mm}}$.

4.2.4 Das verallgemeinerte Elastizitätsgesetz

Das HOOKEsche Gesetz nach Gleichung (4.1) gilt nur für die einachsige Beanspruchung. Wenn wir den dreiachsigen Spannungszustand betrachten, lassen sich unter der Voraussetzung des linear elastischen Werkstoffverhaltens analog zum Abschnitt 4.2.2 Beziehungen zwischen den Spannungen und den Dehnungen an einem Würfelelement herleiten:

- Beanspruchung durch σ_x:

$$\varepsilon_{x1} = \frac{1}{E}\cdot\sigma_x$$

$$\varepsilon_{y1} = -\nu\cdot\varepsilon_{x1} = -\frac{\nu}{E}\cdot\sigma_x$$

$$\varepsilon_{z1} = -\nu\cdot\varepsilon_{x1} = -\frac{\nu}{E}\cdot\sigma_x$$

- Beanspruchung durch σ_y:

$$\varepsilon_{y2} = \frac{1}{E} \cdot \sigma_y$$

$$\varepsilon_{x2} = -\nu \cdot \varepsilon_{y2} = -\frac{\nu}{E} \cdot \sigma_y$$

$$\varepsilon_{z2} = -\nu \cdot \varepsilon_{y2} = -\frac{\nu}{E} \cdot \sigma_y$$

- Beanspruchung durch σ_z:

$$\varepsilon_{z3} = \frac{1}{E} \cdot \sigma_z$$

$$\varepsilon_{x3} = -\nu \cdot \varepsilon_{z3} = -\frac{\nu}{E} \cdot \sigma_z$$

$$\varepsilon_{y3} = -\nu \cdot \varepsilon_{z3} = -\frac{\nu}{E} \cdot \sigma_z .$$

Bei Beanspruchung des Volumenelementes durch alle drei Normalspannungen gleichzeitig, erhalten wir – weil die Beziehungen zwischen der Spannung und der Dehnung linear sind – durch lineare Überlagerungen die Gesamtdehnung. Damit wird z.B. die Gesamtdehnung in x-Richtung $\varepsilon_x = \varepsilon_{x1} + \varepsilon_{x2} + \varepsilon_{x3}$:

$$\varepsilon_x = \frac{1}{E} \cdot \left[\sigma_x - \nu \cdot (\sigma_y + \sigma_z)\right] \tag{4.22}$$

bzw. in y- und z-Richtung:

$$\varepsilon_y = \frac{1}{E} \cdot \left[\sigma_y - \nu \cdot (\sigma_z + \sigma_x)\right] \tag{4.23}$$

$$\varepsilon_z = \frac{1}{E} \cdot \left[\sigma_z - \nu \cdot (\sigma_x + \sigma_y)\right]. \tag{4.24}$$

Für die Schubverformungen gilt mit Gl. (4.4):

$$\gamma_{xy} = \frac{2(1+\nu)}{E} \cdot \tau_{xy} \qquad \gamma_{yz} = \frac{2(1+\nu)}{E} \cdot \tau_{xy} \qquad \gamma_{yz} = \frac{2(1+\nu)}{E} \cdot \tau_{zx} . \tag{4.25}$$

Diese sechs Gleichungen in Matrixform zusammengefasst:

$$\begin{bmatrix} \varepsilon_{xx} \\ \varepsilon_{yy} \\ \varepsilon_{zz} \\ \gamma_{xy} \\ \gamma_{yz} \\ \gamma_{zx} \end{bmatrix} = \frac{1}{E} \begin{bmatrix} 1 & -\nu & -\nu & 0 & 0 & 0 \\ -\nu & 1 & -\nu & 0 & 0 & 0 \\ -\nu & -\nu & 1 & 0 & 0 & 0 \\ 0 & 0 & 0 & 2(1+\nu) & 0 & 0 \\ 0 & 0 & 0 & 0 & 2(1+\nu) & 0 \\ 0 & 0 & 0 & 0 & 0 & 2(1+\nu) \end{bmatrix} \cdot \begin{bmatrix} \sigma_{xx} \\ \sigma_{yy} \\ \sigma_{zz} \\ \tau_{xy} \\ \tau_{yz} \\ \tau_{zx} \end{bmatrix} \tag{4.26a}$$

bzw. in kompakter Schreibweise mit der Nachgiebigkeitsmatrix $\underline{\underline{H}}$

$$\underline{\varepsilon} = \underline{\underline{H}} \cdot \underline{\sigma} . \tag{4.26b}$$

Lösen wir die Verzerrungsgleichungen nach den Spannungen auf, erhalten wir:

$$\sigma_x = \frac{E}{(1+\nu)\cdot(1-2\cdot\nu)} \cdot \left[(1-\nu)\cdot\varepsilon_x + \nu\cdot(\varepsilon_y+\varepsilon_z)\right] \tag{4.27}$$

$$\sigma_y = \frac{E}{(1+\nu)\cdot(1-2\cdot\nu)} \cdot \left[(1-\nu)\cdot\varepsilon_y + \nu\cdot(\varepsilon_z+\varepsilon_x)\right] \tag{4.28}$$

$$\sigma_z = \frac{E}{(1+\nu)\cdot(1-2\cdot\nu)} \cdot \left[(1-\nu)\cdot\varepsilon_z + \nu\cdot(\varepsilon_x+\varepsilon_y)\right] \tag{4.29}$$

$$\tau_{xy} = \frac{E}{2(1+\nu)} \cdot \gamma_{xy} \qquad \tau_{yz} = \frac{E}{2(1+\nu)} \cdot \gamma_{yz} \qquad \tau_{zx} = \frac{E}{2(1+\nu)} \cdot \gamma_{zx} . \tag{4.30}$$

In der Matrixschreibweise nehmen die Gleichungen die folgende Form an:

$$\begin{bmatrix} \sigma_{xx} \\ \sigma_{yy} \\ \sigma_{zz} \\ \tau_{xy} \\ \tau_{yz} \\ \tau_{zx} \end{bmatrix} = \frac{E}{(1+\nu)(1-2\nu)} \begin{bmatrix} 1-\nu & \nu & \nu & 0 & 0 & 0 \\ \nu & 1-\nu & \nu & 0 & 0 & 0 \\ \nu & \nu & 1-\nu & 0 & 0 & 0 \\ 0 & 0 & 0 & \frac{1-2\nu}{2} & 0 & 0 \\ 0 & 0 & 0 & 0 & \frac{1-2\nu}{2} & 0 \\ 0 & 0 & 0 & 0 & 0 & \frac{1-2\nu}{2} \end{bmatrix} \cdot \begin{bmatrix} \varepsilon_{xx} \\ \varepsilon_{yy} \\ \varepsilon_{zz} \\ \gamma_{xy} \\ \gamma_{yz} \\ \gamma_{zx} \end{bmatrix} \tag{4.31a}$$

mit der Steifigkeitsmatrix $\underline{\underline{E}} = \underline{\underline{H}}^{-1}$

$$\underline{\sigma} = \underline{\underline{E}} \cdot \underline{\varepsilon} . \tag{4.31b}$$

Beispiel 4.6

Ein Stahlzylinder ($E = 2{,}06 \cdot 10^5\,\text{N/mm}^2$, $\nu = 0{,}28$) Ø 250 mm, 600 mm lang, wird in einer senkrechten Bohrung (Bild 4.10) spielfrei und reibungsfrei beweglich angenommen (diese die Rechnung vereinfachenden Annahmen sind in dieser Kombination technisch nicht realisierbar). An den Stirnflächen des Bolzens wird jeweils über Platten eine Druckkraft von $F = 1{,}50\,\text{MN}$ eingeleitet, sodass von einer konstanten Verteilung der Kraft ausgegangen werden kann.

a) Wie groß ist für diese idealisierten Randbedingungen die Längenänderung des Druckbolzens durch diese Belastung?

b) Wie groß ist die Längenänderung bei freier Ausdehnungsmöglichkeit des belasteten Bolzens in der Bohrung und wie groß muss das Spiel zwischen Bohrung und Zylinder hierfür sein?

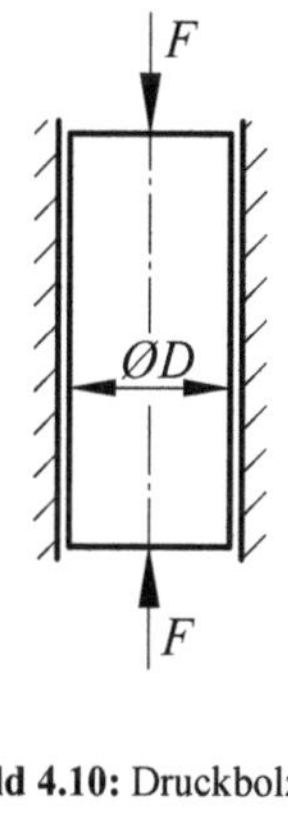

Bild 4.10: Druckbolzen

Lösung:

a) Im Bolzen herrscht ein homogener räumlicher Spannungszustand. In der Längsachse des Bolzens wirkt in senkrechter Richtung (z-Achse) eine Druckspannung

$$\sigma_z = -\frac{4 \cdot F}{\pi \cdot d^2} = \frac{4 \cdot 1{,}50 \cdot 10^6\,\mathrm{N}}{\pi \cdot 250^2 \cdot \mathrm{mm}^2} = -30{,}56\,\mathrm{N/mm^2}.$$

Da der Bolzen durch die Führung keine Querdehnung erfahren kann, herrscht ein linearer Verzerrungszustand mit $\varepsilon_x = \varepsilon_y = 0$.

Mit dem HOOKEschen Gesetz, Gleichungen (4.22) und (4.23)

$$\varepsilon_x = \frac{1}{E} \cdot \left[\sigma_x - \nu \cdot (\sigma_y + \sigma_z)\right] = 0 \quad \Rightarrow \quad \sigma_x - \nu \cdot (\sigma_y + \sigma_z) = 0,$$

$$\varepsilon_y = \frac{1}{E} \cdot \left[\sigma_y - \nu \cdot (\sigma_z + \sigma_x)\right] = 0 \quad \Rightarrow \quad \sigma_y - \nu \cdot (\sigma_z + \sigma_x) = 0$$

folgt:

$$\sigma_x = \sigma_y = \frac{\nu}{1-\nu} \cdot \sigma_z = \frac{0{,}28}{1-0{,}28} \cdot (-30{,}56\,\mathrm{N/mm^2}) = -11{,}88\,\mathrm{N/mm^2}.$$

Gemäß Gl. (4.24) wird $\varepsilon_z = \frac{1}{E} \cdot \left[\sigma_z - (\nu \cdot \sigma_x + \sigma_y)\right] = \frac{\sigma_z}{E} \cdot \left(1 - \frac{2 \cdot \nu^2}{1-\nu}\right)$,

$$\varepsilon_z = \frac{-30{,}56\,\mathrm{N/mm^2}}{2{,}06 \cdot 10^5\,\mathrm{N/mm^2}} \cdot \left(1 - \frac{2 \cdot 0{,}28^2}{1-0{,}28}\right) = -1{,}160 \cdot 10^{-4}.$$

Damit wird $\Delta l = \varepsilon_z \cdot l = -1{,}160 \cdot 10^{-4} \cdot 600\,\mathrm{mm} = \underline{-0{,}07\,\mathrm{mm}}$.

b) Bei freier Ausdehnung des Stahlzylinders entsteht ein einachsiger Spannungszustand mit einem dreiachsigen Verformungszustand. Die Verkürzung, mit Gl. (3.1) und dem HOOKEschen Gesetz leicht zu berechnen, ist mit

$$\Delta l = \frac{\sigma_z}{E} \cdot l = \frac{-30{,}56\,\mathrm{N/mm^2}}{2{,}06 \cdot 10^5\,\mathrm{N/mm^2}} \cdot 600\,\mathrm{mm} = \underline{-0{,}09\,\mathrm{mm}}$$ um ca. 29 % größer.

Das dafür erforderliche Spiel zwischen Bolzen und Bohrung berechnen wir mit $\varepsilon_x = \varepsilon_y = \varepsilon_q$ aus der Querdehnung des Bolzens, Gl. (3.2) und dem POISSONschen Gesetz, Gl. (3.3) zu

$$\Delta d \geq \varepsilon_q \cdot d = \frac{\sigma_z}{E} \cdot \nu \cdot d = -\frac{-30{,}56\,\mathrm{N/mm^2}}{2{,}06 \cdot 10^5\,\mathrm{N/mm^2}} \cdot 0{,}28 \cdot 250\,\mathrm{mm} = \underline{0{,}010\,\mathrm{mm}}.$$

Berücksichtigen wir abschließend beim dreiachsigen Spannungszustand auch den Einfluss der Wärmedehnung, erhalten wir das verallgemeinerte HOOKEsche Gesetz für die Verzerrungen bei gemeinsamer Wirkung von Spannungen und Temperaturänderungen:

$$\varepsilon_x = \frac{1}{E} \cdot \left[\sigma_x - \nu \cdot (\sigma_y + \sigma_z)\right] + \alpha_T \cdot \Delta T \tag{4.32}$$

$$\varepsilon_y = \frac{1}{E} \cdot \left[\sigma_y - \nu \cdot (\sigma_z + \sigma_x)\right] + \alpha_T \cdot \Delta T \tag{4.33}$$

$$\varepsilon_z = \frac{1}{E} \cdot \left[\sigma_z - \nu \cdot (\sigma_x + \sigma_y)\right] + \alpha_T \cdot \Delta T \,. \tag{4.34}$$

Für die Schubverformungen (keine Längenänderungen) sind die Temperaturänderungen somit ohne Einfluss; es gelten die drei Gleichungen (4.25).

Diese sechs Gleichungen fassen wir in Matrixform zusammen:

$$\begin{bmatrix} \varepsilon_{xx} \\ \varepsilon_{yy} \\ \varepsilon_{zz} \\ \gamma_{xy} \\ \gamma_{yz} \\ \gamma_{zx} \end{bmatrix} = \frac{1}{E} \begin{bmatrix} 1 & -\nu & -\nu & 0 & 0 & 0 \\ -\nu & 1 & -\nu & 0 & 0 & 0 \\ -\nu & -\nu & 1 & 0 & 0 & 0 \\ 0 & 0 & 0 & 2(1+\nu) & 0 & 0 \\ 0 & 0 & 0 & 0 & 2(1+\nu) & 0 \\ 0 & 0 & 0 & 0 & 0 & 2(1+\nu) \end{bmatrix} \cdot \begin{bmatrix} \sigma_{xx} \\ \sigma_{yy} \\ \sigma_{zz} \\ \tau_{xy} \\ \tau_{yz} \\ \tau_{zx} \end{bmatrix} + \begin{bmatrix} 1 \\ 1 \\ 1 \\ 0 \\ 0 \\ 0 \end{bmatrix} \cdot \alpha_T \cdot \Delta T \tag{4.35}$$

Lösen wir die drei Dehnungsgleichungen nach den Spannungen auf, erhalten wir die Gleichungen zur Berechnung der Normalspannungen bei bekannten Verzerrungen und zusätzlicher Dehnungsbehinderung durch Temperaturänderungen:

$$\sigma_x = \frac{E}{(1+\nu)\cdot(1-2\cdot\nu)} \cdot \left[(1-\nu)\cdot\varepsilon_x + \nu \cdot (\varepsilon_y + \varepsilon_z) - (1+\nu)\cdot \alpha_T \cdot \Delta T\right] \tag{4.36}$$

$$\sigma_y = \frac{E}{(1+\nu)\cdot(1-2\cdot\nu)} \cdot \left[(1-\nu)\cdot\varepsilon_y + \nu \cdot (\varepsilon_z + \varepsilon_x) - (1+\nu)\cdot \alpha_T \cdot \Delta T\right] \tag{4.37}$$

$$\sigma_z = \frac{E}{(1+\nu)\cdot(1-2\cdot\nu)} \cdot \left[(1-\nu)\cdot\varepsilon_z + \nu \cdot (\varepsilon_x + \varepsilon_y) - (1+\nu)\cdot \alpha_T \cdot \Delta T\right]. \tag{4.38}$$

In der Matrixschreibweise nehmen die Gleichungen die folgende Form an:

$$\begin{bmatrix} \sigma_{xx} \\ \sigma_{yy} \\ \sigma_{zz} \\ \tau_{xy} \\ \tau_{yz} \\ \tau_{zx} \end{bmatrix} = \frac{E}{(1+\nu)(1-2\nu)} \begin{bmatrix} 1-\nu & \nu & \nu & 0 & 0 & 0 \\ \nu & 1-\nu & \nu & 0 & 0 & 0 \\ \nu & \nu & 1-\nu & 0 & 0 & 0 \\ 0 & 0 & 0 & \frac{1-2\nu}{2} & 0 & 0 \\ 0 & 0 & 0 & 0 & \frac{1-2\nu}{2} & 0 \\ 0 & 0 & 0 & 0 & 0 & \frac{1-2\nu}{2} \end{bmatrix} \cdot \begin{bmatrix} \varepsilon_{xx} - \alpha_T \cdot \Delta T \\ \varepsilon_{yy} - \alpha_T \cdot \Delta T \\ \varepsilon_{zz} - \alpha_T \cdot \Delta T \\ \gamma_{xy} \\ \gamma_{yz} \\ \gamma_{zx} \end{bmatrix} \tag{4.39}$$

Man bezeichnet diese Gleichungen auch als das Stoffgesetz für den isotropen, ideal elastischen Körper. Sie sind nur in einem Temperaturbereich gültig, in dem E, G und ν nicht von der Temperatur abhängen.

Beispiel 4.7

Ein in eine starr angenommene Führung allseitig spielfrei eingepasstes Bauteil aus Titan ($E = 1{,}08 \cdot 10^5\,\mathrm{N/mm^2}, \nu = 0{,}36, \alpha_\mathrm{T} = 8{,}5 \cdot 10^{-6}\,1/\mathrm{K}$) erwärmt sich gegenüber dem Führungsteil mit großem Volumen und geringer Wärmedehnung um die Temperaturdifferenz von $\Delta T = 50\,\mathrm{K}$.

Folgende Probleme sind zu klären:

a) Ermittlung der aus den Einbauverhältnissen und der Temperaturdifferenz resultierenden Spannungen im isotrop vorausgesetzten Körper.

b) Wie ändern sich die Spannungen, wenn durch eine konstruktive Änderung die Körperfixierung in z-Richtung entfernt wird?

c) Wie groß ist die Dehnung für Variante b in der z-Richtung und welches Mindestspiel muss bei einer Dicke des Bauteils (in z-Richtung) von $s = 18\,\mathrm{mm}$ vorgesehen werden?

Lösung:

a) Da sich der Körper in alle Richtungen nicht ausdehnen kann und wir von einem räumlichen oder allgemeinen Spannungszustand ausgehen, können wir die Spannung in den drei Achsrichtungen (hier exemplarisch für die x-Richtung) mit den Gleichungen (4.36) bis (4.38) mit $\varepsilon_\mathrm{x} = \varepsilon_\mathrm{y} = \varepsilon_\mathrm{z} = 0$ zu

$$\sigma_\mathrm{x} = \frac{E}{(1+\nu)\cdot(1-2\cdot\nu)} \cdot \left[-(1+\nu)\cdot\alpha_\mathrm{T}\cdot\Delta T\right] = -\frac{E\cdot\alpha_\mathrm{T}}{1-2\cdot\nu}\cdot\Delta T$$

berechnen. Wie wir erkennen, ist diese Gleichung unabhängig von der Dehnungsrichtung, sodass für alle Druckspannungen gilt:

$$\sigma_\mathrm{x} = \sigma_\mathrm{y} = \sigma_\mathrm{z} = -\frac{1{,}08\cdot10^5\,\mathrm{N/mm^2}\cdot 8{,}5\cdot10^{-6}\,1/\mathrm{K}}{1-0{,}72}\cdot 50\,\mathrm{K} = \underline{-164\,\mathrm{N/mm^2}}.$$

b) Mit der Ausdehnungsmöglichkeit in z-Richtung ($\varepsilon_\mathrm{z} \neq 0$) wird die Spannung $\sigma_\mathrm{z} = 0$.

Gemäß den Gleichungen (4.32) und (4.33)

$$\varepsilon_\mathrm{x} = \frac{1}{E}\cdot\left[\sigma_\mathrm{x} - \nu\cdot(\sigma_\mathrm{y}+\sigma_\mathrm{z})\right] + \alpha_\mathrm{T}\cdot\Delta T = 0\,,$$

$$\varepsilon_\mathrm{y} = \frac{1}{E}\cdot\left[\sigma_\mathrm{y} - \nu\cdot(\sigma_\mathrm{z}+\sigma_\mathrm{x})\right] + \alpha_\mathrm{T}\cdot\Delta T = 0$$

wird mit $\varepsilon_\mathrm{x} = \varepsilon_\mathrm{y} = 0;\ \sigma_\mathrm{z} = 0$

$$\sigma_\mathrm{x} - \nu\cdot\sigma_\mathrm{y} = -E\cdot\alpha_\mathrm{T}\cdot\Delta T = 0$$

$$\sigma_\mathrm{y} - \nu\cdot\sigma_\mathrm{x} = -E\cdot\alpha_\mathrm{T}\cdot\Delta T = 0\,.$$

In diesen beiden Gleichungen ist die Spannung unabhängig von ihrer Richtung. Daraus folgt $\sigma_x = \sigma_y = \sigma$; bzw. $\sigma \cdot (1-\nu) = -E \cdot \alpha_T \cdot \Delta T$:

$$\sigma_x = \sigma_y = -\frac{E \cdot \alpha_T}{1-\nu} \cdot \Delta T = -\frac{1{,}08 \cdot 10^5 \,\mathrm{N/mm^2} \cdot 8{,}5 \cdot 10^{-6}\, 1/\mathrm{K}}{1-0{,}36} \cdot 50\,\mathrm{K} = \underline{-72\,\mathrm{N/mm^2}}.$$

c) Die Dehnung in z-Richtung berechnen wir mit $\sigma_z = 0$ nach Gl. (4.34)

$$\varepsilon_z = \frac{1}{E} \cdot [-\sigma \cdot (1+\nu)] + \alpha_T \cdot \Delta T = \frac{1}{E} \cdot \left[\frac{E \cdot \alpha_T \cdot \Delta T \cdot (1+\nu)}{1-\nu}\right] + \alpha_T \cdot \Delta T,$$

$$\varepsilon_z = \frac{1+\nu}{1-\nu} \cdot \alpha_T \cdot \Delta T = \frac{1{,}36}{0{,}64} \cdot 8{,}5 \cdot 10^{-6}\, 1/\mathrm{K} \cdot 50\,\mathrm{K} = \underline{9{,}03 \cdot 10^{-4}}.$$

Mit Gl. (3.1) wird das erforderliche Mindestspiel

$$\Delta s = \varepsilon_z \cdot s = 9{,}03 \cdot 10^{-4} \cdot 12\,\mathrm{mm} = \underline{0{,}011\,\mathrm{mm}}.$$

Beispiel 4.8

Mit den Messwerten für $\varepsilon_x = -0{,}469\,‰$ und $\varepsilon_y = -0{,}314\,‰$ ist für eine Befestigungsplatte aus Stahl ($E = 2{,}1 \cdot 10^5\,\mathrm{N/mm^2}, \nu = 0{,}3$) mit einer Näherungsrechnung die Spannungen unter der Voraussetzung des ebenen Spannungszustandes gerechnet worden. Hierbei wurde die verhinderte Dehnungsmöglichkeit in *z*-Richtung, hervorgerufen durch die Belastung, nicht berücksichtigt.

Es ist zu überprüfen, ob diese Annahme innerhalb einer Fehlergrenze von $\pm 5\,\%$ hinreichend genaue Ergebnisse liefert.

Lösung:

Für den ebenen Spannungszustand gilt mit den Gleichungen (4.12) und (4.13):

$$\sigma_x = \frac{E}{1-\nu^2} \cdot (\varepsilon_x + \nu \cdot \varepsilon_y) = \frac{2{,}1 \cdot 10^5\,\mathrm{N/mm^2}}{1-0{,}3^2} \cdot (-4{,}69 - 0{,}3 \cdot 3{,}14) \cdot 10^{-4} = \underline{-130{,}0\,\mathrm{N/mm^2}}$$

$$\sigma_y = \frac{E}{1-\nu^2} \cdot (\varepsilon_y + \nu \cdot \varepsilon_x) = \frac{2{,}1 \cdot 10^5\,\mathrm{N/mm^2}}{1-0{,}3^2} \cdot (-3{,}14 - 0{,}3 \cdot 4{,}69) \cdot 10^{-4} = \underline{-105{,}0\,\mathrm{N/mm^2}}.$$

Auf der Grundlage des ebenen Verzerrungszustandes gilt mit den Gleichungen (4.28) bis (4.30):

$$\sigma_x = \frac{E}{(1+\nu) \cdot (1-2 \cdot \nu)} \cdot [(1-\nu) \cdot \varepsilon_x + \nu \cdot \varepsilon_y]$$

$$= \frac{2{,}1 \cdot 10^5\,\mathrm{N/mm^2}}{1{,}3 \cdot 0{,}4} \cdot (-0{,}7 \cdot 4{,}69 - 0{,}3 \cdot 3{,}14) \cdot 10^{-4} = \underline{-170{,}7\,\mathrm{N/mm^2}},$$

$$\sigma_y = \frac{E}{(1+\nu)\cdot(1-2\cdot\nu)}\cdot\left[(1-\nu)\cdot\varepsilon_y + \nu\cdot\varepsilon_x\right]$$

$$= \frac{2{,}1\cdot 10^5\,\mathrm{N/mm^2}}{1{,}3\cdot 0{,}4}\cdot(-0{,}7\cdot 3{,}14 - 0{,}3\cdot 4{,}69)\cdot 10^{-4} = \underline{-145{,}7\,\mathrm{N/mm^2}}\,,$$

$$\sigma_z = \frac{E}{(1+\nu)\cdot(1-2\cdot\nu)}\cdot\nu\cdot(\varepsilon_x + \varepsilon_y)$$

$$= \frac{2{,}1\cdot 10^5\,\mathrm{N/mm^2}}{1{,}3\cdot 0{,}4}\cdot 0{,}3\cdot(-4{,}69 - 3{,}14)\cdot 10^{-4} = \underline{-94{,}9\,\mathrm{N/mm^2}}\,.$$

Auf der Grundlage des ebenen Spannungszustandes wurden die Spannungen deutlich zu klein berechnet, und zwar für σ_x um 24 % und für σ_y um 28 %. Dies wird sofort verständlich, wenn wir uns klarmachen, dass verhinderte Dehnungen – egal, ob mechanisch oder durch Temperaturänderungen – immer zu zusätzlichen (meist nicht geringen) Spannungen führen. Ziel dieser Aufgabe war, dies für diesen Fall zu quantifizieren.

4.2.5 Das Elastizitätsgesetz für den rotationssymmetrischen Spannungszustand

Für den rotationssymmetrischen Spannungszustand gilt für isotrope Werkstoffe mit Berücksichtigung der Wärmedehnung:

$$\varepsilon_r = \frac{1}{E}\cdot\left[\sigma_r - \nu\cdot(\sigma_\varphi + \sigma_z)\right] + \alpha_T\cdot\Delta T \tag{4.40}$$

$$\varepsilon_\varphi = \frac{1}{E}\cdot\left[\sigma_\varphi - \nu\cdot(\sigma_r + \sigma_z)\right] + \alpha_T\cdot\Delta T \tag{4.41}$$

$$\varepsilon_z = \frac{1}{E}\cdot\left[\sigma_z - \nu\cdot(\sigma_r + \sigma_\varphi)\right] + \alpha_T\cdot\Delta T \tag{4.42}$$

$$\gamma_{rz} = \frac{1}{G}\cdot\tau_{rz} = \frac{2(1+\nu)}{E}\cdot\tau_{rz} \tag{4.43}$$

$$\gamma_{r\varphi} = \tau_{\varphi z} = 0\,. \tag{4.44}$$

Lösen wir die Verzerrungsgleichungen nach den Spannungen auf, erhalten wir diese bei bekannten Verzerrungen und zusätzlicher Dehnungsbehinderung durch Temperaturänderungen:

$$\sigma_r = \frac{E}{(1+\nu)\cdot(1-2\cdot\nu)}\cdot\left[(1-\nu)\cdot\varepsilon_r + \nu\cdot(\varepsilon_\varphi + \varepsilon_z) - (1+\nu)\cdot\alpha_T\cdot\Delta T\right] \tag{4.45}$$

$$\sigma_\varphi = \frac{E}{(1+\nu)\cdot(1-2\cdot\nu)}\cdot\left[(1-\nu)\cdot\varepsilon_\varphi + \nu\cdot(\varepsilon_r + \varepsilon_z) - (1+\nu)\cdot\alpha_T\cdot\Delta T\right] \tag{4.46}$$

$$\sigma_z = \frac{E}{(1+\nu)\cdot(1-2\cdot\nu)}\cdot\left[(1-\nu)\cdot\varepsilon_z + \nu\cdot(\varepsilon_r+\varepsilon_\varphi) - (1+\nu)\cdot\alpha_T\cdot\Delta T\right] \tag{4.47}$$

$$\tau_{rz} = G\cdot\tau_{rz} = \frac{E}{2(1+\nu)}\cdot\tau_{rz}\,. \tag{4.48}$$

Beispiel 4.9

Für einen zylindrischen Behälter, Außendurchmesser $D = 800\,\text{mm}$, Wanddicke $s = 4\,\text{mm}$ aus St 37.0 ($E = 2{,}1\cdot 10^5\,\text{N/mm}^2$, $\nu = 0{,}3$, $\alpha_T = 1{,}2\cdot 10^{-5}\,1/\text{K}$) für einem Gas-Innendruck von $p = 1{,}8\,\text{Mpa}$ sind

a) die Umfangsdehnung und die radiale Aufweitung
b) die Umfangsdehnung und die radiale Aufweitung bei gleichem Druck und Erwärmung um 100 K

zu berechnen.

Lösung:

Wir wollen die Berechnung in Zylinderkoordinaten führen.

a) Die Längsspannungen berechnen wir nach Gl. (2.26a) zu

$$\sigma_l = \frac{p\cdot d}{4\cdot s} = \frac{1{,}8\,\text{N/mm}^2\cdot 792\text{mm}}{4\cdot 4\,\text{mm}} = 89{,}1\,\text{N/mm}^2;$$

entsprechend Gl. (2.28) gilt für die Umfangsspannung $\sigma_\varphi = 2\cdot\sigma_l = 178{,}2\,\text{N/mm}^2$.

Für die Radialspannung wollen wir eine die Größenordnung beschreibende Abschätzung vornehmen. In diesem Rahmen lassen sich die folgenden Aussagen treffen: $\sigma_r = -p$ am Innenrand und $\sigma_r = 0$ am Außenrand der Behälterwandung. Für das betragsmäßige Verhältnis von maximaler Radialspannung zur Umfangsspannung schreiben wir mit Gl. (2.27b)

$$\frac{|\sigma_r|}{|\sigma_\varphi|} = \frac{p}{p\cdot\frac{r}{s}} = \frac{s}{r} = 0{,}01\,;\ \text{d.h. } \sigma_r \approx 0.$$

Mit dem HOOKEschen Gesetz können wir nach Gl. (4.41) mit $\Delta T = 0$ die Umfangsdehnung zu

$$\varepsilon_\varphi = \frac{1}{E}\cdot\left[\sigma_\varphi - \nu\cdot(\sigma_r+\sigma_z)\right] = \frac{1}{2{,}1\cdot 10^5\,\text{N/mm}^2}\cdot\left[178{,}2 - 0{,}3\cdot(0+89{,}1)\right]\cdot\text{N/mm}^2 = \underline{7{,}21\cdot 10^{-4}}$$

berechnen. Die radiale Aufweitung errechnen wir gemäß Gleichung (3.29), umgestellt,

$$v_r = \varepsilon_{\varphi\,\text{ges}}\cdot r = \underline{0{,}29\text{mm}}\,.$$

Die Umfangsdehnung bei Erwärmung um $\Delta T = 100\text{K}$ erhalten wir mit dem letzten Summanden der Gl. (4.41):

$$\varepsilon_{\varphi T} = \alpha_T\cdot\Delta T = 1{,}2\cdot 10^{-5}\,1/\text{K}\cdot 100\,\text{K} = 1{,}2\cdot 10^{-3}$$

und aus der Überlagerung

$$\varepsilon_{\varphi\,\text{ges}} = \varepsilon_{\varphi} + \varepsilon_{\varphi\text{T}} = \underline{1{,}92 \cdot 10^{-3}}\,.$$

Damit wird die radiale Aufweitung: $v_r = \varepsilon_{\varphi\,\text{ges}} \cdot r = \underline{0{,}77\,\text{mm}}$.

4.3 Der Zusammenhang der Werkstoffkonstanten

Weil bei isotropen Werkstoffen die Spannungshauptachsen und die Dehnungshauptachsen zusammenfallen, sind die Werkstoffkonstanten E, G und ν nicht unabhängig voneinander. Die Untersuchung der Beziehungen dieser drei Größen untereinander lässt sich am einfachsten am ebenen Spannungszustand mit den Hauptnormalspannungen $\sigma_1 \neq 0$ und $\sigma_2 = 0$ herleiten. Nach dem HOOKEschen Gesetz sind die zugehörigen Hauptdehnungen $\varepsilon_1 = \sigma_1 / E$ und $\varepsilon_2 = -\nu \cdot \sigma_2 / E = 0$. Unter 45° gegen die Hauptachsen gedreht treten die Hauptschubspannung $\tau_{\max} = \frac{1}{2} \cdot \sigma_1$ (siehe auch Bild 2.4 MOHRscher Spannungskreis mit $\sigma_2 = 0$) und die Hauptschiebung

$$\gamma_{\max} = (1+\nu) \cdot \varepsilon_1 = (1+\nu) \cdot \frac{\sigma_1}{E} \tag{4.49}$$

auf. Nach dem HOOKEschen Gesetz ist $\varepsilon_1 = \sigma_1 / E$. Eingesetzt folgt

$$\frac{\tau_{\max}}{G} = (1+\nu) \cdot \frac{\sigma_1}{E} = (1+\nu) \cdot \frac{2 \cdot \tau_{\max}}{E}$$

und damit $E = 2 \cdot G \cdot (1+\nu)$. Das ist die Gleichung (4.4), was zu beweisen war.

4.4 Die Volumendehnung

Ein infolge der Belastungen verformter Körper verändert i.A. sein Volumen. Zur Klärung der Zusammenhänge zwischen der Volumenänderung, Verzerrungen und Spannungen, betrachten wir einen Quader mit den Kantenlängen dx, dy und dz und dem Volumen $dV = dx \cdot dy \cdot dz$ im unbelasteten Zustand.

Unter dem Einfluss der Zugspannungen $\sigma_x, \sigma_y, \sigma_z$ erfährt der Körper die Dehnungen $\varepsilon_x, \varepsilon_y, \varepsilon_z$. Demzufolge haben die Seiten des Würfels nun die Kantenlängen

$$(1+\varepsilon_x) \cdot dx, \quad (1+\varepsilon_y) \cdot dy, \quad (1+\varepsilon_z) \cdot dz\,.$$

Damit wird das Volumen im verzerrten Zustand

$$dV' = (1+\varepsilon_x)\, dx \cdot (1+\varepsilon_y)\, dy \cdot (1+\varepsilon_z)\, dz\,.$$

Den Quotienten aus Volumenänderung und ursprünglichem Volumen bezeichnet man als *Volumendehnung* oder *kubische Dilatation*[26], auch *Volumendilatation*

$$e = \frac{\Delta dV}{dV} . \tag{4.50}$$

Dies ist eine elastische Eigenschaft, die auf das Fließen des Werkstoffes oder die Verfestigung (siehe das folgende Kapitel) keinen Einfluss hat. Mit den obigen Gleichungen ergibt sich

$$e = \frac{(1+\varepsilon_x)\,dx \cdot (1+\varepsilon_y)\,dy \cdot (1+\varepsilon_z)\,dz - dx \cdot dy \cdot dz}{dx \cdot dy \cdot dz} = (1+\varepsilon_x)\cdot(1+\varepsilon_y)\cdot(1+\varepsilon_z) - 1 .$$

Da kleine Formänderungen zugrunde gelegt werden, können wir die Produkte der Dehnungen mit zwei oder drei Dehnungsfaktoren, die beim Ausmultiplizieren der Klammerausdrücke auftreten, gegenüber den Dehnungen selbst vernachlässigen und schreiben:

$$e = \varepsilon_x + \varepsilon_y + \varepsilon_z . \tag{4.51}$$

In der folgenden Gleichung werden die Dehnungen mit Hilfe des verallgemeinerten HOOKEschen Gesetzes durch die Spannungen ausgedrückt, um zu zeigen, dass die Volumendehnung e unabhängig von der Richtung der Koordinatenachsen ist:

$$e = \frac{1-2\cdot\nu}{E}\cdot(\sigma_x + \sigma_y + \sigma_z) = \frac{1-2\cdot\nu}{E}\cdot(\sigma_1 + \sigma_2 + \sigma_3) . \tag{4.52}$$

Da, wie aus Gl. (2.46) ersichtlich, die Summe der Normalspannungen eine Invariante gegen Koordinatendrehung ist, muss dies auch für die Volumendilatation gelten.

Die gesamte Volumenveränderung lässt sich bei bekannter Dilatation gemäß Gl. (4.50) mittels Integration über das Gesamtvolumen zu

$$\Delta V = \int_{(V)} e \cdot dV \tag{4.53}$$

bestimmen.

Gleichung (4.52) macht deutlich, dass das Vorzeichen von e nur durch die Vorzeichen der Spannungen bestimmt werden darf; denn für den Fall, dass alle drei Normalspannungen Druckspannungen ($\sigma < 0$) sind, sich das Volumen also tatsächlich nicht vergrößern kann, darf der Faktor vor der Klammer nicht auch negativ werden. Also muss der Faktor positiv sein und darf höchstens gleich Null werden, wenn der Körper keine Dehnungen aufweist. Daraus folgt:

$$1 - 2\cdot\nu \geq 0 \qquad \Rightarrow \qquad 0 \leq \nu \leq 0{,}5 . \tag{4.54}$$

Für $\nu = 0{,}5$ wird $e = 0$ und damit $V =$ konstant, d.h. der Körper ist inkompressibel.

---

[26] Dilatation ‹lat›: Ausdehnung.

Beispiel 4.10

Auf einen rechteckigen Block, Werkstoff: Aluminium-Knetlegierung Al Cu4 Mg1 ($E = 0{,}71 \cdot 10^5\,\mathrm{N/mm^2}$, $G = 0{,}27 \cdot 10^5\,\mathrm{N/mm^2}$ $\nu = 0{,}34$; $\alpha_\mathrm{T} = 2{,}39 \cdot 10^{-5}\,1/\mathrm{K}$) mit den Kantenlängen b x h x l = (45 x 60 x 85) mm wirkt ein allseitiger Druck von $p = 25{,}0\,\mathrm{MPa}$. Das bewirkt einen sog. hydrostatischen Spannungszustand.

Zu berechnen sind:

a) die Volumendilatation,

b) die Längenänderungen der Kanten

c) Mit welcher Temperaturänderung lässt sich die Volumenänderung durch die Belastung vollständig kompensieren?

Lösung:

a) die Volumendilatation bei der hydrostatischen Belastung berechnen wir mit

$$\sigma_\mathrm{x} = \sigma_\mathrm{y} = \sigma_\mathrm{z} = -25\,\mathrm{N/mm^2}$$

nach Gl. (4.52) zu

$$e = \frac{1 - 2 \cdot \nu}{E} \cdot (\sigma_\mathrm{x} + \sigma_\mathrm{y} + \sigma_\mathrm{z}) = \frac{1 - 2 \cdot 0{,}34}{7{,}1 \cdot 10^4\,\mathrm{N/mm^2}} \cdot (-75\,\mathrm{N/mm^2}) = \underline{-3{,}4 \cdot 10^4\,\mathrm{mm^3/mm^3}}\,.$$

b) Wegen der hydrostatischen Belastung ist die Dehnung in allen Richtungen gleich groß:

$$\varepsilon_\mathrm{x} = \varepsilon = \frac{1}{E} \cdot \left[\sigma_\mathrm{x} - (\nu \cdot \sigma_\mathrm{y} + \sigma_\mathrm{z})\right] = -1{,}20 \cdot 10^{-4}$$

Damit werden die Längenänderungen:

$$\Delta b = \varepsilon \cdot b = -1{,}20 \cdot 10^{-4} \cdot 45\,\mathrm{mm} = \underline{-5{,}4 \cdot 10^{-3}\,\mathrm{mm}}\,,$$

$$\Delta h = \varepsilon \cdot h = -1{,}20 \cdot 10^{-4} \cdot 60\,\mathrm{mm} = \underline{-7{,}2 \cdot 10^{-3}\,\mathrm{mm}}\,,$$

$$\Delta l = \varepsilon \cdot l = -1{,}20 \cdot 10^{-4} \cdot 85\,\mathrm{mm} = \underline{-10{,}2 \cdot 10^{-3}\,\mathrm{mm}}\,.$$

c) Für die Kompensation der Dehnung (in allen Richtungen) muss gelten:

$$\varepsilon_\mathrm{T} = -\varepsilon = \alpha_\mathrm{T} \cdot \Delta T = 0{,}01127\,;$$

umgestellt $\Delta T = \dfrac{\varepsilon_\mathrm{T}}{\alpha_\mathrm{T}} = \dfrac{1{,}13 \cdot 10^{-4}}{2{,}39 \cdot 10^{-5}} \cdot \mathrm{K} = \underline{4{,}7\,\mathrm{K}}$ (Erwärmung).

4.5 Übungen

Aufgabe A4.5.1

Für ein Bohrgestänge aus Stahl ($\rho = 7{,}86 \cdot 10^3\,\text{kg/m}^3$, $E = 2{,}1 \cdot 10^5\,\text{N/mm}^2$) mit einer Länge von $l = 6000\,\text{m}$ sind die maximale Zugspannung σ_z , die sich beim Hochziehen des Bohrgestänges einstellt und die Verlängerung des Gestänges Δl aufgrund seines Eigengewichts zu berechnen.

Aufgabe A4.5.2

Ein Kupferring nach Bild A4.5.2 mit einem Außendurchmesser von $d_A = 160\,\text{mm}$, ($E_{Cu} = 0{,}9 \cdot 10^5\,\text{N/mm}^2$, $\alpha_{TCu} = 1{,}9 \cdot 10^{-5}\,1/\text{K}$) wird auf eine Temperatur von $t_R = 100\,°\text{C}$ erwärmt und passt genau auf eine Stahlwelle ($E_{St} = 2{,}1 \cdot 10^5\,\text{N/mm}^2$, $\alpha_{TSt} = 1{,}2 \cdot 10^{-5}\,1/\text{K}$). Die Stahlwelle, $d_W = 120\,\text{mm}$, hat eine Temperatur von $t_W = 20\,°\text{C}$.

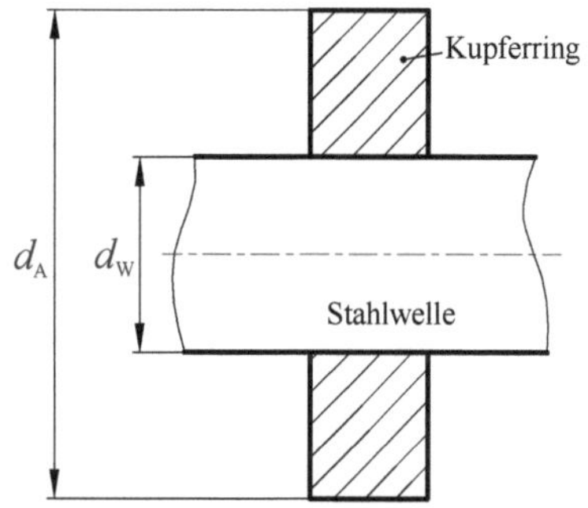

Bild A4.5.2: Schrumpfverbindung

Für die kraftschlüssige Verbindung sind zu berechnen:

a) Die Spannung σ_z im Kupferring, wenn dieser auf eine Temperatur von 20°C abkühlt.

b) Die gesamte Verbindung wird auf –60°C abgekühlt. Welche Spannung stellt sich im Kupferring ein?

Aufgabe A4.5.3

Die Drehsicherung nach Bild A4.5.3 für das Gestänge einer Späneentsorgungsanlage wird mit zwei Kräften $F_1 = 200\,\text{kN}$ und $F_2 = 100\,\text{kN}$ belastet. Das Rohr ($D = 200\,\text{mm}$, $d = 100\,\text{mm}$) ist aus Stahl S 355JO und der Kraftangriff zur Verankerung (feste Einspannung) ist mit $l_1 = 800\,\text{mm}$ und $l_2 = 700\,\text{mm}$ festgelegt. Die Berechnung soll nach der Theorie des ebenen Spannungszustandes erfolgen.

Es ist die Stelle mit der größten Beanspruchung zu erkennen und für diese zu berechnen :

a) Größe und Richtung der maximalen Hauptspannungen

b) Größe und Richtung der maximalen Schubspannung

c) Größe und Richtung der Hauptdehnungen

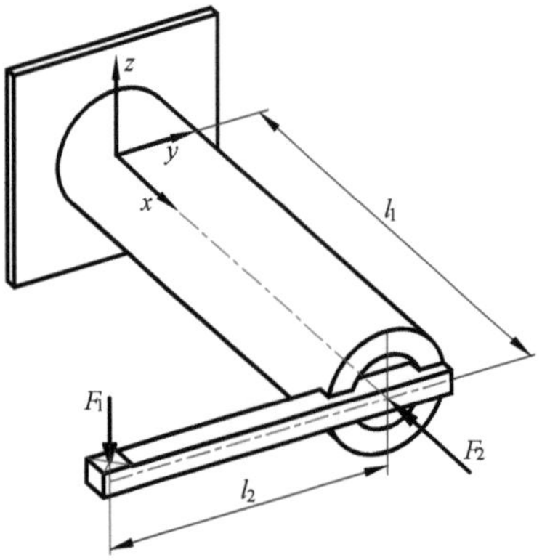

Bild A4.5.3: Drehsicherung

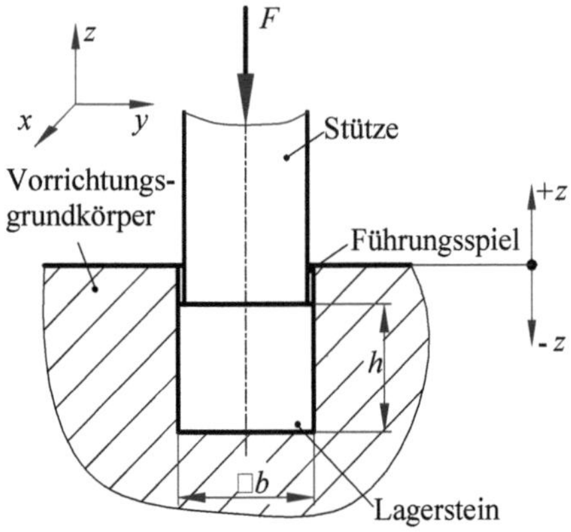

Bild A4.5.4: Stützenlagerung

Aufgabe A4.5.4

Der Lagerstein für die Stütze einer Vorrichtung mit den Maßen 20 x 20 x 20 mm wird nach Bild A4.5.4 durch eine Kraft von $F = 150\,\text{kN}$ belastet. Mit den Werkstoffkennwerten für Stahl $E = 2{,}1 \cdot 10^5\,\text{N/mm}^2$, $\nu = 0{,}3$ sind unter Vernachlässigung der Reibung und des Führungsspiels zwischen Stütze und Grundkörper die Normalspannungen und die Höhenänderung Δh zu berechnen.

Aufgabe A4.5.5

Ein einseitig eingespanntes Rohr DIN 2448 – S 235 JR – 168,3 x 4,5 mit einer Länge von $l = 500\,\text{mm}$ wird durch eine Zugkraft von $F_z = 100\,\text{kN}$ und durch gleichmäßig am Rohrende über den Umfang verteilte Tangentialkräfte F_t beansprucht. Der Verdrehwinkel $\varphi = -0{,}35°$ wurde am freien Rohrende experimentell ermittelt.

Es ist die Größe und Richtung der Hauptspannungen und Hauptdehnungen zu berechnen.

5 Zusammenfassung der elastomechanischen Grundlagen

5.1 Begriffe

Der **Spannungszustand** beschreibt alle Normal- und Schubspannungen, die an einem beliebigen Punkt eines Körpers wirken. Jeder am realen Bauteil wirkende Spannungszustand ist ein räumlicher Spannungszustand (RSZ). Für viele Berechnungen sind Vereinfachungen als ebener oder als linearer Zustand mit hinreichender Genauigkeit möglich. Der häufig für Berechnungen zugrunde gelegte Sonderfall des ebenen Spannungszustandes (ESZ) wird meist auf dünnwandige flächige Bauteile angewendet. Einachsige Berechnungen finden für stabförmige Bauteile ihre Anwendung.

Bei sämtlichen Belastungen treten – bis auf einen Sonderfall, dem sog hydrostatischen Spannungszustand, bei dem die Schubspannungen verschwinden – im Inneren des belasteten Körpers immer Normal- **und** Schubspannungen auf. Normalspannungen wirken also immer; eine Belastung, bei der im Inneren nur Schubspannungen ohne Normalspannungen wirken, existiert nicht.

Der **Verzerrungszustand** beschreibt alle Dehnungen und Schiebungen, die an einem beliebigen Punkt eines Körpers wirken. Jeder Spannungszustand (also auch der einachsige sowie der zweiachsige) führt, wenn man es denn zulässt, immer auf einen räumlichen Verzerrungszustand (RVZ). Erst durch die Behinderung der Verformungen oder ihre hinreichend genaue Vernachlässigung in ausgewählten Richtungen „entsteht“ ein ebener oder auch ein linearer Verzerrungszustand.

Das **Materialgesetz** oder **Werkstoffgesetz** stellt den Zusammenhang zwischen den Verformungen und den Spannungen her. Es beschreibt das Verhalten des Werkstoffs der Festkörper – das Materialverhalten. Für die meisten technischen Anwendungen wird mit idealisierten Modellannahmen, wie starres, elastisches oder plastisches Materialverhalten oder mit Kombinationen desselben gearbeitet. Die in diesen Gesetzen vorkommenden physikalischen Größen, die bestimmte Eigenschaften festlegen, werden als Materialkonstanten bezeichnet. Diese werden in der Ingenieurpraxis durch Versuche bestimmt. Das linear elastische Werkstoffverhalten wird durch die elastizitätstheoretischen Konstanten, dem Elastizitätsmodul E, der Querkontraktionszahl ν und dem Gleitmodul G beschrieben. Es besteht der elastizitätstheoretische Zusammenhang

$$G = \frac{E}{2 \cdot (1+\nu)}.$$

5.2 Zusammenstellung der Grundgleichungen in Matrixform

Zur Beschreibung des elastomechanischen Verhaltens von Festkörpern bei Belastung sind 15 *Feldgleichungen* erforderlich:

- 3 Gleichgewichtsgleichungen $\underline{\underline{D}}^{\mathrm{T}} \cdot \underline{\sigma} + \underline{p} = \underline{0}$

$$\begin{bmatrix} \frac{\partial}{\partial x} & 0 & 0 & \frac{\partial}{\partial y} & 0 & \frac{\partial}{\partial z} \\ 0 & \frac{\partial}{\partial y} & 0 & \frac{\partial}{\partial x} & \frac{\partial}{\partial z} & 0 \\ 0 & 0 & \frac{\partial}{\partial z} & 0 & \frac{\partial}{\partial y} & \frac{\partial}{\partial x} \end{bmatrix} \cdot \begin{bmatrix} \sigma_{xx} \\ \sigma_{yy} \\ \sigma_{zz} \\ \tau_{xy} \\ \tau_{yz} \\ \tau_{zx} \end{bmatrix} + \begin{bmatrix} p_x \\ p_y \\ p_z \end{bmatrix} = \begin{bmatrix} 0 \\ 0 \\ 0 \end{bmatrix}$$

  mit der Differentialoperatorenmatrix $\underline{\underline{D}}$, dem Spannungsvektor $\underline{\sigma}$ und dem Belastungsvektor $\underline{p}$.

- 6 Verschiebungs-Verzerrungsgleichungen $\underline{\varepsilon} = \underline{\underline{D}} \cdot \underline{u}$

$$\underline{\varepsilon} = \begin{bmatrix} \varepsilon_{xx} \\ \varepsilon_{yy} \\ \varepsilon_{zz} \\ \gamma_{xy} \\ \gamma_{yz} \\ \gamma_{zx} \end{bmatrix} = \begin{bmatrix} \frac{\partial}{\partial x} & 0 & 0 \\ 0 & \frac{\partial}{\partial y} & 0 \\ 0 & 0 & \frac{\partial}{\partial z} \\ \frac{\partial}{\partial y} & \frac{\partial}{\partial x} & 0 \\ 0 & \frac{\partial}{\partial z} & \frac{\partial}{\partial y} \\ \frac{\partial}{\partial z} & 0 & \frac{\partial}{\partial x} \end{bmatrix} \cdot \begin{bmatrix} u \\ v \\ w \end{bmatrix},$$

  mit dem Verzerrungsvektor $\underline{\varepsilon}$ und dem Verschiebungsvektor $\underline{u}$. In diesen Gleichungen sind $u(x), v(y)$ und $w(z)$ richtungsabhängige Verschiebungen in einem kartesischen Koordinatensystem.

- 6 Verzerrungs-Spannungsgleichungen (konstitutive Gleichungen) $\underline{\varepsilon} = \underline{\underline{H}} \cdot \underline{\sigma}$

$$\begin{bmatrix} \varepsilon_{xx} \\ \varepsilon_{yy} \\ \varepsilon_{zz} \\ \gamma_{xy} \\ \gamma_{yz} \\ \gamma_{zx} \end{bmatrix} = \frac{1}{E} \begin{bmatrix} 1 & -\nu & -\nu & 0 & 0 & 0 \\ -\nu & 1 & -\nu & 0 & 0 & 0 \\ -\nu & -\nu & 1 & 0 & 0 & 0 \\ 0 & 0 & 0 & 2(1+\nu) & 0 & 0 \\ 0 & 0 & 0 & 0 & 2(1+\nu) & 0 \\ 0 & 0 & 0 & 0 & 0 & 2(1+\nu) \end{bmatrix} \cdot \begin{bmatrix} \sigma_{xx} \\ \sigma_{yy} \\ \sigma_{zz} \\ \tau_{xy} \\ \tau_{yz} \\ \tau_{zx} \end{bmatrix}$$

mit der Nachgiebigkeitsmatrix $\underline{\underline{H}} = \underline{\underline{E}}^{-1}$;

nach den Spannungen aufgelöst $\underline{\sigma} = \underline{\underline{E}} \cdot \underline{\varepsilon}$

$$\begin{bmatrix} \sigma_{xx} \\ \sigma_{yy} \\ \sigma_{zz} \\ \tau_{xy} \\ \tau_{yz} \\ \tau_{zx} \end{bmatrix} = \frac{E}{(1+\nu)(1-2\nu)} \begin{bmatrix} 1-\nu & \nu & \nu & 0 & 0 & 0 \\ \nu & 1-\nu & \nu & 0 & 0 & 0 \\ \nu & \nu & 1-\nu & 0 & 0 & 0 \\ 0 & 0 & 0 & \frac{1-2\nu}{2} & 0 & 0 \\ 0 & 0 & 0 & 0 & \frac{1-2\nu}{2} & 0 \\ 0 & 0 & 0 & 0 & 0 & \frac{1-2\nu}{2} \end{bmatrix} \cdot \begin{bmatrix} \varepsilon_{xx} \\ \varepsilon_{yy} \\ \varepsilon_{zz} \\ \gamma_{xy} \\ \gamma_{yz} \\ \gamma_{zx} \end{bmatrix}$$

mit der Steifigkeitsmatrix $\underline{\underline{E}}$.

Zur Beschreibung des elastomechanischen Verhaltens von Festkörpern **mit Temperaturänderungen** nehmen die Materialgesetze die folgende Form an:

$$\begin{bmatrix} \varepsilon_{xx} \\ \varepsilon_{yy} \\ \varepsilon_{zz} \\ \gamma_{xy} \\ \gamma_{yz} \\ \gamma_{zx} \end{bmatrix} = \frac{1}{E} \begin{bmatrix} 1 & -\nu & -\nu & 0 & 0 & 0 \\ -\nu & 1 & -\nu & 0 & 0 & 0 \\ -\nu & -\nu & 1 & 0 & 0 & 0 \\ 0 & 0 & 0 & 2(1+\nu) & 0 & 0 \\ 0 & 0 & 0 & 0 & 2(1+\nu) & 0 \\ 0 & 0 & 0 & 0 & 0 & 2(1+\nu) \end{bmatrix} \cdot \begin{bmatrix} \sigma_{xx} \\ \sigma_{yy} \\ \sigma_{zz} \\ \tau_{xy} \\ \tau_{yz} \\ \tau_{zx} \end{bmatrix} + \begin{bmatrix} 1 \\ 1 \\ 1 \\ 0 \\ 0 \\ 0 \end{bmatrix} \cdot \alpha_T \cdot \Delta T \,,$$

$$\begin{bmatrix} \sigma_{xx} \\ \sigma_{yy} \\ \sigma_{zz} \\ \tau_{xy} \\ \tau_{yz} \\ \tau_{zx} \end{bmatrix} = \frac{E}{(1+\nu)(1-2\nu)} \begin{bmatrix} 1-\nu & \nu & \nu & 0 & 0 & 0 \\ \nu & 1-\nu & \nu & 0 & 0 & 0 \\ \nu & \nu & 1-\nu & 0 & 0 & 0 \\ 0 & 0 & 0 & \frac{1-2\nu}{2} & 0 & 0 \\ 0 & 0 & 0 & 0 & \frac{1-2\nu}{2} & 0 \\ 0 & 0 & 0 & 0 & 0 & \frac{1-2\nu}{2} \end{bmatrix} \cdot \begin{bmatrix} \varepsilon_{xx} - \alpha_T \cdot \Delta T \\ \varepsilon_{yy} - \alpha_T \cdot \Delta T \\ \varepsilon_{zz} - \alpha_T \cdot \Delta T \\ \gamma_{xy} \\ \gamma_{yz} \\ \gamma_{zx} \end{bmatrix} .$$

Zur Bestimmung der 15 unbekannten *Feldgrößen* $\underline{u}$, $\underline{\varepsilon}$ und $\underline{\sigma}$ bei bekannter Belastung und Materialkonstanten existieren 15 *Feldgleichungen*:

- 3 Verschiebungen $\underline{u}^{\mathrm{T}} = [u \quad v \quad w]$
- 6 Verzerrungen $\underline{\varepsilon}^{\mathrm{T}} = [\varepsilon_{xx} \quad \varepsilon_{yy} \quad \varepsilon_{zz} \quad \gamma_{xy} \quad \gamma_{yz} \quad \gamma_{zx}]$
- 6 Spannungen $\underline{\sigma}^{\mathrm{T}} = [\sigma_{xx} \quad \sigma_{yy} \quad \sigma_{zz} \quad \tau_{xy} \quad \tau_{yz} \quad \tau_{zx}]$

Hinzu kommen noch Verträglichkeitsbedingungen (Kompatibilitätsbedingungen) für die Verzerrungs-Verschiebungsgleichungen:

$$\frac{\partial^2 \varepsilon_{xx}}{\partial y^2} + \frac{\partial^2 \varepsilon_{yy}}{\partial x^2} - \frac{\partial^2 \gamma_{xy}}{\partial x \cdot \partial y} = 0$$

$$\frac{\partial^2 \varepsilon_{yy}}{\partial z^2} + \frac{\partial^2 \varepsilon_{zz}}{\partial y^2} - \frac{\partial^2 \gamma_{yz}}{\partial y \cdot \partial z} = 0$$

$$\frac{\partial^2 \varepsilon_{zz}}{\partial x^2} + \frac{\partial^2 \varepsilon_{xx}}{\partial z^2} - \frac{\partial^2 \gamma_{xz}}{\partial x \cdot \partial z} = 0.$$

Das allgemeine Problem der Elastizitätstheorie besteht in der Lösung dieser 15 Gleichungen *bei bestimmten Randbedingungen* um daraus die Verformungen, Verzerrungen und Spannungen zu ermitteln.

Nachfolgend sind die Gleichungen für die Verzerrungen und die Spannungen als Tensoren zusammengestellt:

$$\underline{\underline{\varepsilon}} = \underline{\underline{\varepsilon}}^{\mathrm{T}} = \begin{bmatrix} \varepsilon_{xx} & \frac{1}{2}\gamma_{xy} & \frac{1}{2}\gamma_{xz} \\ \frac{1}{2}\gamma_{yx} & \varepsilon_{yy} & \frac{1}{2}\gamma_{yz} \\ \frac{1}{2}\gamma_{zx} & \frac{1}{2}\gamma_{zy} & \varepsilon_{zz} \end{bmatrix}$$

mit $\frac{1}{2}\gamma_{ij} = \varepsilon_{ij}$:

$$\underline{\underline{\varepsilon}} = \underline{\underline{\varepsilon}}^{\mathrm{T}} = \begin{bmatrix} \varepsilon_{xx} & \varepsilon_{xy} & \varepsilon_{xz} \\ \varepsilon_{yx} & \varepsilon_{yy} & \varepsilon_{yz} \\ \varepsilon_{zx} & \varepsilon_{zy} & \varepsilon_{zz} \end{bmatrix} = \begin{bmatrix} \varepsilon_{11} & \varepsilon_{12} & \varepsilon_{13} \\ \varepsilon_{21} & \varepsilon_{22} & \varepsilon_{23} \\ \varepsilon_{31} & \varepsilon_{32} & \varepsilon_{33} \end{bmatrix} = \begin{bmatrix} \varepsilon_1 & 0 & 0 \\ 0 & \varepsilon_2 & 0 \\ 0 & 0 & \varepsilon_3 \end{bmatrix},$$

$$\underline{\underline{S}} = \underline{\underline{S}}^{\mathrm{T}} = \begin{bmatrix} \sigma_{xx} & \tau_{xy} & \tau_{xz} \\ \tau_{yx} & \sigma_{yy} & \tau_{yz} \\ \tau_{zx} & \tau_{zy} & \sigma_{zz} \end{bmatrix} = \begin{bmatrix} \sigma_{11} & \sigma_{12} & \sigma_{13} \\ \sigma_{21} & \sigma_{22} & \sigma_{23} \\ \sigma_{31} & \sigma_{32} & \sigma_{33} \end{bmatrix} = \begin{bmatrix} \sigma_1 & 0 & 0 \\ 0 & \sigma_2 & 0 \\ 0 & 0 & \sigma_3 \end{bmatrix}.$$

Für den **zweiachsigen (ebenen) Zustand** gelten die folgenden Gleichungen:

- 2 Gleichgewichtsgleichungen $\begin{bmatrix} \frac{\partial}{\partial x} & 0 & \frac{\partial}{\partial y} \\ 0 & \frac{\partial}{\partial y} & \frac{\partial}{\partial x} \end{bmatrix} \cdot \begin{bmatrix} \sigma_{xx} \\ \sigma_{yy} \end{bmatrix} + \begin{bmatrix} p_x \\ p_y \end{bmatrix} = \begin{bmatrix} 0 \\ 0 \end{bmatrix}$

- 3 kinematische Gleichungen $\underline{\varepsilon} = \begin{bmatrix} \varepsilon_{xx} \\ \varepsilon_{yy} \\ \gamma_{xy} \end{bmatrix} = \begin{bmatrix} \frac{\partial}{\partial x} & 0 \\ 0 & \frac{\partial}{\partial y} \\ \frac{\partial}{\partial y} & \frac{\partial}{\partial x} \end{bmatrix} \cdot \begin{bmatrix} u \\ v \end{bmatrix}$

- Stoffgesetz für den ESZ $\begin{bmatrix} \varepsilon_{xx} \\ \varepsilon_{yy} \\ \gamma_{xy} \end{bmatrix} = \frac{1}{E} \begin{bmatrix} 1 & -\nu & 0 \\ -\nu & 1 & 0 \\ 0 & 0 & 2(1+\nu) \end{bmatrix} \cdot \begin{bmatrix} \sigma_{xx} \\ \sigma_{yy} \\ \tau_{xy} \end{bmatrix}$

$$\begin{bmatrix} \sigma_{xx} \\ \sigma_{yy} \\ \tau_{xy} \end{bmatrix} = \frac{E}{1-\nu^2} \begin{bmatrix} 1 & \nu & 0 \\ \nu & 1 & 0 \\ 0 & 0 & \frac{1-\nu}{2} \end{bmatrix} \cdot \begin{bmatrix} \varepsilon_{xx} \\ \varepsilon_{yy} \\ \gamma_{xy} \end{bmatrix}$$

- Stoffgesetz für den EVZ $\begin{bmatrix} \varepsilon_{xx} \\ \varepsilon_{yy} \\ \gamma_{xy} \end{bmatrix} = \frac{1+\nu}{E} \begin{bmatrix} 1-\nu & -\nu & 0 \\ -\nu & 1-\nu & 0 \\ 0 & 0 & 2 \end{bmatrix} \cdot \begin{bmatrix} \sigma_{xx} \\ \sigma_{yy} \\ \tau_{xy} \end{bmatrix}$

$$\begin{bmatrix} \sigma_{xx} \\ \sigma_{yy} \\ \tau_{xy} \end{bmatrix} = \frac{E}{(1+\nu)\cdot(1-2\nu)} \begin{bmatrix} 1-\nu & \nu & 0 \\ \nu & 1-\nu & 0 \\ 0 & 0 & \frac{1-\nu}{2} \end{bmatrix} \cdot \begin{bmatrix} \varepsilon_{xx} \\ \varepsilon_{yy} \\ \gamma_{xy} \end{bmatrix}$$

Zur Lösung stehen

- 2 Verschiebungen $\underline{u}^{\mathrm{T}} = [u \quad v]$
- 3 Verzerrungen $\underline{\varepsilon}^{\mathrm{T}} = [\varepsilon_{xx} \quad \varepsilon_{yy} \quad \gamma_{xy}]$
- 3 Spannungen $\underline{\sigma}^{\mathrm{T}} = [\sigma_{xx} \quad \sigma_{yy} \quad \tau_{xy}]$

zur Verfügung.
Für die Verzerrungs-Verschiebungsgleichungen kommt eine Verträglichkeitsbedingung hinzu:

$$\frac{\partial^2 \varepsilon_{xx}}{\partial y^2} + \frac{\partial^2 \varepsilon_{yy}}{\partial x^2} - \frac{\partial^2 \gamma_{xy}}{\partial x \cdot \partial y} = 0$$

Die Verzerrungen und die Spannungen als Tensor geschrieben:

$$\underline{\underline{\varepsilon}} = \underline{\underline{\varepsilon}}^{\mathrm{T}} = \begin{bmatrix} \varepsilon_{xx} & \frac{1}{2}\gamma_{xy} \\ \frac{1}{2}\gamma_{yx} & \varepsilon_{yy} \end{bmatrix}$$

mit $\frac{1}{2}\gamma = \varepsilon_{xy}$:

$$\underline{\underline{\varepsilon}} = \underline{\underline{\varepsilon}}^{\mathrm{T}} = \begin{bmatrix} \varepsilon_{xx} & \varepsilon_{xy} \\ \varepsilon_{yx} & \varepsilon_{yy} \end{bmatrix} = \begin{bmatrix} \varepsilon_1 & 0 \\ 0 & \varepsilon_2 \end{bmatrix};$$

$$\underline{\underline{S}} = \underline{\underline{S}}^{\mathrm{T}} = \begin{bmatrix} \sigma_{xx} & \tau_{xy} \\ \tau_{yx} & \sigma_{yy} \end{bmatrix} = \begin{bmatrix} \sigma_1 & 0 \\ 0 & \sigma_2 \end{bmatrix}.$$

Beim zweiachsigen Problem gilt für den ebenen Spannungszustand:

$$\begin{bmatrix} \varepsilon_{xx} \\ \varepsilon_{yy} \\ \gamma_{xy} \end{bmatrix} = \frac{1}{E} \begin{bmatrix} 1 & -\nu & 0 \\ -\nu & 1 & 0 \\ 0 & 0 & 2(1+\nu) \end{bmatrix} \cdot \begin{bmatrix} \sigma_{xx} \\ \sigma_{yy} \\ \tau_{xy} \end{bmatrix} + \begin{bmatrix} 1 \\ 1 \\ 0 \end{bmatrix} \cdot \alpha_{\mathrm{T}} \cdot \Delta T$$

$$\begin{bmatrix} \sigma_{xx} \\ \sigma_{yy} \\ \tau_{xy} \end{bmatrix} = \frac{E}{1-\nu^2} \begin{bmatrix} 1 & \nu & 0 \\ \nu & 1 & 0 \\ 0 & 0 & \frac{1-\nu}{2} \end{bmatrix} \cdot \begin{bmatrix} \varepsilon_{xx} - \alpha_{\mathrm{T}} \cdot \Delta T \\ \varepsilon_{yy} - \alpha_{\mathrm{T}} \cdot \Delta T \\ \gamma_{xy} \end{bmatrix}$$

und für den ebenen Verzerrungszustand:

$$\begin{bmatrix} \varepsilon_{xx} \\ \varepsilon_{yy} \\ \gamma_{xy} \end{bmatrix} = \frac{1+\nu}{E} \begin{bmatrix} 1-\nu & -\nu & 0 \\ -\nu & 1-\nu & 0 \\ 0 & 0 & 2 \end{bmatrix} \cdot \begin{bmatrix} \sigma_{xx} \\ \sigma_{yy} \\ \tau_{xy} \end{bmatrix} + \begin{bmatrix} 1 \\ 1 \\ 0 \end{bmatrix} \cdot \alpha_{\mathrm{T}} \cdot \Delta T$$

$$\begin{bmatrix} \sigma_{xx} \\ \sigma_{yy} \\ \tau_{xy} \end{bmatrix} = \frac{E}{(1+\nu)\cdot(1-2\nu)} \begin{bmatrix} 1-\nu & \nu & 0 \\ \nu & 1-\nu & 0 \\ 0 & 0 & \frac{1-\nu}{2} \end{bmatrix} \cdot \begin{bmatrix} \varepsilon_{xx} - \alpha_{\mathrm{T}} \cdot \Delta T \\ \varepsilon_{yy} - \alpha_{\mathrm{T}} \cdot \Delta T \\ \gamma_{xy} \end{bmatrix}.$$

Für Rotationssymmetrie gilt:

$$\begin{bmatrix} \varepsilon_{rr} \\ \varepsilon_{\varphi\varphi} \\ \varepsilon_{zz} \\ \gamma_{zr} \end{bmatrix} = \frac{1}{E} \begin{bmatrix} 1 & -\nu & -\nu & 0 \\ -\nu & 1 & -\nu & 0 \\ -\nu & -\nu & 1 & 0 \\ 0 & 0 & 0 & 2(1+\nu) \end{bmatrix} \cdot \begin{bmatrix} \sigma_{rr} \\ \sigma_{\varphi\varphi} \\ \sigma_{zz} \\ 0 \end{bmatrix} \cdot \alpha_{\mathrm{T}} \cdot \Delta T$$

$$\begin{bmatrix} \sigma_{rr} \\ \sigma_{\varphi\varphi} \\ \sigma_{zz} \\ \tau_{zr} \end{bmatrix} = \frac{E}{(1+\nu)\cdot(1-2\nu)} \begin{bmatrix} 1-\nu & \nu & \nu & 0 \\ \nu & 1-\nu & \nu & 0 \\ \nu & \nu & 1-\nu & 0 \\ 0 & 0 & 0 & \frac{1-\nu}{2} \end{bmatrix} \cdot \begin{bmatrix} \varepsilon_{rr} - \alpha_{\mathrm{T}} \cdot \Delta T \\ \varepsilon_{\varphi\varphi} - \alpha_{\mathrm{T}} \cdot \Delta T \\ \varepsilon_{zz} - \alpha_{\mathrm{T}} \cdot \Delta T \\ \gamma_{zr} \end{bmatrix}.$$

5.3 Randwertprobleme

Das Problem der Elastizitätstheorie besteht in der Lösung der Feldgleichungen bei bestimmten Randbedingungen. Alle Gleichungen sind im linear elastischen Fall auch linear. Das Stoffgesetz ist eine algebraische Zuordnung von Spannungen und Dehnungen. Die statischen und kinematischen Beziehungen sind Systeme von linearen partiellen Differentialgleichungen 1. Ordnung. Bei der Integration partieller Differentialgleichungen treten Integrationsfunktionen auf – im Gegensatz zur Integration gewöhnlicher Differentialgleichungen, bei denen man Integrationskonstanten erhält. Das heißt, dass *Randwertprobleme* gelöst werden müssen. Die Randbedingen können als *Spannungsrandbedingungen* oder als *Verschiebungsrandbedingungen* vorgegeben sein. Daneben gibt es Kombinationen von beiden (gemischtes Randwertproblem). Es ist allerdings meist sinnvoll, die Differentialgleichungen entweder vollständig in den Spannungen oder vollständig in den Verschiebungen zu formulieren. Dadurch lässt sich auch die Anzahl der Gleichungen verringern, indem unbekannte Funktionen eliminiert werden.

Erstes Randwertproblem (Spannungsrandproblem):
Wir suchen die Lösung der Feldgleichungen unter der Bedingung, dass die Spannungen an der gesamten Oberfläche vorgegeben sind (*Spannungsrandwertproblem*); genauer gesagt, die Komponenten des Spannungsvektors.

Für den Spannungsvektor am Rand gilt dann mit der CAUCHYschen Formel (2.39)

$$\underline{S}^* = \underline{\underline{\sigma}} \cdot \underline{n}, \tag{5.1}$$

wobei $\underline{S}^*$ vorgegebene Funktionen (Stern) auf der Berandung A_S sind.

Physikalisch ist es allerdings nicht möglich, für alle Komponenten des Spannungstensors Randbedingungen vorzuschreiben. Wenn wir die Spannungen mittels Materialgesetz, Gleichung (4.26), durch die Verzerrungen ersetzen und diese mit Hilfe der kinematischen Beziehungen, Gl. (3.23), durch die Ableitungen der Verschiebungen, lassen sich die Randbedingungen durch Normalenableitungen der Verschiebungen ausdrücken. Wir erhalten damit drei Differentialgleichungen – die NAVIERschen oder LAMÉschen Gleichungen[27], in denen die Verschiebungen als Unbekannte vorkommen. Diese Differentialgleichungen (*Verschiebungsdifferentialgleichungen*) sind höherer Ordnung. Der Vorteil ist, dass keine Verträglichkeitsbedingungen benötigt werden.

Zweites Randwertproblem (Verschiebungsrandproblem):

Die Lösung der Feldgleichungen wird unter der Bedingung, dass auf der gesamten Oberfläche des Körpers die Verschiebungen vorgegeben sind, gesucht. Es gilt auf der Berandung A_u

$$\underline{u}^* = \underline{u}. \tag{5.2}$$

Zur Lösung der unbekannten Funktionen kann man versuchen, zuerst die Gleichgewichtsbedingungen für die Spannungen zu lösen. Die Grundgleichungen der Spannungen erhält man, wenn man in die Verträglichkeitsbedingungen, Gl. (3.27) in das Materialgesetz bei Berück-

[27] GABRIEL LAMÉ, 1795–1870, französischer Mathematiker und Ingenieur.

sichtigung der Gleichgewichtsbedingungen, Gl. (2.53), einsetzt. Damit erhält man sechs *Spannungsdifferentialgleichungen* von MICHELL[28], auch BELTRAMI-MICHELLsche Gleichungen[29] genannt.

Beide Wege führen für dreidimensionale Probleme der Elastizitätstheorie nur in wenigen Sonderfällen zu einer Lösung. Für ebene Spannungsprobleme kann in vielen Fällen noch eine Lösung gefunden werden.

Eine zusammenfassende Darstellung ist in der folgenden Übersicht gegeben:

Übersicht 5.1: Elastomechanische Grundlagen

Reale Struktur

⇓

Mechanisches Modell

⇓

Mathematisches Modell

Gleichgewichtsgleichungen	konstitutive Gleichungen	kinematische Gleichungen
$\underline{\underline{D}}^{\mathrm{T}} \cdot \underline{\sigma} + \underline{p} = \underline{0}$	$\underline{\sigma} = \underline{\underline{E}} \cdot \underline{\varepsilon}$	$\underline{\varepsilon} = \underline{\underline{D}} \cdot \underline{U}$
(3 Gleichungen)	(6 Gleichungen)	(6 Gleichungen)

Randbedingungen

1. Randwertproblem	2. Randwertproblem
Spannungen an der Oberfläche vorgegeben	Verschiebungen an der Oberfläche vorgegeben
⇓	⇓
Elimination der Verzerrungen und Spannungen	Elimination der Verschiebungen und Verzerrungen
⇓	⇓
Gleichungen, in denen die Verschiebungen als Unbekannte vorkommen	Gleichungen, in denen die Spannungen als Unbekannte vorkommen
⇓	⇓
LAMÈ-NAVIER-Gleichungen	BELTRAMI-MICHELL-Gleichungen

Geschlossene Lösungen, die für alle Fälle anwendbar sind, können jedoch auf keinem Weg gewonnen werden.

Eine ausführliche Darstellung der Randwertproblematik mit Herleitung der Gleichungen ist in /33/ HAHN „Elastizitätstheorie“ nachzulesen.

---

28 JOHN HENRY MICHELL, 1863–1940, australischer Mathematiker.

29 ENRICO BELTRAMI, 1835–1900, italienischer Mathematiker.

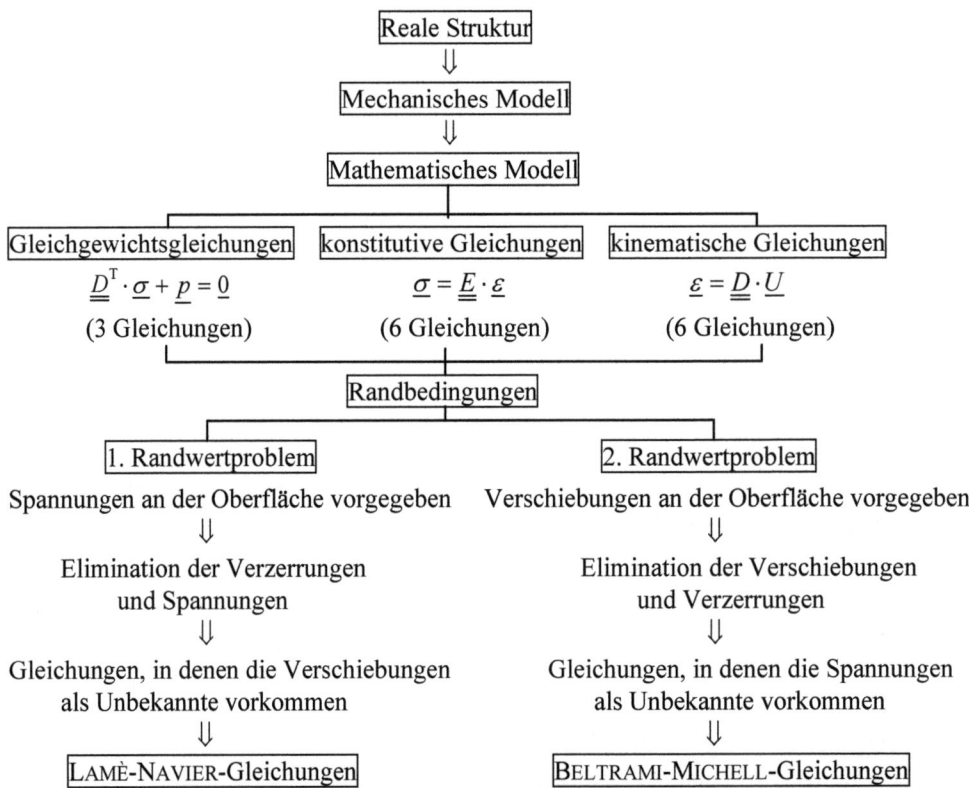

6 Die Fließbedingungen und Festigkeitshypothesen

6.1 Fließbedingungen

Für die Beurteilung des Festigkeitsverhaltens von Bauteilen unter mehrachsigem Spannungszustand müssen wir wissen, ob man sich bei einer Beanspruchung noch im elastischen Bereich befindet oder bereits Fließen eingesetzt hat. Für den einachsigen Bereich sind die Verhältnisse einfach: So lange die wirkende Zugspannung im Querschnitt kleiner als die Streckgrenze R_e ist, kann man hinreichend genau von einer elastischen Verformung ausgehen[30].

Bei mehrachsigen Spannungszuständen sind die Verhältnisse nicht mehr so einfach. Eine Möglichkeit ist, hierfür eine *Fließbedingung* anzugeben, die definiert, wann der Werkstoff seine Fließgrenze erreicht und plastisch wird. Diese Fließbedingung ist ein mathematisches Instrument zur Entscheidung, ob und wann ein Spannungszustand zu plastischer Verformung führt. Dazu muss ein Zusammenhang zwischen den Spannungen des mehrachsigen Spannungszustandes und der im Zugversuch gemessenen einachsigen *Fließspannung* R_e bzw. für spröde Werkstoffe $R_{p0,2}$ hergestellt werden.

Allerdings ist der Vergleich zwischen den Spannungen des mehrachsigen Spannungszustandes und den im einachsigen Zug- Druck- oder Biegeversuch gemessenen Fließspannungen nicht ohne weiteres möglich. Dazu bedarf es Übertragungsfunktionen, den *Festigkeitshypothesen* , die den mehrachsigen Spannungszustand in einen äquivalenten einachsigen Spannungszustand überführen. Mit Hilfe der Festigkeitshypothesen werden sog. *Vergleichsspannungen* σ_V berechnet, die den Gesamtspannungszustand repräsentieren und mit einer kritischen Spannung σ_{krit} verglichen werden.

Die gedachte einachsige Normalspannung σ_V, berechnet aus den Hauptspannungen oder den Lastspannungen nach einer der Festigkeitshypothesen, ist – anders als auf Bild 6.1 dargestellt – nur noch eine richtungslose skalare Größe. Dieser Rechenwert (auf Bild 6.1 in Richtung der x-Achse dargestellt), stellt einen Informationsverlust, nicht ohne Konsequenzen für die Übertragbarkeit der Ergebnisse, dar.

Bei metallischen Werkstoffen, die eine ausgeprägte Fließgrenze haben, tritt Fließen ein, wenn die Vergleichsspannung den kritischen Wert

---

30 Genauer ist die Dehngrenze $R_{p0,01}$, früher Proportionalitäts- bzw. Elastizitätsgrenze (σ_P, σ_E), die allerdings nur aufwendig mittels Feindehnungsmesszug zu bestimmen ist, zudem auch nur für die jeweilige Materialcharge zutreffend – und damit nicht für den Werkstoff verallgemeinerungsfähig ist.

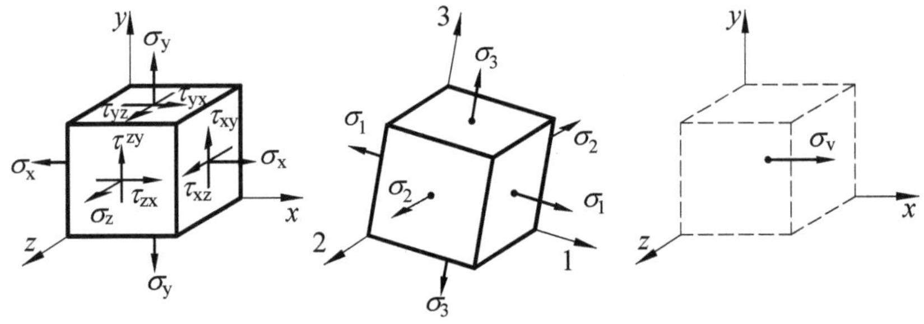

Bild 6.1: Zur Definition der Vergleichsspannung

$$\sigma_V(\sigma_x, \sigma_y, \sigma_z, \tau_{xy}, \tau_{yz}, \tau_{zx},) = \sigma_V(\sigma_1, \sigma_2, \sigma_3) = \sigma_{krit} \tag{6.1a}$$

oder kürzer

$$\sigma_V(\sigma_{ij}) = \sigma_{krit}\,. \tag{6.1b}$$

erreicht. Die Bedingung für das Fließen lässt sich als skalare Funktion in der Form

$$f(\sigma_{ij}) = 0 \tag{6.2}$$

mit $f(\sigma_{ij}) = \sigma_V(\sigma_{ij}) - \sigma_{krit}$ angeben. Dabei beschreibt $f < 0$ elastisches Materialverhalten; für $f = 0$ plastifiziert der Werkstoff; $f > 0$ kann praktisch nicht auftreten.

Mit den Hauptspannungen des Spannungstensors lässt sich für isotropes Material die Gleichung (6.2) durch die Hauptspannungen zu $f(\sigma_1, \sigma_2, \sigma_3) = 0$ beschreiben und geometrisch in einem Koordinatensystem mit den drei Achsen σ_1, σ_2 und σ_3, dem sog. *Hauptspannungsraum* auch geometrisch deuten.

Die Funktion f gibt für jeden Punkt im Hauptspannungsraum an, ob das Material bei einer Belastung fließt oder nicht. Die Grenze $f = 0$ spannt im Raum eine Fläche, die so genannte *Fließfläche* auf. Innerhalb der Fließfläche herrscht elastisches Materialverhalten; bei Erreichen der Begrenzung wird der Werkstoff plastisch.

Zu erwähnen ist, dass die Funktion f für drei Hauptspannungen im dreidimensionalen Raum graphisch nicht darstellbar ist. Reduziert auf einen ebenen Spannungszustand zu $f(\sigma_1, \sigma_2)$ wird die Fließfläche $f(\sigma_1, \sigma_2) = 0$ zu einer Kurve im Spannungsraum (siehe Bild 6.2). Dies wird im folgenden Abschnitt an Beispielen gezeigt.

Aus der Kristallphysik ist bekannt, dass bleibende Verformungen durch Schubspannungen hervorgerufen werden (Normalspannungen bewirken elastische Formänderungen oder den Bruch). Auf dieser Annahme, vor allem aber auf Versuchsergebnissen, basiert die Hypothese der *Fließbedingung der maximalen Schubspannungen* des französischen Ingenieurs TRESCA[31] von 1864. Die *TRESCA-Fließbedingung* lautet

---

[31] HENRI TRESCA, 1814–1884, französischer Ingenieur.

$$\tau_{max} = \frac{\sigma_1 - \sigma_3}{2} = \frac{R_e}{2}\,. \tag{6.3}$$

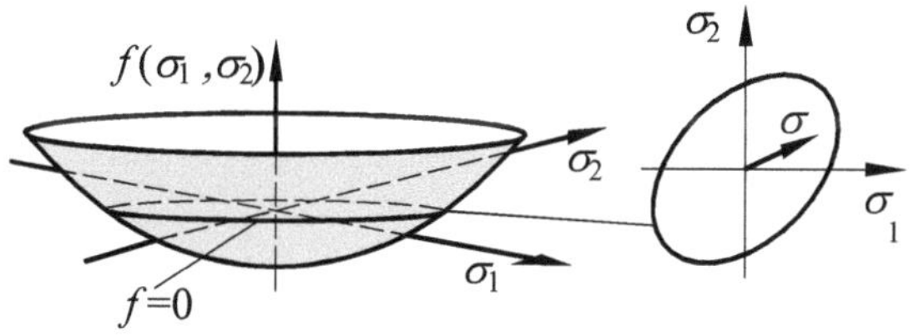

a) Fließflächenfunktion b) Fließfläche $f = 0$ (ESZ) in der σ_1-σ_2-Ebene

Bild 6.2: Fließflächenfunktion $f(\sigma_1, \sigma_2)$

Aus der Gleichung (6.3) wird ersichtlich, dass bei bekannter Zuordnung $\sigma_1 > \sigma_2 > \sigma_3$ die mittlere Hauptspannung σ_2 keinen Einfluss auf den Fließbeginn hat.

Auch auf der Basis von Versuchsergebnissen wird 1904 vom polnischen Ingenieur HUBER[32] ein Festigkeitskriterium auf der Grundlage der Gestaltänderungsarbeit formuliert. Davon unabhängig, auf Grund mathematischer Überlegungen, kommen 1913 auch VON MISES[33] und HENCKY[34] (1923) zum gleichen Ergebnis. Die *HUBER-MISES-Fließbedingung*, die besser als die TRESCA-Fließbedingung mit den Versuchsbedingungen übereinstimmt, lautet – durch die Hauptspannungen ausgedrückt

$$(\sigma_1 - \sigma_2)^2 + (\sigma_1 - \sigma_3)^2 + (\sigma_2 - \sigma_3)^2 = 2 \cdot R_e^2 \tag{6.4a}$$

bzw. mit Lastspannungen

$$(\sigma_x - \sigma_y)^2 + (\sigma_x - \sigma_z)^2 + (\sigma_y - \sigma_z)^2 + 6 \cdot (\tau_{xy}^2 + \tau_{xz}^2 + \tau_{yz}^2) = 2 \cdot R_e^2\,. \tag{6.4b}$$

Zur Begründung der Bedingung betrachten wir eine nach allen Richtungen gleich große Beanspruchung, die lediglich das Volumen, nicht aber die Form des belasteten Bauteils ändert (siehe Beispiel 4.9). Eine solche Beanspruchung wird als *hydrostatische Beanspruchung* bezeichnet. Für den allseitig gleichen Normalspannungszustand, der auch als *hydrostatischer Spannungszustand* bezeichnet wird, schreiben wir:

$$\sigma_M = \frac{\sigma_x + \sigma_y + \sigma_z}{3} = \frac{\sigma_1 + \sigma_2 + \sigma_3}{3}\,. \tag{6.5}$$

Die Summe der drei Normalspannungen in der obigen Gleichung stellt nach Gl. (2.46) die 1. Invariante (Summe der Hauptdiagonalen) des Spannungstensors dar. Ausgehend von der Erkenntnis, dass die Formänderungen im plastischen Zustand unter Volumenkonstanz ablau-

---

32 MAXYMILIAN TYTUS HUBER, 1872–1950, polnischer Ingenieur.

33 RICHARD MARTIN EDLER VON MISES, 1883–1953, österreichischer Mathematiker.

34 HEINRICH HENCKY, 1885–1951, deutscher Ingenieur.

fen, teilen wir den Spannungstensor $\underline{\underline{S}}$ in einen so genannten *Kugeltensor* $\underline{\underline{S}}_0$, für den hydrostatischen Spannungszustand und den davon abweichenden *Spannungsdeviator*[35] $\underline{\underline{S}}'$ auf:

$$\underline{\underline{S}} = \underline{\underline{S}}_0 + \underline{\underline{S}}' = \begin{bmatrix} \sigma_M & 0 & 0 \\ 0 & \sigma_M & 0 \\ 0 & 0 & \sigma_M \end{bmatrix} = \begin{bmatrix} \sigma_{xx} - \sigma_M & \tau_{xy} & \tau_{xz} \\ \tau_{yx} & \sigma_{yy} - \sigma_M & \tau_{yz} \\ \tau_{zx} & \tau_{zy} & \sigma_{zz} - \sigma_M \end{bmatrix}. \quad (6.6)$$

Der Spannungsdeviator

$$\underline{\underline{S}}' = \begin{bmatrix} \sigma_{xx} - \sigma_M & \tau_{xy} & \tau_{xz} \\ \tau_{yx} & \sigma_{yy} - \sigma_M & \tau_{yz} \\ \tau_{zx} & \tau_{zy} & \sigma_{zz} - \sigma_M \end{bmatrix} = \begin{bmatrix} \sigma'_{xx} & \tau_{xy} & \tau_{xz} \\ \tau_{yx} & \sigma'_{yy} & \tau_{yz} \\ \tau_{zx} & \tau_{zy} & \sigma'_{zz} \end{bmatrix} \quad (6.7a)$$

oder durch die Hauptspannungen ausgedrückt

$$\underline{\underline{S}}' = \begin{bmatrix} \sigma_1 - \sigma_M & 0 & 0 \\ 0 & \sigma_2 - \sigma_M & 0 \\ 0 & 0 & \sigma_3 - \sigma_M \end{bmatrix} = \begin{bmatrix} \sigma'_1 & 0 & 0 \\ 0 & \sigma'_2 & 0 \\ 0 & 0 & \sigma'_3 \end{bmatrix} \quad (6.7b)$$

entsteht aus dem Spannungstensor $\underline{\underline{S}}$ indem die hydrostatische Spannung σ_M von den Normalspannungen des Tensors abgezogen wird.

Der Spannungstensor $\underline{\underline{S}}$ ändert Volumen ($e \neq 0$) und Gestalt (verschiedene Dehnung der Kantenlängen unter Beibehaltung des rechten Winkels) sowie für ein nicht in Richtung der Hauptachsen orientiertes Element auch noch die rechten Winkel. Dabei bewirkt der Spannungsdeviator $\underline{\underline{S}}'$ jedoch keine Volumendilatation, sondern eine reine Schubbeanspruchung. Die Volumendehnung wird durch den Kugeltensor $\underline{\underline{S}}_0$ bestimmt (siehe dazu Bild 6.3).

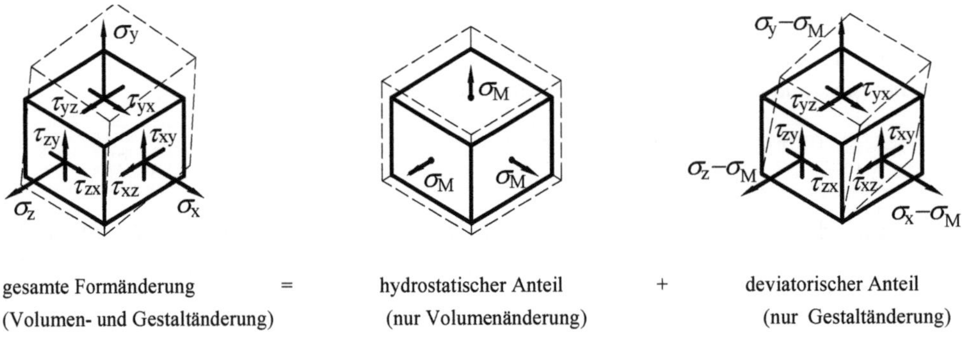

Bild 6.3: Aufteilung des Spannungstensors

[35] Deviator; deviare ‹lat›: abweichen, abirren.

Die Begründung für dieses Vorgehen liefert die im Abschnitt 4.4 abgeleitete Beziehung (4.52) für die Abhängigkeit der relativen Volumenänderung von den Lastspannungen

$$e = \frac{1-2\cdot\nu}{E}\cdot(\sigma_x + \sigma_y + \sigma_z) = \frac{1-2\cdot\nu}{E}\cdot I_1 .$$

Die Volumendilatation e ist eine rein elastische Größe und proportional der Invariante I_1 des Spannungstensors. Daraus lässt sich ableiten, dass der Anteil, für den die 1. Invariante verschwindet, den Anteil ohne Volumendehnung (den deviatorischen Anteil) charakterisiert und der Rest den hydrostatischen Anteil darstellen muss. Damit kann dann auch der durch Schubspannungen hervorgerufene *Fließbeginn nur vom Spannungsdeviator abhängen.* Und da der Fließbeginn in isotropen Werkstoffen nicht von der Wahl des Koordinatensystems abhängen kann, muss er zudem eine Funktion der Invarianten des Spannungsdeviators sein.

Die HUBER-MISES-Fließbedingung, Gl. (6.4), ist die einfachste mögliche derartige Funktion. Auf der linken Seite steht die zweite Invariante des Spannungsdeviators, die rechte Seite ergibt sich durch Anwendung der zweiten Invariante auf den einachsigen Spannungszustand.

6.2 Festigkeitshypothesen für mehrachsige Spannungszustände

6.2.1 Problembeschreibung

Die *Beanspruchungen* eines Bauteils darf an keiner Stelle seine *Beanspruchbarkeit* bzw. *Widerstandsfähigkeit* erreichen oder gar übersteigen. Das heißt, die *Belastungen* so zu begrenzen, dass die Funktionsfähigkeit des Bauteils zu jedem Zeitpunkt erhalten bleibt.

Dies erfordert neben der Kenntnis der in Bauteilen infolge der Belastung auftretenden Spannungen und Verformungen auch die Kenntnis der zulässigen Werte. Diese basieren für die Spannungen auf den im Versuch gewonnenen Werkstoffkennwerten; die zulässigen Verformungswerte werden allgemein aus der Funktion des Bauteils festgelegt.

Aus Kostengründen stehen häufig nur Festigkeitswerte aus Werkstoffnormen zur Verfügung. Um das Versagen des Bauteils mit großer statistischer Wahrscheinlichkeit auszuschließen, muss die *Bauteilbeanspruchung* (auftretende Spannung) kleiner, als die *Bauteilfestigkeit* (ertragbare Spannung) sein. Die *zulässige Spannung* ist die Spannung, die vom Bauteil auf Dauer ertragen werden kann, ohne daß es zum Bauteilversagen durch bleibende Verformungen oder Bruch kommt.

Eine grobe, die verschiedenen Einflüsse nur pauschal berücksichtigende Methode der Ermittlung der zulässigen Spannung ist die Minderung der im Versuch ermittelten Grenzspannungen durch einen auf Erfahrungen basierenden Faktor. Mit diesem als *Sicherheitszahl S*[36] (auch *Sicherheitsfaktor*) bezeichnete Wert größer Eins wird die zulässige Spannung

[36] Im Bauingenieurwesen (früher auch im Stahlbau und im Maschinenbau) ist der griechische Buchstabe ν als Symbol für die Sicherheit üblich.

$$\sigma_{\mathrm{zul}} = \frac{\sigma_{\mathrm{Grenz}}}{S}, \tag{6.8a}$$

$$\tau_{\mathrm{zul}} = \frac{\tau_{\mathrm{Grenz}}}{S}. \tag{6.8b}$$

Als Grenzspannung wählt man bei ruhender Belastung für Stähle mit ausgeprägter Fließgrenze die Streckgrenze R_e, sonst die Dehngrenze $R_{p0,2}$, für spröde Werkstoffe die Zugfestigkeit R_m bzw. σ_{dB}. Für die dynamische Beanspruchung wird je nach Belastungsfall die Schwellfestigkeit σ_{sch}, die Wechselfestigkeit σ_W bzw. die Dauerfestigkeit σ_D zugrunde gelegt.

Zunehmend, vor allen bei dynamischer Beanspruchung, wird der Spannungsnachweis durch einen *Sicherheitsnachweis*

$$S = \frac{\sigma_{\mathrm{Grenz}}}{\sigma_{\mathrm{vorh}}} \geq S_{\mathrm{min}} \tag{6.9a}$$

$$S = \frac{\tau_{\mathrm{Grenz}}}{\tau_{\mathrm{vorh}}} \geq S_{\mathrm{min}} \tag{6.9b}$$

ersetzt.

Das Berechnungskonzept aller Festigkeitshypothesen geht von einem Versagensmechanismus aus, sodass die Hypothesen auf das Werkstoffverhalten abgestimmt sein müssen. Man unterscheidet grob zwischen zähen, besser duktilen (fließfähigen) und spröden Werkstoffen. Bei einem duktilen Werkstoff gehen beim einachsigen Zugversuch Fließen und örtliche Einschnürung dem Gewaltbruch voraus; andernfalls ist den Werkstoff spröde.

Dieses für den einachsigen Zugversuch typische Verhalten, lässt sich nicht auf andere Spannungszustände übertragen. So kann z.B. ein duktiler Werkstoff bei einer allseitig gleichen Zugspannung auch ohne Fließen zerreißen, da ein hydrostatischer Spannungszustand niemals zum Fließen führt (siehe auch Abschnitt 6.1 mit Bild 6.3). In der Umkehrung kann man auch bei einem spröden Werkstoff, zum Beispiel bei der Rockwell-Härteprüfung (dreiachsiger Spannungszustand) Fließverhalten beobachten. Das zeigt, dass der Spannungszustand über Versagen durch Fließen oder Sprödbruch entscheidet. Daraus folgt, dass entweder das Versagen zähen Werkstoffverhaltens infolge kritischer Schubspannungen $\tau_{\mathrm{max}} = \tau_{\mathrm{krit}}$ (*Fließhypothesen*) bzw. Schiebungen $\gamma_{\mathrm{max}} = \gamma_{\mathrm{krit}}$ oder ein Versagen durch sprödes Werkstoffverhaltens bei Erreichung der Bruchspannung $\sigma_{\mathrm{max}} = \sigma_{\mathrm{krit}}$ (*Bruchhypothesen*) oder Dehnungen $\varepsilon_{\mathrm{max}} = \varepsilon_{\mathrm{krit}}$ zugrunde gelegt werden muss.

Die Gültigkeit dieser Hypothesen hängt neben der oben beschriebenen Art des Versagens und dem Werkstoff auch noch von Faktoren wie Temperatur, Belastungsgeschwindigkeit und anderen möglichen Einflüssen ab, die sich in dieser Vielfalt nur eingeschränkt berücksichtigen lassen.

Trotz – oder gerade wegen – dieser sehr anschaulichen Darstellung ist es für die kritische Anwendung wichtig, sich immer der Tatsache eingedenk zu sein, dass es sich bei diesen

Hypothesen um Annahmen mit sich z.T. widersprechenden Aussagen handelt, mit denen sich die Versuchsergebnisse, auch Schadensfälle (auch nicht immer) erklären lassen und die entsprechend ihrer getroffenen Annahmen zu interpretieren sind.

In den folgenden Abschnitten werden aus den hierzu existierenden Ansätzen die drei wichtigsten Festigkeitshypothesen, die Normalspannungs-, Schubspannungs- und Gestaltänderungsenergiehypothese, gültig für synchrone Belastung; d.h. Kombination aus statischen, rein schwellenden und rein wechselnden Lastspannungsverläufen, beschrieben.

6.2.2 Die Normalspannungshypothese

Die *Normalspannungshypothese* (NH), erstmals 1857 vom schottischen Ingenieur RANKINE[37] formuliert, ist eine Bruchhypothese. Sie ist für sprödes Werkstoff- bzw. Bauteilverhalten gültig. Danach tritt bei statischer Belastung das Versagen durch Trennbruch ein, wenn die größte Normalspannung $\sigma_{\max} = \sigma_1$ die Trennfestigkeit σ_{T} (bei ideal sprödem Werkstoff: R_{m}) erreicht. Für den Sprödbruch, der ohne vorherige Verformung durch Trennen der Bindungen zwischen den Bausteinen der Materie eintritt, ist es unbedeutend, was für ein Spannungszustand herrscht. Er tritt, sofern nicht behindert oder beeinflusst (z.B. durch Kerben; siehe folgendes Kapitel) senkrecht zur Hauptspannungsrichtung nur unter Zugbeanspruchung ($\sigma_1 > 0$) ein. Die beiden anderen Hauptspannungen, die auch einen Einfluss haben müssen, treten nicht in Erscheinung.

Die *Versagensbedingung* für die Normalspannungshypothese lautet:

$$\sigma_{\mathrm{VNH}} \equiv \sigma_1 = R_{\mathrm{m}}, \quad \sigma_1 > 0\,. \tag{6.10}$$

Für die *Festigkeitsbedingung* gilt:

$$\sigma_{\mathrm{VNH}} \leq \frac{R_{\mathrm{m}}}{S_{\mathrm{B}}}\,. \tag{6.11}$$

Die Anwendung der Normalspannungshypothese ist nur für Zugspannungen ($\sigma_1 > 0$) sinnvoll, weil der Sprödbruch unter Druckbelastung von der Druckschubspannung τ_{B} ausgelöst wird. Die größte Normalspannung ist ohne Bedeutung für das Versagen (siehe hierzu Abschnitt 4.2.1, Bild 4.2). Bei einem mehrachsigen Druckspannungszustand für spröde Werkstoffe müsste die Bedingung $\tau_{\max} < \tau_{\mathrm{B}}$ erfüllt werden. Gemäß Gl. (2.5) für $\varphi = 45°$ (Abschnitt 2.2.3) – auch ersichtlich aus dem MOHRschen Spannungskreis und durch Druckversuche bestätigt – ist $\tau_{\mathrm{B}} = \sigma_{\mathrm{dB}}/2$. Somit gilt für den Sprödbruch unter Druckbelastung:

$$\sigma_{\mathrm{VNH}} = 2 \cdot \tau_{\mathrm{B}} = \frac{\sigma_{\mathrm{dB}}}{2}, \quad \sigma_3 < 0 \tag{6.12}$$

und für die Festigkeitsbedingung

---

[37] WILLIAM JOHN MACQUORN RANKINE, 1820–1872, schottischer Physiker und Ingenieur.

$$\sigma_{\mathrm{VNH}} \le \frac{|\sigma_{\mathrm{dB}}|}{S_{\mathrm{B}}}. \qquad (6.13)$$

Für den technisch wichtigen Sonderfall der zweiachsigen Beanspruchung ist die Vergleichsspannung durch die Gleichung (2.13) gegeben:

$$\sigma_{\mathrm{VNH}} = \sigma_1 = \frac{\sigma_{\mathrm{x}} + \sigma_{\mathrm{y}}}{2} + \sqrt{\left(\frac{\sigma_{\mathrm{x}} - \sigma_{\mathrm{y}}}{2}\right)^2 + \tau_{\mathrm{xy}}^2}. \qquad (6.14)$$

Daraus lässt sich für den häufigen Fall der Überlagerung aus Zug-, Druck- oder/und Biegebeanspruchung mit Torsions- oder Schubbeanspruchung mit:

$$\sigma_{\mathrm{x}} \equiv \sigma(\sigma_{\mathrm{b}}, \sigma_{\mathrm{z}})\,; \; \sigma_{\mathrm{y}} = 0, \; \tau_{\mathrm{xy}} \equiv \tau(\tau_{\mathrm{t}}, \tau_{\mathrm{s}})$$

aus Gl. (6.14) – oder auch dem MOHRscher Spannungskreis, Bild 2.24 – die folgende Gleichung entwickeln:

$$\sigma_{\mathrm{VNH}} = \frac{\sigma}{2} + \sqrt{\frac{\sigma^2}{4} + \tau^2} = \frac{\sigma}{2} + \frac{1}{2} \cdot \sqrt{\sigma^2 + 4\tau^2}. \qquad (6.15)$$

Nach der Normalspannungshypothese versagt also ein Bauteil, wenn die betragsmäßig größte Hauptnormalspannung des mehrachsigen Spannungszustandes einen Werkstoff-Grenzwert überschreitet. Sie wird bei Werkstoffen mit Sprödbruchverhalten (Trennbruch ohne vorherige plastische Verformung) wie z.B. Gusseisen oder gehärtete Stähle angewendet. Sprödbruchverhalten tritt überdies auch bei duktilen Werkstoffen bei hoher Belastungsgeschwindigkeit, tiefen Temperaturen, Bestrahlung mit Neutronen oder auch bei Bauteilen, bei denen durch einen dreiachsigen Spannungszustand Verformungsbehinderungen auftreten oder die Verformung ganz unterbunden ist (z.B. durch Schweißnähte) auf.

Überträgt man bei vorausgesetztem isotropen Werkstoffverhalten die Grenzen für das Werkstoffversagen durch einen Trennbruch in ein $\sigma_1 - \sigma_2 - \sigma_3$ – Hauptspannungsdiagramm, erhält man die durch die Vergleichsspannung σ_{VNH} bestimmte Bruchgrenzfläche gemäß Gl. (6.10) in die Form einer Würfeloberfläche. Die entsprechende Grenzkurve für den zweiachsigen Spannungszustand bei Werkstoffversagen durch Trennbruch bildet entsprechend Bild 6.4a im 1. Quadranten ein Quadrat in den Grenzen R_{m}.

Aufgrund der starken Zug-Druck-Anisotropie, die in den erheblich höheren Druckfestigkeiten gegenüber den Zugfestigkeiten besteht und einen anderen Versagensmechanismus aufweist, ist das Druckversagen durch die Normalspannungshypothese nicht zu beschreiben (s.o.). Es gilt Gl. (6.12).

Für das durch die Druckschubspannung τ_{B} ausgelöste Gleitbruchversagen ist die Fließhypothese von TRESCA (siehe folgender Abschnitt sowie auch Abschnitt 6.1) maßgebend. Daraus folgt die modifizierte Grenzlinie in Bild 6.4b für den Bruch spröder Werkstoffe, die durch die Zugfestigkeit R_{m} (Trennbruch) und die Druckfestigkeit σ_{dB} (Gleitbruch) begrenzt wird.

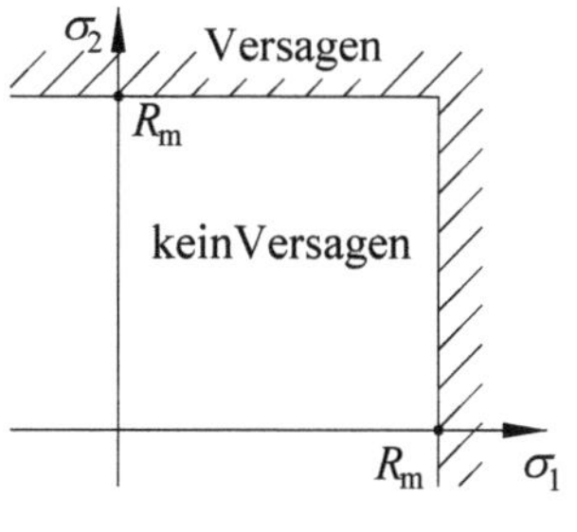

a) Trennbruch nach NH

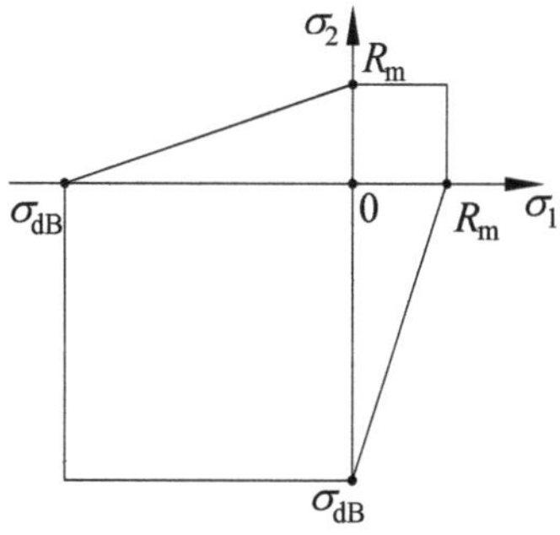

b) Bruchversagen spröder Werkstoffe

Bild 6.4: Grenzkurve für das Sprödbruchversagen im zweiachsigen Spannungszustand

Wenn der Bruch eines Bauteils als reiner Trennbruch (Bruchfläche senkrecht zur größten Normalspannung) erfolgte, dann war die Normalspannungshypothese zutreffend.

Beispiel 6.1

Ein martensitisch gehärteter Bolzen, $d = 50\,\text{mm}$ aus 42Cr4, $R_\text{m} = 1900\,\text{N/mm}^2$, der durch Zug und Torsion statisch beansprucht wurde, hat durch einen Gewaltbruch nach Bild 6.5 versagt. Der Ausgangspunkt für den Sprödbruch wurde im Punkt P festgestellt; der Winkel zwischen der Flächennormale der näherungsweise als Ebene angenommenen Bruchfläche und der Stabachse ist zu $\varphi \approx 30°$ gemessen worden.

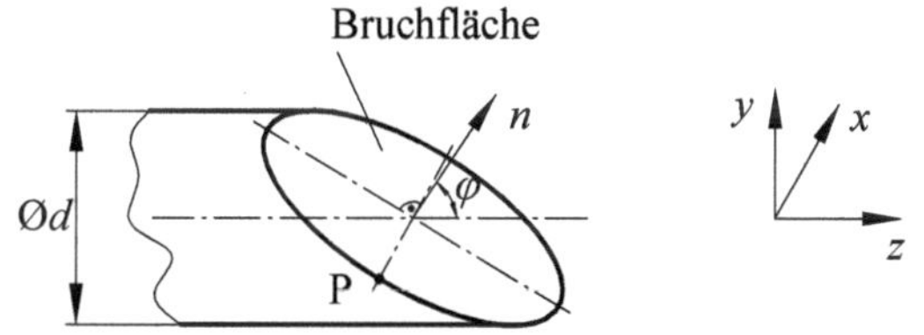

Bild 6.5: Bruchbild des Grauguss-Stabes

Es sind die maximale Zug- und Torsionsspannung bei Versagensbeginn und daraus die Zugkraft und das Torsionsmoment näherungsweise zu bestimmen.

Lösung:

Für die Bruchauswertung wird angenommen, dass bei Versagensbeginn die Vergleichsspannung den Wert der Zugfestigkeit R_m erreicht.

Der martensitisch gehärtete Werkstoff verhält sich spröde; es wird die Normalspannungshypothese für die Berechnung zugrunde gelegt. Das heißt, die Werkstofftrennung ist in Richtung der größten Hauptnormalspannung $\sigma_\text{VNH} > 0$ eingetreten. Nach Gl. (6.15) gilt

$$\sigma_\text{VNH} = \frac{\sigma_\text{z}}{2} + \sqrt{\frac{\sigma_\text{z}^2}{4} + \tau_\text{t}^2} \overset{!}{=} R_\text{m}\,.$$

Mit den Gleichungen für elastisches Verhalten und eine ungestörte Spannungsverteilung bei Bruchbeginn im Randpunkt P

$$\sigma_\text{z} = \frac{F_\text{z}}{A} = \sigma_\text{z0}$$

$$\tau_{\text{tmax}} = \frac{M_{\text{t}}}{I_{\text{p}}} \cdot r$$

schreiben wir

$$\sigma_{\text{VNH}} = \frac{\sigma_{\text{z}}}{2}\left[1 + \sqrt{1 + \left(2 \cdot \frac{\tau_{\text{tmax}}}{\sigma_{\text{z}}}\right)^2}\right] \stackrel{!}{=} R_{\text{m}} .$$

Nach der Normalspannungshypothese steht die Hauptspannung σ_{VNH} senkrecht auf der Trennfläche. Daraus folgt für den Hauptachsenwinkel nach Gl. (2.11)

$$\tan 2\varphi_1 = \frac{2 \cdot \tau_{\text{max}}}{\sigma_{\text{z}}} \stackrel{!}{=} \tan 2\varphi .$$

Damit stehen zwei Gleichungen zur Berechnung der beiden gesuchten Spannungen zur Verfügung, die mit den vorgegebenen Werten auf die folgenden Ergebnisse führen:

$$\sigma_{\text{z}} = \frac{2 \cdot R_{\text{m}}}{1 + \sqrt{1 + (\tan 2\varphi)^2}} = \frac{2 \cdot 1900\,\text{N/mm}^2}{1 + \sqrt{4}} = \frac{3800\,\text{N/mm}^2}{3} = \underline{1267\text{N/mm}^2}$$

$$\tau_{\text{tmax}} = \frac{\sigma_{\text{z}}}{2} \cdot \tan 2\varphi = \underline{1097\,\text{N/mm}^2} .$$

Für die Zugkraft gilt dann

$$F_{\text{z}} = \frac{\pi}{4} \cdot d^2 \cdot \sigma_{\text{z}} = \frac{\pi}{4} \cdot 50^2 \cdot \text{mm}^2 \cdot 1267\text{N/mm}^2 = \underline{2{,}247\ \text{MN}}$$

und für das Torsionsmoment

$$M_{\text{t}} = \frac{\pi}{16} \cdot d^3 \cdot \tau_{\text{tmax}} = \frac{\pi}{16} \cdot 50^3 \cdot \text{mm}^3 \cdot 1097\text{N/mm}^2 = \underline{26{,}924\ \text{kN m}} .$$

6.2.3 Die Schubspannungshypothese

Für duktile Werkstoffe ist in der Regel eine bleibende Verformung das Versagenskriterium. Bei einachsiger Zugbelastung müssen somit die Normalspannungen unterhalb der Streckgrenze R_{e} bzw. $R_{\text{p0,2}}$, sogar unterhalb der Dehngrenze (Proportionalitätsgrenze) $R_{\text{p0,01}}$ bleiben. Dies wird in der Regel durch Sicherheitszuschläge zur Streckgrenze realisiert.

Die *Schubspannungshypothese* (SH) geht vom Versagen durch Fließen (Fließhypothese) aus; und – wie im vorhergehenden Abschnitt dargestellt – unter gewissen Voraussetzungen auch durch Schubbruch.

Das Fließen des gesamten Werkstoffvolumens, die makroskopische Verformung, setzt durch das Gleiten einer Vielzahl von Versetzungen in bestimmten Gleitebenen ein[38]. Dabei wird angenommen, dass – wie auch das Sprödbruchverhalten – dieser Vorgang unabhängig vom Spannungszustand erfolgt.

Das Versagen durch Fließen tritt dann ein, wenn der Betrag der maximalen Schubspannung τ_{max} die *Fließschubspannung* τ_F erreicht, so dass die Versagensbedingung

$$\tau_{max} = \tau_F \tag{6.16}$$

gilt. Die Fließschubspannung lässt sich über den MOHRschen Spannungskreis, den Zugversuch unter Verwendung der Gleichung (2.5) oder direkt im Torsionsversuch zu

$$\tau_F = \frac{R_e}{2} \tag{6.17}$$

bestimmen. Dies führt mit Gleichungen (6.3) auf die einfache Beziehung

$$2 \cdot \tau_F = 2 \cdot \tau_{max} = \sigma_{max} - \sigma_{min} = \sigma_1 - \sigma_3 = R_e\,.$$

Damit schreiben wir für die Versagensbedingung nach der Schubspannungshypothese:

$$\sigma_{VSH} = \sigma_{max} - \sigma_{min} = \sigma_1 - \sigma_3 = R_e\,. \tag{6.18}$$

Die Vergleichsspannung nach der Schubspannungshypothese entspricht somit immer dem Durchmesser des größten Kreises in der MOHRschen Darstellung (siehe auch Bild 6.6). Die mittlere Hauptspannung σ_2 (mit $\sigma_1 > \sigma_2 > \sigma_3$) hat keinen Einfluss auf den Fließbeginn.

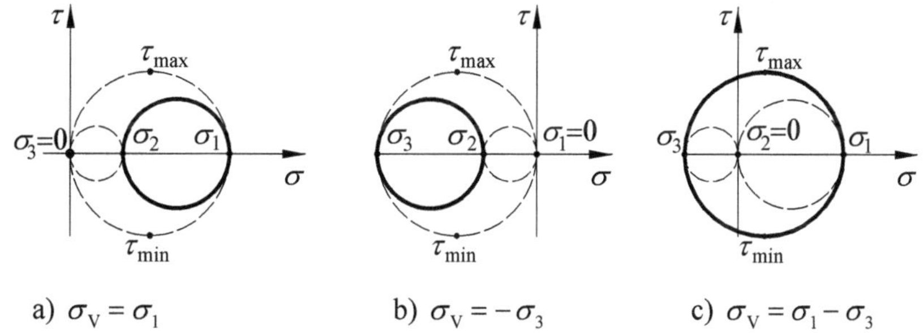

Bild 6.6: Hauptspannungsdifferenz bei zweiachsigen Spannungszuständen

Für die Festigkeitsbedingung nach der Schubspannungshypothese gilt dann

$$\sigma_{VSH} \le \frac{R_e}{S_F} \quad \text{bzw.} \quad \frac{R_{p0,2}}{S_F}\,. \tag{6.19}$$

---

[38] Diese Zusammenhänge sind ausführlich und sehr anschaulich in /58/ dargestellt.

Die Vergleichsspannung beim zweiachsigen Spannungszustand nach Gl. (6.18) ist stets mit der *größten* Hauptspannungsdifferenz zu berechnen. Dabei sind auch, wie Bild 6.6 veranschaulicht, die Maximalwerte Null der Hauptspannungen zu berücksichtigen.

Für den ebenen Spannungszustand können wir mit $\sigma_{VSH} = 2 \cdot \tau_{max}$ und Gl. (2.16) die Vergleichsspannung zu

$$\sigma_{VSH} = \sqrt{(\sigma_x - \sigma_y)^2 + 4 \cdot \tau_{xy}^2} \qquad (6.20a)$$

beschreiben.

Für den häufigen Sonderfall biege- und torsionsbeanspruchter Bauteile (z.B. Getriebewellen) wird mit $\sigma_y = 0$ und $\sigma_x = \sigma_b$ sowie $\tau_{xy} = \tau_t$

$$\sigma_{VSH} = \sqrt{\sigma_b^2 + 4 \cdot \tau_t^2}\,. \qquad (6.20b)$$

Hinweis: Die Gleichung (6.20a) gilt nur, wenn die beiden Hauptspannungen entsprechend Bild 6.6c unterschiedliche Vorzeichen haben, was die Kenntnis der Hauptspannungen voraussetzt. In den beiden anderen Fällen der Abbildung entspricht die Vergleichsspannung der betragsmäßig größten Hauptschubspannung. Die Gleichung (6.20b) gilt ohne Einschränkungen.

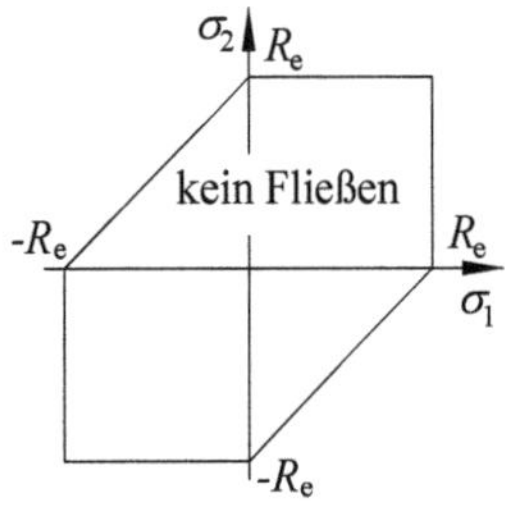

Die Fließbedingung, nach Gl. (6.18) im Hauptspannungsraum für den ebenen Spannungszustand mit $\sigma_3 = 0$ dargestellt, ergibt den auf Bild 6.7 gezeigten Flächenverlauf. Als Grenzkurve erhält man ein Sechseck, das sog. TRESCA-Sechseck. Für den durch die beiden Hauptspannungen gekennzeichneten Spannungszustand tritt innerhalb der Grenzkurve kein Fließen ein.

Bild 6.7: Grenzkurve der SH für den zweiachsigen Spannungszustand ($\sigma_3 = 0$)

Im 1. und 3. Quadranten bleibt der Grenzbereich für den Fließbeginn in Analogie zur Normalspannungshypothese in voller Höhe bestehen. Im 2. und 4. Quadranten wird er durch die Gerade $\sigma_1 = \sigma_2 \pm R_e$ halbiert.

Beim dreiachsigen Spannungszustand sind die Zusammenhänge komplizierter und erfordern zum Verständnis die Erklärung der Begriffe *Oktaederebene* und *Oktaederspannung*, die auf A. NADAI[39] zurückgehen. Mit Oktaederspannungen sind Spannungen (Normal- wie auch Schubspannungen) gemeint, die in Ebenen wirken, deren Normalen gleiche Winkel mit den Hauptachsen einschließen; nämlich 54,7° (gleichseitiges dreieckiges Flächenelement). Acht solcher Ebenen bilden die Flächen eines Oktaeders (siehe Bild 6.8) mit der Oktaeder- Normalspannung

$$\sigma_{okt} = \frac{\sigma_1 + \sigma_2 + \sigma_3}{3} \qquad (6.21)$$

und der Oktaeder-Schubspannung

---

[39] ARPAD LUDWIG NADAI, 1883–1963, ungarischer Mechanik-Professor, Pionier der Plastizitätstheorie.

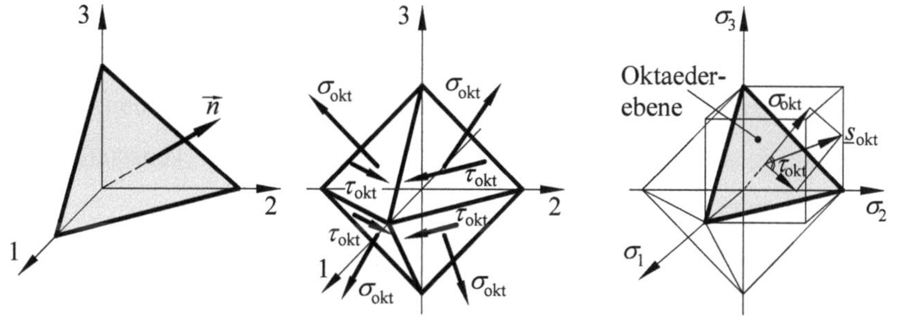

a) Oktaederfläche b) Oktaederspannungen c) Zusammenhang Oktaederfläche – Oktaederspannung

Bild 6.8: Zur Definition der Oktaederspannungen

$$\tau_{okt} = \frac{1}{3} \cdot \sqrt{(\sigma_1 - \sigma_2)^2 + (\sigma_2 - \sigma_3)^2 + (\sigma_1 - \sigma_3)^2} \qquad (6.22a)$$

bzw. mit den Hauptschubspannungen

$$\tau_{okt} = \frac{1}{3} \cdot \sqrt{\tau_1^2 + \tau_2^2 + \tau_3^2}\,. \qquad (6.22b)$$

Die Oktaederspannungen finden für die Berechnung von Vergleichsspannungen komplizierter Spannungszustände und in der Plastizitätstheorie Anwendung.

Für den dreiachsigen Spannungszustand ergibt die Grenzlinie, wie auf Bild 6.9 dargestellt, eine sechseckige Röhre mit der Mittelachse $\sigma_1 = \sigma_2 = \sigma_3$ unter dem Winkel $\alpha = 54{,}7°$ zu allen drei Hauptachsen. Man bezeichnet diese Achse auch als *hydrostatische Achse*; dem hydrostatischen Spannungszustand $\sigma_1 = \sigma_2 = \sigma_3$ entsprechen Spannungspunkte auf dieser Achse. Unter diesem Spannungszustand kann selbst bei beliebig großen Spannungen kein Versagen durch Fließen eintreten. Bei hydrostatischer Zugbeanspruchung tritt bei Erreichen der Trennfestigkeit σ_T (obere Deckelfläche des Prismas) das Versagen durch Trennbruch ein.

In der $\sigma_1 - \sigma_2 -$Ebene beschreibt die Durchdringung der Röhre das auf Bild 6.7 gezeigte regelmäßige Sechseck.

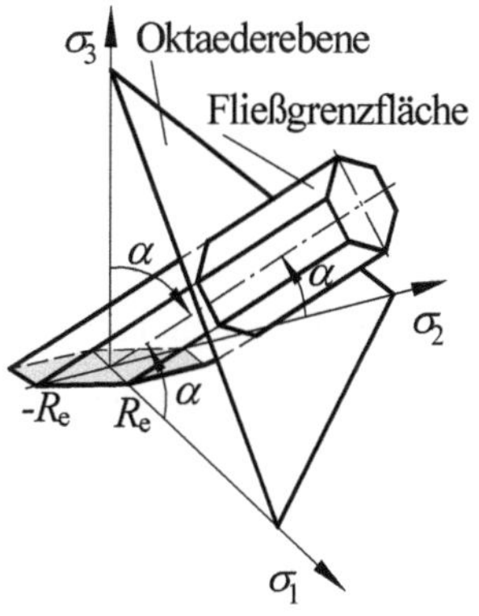

Bild 6.9: Fließkörper nach TRESCA

Beispiel 6.2

Eine vergütete Spindel Ø30 mm, Werkstoff 38 Cr 4, mit einer Vickers-Härte von 300 HV1, der Zugfestigkeit von $R_m = 920\,\text{N/mm}^2$ und der Streckgrenze $R_e = 675\,\text{N/mm}^2$ wird durch eine statisch wirkende Zugspannung von $\sigma_z = 354\,\text{N/mm}^2$ und eine konstante Torsionsspannung $\tau_t = 250\,\text{N/mm}^2$ beansprucht. Es ist:

a) der Sicherheitsnachweis zu führen,

b) die Grenzkurve zu zeichnen.

Lösung:

a) Nach Gl. (6.20b): $\sigma_{VSH} = \sqrt{\sigma_z^2 + 4\tau_t^2} = \sqrt{354^2 + 4 \cdot 250^2}\ \text{N/mm}^2 = 613\,\text{N/mm}^2$.

Der Sicherheitsnachweis gegen Fließen wird nach Gl. (6.19) geführt:

$$S_F = \frac{R_e}{\sigma_{VSH}} = \frac{675\,\text{N/mm}^2}{613\,\text{N/mm}^2} = \underline{1{,}1}\,.$$

b) Die $\sigma_x - \tau_{xy}$ – Grenzkurve leiten wir mit den Gleichungen (6.18) und (6.20b) her.

$$\sigma_{VSH} = \sqrt{\sigma_x^2 + 4\tau_{xy}^2} = R_e\,,$$

quadriert:

$$\sigma_{VSH}^2 = \sigma_x^2 + 4\tau_{xy}^2 = R_e^2\,,$$

folgt die Gleichung

$$\left(\frac{\sigma_x}{R_e}\right)^2 + \left(\frac{2 \cdot \tau_{xy}}{R_e}\right)^2 = 1\,, \qquad (6.23)$$

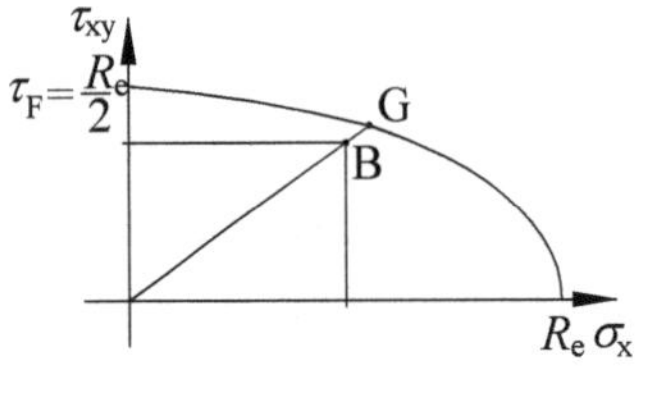

die eine elliptische Grenzkurve mit den Scheiteln R_e und $\tau_F = R_e/2$, Bild 6.9, beschreibt.

Der Betriebspunkt $B(\sigma_x, \tau_{xy})$ liegt innerhalb der Fließfläche, also im elastischen Bereich. Aus dem Streckenverhältnis von Versagenspunkt G und Betriebspunkt B lässt sich die Sicherheit auch graphisch ermitteln.

Bild 6.10: Grenzkurve nach der SH für überlagerte σ-τ-Beanspruchung

Die Fließbedingung nach TRESCA ist sehr übersichtlich mit dem MOHRschen Spannungskreis darstellbar. Auch aus diesem Grunde wird sie häufig für anschauliche Erklärungen verwendet. Für numerische Berechnungen, z.B. der Finite-Elemente-Methode, ergeben sich Probleme, weil die Ecken der Fließfläche nicht stetig differenzierbar sind.

6.2.4 Die Gestaltänderungsenergiehypothese

Die *Gestaltänderungsenergiehypothese* (GEH) lässt sich nicht so einfach wie die beiden vorherigen Hypothesen erklären. Grundsätzlich wird aber auch bei dieser Hypothese ein Fließkriterium definiert. Dies erfolgt aber über einen Energieansatz (siehe Kapitel 8), der kurz folgendermaßen zu beschreiben ist:

- Das Fließen infolge eines mehrachsigen Spannungszustandes setzt dann ein, wenn die Gestaltänderungsenergie die Größe der einachsigen Energie im Zugversuch bei Erreichen der Streckgrenze R_e erreicht.

Das Ganze basiert auf dem Festigkeitskriterium von HUBER aus dem Jahre 1904 und der mathematischen Vereinfachung der Schubspannungshypothese (Beseitigung der Ecken) von v. MISES (1913) sowie der physikalischen Interpretation von HENCKY (1923). Danach muss beim isotropen Körper das Fließen unabhängig von der Lage des Koordinatensystems sein und der hydrostatische Spannungszustand keinen Beitrag zum Fließen liefern (siehe dazu Abschnitt 6.1 sowie auch Bild 6.3). Die MISESsche Fließbedingung (in /39/ ausführlich hergeleitet) lautet mit der Fließschubspannung τ_F :

$$\frac{1}{6}\cdot\left[(\sigma_1-\sigma_2)^2+(\sigma_2-\sigma_3)^2+(\sigma_3-\sigma_1)^2\right]=\tau_F^2 . \tag{6.24}$$

Die Gleichung (6.24) beschreibt im Hauptachsensystem die Mantelfläche eines Kreiszylinders, siehe Bild 6.11, mit dem Radius $R=\sqrt{2/3}\cdot \mathrm{R_e}=\sqrt{2}\cdot\tau_F$.

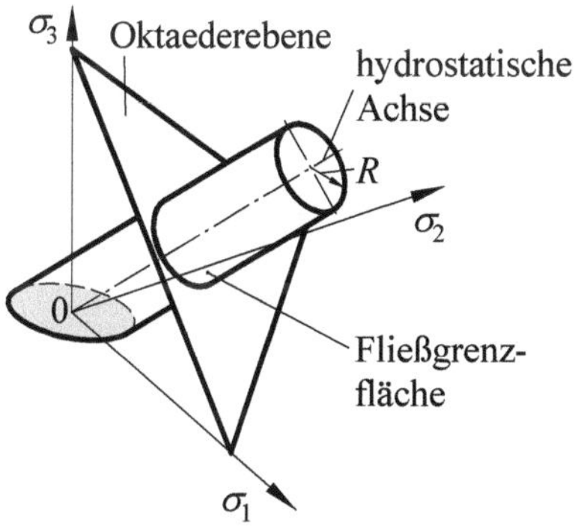

a) Fließzylinder

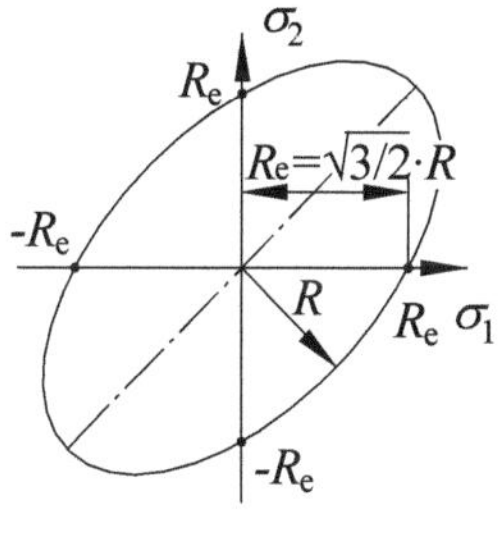

b) Fließfläche für $\sigma_3 = 0$

Bild 6.11: Fließkörper mit Fließfläche im Hauptachsensystem nach VON MISES

Aus Bild 6.11 leiten wir ab:

- Für Kombinationen von Spannungen, die innerhalb der Zylindermantelfläche liegen, herrscht elastisches Materialverhalten; bei Erreichen der Begrenzung tritt Fließen ein.
- Dem hydrostatischen Spannungszustand $\sigma_1=\sigma_2=\sigma_3$ entsprechen Spannungspunkte auf der hydrostatischen Achse; es kann kein Versagen durch Fließen eintreten.

- Die Fließgrenzfläche – ihr Normalenvektor ist gleich der hydrostatischen Achse (vgl. Bild 6.9) – durchdringt die Oktaederebene in einem Kreis.
- Die Durchdringung der Fließgrenzfläche mit der $\sigma_1 - \sigma_2$ – Ebene bildet eine Ellipse mit den Halbachsen unter 45° zu den Hauptachsen (Bild 6.11b).
- Da die Gestaltänderungsenergiehypothese von allen Spannungen abhängig ist, ist sie besonders für den Vergleich mit einem dreiachsigen Spannungszustand geeignet. Sie zeigt vor allem bei zähen Werkstoffen gute Übereinstimmung mit den Versuchen.

Nach der Gestaltänderungsenergiehypothese tritt, wie auch schon bei der Schubspannungshypothese, das Versagen durch Fließen ein. Damit schreiben wir für die Versagensbedingung:

$$\sigma_{\mathrm{V\,GEH}} = R_{\mathrm{e}} \tag{6.25}$$

mit der Vergleichsspannung in allgemeiner Formulierung durch die Hauptspannungen ausgedrückt[40]:

$$\sigma_{\mathrm{V\,GEH}} = \frac{1}{\sqrt{2}} \cdot \sqrt{(\sigma_1 - \sigma_2)^2 + (\sigma_2 - \sigma_3)^2 + (\sigma_1 - \sigma_3)^2} \tag{6.26a}$$

bzw. mit Lastspannungen

$$\sigma_{\mathrm{V\,GEH}} = \frac{1}{\sqrt{2}} \sqrt{(\sigma_{\mathrm{x}} - \sigma_{\mathrm{y}})^2 + (\sigma_{\mathrm{x}} - \sigma_{\mathrm{z}})^2 + (\sigma_{\mathrm{y}} - \sigma_{\mathrm{z}})^2 + 6(\tau_{\mathrm{xy}}^2 + \tau_{\mathrm{xz}}^2 + \tau_{\mathrm{yz}}^2)} \tag{6.26b}$$

Für den zweiachsigen Spannungszustand in Hauptspannungen ($\sigma_3 = 0$) gilt

$$\sigma_{\mathrm{V\,GEH}} = \sqrt{\sigma_1^2 - \sigma_1 \cdot \sigma_2 + \sigma_2^2} \tag{6.27a}$$

oder in Lastspannungen

$$\sigma_{\mathrm{V\,GEH}} = \sqrt{\sigma_{\mathrm{x}}^2 + \sigma_{\mathrm{y}}^2 - \sigma_{\mathrm{x}} \cdot \sigma_{\mathrm{y}} + 3 \cdot \tau_{\mathrm{xy}}^2} \,. \tag{6.27b}$$

Für die Festigkeitsbedingung nach der Gestaltänderungsenergiehypothese gilt dann

$$\sigma_{\mathrm{V\,GEH}} \leq \frac{R_{\mathrm{e}}}{S_{\mathrm{F}}} \quad \text{bzw.} \quad \frac{R_{\mathrm{p0,2}}}{S_{\mathrm{F}}} \,. \tag{6.28}$$

Beispiel 6.3

Mit den Werten des im Beispiel 2.5, Bild 2.33, berechneten dickwandigen Rohres

$$\sigma_{\mathrm{x}} = 180\,\mathrm{N/mm^2}, \quad \tau_{\mathrm{xy}} = 100\,\mathrm{N/mm^2},$$

$$\sigma_{\mathrm{y}} = 60\,\mathrm{N/mm^2}, \quad \tau_{\mathrm{yz}} = 30\,\mathrm{N/mm^2},$$

$$\sigma_{\mathrm{z}} = 120\,\mathrm{N/mm^2}, \quad \tau_{\mathrm{xz}} = 140\,\mathrm{N/mm^2}$$

---

[40] Die Ableitung hierzu ist im Abschnitt 8.2.3, Bsp. 8.4, zu finden.

soll zur Gegenüberstellung mit den Ergebnissen des Beispiels 2.5 die Vergleichsspannung berechnet werden:

Lösung:

Nach (6.26b): $\sigma_{\mathrm{V\,GEH}} = \frac{1}{\sqrt{2}} \cdot \sqrt{(\sigma_x - \sigma_y)^2 + (\sigma_x - \sigma_z)^2 + (\sigma_y - \sigma_z)^2 + 6 \cdot (\tau_{xy}^2 + \tau_{xz}^2 + \tau_{yz}^2)}$

wird die Vergleichsspannung $\underline{\sigma_{\mathrm{V\,GEH}} = 319{,}8\,\mathrm{N/mm^2}}$.

Dieser Wert ist um 2,7 % kleiner, als die größte Hauptnormalspannung $\sigma_1 = 329\,\mathrm{N/mm^2}$ im Beispiel 2.5.

Ein technisch wichtiger Fall ist die zweiachsige Beanspruchung aus Biegung (oft überlagert durch Zug/Druck) und Torsion (z.T. mit Schub). Das ist die typische Beanspruchungen für Wellen.

Mit $\sigma_y = 0$ und $\sigma_x = \sigma_b$ sowie $\tau_{xy} = \tau_t$ wird Gl. (6.27b) zu

$$\sigma_{\mathrm{V\,GEH}} = \sqrt{\sigma_b^{\,2} + 3 \cdot \tau_t^{\,2}}\,. \tag{6.29}$$

Die Spannungsgleichung (6.29) beschreibt zusammen mit der Versagensbedingung Gl. (6.25) in Analogie zu Bild 6.11 eine elliptische Grenzkurve für das Fließen zu

$$\left(\frac{\sigma_x}{R_e}\right)^2 + \left(\frac{\sqrt{3} \cdot \tau_{xy}}{R_e}\right)^2 = 1\,. \tag{6.30}$$

Das folgende Beispiel hierzu wird zum Vergleich mit den Werten des Beispiels 6.2 gerechnet.

Beispiel 6.4

Bauteil: Vergütete Spindel Ø30 mm,

Kennwerte für Werkstoff 38 Cr 4: Vickers-Härte 300 HV1, Zugfestigkeit $R_m = 920\,\mathrm{N/mm^2}$, Streckgrenze $R_e = 675\,\mathrm{N/mm^2}$.

Beanspruchung: Statisch wirkende Zugspannung $\sigma_z = 354\,\mathrm{N/mm^2}$, konstante Torsionsspannung $\tau_t = 250\,\mathrm{N/mm^2}$.

Es sind: a) der Sicherheitsnachweis zu führen,
b) die Grenzkurve zu zeichnen.

Lösung:

a) Mit Gl. (6.29): $\sigma_{\mathrm{V\,GEH}} = \sqrt{\sigma_z^{\,2} + 3\tau_t^2} = \sqrt{354^2 + 3 \cdot 250^2}\,\mathrm{N/mm^2} = 559\,\mathrm{N/mm^2}$

führen wir nach Gl. (6.28) den Sicherheitsnachweis gegen Fließen:

$$S_F = \frac{R_e}{\sigma_{\mathrm{V\,GEH}}} = \frac{675\,\mathrm{N/mm^2}}{559\,\mathrm{N/mm^2}} = \underline{1{,}2}\,.$$

b) die $\sigma_x - \tau_{xy}$ – Grenzkurve nach Gl. (6.30) zeigt Bild 6.12.

Der Betriebspunkt $B(\sigma_x, \tau_{xy})$ liegt innerhalb der Fließfläche, also im elastischen Bereich.

Das Streckenverhältnis $\overline{OF}/\overline{OB}$ entspricht der Sicherheit $S_F = 1{,}2$.

Der Vergleich mit den Ergebnissen zeigt, dass mit der Gestaltänderungsenergiehypothese bei gleichen Parametern eine höhere Sicherheit ausgewiesen wird.
Ein höherer Vergleichsspannungswert ($\sigma_{VSH} = 613\,N/mm^2 > \sigma_{VGEH} = 559\,N/mm^2$) bedeutet immer wegen der Forderung $\sigma_V < \sigma_{zul}$ eine *konservative* Festigkeitsauslegung. Das heißt, dass man mit der Schubspannungshypothese bei duktilen Werkstoffen immer auf der sicheren Seite liegt. Die Begründung dafür ist auch aus Bild 6.13 ersichtlich.

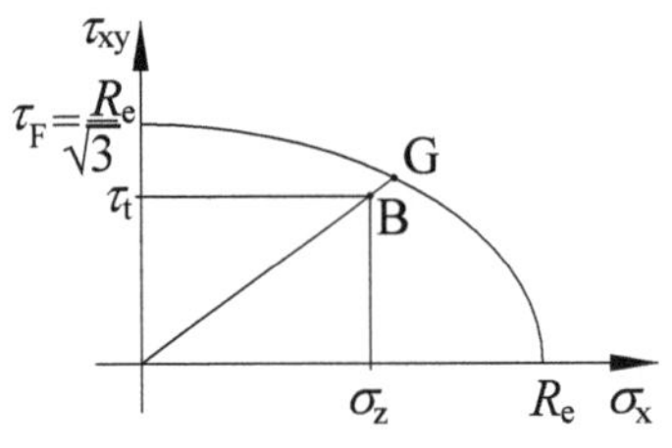

Bild 6.12: Grenzkurve nach der GEH

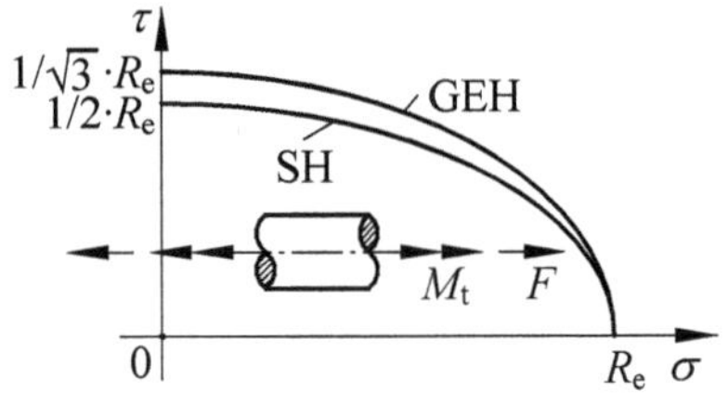

Bild 6.13: Vergleich der Fließgrenzlinien nach SH und GEH

Die Gestaltänderungsenergiehypothese nutzt den Werkstoff besser aus, weil sie eine höhere Belastung erlaubt. Wichtig ist in diesem Zusammenhang, dass sie für die meisten Werkstoffe eine bessere Übereinstimmung mit experimentellen Ergebnissen liefert.

Während im Maschinenbau meist mit dieser Hypothese gerechnet wird (so wird die Vergleichsspannung nach der GEH in der Regel beim Dauerfestigkeitsnachweis zäher Werkstoffe als Nennspannung zugrunde gelegt), schreiben manche Regelwerke, z.B. der Druckbehälterbau, die konservativere Schubspannungshypothese vor.

Beide im obigen Beispiel verglichenen Hypothesen beschreiben das Bauteilversagen durch Fließen. Das bedeutet, dass – wenn nicht durch Regelwerke vorgeschrieben – der Konstrukteur die Auswahl treffen muss. Über die einfachen Beispiele dieses Abschnittes mit der vergleichenden Darstellung Bild 6.13 hinaus bietet die allgemeine Darstellung der Fließgrenzlinien für den zweiachsigen Spannungszustand in Hauptspannungen, Bild 6.14, einen anschaulichen Vergleich.

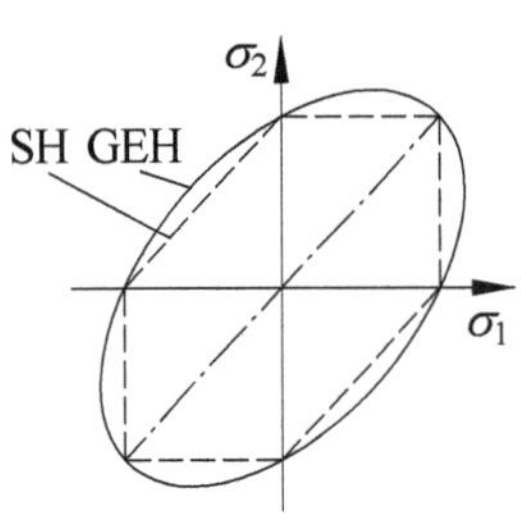

Bild 6.14: Grenzlinien für SH und GEH

Die größte Abweichung der GEH zur SH tritt für den dünnwandigen Behälter unter Innendruck und für die Fließschubspannung bei Torsion mit 15 % ein:

Für den dünnwandigen Behälter unter Innendruck gilt nach Gl. (2.28) $\sigma_1 = 2 \cdot \sigma_2$ (vgl. Abschnitt 2.3.3). Mit $\sigma_2 = 1/2 \cdot \sigma_1$ wird die Vergleichsspannung, Gl. (6.27a)

$$\sigma_{\mathrm{VGEH}} = \sqrt{\sigma_1^{\,2} - \sigma_1 \cdot \sigma_2 + \sigma_2^{\,2}} = \sqrt{\sigma_1^{\,2} - \frac{1}{2} \cdot \sigma_1 \cdot \sigma_1 + \frac{1}{4} \cdot \sigma_1^{\,2}} = \sqrt{\frac{3}{4}} \cdot \sigma_1 .$$

Nach $\sigma_{\mathrm{V\,GEH}} = R_{\mathrm{e}}$, Gl. (6.25), tritt Fließen mit $\sigma_1 = \sqrt{4/3} \cdot R_{\mathrm{e}}$ erst ein, wenn die Umfangspannung $\sigma_{\mathrm{t}} = \sigma_1$ das 1,15-fache der Streckgrenze erreicht.

Das Fließen unter Torsion tritt ein, wenn die Schubspannung den Wert der Torsionsfließspannung erreicht.

Nach der Gestaltänderungsenergiehypothese ergibt sich analog aus den Gleichungen (6.25) und (6.27b) $\tau_{\mathrm{tF}} = R_{\mathrm{e}} / \sqrt{3} = 0{,}577 \cdot R_{\mathrm{e}}$ und liegt mit $\tau_{\mathrm{tF}} / \tau_{\mathrm{tF}} = 2/\sqrt{3} = 1{,}15$, also um 15 % über dem Wert nach der Schubspannungshypothese gemäß Gl. (6.17).

6.2.5 Zur Anwendung der Festigkeitshypothesen

Die oben abgeleiteten Hypothesen gehen vom jeweils gleichen Lastfall aus. Da bei zusammengesetzter Beanspruchung häufig unterschiedliche Lastfälle vorliegen (typisches Beispiel Wellen mit Umlaufbiegung, also wechselnder Beanspruchung und schwellender oder statischer Torsionsbeanspruchung) wird in der Konstruktionspraxis mit einem Korrekturfaktor, dem so genannten *Anstrengungsverhältnis* α_0, im Jahre 1921 von BACH[41] in die Schwingfestigkeitsberechnung eingeführt, gearbeitet.

Das Anstrengungsverhältnis aus Werkstoffkennwerten (ursprünglich für die Dehnungshypothese und mit den *zulässigen* Spannungen) gebildet, um die Biege-Torsions-Anisotropie von Werkstoffen bei der Berechnung von Vergleichsspannungen zu berücksichtigen, ist heute folgendermaßen definiert:

$$\alpha_0 = \frac{\sigma_{\mathrm{Grenz}}}{\varphi \cdot \tau_{\mathrm{Grenz}}} \qquad (6.31)$$

Damit wird die Normalspannung als Führungsgröße festgelegt und die Schubspannung – über den Gewichtungsfaktor α_0 – an den zeitlichen Verlauf einer Normalspannung angepasst. Die jeweilige Hypothese wird dabei durch einen Faktor φ berücksichtigt.

Aus dem Vergleich zwischen den Vergleichsspannungen bei einachsigem Zug und reinen Schubspannungen nach verschiedenen Hypothesen erkennt man verschiedene Verhältniszahlen zwischen σ und τ. So berechnet sich die Vergleichsspannung für reine Torsion ($\tau_{\mathrm{t\,max}} = M_{\mathrm{t}} / W_{\mathrm{t}}$) nach den drei Festigkeitshypothesen zu

$$\sigma_{\mathrm{VNH}} = \sigma_1 = \tau$$

$$\sigma_{\mathrm{VSH}} = \sigma_1 - \sigma_3 = \tau - (-\tau) = 2 \cdot \tau$$

$$\sigma_{\mathrm{VGEH}} = \sqrt{\sigma_1^{\,2} - \sigma_1 \cdot \sigma_3 + \sigma_3^{\,2}} = \sqrt{\tau^2 - \tau \cdot (-\tau) + (-\tau)^2} = \sqrt{3} \cdot \tau \approx 1{,}73 \cdot \tau .$$

41 JULIUS CARL VON BACH, 1847–1931, deutscher Ingenieur.

Auch der Vergleich der bei Versuchen ermittelten Kennwerte lässt bestimmte Abhängigkeiten erkennen:

- für Grauguss zeigt sich für die Bruchfestigkeit $R_m / \tau_B \approx 1$
- für zähen Stahl gilt für das Fließen $\sigma_{bF} / \tau_F \approx 2$
- und für die Wechselfestigkeit $\sigma_{bW} / \tau_W \approx 1{,}7$,

die sich in der Zuordnung der Verhältniswerte φ zu den einzelnen Hypothesen wiederfinden. So ist

$$\varphi = \begin{cases} 1 & \text{für die NH} \\ 2 & \text{für die SH} \\ \sqrt{3} & \text{für die GEH.} \end{cases} \tag{6.32}$$

Damit lassen sich die modifizierten Vergleichsspannungen nach den Gleichungen (6.15), (6.20b) und (6.29) wie folgt schreiben:

$$\sigma_{\mathrm{VNH}} = \sigma_{\mathrm{V1}} = \frac{\sigma}{2} + \frac{1}{2} \cdot \sqrt{\sigma^2 + 4 \cdot (\alpha_0 \cdot \tau)^2} \tag{6.33}$$

$$\sigma_{\mathrm{V\,SH}} = \sigma_{\mathrm{V2}} = \sqrt{\sigma^2 + 4 \cdot (\alpha_0 \cdot \tau)^2} \tag{6.34}$$

$$\sigma_{\mathrm{VGEH}} = \sigma_{\mathrm{V3}} = \sqrt{\sigma^2 + 3 \cdot (\alpha_0 \cdot \tau)^2}\ . \tag{6.35}$$

Auch wenn sich sämtliche α_0 – Lastfälle allgemein behandeln lassen[42], sodass heute die Notwendigkeit zur Anwendung nicht mehr besteht, ist es in der Konstruktionspraxis nach wie vor ein übliches, einfaches Verfahren und in vielen Taschenbüchern (z.B. „Dubbel“, Taschenbuch für den Maschinenbau, Springer Verlag) und Lehrbüchern in der Form der Gleichungen (6.33) bis (6.35) formuliert. Die Nummerierung der Vergleichspannungen in diesen Gleichungen trägt diesem Umstand Rechnung.

Ein Hauptanwendungsgebiet der Gestaltänderungsenergiehypothese ist die Berechnung der Vergleichsspannung zur Beurteilung des Dauerbruchversagens bei Schwingbeanspruchung. Dabei ergibt sich ein Problem, wenn z.B. bei Wellen die Biege- und Torsionsbeanspruchungen nicht phasengleich auftreten. Bild 6.15 zeigt die Verhältnisse für eine um 90°-phasenverschobene rein wechselnde Biege- und Torsionsbeanspruchung.

Aus dieser Abbildung ist zu erkennen, dass ein ständiger Richtungswechsel des Hauptspannungs-Koordinatensystems eintritt. Da die Vergleichsspannung als größte Hauptspannung (NH), als maximale Schubspannung (SH) oder als Oktaederschubspannung (SEH) an das Hauptspannungssystem gebunden ist, ist die Behandlung der Vergleichsspannung als Skalar nicht mehr erlaubt. Zu dieser Problematik existieren verschiedene Lösungsansätze, die sich in der Praxis aber nicht durchgesetzt haben. Einige Berechnungsverfahren für verschiedene Lastfälle sind in /39/ beschrieben.

---

[42] Siehe dazu /39/, in dem auch die gesamte Problematik der Festigkeitshypothesen in großer Ausführlichkeit dargestellt ist.

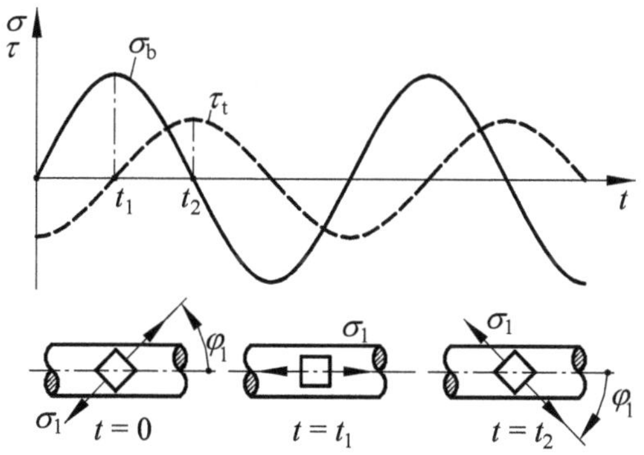

Bild 6.15: Richtungswechsel der Hauptspannungen bei phasenverschobener Schwingbeanspruchung durch Biegung und Torsion nach /39/

Beispiel 6.5

Für die auf Bild 6.16 vereinfacht dargestellte Antriebswelle einer Riemenübersetzung, Werkstoff C45E, die durch eine Umfangskraft (ermittelt aus der Differenz der Riemenkräfte) von $F_u = 1{,}720$ kN im Ein- und Ausschaltbetrieb belastet wird, soll auf der Grundlage der Festigkeit ein Entwurf geführt werden. Für die Sicherheit wird $S_F = 3{,}5$ gefordert.

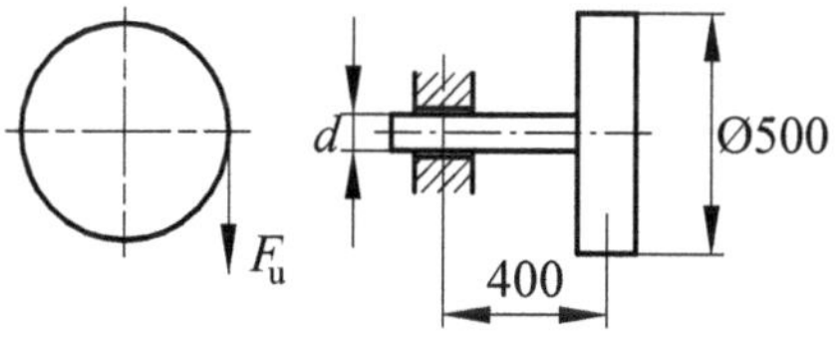

Bild 6.16: Antriebswelle

Lösung:

Die Entwurfsrechnung erfolgt (auch wegen des Dauerfestigkeitsnachweises mit den Ausführungsmaßen der Welle) über die Gestaltänderungsenergiehypothese. Entsprechend Werkstoff und Belastungsbeschreibung sind die Werkstoffkennwerte festgelegt:

- Umlaufbiegung: $\sigma_{bW} = 280\,\text{N/mm}^2$
- Torsion: $\sigma_{tSch} = 350\,\text{N/mm}^2$
- der Querkraftschub wird für den Entwurf vernachlässigt.

Üblicherweise führt man den Entwurf bei zusammengesetzter Beanspruchung mit der maßgebenden Belastung. Für den Fall der Anwendung von Gleichung (6.35) lässt sich die Entwurfsrechnung für den Kreisquerschnitt verbessern.

Mit $\sigma_{VGEH} = \sigma_{V3} = \sqrt{\sigma_b^{\,2} + 3\cdot(\alpha_0\cdot\tau_t)^2}$

sowie $\sigma_b = \dfrac{M_b}{W_b}$ (Tabelle 2.1) und für den Kreisquerschnitt mit $W_b = \dfrac{\pi}{32}\cdot d^3 = W$

und $\tau_t = \dfrac{M_t}{W_p}$ (Tabelle 2.1) mit $W_p = \dfrac{\pi}{16}\cdot d^3 = 2\cdot W$

schreiben wir $\sigma_{V3} = \frac{M_{V3}}{W} = \sqrt{\left(\frac{M_b}{W}\right)^2 + 3 \cdot \left(\alpha_0 \cdot \frac{M_t}{W}\right)^2}$.

Daraus folgt mit

$$M_{V3} = \sqrt{M_b^2 + \frac{3}{4} \cdot (\alpha_0 \cdot M_t)^2} \tag{6.36}$$

ein ideelles Vergleichsmoment, das – wie auch schon die Vergleichsspannung, aus der es gewonnen wurde – nur eine skalare Rechengröße ohne definierten Verlauf ist.

Mit $\sigma_{V3} = \frac{M_{V3}}{W} = \frac{32}{\pi} \cdot \frac{M_{V3}}{\cdot d^3}$ erhalten wir die Entwurfsgleichung für den Kreisquerschnitt bei Biege- und Torsionsbeanspruchung nach der GEH:

$$d_{erf} = \sqrt[3]{\frac{32}{\pi} \cdot \frac{M_{V3}}{\sigma_{b\,zul}}} \approx \sqrt[3]{0{,}1 \cdot \frac{M_{V3}}{\sigma_{b\,zul}}} \,. \tag{6.37}$$

Mit den Grenzspannungen und $\varphi = \sqrt{3}$ wird das Anstrengungsverhältnis

$$\alpha_0 = \frac{\sigma_{Grenz}}{\varphi \cdot \tau_{Grenz}} = \frac{\sigma_W}{\varphi \cdot \tau_t} = \frac{280\,N/mm^2}{1{,}73 \cdot 350\,N/mm^2} = 0{,}46 \,.$$

Das Biege- und das Torsionsmoment berechnen wir nach Bild 6.16 zu

$$M_b = F_u \cdot l = 1270\,N \cdot 0{,}400\,m = 508{,}0\,Nm \,,$$

$$M_t = F_u \cdot r = 1270\,N \cdot 0{,}250\,m = 437{,}5\,Nm \,.$$

Damit wird das Vergleichsmoment $M_{V3} = \sqrt{M_b^2 + \frac{3}{4} \cdot (\alpha_0 \cdot M_t)^2} = 537{,}3\,Nm$.

Mit $\sigma_{b\,zul} = \frac{\sigma_{bW}}{S_F} = \frac{280\,N/mm^2}{3{,}5} = 80\,N/mm^2$ und mit Gl. (6.37) der Entwurfsdurchmesser

$$d_{erf} = \sqrt[3]{\frac{32}{\pi} \cdot \frac{M_{V3}}{\sigma_{b\,zul}}} = \sqrt[3]{\frac{32}{\pi} \cdot \frac{537{,}3 \cdot 10^3\,N\,mm \cdot mm^2}{80\,N}} = \underline{40{,}9\,mm} \,.$$

Für die Ausführungsgröße des (in der Regel nicht mehr glatten) Durchmessers[43] ist für den gefährdeten Querschnitt die Nachweisrechnung gegen Dauerbruch zu führen (ausführlich u.a. in /2/).

Eine allen Belastungssituationen und Werkstoffen gerecht werdende Festigkeitshypothese gibt es nicht. In Teilbereichen der Technik existieren allerdings vorgeschriebene Verfahren.

---

43 Sind auch zusätzlich Verformungskriterien – die in aller Regel das strengere Nachweiskriterium sind – einzuhalten, ist der ausgeführte Wellendurchmesser größer, als der nach dem Festigkeitskriterium berechnete.

Entsprechend den Versagensmechanismen Trennen und Gleiten arbeitet man mit Hypothesen für sprödes und zähes Werkstoffverhalten. Aus der Vielzahl der Lösungsansätze sind die drei gebräuchlichsten Hypothesen in den folgenden Tabellen zusammengestellt:

Tabelle 6.1: Zusammenfassung der Festigkeitshypothesen in Hauptspannungen

Hyp.	Dreiachsiger Spannungszustand	Zweiachsiger Spannungszustand
NH	$\sigma_{VNH}=\sigma_1$ für $\sigma_1>0$ $\sigma_{VNH}=2\cdot\tau_B=\frac{\sigma_{dB}}{2}$ für $\sigma_3<0$	$\sigma_{VNH}=\sigma_1$ für $\sigma_1>0$ $\sigma_{VNH}=2\cdot\tau_B=\frac{\sigma_{dB}}{2}$ für $\sigma_3<0$
SH	$\sigma_{VSH}=\sigma_1-\sigma_3$	$\sigma_{VSH}=\sigma_1-\sigma_3$
GEH	$\sigma_{VGEH}=\sqrt{\frac{(\sigma_1-\sigma_2)^2+(\sigma_2-\sigma_3)^2+(\sigma_1-\sigma_3)^2}{2}}$	$\underline{\sigma_3=0}:\sigma_{VGEH}=\sqrt{\sigma_1^2+\sigma_2^2-\sigma_1\cdot\sigma_2}$ $\underline{\sigma_2=0}:\sigma_{VGEH}=\sqrt{\sigma_1^2+\sigma_3^2-\sigma_1\cdot\sigma_3}$ $\underline{\sigma_1=0}:\sigma_{VGEH}=\sqrt{\sigma_2^2+\sigma_3^2-\sigma_2\cdot\sigma_3}$

In Lastspannungen gilt für den dreiachsigen Spannungszustand

$$\sigma_{VGEH}=\sqrt{\frac{(\sigma_x-\sigma_y)^2+(\sigma_x-\sigma_z)^2+(\sigma_y-\sigma_z)^2+6\cdot(\tau_{xy}^2+\tau_{xz}^2+\tau_{yz}^2)}{2}}\ .$$

Tabelle 6.2: Festigkeitshypothesen des zweiachsigen Spannungszustandes in Lastspannungen

Hypothese	allgemein	Sonderfall Biegung und Torsion
NH	$\sigma_{VNH}=\frac{\sigma_x+\sigma_y}{2}+\sqrt{\left(\frac{\sigma_x-\sigma_y}{2}\right)^2+\tau_{xy}^2}$	$\sigma_{VNH}=\frac{\sigma_b}{2}+\sqrt{\frac{\sigma_b}{2}^2+\frac{\tau_t}{2}^2}$
SH	$\sigma_{VSH}=\sqrt{\sigma_x^2+4\cdot\tau_{xy}^2}$	$\sigma_{VSH}=\sqrt{\sigma_b^2+4\cdot\tau_t^2}$
GEH	$\sigma_{VGEH}=\sqrt{\sigma_x^2+\sigma_y^2-\sigma_x\cdot\sigma_y+3\cdot\tau_{xy}^2}$	$\sigma_{VGEH}=\sqrt{\sigma_b^2+3\cdot\tau_t^2}$

6.3 Übungen

Aufgabe A6.3.1

Eine gehärtete Spindel Ø30 mm, Werkstoff 42Cr4, mit der Vickers-Härte von 640 HV1, einer Zugfestigkeit von $R_m = 1800\,\text{N/mm}^2$ wird durch eine statisch wirkende Zugkraft von $F_z = 250\,\text{kN}$ und ein konstantes Drehmoment von $M_t = 1{,}325\,\text{kN\,m}$ belastet. Es ist:

a) der Sicherheitsnachweis zu führen,

b) die Grenzkurve zu zeichnen.

Aufgabe A6.3.2

Aus den im Beispiel 3.3, Bild 3.8 (Abschnitt 3.3) am Behälter unter Innendruck gemessenen Dehnungen $\varepsilon_x = 0{,}371\,‰$, $\varepsilon_{\varphi=45°} = 0{,}435\,‰$, $\varepsilon_y = 0{,}092\,‰$ ist die Vergleichsspannung nach der Schubspannungshypothese zu berechnen und die Nachweisrechnung gegen bleibende Verformung für den Werkstoff S355J2G3 ($R_e = 355\,\text{N/mm}^2$) zu führen.

Aufgabe A6.3.3

Für den im Beispiel 4.3, Bild 4.6 (Abschnitt 4.3) berechneten Winkelhebel unter zusammengesetzter Beanspruchung sind die Vergleichsspannungen nach der Schubspannungshypothese und der Gestaltänderungsenergiehypothese zu berechnen und mit der maximalen Hauptspannung zu vergleichen.

Als Werkstoffkennwerte für den Werkstoff S235JRG3 sind als Grenzspannungen $\sigma_{bSch} = 290\,\text{N/mm}^2$ und $\tau_{tSch} = 140\,\text{N/mm}^2$ festgelegt.

Es wird empfohlen, die Hauptspannungen nicht dem Beispiel zu entnehmen, sondern zur Übung selbst zu berechnen.

Aufgabe A6.3.4

Für die freitragende Antriebswelle Ø 40 mm aus 50 Cr Mo 4, die über ein schräg verzahntes Ritzel (Bild A6.3.4), eine Leistung von $P = 7{,}5\,\text{kW}$ bei einer Drehzahl von $n = 250\,\text{U/min}$ überträgt, ist die Vergleichsspannung nach der GEH zu berechnen.

Für die einseitig umlaufende Welle sind die folgenden Werkstoffkennwerte zugrunde gelegt: $\sigma_{bW} = 480\,\text{N/mm}^2$ und $\tau_{tSch} = 560\,\text{N/mm}^2$.

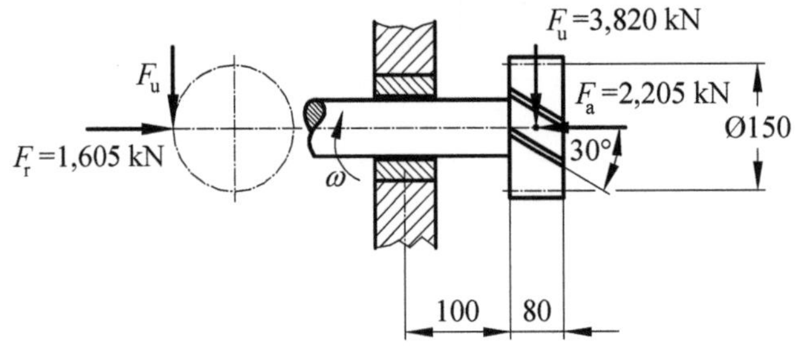

Bild A6.3.4: Antriebswelle

7 Kerbspannungen

7.1 Das Prinzip von DE SAINT-VENANT

Speziell bei der Belastung eines Bauteils durch punktförmig angenommene Einzellasten – aber auch bei sprunghaften Querschnittsänderungen – leuchte es sofort ein, dass die bedenkenlose Anwendung der elementaren Spannungsgleichungen (*Nennspannungen*) nach Tabelle 2.1 nicht richtig sein kann. Der Ingenieur spricht in diesem Zusammenhang von *Lokalspannungen*, der Mathematiker von *Singularitäten*. Theoretisch müssten somit im unendlich kleinen Kraftangriffspunkt unendlich große Spannungen wirken. Nun werden Kräfte ja in praxi auf z.T. sehr kleinen Berührungsflächen eingeleitet, sind also tatsächlich Flächenlasten. Am Umstand, dass die oben erwähnten Gleichungen nicht zutreffen können, ändert das nichts; es entstehen in jedem Fall *Spannungsspitzen* (*Spannungsüberhöhungen*) von oft erheblicher Größe in diesem Bereich.

Dass die elementaren Spannungsgleichungen mit Ausnahme der unmittelbaren Umgebung konzentrierter Lasten ihre Gültigkeit behalten, besagt das durch die Erfahrung hinreichend bestätigte *Prinzip von DE* SAINT-VENANT:

- Statisch äquivalente Kraftsysteme, die innerhalb eines Bereiches angreifen, dessen Abmessungen klein gegen die Abmessungen des Körpers sind, rufen in hinreichender Entfernung von diesem Bereich annähernd gleiche Spannungen und Verformungen hervor.

Zur Beantwortung der Frage über welchen Bereich sich diese Spannungsspitzen bis zur Nennspannung abschwächen, existieren für die Festkörper mehr oder minder allgemeine Beweise für das Prinzip von DE SAINT-VENANT. Letztendlich ist es aber wohl eher auf der Erfahrung begründet. Als Faustregel gilt, dass man etwa im Abstand einer charakteristischen Querschnittsabmessung von der Krafteinleitung mit einer der Beanspruchung gemäßen (gleichmäßigen) Spannungsverteilung rechnen kann. Für den durch Biegung beanspruchten Balken lässt sich beispielsweise – nach Betrachtungen von TIMOSHENKO[44] – eine Abklinglänge definieren, die in etwa dem Balkendurchmesser entspricht.

Dabei sind die Grenzen der Anwendbarkeit nicht immer leicht zu erkennen. Vorsicht ist deshalb vor allem bei dünnwandigen Bauteilen sowie Verbundkonstruktionen geboten.

7.2 Kerb- und Rissprobleme

Die erstmalig von BACH 1927 zur Anwendung im Maschinenbau für die zulässigen Spannungen aufgestellten Zahlenwerte beruhten auf der Annahme, dass sich die Spannungen über dem Querschnitt wie beim prismatischen Stab mit linearem Formänderungsgesetz verteilen.

---

[44] IWAN JURJEWITSCH TIMOSHENKO, 1863–1939, ukrainisch-sowjetischer Mathematikhistoriker.

Die Forderung nach besserer Werkstoffausnutzung d.h. Verkleinerung der tragenden Querschnitte und Zulassung höherer Beanspruchungen führte zu genaueren – zunächst experimentellen – Untersuchungen. Man erkannte jetzt die Bedeutung der Form des Konstruktionsteils für seine Haltbarkeit und entdeckte, dass nicht allein die Querschnittsfläche zur Aufnahme der Kräfte maßgeblich ist, sondern dass auch die Querschnittsübergänge eine wesentliche Rolle spielen. Zudem fand man heraus, dass Abweichungen vom gradlinigen Dehnungsverlauf – und damit auch vom Spannungsverlauf – in hohem Maße von Ungleichmäßigkeiten der Oberflächenform hervorgerufen werden. Diese Einflüsse fasst man unter dem Begriff „*Kerbwirkung*" zusammen.

Die Spannungsverteilung im Bauteil lässt sich mit Hilfe so genannter *Kraftflusslinien*[45] veranschaulichen. Die Richtung dieser Linien gibt jeweils die Richtung der größten Hauptspannung an diesem Punkt an; ihr Abstand ist proportional zum Kehrwert der Spannung.

Unter Kerben verstehen wir also Störstellen für den *Kraftfluss*, siehe Bild 7.1. Die *Kraftflussdichte* ist in diesem Bereich höher d.h. es existiert eine lokale Spannungskonzentration.

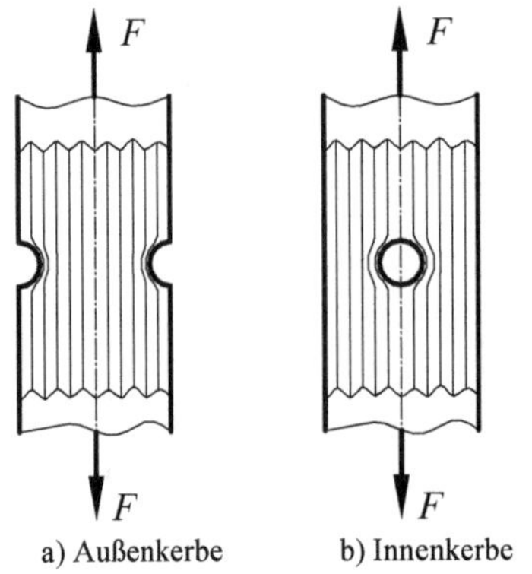

Bild 7.1: Kraftflusslinien im gekerbten Zugstab

Solche Störungen treten bei verhältnismäßig schroffen Querschnittsübergängen wie Absätzen, Nuten, Einstichen, Gewinden und Querbohrungen, die wir als *konstruktive Kerben* bezeichnen, auf. Große Bedeutung hat die Kerbwirkung an *Fügestellen*, wie Schweißnähte, Klebungen, Nietungen, Schraubverbindungen, wo sie das Tragvermögen maßgeblich beeinflusst. *Innere Fehler*, wie Einschlüsse, Lunker, Schmiedefalten und Risse oder auch *Oberflächenfehler*, wie Riefen und Anrisse bis hin zu Oberflächenrauheiten verursachen auch Spannungserhöhungen, also *Kerbspannungen*.

Dies können wir uns folgendermaßen erklären: Bei Störstellen kann sich eine gleichmäßige Spannungsverteilung nicht ausbilden, da Bereiche unterschiedlicher Anstrengung benachbart sind. Die zugehörigen Dehnungen können sich nicht in gleicher Stärke einstellen, da durch den Werkstoffzusammenhang eine gegenseitige Abstützung erfolgt; es gibt keine Dehnungssprünge. Durch diese Dehnungsbehinderung stellt sich ein Spannungsfeld mit örtlich hohen Spannungsspitzen ein.

Da Kerben in der Regel Stellen maximaler Beanspruchung darstellen und dort mit dem Bauteilversagen gerechnet werden muss, kommt der Berechnung der Kerbspannungen in der Festigkeitslehre eine herausgehobene Bedeutung zu.

Bei Kerben im Bauteil ist im Kerbgrund mit folgenden sicherheitsrelevanten Folgen zu rechnen:

- Erhöhung der Nennspannung durch geringeren Querschnitt
- Spannungsüberhöhung im Kerbgrund

---

45 Unter dem Kraftfluss (Modellannahme) versteht man den Weg einer Kraft/Moment in einem Bauteil vom Angriffspunkt bis zu der Stelle, an der diese durch eine Reaktionskraft/-moment aufgenommen werden. Der Kraftfluss wird durch das Gleichgewichtsprinzip (actio=reactio)geschlossen. Die Wege einer Kraft durch das Bauteil sind die Kraftflusslinien.

- Entstehung von sekundären Biegespannungen durch unsymmetrische Kerbwirkung
- Ausbildung eines mehrachsigen Spannungszustandes durch Dehnungsbehinderung.

Da mit den Mitteln der elementaren Festigkeitslehre die Spannungsüberhöhung im Kerbgrund nicht darzustellen ist, suchte man zunächst den tatsächlichen Verhältnissen durch die Einführung von Faktoren, sog. *Formzahlen*, auch *Kerbformzahlen* näher zu kommen. Diese Faktoren geben das Verhältnis der wirklichen Höchstspannung zur Nennspannung, dem elementaren Spannungswert, an. Das Problem dabei ist die Ermittlung der maximalen Spannungen, besser noch der tatsächlichen Spannungsverteilung. Die daraus resultierenden Unsicherheiten, die häufige Ursache ungeklärter Maschinenbrüche waren, führte zu Forderungen von Industrie und technischen Überwachungsorganen nach Berechnungsgrundlagen an staatliche Materialprüfungsämter und die theoretische Mechanik.

Eine frühe theoretische Lösung hierzu – unter Beschränkung auf die lineare Elastizitätstheorie – mit geometrischer und physikalischer Linearität geht auf KIRSCH[46] zurück. Das Problem, ein kreisförmiges Loch im Zugfeld, Bild 7.2, wurde von ihm erstmals in einem Artikel der VDI Zeitschrift des Jahrganges 42 im Jahre 1898 veröffentlicht.

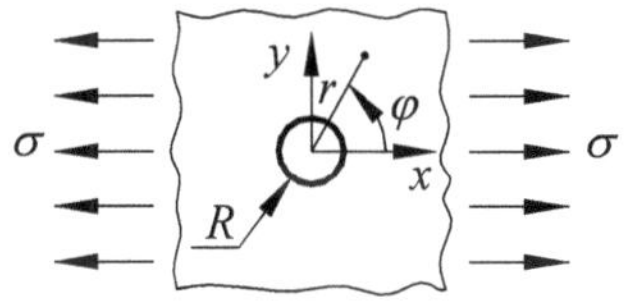

a) einachsig gezogene Scheibe

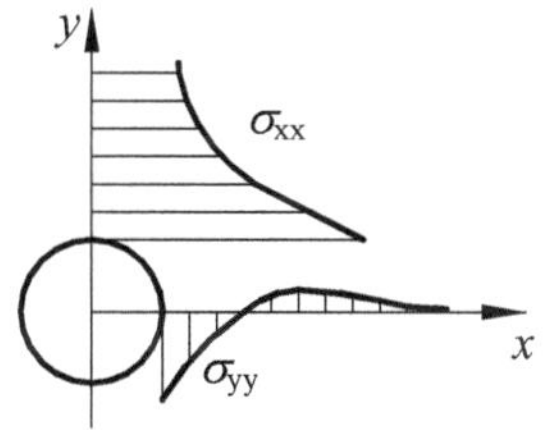

b) Spannungsverteilung am Loch

Bild 7.2: Scheibe mit kreisförmigem Loch unter einachsiger Zugbeanspruchung

Im Kapitel 9 wollen wir für eine vergleichende FE-Rechnung darauf zurückgreifen, darum wird nachfolgend die KIRSCHsche Lösung angegeben (eine ausführliche Darstellung hierzu ist in HAHN: „Elastizitätstheorie“, /33/ zu finden).

Die Störung des homogenen Spannungszustandes in der einachsig gezogenen (unendlich ausgedehnten) Scheibe bewirkt eine Spannungserhöhung in unmittelbarer Umgebung des Loches in x-Richtung, die, wie Bild 7.2b zeigt, rasch abklingt. Für die homogene Spannungsverteilung, die in großem Abstand vom Nullpunkt unabhängig vom Loch wirkt, schreiben wir in Polarkoordinaten

$$\sigma_{rr} = \sigma_{xx} \cdot \cos^2\varphi = \frac{\sigma}{2} \cdot (1 + \cos 2\varphi) \tag{7.1}$$

$$\sigma_{\varphi\varphi} = \sigma_{xx} \cdot \sin^2\varphi = \frac{\sigma}{2} \cdot (1 - \cos 2\varphi) \tag{7.2}$$

---

[46] ERNST GUSTAV KIRSCH, 1841–1901, deutscher Ingenieur.

$$\tau_{r\varphi} = -\sigma_{xx} \cdot \sin\varphi \cdot \cos\varphi = -\frac{\sigma}{2} \cdot \sin\varphi \,. \tag{7.3}$$

Die KIRSCHsche Lösung für die Spannungen lautet

$$\sigma_{rr} = \frac{\sigma}{2} \cdot \left[\left(1 - \frac{R^2}{r^2} \right) + \left(1 - 4\frac{R^2}{r^2} + 3\frac{R^4}{r^4} \right) \cdot \cos 2\varphi \right] \tag{7.4}$$

$$\sigma_{\varphi\varphi} = \frac{\sigma}{2} \cdot \left[\left(1 + \frac{R^2}{r^2} \right) - \left(1 + 3\frac{R^4}{r^4} \right) \cdot \cos 2\varphi \right] \tag{7.5}$$

$$\tau_{r\varphi} = \frac{\sigma}{2} \cdot \left[\left(1 + 2\frac{R^2}{r^2} - 3\frac{R^4}{r^4} \right) \cdot \sin 2\varphi \right]. \tag{7.6}$$

Die Verschiebungen vom Bohrungsmittelpunkt aus gemessen wird

$$u_r = \frac{\sigma}{8Gr} \cdot \left[(\kappa - 1) r^2 + 2\, R^2 + 2 \left((\kappa + 1) R^2 + r^2 - \frac{R^4}{r^2} \right) \cdot \cos 2\varphi \right] \tag{7.7}$$

$$u_\varphi = \frac{\sigma}{4Gr} \cdot \left[(\kappa - 1) R^2 + r^2 + \frac{R^4}{r^2} \cdot \sin 2\varphi \right] \tag{7.8}$$

mit κ aus den KOLOSSOFFschen Formeln[47] für den ebenen Spannungszustand

$$\kappa = \frac{3 - \nu}{1 + \nu} \tag{7.9}$$

und für den ebenen Verzerrungszustand

$$\kappa = 3 - 4\nu \,. \tag{7.10}$$

Die Erweiterung der Theorie auf räumliche Probleme wurde maßgeblich von NEUBER[48] geprägt. Die weltweit übersetzte 1. Auflage der „Kerbspannungslehre“ /55/, durch die der damals 31-jährige in der Fachwelt schlagartig berühmt wurde, erschien 1937. Aufgrund seiner Arbeiten verstand man erstmals die Brüche von Bauteilen besser; die Festigkeitseigenschaften konnten somit effektiver ausgenutzt werden. Es ließen sich dadurch zeit- und kostenaufwendige Materialprüfversuche vieler Bauteile unterschiedlichster Formen unter ungleichmäßigen Spannungsverteilungen einsparen bzw. im Umfang verringern.

Nach dem Zweiten Weltkrieg entwickelte sich, beginnend in den USA und Japan, auf NEUBERs Kerbspannungslehre basierend, eine auf den Riss bezogene Theorie, die sog. *Bruchmechanik* (engl. fracture mechanics), die in erster Linie Vorgänge der Rissausbreitung anhand eines vereinfachten Konzeptes beurteilt (das Konzept hierzu wird im Abschnitt 7.4 vorgestellt). NEUBER selbst stand dieser Theorie wegen ihrer vereinfachenden Annahmen wohl

[47] GURII VASILEVICH KOLOSSOFF, 1867–1936, russischer Mathematiker.

[48] HEINZ NEUBER, 1906–1989, deutscher Ingenieur, Pionier der Kerbspannungslehre.

recht kritisch gegenüber, wie im Vorwort zur dritten Auflage der „Kerbspannungslehre" von 1985 nachzulesen.

7.3 Spannungsüberhöhung durch Kerbwirkung

7.3.1 Spannungsverhältnisse im Kerbbereich

Wie oben beschrieben, führen große und unstetige Krümmungsänderungen von äußeren und inneren Oberflächen – so genannte Kerben – an belasteten Bauteilen zu starken Spannungsüberhöhungen an diesen Stellen, die das Versagen durch Riss oder Bruch auslösen.

Die Spannungserhöhung entsteht durch die Kraftlinienverdichtung im Kerbgrund und ist somit wesentlich von der Kerbform abhängig. Das Bild 7.3 zeigt exemplarisch den Einfluss der Kerbformen auf die Höhe und die Verteilung der Zugspannungen über dem Kerbgrund.

Prinzipiell gilt: Je kleiner der Kerbgrundradius und je tiefer die Kerbe, umso größer die Spannungsüberhöhung.

Die Spannungsüberhöhung im Kerbgrund bedeutet nach der Kraftlinienanalogie[49] zwangsläufig, dass zur Mitte hin die Spannungen kleiner als die Nennspannungen sein müssen.

Bei rein elastischem Verhalten ist die Formzahl α_k[50] der Quotient aus der Spannungsspitze im Kerbgrund σ_{max} bzw. τ_{max} und der *nominellen Spannung* im Kerbquerschnitt σ_{nk} bzw. τ_{nk}

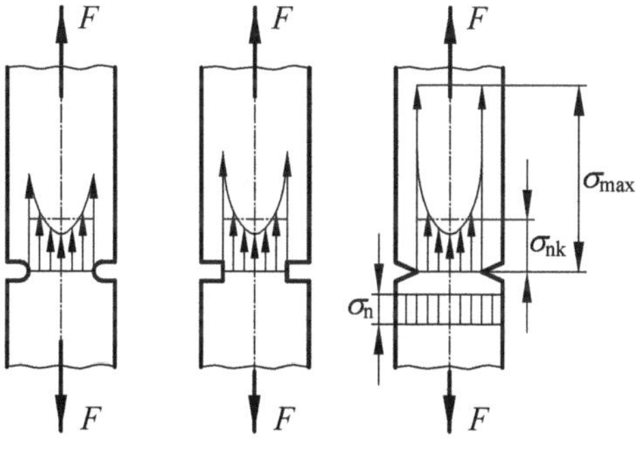

Bild 7.3: Einfluss der Kerbform auf die Zugspannung

$$\alpha_k = \frac{\sigma_{max}}{\sigma_{nk}} \quad \text{bzw.} \quad \alpha_k = \frac{\tau_{max}}{\tau_{nk}} . \tag{7.11}$$

Als nominelle Spannung ist die Spannung definiert, die sich im tragenden Querschnitt unter dem Kerb A_k, auch als Ligament[51] bezeichnet, bei ungestörtem Spannungsverlauf einstellen würde; sie ist somit größer, als die Spannung im restlichen ungekerbten (größeren) Querschnitt.

Die Kerbformzahl hängt von der Kerbgeometrie und der Beanspruchungsart ab, nicht von der Bauteilgröße und – **im Gültigkeitsbereich des HOOKEschen Gesetzes** – nicht vom Werkstoff. Bei Überschreiten der Elastizitätsgrenze wird durch die einsetzende Plastifizie-

---

49 Nach der Kraftlinienanalogie stellt man sich die Kraftlinien wie Fasern vor, die innere Teilkräfte übertragen, und deren Summe stets im Gleichgewicht mit der außen anliegenden Kraft sein muss.

50 Statt der früher üblichen und heute noch gebräuchlichen Formelzeichens α_k wird in der FKM-Richtlinie /3/ das in englischsprachigen Quellen verwendete K_t, in der DIN 743-1 α_σ bzw. α_τ, verwendet.

51 Ligament: engste Querschnittsfläche

rung im Kerbgrund, die man bei duktilen Werkstoffen oft akzeptiert, die Spannungsüberhöhung reduziert, sodass man diese nicht mehr mit der Gleichung (7.11) berechnen kann.

Zweckmäßigerweise wird die Formzahl mit einem zusätzlichen Index für die Belastungsart bezeichnet.

Die elastizitätstheoretisch berechneten α_k-Werte, die nur für relativ einfache Geometrien gelingt, können als Diagramme (Formzahldiagramme) einschlägigen Tabellenbüchern entnommen werden und sind mit den entsprechenden Berechnungsgleichungen im Tabellenanhang (Tabellen A7.1 bis A7.10) nach der FKM-Richtlinie /3/ für die jeweilige Kerbgeometrie enthalten. Aus diesen Diagrammen lassen sich in Abhängigkeit von Geometrie und Belastungsart die Formzahlen ablesen bzw. aus den angegebenen Gleichungen berechnen.

Beispiel 7.1:
Der nach Bild 7.4 skizzierte Wellenabschnitt hat die Maße $D = 78\,\text{mm}$, $d = 70\,\text{mm}$, $r = 2{,}5\,\text{mm}$. Der Werkstoff ist ein oberflächengehärteter Einsatzstahl 16 MnCr 5. Der dargestellte Abschnitt ist mit einer statisch wirkenden Druckkraft $F_\text{d} = 75\,\text{kN}$, einem wechselnden Biegemoment $M_\text{b} = 2{,}3\,\text{kNm}$ (Umlaufbiegung) und einem konstanten Drehmoment $M_\text{d} = 3{,}0\,\text{kNm}$ belastet.

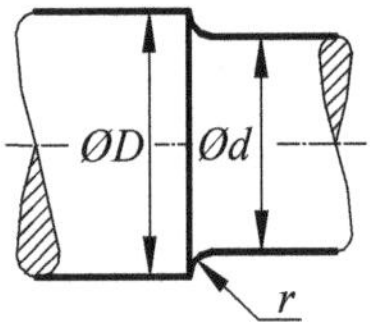

Bild 7.4: Wellenabschnitt

Zur Führung des statischen und des dynamischen Festigkeitsnachweises sind die Formzahlen α_k für die Belastungen zu ermitteln.

Lösung:

Zum Ablesen aus den Diagrammen A7.4 bis A7.6, hier exemplarisch Bild 7.5 für die Biegebeanspruchung, benötigen wir das Durchmesserverhältnis $d/D = 0{,}897$ sowie als Parameter das Verhältnis $r/t = 0{,}625$. Mit diesen Werten lesen wir für die Formzahl bei Biegung $\alpha_\text{kb} \approx 2{,}1$ ab.

Die Berechnung mit den Gleichungen zu den Diagrammen nach Anhang A7.4 bis A7.6 ergeben für Zug/Druck, Biegung und Torsion:

$$\alpha_\text{kzd} = \frac{1}{\sqrt{0{,}62 \cdot \frac{r}{t} + 7 \cdot \frac{r}{d} \cdot \left(1 + 2 \cdot \frac{r}{d}\right)^2}} = \underline{1{,}22}$$

$$\alpha_\text{kb} = 1 + \frac{1}{\sqrt{0{,}62 \cdot \frac{r}{t} + 11{,}6 \cdot \frac{r}{d} \cdot \left(1 + 2 \cdot \frac{r}{d}\right)^2 + 0{,}2 \cdot \left(\frac{r}{t}\right)^3 \cdot \frac{d}{D}}} = \underline{2{,}05}$$

$$\alpha_\text{kt} = 1 + \frac{1}{\sqrt{3{,}4 \cdot \frac{r}{t} + 38 \cdot \frac{r}{d} \cdot \left(1 + 2 \cdot \frac{r}{d}\right)^2 + 1{,}0 \cdot \left(\frac{r}{t}\right)^3 \cdot \frac{d}{D}}} = \underline{1{,}50}\,.$$

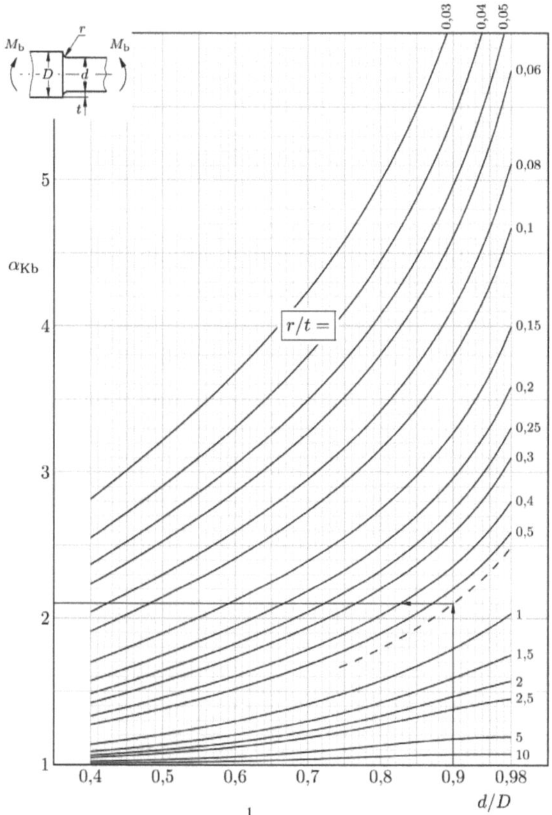

$$\alpha_{Kb} = 1 + \frac{1}{\sqrt{0{,}62 \cdot \frac{r}{t} + 11{,}6 \cdot \frac{r}{d} \cdot \left(1 + 2 \cdot \frac{r}{d}\right)^2 + 0{,}2 \cdot \left(\frac{r}{t}\right)^3 \cdot \frac{d}{D}}}$$

Bild 7.5: Formzahldiagramm Rundstab mit Absatz bei Biegung (Anhang A7.5)

Für die meisten technischen Kerbfälle lassen sich keine geschlossenen Lösungen finden, sodass man numerische Näherungslösungen (häufig auf der Finite-Elemente-Methode basierend) oder experimentell gewonnene Ergebnisse heranziehen muss.

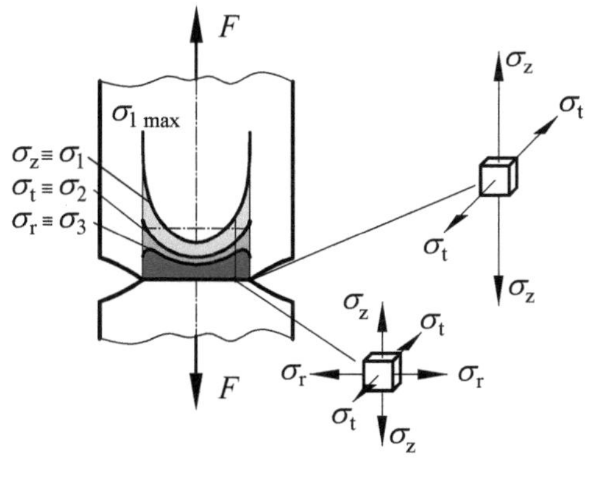

Bild 7.6: Spannungsverhältnisse an einer Kerbzugprobe

Zu beachten ist, dass sich im Bereich der Kerbe stets ein mehrachsiger Spannungszustand einstellt. An der Oberfläche des gekerbten Bereiches wirkt ein ebener und im Inneren ein räumlicher Spannungszustand mit inhomogener Spannungsverteilung. Dies gilt auch bei einachsiger Belastung, wo die Spannungen in hinreichender Entfernung vom Kerb nach dem Prinzip von DE SAINT-VENANT homogen verteilt sind. Auf Bild 7.6 sind die Spannungszustände und -verteilungen an einem gekerbten Zugstab dargestellt.

Bei zusammengesetzter mehrachsiger Beanspruchung sind zur Berechnung der Vergleichsspannungen (siehe Abschnitt 6.2) die aus Gl. (7.11) berechneten Maximalspannungen in die entsprechenden Gleichungen der jeweiligen Hypothese nach den Tabellen 6.1 bzw. 6.2 einzusetzen.

Die durch die Behinderung der Querdehnung hervorgerufene Querspannung im Kerbgrund müssten wir ebenfalls berücksichtigen.
Das Problem dabei ist, dass diese Spannung selbst für einfache Kerbfälle nur durch meist aufwendige numerische Berechnungsverfahren zu ermitteln ist, sodass für die übrigen Berechnungsmethoden die Querspannungen unberücksichtigt bleiben (müssen).

Das ist zumindest für zähe Werkstoffe, bei denen die Querspannung stets kleiner als die Längsspannung ist (vgl. Kapitel 3) und das gleiche Vorzeichen besitzt, vertretbar.

Die Berechnung der Vergleichsspannung nach der Schubspannungs- oder Gestaltänderungsenergiehypothese ohne Berücksichtigung der Querspannung führt zu größeren bzw. dem gleichen Wert, wie mit Berücksichtigung und ist somit eine konservative Berechnung der Sicherheit gegen Fließen. Bei sprödem Werkstoffverhalten kann die Berechnung nach der Normalspannungshypothese zur – für die Auslegung meist vernachlässigbaren – Unterschätzung der tatsächlichen Beanspruchung führen.

Beispiel 7.2

Aus der im Versuch an einem gekerbten Flachstab, Bild 7.7, bei einer Zugkraft von $F = 15{,}0\,\text{kN}$ mit DMS gemessenen Längsdehnung von $\varepsilon_l = 1{,}84\,‰$ und Querdehnung von $\varepsilon_q = -0{,}37\,‰$ ist die Formzahl α_K zu berechnen und mit dem Wert aus dem Formzahldiagramm zu vergleichen. Der flache Zugstab besteht aus AlSi10Mg mit $E = 65\,\text{kN/mm}^2$, $\nu = 0{,}34$, $R_{p0,2} = 180\,\text{N/mm}^2$.

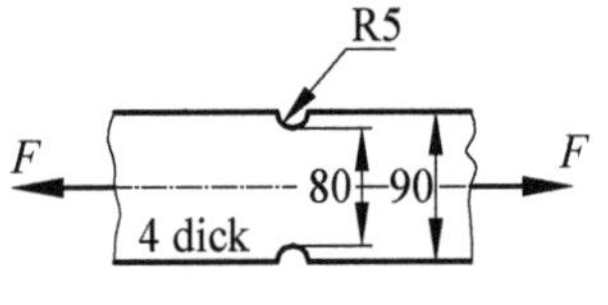

Bild 7.7: Zugbelastete gekerbte Lasche

Lösung:

Unter der Voraussetzung des ebenen Spannungszustandes berechnen wir für die Maximalspannung in Lastrichtung nach Gl. (4.12)

$$\sigma_{max} = \frac{E}{1-\nu^2} \cdot (\varepsilon_l + \nu \cdot \varepsilon_q) = \frac{6{,}5 \cdot 10^4\,\text{N/mm}^2}{1-0{,}34^2} \cdot (18{,}4 - 0{,}34 \cdot 3{,}7) \cdot 10^{-4} = 124{,}0\,\text{N/mm}^2 .$$

Die nominelle Spannung im Kerbquerschnitt σ_{nk} wird

$$\sigma_{nk} = \frac{F}{b \cdot s} = \frac{15{,}0 \cdot 10^3\,\text{N}}{80 \cdot 4\,\text{mm}^2} = 46{,}9\,\text{N/mm}^2 .$$

Vor der Berechnung der Formzahl ist sicherzustellen, dass bei der Maximalspannung im Kerbgrund kein Fließen einsetzt. Hierzu berechnen wir nach der Schubspannungshypothese, Gl. (6.18)

$$\sigma_{VSH} = \sigma_1 - \sigma_3 = (124{,}0 - 0)\,\text{N/mm}^2 = 124{,}0\,\text{N/mm}^2 .$$

Da $\sigma_{\mathrm{VSH}} = \sigma_{\max} = 124{,}0\,\mathrm{N/mm^2} < R_{\mathrm{p0,2}} = 180\,\mathrm{N/mm^2}$ gilt, ist von einer elastischen Beanspruchung im Kerbgrund auszugehen, sodass die nur im elastischen Bereich gültige Formzahl aus den gegebenen Werten ermittelt werden kann. Nach Gl. (7.11) wird

$$\alpha_{\mathrm{kz}} = \frac{\sigma_{\max}}{\sigma_{\mathrm{nk}}} = \frac{124{,}0\,\mathrm{N/mm^2}}{46{,}9\,\mathrm{N/mm^2}} = \underline{2{,}64}\,.$$

Der Vergleich mit dem Formzahldiagramm A7.7 (Anhang) führt mit $b/B = 0{,}89$, $r/t = 1{,}0$ sowie $r/b = 0{,}0625$ auf

$$\alpha_{\mathrm{kz}} = 1 + \frac{1}{\sqrt{0{,}22 \cdot \frac{r}{t} + 1{,}7 \cdot \frac{r}{b} \cdot \left(1 + 2 \cdot \frac{r}{b}\right)^2}} = \underline{2{,}68}\,.$$

Die Abweichung zwischen dem aus dem Versuch ermittelten Wert für die Formzahl α_{kz} und dem aus der theoretischen Berechnung beträgt 1,5 %.

7.3.2 Der Fließbeginn in der Kerbe

Zur genaueren Untersuchung der Vorgänge betrachten wir zunächst den Fließbeginn; vereinfacht angenommen als exakt definierten Punkt im Spannungs-Dehnungs-Diagramm. Für den im Kerbgrund herrschenden dreiachsigen Spannungszustand berechnen wir eine Vergleichsspannung σ_{V}, die äquivalent zum einachsigen Zug-Belastungsfall σ_1 ist. Die plastische Verformung setzt bei $\sigma_{\mathrm{V}} = R_{\mathrm{e}}$ ein. Duktilen Werkstoff vorausgesetzt, kommen entweder die Schubspannungshypothese (SH), Gl. (6.18),

$$\sigma_{\mathrm{VSH}} = 2 \cdot \tau_{\max} = \sigma_1 - \sigma_3 = R_{\mathrm{e}}$$

oder die Gestaltänderungsenergiehypothese (GEH), Gl. (6.26a),

$$\sigma_{\mathrm{VGEH}} = \frac{1}{\sqrt{2}} \cdot \sqrt{(\sigma_1 - \sigma_2)^2 + (\sigma_2 - \sigma_3)^2 + (\sigma_1 - \sigma_3)^2} = R_{\mathrm{e}}$$

in Frage. Üblicherweise wird nach der Gestaltänderungsenergiehypothese gerechnet.

Beim einachsigen Spannungszustand ohne Kerbe ist $\sigma_2 = \sigma_3 = 0$ und das Fließen setzt bei $\sigma_{\mathrm{V}} = \sigma_1 = R_{\mathrm{e}}$ ein.

Beim dreiachsigen Zugspannungszustand des Kerbbereiches ist die Vergleichsspannung durch Behinderung der plastischen Verformung nach beiden Hypothesen niedriger, als die maximale Hauptnormalspannung σ_1 .Dies können wir am einfachsten anhand der SH, wonach mit $R_{\mathrm{e}} = \sigma_1 - \sigma_3$ die Spannung σ_1 bis zum Fließbeginn auf den Wert $(R_{\mathrm{e}} + \sigma_3)$ ansteigen kann, zeigen. Mit Bild 7.8 wird dieser Sachverhalt mittels der MOHRschen Spannungskreise verdeutlicht.

An der Oberfläche der Kerbe herrscht ein zweiachsiger Spannungszustand mit $\sigma_3 = 0$. Nach der SH, Gleichung (6.18), entspricht damit die Vergleichsspannung bei Fließbeginn der größten Hauptspannung $\sigma_{VSH} = \sigma_1$. Mit der GEH, Gleichung (6.26) errechnet sich, wenn Fließen eintritt, mit

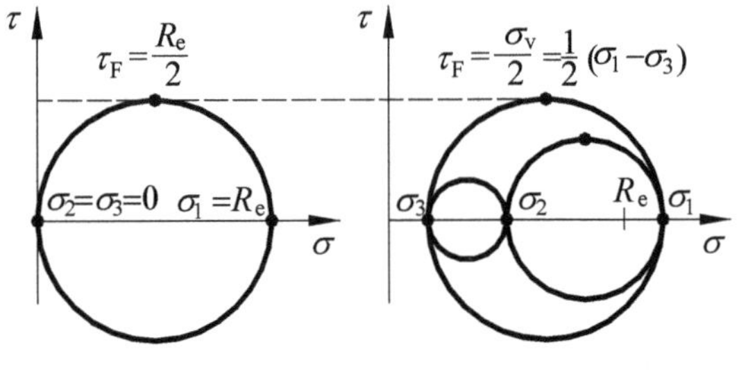

a) glatter Zugstab (ESZ) b) gekerbter Zugstab (RSZ)

Bild 7.8: MOHRsche Spannungskreise bei Fließbeginn im Kerbbereich

$$\sigma_{VGEH} = \sqrt{\sigma_1^2 - \sigma_1 \cdot \sigma_2 + \sigma_2^2} < \sigma_1 \quad \text{bei } \sigma_{VGEH} = R_e \quad \Rightarrow \quad \sigma_1 > R_e \, ,$$

ein Wert für σ_1 der die Streckgrenze auch beim ebenen Spannungszustand überschreitet. In der Literatur wird meist der Wert $\sigma_1 = R_e$ nach der Schubspannungshypothese angegeben.

Unter der Oberfläche entsprechen die Verhältnisse denen im Bild 7.8b. Je kleiner der Kerbgrundradius wird, umso größer wird gemäß Bild 7.3 der Spannungsgradient und die plastische Verformung wird durch die geringere Stützwirkung zunehmend behindert. Im Extremfall erreicht die größte Normalspannung die Trennfestigkeit des Werkstoffs bevor überhaupt Fließen eintreten kann. Der in diesem Fall eintretende spontane Sprödbruch kann bei allen – also auch duktilen – Werkstoffen vorkommen. Wir sprechen hier von *Spannungszustandsversprödung.*

7.3.3 Plastifizierung im Kerbbereich

Die plastische Verformung (Fließen) setzt ein, wenn die maximale Spannung σ_{max} eines zugbelasteten Bauteils im Kerbgrund die Streck- bzw. Dehngrenze R_e bzw. die Ersatzdehngrenze $R_{p0,2}$ erreicht. Mit $\sigma_{max} = R_e$ und Gl. (7.11)

$$\sigma_{max} = \sigma_{nk} \cdot \alpha_k = \frac{F_F}{A_{nk}} = R_e$$

wird die äußere Beanspruchung bei Fließbeginn des gekerbten Bauteiles

$$F_F = \frac{R_e}{\alpha_k} \cdot A_{nk} \, . \tag{7.12}$$

Wir erkennen daraus, dass die Beanspruchbarkeit des gekerbten Bauteils bis zur Streckgrenze um den Faktor α_k geringer ist, als für ein ungekerbtes Teil.

Erhöhen wir die Belastung, die wegen der elastischen Beanspruchung größerer Bereiche der tragenden Querschnittsfläche noch übertragen werden kann, plastifiziert der Kerbgrund und breitet sich in das Innere des Bauteiles aus. Die Kerbgrunddehnung ε_{max} nimmt rascher zu, da unter der Voraussetzung linear elastisch-ideal plastischen Werkstoffverhaltens, siehe Bild 7.9a, die plastifizierten Bereiche keine weitere Lastaufnahme mehr zulassen.

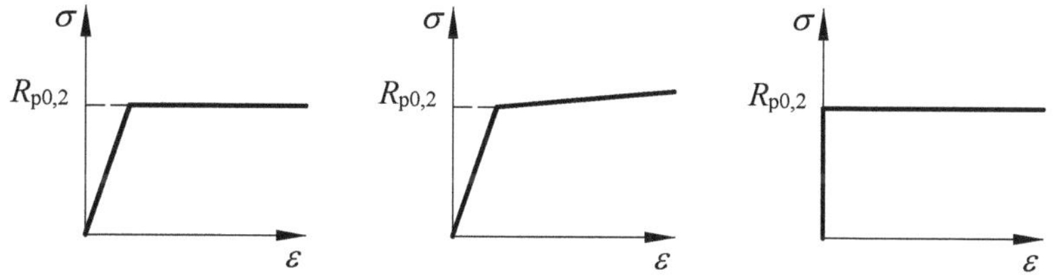

a) linear elastisch-ideal plastisch b) linear elastisch-linear verfestigend c) starr-ideal plastisch

Bild 7.9: Idealisierte Spannungs-Dehnungs-Diagramme

Infolge des Werkstoffzusammenhanges übt der elastische Kern eine *Stützwirkung* auf die plastifizierten Randzonen aus, was eine weitere Laststeigerung zulässt. Die plastischen Zonen breiten sich, ausgehend vom Kerbgrund, bis zur vollständigen Plastifizierung der gesamten Querschnittsfläche (*vollplastische Zustand*) – siehe Bild 7.10 – aus.

Für die Bauteilauslegung wird eine kontrollierte plastische Verformung in der Kerbgrundzone – allerdings **nur** bei ausreichend duktilen Werkstoffen – in der Regel zugelassen, um die Nennspannung ohne Versagensrisiko zu erhöhen. Das Bauteil wird somit nicht gegen Fließbeginn, sondern ein vorgegebenes Maß an plastischer Verformung ausgelegt. Die Kerbformzahl α_k kann bei Spannungen oberhalb der Streckgrenze nicht ohne weiteres eingesetzt werden, da die Plastifizierungen die Spannungen im Kerbgrund abbauen können.

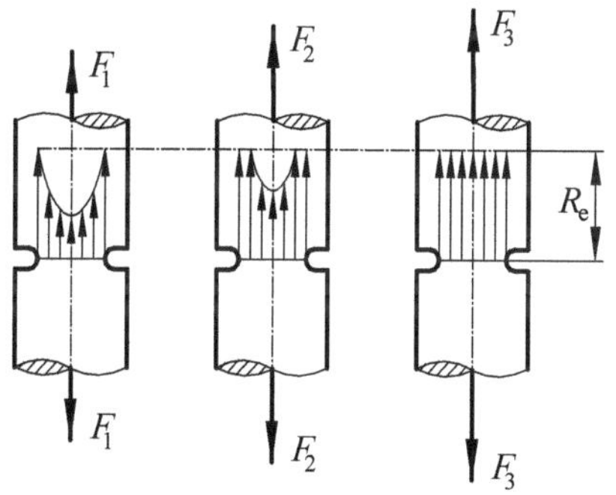

a) Fließbeginn b) teilplastifiziert c) vollplastisch

Bild 7.10: Plastifizierungsverlauf

Basierend auf der Erkenntnis von NEUBER, dass die Spannungsüberhöhungen in der Umgebung von Kerben durch plastische Verformungen abgemindert werden, lässt sich die Stützwirkung mit der bekannten NEUBER-Regel abschätzen.

Die mit Hilfe der Spannungen berechnete Kerbformzahl (wir bezeichnen sie hier zur Unterscheidung mit $\alpha_{k,\sigma}$)

$$\alpha_{k,\sigma} = \frac{\sigma_{max}}{\sigma_{nk}} \qquad (7.13)$$

lässt sich auf Dehnungen übertragen (Formzahl $\alpha_{k,\varepsilon}$)

$$\alpha_{k,\varepsilon} = \frac{\varepsilon_{max}}{\varepsilon_{nk}}. \qquad (7.14)$$

Dabei ist ε_{nk} die Dehnung, die bei Belastung von σ_{nk} vorliegen würde; ε_{max} ist die maximale Dehnung in der Kerbe. Es gilt für linear elastischen Werkstoff $\alpha_{k,\sigma} = \alpha_{k,\varepsilon}$.

In diesem Zusammenhang ist anzumerken, dass wegen der Mehrachsigkeit des Spannungsfeldes mit den Vergleichsspannungen gearbeitet werden müsste. Zudem gilt die Gleichung $\alpha_{k,\sigma} = \alpha_{k,\varepsilon}$ wegen der Querkontraktion durch die Radial- und die Umfangsspannung (siehe Bild 7.6) nur näherungsweise. Für die ingenieurmäßige Genauigkeit ist aber, auch in Anbetracht der Streuung der Werkstoffkennwerte, die einachsige Betrachtung hinreichend genau.

Wenn die Spannungsspitze σ_{max} die Dehngrenze des Materials übersteigt, gilt wegen der Plastifizierung im Kerbgrund das HOOKEsche Gesetz dort nicht mehr. Das bewirkt, wie Bild 7.11 veranschaulicht, dass ε_{max} größere Werte, als im elastischen Fall, annimmt.

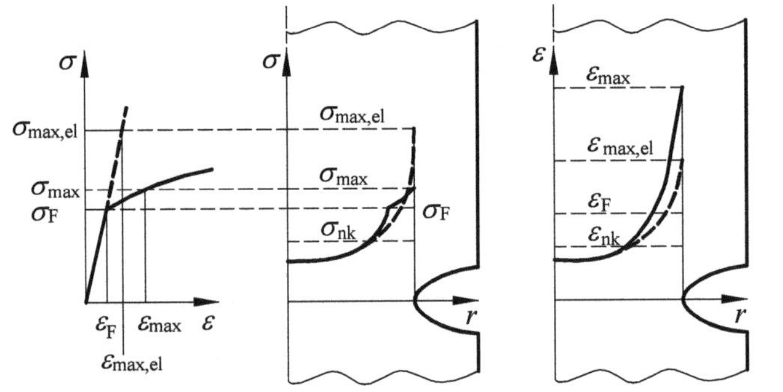

Materialgesetze:

linear elastisch: gestrichelt dargestellte Kurve;

elastisch plastisch: durchgezogene Linie

a) Fließkurve b) Längsspannungen im Kerb c) Längsdehnungen im Kerb

Bild 7.11: Spannungs- und Dehnungsverhältnisse einer Kerbzugprobe für zwei Materialgesetze

Wegen der damit verbundenen Entlastung ist die maximale Spannung geringer, als im elastischen Fall. Somit gilt $\alpha_{k,\sigma} < \alpha_{k,\varepsilon}$ mit noch unbekannten Zahlenwerten.

Der von NEUBER begründete Ansatz geht davon aus, dass sich auch bei der Plastifizierung das geometrische Mittel von $\alpha_{k,\sigma}$ und $\alpha_{k,\varepsilon}$ nicht ändert, so dass

$$\alpha_{k,\sigma} \cdot \alpha_{k,\varepsilon} = \alpha_k^2 \qquad (7.15)$$

gilt. Bei zunehmender Belastung sind bis zur Dehngrenze $\alpha_{k,\sigma}$ und $\alpha_{k,\varepsilon}$ gleich, danach nimmt $\alpha_{k,\varepsilon}$ durch die einsetzende Plastifizierung zu und $\alpha_{k,\sigma}$ nimmt ab (siehe Bild 7.12).

Setzen wir die Gleichungen (7.13) und (7.14) in Gleichung (7.15) ein, erhalten wir

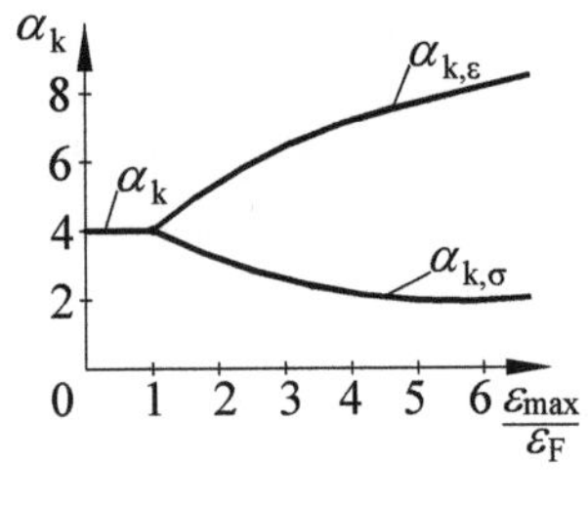

Bild 7.12: Verlauf der Kerbformzahlen nach der Neuber-Formel, Gl. (7.15), für αk = 4 nach /39/

$$\frac{\sigma_{max}}{\sigma_{nk}} \cdot \frac{\varepsilon_{max}}{\varepsilon_{nk}} = \alpha_k^2 .$$

Unter der Voraussetzung, dass die nominelle Spannung im Kerbquerschnitt σ_{nk} die Dehngrenze des Materials nicht erreicht, also im elastischen Bereich liegt, folgt mit dem HOOKEschen Gesetz $\varepsilon_{nk} = \sigma_{nk} / E$ die NEUBER-Regel:

$$\varepsilon_{max} \cdot \sigma_{max} = \frac{\sigma_{nk}^2}{E} \cdot \alpha_k^2 . \tag{7.16}$$

Wenn wir den Spannungszustand im Kerbgrund näherungsweise einachsig annehmen[52], dann muss für das Material auch der im einachsigen Zugversuch ermittelte Spannungs-Dehnungs-Zusammenhang gelten. Damit sind beide Größen bestimmbar.

Für gegebenen Belastungsfall und Kerbform ist die rechte Seite der Gleichung (7.16) konstant, sodass die Gleichung eine Hyperbel im $\sigma - \varepsilon -$ Raum des Spannungs-Dehnungs-Diagramms, Bild 7.13, ergibt. Ist die Fließkurve des Werkstoffs bekannt, kann der Schnittpunkt mit der Hyperbel bestimmt und die Maximalspannung abgelesen werden.

Durch die teilweise Plastifizierung des Kerbquerschnitts ist die Spannungsverteilung im Querschnitt eine andere als im elastizitätstheoretischen Fall. Die Abnahme von σ_{max} gegenüber dem theoretischen Wert bedeutet eine Entlastung in der plastischen Zone. Damit das Kräftegleichgewicht gewahrt bleibt, müssen Zugspannungen im elastisch gedehnten Mittenbereich des Kerbquerschnitts zunehmen.

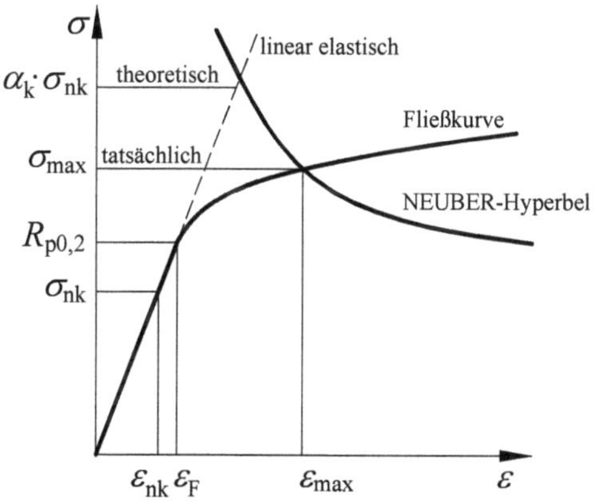

Bild 7.13: Bestimmung von σ_{max} und ε_{max} mit Hilfe der Neuber-Regel

Man spricht in diesem Fall von *Makrostützwirkung*, weil insgesamt eine höhere äußere Kraft bzw. Nennspannung bei erlaubter Teilplastifizierung übertragen werden kann, als die Bedingung $\sigma_V \leq R_e$ es zuließe.

Das bedeutete aber in keinem Fall, dass im Umkehrschluss, durch eine Kerbung die Belastbarkeit desselben Bauteils erhöht werden kann. **Kerben und Risse schwächen immer die Tragfähigkeit.**

Bei Entlastung eines im Kerbbereich überelastisch beanspruchten Teiles bleiben Eigenspannungen zurück. Und zwar wirken im Kerbgrund wegen der bleibenden Dehnung Druckeigenspannungen und aus Gleichgewichtsgründen weiter innen Zugeigenspannungen.

Tritt – z.B. infolge Überbelastung – Rissbildung im Kerbbereich ein, kommt es unweigerlich in der Kerbe zum Gewaltbruch und zwar unabhängig von der Duktilität des Materials.

[52] Nach der TRESCA-Fließbedingung (Schubspannungshypothese) ergibt sich mit $\sigma_{V\,SH} = \sigma_1$ kein Unterschied zum zweiachsigen Spannungszustand, der an der Oberfläche im Kerbgrund vorliegt.

Beispiel 7.3:

Für den gefährdeten Bereich eines Bolzens , siehe Bild 7.14, (Abmessungen: $D = 72\,\text{mm}$, $d = 66\,\text{mm}$, $r = 3\,\text{mm}$), der durch eine Zugkraft von $F = 560$ kN statisch belastet wird, ist für die nachfolgend angegebenen Werte unter dem Aspekt der Tragfähigkeit eine Werkstoffauswahl zu treffen.

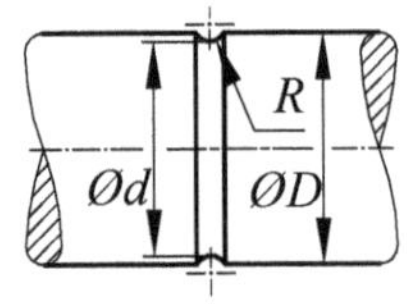

Bild 7.14: Achsenabschnitt mit Umlaufkerbe

Zur Auswahl stehen:

a) Aluminium-Legierung AlSi1MgSn: $E = 0{,}66 \cdot 10^5\,\text{N/mm}^2$, $R_{\text{p}0,2} = 204\,\text{N/mm}^2$,
$R_\text{m} = 238\,\text{N/mm}^2$, $A = 17\%$.

b) Aluminiumoxid-Keramik Al_2O_3: $E = 0{,}42 \cdot 10^5\,\text{N/mm}^2$, $R_\text{m} = 350\,\text{N/mm}^2$, $A = 2\%$.

Lösung:

Der glatte ungeschwächte Querschnitt der Achse überträgt in hinreichender Entfernung von der Nut (nach DE SAINT VENANT ca. 70 mm) eine Zugspannung von $\sigma_\text{z} = 137{,}5\,\text{N/mm}^2$, die nominelle Spannung im Kerbquerschnitt beträgt $\sigma_\text{nk} = 163{,}7\,\text{N/mm}^2$.

Wir berechnen die maximale Spannung im Kerbgrund unter der Voraussetzung linear elastischen Materialverhaltens. Mit $d/D = 0{,}91\overline{6}$, $r/t = 1$, $r/d = 0{,}045$ folgt nach Diagramm A7.1 $\alpha_\text{k} = 2{,}648$. Damit wird die maximale Spannung im Kerbgrund nach Gleichung (7.11) $\sigma_\text{max} = \sigma_\text{nk} \cdot \alpha_\text{k} = 433{,}4\,\text{N/mm}^2$.

Die spröde Oxid-Keramik, die sich bis zur Bruchspannung quasi linear elastisch ohne wesentliche Verformung (Bruchdehnung $A = 2\%$) verhält, wird bei dieser Maximalspannung im Kerbgrund durch Gewaltbruch versagen ($\sigma_\text{max} > R_\text{m}$).

Auch wenn für die Aluminium-Legierung die Maximalspannung sogar noch deutlicher über der Bruchspannung liegt, kann daraus nicht auch auf ein Bauteilversagen durch Bruch geschlossen werden, weil für das duktile Material die linear elastische Rechnung über die Ersatzdehngrenze $R_{\text{p}0,2}$ nicht zulässig ist. Dies wird aus Bild 7.11 deutlich: Oberhalb $R_{\text{p}0,2}$ plastifiziert der Kerbgrund, wodurch die lokalen Dehnungen dort zunehmen und sich die Spannungsüberhöhung verringert.

Zur Abschätzung der Tragfähigkeit soll die NEUBER-Regel, Bild 7.13, angewendet werden: Dazu tragen wir in die Spannungs-Dehnungskurve (Fließkurve) des Werkstoffs AlSi1MgSn die nach Gl. (7.16)

$$\varepsilon_\text{max} \cdot \sigma_\text{max} = \frac{\sigma_\text{nk}^2}{E} \cdot \alpha_\text{k}^2 = \text{konst.} = 2{,}847$$

berechnete NEUBER-Hyperbel $\varepsilon = 2{,}847 \cdot \dfrac{1}{\sigma}$, wie auf Bild 7.15 gezeigt, ein.

Der Schnittpunkt der Hyperbel mit der Fließkurve liefert uns die Maximalwerte für Spannung und Dehnung. Wir erkennen, dass die abgelesene Maximalspannung im Kerbgrund mit $\sigma_{max} = 214\,N/mm^2 < R_m = 238\,N/mm^2$ unter der Bruchspannung liegt.

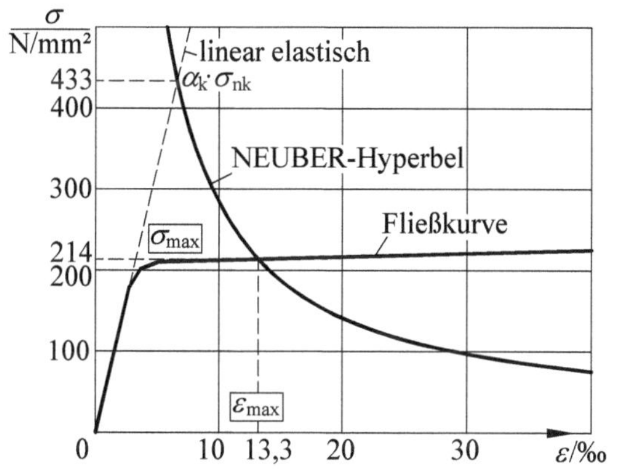

Bild 7.15: Abschätzung von σ_{max} und ε_{max} mit der NEUBER-Regel

Da auch die Dehnung mit $\varepsilon = 1{,}3\,\%$ im Vergleich mit der Bruchdehnung von $A = 17\,\%$ sehr gering ist, können wir davon ausgehen, dass das Bauteil im Kerbgrund standhält.
Das Beispiel zeigt, dass das von der Bruchspannung her schwächere Material durch seine höhere Zähigkeit in der Kerbe eine höhere Belastung ertragen kann, als der spröde Werkstoff. Das wird allerdings durch eine lokale plastische Verformung – in einem sehr kleinen Bereich – erkauft.

7.3.4 Die plastische Stützzahl

Die oben beschriebene Stützwirkung wird nach der FKM-Richtlinie über die *plastische Stützzahl* oder auch *plastische Stützziffer* mittels Berechnung quantitativ erfasst. Die plastische Stützzahl ist definiert zu

$$n_{pl} = \sqrt{\frac{R_{p,max}}{R_p}} \le \alpha_p . \qquad (7.17)$$

In dieser Gleichung ist $R_{p,max}$ eine Konstante, welche die Fließgrenze, bis zu der die plastische Stützzahl $n_{pl} > 1$ möglich sein soll beschreibt. Für Walzstahl und Stahlguss ist nach der Richtlinie $R_{p,max} = 1050\,N/mm^2$, für Gusseisen mit Kugelgraphit ist $R_{p,max} = 320\,N/mm^2$. Die obere Grenze für die plastische Stützzahl ist die *plastische Formzahl* α_p, die das Verhältnis von vollplastischer Traglast zu elastischer Traglast definiert.

Mit der plastischen Stützzahl, Gl. (7.17), wird die *Bauteilfließgrenze* (Fließgrenze des gekerbten Teiles)

$$\sigma_{Fk} = R_p \cdot n_{pl} \qquad (7.18a)$$

$$\tau_{Fk} = \tau_F \cdot n_{pl} \qquad (7.18b)$$

bzw. die *Bauteilfestigkeit* (Bruchgrenze des gekerbten Teiles)

$$\sigma_{Bk} = R_m \cdot n_{pl} \qquad (7.19a)$$

$$\tau_{\mathrm{Bk}} = \tau_{\mathrm{B}} \cdot n_{\mathrm{pl}} \,. \qquad (7.19b)$$

Der Nachweis gegen das Überschreiten der Fließgrenze (zähe Werkstoffe) für die Einzelbeanspruchung wird

$$S_{\mathrm{F}} = \frac{\sigma_{\mathrm{Fk}}}{\sigma_{\mathrm{vorh}}} \geq S_{\mathrm{F\,min}} \qquad (7.20a)$$

$$S_{\mathrm{F}} = \frac{\tau_{\mathrm{Fk}}}{\tau_{\mathrm{vorh}}} \geq S_{\mathrm{F\,min}} \qquad (7.20b)$$

und der Nachweis der statischen Festigkeit gegen Überschreiten der Zugfestigkeit (spröde Werkstoffe)

$$S_{\mathrm{B}} = \frac{\sigma_{\mathrm{Bk}}}{\sigma_{\mathrm{vorh}}} \geq S_{\mathrm{B\,min}} \qquad (7.21a)$$

$$S_{\mathrm{B}} = \frac{\tau_{\mathrm{Bk}}}{\tau_{\mathrm{vorh}}} \geq S_{\mathrm{B\,min}} \qquad (7.21b)$$

berechnet.

Die unter voller Ausnutzung der Grenzwerte für die plastische Stützzahl ermittelten ertragbaren Höchstspannungen lassen eine vollplastische Traglast mit bleibender Verformung zu. Außerdem ist zu beachten, dass bei der Verwendung der Grenzwerte für die plastische Stützzahl durch den entstehenden dreiachsigen Spannungszustand die statische Festigkeit steigt. Damit ist aber auch eine Werkstoffversprödung (Abnahme der Dehnbarkeit) verbunden.

Beispiel 7.4:

Der auf Bild 7.16 abgebildete Wellenabschnitt (Werkstoff 41Cr4) wird durch ein konstant wirkendes Torsionsmoment $M_{\mathrm{t}} = 7500\,\mathrm{Nm}$ beansprucht.

Es ist der statische Festigkeitsnachweis zu führen. Nach den Kriterien „Bei Havarie geringe Schadensfolgen, regelmäßige Inspektionen" wird für die Mindestsicherheit $S_{\mathrm{Fmin}} = 1{,}3$ nach FKM-Richtlinie festgelegt.

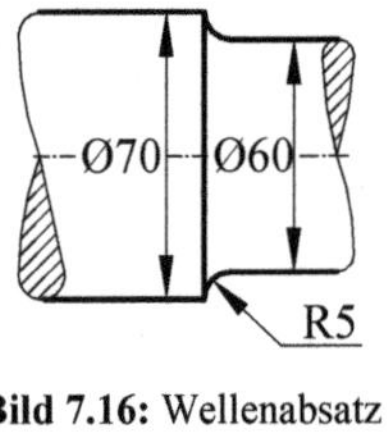

Bild 7.16: Wellenabsatz

Lösung:

Für den vergüteten Werkstoff 41 Cr 4 werden unter Berücksichtigung des Größeneinflusses nach /3/ die folgenden Kennwerte festgelegt:

$R_{\mathrm{m}} = 860\,\mathrm{N/mm^2}$, $R_{\mathrm{e}} = 640\,\mathrm{N/mm^2}$, $\tau_{\mathrm{tF}} = 448\,\mathrm{N/mm^2}$.

Die Nennspannung berechnen wir nach Tabelle 2.1:

$$\tau_{\mathrm{t}} = \frac{M_{\mathrm{t}}}{W_{\mathrm{p}}} = \frac{16 \cdot M_{\mathrm{t}}}{\pi \cdot d^3} = \frac{16 \cdot 6{,}5 \cdot 10^6\,\mathrm{Nmm}}{\pi \cdot 60^3\,\mathrm{mm^3}} = 153\,\mathrm{N/mm^2}.$$

Sollen die statischen Tragreserven zur Berücksichtigung von Belastungsspitzen, wie Anfahrbeschleunigung u.ä. berücksichtigt werden, ist die plastische Stützzahl nach Gl. (7.17)

$$n_{\mathrm{pl}} = \sqrt{\frac{R_{\mathrm{p,max}}}{R_{\mathrm{e}}}} = \sqrt{\frac{1050\,\mathrm{N/mm^2}}{640\,\mathrm{N/mm^2}}} = 1{,}28 < \alpha_{\mathrm{pl}} = 1{,}33.$$

Die Bauteilfließgrenze wird mit Gl. (7.18b)

$$\tau_{\mathrm{Fk}} = \tau_{\mathrm{F}} \cdot n_{\mathrm{pl}} = 448\,\mathrm{N/mm^2} \cdot 1{,}28 = 573\,\mathrm{N/mm^2}.$$

Damit wird die Sicherheit gegen Fließen unter Berücksichtigung der statischen Tragreserve nach Gl. (7.20b)

$$S_{\mathrm{F}} = \frac{\tau_{\mathrm{Fk}}}{\tau_{\mathrm{t}}} = \frac{573\,\mathrm{N/mm^2}}{153\,\mathrm{N/mm^2}} = 3{,}7 > S_{\mathrm{F\,min}}.$$

7.3.5 Kerbeinfluss bei Schwingbeanspruchung

Die besondere Problematik des Kerbeinflusses bei schwingender Beanspruchung ist, dass sich die Formzahl α_{k} bei kleinem Kerbgrundradius und steilem Spannungsgefälle nicht vollständig festigkeitsmindernd auswirkt. Bei Schwingbeanspruchung müsste die Zerstörung im Kerbgrund einsetzen, wenn die auftretende Ausschlagspannung den Wert $\sigma_{\mathrm{a}} = \alpha_{\mathrm{k}} \cdot \sigma_{\mathrm{n}}$ erreicht. Versuche zeigen aber, dass eine höhere Spannungsamplitude ertragen wird. Es wirkt sich demnach nicht der volle Betrag der Spannungsspitze aus. Da man bei der Festigkeitsberechnung von der am glatten Stab ermittelten Wechselfestigkeit ausgeht, wird als *Kerbwirkungszahl* das Verhältnis der Wechselfestigkeit der glatten Probe zur Wechselfestigkeit der gekerbten Probe

$$\beta_{\mathrm{K}} = \frac{\sigma_{\mathrm{W}}}{\sigma_{\mathrm{Wk}}} \tag{7.22}$$

definiert. Aus dem oben Gesagten folgt, dass $1 < \beta_{\mathrm{k}} < \alpha_{\mathrm{k}}$ gelten muss. Dabei bleibt die Kerbwirkungszahl umso mehr hinter der Formzahl zurück, je kleiner der Kerbgrundradius ist.

Aus der umfangreichen einschlägigen Literatur sind zahlreiche Versuche zur Formulierung des Zusammenhanges zwischen der spannungstheoretischen, werkstoffunabhängigen Formzahl α_{k} und der werkstoffabhängigen Kerbwirkungszahl β_{k} bekannt[53].

Wenn die Kerbwirkungszahl nicht experimentell bestimmt werden kann (Dauerversuche mit realen Bauteilen sind zeitraubend und oft sehr schwierig durchführbar), wird in der Regel nach dem auf SIEBEL und STIELER aus dem Jahre 1955 zurückgehenden Vorschlag, basierend auf einer *dynamischen Stützzahl* (auch *Stützziffer*) n_{χ} für die Gestaltfestigkeit

$$n_{\chi} = \frac{\alpha_{\mathrm{k}}}{\beta_{\mathrm{k}}} \tag{7.23}$$

53 In /35/ HAIBACH, E.: „Betriebsfestigkeit“ ist eine umfassende, nach Themen geordnete Zusammenstellung, auch Fachbeiträge und Tagungsberichte enthaltend, zu finden.

gerechnet. Andere – in der Anwendungspraxis bisher kaum berücksichtigte – Vorstellungen zur Erklärung des Zusammenhanges von α_k und β_k gehen von statistisch verteilten Fehlstellen mit dem Ergebnis einer *statistisch begründeten Stützziffer* aus.

Der Einfluss der Verdichtung der Spannungslinien im Kerbgrund wird mit hinreichender Näherung durch das *bezogene Spannungsgefälle* χ dargestellt. Das Spannungsgefälle im Kerbgrund beschreibt die Neigung des Spannungsabfalls an der Spannungsspitze (siehe Bild 7.17) zu

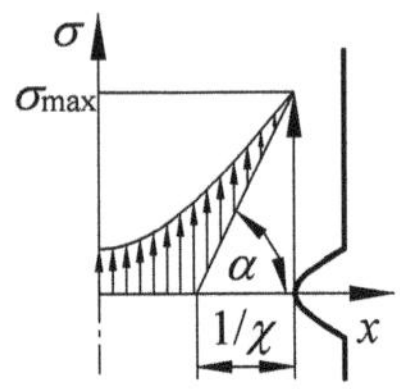

Bild 7.17: Zur Definition des bezogenen Spannungsgefälles

$$\tan\alpha = \frac{d\sigma}{dx} = \chi \cdot \sigma_{\max}\,.$$

Auf den Maximalwert der Spannung bezogen, erhält man das bezogene Spannungsgefälle

$$\chi = \frac{1}{\sigma_{\max}} \cdot \frac{d\sigma}{dx}\,. \qquad (7.24a)$$

bzw.

$$\chi = \frac{1}{\tau_{\max}} \cdot \frac{d\tau}{dx}\,. \qquad (7.24b)$$

Geometrisch können wir, wie aus Bild 7.17 ersichtlich, χ als den Kehrwert der durch die Tangente abgeschnittenen Strecke auf der x-Achse deuten.

Ein Spannungsgefälle mit Stützwirkung ist auch beim ungekerbten Bauteil bei Biege- und Torsionsbeanspruchung vorhanden und überlagert das durch die Kerben hervorgerufene Spannungsgefälle.

Berechnungsgleichungen, basierend auf /3/, sind in Tabelle A7.1 im Anhang gegeben. Das bezogene Spannungsgefälle hängt nur von der Schärfe der Kerbe, d.h. von der Größe des Radius im Kerbgrund r (oft auch ρ), ab. Da nach den Berechnungsgleichungen für χ nach Tabelle A7.1 bei scharfkantigen Kerben ($r = 0$) das bezogene Spannungsgefälle unendlich würde (was praktisch unmöglich ist, da die Spannungslinien im Bogen um die Kerbe laufen) wird i.A. mit $r \geq 0{,}25\ \text{mm}$ gerechnet. Die mit dem bezogenen Spannungsgefälle und der Bruchfestigkeit als Parameter ermittelten dynamischen Stützzahlen für Stahl und Gusseisen (siehe Anlage A7.11) sind im Diagramm, Bild 7.18, gezeigt.

Ist die Stützzahl n_χ bekannt, kann

$$\beta_k = \frac{\alpha_k}{n_\chi} \qquad (7.25)$$

berechnet werden. Für konstruktiv bedingte Kerben liegen die Werte für die Kerbwirkungszahlen zwischen $\beta_k \approx 1{,}2$ (z.B. Wellenübergänge) und $\beta_k \approx 3$ (Nuten für Sicherungsringe).

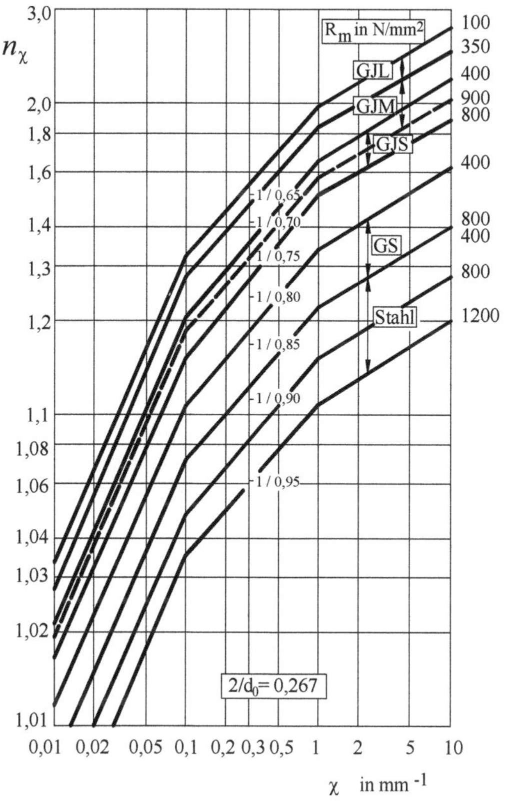

Das Diagramm darf erweitert werden auf $\chi = 100\ \text{mm}^{-1}$.
Zahlenwerte 1/0,065 bis 1/0,095: Unterschied der Wechselfestigkeitskennwerte für Zug-Druck und Biegung, gültig für Werkstoffprobe des Durchmessers $d_0 = 7{,}5$ mm.

Bild 7.18: Die Stützzahl n_χ in Abhängigkeit von bezogenen Spannungsgefälle χ für Stahl und Gusseisen nach FKM-Richtlinie /3/.

Beispiel 7.5:

Für den auf Bild 7.19 abgebildete Abschnitt einer Achse, die wechselnd durch ein Biegemoment und durch eine konstante Zugkraft belastet wird, muss ein statischer und ein dynamischer Festigkeitsnachweis geführt werden.

Für den Dauerfestigkeitsnachweis ist die Kerbwirkungszahl β_k zu berechnen.

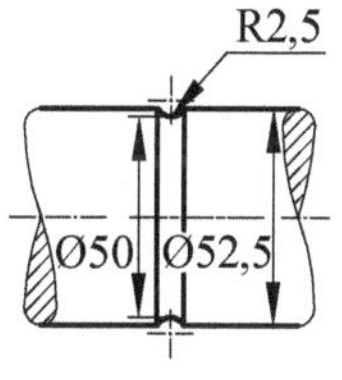

Bild 7.19: Achsenabschnitt mit Nut

Lösung:

Zur Berechnung der Kerbwirkungszahl β_k nach Gl. (7.25) ermitteln wir das bezogene Spannungsverhältnis für die Biegung nach Tabelle A7.11 (Tabellenanhang):

$$\chi = \frac{2}{r} \cdot (1 + \varphi)$$

mit $\varphi = \dfrac{1}{4 \cdot \sqrt{t/r} + 2}$ für $t/d \le 0{,}25$.

Setzen wir die Zahlenwerten ein, wird

$$\chi = \frac{2}{r}\cdot\left(1+\frac{1}{4\cdot\sqrt{t/r}+2}\right) = \frac{2}{2{,}5\,\text{mm}}\cdot\left(1+\frac{1}{4\cdot\sqrt{1{,}25\,\text{mm}/2{,}5\,\text{mm}}+2}\right) = 0{,}97\,\text{mm}^{-1}.$$

Die dynamische Stützzahl n_χ wird in Abhängigkeit von χ aus Bild 7.18 zu $n_\chi \approx 1{,}2$ abgelesen. Damit lässt sich nach Gl. (7.25) mit $\alpha_{\text{kb}} = 2{,}17$, (Diagramm A7.2), die Kerbwirkungszahl berechnen:

$$\beta_{\text{kb}} = \frac{\alpha_{\text{kb}}}{n_\chi} = \frac{2{,}17}{1{,}2} = \underline{1{,}81}.$$

Die vollständige Nachweisrechnung, für die die Spannungsverhältnisse im Kerb eine (von mehreren) wichtige Einflussgröße darstellt, ist nicht Gegenstand dieses Kapitels; auch nicht dieses Lehrbuches. Für daran interessierte Leser sei auf /2/ verwiesen, in dem eine übersichtliche Darstellung der Gesamtproblematik der Festigkeitsnachweise inklusive Übungsbeispiele (mit der vollständigen Lösung auch dieses Beispiels) und weiterführende Literaturhinweise zu finden sind.

7.3.6 Die Kerbwirkung bei spröden Werkstoffen

Wenn wir die oben angesprochenen Festigkeitsveränderungen durch die Kerben besser verstehen wollen, ist es zweckmäßig vom Grenzfall des ideal elastisch- spröden Versagens auszugehen:

Wird an der Kerbspitze die Trennfestigkeit σ_{T} erreicht, bricht der gesamte Querschnitt durch die Wirkung der Hauptspannung $\sigma_1 = \sigma_{\text{max}}$ (Trennbruch; siehe Abschnitt 6.2.2). Damit ergibt sich die *Kerbzugfestigkeit* (ideal elastisch-spröde)

$$R_{\text{mk}} = \frac{R_{\text{m}}}{\alpha_{\text{k}}}. \tag{7.26}$$

Das ist der durch Gleichung (7.11) beschriebene Zusammenhang, der besagt, dass σ_{max} beim ideal elastisch-spröden Bruch der Zugfestigkeit R_{m} des glatten Stabes entspricht – so als ob eine ungekerbte Probe bei dieser Spannung brechen würde. Gemäß Gl. (7.26) nimmt die Differenz zwischen der Kerbzugfestigkeit R_{mk} und der Zugfestigkeit des ungekerbten Stabes R_{m} mit der Kerbschärfe – ausgedrückt durch die Formzahl α_{k} – zu. Dies bestätigt die Aussage, dass spröde Werkstoffe kerbempfindlich sind.

Mit dem so genannten *Kerbfestigkeitsverhältnis* (auch *bezogene Kerbzugfestigkeit* oder *Traglastverhältnis*)

$$\gamma_{\text{k}} = \frac{R_{\text{mk}}}{R_{\text{m}}} \tag{7.27}$$

definiert man den relativen Wert der Kerbzugfestigkeit zur Zugfestigkeit des glatten Stabes. Dieser Quotient liegt bei realen Werkstoffen oberhalb des Grenzwertes $1/\alpha_k$ nach Gl (3.26). Das Kerbfestigkeitsverhältnis hängt neben der Kerbgeometrie vom Werkstoff, dem Werkstoffzustand und der Temperatur ab.

Für $\gamma_k < 1$ sprechen wir von *Kerbentfestigung*, die oft auch als Kerbversprödung bezeichnet wird. Für sie ist die erhöhte Hauptnormalspannung an der Kerbspitze entscheidend.

Werte $\gamma_k > 1$ werden als *Kerbverfestigung* bezeichnet. Die Ursache dafür ist die Behinderung der plastischen Verformung im dreiachsigen Zugspannungszustand des Kerbbereiches bei duktilen Werkstoffen. Die Kerbverfestigung ist somit an die Verhältnisse beim räumlichen Spannungszustand gebunden.

Die höheren Werte für die Kerbzugfestigkeit bei $\gamma_k > 1$ stellen keinen Kennwert der in die Festigkeitsberechnung eingeht dar. Die Kerbzugfestigkeit beschreibt lediglich die Kerbempfindlichkeit des jeweiligen Werkstoffes.

Der Bruch spröder Werkstoffe geht von einem Riss im Kerbrund aus, wenn die maximale Spannung σ_{max}, die Trennfestigkeit σ_T oder die Kerbgrunddehnung ε_{max} das (geringe) Verformungsvermögen übersteigt (siehe hierzu auch Beispiel 7.4). Der Gewaltbruch erfolgt dabei unmittelbar nach dem Einreißen, weil der Riss die Kerbschärfe drastisch erhöht ($\alpha_k > 20$).

Um das Bruchversagen eines gekerbten Bauteiles aus einem spröden Werkstoff mit Sicherheit auszuschließen, gilt mit Gl. (7.26) als *Festigkeitsbedingung gekerbter Bauteile aus spröden Werkstoffen*

$$\sigma_n \le \frac{R_m}{\alpha_k \cdot S_B}. \qquad (7.28)$$

7.4 Das Konzept der Bruchmechanik

7.4.1 Einführung

Bei der Festigkeitsauslegung von Bauteilen muss sichergestellt werden, dass ein zulässiger Spannungswert an keiner Stelle unterschritten wird. Als zulässige Festigkeitskennwerte können – je nach Beanspruchung – die Streckgrenze R_e bzw. $R_{p0,2}$, die Dauerschwingfestigkeit σ_D, eine bestimmte Zeitdehngrenze $R_{p,Tt}$ oder die Zeitstandfestigkeit $R_{m,Tt}$ festgelegt sein.

Dabei liegt den Festigkeitsberechnungen die Annahme zugrunde, dass der Werkstoff im *Ausgangszustand* keine kritischen, unter der Belastung wachstumsfähigen, Fehlstellen enthält, die als vorzeitige Bruchursache infrage kämen. Dies trifft auf die meisten Bauteile allerdings nicht zu. Sie enthalten Trennungen in Form von Lunkern, Schmiedefalten, Risse in Gussteilen, Eigenspannungs- und Härterisse oder Einbrandkerben in Schweißnähten bereits im Ausgangszustand. Dazu kommen Anrisse in Folge von Überlastung oder Trennungen durch Korrosion.

Der Anlass sich mit den Vorgängen beim plötzlichen Bruch von Bauteilen, dem sog. Gewaltbruch oder auch katastrophalen Bruch, intensiv zu beschäftigen, ergab sich – wie oft in der Technikgeschichte – durch spektakuläre Unfälle.

Im zweiten Weltkrieg traten an etwa 20% der von den Allierten in großer Zahl gebauten Liberty-Schiffen Schäden infolge Sprödbruchs an den Schweißnähten auf, die z.T. zum völligen Auseinanderbrechen des Schiffskörpers führten.

Mitte der 50er Jahre des 20. Jahrhunderts musste das damals erste Passagierflugzeug mit Stahltriebwerken, die deHavilland „Comet1", nach spektakulären Unfällen mit dem Verlust vieler Menschenleben 1954 aus dem Verkehr gezogen werden. Die Ursache für diese Unfälle waren von den Fensteröffnungen ausgehende Ermüdungsbrüche des damals neuen hochfesten Aluminiums.

Bis heute gibt es ähnliche Schwierigkeiten im Zusammenhang mit Brüchen bei Druckbehältern, Brücken, Erdölplattformen und -leitungen, Turbinenwellen; so z.B. das ICE Eisenbahnunglück 1998 bei Eschede als Folge eines gebrochenen Radreifens.

Das gemeinsame Merkmal dieser Schäden ist der verformungslose Gewaltbruch, der zu der Fragestellung nach den Bedingungen unter denen sich ein solcher Sprödbruch einstellt, führt.

Die Gründe dafür sind meistens Material- oder Bauteilfehler, der Einsatz von nicht geeignetem Material mit zu geringen Festigkeitseigenschaften oder unzureichende Auslegung der Konstruktion gegenüber den tatsächlichen Lasten.

Die theoretischen Grundlagen schuf der Brite A. A. GRIFFITH[54] 1920/21 mit einem Energieansatz der Bruchmechanik für ideal sprödes Material. Um seine Theorie experimentell zu untermauern, arbeitete er mit Glasstäben.

Mit der Erkenntnis, dass die Ergebnisse der jahrzehntelang relativ unbeachteten Arbeit von GRIFFITH nicht nur für die klassisch spröden Materialien wie Glas oder Keramik, sondern auch zur Beschreibung von Metallen, die bei niedrigen Temperaturen stark an Duktilität verloren, Gültigkeit besitzen, und der Modifikation des Sprödbruchkriteriums für ideal spröde Stoffe gelang es IRWIN[55] 1957 die Grundlagen für die *linear elastische Bruchmechanik* (LEBM) zu erstellen. Er erkannte die fundamentale Ähnlichkeit der singulären Spannungsfelder an den Rissen und nutzte die *Intensitäten* dieser Felder für die bruchmechanische Bewertung.

Im Zusammenhang mit der verbesserten Empfindlichkeit der zerstörungsfreien Werkstoffprüfmethoden erkannte man, dass in metallischen Bauteilen Risse nicht ausgeschlossen werden können und dass die Forderung nach Rissfreiheit unrealistisch ist.

Die minimale anzunehmende Fehlergröße – üblicherweise ca. 1 mm – ist durch den zerstörungsfrei messbaren Wert gegeben. Werkstoffe, deren kritische Fehlergröße unterhalb der zerstörungsfreien Nachweisgrenze liegt (z.B. keramische Materialien) sind als Konstruktionswerkstoffe nicht geeignet und nur für geringe Belastungen bei Ausschluss von Folgeschäden einzusetzen.

Im Unterschied zum Bruchversagen rissbehafteter Bauteile sehr weicher duktiler Werkstoffe, bei denen für die Grenztragfähigkeit $F_{max} < R_m \cdot A_{eff}$ gilt, stellt man in angerissenen Bautei-

---

[54] ALAN ARNOLD GRIFFITH, 1893–1963, britischer Ingenieur, Bruchmechanikpionier.

[55] GEORGE RANKINE IRWIN, 1907–1998, amerikanischer Ingenieur, Bruchmechanikpionier.

len und Proben aus technischen Werkstoffen meist eine Bruchspannung fest, die sogar unter der Streckgrenze R_e ($R_{p0,2}$) liegt. Daraus ergibt sich für die Bruchmechanik die Aufgabe eine sichere Festigkeitsrechnung rissbehafteter Bauteile zu gewährleisten. Das heißt u.a.

- Bereitstellung von Kennwerten zur sicheren Bauteilauslegung
- Sicherheitsbewertung rissbehafteter Bauteile während des Betriebes
- Vorhersagen zu den Auswirkungen der Rissausbreitung an Bauteilen und Anlagen
- Schadensanalyse von Bruchschäden.

Wenn nach dem Auftreten eines Risses mit dem Versagen zu rechnen ist, so wird unter dem Sicherheitsaspekt unter Beantwortung der Fragestellungen

- nach der Resttragfähigkeit des angerissenen Bauteils
- der Ausbreitung des Anrisses im Bauteil
- der Haltbarkeitsverlängerung durch Rücknahme der Beanspruchung

ein weiterer Schadenstoleranznachweis gefordert. Genehmigungsrechtlich vorgeschrieben sind bruchmechanische Sicherheitsnachweise für

- Konstruktionen und Anlagen mit extrem hohen sicherheitstechnischen Anforderungen zum Schutz von Menschen und Umwelt wie Brücken, Kraftwerksanlagen, in der Kerntechnik, der Luft- und Raumfahrt.
- Bauteile mit hoher Zuverlässigkeit und Lebensdauer, z.B. Turbinenschaufeln, Eisenbahnräder etc.

Die bruchmechanischen Berechnungen werden maßgeblich durch die Duktilität des Werkstoffes, die den Plastifizierungsgrad in der Rissumgebung bestimmt, festgelegt. Prinzipiell lassen sich zwei Berechnungskonzepte unterscheiden:

Ist die plastische Zone vor der Rissspitze klein gegenüber den Riss- und Bauteilabmessungen, geht man von einem *linear elastischen* Ansatz aus (LEBM). Der Beanspruchungszustand wird durch das elastische Spannungsfeld außerhalb der plastischen Zone bestimmt.

Beim *elastisch-plastischen Bruchmechanikkonzept* (EPBM) kann der Beanspruchungszustand im Bereich der Rissspitze nicht mehr durch das elastische Spannungsumfeld außerhalb der ausgedehnten Fließbereiche vor der Rissspitze beschrieben werden. Für diesen Fall kommen Methoden der *Fließbruchmechanik* (FBM) zur Anwendung[56]

7.4.2 Linear elastische Bruchmechanik

Auch in der Umgebung von Rissen baut sich, wie schon bei den Kerben festgestellt, ein mehrachsiger Spannungszustand auf. Das bedeutet, dass eine einfache Rechnung mit Nennspannungen die komplexen Verhältnisse mit Spannungsüberhöhung bei einem mehrachsigen Spannungszustand vor der Rissspitze nicht darstellen kann. Die allgemeine Forderung nach dem Ausschluss von Fließen wird durch die Forderung, dass bei gegebener Spannung eine

---

[56] In der Bruchmechanik werden (häufig auch in der deutschsprachigen Literatur) auch für die Längen die Zeichen der angloamerikanischen Literatur übernommen. Der Autor macht in diesem Kapitel, das einführenden Charakter hat, im Interesse des weitgehend einheitlichen Bezeichnungsaufbaus des Lehrbuches davon nicht Gebrauch.

bestimmte Risslänge nicht überschritten werden darf, ergänzt. Die Umkehrung hierzu bedeutet, dass für eine vorhandene Risslänge eine Grenzspannung sicher unterschritten werden muss, wenn ein Bruch verhindert werden soll. Dabei ist eine plastische Verformung in der engen Rissumgebung zugelassen.

Mit kleiner werdendem Kerbradius, dem Übergang von der Kerbe zum Riss, liegt an der Rissspitze eine mathematische Singularität vor. Diese ist zur Beschreibung der Beanspruchung nicht brauchbar. Die Konsequenz daraus ist die Definition der auf IRWIN zurückgehenden *Spannungsintensität* zur bruchmechanischen Bewertung. IRWIN hat dabei drei Grundformen (Moden) der Beanspruchung von Rissen (siehe Bild 7.20), die drei voneinander unabhängige Bewegungsmöglichkeiten der Rissflächen gegeneinander darstellen, unterschieden:

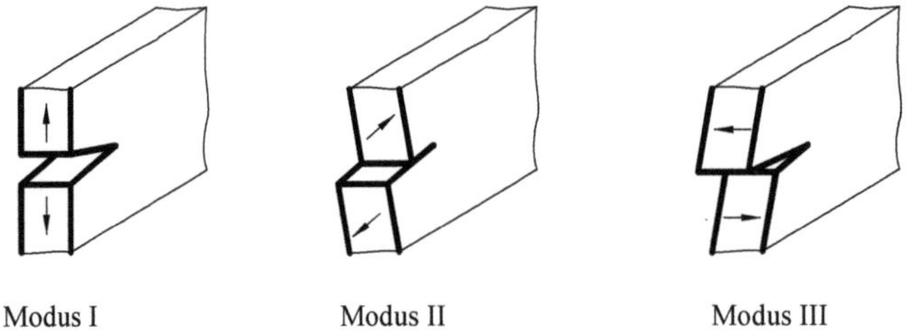

Bild 7.20: Grundformen der Rissöffnung nach IRWIN

- **Modus I** *Normalkraftmodus* auch *Öffnungsmodus* (engl. opening mode): Öffnen der Rissufer unter Zugspannungen senkrecht zur Rissebene durch reine Normalbelastungen.
- **Modus II** *Längsschubmodus* auch *ebener Schermodus* (engl. *sliding mode*): Abgleiten der Rissufer unter Schubspannung in Ligamentrichtung durch reine Querkraftbelastung.
- **Modus III** *Querschubmodus* auch *nicht ebener Schermodus* (engl. *tearing mode*): Verschieben der Rissufer unter Schubbeanspruchung parallel zur Rissfront durch Torsion.

Die singulären Spannungsfelder der drei Arten der Rissöffnung werden hinsichtlich ihrer Intensität durch jeweils einen Wert, den so genannten *Spannungsintensitätsfaktor* K [57], der in der linear elastischen Bruchmechanik eine dominierende Rolle spielt, beschrieben.

Da beim Rissfortschritt Energiebilanzen eine große Rolle spielen und die in Reibung umgesetzte Arbeit der Modi II und III für den Rissfortschritt nicht mehr zu Verfügung steht, wächst der Riss im Modus I bei geringeren Lasten, als bei den beiden anderen Modi. Deshalb richtet sich der Riss bei homogenem Werkstoff und Spannungsfeld – unabhängig von seiner Anfangsausrichtung – im Laufe des Rissfortschritts in den Modus I senkrecht zur Hauptnormalspannung aus. Aus diesem Grunde ist dieser Modus sowie die größte Hauptnormalspannung σ_1 von besonderem technischen Interesse.

Wir betrachten eine unendlich ausgedehnte Scheibe der Dicke 1 mit Mittelriss der Länge $2a$ im Modus I nach Bild 7.21a.

---

[57] Für gegebene äußere Beanspruchung σ und vorliegenden Anriss a ist die Spannungsintensität eine konstante Größe. Da sie der Spannung vor der Rissspitze proportional ist, stellt sie eine geeignete Größe für die Bewertung des Brucheintritts dar.

Unter Vernachlässigung der in der Rissspitze kleinen Glieder lässt sich aus der analytischen Berechnung des Spannungszustandes für das Nahfeld an den Rissspitzen (*Rissspitzenfeld, asymptotisches Nahfeld*) die folgende von SNEDDON[58] abgeleitete Näherungsgleichung angeben:

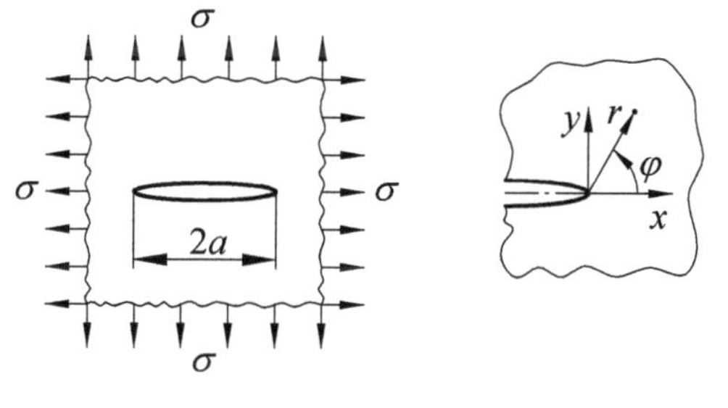

a) belastete Scheibe b) Koordinatensystem an der Rissspitze

Bild 7.21: Zugbelastete Scheibe mit Innenriss

$$\begin{bmatrix} \sigma_{xx} \\ \sigma_{yy} \\ \tau_{xy} \end{bmatrix} = \frac{K_I}{\sqrt{2 \cdot \pi \cdot r}} \cdot \begin{bmatrix} \cos\frac{\varphi}{2} \cdot \left(1 - \sin\frac{\varphi}{2} \cdot \sin\frac{3\varphi}{2}\right) \\ \cos\frac{\varphi}{2} \cdot \left(1 + \sin\frac{\varphi}{2} \cdot \sin\frac{3\varphi}{2}\right) \\ \cos\frac{\varphi}{2} \cdot \sin\frac{\varphi}{2} \cdot \cos\frac{3\varphi}{2} \end{bmatrix}. \tag{7.29}$$

In der Gl. (7.29) sind r und φ gemäß Bild 7.21b die Polarkoordinaten.

Wie aus der KIRSCHschen Lösung (Abschnitt 7.2) bekannt, ist einem Kreisloch die Formzahl $\alpha_k = 3$ zuzuordnen. Wird aus dem Kreis eine Ellipse mit der großen Halbachse a und b der kleinen Halbachse, dann steigt die Kerbzahl mit dem Verhältnis a/b. Lassen wir b gegen Null laufen, so wird aus der auf Bild 7.21a gezeigten schlitzförmigen Ellipse ein Riss der mit Länge $2a$, der so genannte GRIFFITH-Riss. Die Spannungsspitzen – umgekehrt zum Radius – werden unendlich, wenn der Radius gegen Null geht.

Die Spannungsintensität K, die ein Maß für die lokale Spannungsüberhöhung und den mehrachsigen Spannungszustand in der Rissumgebung darstellt (und keine Spannung ist) wird für den Modus I zu

$$K_I = \sigma \cdot \sqrt{\pi \cdot a} \cdot Y \tag{7.30}$$

definiert.

---

58 IAN NAISMITH SNEDDON, 1919–2000, irischer Mathematiker u. Physiker.

Dieser Kennwert, bei dessen Erreichen im rissbehafteten Bauteil der Bruch eintreten kann, hängt also nur von der Geometrie des Körpers und der des Risses sowie linear von der äußeren Belastung ab. Er hat die wenig anschauliche Maßeinheit Spannung $\cdot$ Länge$^{1/2}$ bzw. Kraft/Länge$^{3/2}$; es gilt $1\text{MPa}\cdot\sqrt{\text{m}} = 1\text{MN}/\text{m}^{3/2}$.
In der Gleichung (7.30) ist σ (auch als σ_∞ bezeichnet) eine Nennspannung im Fernfeld des Risses. Der Proportionalitätsfaktor, auch *Geometriefaktor* genannt, wird in der Literatur neben Y auch mit β (manchmal auch mit α) bezeichnet. Er resultiert aus der dimensionslosen Korrekturfunktion, die die für eine unendliche Scheibe gültige Beziehung auf reale Bauteile mit verschiedenen Risskonfigurationen anpasst. Der Faktor beschreibt die Risslage und -form und berücksichtigt das Verhältnis der Risslänge zur Breite des Bauteils (Probe). Für $a << b$ (Tabelle 7.1) ist der Geometriefaktor Y eine konstante Größe.
Die exakte Ermittlung der Spannungsintensitäten ist für die praktische Anwendung mit realen Strukturen nur mit aufwendigen mathematischen Methoden analytisch (komplexe Spannungsfunktionen) oder numerisch (FEM, BEM[59]) zu realisieren[60].
Wegen der zugrunde gelegten elastischen Stoffgesetze für kleine Verformungen ist das Randwertproblem linear und wir können die Intensitäten für verschiedene Belastungsfälle bei gleichem Rissmodus addieren.

Aufgabe des Ingenieurs ist es nun, die realen Probleme auf die in den Handbüchern zusammengestellten Modellfälle zurückzuführen, um Näherungslösungen – häufig mit Hilfe des Superpositionsprinzips – zu gewinnen.

Um beurteilen zu können, ab welcher Länge ein Riss wachstumsfähig ist und zum Gewaltbruch führt oder bei welcher Spannung ein vorhandener Riss Bauteilversagen herbeiführt, ist ein kritischer Wert für die Spannungsintensität zu definieren:

Setzen wir in Gl. (7.30) die *Bruch-* oder *Restfestigkeit* σ_c (auch σ_B) der Probe mit eingebrachtem definierten Riss und die Ausgangsrisslänge ein, berechnen wir damit in Kombination von Nennspannung und Ausgangsrisslänge den kritischen Wert

$$K_c = \sigma_c \cdot \sqrt{\pi \cdot a} \cdot Y\,, \tag{7.31}$$

der als *kritischer Spannungsintensitätsfaktor* K_c oder auch als *Bruch- bzw. Risszähigkeit* bezeichnet wird.

Tabelle 7.1 gibt für einige Beispiele häufig anzutreffender Rissgeometrien die Berechnungsgleichungen und Geometriefaktoren wieder.

Bei Erreichen des kritischen Wertes K_c wird der Beginn der instabilen Rissausbreitung (Risseinleitung) eines zunächst ruhenden Risses als *statisches Bruchkriterium* zu

$$K_I = \begin{cases} K_{Ic} & \text{bei EVZ für dicke Bauteile} \\ K_I & \text{bei ESZ für dünne Bauteile} \end{cases} \tag{7.32}$$

definiert.

59 BEM: ‹engl.› Boundary-Element-Method; Randelementemethode.

60 Siehe hierzu /45/.

Tabelle 7.1: Geometriefaktoren Y[61]

Geometrie	Gleichung	Faktor
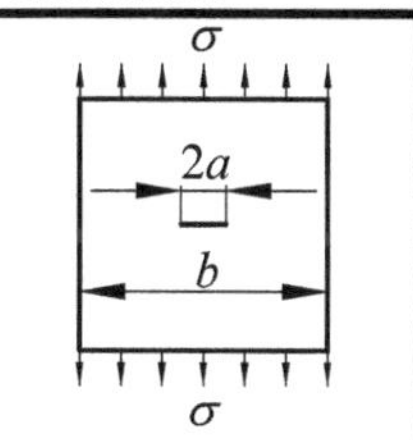	$Y = \left(\cos\frac{\pi \cdot a}{b}\right)^{-0,5}$	$Y = 1$
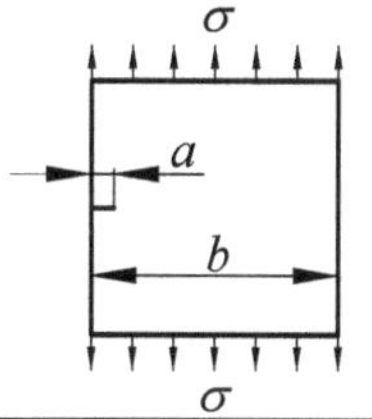	$Y = 1{,}12 - 0{,}23\frac{a}{b} + 10{,}56\left(\frac{a}{b}\right)^2 - 21{,}74\left(\frac{a}{b}\right)^3 + 30{,}42\left(\frac{a}{b}\right)^4$	$Y = 1{,}1215$
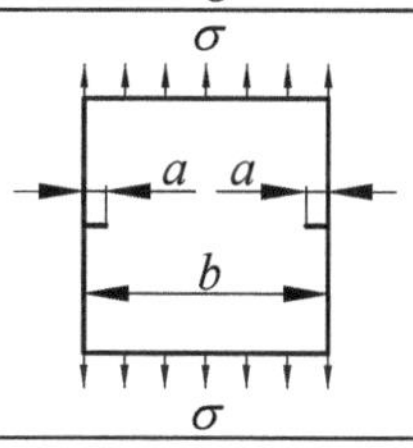	$Y = 1{,}12 + 0{,}43\frac{a}{b} - 4{,}79\left(\frac{a}{b}\right)^2 - 15{,}46\left(\frac{a}{b}\right)^3$	$Y = 1{,}1215$

Konvention: Die Länge von Oberflächenrissen wird mit a, die von Innenrissen mit $2a$ angegeben.

Dabei ist die *Risszähigkeit* K_{Ic} eine aus Versuchen ermittelte Werkstoffkonstante, die für eine Vielzahl von Modellfällen gewöhnlich aus einschlägigen Handbüchern entnommen werden kann. Der Spannungsintensitätsfaktor K_{I} ist eine von der Dicke des Bauteils und vom Werkstoff abhängende variable Größe. Versuche zeigen, dass der K_{c}-Wert, mit der Größe der Wanddicke abnimmt, bis er in den K_{Ic}-Wert einmündet.

Das Restfestigkeitsproblem besteht also als Gleichgewichtsbedingung in der Abschätzung von $\sigma \le \sigma_{\mathrm{c}}$.

Wenn wir durch eine zerstörungsfreie Prüfung z.B. einen Riss im Bauteil feststellen, können wir aus der festgestellten Lage und der vermessenen Risslänge den Geometriefaktor Y ermitteln und bei bekannter Nennspannung σ den Spannungsintensitätsfaktor K berechnen. Ist dieser kleiner, als die Bruchzähigkeit K_{c}, tritt kein Bruch auf.

Um die Abhängigkeit der Restfestigkeit σ_{c} von der Risslänge a zu zeigen, stellen wir die Gleichung (7.31) nach der Festigkeit um

$$\sigma_{\mathrm{c}} = \frac{K_{\mathrm{c}}}{Y \cdot \sqrt{\pi}} \cdot \frac{1}{\sqrt{a}}. \qquad (7.33)$$

61 Anmerkung: In der amerikanischen ASTM-Norm entspricht $b \equiv W$ (width). Diese Schreibweise wird auch in der deutschsprachigen Literatur zur Bruchmechanik in der Regel übernommen.

Die mit Gl. (7.33) beschriebenen Zusammenhänge sind für Y = konst. auf Bild 7.22 dargestellt. Wie zu sehen, kann bei spröden Werkstoffen mit dem hohen Streckgrenzenverhältnis R_e / R_m die Restfestigkeit einer angerissenen Probe die Streckgrenze des rissfreien Materials schon bei relativ geringen Risslängen $a > a_{Re}$ unterschreiten.

Bei bekanntem K_c-Wert lässt sich – innerhalb der Gültigkeitskriterien der LEBM – für einen vorhandenen Riss mit bekannter Risslänge a die tatsächliche Restfestigkeit σ_c zu

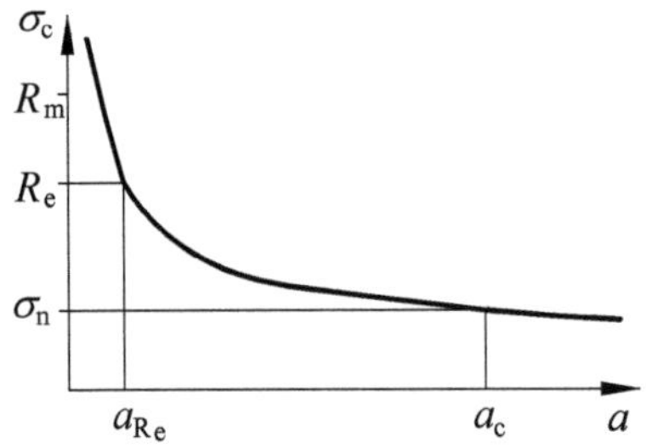

Bild 7.22: Restfestigkeit R_m in Abhängigkeit von der Risslänge a

$$\sigma_c = \frac{K_c}{Y \cdot \sqrt{\pi \cdot a}} \overset{!}{>>} \sigma_n \tag{7.34}$$

und die *kritische Risslänge* a_c für eine konstante anliegende Nennspannung zu

$$a_c = \frac{1}{\pi}\left(\frac{K_c}{Y \cdot \sigma_n}\right)^2 \overset{!}{>>} a \tag{7.35}$$

angeben. Risslängen $a < a_{Re}$ (siehe Bild 7.22) erfordern keine bruchmechanische Auslegung, da für Festigkeitsberechnungen das Kriterium $\sigma_V < R_e$ einzuhalten ist.

Da die K_{Ic}-Werte von zahlreichen Faktoren, wie der Werkstoffvorgeschichte oder der Wärmebehandlung bestimmt werden, sollte man – wenn zuverlässige Zahlen benötigt werden – die Werte direkt bestimmen.

Eine Übersicht für typische Bruchzähigkeiten von Metallen und keramischen Werkstoffen gibt die Tabelle 7.2.

Ergänzend ist noch zu erwähnen, dass – abhängig von der Belastung und den Materialeigenschaften – auch für $K_I < K_{Ic}$ ein Risswachstum, so genanntes *unterkritisches Risswachstum*, auftreten kann. Dies können wir z.B. bei Stählen unter zyklischer Belastung oder bei statischer Belastung bei Keramiken und verschiedenen Kunststoffen beobachten.

In diesen Fällen tritt ein Bruch durch Rissverlängerung ein, bis nach einer kritischen Zyklenzahl bzw. Belastungszeit der Spannungsintensitätsfaktor K_I den kritischen Wert K_{Ic} erreicht.

Die vorstehenden Ausführungen hinsichtlich der Spannungsfaktoren sind nur für den linear elastischen Bereich gültig. Es muss also für die Anwendung des Bruchkriteriums nach Gleichung (7.32) auf technische Werkstoffe sichergestellt werden, dass plastische Zonen im Bereich der Rissspitze klein gegenüber den sonstigen Abmessungen sind.

Tabelle 7.2: Risszähigkeit für verschiedene Metalle und keramische Werkstoffe bei Raumtemperatur nach /14/[62],

Werkstoff	K_{Ic} in $MPa \cdot \sqrt{m}$
reine duktile Metalle (z.B. Cu, Ni, Ag, Al)	100 ··· 350
Rotorstähle	204 ··· 214
Druckbehälterstähle	170
Hochfeste Stähle	50 ··· 154
Niedrig Legierte Stähle	140
Ti-Legierungen	55 ··· 115
Stähle mit mittlerem C-Gehalt	51
Al-Legierungen	23 ··· 45
Gusseisen	6 ··· 20
$SiN4_4$	4 ··· 5
Al_2O_3	3 ··· 5
MgO	3
SiC	3

Für die Abschätzung der Größe der plastischen Zone existieren zahlreiche Modelle auf theoretischer und experimenteller Basis.

Für die folgenden Annahmen:

- elastisch-ideal plastisches Werkstoffverhalten
- Fließen tritt ein, wenn die Vergleichsspannung σ_{VGEH} die Streckgrenze R_e erreicht
- der elastische Spannungszustand außerhalb der Fließzone lässt sich durch die SNEDDON-Gleichungen (7.29) beschreiben

ergeben die z.T. unterschiedlichen Ergebnisse für die Ausdehnung in der Rissebene d_{pl} weitgehend übereinstimmend

$$d_{pl} \approx \frac{1}{2\pi} \cdot \left(\frac{K_I}{R_e} \right)^2 \tag{7.36}$$

bzw. für den Maximalwert, wenn $K_I = K_{Ic}$

$$d_{plmax} \approx \frac{1}{2\pi} \cdot \left(\frac{K_{Ic}}{R_e} \right)^2 . \tag{7.37}$$

Die Temperatur spielt bei der Zuordnung zum Berechnungsverfahren eine wichtige Rolle. Werkstoffe, die bei tieferen Temperaturen nach der LEBM zu berechnen sind, zeigen bei höheren Temperaturen oft ein ausgeprägt plastisches Verhalten.

[62] Aus M.F. ASHBY, D.R.H. JONES: Engineering Materials 1, Pergamon Press, Oxford, 1991.

Auf der Grundlage zahlreicher Untersuchungen zur Temperaturabhängigkeit der Bruchzähigkeit K_{Ic} lassen sich bezüglich der Kleinstwerte bei Raumtemperaturen bis ca. –175°C nach HECKEL /38/ die unteren Grenzwerte, die „nur selten unterschritten" werden, angeben[63]:

$$\left.\begin{array}{l}\text{Stähle}\\ \text{hochfeste Stähle}\\ \text{martensitaushärtende Stähle}\end{array}\right\} \quad K_{\text{Ic}} = 800\,\text{N}/\text{mm}^{3/2}$$

$$\text{Titanlegierungen} \qquad K_{\text{Ic}} = 1000\,\text{N}/\text{mm}^{3/2}$$

$$\text{Aluminiumlegierungen} \qquad K_{\text{Ic}} = 600\,\text{N}/\text{mm}^{3/2}\,.$$

Beispiel 7.6:

Für eine auf Zug beanspruchte Scheibe der Länge $l = 650\,\text{mm}$, $b = 300\,\text{mm}$, Bild 7.23, soll eine Werkstoffauswahl unter dem Gesichtspunkt des *K*-Konzeptes getroffen werden.

a) Bei einer Belastung von $F = 380\,\text{kN}$ sind die erforderlichen Blechdicken für eine Nennspannung[64] von $\sigma_{\text{n}} \approx 0{,}8 \cdot R_{\text{e}}$ festzulegen und die jeweiligen Massen anzugeben.

b) Für die anliegenden Nennspannungen sind für einen einseitigen Randanriss, siehe Bild 7.23, die jeweils kritischen Risslängen a_{c} zu berechnen.

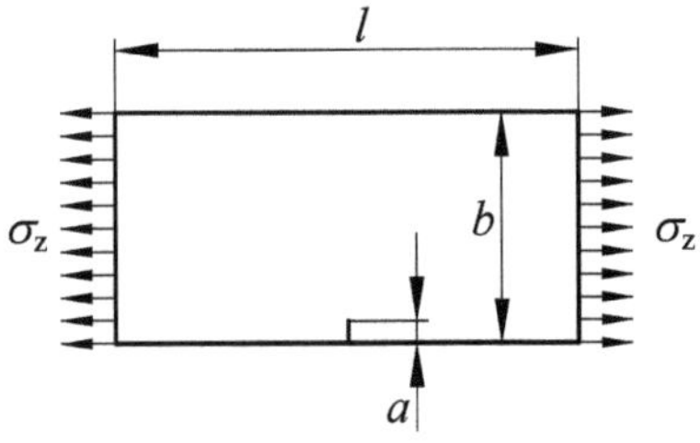

Bild 7.23: Zugbelastete Scheibe mit Seitenanriss

c) Für eine nachweisbare Risslänge von $a = 1\,\text{mm}$ ist ein Sicherheitsfaktor bezüglich der Betriebsspannung (Nennspannung) gegenüber der Restfestigkeit anzugeben.

Es stehen die folgenden Werkstoffe zur Auswahl:

– **1.** 30CrNiMo8 $R_{\text{p0,2}} = 1050\,\text{MPa}$, $R_{\text{m}} = 1250\,\text{MPa}$, $K_{\text{Ic}} = 115\,\text{MPa} \cdot \text{m}^{1/2}$

– **2.** TiAl6V4 $R_{\text{e}} = 840\,\text{MPa}$, $R_{\text{m}} = 910\,\text{MPa}$, $K_{\text{Ic}} = 79\,\text{MPa} \cdot \text{m}^{1/2}$

– **3.** AlZnMgCu1,5F53 $R_{\text{p0,2}} = 460\,\text{MPa}$, $R_{\text{m}} = 530\,\text{MPa}$, $K_{\text{Ic}} = 30\,\text{MPa} \cdot \text{m}^{1/2}$

Lösung:

a) Die erforderlichen Blechdicken für die verschiedenen Werkstoffe berechnen wir aus

$$\sigma_{\text{z}} = 0{,}8 \cdot R_{\text{e}} = \frac{F}{b \cdot s} \quad \Rightarrow \quad s_{\text{erf}} = \frac{F}{0{,}8 \cdot R_{\text{e}} \cdot b} \quad \left\{ \begin{array}{l} s_{\text{erf1}} = 15{,}1\,\text{mm} \quad \Rightarrow \quad s_1 = 15\,\text{mm} \\ s_{\text{erf2}} = 18{,}8\,\text{mm} \quad \Rightarrow \quad s_2 = 19\,\text{mm} \\ s_{\text{erf3}} = 34{,}4\,\text{mm} \quad \Rightarrow \quad s_3 = 35\,\text{mm}. \end{array} \right.$$

---

63 $1\,\text{N}/\text{mm}^{3/2} = 0{,}0316\,\text{MPa} \cdot \sqrt{\text{m}}$.

64 Die Nennspannungen werden im Gegensatz zu den *nominellen Spannungen* in der Kerbspannungslehre durch den ungeschwächten Bruttoquerschnitt definiert.

Damit ergeben sich für die Massen

$$m = l \cdot b \cdot s \cdot \rho \quad \begin{cases} \rho_1 = 7{,}8\,\mathrm{g/cm^3} & \Rightarrow \quad m_1 = 22{,}8\,\mathrm{kg} \\ \rho_2 = 4{,}5\,\mathrm{g/cm^3} & \Rightarrow \quad m_2 = 16{,}7\,\mathrm{kg} \\ \rho_3 = 2{,}7\,\mathrm{g/cm^3} & \Rightarrow \quad m_3 = 18{,}4\,\mathrm{kg}. \end{cases}$$

b) Die kritischen Risslängen werden mit den K_{Ic}-Werten der Aufgabenstellung, dem Formfaktor $Y = 1{,}1215$ nach Tabelle 7.1 und Gl. (7.35)

$$a_\mathrm{c} = \frac{1}{\pi}\left(\frac{K_{\mathrm{Ic}}}{Y \cdot \sigma_\mathrm{n}}\right)^2 \quad \begin{cases} a_{\mathrm{c}1} = 5{,}3\,\mathrm{mm} \\ a_{\mathrm{c}2} = 3{,}6\,\mathrm{mm} \\ a_{\mathrm{c}3} = 1{,}7\,\mathrm{mm}. \end{cases}$$

Für die Risslänge von $a = 1\,\mathrm{mm}$ berechnen wir mit Gl. (7.34) die Restfestigkeiten

$$\sigma_\mathrm{c} = \frac{K_{\mathrm{Ic}}}{Y \cdot \sqrt{\pi \cdot a}} \quad \begin{cases} \sigma_{\mathrm{c}1} = 1829\,\mathrm{MPa} \\ \sigma_{\mathrm{c}2} = 1256\,\mathrm{MPa} \\ \sigma_{\mathrm{c}3} = \ 477\,\mathrm{MPa}, \end{cases}$$

die Betriebsspannungen

$$\sigma_\mathrm{z} = \sigma_\mathrm{n} = \frac{F}{b \cdot s} \quad \begin{cases} \sigma_{\mathrm{n}1} = 845\,\mathrm{MPa} \\ \sigma_{\mathrm{n}2} = 667\,\mathrm{MPa} \\ \sigma_{\mathrm{n}3} = \ 362\,\mathrm{MPa} \end{cases}$$

und damit die Sicherheit bezüglich der Betriebsspannung

$$S = \frac{\sigma_\mathrm{c}}{\sigma_\mathrm{n}} \quad \begin{cases} S_1 = 2{,}16 \\ S_2 = 1{,}88 \\ S_3 = 1{,}32. \end{cases}$$

Ohne die Berücksichtigung der Materialkosten zeigt für die vorgegebene Randbedingung $\sigma_\mathrm{n} \approx 0{,}8 \cdot R_\mathrm{e}$ der Vergütungsstahl 30CrNiMo8, die Variante mit der größten Masse ($m_1 = 1{,}66 \cdot m_2$), als die Lösung mit der die größten Risse möglich sind ($a_{\mathrm{c}1} = 1{,}47 \cdot a_{\mathrm{c}2}$) und – wenn man eine vergleichbare Risslänge zugrunde legt – mit dem größten Sicherheitsfaktor ($S_1 = 1{,}15 \cdot S_2$). Die Vergleichswerte in Klammern beziehen sich dabei auf den massegünstigsten Werkstoff, die Titanlegierung.

Bei Berücksichtigung anderer Prämissen, z.B. konstante Massen, geringste Massen, geringste Kosten, sind auch andere Ergebnisse zu erwarten.

7.4.3 Das elastisch-plastische Bruchmechanikkonzept

Mit zunehmender Belastung eines rissbehafteten Bauteiles stumpft die Rissspitze infolge der Plastifizierung dieses Bereiches zunehmend ab und der Riss öffnet sich. Dies führt zum Anwachsen des plastischen Bereiches, was je nach Werkstoff zur völligen Durchplastifizierung führen kann. Bei einer bestimmten kritischen Belastung beginnt der Riss zu wachsen. Wenn das Fließen dann nicht mehr in einem sehr kleinen Bereich stattfindet, sind die Konzepte der linear elastischen Bruchmechanik nicht mehr anwendbar. Für diesen Fall sind Konzepte und Parameter gefragt, die dem in größerem Bereich auftretenden plastischen Materialverhalten Rechnung tragen. Es kommen Methoden der Fließbruchmechanik (FBM) zur Anwendung. Allerdings darf die plastische Zone auch für die Anwendung der FBM nicht beliebig groß sein. Das plastische Verhalten muss auch hier um die Rissspitze beschränkt und maßgeblich durch ein umgebendes elastisches Spannungsfeld bestimmt sein.

Zur Charakterisierung dieses Beanspruchungszustandes haben sich in der elastisch-plastischen Bruchmechanik zwei alternative Konzepte durchgesetzt.

Das eine ist das von WELLS[65] 1961 vorgeschlagene, eher experimentell begründete, CTOD-Konzept. Bei diesem Konzept wird die Rissöffnungsverschiebung CTOD (engl. crack tip opening displacement) zur Formulierung des Bruchkriteriums zugrunde gelegt. Wenn die *Rissspitzenöffnung* δ, die ein Maß für den Deformationszustand an der Rissspitze darstellt, einen kritischen Wert δ_c übersteigt, schreitet der Riss fort. Dabei wird von einer durch die plastische Verformung relativ stumpfen Rissspitze mit nahezu parallel verlaufenden Rissflanken ausgegangen (siehe Bild 7.24).

Das Problem bei der praktischen Umsetzung des Konzeptes besteht in der Bestimmung der Verformung der Rissspitze, die sowohl theoretisch, wie auch experimentell außerordentlich schwierig ist. Es existieren hierzu verschiedene Methoden zur Abschätzung sowie genormte experimentelle Verfahren zur Bestimmung der kritischen COD-Werte[66], auch unterschiedliche – nicht einheitliche – Definitionen der Rissspitzenöffnung δ, die über eine Beschreibung des grundsätzlichen Konzeptes hinausgehen und somit nicht Gegenstand dieses Abschnittes sind.

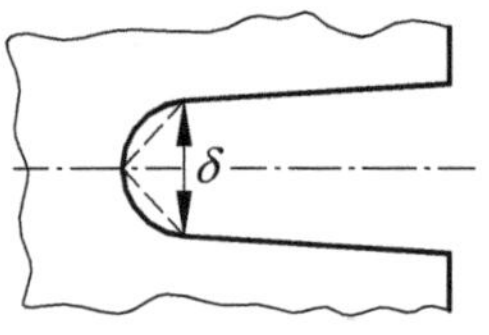

Bild 7.24: Rissspitzenöffnung δ

Das andere Berechnungskonzept beruht auf dem von RICE auf der Grundlage der Deformationstheorie der Plastizität 1968 eingeführte *J-Integral*. Grob formuliert misst der Integralausdruck die Energiefreisetzungsrate beim Rissfortschritt.

Wie der Spannungsintensitätsfaktor hängt das *J*-Integral von der Risslänge und anderen Geometriefaktoren sowie vom Werkstoffgesetz und der Belastung ab.

Wird mit zunehmender Belastung für das Integral ein experimentell bestimmbarer kritischer Wert J_c erreicht, setzt die *Risseinleitung* oder *Rissinitiierung* ein. Damit ist über das *J*-Integral ein ähnliches Bruchkriterium bei plastischer Verformung der Rissspitze, wie mit dem Spannungsintensitätsfaktor K für den elastischen Ansatz beschreibbar.

---

65 ALAN ARTHUR WELLS, 1924–2005, britischer Ingenieur.

66 Rissöffnung (engl. crack opening displacement) an der Probenoberfläche gemessen und mit Hilfe geometrischer Annahmen auf die Rissspitze extrapoliert.

Das J-Integral kann sowohl bei elastischem als auch bei elastisch-plastischem Werkstoffverhalten angewendet werden. Für elastisches Werkstoffverhalten gilt beim ebenen Spannungszustand

$$J_{\mathrm{Ic}} = \frac{{K_{\mathrm{Ic}}}^2}{E} \tag{7.38}$$

und für den ebenen Verzerrungszustand

$$J_{\mathrm{Ic}} = (1 - \nu^2) \cdot \frac{{K_{\mathrm{Ic}}}^2}{E}\,. \tag{7.39}$$

Die Lösung elastisch-plastischer Rissprobleme in analytischer Form ist nur für einige Sonderfälle bei einfachen Materialmodellen der zeitunabhängigen Plastizität (z.B. ideal plastisches Material), einer monotonen Belastungszunahme unter Ausschluss von Wechselbeanspruchungen möglich. Bei elastisch-plastischen Analysen realer Bauteile ist man auf numerische Verfahren angewiesen (siehe hierzu /45/).

Mit dem Auftreten von makroskopischen *Schwingungsanrissen* sind die örtlichen Spannungen und Dehnungen keine aussagekräftigen Größen mehr. Damit kommen zur Beurteilung der Lebensdauer Konzepte der *Ermüdungsrissbruchmechanik* zur Anwendung. Hierbei versucht man einen Zusammenhang zwischen der Länge eines Anrisses und der kritischen Spannung, bei der der Bruch eintritt, herzustellen.

Zur Beschreibung des allgemeinen Rissfortschrittsproblems wird ein Vorteil des K-Konzeptes – die leichte Übertragbarkeit auf dynamische Probleme – genutzt.

Werden konstante Spannungsausschläge σ_{a} bei konstanten Mittelspannungen σ_{m} vorausgesetzt, lässt sich mit $\Delta\sigma = 2 \cdot \sigma_{\mathrm{a}}$ entsprechend Gl. (7.30) durch

$$\Delta K = \Delta\sigma \cdot \sqrt{\pi \cdot a} \cdot Y \tag{7.40}$$

eine *zyklischen Spannungsintensität* definieren. Versuche zeigen, dass die *Rissausbreitungsgeschwindigkeit* da/dN[67] (N=Lastspielzahl) sehr gut mit der Schwingbreite des zyklischen Spannungsintensitätsfaktors $\Delta K = K_{\mathrm{max}} - K_{\mathrm{min}}$ korreliert. Wie Bild 7.25 verdeutlicht, nimmt die Spannungsintensität durch das Risswachstum stetig zu. Danach tritt für

$$K_{\mathrm{max}} = K_{\mathrm{c}} \quad \text{oder} \quad \Delta K = \Delta K_{\mathrm{c}}$$

der Bruch ein.

Nach Bild 7.25 können wir mit dem Spannungsverhältnis R schreiben:

$$R = \frac{\sigma_{\mathrm{u}}}{\sigma_{\mathrm{o}}} = \frac{\sigma_{\mathrm{min}}}{\sigma_{\mathrm{max}}} = \frac{K_{\mathrm{min}}}{K_{\mathrm{max}}}\,. \tag{7.41}$$

---

67 Da eine Risswachstumsgeschwindigkeit *da/dt* gewöhnlich messtechnisch nicht erfasst werden kann, wird mit dem Risswachstum pro Lastspiel *da/dN* gearbeitet.

Damit gibt es eine Korrelation zwischen der Änderung der Spannungsintensität und dem Rissfortschritt. Mit dem Wachsen des Risses je Lastwechsel wächst auch die Spannungsintensität um

$$\Delta K = \Delta\sigma\sqrt{\pi\left(a+\frac{da}{dN}dN\right)} \quad (7.42)$$

an. Die Abhängigkeit des Risswachstums vom zyklischen Spannungsintensitätsfaktor ΔK in doppellogarithmischer Darstellung zeigt Bild 7.26.

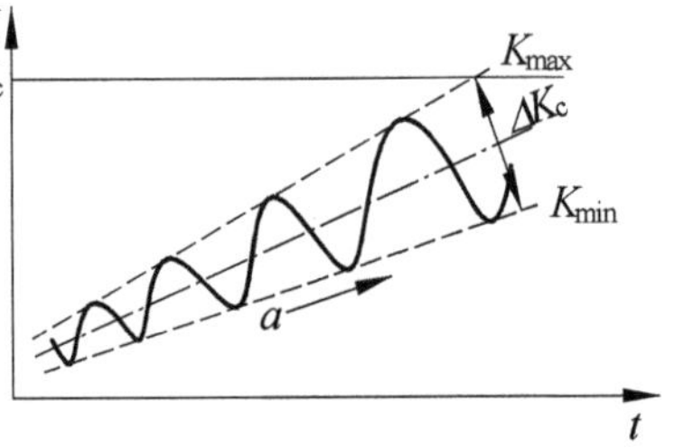

Bild 7.25: Zusammenhang zwischen Beanspruchung und zyklischer Spannungsintensität

Den Schwellenwert ΔK_0, bei dem das Risswachstum beginnt, bezeichnet man auch als bruchmechanische Dauerfestigkeit. Für $\Delta K \leq \Delta K_0$ ist Rissstillstand zu beobachten. Der obere Grenzwert ΔK_c, bei dessen Erreichen ($\Delta K = K_c$ oder K_{Ic}) der Rest- oder Gewaltbruch eintritt, ist der kritische zyklischen Spannungsintensitätswert.

Der lineare Zusammenhang zwischen $\log(da/dN)$ und $\log(\Delta K)$ lässt sich mit der 1961 durch P. C. Paris eingeführte Gleichung (auch Paris-Erdogan-Gesetz)

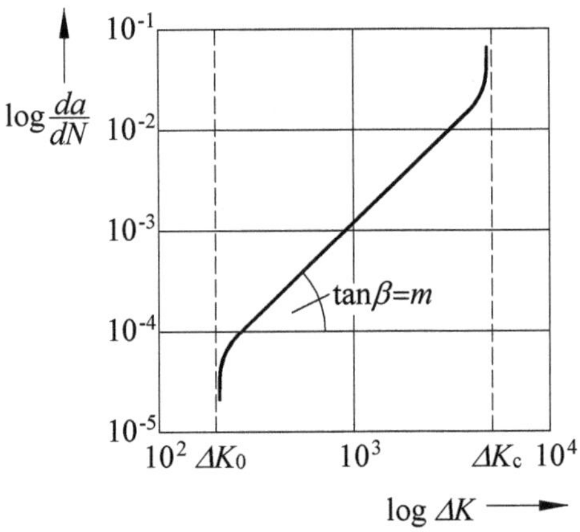

Bild 7.26: Risswachstum in Abhängigkeit vom zyklischen Spannungsintensitätsfaktor

$$\frac{da}{dN} = C\cdot\Delta K^{m} \quad (7.43)$$

beschreiben. Darin sind C und m werkstoffabhängige Konstanten, die durch geeignete Versuche ermittelt werden. Der Exponent m ($m \approx 2\cdots 4$) ist die Steigung der Geraden, die Werte der vom Spannungsverhältnis R abhängigen Konstante C sind in der Regel sehr klein (für Stahl: $C \approx 10^{-16}\cdots 10^{-10}$).

Wenn für ein Bauteil, das mit konstantem $\Delta\sigma$ schwingend beansprucht ist, die Anzahl der verbleibenden Zyklen N_B (*Bruchlastspielzahlen*), die nötig ist, um einen Anriss der Länge a_i (initial) zur kritischen Risslänge a_c anwachsen zu lassen, bestimmt werden soll, muss das Rissausbreitungsgesetz integriert werden. Mit Gl. (7.40) erhalten wir

$$N_B = \int_0^{N_B} dN = \int_{a_i}^{a_c} \frac{da}{C \cdot (\Delta\sigma \cdot \sqrt{\pi \cdot a} \cdot Y)^m}. \tag{7.44}$$

Die Berechnung des Integrals gelingt, da der Exponent m in aller Regel nicht ganzzahlig ist und zudem Y eine nichtlineare Funktion der Risslänge a, nur mit numerischen Methoden.

In praktischen Fällen wählt man häufig (mit in Intervallen eingeteilten Risslängen) eine iterative Lösung der Risswachstumsgleichung.

Die besondere Problematik des Einflusses der schwingenden Beanspruchung auf die Rissausbreitung ist in diesem Kapitel als „roter Faden" ausgeführt. Für eine ausführliche Darstellung, im Zusammenhang mit der Ermüdungsfestigkeit bzw. Betriebsfestigkeit, wird auf die weiterführende Literatur, z.B. /35/, /41/ und /58/; zur Gesamtproblematik der Bruchmechanik zusätzlich auf /14/ und /28/ verwiesen.

7.5 Übungen

Aufgabe A7.5.1

Für die im Abschnitt 7.2 auf Bild 7.1 dargestellten Zugbleche mit Außen- und Innenkerbe sind die Formzahlen vergleichend zu berechnen, wenn für die Bleche der Dicke $s = 6\,\text{mm}$ jeweils die Breite $b = 40\,\text{mm}$ und ein Kerbradius $r = 12\,\text{mm}$ zugrunde gelegt werden.

Aufgabe A7.5.2

Der nach Bild A7.5.2 abgesetzte Flachstab aus S235JR ist statisch durch eine Zugkraft von $F = 18{,}0\,\text{kN}$ belastet. Es ist die maximale Zugspannung zu berechnen.

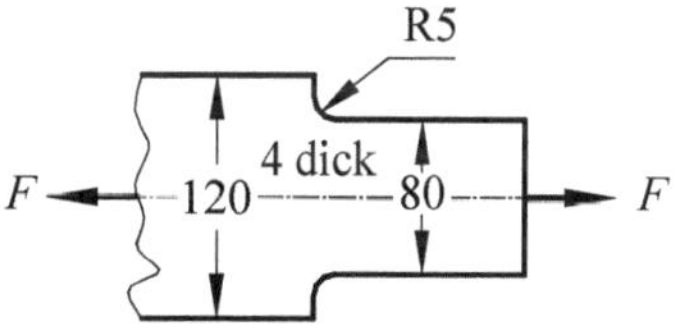

Bild A7.5.2: Flachstab

Aufgabe A7.5.3

Aus der im Versuch an der Achse aus C45, Bild A7.5.3, bei einem Biegemoment von $M_b = 15{,}0\,\text{kNm}$ mit DMS ermittelten Hauptdehnung von $\varepsilon_1 = 1{,}26\,‰$ und $\varepsilon_2 = -0{,}38\,‰$ ist bei Annahme einer elastischen Beanspruchung im Kerbgrund die Formzahl α_K zu berechnen und mit dem Wert aus dem Formzahldiagramm zu vergleichen. Für die Berechnung unter Verwendung der SH werden $E = 2{,}2 \cdot 10^5\,\text{N/mm}^2$, $\nu = 0{,}3$, $R_e = 305\,\text{N/mm}^2$ zugrunde gelegt.

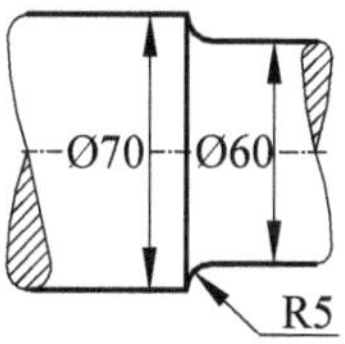

Bild A7.5.3: Achsabschnitt

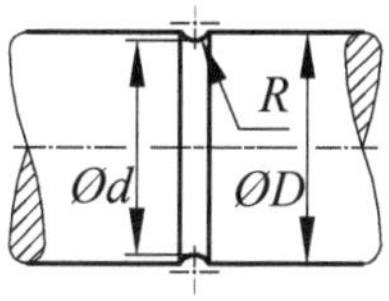

Bild A7.5.4: Rundstab mit Kerbe

Aufgabe A7.5.4

Der gekerbte Rundstab (Bild A7.5.4) aus E 295 mit den Maßen $D = 40\,\text{mm}$, $d = 32\,\text{mm}$, $r = 2\,\text{mm}$ soll eine wechselnde Zug-Druckbelastung von $F = 30\,\text{kN}$ aufnehmen. Zur Führung der Nachweisrechnungen ist die Kerbwirkungszahl β_k zu berechnen.

Aufgabe A7.5.5

Für die auf Zug beanspruchte Scheibe mit mittigem Anriss, Bild A7.5.5, Werkstoff 40CrMo4 ($R_{\text{p0,2}} = 480\,\text{MPa}$, $R_\text{m} = 980\,\text{MPa}$, $K_{\text{Ic}} = 60\,\text{MPa}\cdot\sqrt{\text{m}}$) mit der Breite $b = 250\,\text{mm}$ und der Blechdicke $s = 16\,\text{mm}$ sind bei einer Belastung von $F = 750\,\text{kN}$:

a) für die anliegende Nennspannung die kritische Risslänge a_c zu berechnen.

b) für eine nachweisbare Risslänge von $a = 1\,\text{mm}$ der Sicherheitsfaktor bezüglich der Betriebsspannung (Nennspannung) gegenüber der Restfestigkeit anzugeben.

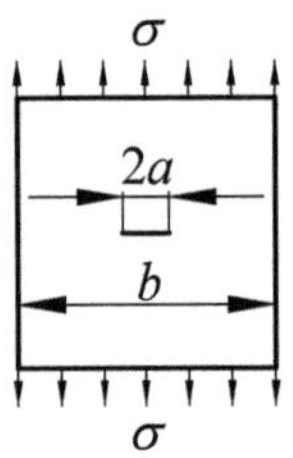

Bild A7.5.5: Zugbelastete Scheibe mit Anriss

8 Energieprinzipien

8.1 Grundlagen

Wenn in der Ingenieurpraxis Spannungsberechnungen (Entwurfs-, Nachweis- und Belastbarkeitsberechnungen) sowie Verformungsberechnungen geführt werden, lässt sich der übliche Ablauf zur Berechnung von Verformungen, Verzerrungen und Spannungen bei äußeren Lasten wie folgt zusammenfassen (siehe auch Kapitel 5):

- Aufstellen der Gleichgewichtsbedingungen am unverformten System. Die Gleichgewichtsbedingungen enthalten die vorgegebenen äußeren Lasten und die gesuchten Spannungen.
- Formulierung der geometrischen Beziehungen. Die geometrischen (kinematischen) Gleichungen enthalten die gegebenen geometrischen Randbedingungen und die gesuchten Verformungen und Verzerrungen.
- Verknüpfung von Spannungen und Verzerrungen durch das Materialgesetz.

Damit lassen sich alle Unbekannten bestimmen. Besonders die Formulierung der geometrischen Zusammenhänge bereiten – vor allem für komplizierte Systeme – meist große, z.T. unüberwindliche Schwierigkeiten. Dies erfordert andere Berechnungsmethoden. Hier bieten sich elastostatische Energiemethoden an, bei denen geometrische Betrachtungen eine untergeordnete Rolle spielen. Anstatt der Gleichgewichtsbedingungen verwenden wir Aussagen darüber, welche Arbeit durch die äußeren Kräfte verrichtet und in welcher Energieform diese Arbeit wo gespeichert wird. Der Vorteil liegt darin, dass Arbeit und Energie im Gegensatz zu den vektoriellen Kräften und Verschiebungen skalare Größen sind, mit denen sich einfacher rechnen lässt. Das Materialgesetz wird nach wie vor benötigt.

Die auf einen deformierbaren Körper wirkenden äußeren *Belastungen* rufen eine *Beanspruchung* im Inneren des Körpers in Form von Spannungen $\underline{\underline{S}}$ (Kapitel 2) und eine Deformation in Form von linearisierten *Verzerrungen* $\underline{\underline{\varepsilon}}$ (Kapitel 3) hervor. Zur Erzeugung dieser Deformation muss eine bestimmte *Arbeit* verrichtet werden. Diese Arbeit wird entweder mit der Verformung im Körper gespeichert und bei Entlastung wieder vollständig freigegeben (elastische Feder) oder/und z.T. irreversibel[68] in andere Energieformen (z.B. thermische Energie) umgewandelt. Im letzteren Fall ist zwar auch die Summe aller Energieformen konstant, allerdings geht ein Teil der verrichteten Arbeit für die mechanische Energie verloren.

Bei den folgenden Betrachtungen dieses Kapitels gehen wir immer vom *ideal elastischen* Materialverhalten aus. Von ideal elastisch spricht man, wenn die gesamte Arbeit, die durch beliebig am System eingeprägten Kräften verrichtet wird, unabhängig davon ist in welcher Reihenfolge die langsam von Null auf ihren endlichen Wert wachsenden Kräfte diesen errei-

---

68 Irreversibel: ‹lat.› nicht umkehrbar.

chen. In diesem Fall wird die Arbeit ohne Verluste gespeichert. Ein typisches Beispiel dafür ist eine Feder mit linearer Kennlinie.

8.2 Die Formänderungsenergie

8.2.1 Der Arbeitssatz der Mechanik

Der mit den Grundlagen der Physik vertraute Leser wird mit dem Arbeitsbegriff mindestens die Merkregel „Kraft mal Weg“ verbinden. Da sowohl der Weg als auch die Kraft Vektorcharakter haben, muss die präzisere Formulierung Skalarprodukt von Kraftvektor mal Wegvektor heißen. Zur Berechnung z.B. der Federarbeit müssen wir berücksichtigen, dass der Kraftvektor vom Federweg abhängt und somit nur für ein infinitesimales Wegstück als konstant angesehen werden kann. Somit erhalten wir also dort als Skalarprodukt des Kraftvektors mit einem Inkrement[69] des Verschiebungsvektors ein Arbeitsinkrement und aus der Summation (Integration) aller Arbeitsinkremente die geleistete Arbeit.

Zur Bestimmung dieser Arbeit bringen wir die Last $F(w)$ schrittweise auf, bis die Endlast F_0 mit der Durchbiegung f gemäß Bild 8.1a erreicht ist. Dabei durchläuft der Körper eine Reihe von Gleichgewichtsfällen, wobei die inneren Kräfte den äußeren stets das Gleichgewicht halten. Die schraffierte Fläche unter der Kurve auf Bild 8.1b ist ein Maß für die verrichtete Arbeit mit Erreichen der statischen Endlast F_0.

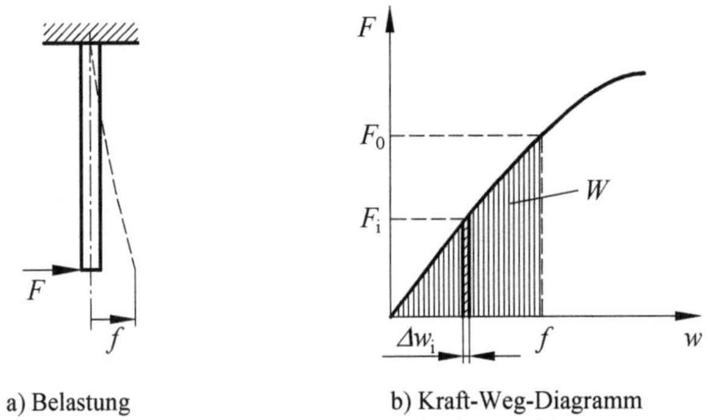

Bild 8.1: Arbeit bei nichtlinearer Kraft-Verschiebungs-Beziehung

Der Grenzübergang auf infinitesimal kleine Schritte Δw_i liefert:

$$W = \int_0^f F(w) \cdot dw \,. \tag{8.1}$$

Bei Belastung durch ein Moment M mit dem Verdrehwinkel ϕ in der Endlage gilt entsprechend

---

[69] Inkrement: ‹lat.› Zuwachs.

$$W = \int_0^{\phi} M(\varphi) \cdot d\varphi \, . \tag{8.2}$$

Für den allgemeinen Fall, dass auf einen Körper *m* äußere Kräfte und *n* Momente einwirken, beschreiben wir die bei seiner Verformung aufgebrachte Arbeit zu

$$W = \sum_{i=1}^{m} \int_0^{s_i} \underline{F}_i \cdot d\underline{s}_i + \sum_{j=1}^{n} \int_0^{\varphi_j} \underline{M}_j \cdot d\underline{\varphi}_j \, . \tag{8.3}$$

Werden die Lasten quasistatisch aufgebracht, so dass sie sich langsam von Null auf ihren Endwert steigern, können wir davon ausgehen, dass die inneren Kräfte – die Spannungen – den äußeren Kräften – den Belastungen – das Gleichgewicht halten. Nach dem HOOKEschen Gesetz rufen die Formänderungen Spannungen hervor, sodass sich innere und äußere Kräfte längs eines Weges verschieben und dabei Arbeit leisten. Bei einem elastischen Körper wird dabei die gesamte äußere Arbeit W (auch W_a) in reversible Formänderungsarbeit umgesetzt und im Körper als *Formänderungsenergie* U gespeichert (potentielle Energie; für die Formänderungsenergie wird auch W_i geschrieben). Somit ist die Arbeit der äußeren Kräfte der der inneren Kräfte äquivalent (Arbeitssatz der Mechanik)

$$W = U \, . \tag{8.4}$$

In der linearen Theorie, die Gegenstand unserer Betrachtungen sein soll, gilt (siehe hierzu Bild 8.2):

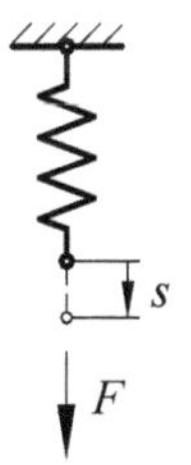

a) Belastung

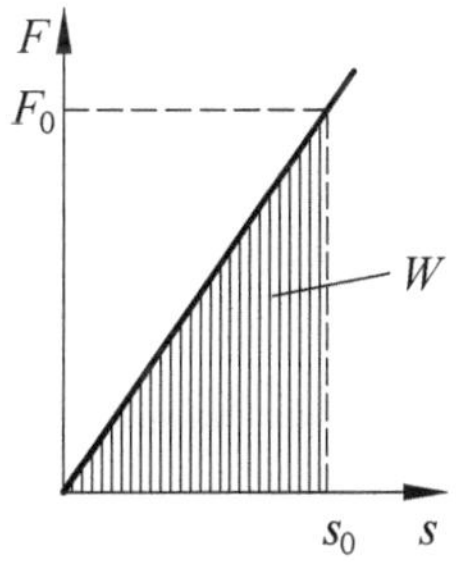

b) Kraft-Weg-Diagramm

Bild 8.2: Arbeit bei linearer Kraft-Verschiebungs-Beziehung

- Die Verformungen sind so klein, dass lineare Zusammenhänge zwischen den Verschiebungen und Verdrehungen zugrunde gelegt werden können (*geometrische Linearität*) und somit alle Belastungen am unverformten Bauteil angesetzt werden können.
- Es wird ideal elastisches Verhalten vorausgesetzt; d.h. die Verrückungen sind den Belastungen proportional (*physikalische Linearität*).
- Die Vorgänge verlaufen so langsam, dass Änderungen der kinetischen Energie keinen Einfluss haben und somit vernachlässigt werden können (*quasistatische Verformungsvorgänge*).

Unter diesen Voraussetzungen wird der Zusammenhang zwischen der Kraft F und der Verschiebung s ebenfalls linear. Aus Bild 8.2b erkennen wir sofort den Zusammenhang

$$W = \int_0^{s_0} F(s) \cdot ds = \frac{1}{2} \cdot F_0 \cdot s_0 = \frac{1}{2} \cdot F \cdot s \qquad (8.5a)$$

bzw. für die Verdrehung

$$W = \frac{1}{2} \cdot M \cdot \varphi \,. \qquad (8.5b)$$

Es gilt damit auch das Superpositionsgesetz; d.h. es lassen sich Formänderungsvorgänge in beliebige Teilvorgänge zerlegen und in beliebiger Reihenfolge zusammenfassen.

- Die Formänderungsarbeit ist also nur vom Anfangs- und Endzustand abhängig.

Wenn wir die Formänderungsarbeit auf das (arbeitende) Volumen beziehen, so erhalten wir die *spezifische Formänderungsarbeit*

$$U_s = \frac{U}{V} \qquad (8.6a)$$

bzw. für ein Volumenelement dV

$$U_s = \frac{dU}{dV}, \qquad (8.6b)$$

die eine *Energiedichte* (Energieinhalt pro Volumeneinheit) darstellt. Für die gesamte Formänderungsenergie des Volumens V gilt mit Gl. (8.6b):

$$U = \int_V dU = \int_V U_s \cdot dV \,. \qquad (8.7)$$

8.2.2 Formänderungsenergie für die Grundbeanspruchungen

8.2.2.1 Formänderungsenergie infolge der Normalkraft

Für die Grundbeanspruchungen der eindimensionalen Tragwerke (eine Abmessung ist deutlich größer, als die beiden anderen) soll nachfolgend die Gleichungen der Formänderungsenergie entwickelt werden.

Bei der Zugbeanspruchung an einem Stabelement der Länge dz nach Bild 8.3 betrachten wir den Endzustand der Belastung entsprechend Bild 8.2b.

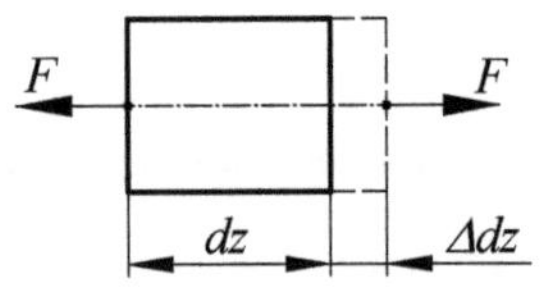

Bild 8.3: Belastetes Stabelement

Für Arbeit der äußeren Kraft $F_0 = F$ gilt mit Gleichung (8.5a) $W = \frac{1}{2} \cdot F \cdot s$.

Der Stab nimmt die äußere Arbeit als Formänderungsenergie auf. Die Verlängerung $\Delta(dz)$ eines Stabelementes der Länge dz ergibt sich gemäß Gl. (3.1)

$$\varepsilon = \frac{\Delta(dz)}{dz} \quad \Rightarrow \quad \Delta(dz) = \varepsilon \cdot dz\,.$$

Für die innere Stabkraft (Schnittkraft) gilt $F_n = F_0 = F$. Mit Gleichung (8.4) wird die Formänderungsenergie des Stabelementes (siehe dazu Bild 8.4)

$$dU = \frac{1}{2} \cdot F_n \cdot \Delta(dz) = \frac{1}{2} \cdot F_n \cdot \varepsilon \cdot dz\,.$$

Mit dem HOOKEschen Gesetz wird die Dehnung

$$\sigma = \frac{F_n}{A} = E \cdot \varepsilon \quad \Rightarrow \quad \varepsilon = \frac{F_n}{E \cdot A}$$

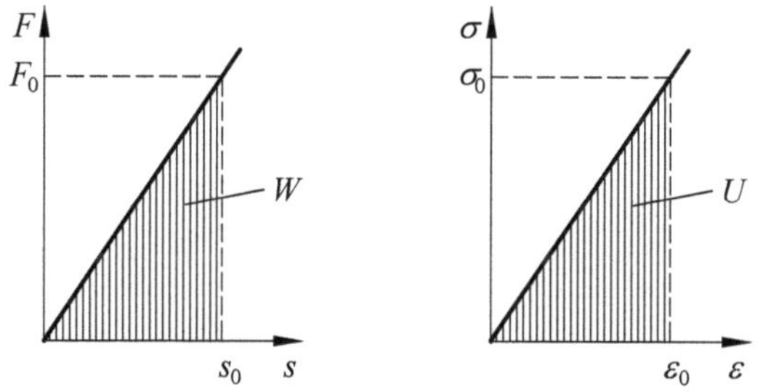

a) Kraft-Weg-Diagramm b) Spannungs-Dehnungs-Diagramm

Bild 8.4: Arbeit der äußeren und inneren Kräfte

und damit Formänderungsenergie des Stabelementes

$$dU = \frac{1}{2} \cdot F_n \cdot \Delta(dz) = \frac{1}{2} \cdot \frac{F_n^2}{E \cdot A} \cdot dz\,.$$

Alle Stabelemente dz zusammen liefern die Formänderungsenergie des Stabes der Länge l:

$$U = \int dU = \frac{1}{2} \cdot \int_0^l \frac{F_n^2}{E \cdot A} \cdot dz\,. \qquad (8.8)$$

Sind sowohl die Kraft F_n = konst. als auch die so genannte Dehnsteifigkeit $E \cdot A$ = konst., vereinfacht sich Gl. (8.8) zu

$$U = \frac{1}{2} \cdot \frac{F_n^2 \cdot l}{E \cdot A}\,. \qquad (8.9)$$

Für Fachwerkberechnungen mit n verschiedenen Stäben mit den Längen l_i und den Dehnsteifigkeiten $E_i \cdot A_i$, belastet durch die Stabkräfte F_{Si}, ist unter Verwendung des Superpositionsgesetzes die gesamte Formänderungsenergie

$$U = \frac{1}{2} \cdot \sum_{i=1}^{n} \frac{F_{\mathrm{Si}}^2 \cdot l_i}{E_{\mathrm{i}} \cdot A_{\mathrm{i}}} . \tag{8.10}$$

Die spezifische Formänderungsenergie (Energiedichte) können wir nach Gl. (8.6a) zu

$$U_{\mathrm{s}} = \frac{U}{V} = \frac{U}{A \cdot l} = \frac{1}{2} \cdot \frac{F_{\mathrm{n}}^2}{E \cdot A^2} = \frac{1}{2} \cdot \frac{\sigma^2}{E} = \frac{1}{2} \cdot \sigma \cdot \varepsilon \tag{8.11}$$

berechnen; sie entspricht somit der schraffierten Dreiecksfläche auf Bild 8.4b.

Beispiel 8.1

Mit dem Arbeitssatz lässt sich über die Formänderungsenergie die Verformung eines Bauteils unter der Last übersichtlich ermitteln.

Für einen durch eine konstante Zugkraft belasteten Stab der Länge l mit konstanter Dehnsteifigkeit $E{\cdot}A$ entspricht die Stabverlängerung Δl dem Weg s der äußeren Arbeit, Gl. (8.5):

$$W = \frac{1}{2} \cdot F_{\mathrm{n}} \cdot s .$$

Mit der Formänderungsenergie, Gl. (8.9): $U = \frac{1}{2} \cdot \frac{F_{\mathrm{n}}^2 \cdot l}{E \cdot A}$

und dem Arbeitssatz, Gl. (8.4): $W = U$ wird

$$\frac{1}{2} \cdot F_{\mathrm{n}} \cdot \Delta l = \frac{1}{2} \cdot \frac{F_{\mathrm{n}}^2 \cdot l}{E \cdot A} \quad \Rightarrow \quad \underline{\Delta l = \frac{F_{\mathrm{n}} \cdot l}{E \cdot A}}$$

die aus dem Kapitel 4 bekannte Gleichung.

8.2.2.2 Formänderungsenergie infolge eines Biegemomentes

Die Normalspannung infolge eines Biegemomentes M_{b} senkrecht zur Längsrichtung des gebogenen Trägers um die x-Achse mit der Biegesteifigkeit $E \cdot I = \text{konst}$ ist nach Tabelle 2.1

$$\sigma_{\mathrm{bx}} = \frac{\mathrm{M}_{\mathrm{bx}}}{I_{\mathrm{x}}} \cdot y .$$

Setzen wir die Biegespannungsgleichung in Gl. (8.11) ein, wird die spezifische Formänderungsenergie

$$U_{\mathrm{s}} = \frac{1}{2} \cdot \frac{\sigma^2}{E} = \frac{1}{2} \cdot \frac{M_{\mathrm{bx}}^2}{E \cdot I_{\mathrm{x}}^2} \cdot y^2 .$$

Die Formänderungsenergie für das differentiell kleine Balkenelement dz wird mit Gl. (8.6b)

$$dU = U_{\mathrm{s}} \cdot dV = \frac{1}{2} \cdot \frac{M_{\mathrm{bx}}^2}{E \cdot I_{\mathrm{x}}^2} \cdot y^2 \cdot dV .$$

Die Formänderungsenergie des gesamten Trägers erhalten wir mit dem Volumen des Balkenelementes $dV = dA \cdot dz$ durch Integration zu

$$U = \int dU = \frac{1}{2} \cdot \int_l \int_A \frac{M_{bx}^2}{E \cdot I_x^2} \cdot y^2 \cdot dA \cdot dz = \frac{1}{2} \cdot \int_l \frac{M_{bx}^2}{E \cdot I_x^2} \cdot dz \cdot \int_A y^2 \cdot dA .$$

Das zweite Integral ist das sog. Flächenmoment 2. Ordnung um die x-Achse

$$I_x = \int_A y^2 \cdot dA .$$

Damit wird

$$U = \frac{1}{2} \cdot \int_l \frac{M_{bx}^2}{E \cdot I_x} \cdot dz .$$

Allgemein gilt für eine beliebige Hauptachse:

$$U = \frac{1}{2} \cdot \int_l \frac{M_b^2}{E \cdot I} \cdot dz . \tag{8.12}$$

8.2.2.3 Formänderungsenergie infolge der Querkraft

Am Volumenelement $dV = dx \cdot dy \cdot dz$ (Bild 8.5a) bewirkt die in der Fläche $dA = dx \cdot dz$ wirkende Schubspannung τ_{yz} die Gleitung γ_{yz}.

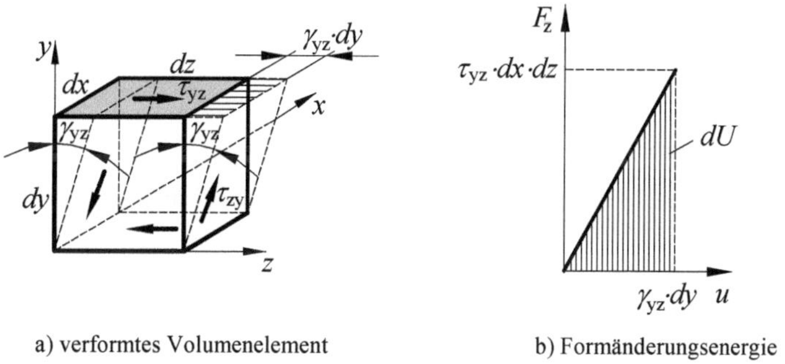

a) verformtes Volumenelement b) Formänderungsenergie

Bild 8.5: Formänderungsenergie infolge der Querkraft

Dabei verschiebt sich die Kraft $F_z = \tau_{yz} \cdot dx \cdot dz$ um den Weg $u = \gamma_{yz} \cdot dy$. Auf Bild 8.5b ist die linear elastische Formänderungsarbeit dU als Dreiecksfläche zu erkennen. Es gilt

$$dU = \frac{1}{2} \cdot F_z \cdot u = \frac{1}{2} \cdot \tau_{yz} \cdot dx \cdot dz \cdot \gamma_{yz} \cdot dy$$

und mit $\tau_{yz} = \tau_{zy} = \tau$ und $\gamma_{yz} = \gamma$

$$dU = \frac{1}{2} \cdot \tau \cdot \gamma \cdot dV \, .$$

Die Formänderungsenergie des gesamten Trägers erhalten wir mit dem Volumen des Balkenelementes durch Integration zu

$$U = \int dU = \frac{1}{2} \cdot \int_V \tau \cdot \gamma \cdot dV \qquad (8.13)$$

sowie mit Gl. (8.6b)

$$U_\mathrm{s} = \frac{dU}{dV} = \frac{1}{2} \cdot \tau \cdot \gamma \, .$$

Verwenden wir für den Zusammenhang der Schubspannungen mit den Schiebungen das HOOKEsche Gesetz, Gl. (4.3), erhalten wir für die Energiedichte

$$U_\mathrm{s} = \frac{1}{2} \cdot G \cdot \gamma^2 = \frac{1}{2} \cdot \frac{\tau^2}{G} \, . \qquad (8.14)$$

Mit der Querkraft F_Q, der mittleren Schubspannung $\tau_\mathrm{m} = \tau = F_\mathrm{Q}/A$ (siehe Tabelle 2.1), der Schubverzerrung $\gamma = \kappa \cdot F_\mathrm{Q}/(G \cdot A)$ und $dV = A \cdot dz$ wird die Formänderungsenergie

$$U = \frac{1}{2} \cdot \kappa \cdot \int_l \frac{F_\mathrm{Q}^2}{G \cdot A} \cdot dz \, . \qquad (8.15)$$

In dieser Gleichung ist κ ein Korrekturfaktor, die *Querschubzahl* oder *Schubverteilungszahl*, der einer Erläuterung bedarf:

Die BERNOULLIsche Hypothese[70], die davon ausgeht, dass der ebene Querschnitt senkrecht auf der durch Querkraftbiegung verformten Mittellinie steht, kann bei der gleichzeitig auftretenden Schubverzerrung (*schubweicher* Balken) nicht mehr aufrechterhalten werden (siehe Bild 8.6). Die Durchbiegung w_b des *schubstarren* Balkens und Verschiebung w_s durch die Schubverzerrung überlagern sich. Der weiterhin eben bleibend angenommene Querschnitt steht allerdings nicht mehr senkrecht auf der verformten Mittellinie.

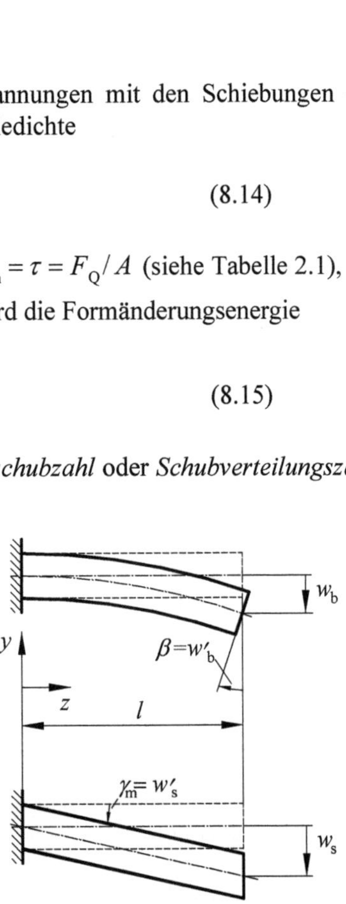

Bild 8.6: Biege- und Schubverformung

Das heißt, dass der aus der Schubspannungsverteilung resultierende Verlauf der Schubverzerrung nicht mehr zutrifft. Deshalb wird eine mittlere Schubverzerrung γ_m so definiert, dass zum einen das Gleichgewicht am Element nicht verändert wird und zum anderen die

---

70 JAKOB BERNOULLI, 1654–1705, Schweizer Mathematiker und Physiker.

Formänderungsenergie des Balkenabschnitts, die sich durch den berechneten Schubspannungsverlauf ergibt, mit der durch die mittlere Schubspannung

$$\tau_{\mathrm{m}} = G \cdot \gamma_{\mathrm{m}}$$

hervorgerufene Formänderungsenergie übereinstimmt.

Die auf die Länge bezogene gespeicherte Energie des schubweichen Balkens, siehe Gleichung (8.13) ist

$$\frac{dU}{dz} = \frac{1}{2} \cdot \int_{\mathrm{A}} \tau \cdot \gamma \cdot dA = \frac{1}{2 \cdot G} \cdot \int_{\mathrm{A}} \tau^2 \cdot dA \,. \tag{8.16}$$

Die Kraft $F_{\mathrm{Q}}(y)$ verschiebt sich um den Weg $v = \gamma \cdot dz$. Es gilt

$$dU = \frac{1}{2} \cdot F_{\mathrm{Q}} \cdot v = \frac{1}{2} \cdot F_{\mathrm{Q}} \cdot \gamma \cdot dz \,.$$

Damit wird die längenbezogene Energie bei der mittleren Schubverzerrung γ_{m}

$$\frac{dU}{dz} = \frac{1}{2} \cdot F_{\mathrm{Q}} \cdot \gamma_{\mathrm{m}} = \frac{1}{2} \cdot F_{\mathrm{Q}} \cdot \frac{\tau_{\mathrm{m}}}{G} = \frac{1}{2 \cdot G} \cdot \frac{F_{\mathrm{Q}}^2}{A_{\mathrm{Q}}} \,. \tag{8.17}$$

Wir definieren eine tragende Querschubfläche so, dass

$$\tau_{\mathrm{m}} = G \cdot \gamma_{\mathrm{m}} = \frac{F_{\mathrm{Q}}}{A_{\mathrm{Q}}} \tag{8.18}$$

gilt. Die Querschubzahl ist als das Verhältnis von der tatsächlichen Fläche A zur tragenden Querschnittsfläche A_{Q}

$$\kappa_{\mathrm{y}} = \frac{A}{A_{\mathrm{Q}}} \tag{8.19}$$

definiert. Wenn wir die tatsächliche Schubarbeit nach Gl. (8.16) mit der von der tatsächlichen Querkraft auf dem Weg der Schubverzerrung γ_{m} geleisteten Arbeit, Gl. (8.17), gleichsetzen, erhalten wir

$$\frac{1}{2 \cdot G} \cdot \int_{\mathrm{A}} \tau^2 \cdot dA = \frac{1}{2 \cdot G} \cdot \frac{F_{\mathrm{Q}}^2}{A_{\mathrm{Q}}} \,.$$

Ersetzen wir schließlich die tragende Querschubfläche A_{Q} mit Gl. (8.19) und lösen nach κ_{y} auf, erhalten wir:

$$\kappa_{\mathrm{y}} = A \cdot \int_{\mathrm{A}} \left(\frac{\tau}{F_{\mathrm{Q}}} \right)^2 \cdot dA \,. \tag{8.20}$$

Wertet man Gleichung (8.20) aus, ergibt sich für den

Kreisquerschnitt: $\kappa_{\mathrm{y}} = \frac{10}{9} \approx 1{,}11$,

und bei senkrecht zur Lastrichtung konstanter Schubspannung für den

Rechteckquerschnitt: $\kappa_{\mathrm{y}} = \frac{6}{5} = 1{,}2$.

Eine brauchbare Näherung existiert für

dünnwandige offene Profile $\kappa_{\mathrm{y}} = \frac{A}{\sum A_{\mathrm{Steg}}}$. (8.21)

Eine genauere Berechnung für dünnwandige offene Profile (gültig für Stegdicke << Steghöhe) sind in Tabelle 8.1 nach /18/ zusammengefasst.

Tabelle 8.1: Querschubzahlen für verschiedene Profilquerschnitte /18/

Profil	Berechnungsgleichung ($\eta = \frac{a}{b}$)
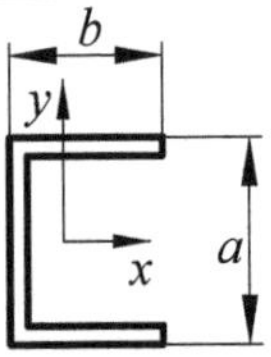	$\kappa_{\mathrm{y}} = \frac{12\cdot(\eta+1)^3}{\eta^2\cdot(4+5\eta+\eta^2)^2}\cdot\left(\frac{1}{4}+\frac{8}{5}\eta+\frac{7}{10}\eta^2+\frac{1}{10}\eta^3\right)$ $\kappa_{\mathrm{x}} = \frac{3(\eta+2)^3}{(2+5\eta+2\eta^2)^2}\cdot\left(\frac{1}{5}+\frac{7}{10}\eta+\frac{4}{5}\eta^2+\frac{1}{4}\eta^3\right)$
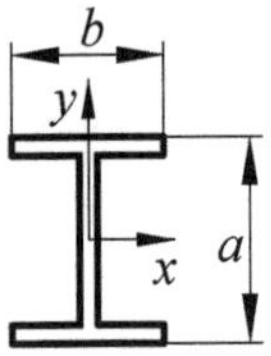	$\kappa_{\mathrm{y}} = \frac{\eta+2}{(6\eta+\eta^2)^2}\cdot\left(6+36\eta+12\eta^2+\frac{6}{5}\cdot\eta^3\right)$ $\kappa_{\mathrm{x}} = \frac{3}{5}\cdot(\eta+2)$
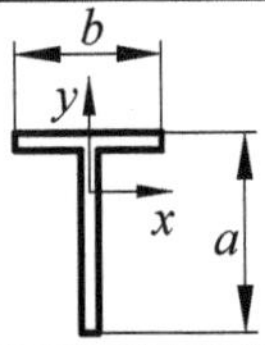	$\kappa_{\mathrm{y}} = \frac{12\cdot(\eta+1)^3}{\eta^2\cdot(4+5\eta+\eta^2)^2}\cdot\left(\frac{1}{4}+\frac{8}{5}\eta+\frac{7}{10}\eta^2+\frac{1}{10}\eta^3\right)$ $\kappa_{\mathrm{x}} = \frac{6}{5}\cdot(\eta+1)$

8.2.2.4 Formänderungsenergie infolge eines Torsionsmomentes

Die Torsionsspannung für einen Kreisquerschnitt ist gemäß Tabelle 2.1

$$\tau_{\mathrm{t}} = \frac{M_{\mathrm{t}}}{I_{\mathrm{p}}}\cdot r$$

und damit folgt für die spezifische Formänderungsenergie nach Gl. (8.14)

$$U_{\mathrm{s}} = \frac{1}{2}\cdot\frac{\tau^2}{G} = \frac{1}{2}\cdot\frac{M_{\mathrm{t}}^2\cdot r^2}{G\cdot I_{\mathrm{p}}^2} .$$

Die Formänderungsenergie für das differentiell kleine Stabelement dz wird mit Gl. (8.6b)

$$dU = U_s \cdot dV = \frac{1}{2} \cdot \frac{M_t^2 \cdot r^2}{G \cdot I_p^2} \cdot dV .$$

Die Formänderungsenergie des gesamten Stabes erhalten wir mit dem Volumen des Stabelementes $dV = dA \cdot dz$ durch Integration zu

$$U = \int dU = \frac{1}{2} \cdot \int_l \int_A \frac{M_t^2 \cdot r^2}{G \cdot I_p^2} \cdot dA \cdot dz = \frac{1}{2} \cdot \int_l \frac{M_t^2}{G \cdot I_r^2} \cdot dz \cdot \int_A r^2 \cdot dA .$$

Das zweite Integral ist das polare Flächenmoment um die z-Achse

$$I_p = \int_A r^2 \cdot dA .$$

Damit wird

$$U = \frac{1}{2} \cdot \int_l \frac{M_t^2}{G \cdot I_p} \cdot dz . \tag{8.22}$$

Beispiel 8.2

Für eine glatte Welle mit Kreisquerschnitt der Länge l soll bei Belastung durch ein konstantes Drehmoment M_d die Gleichung zur Berechnung des Verdrehwinkels φ mit Hilfe der Formänderungsenergie ermittelt werden.

Lösung:

Sind das Torsionsmoment $M_t = M_d$ sowie die Verdrehsteifigkeit $G \cdot I_p$ konstant, dürfen sie vor das Integral gezogen werden. Damit wird die Formänderungsenergie, Gleichung (8.22)

$$U = \frac{1}{2} \cdot \int_l \frac{M_t^2}{G \cdot I_p} \cdot dz = \frac{1}{2} \cdot \frac{M_t^2}{G \cdot I_p} \cdot \int_l dz = \frac{M_t^2 \cdot l}{2 \cdot G \cdot I_p} .$$

Wird das Drehmoment M_d langsam von Null auf den Endwert steigend eingeleitet, so ist die verrichtete äußere Arbeit nach Gl. (8.5b)

$$W = \frac{1}{2} \cdot M_d \cdot \varphi .$$

Durch Gleichsetzen der beiden Gleichungen gemäß Gl. (8.4) $W = U$:

$$\frac{1}{2} \cdot M_d \cdot \varphi = \frac{M_t^2 \cdot l}{2 \cdot G \cdot I_p}$$

erhält man mit $M_d = M_t$ (äußeres Moment = Schnittmoment) den Verdrehwinkel über die Strecke l (sog. absoluter Verdrehwinkel)

$$\varphi = \frac{M_t \cdot l}{G \cdot I_p}.$$

Mit den bekannten Arbeitsgleichungen ist dies der kürzere Weg, als die Ermittlung über das Gleichgewicht von Belastung und Schnittgrößen in Verbindung mit dem Materialgesetz.

8.2.2.5 Zusammenstellung der Gleichungen

Die Gleichungen für die Formänderungsarbeit erhalten wir, wie in den vorangegangenen Abschnitten an vier Beanspruchungen ausführlich gezeigt, durch Einsetzen der Spannungsgleichungen in die Beziehung für die spezifische Formänderungsarbeit und Auswerten der Integrale. Die nachfolgende Tabelle 8.2 gibt eine Übersicht über die Gleichungen für die spezifische Formänderungsarbeit bei verschiedenen Grundbelastungen.

Tabelle 8.2: Formänderungsenergie für Grundbelastungen

Belastung	Gleichung	Erklärungen
Normalkraft F_n	$U = \frac{1}{2} \cdot \int_l \frac{F_n^2}{E \cdot A} \cdot dz$	$E \cdot A$: Dehnsteifigkeit
Stabkraft F_S	$U = \frac{1}{2} \cdot \int_l \frac{F_S^2}{E \cdot A} \cdot dz$	$E \cdot A$: Dehnsteifigkeit
Federkraft F_F	$U = \frac{1}{2} \cdot \frac{F_F^2}{c}$	c: Federkonstante
Querkraft F_Q	$U = \frac{1}{2} \cdot \int_l \frac{\kappa \cdot F_Q^2}{G \cdot A} \cdot dz$	$G \cdot A$: Schubsteifigkeit κ: Schubverteilungszahl
Biegemoment M_b	$U = \frac{1}{2} \cdot \int_l \frac{M_b^2}{E \cdot I} \cdot dz$	$E \cdot I$: Biegesteifigkeit
Torsionsmoment M_t	$U = \frac{1}{2} \cdot \int_l \frac{M_t^2}{G \cdot I_p} \cdot dz$	$G \cdot I_p$: Verdrehsteifigkeit

Für linear elastische Körper, deren Werkstoffverhalten durch das HOOKEsche Gesetz beschrieben wird, gilt das Superpositionsgesetz; das heißt, es dürfen die Anteile der Formänderungsarbeit aus den in der Tabelle 8.2 beschriebenen Belastungen addiert werden. Das gilt auch für komplexe Bauteile: Die in den Arbeitssatz, Gleichung (8.4), eingehende Formänderungsenergie bezieht sich immer auf das gesamte System, darf aber bereichsweise formuliert und addiert werden.

Auch wenn bei biegebeanspruchten Bauteilen die Querkraftbiegung und der Schub stets gemeinsam wirken, wird der Schubanteil für praktische Berechnung mit dem Hinweis auf „lange schlanke Träger“ oft vernachlässigt. In welchen Grenzen dies durchaus zulässig ist, lässt sich, wie das folgende Beispiel exemplarisch zeigen soll, für einfache Querschnitte recht gut abschätzen.

Beispiel 8.3

Für einen nach Bild 8.6 einseitig eingespannten Balken aus Stahl mit Rechteckquerschnitt mit $b/h = 0{,}5$, der am freien Trägerende durch eine senkrechte Einzellast F symmetrisch quer zur Breite b statisch belastet ist, sind:

a) die Gleichung für die Absenkung des Trägerende durch die Querkraftbiegung zu ermitteln

b) abzuschätzen, wie groß der Anteil der Schubverformung hierbei ist, wenn das Verhältnis der Trägerlänge zur Trägerhöhe $l/h = 2$ ist

c) abzuschätzen, wie groß der Anteil der Schubspannungen für die gleichen Verhältnisse ist.

Lösung:

Die Verschiebung des Trägerendes wird durch die Durchbiegung und Schubabsenkung bestimmt.

a) Für die maximale Durchbiegung f gilt für die Formänderungsarbeit gemäß Gl. (8.5a):

$$W = \frac{1}{2} \cdot F \cdot f_b .$$

Mit dem Biegemoment $M_b = F \cdot z$ und der Formänderungsenergie, Gl. (8.12),

$$U = \frac{1}{2 \cdot E \cdot I} \cdot \int_l M_b^2 \cdot dz = \frac{F^2}{2 \cdot E \cdot I} \cdot \int_0^l dz = \frac{F^2}{2 \cdot E \cdot I} \cdot \left[\frac{z^3}{3} \right]_0^l = \frac{F^2 \cdot l^3}{6 \cdot E \cdot I}$$

schreiben wir mit dem Arbeitssatz $W = U$, Gleichung (8.4):

$$\frac{1}{2} \cdot F \cdot f_b = \frac{F^2 \cdot l^3}{6 \cdot E \cdot I} \quad \Rightarrow \quad \underline{f_b = \frac{F \cdot l^3}{3 \cdot E \cdot I}} .$$

b) Die Schubabsenkung ermitteln wir analog:

Formänderungsarbeit gemäß Gl. (8.5a). $W = \frac{1}{2} \cdot F \cdot v_s$

Formänderungsenergie, Gl. (8.15): $U = \frac{1}{2} \cdot \kappa \cdot \int_l \frac{F_Q^2}{G \cdot A} \cdot dz = \frac{\kappa}{2} \cdot \frac{F_Q^2 \cdot l}{G \cdot A}$

mit $F_Q \equiv F$; dem Arbeitssatz: $\frac{F \cdot v_s}{2} = \kappa \cdot \frac{F^2 \cdot l}{2 \cdot G \cdot A} \quad \Rightarrow \quad \underline{v_s = \kappa \cdot \frac{F \cdot l}{G \cdot A}}$

Wir überlagern die beiden Anteile nach dem Superpositionsgesetz. Die Gesamtdurchsenkung f am Trägerende wird dann:

$$f = f_b + v_s = \frac{F \cdot l^3}{3 \cdot E \cdot I} + \kappa \cdot \frac{F \cdot l}{G \cdot A} .$$

Mit $G = \frac{E}{2 \cdot (1 + \nu)}$ nach Gl. (4.4) und $\kappa = \frac{6}{5}$ gemäß Gl. (8.20) für den Rechteckquerschnitt wird:

$$f = \frac{F \cdot l^3}{3 \cdot E \cdot I} + \frac{6}{5} \cdot \frac{2 \cdot (1+\nu)}{E} = \underline{\frac{F \cdot l}{E}\left[\frac{l^2}{3 \cdot I} + \frac{12 \cdot (1+\nu)}{5 \cdot A}\right]}.$$

c) Für den Vergleich der Maximalverschiebungen setzen wir die diese ins Verhältnis; also den Klammerinhalt der Lösung für die Durchbiegung f:

$$\frac{v_s}{f_b} = \frac{3 \cdot I}{l^2} \cdot \frac{12 \cdot (1+\nu)}{5 \cdot A}.$$

Mit $\nu = 1/3$ (Stahl, allgemein), $A = b \cdot h$ und $W = b \cdot h^2 / 6$ wird für den in der Aufgabenstellung beschriebenen Belastungsfall

$$\underline{\frac{v_s}{f_b} = \frac{4}{5} \cdot \left(\frac{h}{l}\right)^2}.$$

Für das Verhältnis $l/h = 2$ wird

$$\frac{v_s}{f_b} = \frac{4}{5} \cdot \left(\frac{h}{2 \cdot h}\right)^2 = \frac{1}{5} \text{ oder } v_s = \frac{1}{5} \cdot f_b.$$

Das entspricht für diesen kurzen Träger einem Anteil der Schubverformung von 20%.

Beim Vergleich der Maximalspannungen gehen wir analog zu den Verschiebungen vor. Die Maximalspannungen für den Rechteckquerschnitt errechnen wir nach Tabelle 2.1 zu:

$$\tau_{s\max} = \frac{3}{2} \cdot \frac{F_Q}{A} = \frac{3}{2} \cdot \frac{F_Q}{b \cdot h},$$

$$\sigma_{b\max} = \frac{M_b}{W} = \frac{6 \cdot F \cdot l}{b \cdot h^2}.$$

Die Maximalspannungen mit $F_Q \equiv F$ ins Verhältnis gesetzt:

$$\frac{\tau_{s\max}}{\sigma_{b\max}} = \frac{3 \cdot F_Q}{2 \cdot b \cdot h} \cdot \frac{b \cdot h^2}{6 \cdot F \cdot l} = \underline{\frac{1}{4} \cdot \frac{h}{l}}.$$

Für $l/h = 2$ wird

$$\frac{\tau_{s\max}}{\sigma_{b\max}} = \frac{1}{4} \cdot \frac{h}{2 \cdot h} = \frac{1}{8} \text{ oder } \tau_{s\max} = \frac{1}{8} \sigma_{b\max}.$$

Die Schubspannung beträgt für diesen Fall 12,5 % der Biegespannung.

Beim betrachteten Beispiel verhält sich die Schubabsenkung zur Durchbiegung wie das Quadrat der Balkenhöhe zur Balkenlänge. Für das Verhältnis der Schubspannung zur Biegespannung besteht eine lineare Abhängigkeit.

Diese Aufgabe besitzt Beispielcharakter für die Abschätzung auch für andere geometrische Verhältnisse und Belastungen.

8.2.3 Die Formänderungsenergie für den räumlichen Spannungszustand

Für das Volumenelement $dV = dx \cdot dy \cdot dz$ eines belasteten Bauteils wollen wir zunächst nur die Kräfte und die daraus folgenden Verrückungen in der x-y-Ebene (Bild 8.7) betrachten.

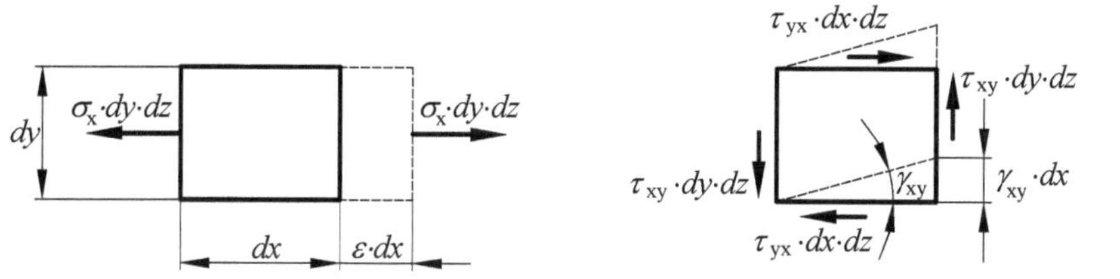

a) Normalkräfte und Dehnungen

b) Tangentialkräfte und Schiebungen

Bild 8.7: Kräfte und deren Verrückungen in der x-y-Ebene

Gemäß den Bedingungen zur Anwendung des Arbeitssatzes (siehe Abschnitt 8.2.1) wachsen die Belastungen schrittweise bis zur Endlast an. Die dabei verrichtete Formänderungsarbeit infolge der Normalkraft $F_n = \sigma_x \cdot d_y \cdot d_z$ nach Bild 8.7a ist

$$dU_N = \frac{1}{2} \cdot \sigma_x \cdot d_y \cdot d_z \cdot \varepsilon_x \cdot d_x = \frac{1}{2} \cdot \sigma_x \cdot \varepsilon_x \cdot dV$$

und infolge der Schubkraft $F_Q = \tau_{xy} \cdot d_y \cdot d_z$ nach Bild 8.7b

$$dU_Q = \frac{1}{2} \cdot \tau_{xy} \cdot d_y \cdot d_z \cdot \gamma_{xy} \cdot d_x = \frac{1}{2} \cdot \tau_{xy} \cdot \gamma_{xy} \cdot dV \, .$$

Die gesamte Formänderungsenergie eines Volumenelementes für einen räumlichen Spannungszustand erhalten wir durch die Addition der Arbeitsanteile aller Spannungskomponenten

$$dU = \frac{1}{2} \cdot (\sigma_x \cdot \varepsilon_x + \sigma_y \cdot \varepsilon_y + \sigma_z \cdot \varepsilon_z + \tau_{xy} \cdot \gamma_{xy} + \tau_{yz} \cdot \gamma_{yz} + \tau_{zx} \cdot \gamma_{zx}) \cdot dV \qquad (8.23)$$

und die spezifische Formänderungsenergie (Energiedichte)

$$U_s = \frac{dU}{dV} = \frac{1}{2} \cdot (\sigma_x \cdot \varepsilon_x + \sigma_y \cdot \varepsilon_y + \sigma_z \cdot \varepsilon_z + \tau_{xy}\gamma_{xy} + \tau_{yz}\gamma_{yz} + \tau_{zx}\gamma_{zx}) \, . \qquad (8.24)$$

Über die Materialgesetze lassen sich die Spannungen durch die Dehnungen und umgekehrt ausdrücken:

$$U_s = \frac{1}{2E}\left[\sigma_x^2 + \sigma_y^2 + \sigma_z^2 - 2\nu(\sigma_x \cdot \sigma_y + \sigma_y \cdot \sigma_z + \sigma_z \cdot \sigma_x)\right] + \frac{1}{2G}(\tau_{xy}^2 + \tau_{yz}^2 + \tau_{zx}^2) \tag{8.25a}$$

$$U_s = G\left[\varepsilon_x^2 + \varepsilon_y^2 + \varepsilon_z^2 + \frac{\nu}{1-2\nu}\cdot(\varepsilon_x + \varepsilon_y + \varepsilon_z)^2\right] + \frac{1}{2}\cdot(\tau_{xy}^2 + \tau_{yz}^2 + \tau_{zx}^2). \tag{8.25b}$$

Mit den Hauptspannungen vereinfachen sich die Gleichungen. Für das Hauptspannungselement gilt dann für die Energiedichte:

$$U_s = \frac{1}{2}(\sigma_1 \cdot \varepsilon_1 + \sigma_2 \cdot \varepsilon_2 + \sigma_3 \cdot \varepsilon_3) = \frac{1}{2E}\left[\sigma_1^2 + \sigma_2^2 + \sigma_3^2 - 2\nu(\sigma_1 \cdot \sigma_2 + \sigma_2 \cdot \sigma_3 + \sigma_3 \cdot \sigma_1)\right]. \tag{8.25c}$$

Die Formänderungsenergie U des gesamten Systems erhalten wir durch die Integration der Gleichung (8.23) über das Gesamtvolumen:

$$U = \frac{1}{2}\cdot\int_V (\sigma_x \cdot \varepsilon_x + \sigma_y \cdot \varepsilon_y + \sigma_z \cdot \varepsilon_z + \tau_{xy}\gamma_{xy} + \tau_{yz}\gamma_{yz} + \tau_{zx}\gamma_{zx})\cdot dV \tag{8.26a}$$

bzw.

$$U = \frac{1}{2}\cdot\int_V \left\{\frac{1}{E}\cdot\left[\sigma_x^2 + \sigma_y^2 + \sigma_z^2 - 2\nu\cdot(\sigma_x \cdot \sigma_y + \sigma_y \cdot \sigma_z + \sigma_z \cdot \sigma_x)\right] + \frac{1}{G}\cdot(\tau_{xy}^2 + \tau_{yz}^2 + \tau_{zx}^2)\right\} dV. \tag{8.26b}$$

Wenn wir die Formänderungsenergie einer speziellen Struktur konkret angeben wollen, müssen wir die Spannungen in der obigen Gleichung erst durch die Schnittgrößen und diese dann durch die am System außen angreifenden Belastungen ausdrücken.

Beispiel 8.4

Im Abschnitt 6.2.4 ist die Vergleichsspannung σ_V nach der Gestaltänderungsenergiehypothese mit Hinweis auf einen Energieansatz postuliert worden. Die Herleitung der Gl. (6.26) über die Formänderungsenergie soll in diesem Beispiel als Anwendung des Energiesatzes gezeigt werden:

Wie im Abschnitt 6.1 nachzulesen, teilt sich die Formänderung in eine Volumenänderung und eine Gestaltänderung (siehe dazu auch Bild 6.3) auf. Da die Volumenänderungsenergie als Maß für die Werkstoffanstrengung ungeeignet ist (Hinweis allseitiger Druck; Kapitel 6), wird die Gestaltänderungsenergie zum Vergleich genommen.

Bild 8.8 zeigt ein Volumenelement, das durch die Hauptspannungen σ_1, σ_2, σ_3 beansprucht ist. Mit Bild 6.3 gut nachvollziehbar, können wir diese Hauptspannungen als Ergebnis der Überlagerung der Mittelspannung σ_M (hydrostatischer Spannungszustand) und den noch nicht definierten Differenzspannungen $\Delta\sigma_1$, $\Delta\sigma_2$, $\Delta\sigma_3$ interpretieren. Somit gilt für die Spannungsdifferenzen

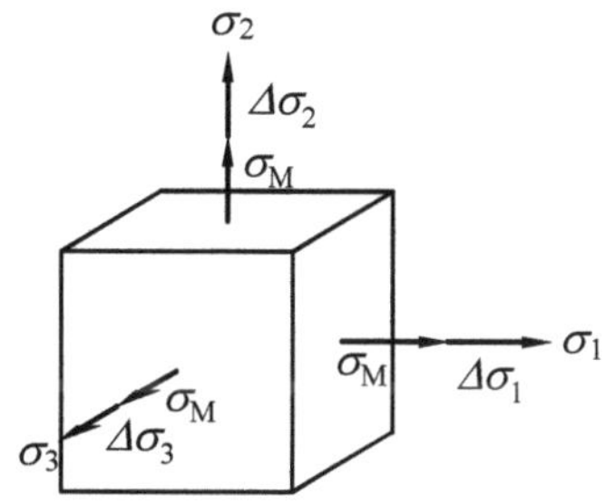

Bild 8.8: Hauptspannungselement

$$\Delta\sigma_i = \sigma_i - \sigma_M \qquad \text{mit } i = 1,\, 2,\, 3. \tag{8.27}$$

Nach Gl. (6.5) ist die Mittelspannung $\sigma_M = \dfrac{\sigma_x + \sigma_y + \sigma_z}{3}$, umgestellt:

$$\sigma_1 + \sigma_2 + \sigma_3 - 3 \cdot \sigma_M = 0\,.$$

Für die Addition der drei Spannungsdifferenzen gilt mit Gl. (8.27) bzw. Bild 8.8:

$$\Delta\sigma_1 + \Delta\sigma_2 + \Delta\sigma_3 = \sigma_1 + \sigma_2 + \sigma_3 - 3 \cdot \sigma_M = 0\,. \tag{8.28}$$

Wie bekannt, führt der hydrostatische Spannungszustand zur spezifischen Volumenänderungsenergie U_{sV} und die Spannungsdifferenzen zu einer spezifischen Gestaltänderungsenergie U_{sG}. Zusammen bilden beide Energieanteile die gesamte spezifische Formänderungsenergie $U_s = U_{sG} + U_{sV}$. Für diese gilt Gleichung (8.25c)

$$U_s = \frac{1}{2 \cdot E} \cdot \left[\sigma_1^2 + \sigma_2^2 + \sigma_3^2 - 2 \cdot \nu \cdot (\sigma_1 \cdot \sigma_2 + \sigma_2 \cdot \sigma_3 + \sigma_3 \cdot \sigma_1)\right].$$

Weil die Spannungen σ_1, σ_2, σ_3 und $\Delta\sigma_1$, $\Delta\sigma_2$, $\Delta\sigma_3$ kollinear sind (Bild 8.8), muss die Gleichung auch für die spezifische Gestaltänderungsenergie U_{sG} gelten:

$$U_{sG} = \frac{1}{2 \cdot E} \cdot \left[\Delta\sigma_1^2 + \Delta\sigma_2^2 + \Delta\sigma_3^2 - 2 \cdot \nu \cdot (\Delta\sigma_1 \cdot \Delta\sigma_2 + \Delta\sigma_2 \cdot \Delta\sigma_3 + \Delta\sigma_3 \cdot \Delta\sigma_1)\right].$$

Die Auflösung dieser Gleichung führt unter Verwendung der Gleichungen (8.28) und (4.52) über die Mittelspannungen $\sigma_M = E \cdot e / 3 \cdot (1 - 2\nu)$ sowie Gln. (4.4) und (4.31) auf

$$U_{sG} = \frac{1}{12G}\left[(\sigma_1 - \sigma_2)^2 + (\sigma_2 - \sigma_3)^2 + (\sigma_3 - \sigma_1)^2\right] = \frac{1}{3G}(\tau_1^2 + \tau_2^2 + \tau_3^2)\,. \tag{8.29}$$

Für den einachsigen Vergleichsspannungszustand gilt $\sigma_1 = \sigma_V$, $\sigma_2 = 0$, $\sigma_3 = 0$ und somit

$$U_{sG} = \frac{1}{12 \cdot G} \cdot (\sigma_V^2 + \sigma_V^2) = \frac{\sigma_V^2}{6 \cdot G}\,.$$

Wenn wir den dreiachsigen Spannungszustand auf einen einachsigen Vergleichszustand zurückführen wollen, müssen wir die Gleichungen für die spezifische Gestaltänderungsenergie gleichsetzen:

$$\frac{\sigma_V^2}{6 \cdot G} = \frac{1}{12 \cdot G} \cdot \left[(\sigma_1 - \sigma_2)^2 + (\sigma_2 - \sigma_3)^2 + (\sigma_3 - \sigma_1)^2\right];$$

aufgelöst nach der Vergleichsspannung

$$\sigma_V = \frac{1}{\sqrt{2}} \cdot \sqrt{(\sigma_1 - \sigma_2)^2 + (\sigma_2 - \sigma_3)^2 + (\sigma_3 - \sigma_1)^2}$$

ergibt das die gesuchte Gleichung (6.26a) im Abschnitt 6.2.4.

8.3 Das Prinzip der virtuellen Arbeit

8.3.1 Darstellung des Prinzips

Bei der Berechnung der mechanischen Arbeit erhalten wir die geleistete Arbeit, wie im Abschnitt 8.2.1 beschrieben, unter Anwendung der Regel Kraft mal Weg (Belastung mal Verrückung) für kleine Verschiebungsinkremente mit anschließender Integration der Arbeitsinkremente.

Bei der *virtuellen Arbeit* verknüpfen wir einen beliebigen Verrückungszustand mit einem davon unabhängigen Belastungszustand. Dabei stehen die beiden Größen *nicht* in ursächlichem Zusammenhang, sondern stellen lediglich kartesische Koordinaten in einem Punkt dar. Die virtuelle Arbeit ist damit zweifellos allgemeiner (und einfacher), als die echte. Der Begriff „virtuell"[71] – weil die Verrückung tatsächlich nicht einzutreten braucht – wurde in diesem Zusammenhang erstmals von JOHANN BERNOULLI [72] – ursprünglich für die Punktmechanik formuliert – gebraucht. Damit können wir den Begriff der virtuellen Arbeit definieren:

- Die virtuelle Arbeit ist die Arbeit, die ein beliebiger, *statisch verträglicher Spannungszustand* auf dem Wege eines *kinematisch verträglichen Verrückungszustandes* leistet.

Von einem statisch verträglichen Spannungszustand sprechen wir, wenn alle Spannungen mit den eintretenden Reaktionen im Gleichgewicht sind. Ein kinematisch verträglicher Verrückungszustand liegt vor, wenn die Verrückungen die geometrischen Randbedingungen erfüllen und der innere Zusammenhalt der Struktur erhalten bleibt. Dabei können Spannungs- und Verrückungszustand voneinander unabhängig sein.

Das *Prinzip der virtuellen Arbeit* (PVA) gehört zu den grundlegenden Axiomen der Mechanik und ist als solches nicht herleitbar. Es ist der Ausgangspunkt aller Energiemethoden. Es spielt nicht nur bei der Herleitung von Differentialgleichungen für elastizitätstheoretische Probleme eine große Rolle, sondern lässt sich auch direkt zum Berechnen der Verformungen und damit auch zur Lösung statisch unbestimmter Aufgaben verwenden. In der Formulierung

---

71 Virtuell ‹lat. → franz.›: scheinbar, nur gedacht, der Möglichkeit nach vorhanden.

72 JOHANN BERNOULLI; 1667–1748, Schweizer Mathematiker und Arzt.

als Variationsprinzip bildet es die Grundlage für zahlreiche Näherungsmethoden der Elastizitätstheorie.

Das Prinzip der virtuellen Arbeit besagt:

- Es herrscht Gleichgewicht, wenn bei einer *virtuellen Verrückung*[73] aus dieser Lage heraus die virtuelle Arbeit der Belastungen δW gleich der virtuellen Änderung der im System gespeicherten virtuellen Formänderungsenergie δU ist:

$$\delta W = \delta U\,. \tag{8.30}$$

Eine virtuelle Verrückung ist eine gedachte, differentiell kleine, mit allen Bindungen des Systems verträgliche und im Rahmen dieser Einschränkungen beliebige Bewegung. Letzteres bedeutet, dass die Gleichung (8.30) allgemein und nicht nur bei bestimmten Verrückungen erfüllt ist. Da die virtuellen Verrückungen nicht als Differentiale von Funktionen zu deuten sind, werden sie auch nicht mit dem Differentialsymbol d, sondern mit dem Symbol δ bezeichnet.

Bei einer virtuellen Verschiebung werden die äußeren am System angreifenden Kräfte ohne Änderung von Größe und Richtung mit verschoben. Dabei verrichten sie eine infinitesimale Arbeit, die virtuelle Arbeit der äußeren Kräfte δW. Im Inneren des Tragwerks wirken auf die Flächen eines herausgeschnittenen infinitesimalen Quaders Spannungen, d.h. Kräfte pro Fläche. Diese Kräfte leisten an den durch Dehnungen verursachten Verschiebungen innere virtuelle Arbeit δU.

Zu beachten ist dabei, dass die virtuelle Arbeit das Produkt aus „voller“, also bereits vorhandener virtueller Kraft und der korrespondierenden realen Verschiebung darstellt. Im Gegensatz dazu wird für die wirkliche Arbeit zugrunde gelegt, dass die Belastung von null auf den Endwert langsam vergrößert wird. Deshalb ist die durch die Schnittgrößen verrichtete Arbeit gemäß Gl. (8.5) die Hälfte der virtuellen Arbeit (vgl. dazu Bild 8.9b).

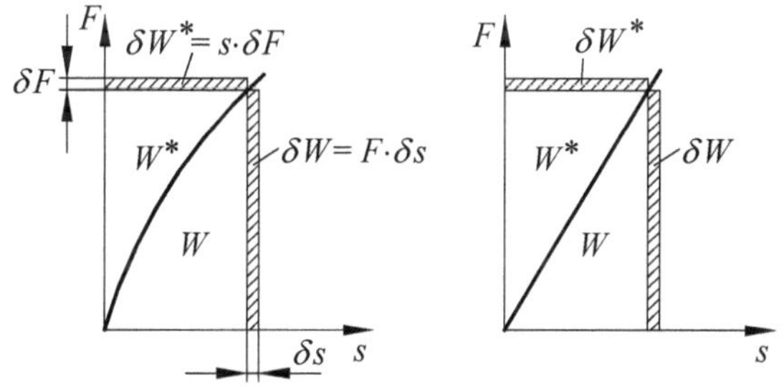

a) allgemein b) linear elastisch

Bild 8.9: Arbeit und Ergänzungsarbeit

Das Prinzip der virtuellen Arbeit gilt – da das Stoffgesetz bisher noch nicht verwendet wurde – unabhängig vom Materialgesetz auch für nichtlineares Materialverhalten; es fußt nicht auf dem Satz zur Erhaltung der Energie.

Da in den Verzerrungsbeziehungen und in den Gleichgewichtsbedingungen nur kleine Verrückungen zugelassen sind, gilt das Prinzip dann auch nur für kleine Verformungen.

---

73 Der Begriff der Verrückung umfasst, wie bereits im Kapitel 3 definiert, die Begriffe Verschiebung (durch Kräfte) und Verdrehung (durch Momente). Häufig wird im „Ingenieurjargon“ auch dann von Verschiebung gesprochen, wenn sowohl Verschiebung als auch Verdrehung, also Verrückung gemeint ist.

Wird sowohl für den Verrückungszustand als auch für den Spannungszustand einer belasteten Struktur der tatsächliche Zustand gewählt, ergibt sich aus dem Prinzip der virtuellen Arbeit der Arbeitssatz $W = U$. Für diesen Fall kann der Spannungszustand nicht mehr unabhängig vom Verrückungszustand sein.

Das Prinzip der virtuellen Arbeit ist ein unabhängiges Naturgesetz, welches nicht aus den bekannten Gleichgewichtsbedingungen hergeleitet werden kann. Es ergeben sich jedoch keine Widersprüche zu den Aussagen, die aus den Gleichgewichtsbedingungen hervorgehen. Den Sonderfall dieses Prinzips stellt die Statik starrer Körper dar. Weil starre Körper keine Formänderungsenergie speichern können ($U \equiv 0 \Rightarrow \delta U = 0$), wird $\delta W = 0$. Dieser Sonderfall allerdings lässt sich aus den Gleichgewichtsbedingungen und dem Wechselwirkungsaxiom *actio* = *reactio* mathematisch herleiten.

Für strukturmechanische Berechnungen ist die Tatsache, dass beim Prinzip der virtuellen Arbeit sowohl der Verrückungszustand als auch der Spannungszustand unabhängig vom tatsächlichen Zustand des belasteten Systems gewählt werden können, interessant. Dabei kann entweder der tatsächliche Spannungszustand oder der tatsächliche Verrückungszustand betrachtet werden (siehe Bild 8.9). Dies führt auf das *Prinzip der virtuellen Verrückung* (PVV) bzw. auf das Prinzip *der virtuellen Kräfte* (PVK).

Beim Prinzip der virtuellen Verrückung lässt man wirkliche Belastungen virtuelle Wege oder Winkel zurücklegen und bestimmt aus der entsprechenden Arbeitsgleichung die gesuchten Reaktionen (Auflagerkräfte, Schnittgrößen etc.). Beim Prinzip der virtuellen Kräfte lässt man virtuelle Belastungen (besser wäre somit die ungebräuchliche Bezeichnung „Prinzip der virtuellen Belastung") wirkliche Wege oder Winkel beschreiben und berechnet aus der Arbeitsgleichung die wirklichen Verformungen der Struktur.

In der Regel werden virtuelle Größen mit einem Querstrich über dem Formelzeichen bezeichnet.

Die auf Bild 8.9 mit einem Stern gekennzeichnete Arbeit bezeichnet man als *komplementäre Arbeit* oder auch *Ergänzungsarbeit*, da sich W und W^* zum Rechteck ergänzen. Die komplementäre Arbeit δW^* unterscheidet sich, wie aus Bild 8.9a ersichtlich, von der beim Prinzip der virtuellen Verrückung verwendeten Arbeit. Bei linearem Zusammenhang zwischen der Belastung und der Verformung (siehe Bild 8.9b) gilt $U = U^*$ und $W = W^*$.

Die Bezeichnungsweisen werden in der Literatur nicht einheitlich gehandhabt: So wird mitunter das Prinzip der virtuellen Verrückung als das eigentliche Prinzip der virtuellen Arbeit und das Prinzip der virtuellen Kräfte als das Prinzip der virtuellen Ergänzungsarbeit bezeichnet.

8.3.2 Das Prinzip der virtuellen Verrückung

Wenn nur die Verrückungen infinitesimal (virtuell) verändert werden und der tatsächliche Spannungszustand zur Bildung der virtuellen Arbeit zugrunde liegt, dann folgt aus dem Prinzip der virtuellen Arbeit das Prinzip der virtuellen Verrückung – auch als Prinzip der virtuellen Verschiebung bezeichnet. Der Grundsatz, dass die virtuelle Formänderungsenergie der durch die Belastung geleisteten Formänderungsarbeit entsprechen muss, also $\delta W = \delta U$, gilt auch hier. Als Prinzip der virtuellen Verrückung besagt das Prinzip der virtuellen Arbeit (siehe dazu Bild 8.9):

$$\delta W = F \cdot \delta s \,. \tag{8.31}$$

Für die Statik starrer Körper ($\delta U \equiv 0$) folgt:

$$\delta W = \sum_i \underline{F}_i \cdot \delta \underline{s}_i + \sum_j \underline{M}_j \cdot \delta \underline{\varphi}_j = 0 \tag{8.32}$$

mit den virtuellen Verrückungen $\delta \underline{s}_i$ und $\delta \underline{\varphi}_j$ des Punktes an dem die Belastungen $\underline{F}_i$ und $\underline{M}_j$ angreifen. Es ist zu beachten, dass Belastung und Verrückung nicht in ursächlichem Zusammenhang stehen, sondern lediglich kartesische Vektoren am gleichen Punkt darstellen.

Wir betrachten einen elastischen Körper mit dem Volumen V, der durch die Volumenkräfte $\underline{f}$ und die Oberflächenkräfte $\underline{p}$ belastet wird und sich im Gleichgewicht befindet. An seiner Oberfläche gelten teils geometrische Randbedingungen (Verschiebungen), teils mechanische Randbedingungen (Spannungen). Für eine virtuelle Verschiebung $\delta \underline{s}$ schreiben wir für den beliebig verformten Körper das Prinzip der virtuellen Verschiebung mit Gl. (8.30) zu

$$\underbrace{\int_A \underline{p}^{\mathrm{T}} \cdot \delta \underline{s} \cdot dA + \int_V \underline{f}^{\mathrm{T}} \cdot \delta \underline{s} \cdot dV}_{\delta W} = \underbrace{\int_V \underline{\underline{\sigma}}^{\mathrm{T}} \cdot \delta \underline{\underline{\varepsilon}} \cdot dV}_{\delta U} \,. \tag{8.33}$$

In dieser Form gilt das Prinzip nicht nur für linear elastisches Materialverhalten, sondern allgemein – auch für große Verformungen.

Fügen wir die im allgemeinen Gebrauch des Ingenieurs so nützlichen Belastungsresultierenden: Linienlasten, Punktlasten und Momente (Grenzfälle der Oberflächenlasten, die in einem kleinen Bereich der Oberfläche angreifen) in die linke Seite der Gleichung (8.33) mit der Belastungsresultierenden R (F oder M) und der in Lastrichtung projizierten Verrückungsgröße d (s oder φ) ein, wird:

$$\underbrace{\int_A \underline{p}^{\mathrm{T}} \cdot \delta \underline{s} \cdot dA + \int_V \underline{f}^{\mathrm{T}} \cdot \delta \underline{s} \cdot dV + \underline{R}^{\mathrm{T}} \cdot \delta \underline{d}}_{\delta W} = \underbrace{\int_V \underline{\underline{\sigma}}^{\mathrm{T}} \cdot \delta \underline{\underline{\varepsilon}} \cdot dV}_{\delta U} \,. \tag{8.34}$$

Greifen mehrere Momente und Linienlasten an einem Punkt an, müssen diese orthogonal sein.

Die in der Mechanik gebräuchliche virtuelle Verrückung entspricht der in der Mathematik üblichen Variationsrechnung. Im Abschnitt 8.6.2 wird darauf näher eingegangen

Im Gegensatz zur Statik starrer Körper sind die virtuellen Verrückungen und damit die virtuellen Verzerrungen im Allgemeinen nicht bekannt, weshalb man dieses Prinzip in der Regel in der Festigkeitslehre nicht unmittelbar anwenden kann. In der Formulierung als Variationsaufgabe bildet es die Grundlage für zahlreiche Näherungs- und numerische Lösungsverfahren.

8.3.3 Das Prinzip der virtuellen Kräfte

8.3.3.1 Anwendung auf Verformungsberechnungen

Bei diesem Prinzip werden zur Bildung der virtuellen Arbeit der tatsächliche Verrückungszustand und ein virtueller Belastungszustand zugrunde gelegt. So wie sich mit dem Prinzip der virtuellen Verrückung Kräfte berechnen lassen, können wir mit dem Prinzip der virtuellen Kräfte Verformungen berechnen. Gemäß Bild 8.9 schreiben wir

$$\delta W^* = \delta F \cdot s\,. \tag{8.35}$$

Durch die Variation der Belastungen infinitesimal erhalten wir die virtuelle Formänderungsarbeit in der Form

$$\delta W^* = \sum_i \delta \underline{F}_\mathrm{i} \cdot \underline{u}_\mathrm{i} + \sum_j \delta \underline{M}_\mathrm{j} \cdot \underline{\varphi}_\mathrm{j} = 0\,. \tag{8.36}$$

Die virtuellen Belastungen δF_i und δM_j rufen im Körper einen virtuellen Spannungszustand $\delta\sigma$ hervor. Die virtuellen Spannungen verursachen zusammen mit den durch die realen Belastungen F_i und M_j hervorgerufenen realen Verzerrungen ε eine virtuelle komplementäre Formänderungsenergie.

In Analogie zur Gleichung (8.33) gilt mit der virtuellen Ergänzungsarbeit für das Prinzip der virtuellen Kräfte:

$$\underbrace{\int_A \underline{s}^\mathrm{T} \cdot \delta \underline{p} \cdot dA + \int_V \underline{s}^\mathrm{T} \cdot \delta \underline{f} \cdot dV + \underline{d}^\mathrm{T} \cdot \delta \underline{R}}_{\delta W} = \underbrace{\int_V \underline{\underline{\varepsilon}}^\mathrm{T} \cdot \delta \underline{\underline{\sigma}} \cdot dV}_{\delta U}\,. \tag{8.37}$$

Es sei an dieser Stelle nochmals darauf hingewiesen, dass obige Gleichung unabhängig vom Materialverhalten gilt. Bei nichtlinearem Materialgesetz muss vorausgesetzt werden, dass die virtuellen Kräfte infinitesimal klein sind.

Beispiel 8.5

Als einführendes Beispiel soll die bekannte Gleichung für die Stabverlängerung eines Zugstabes ($E \cdot I = \text{konst}$) unter statischer Zugbeanspruchung in Richtung der Stabachse (siehe Beispiel 8.1) nach dem PVK entwickelt werden.

Lösung:

Die virtuellen Größen werden, wie meist praktiziert, überstrichen geschrieben. In Richtung der Stabachse gilt: $\sigma_\mathrm{z} = \dfrac{F}{A}$ und mit dem HOOKEschen Gesetz $\varepsilon = \dfrac{1}{E} \cdot \sigma_\mathrm{z} = \dfrac{F}{E \cdot A}$.

Die überlagerte virtuelle Kraft $\delta F = \overline{F}$ ruft eine virtuelle Spannung $\overline{\sigma} = \dfrac{\overline{F}}{A}$ hervor.

Mit Gl. (8.37) folgt: $\overline{U}^* = \int_V \overline{\sigma} \cdot \varepsilon \cdot dV = \int_V \dfrac{\overline{F}}{A} \cdot \dfrac{F}{E \cdot A} \cdot dV = \int_0^l \dfrac{\overline{F} \cdot F}{E \cdot A} \cdot dz\,.$

Die äußere Verschiebungsarbeit $\delta W^* = \delta F \cdot s$, enthält die Verformung. Mit Gleichung (8.30) $\delta W = \delta U$ schreiben wir

$$\overline{F} \cdot s = \int_0^l \frac{\overline{F} \cdot F}{E \cdot A} \cdot dz \,.$$

Für ein frei wählbares $\overline{F}$ – also auch $\overline{F} = 1$ – folgt für die Verschiebung s (Stabverlängerung Δl) am Kraftangriffspunkt der virtuellen Kraft

$$s = \Delta l = \int_0^l \frac{F}{E \cdot A} \cdot dz = \underline{\frac{F \cdot l}{E \cdot A}} \,.$$

Für die Zugbeanspruchung im obigen Beispiel ist die virtuelle Formänderungsenergie bei linear elastischem Zusammenhang zwischen Kraft und Verschiebung (s.o.)

$$\overline{U}^* = \int_0^l \frac{\overline{F} \cdot F}{E \cdot A} \cdot dz \,. \tag{8.38}$$

Die formale Übertragung dieses Ergebnisses auf die übrigen Belastungsarten im Vergleich mit der Formänderungsenergie ist in der Tabelle 8.3 zusammengefasst.

Tabelle 8.3: Formänderungsenergie und virtuelle Ergänzungsarbeit

Belastung	Formänderungsenergie	virtuelle Ergänzungsarbeit
Normalkraft F_n	$U = \frac{1}{2} \cdot \int_0^l \frac{F_n^2}{E \cdot A} \cdot dz$	$\overline{U}^* = \int_0^l \frac{\overline{F}_n \cdot F_n}{E \cdot A} \cdot dz$
Stabkraft F_S (Fachwerk)	$U = \frac{1}{2} \cdot \int_0^l \frac{F_S^2}{E \cdot A} \cdot dz$	$\overline{U}^* = \sum_{i=1}^n \frac{\overline{F}_{Si} \cdot F_{Si}}{E \cdot A} \cdot l_{Si}$
Querkraft F_Q	$U = \frac{1}{2} \cdot \int_0^l \frac{\kappa \cdot F_Q^2}{G \cdot A} \cdot dz$	$\overline{U}^* = \int_0^l \frac{\kappa \cdot \overline{F}_Q \cdot F_Q}{G \cdot A} \cdot dz$
Biegemoment M_b	$U = \frac{1}{2} \cdot \int_0^l \frac{M_b^2}{E \cdot I} \cdot dz$	$\overline{U}^* = \int_0^l \frac{\overline{M}_b \cdot M_b}{E \cdot I} \cdot dz$
Torsionsmoment M_t	$U = \frac{1}{2} \cdot \int_0^l \frac{M_t^2}{G \cdot I_p} \cdot dz$	$\overline{U}^* = \int_0^l \frac{\overline{M}_t \cdot M_t}{E \cdot I_p} \cdot dz$

Das Prinzip der virtuellen Kräfte, auch als Kraftgrößenverfahren, findet im Bauingenieurwesen sehr häufig Anwendung. Setzen wir für die äußere virtuellen Belastungen ($\overline{F}$ bzw. $\overline{M}$) grundsätzlich $\overline{1}$ und beschreiben die Verformung (Verschiebung oder Verdrehung) durch eine generalisierte Größe δ[74], können wir z.B. für die Durchbiegung f eines Balkens formal aufschreiben:

$$\overline{1} \cdot \delta = f = \int_0^l \frac{\overline{M}_b \cdot M_b}{E \cdot I} \cdot dz \,.$$

---

74 Die im Bauwesen übliche Schreibweise δ für die generalisierten Weggrößen wird in diesem Abschnitt anstelle *d* übernommen.

Damit lässt sich die folgende *Arbeitsgleichung* für das Prinzip der virtuellen Kräfte bei zusammengesetzter Beanspruchung (ohne Berücksichtigung von Temperatureinfluss und Stützenabsenkung) formulieren:

$$\bar{1}\cdot\delta = f = \int_0^l \left(\frac{\overline{M}_b \cdot M_b}{E\cdot I} + \frac{\overline{F}_n \cdot F_n}{E\cdot A} + \kappa \frac{\overline{F}_Q \cdot F_Q}{G\cdot A} + \frac{\overline{M}_t \cdot M_t}{E\cdot I_p} \right) dz\,. \qquad (8.39)$$

Die Anwendung der Arbeitsgleichung für die Berechnung der Verformung soll am Beispiel des durch eine konstante Streckenlast beanspruchten Kragträgers gezeigt werden.

Beispiel 8.6

Für den auf Bild 8.10 gezeigten Kragträger, $E\cdot I =$ konst, ist die maximale Durchbiegung zu berechnen.

Lösung:

Die maximale Durchbiegung ist die vertikale Verschiebung an der Kragarmspitze. An dieser Stelle wird die virtuelle Kraft $\bar{1}$ aufgebracht, die einen virtuellen Momentenverlauf und eine virtuelle Verschiebung erzeugt und auf der gesuchten Verschiebung Arbeit leistet.

Die tatsächliche Belastung erzeugt den dargestellten Momentenverlauf und verformt den Kragträger. Durch diese Verformung wird die virtuelle Kraft verschoben und leistet äußere Verschiebungsarbeit. Die virtuellen Momente leisten innere Verschiebungsarbeit (Formänderungsenergie) auf der von der wirklichen Belastung hervorgerufenen Krümmung.

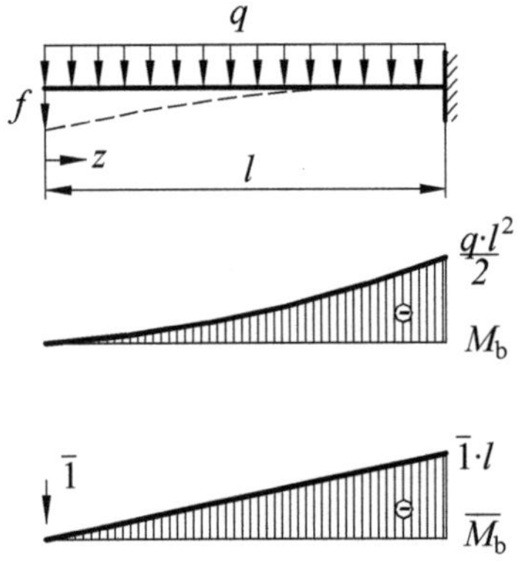

Bild 8.10: Wirklicher und virtueller Zustand am Träger

Für die Annahme eines schubstarren Balkens vereinfacht sich die Arbeitsgleichung (8.39) zu

$$\underset{\text{virtuelle Kraft}}{\bar{1}} \cdot \underbrace{\delta}_{\text{tatsächliche Weggröße}} = f = \int_0^l \frac{\overline{M}_b \cdot M_b}{E\cdot I}\cdot dz = \int_0^l \overbrace{\overline{M}_b}^{\text{virtuelles Moment}} \cdot \underbrace{\frac{M_b}{E\cdot I}}_{\text{tatsächliche Krümmung}} \cdot dz\,.$$

Die Momente an einer variablen Schnittstelle z ($0 < z < l$) nach Bild 8.10 berechnen wir zu

$$M(z) = -\frac{1}{2}\cdot q\cdot z^2\,;$$

$$\overline{M}(z) = -\bar{1}\cdot z = -z\,.$$

Damit berechnen wir das Integral

$$f=\int_0^l \frac{\overline{M_b}\cdot M_b}{E\cdot I}\cdot dz=\frac{1}{E\cdot I}\cdot\int_0^l\left(-\frac{1}{2}q\cdot z^2\right)\cdot(-z)\cdot dz=\frac{q}{2\cdot E\cdot I}\cdot\int_0^l z^3\cdot dz=\underline{\frac{q\cdot l^4}{8\cdot E\cdot I}}\,.$$

Das Ergebnis entspricht der in Technischen Taschenbüchern zu findenden Durchbiegung für die oben getroffenen Festlegungen.

Für die Auswertung der Integrale der Arbeitsgleichung für abschnittsweise konstante Biegesteifigkeit – die an sich kein grundsätzliches Problem darstellt – existieren zur Arbeitserleichterung Tabellen, in denen die Produkte zweier Funktionen angegeben sind. Eine solche Tabelle ist im Anhang A8 zu finden. Wie damit zu arbeiten ist, soll das folgende Beispiel zeigen.

Beispiel 8.7

Für den auf Bild 8.11 skizzierten schubstarren, zwischen den Stützen verstärkten Träger ist mit der Arbeitsgleichung für die folgenden Werte zu überprüfen, ob:

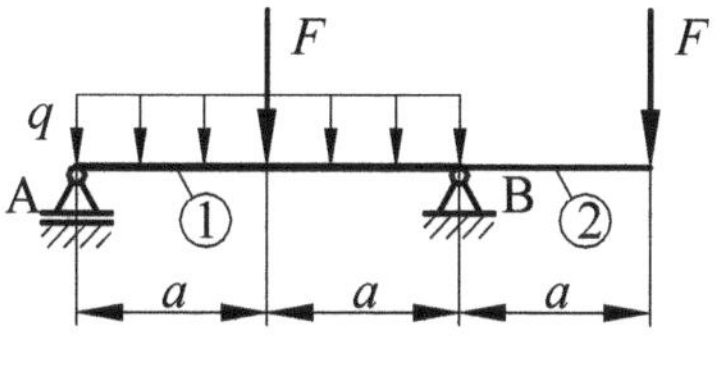

Bild 8.11: Belastungsschema Träger

a) die Durchbiegung unter der Last mittig zwischen den Stützen der zulässige Wert von $f_{\text{zul}}=l/500$ eingehalten wird.

b) die durch die Last am Kragarm hervorgerufene Neigung mittig zwischen den Stützen innerhalb der vorgegebenen Grenze ($\varphi_{\text{zul}}=3°$) liegt.

Werte: Stahlträger $E=2{,}1\cdot10^5\,\text{N/mm}^2$; $I_1=2{,}4\cdot10^4\,\text{cm}^4$, $I_2=1{,}6\cdot10^4\,\text{cm}^4$;

Belastung $q=20\,\text{kN/m}$, $F=15\,\text{kN}$; $a=2000\,\text{mm}$

Lösung:

a) Zur Berechnung der Schnittmomente müssen die Stützkräfte ermittelt werden. Es sind

$$F_A=\frac{2\cdot q\cdot a^2}{2\cdot a}=q\cdot a=40\,\text{kN}\ \text{ und }\ F_B=\frac{2\cdot q\cdot a^2+4\cdot F\cdot a}{2\cdot a}=q\cdot a+2\cdot F=70\,\text{kN}\,.$$

Damit können wir die Schnittmomente berechnen. Die Ergebnisse dieser Rechnung sowie das Moment durch die virtuelle Kraft an der Stelle der zu berechnenden Verschiebung sind auf Bild 8.12 dargestellt.

Wenn wir die Integrale in der Arbeitsgleichung (8.39) mit Hilfe der Koppeltafel A8 auswerten wollen, müssen wir einige Anpassungen vornehmen:

Der Tafelwert der Integrale $\int_0^1 \overline{M}\cdot M\cdot d\zeta$ mit $\zeta=z/l$ ist mit der Abschnittslänge l zu multiplizieren, d.h. die Länge ist vor das Integral gezogen. Gleiches gilt für die konstanten Steifigkeiten.

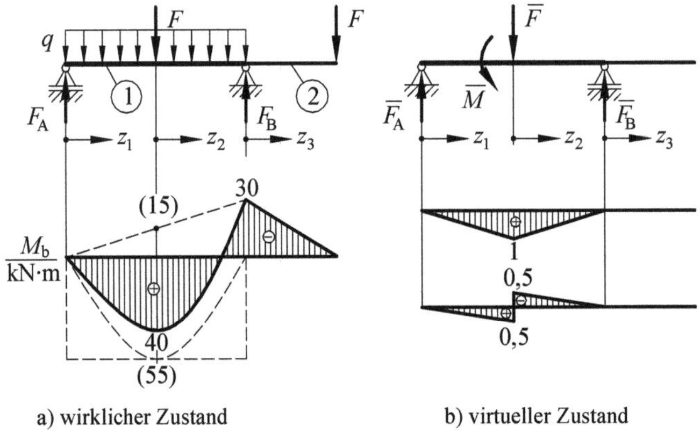

Bild 8.12: Belastungsschema und Schnittmomente

Die Arbeitsgleichung für das reine Biegeproblem dieser Aufgabenstellung schreiben wir deshalb in der folgenden umgestellten Form:

$$\overline{1} \cdot \delta = \sum_{j=1}^{3} \frac{l_j}{E_j \cdot I_j} \cdot \int_0^1 \overline{M} \cdot M \cdot d\zeta \,.$$

Da bei dieser Aufgabe der Querschnitt nicht über der gesamte Trägerlänge konstant ist, müssen wir die entsprechenden Größen in eine äquivalente Größe umrechnen. Setzen wir die ausgeklammerten Abschnittsgrößen mit gewählten Bezugsgrößen gleich, wird:

$$\frac{l_j^*}{E_0 \cdot I_0} = \frac{l_j}{E_j \cdot I_j} \quad \Rightarrow \quad l_j^* = \frac{E_0 \cdot I_0}{E_j \cdot I_j} \cdot l_j \,.$$

Es folgt bei über der Trägerlänge konstantem E-Modul $E = E_0$ mit $I_1 = I_0$ eine reduzierte Länge l_j^* für den jeweiligen Abschnitt l_j. Damit schreiben wir für die anstehenden Berechnungen die Arbeitsgleichung in der folgenden Form

$$E_0 \cdot I_0 \cdot \overline{1} \cdot \delta = \sum_{j=1}^{3} l_j^* \cdot \int_0^1 \overline{M} \cdot M \cdot d\zeta \,.$$

Die Auswertung der Integrale nach Gl. (8.39) erfolgt anhand der Tafel A8 in tabellarischer Form:

1. Bereich: $0 < z_1 < a$

Funktionen	Gleichung	Zahlenwerte in kN^2m^2
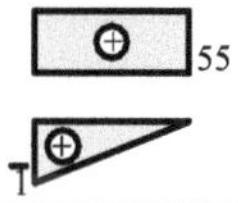	$\frac{1}{2}\cdot\overline{M}_b\cdot M$	$\frac{1}{2}\cdot\bar{1}\cdot 55 = +27{,}5\ kN^2m^2$
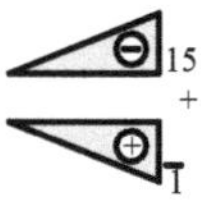	$\frac{1}{3}\cdot\overline{M}_b\cdot M_b$	$\frac{1}{3}\cdot\bar{1}\cdot(-15) = -5 kN^2m^2$
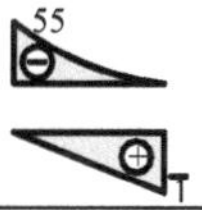	$\frac{1}{12}\cdot\overline{M}_b\cdot M_a$	$\frac{1}{12}\cdot\bar{1}\cdot(-55) = -4{,}58\bar{3} kN^2m^2$
Σ		$\underline{+17{,}91\bar{6}\ kN^2m^2}$

2. Bereich: $0 < z_2 < a$

Funktionen	Gleichung	Zahlenwerte in kN^2m^2
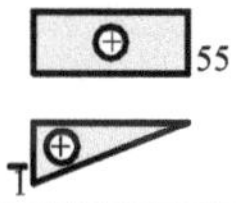	$\frac{1}{2}\cdot\overline{M}_a\cdot M$	$\frac{1}{2}\cdot\bar{1}\cdot 55 = +27{,}5\ kN^2m^2$
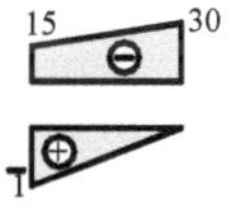	$\frac{1}{6}\cdot\overline{M}_a\cdot(2\cdot M_a + M_b)$	$\frac{1}{6}\cdot\bar{1}\cdot[-(30+30)] = -10 kN^2m^2$
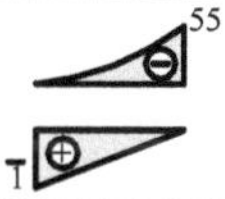	$\frac{1}{12}\cdot\overline{M}_a\cdot M_a$	$\frac{1}{12}\cdot\bar{1}\cdot(-55) = -4{,}58\bar{3} kN^2m^2$
Σ		$\underline{+12{,}91\bar{6}\ kN^2m^2}$

3. Bereich: $0 < z_3 < a$; $\overline{M} = 0$.

Die errechneten Werte aus den Tabellen setzen wir ein. Mit $\bar{1} = \overline{F} = 1 kN$ wird:

$$E_0\cdot I_0\cdot\overline{F}\cdot\delta = 2m\cdot 17{,}91\bar{6}\ kN^2m^2 + 2m\cdot 12{,}91\bar{6}\ kN^2m^2 + 3m\cdot 0 = 61{,}\bar{6}\ kN^2m^3,$$

umgestellt nach der Verschiebung folgt

$$\delta = f_F = \frac{61{,}\bar{6}\cdot 10^6 kN^2cm^3\cdot cm^2}{2{,}1\cdot 10^4 kN\cdot 2{,}4\cdot 10^4 cm^4\cdot\bar{1} kN} = \underline{0{,}122\ cm = 1{,}22 mm < f_{zul}}.$$

Zur Genauigkeit der Rechnung ist anzumerken, dass der wirkliche Momentenverlauf durch die Überlagerung der Einzellast und Streckenlast keine quadratische Parabel, wie in den Gleichungen der Tafel vorausgesetzt, beschreibt, sondern diese durch die Einzellast linearisiert, also gestreckt wird. D.h. wir berechnen eine „zu große“ Durchbiegung; die Rechnung liegt damit auf der sicheren Seite.

b) Die Rechnung der Neigung erfolgt analog der zur Ermittlung der Durchbiegung mit den Werten für das virtuelle Moment in Bild 8.12b wieder anhand der folgenden Tabellen:

1. Bereich: $0 < z_1 < a$

Funktionen	Gleichung	Zahlenwerte in $\mathrm{kN^2m^2}$
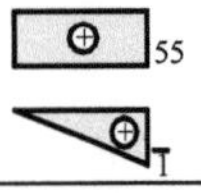	$\frac{1}{2}\cdot\overline{M}_b\cdot M$	$\frac{1}{2}\cdot\overline{0{,}5}\cdot 55 = +13{,}75\ \mathrm{kN^2m^2}$
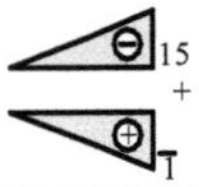	$\frac{1}{3}\cdot\overline{M}_b\cdot M_b$	$\frac{1}{3}\cdot\overline{0{,}5}\cdot(-15) = -2{,}5\,\mathrm{kN^2m^2}$
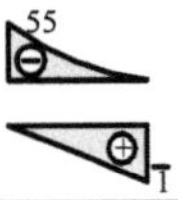	$\frac{1}{12}\cdot\overline{M}_b\cdot M_a$	$\frac{1}{12}\cdot\overline{0{,}5}\cdot(-55) = -2{,}29\,\mathrm{kN^2m^2}$
Σ		$\underline{+8{,}96\ \mathrm{kN^2m^2}}$

2. Bereich: $0 < z_2 < a$

Funktionen	Gleichung	Zahlenwerte in $\mathrm{kN^2m^2}$
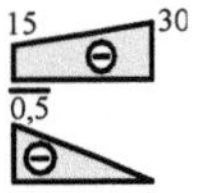	$\frac{1}{2}\cdot\overline{M}_a\cdot M$	$\frac{1}{2}\cdot(-\overline{0{,}5})\cdot 55 = -13{,}75\ \mathrm{kN^2m^2}$
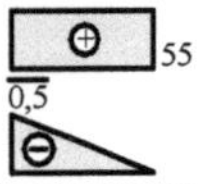	$\frac{1}{6}\cdot\overline{M}_a\cdot(2\cdot M_a + M_b)$	$\frac{1}{6}\cdot(-\overline{0{,}5})\cdot\left[-(30+30)\right] = +5\,\mathrm{kN^2m^2}$
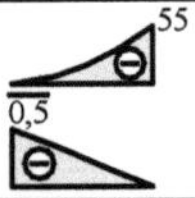	$\frac{1}{12}\cdot\overline{M}_a\cdot M_a$	$\frac{1}{12}\cdot(-\overline{0{,}5})\cdot(-55) = +2{,}29\,\mathrm{kN^2m^2}$
Σ		$\underline{-6{,}46\ \mathrm{kN^2m^2}}$

3. Bereich: $0 < z_3 < a$: $\overline{M} = 0$.

Für die Arbeitsgleichung gilt mit $\bar{1} = \overline{M} = 1\,\mathrm{kNcm}$:

$$E_0\cdot I_0\cdot\overline{M}\cdot\delta = 2\,\mathrm{m}\cdot 8{,}96\ \mathrm{kN^2m^2} - 2\,\mathrm{m}\cdot 6{,}46\ \mathrm{kN^2m^2} + 3\,\mathrm{m}\cdot 0 = 5{,}0\ \mathrm{kN^2m^3}.$$

Umgestellt nach der Verdrehung folgt:

$$\delta = \varphi_F = \frac{5{,}0\cdot 10^6\,\mathrm{kN^2cm^3\cdot cm^2}}{2{,}1\cdot 10^4\,\mathrm{kN}\cdot 2{,}4\cdot 10^4\,\mathrm{cm^4}\cdot\bar{1}\,\mathrm{kNcm}} = \underline{0{,}01 = 0{,}6° < \varphi_{zul}}.$$

8.3.3.2 Das Kraftgrößenverfahren für statisch überbestimmt gelagerte Tragwerke

Verfahren zur Berechnung der Verformung belasteter Bauteile lassen sich immer auch zur Bestimmung der Stützkräfte statisch überbestimmt (gemeinhin auch als statisch unbestimmt bezeichnet) gelagerter Tragwerke nutzen. Ein solches Tragwerk weist mehr Stützen auf, als zur Erhaltung einer stabilen Lagerung erforderlich sind, was z.B. aus Gründen der Verringerung der Verformung und des Leichtbaus sinnvoll sein kann.

Der „Preis" dafür ist ein höherer Aufwand bei der Fertigung und Montage. Ein einfaches Beispiel für eine statisch bestimmte Stützung ist ein dreibeiniger Tisch, der auch bei unterschiedlicher Länge der Beine ohne zu „kippeln" stabil steht. Im Gegensatz dazu sind für einen statisch überbestimmt gestützten Tisch mit vier Beinen wegen des einen „überzähligen" Beines die gleiche Beinlänge *und* eine ebene Aufstandsfläche erforderlich.

Statisch unterbestimmte Systeme, also fehlende Stützen, haben die Verschiebbarkeit des Systems unter Belastung zur Folge. Sie werden im allgemeinen Sprachgebrauch als verschieblich bezeichnet. Solche Systeme (Mechanismen) sind Gegenstand der Kinematik.

Für ein statisch bestimmtes Tragwerk gilt allgemein, dass man aus den zur Verfügung stehenden Gleichgewichtsbedingungen die Auflagerreaktionen berechnen kann. Für die durch zusätzliche Stützen zu berechnenden Lagerunbekannten müssen zusätzliche Gleichungen – in der Regel geometrische Beziehungen (Verformungsgleichungen) – gewonnen werden. Der Grad der statischen Unbestimmtheit wird, wie aus der Statik bekannt, aus dem so genannten Abzählkriterium

$$n = a + z - 3 \cdot p$$

bestimmt.

Für den auf Bild 8.13 skizzierte Balken existieren mit einer dreiwertigen Lagerung (Einspannung) im Punkt A und einer einwertigen (Loslager) im Punkt B insgesamt $a = 4$ unbekannte Auflagerreaktionen. Mit $z = 0$ Zwischenreaktionen (Gelenkkräfte) ergibt das Abzählkriterium bei drei Gleichgewichtsbedingungen im ebenen Kräftesystem für $p = 1$ Scheibe mit $n = 4 + 0 - 3 \cdot 1 = 1$ ein einfach statisch überbestimmtes System.

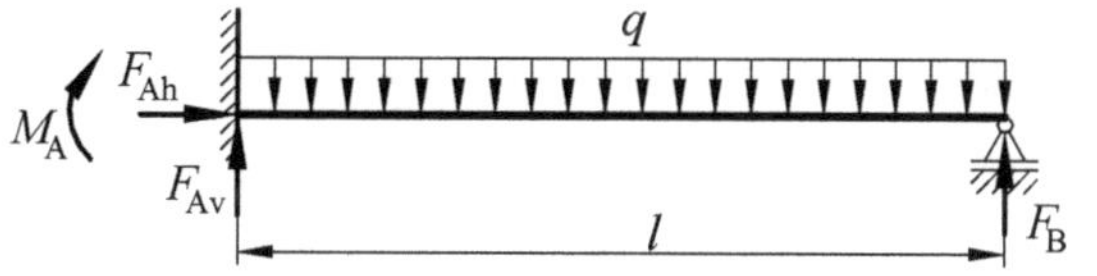

Bild 8.13: Belasteter Balken

Die fehlende Gleichung gewinnen wir aus einer geometrischen Beziehung mit einem Kunstgriff. Wir erhalten eine Verrückung an einer Stützstelle, an der diese null ist, indem wir diese Bindung lösen. Dieses Lösen entspricht dem Nullsetzen der entsprechenden Kraftgröße. Anschließend setzen wir nun an der Stelle der gelösten Bindung – um die Wirkung der gelösten Bindung zu kompensieren – eine unbekannte äußere Kraft an und fragen, wie groß diese Kraft sein muss, um die Verschiebung wieder auf null zurückzuführen. Dies ist das aus der Statik bekannte Schnittprinzip mit dem Unterschied, dass hier nicht ein geschlossener – alle Bindungen aufhebender – Schnitt geführt wird. Dieses als *LAGRANGEsches Befreiungsprinzip*[75] bezeichnete Verfahren wird auch als selektives Schnittprinzip bezeichnet.

75 JOSEPH-LOUIS DE LAGRANGE, 1736–1813, französischer Mathematiker und Astronom.

Die Berechnung der Stützgrößen mit dem Kraftgrößenverfahren zeigt das folgende Beispiel.

Beispiel 8.8

Für den auf Bild 8.13 dargestellten, einfach statisch überbestimmten, schubstarren Balken $E \cdot I =$ konst., sind die Stützkräfte und der Biegemomentverlauf zu berechnen.

Lösung:

Zuerst bilden wir aus dem Ausgangssystem ein statisch bestimmtes Hauptsystem (0-System), siehe Bild 8.14. Dies geschieht durch Lösen einer kinematischen Bindung.

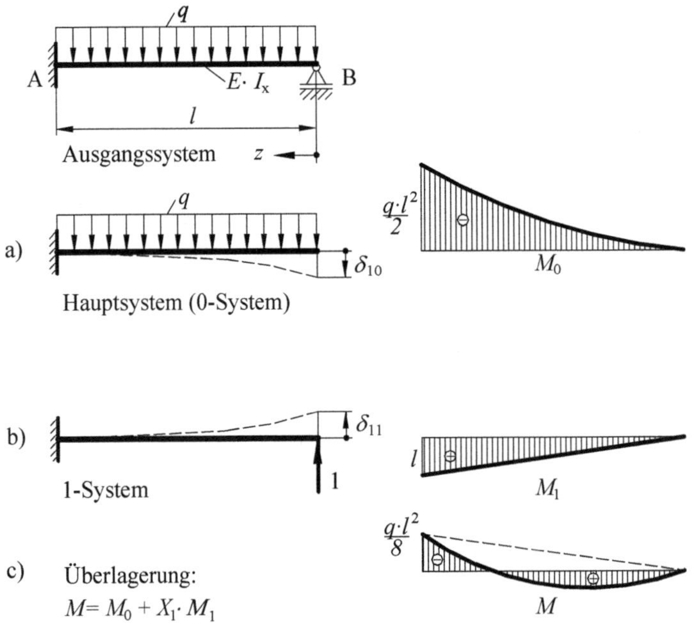

Bild 8.14: Last- und Einheitsspannungszustand

Hierfür gibt es mehrere Möglichkeiten. Da das zugrunde gelegte Hauptsystem einen erheblichen Einfluss auf den Berechnungsaufwand hat, ist es wichtig dieses so zu wählen, dass der Aufwand und damit die Fehleranfälligkeit möglichst gering ist.

Für die Lösung der obigen Aufgabenstellung bietet sich die Entfernung des einwertigen Lagers B an (Es wird empfohlen nach der Lösung dieser Aufgabe die Rechnung alternativ mit anderen gelösten Bindungen zu führen).

Das als *Lastspannungszustand* bezeichnete Hauptsystem (0-System) weist unter der vorgegebenen Last (infolge des fehlenden Lagers B) eine Durchbiegung auf (siehe Bild 8.14a), die am wirklichen System infolge des Loslagers B nicht auftreten kann

Der Betrag der im Punkt B wirkenden unbekannten Auflagerkraft wird dadurch bestimmt, dass diese Kraft den Träger in diesem Punkt wieder auf die Durchbiegung $f_B = 0$ „zurückschiebt". Wir machen somit die Verformung durch Aufbringung einer Einheitslast, üblicherweise der Größe 1 (ohne Querstrich; prinzipiell ist auch jeder andere Wert möglich), die mit einer noch unbekannten Größe X_1 zu multiplizieren ist, rückgängig (auf Bild 8.14b als Verschiebung unter der Einheitslast dargestellt).

Die Lösung mittels der Einheitslast bezeichnet man als *Einheitsspannungszustand.* Dieser Zustand unterscheidet sich formal nicht von dem für die Verformungsberechnung benötigten virtuellen Zustand, sodass der Einheitsspannungszustand auch als virtueller Zustand für Verformungsberechnungen genutzt werden kann.

Die Verformung des Hauptsystems unter der tatsächlichen Belastung berechnen wir wieder aus der Arbeitsgleichung gemäß Tabelle 8.3:

$$1 \cdot \delta = \delta_{10} = \int_0^l \frac{\overline{M_1} \cdot M_0}{E \cdot I} \cdot dz .$$

Mit $M_0 = -\frac{q \cdot z^2}{2}$ und $\overline{M_1} = z$ ergibt sich $\delta_{10} = -\int_0^l \frac{q \cdot z^3}{2 \cdot E \cdot I} \cdot dz = -\frac{q \cdot l^4}{8 \cdot E \cdot I}$.

Die Verformung des 1-Systems aufgrund der Einheitslast ist:

$$1 \cdot \delta_{11} = \delta_{11} = \int_0^l \frac{\overline{M} \cdot M_1}{E \cdot I} \cdot dz = \int_0^l \frac{z^2}{E \cdot I} = \frac{l^3}{3 \cdot E \cdot I} .$$

Bei der Überlagerung beider Systeme verschwindet entsprechend der Randbedingung des Ausgangssystems die Verschiebung; die Biegesteifigkeit kürzt sich – wenn über der Trägerlänge konstant – immer heraus. Damit wird

$$\delta_{10} + \delta_{11} \cdot X_1 = 0 .$$

Aus dieser Gleichung können wir die unbekannte *Bindungskraft* X_1, die der Auflagerkraft F_B entspricht, berechnen:

$$X_1 = -\frac{\delta_{10}}{\delta_{11}} = -\left(-\frac{q \cdot l^4}{8 \cdot E \cdot I} \cdot \frac{3 \cdot E \cdot I}{l^4} \right) = \underline{\frac{3}{8} \cdot q \cdot l = F_B} .$$

Mit der statischen Gleichgewichtsbedingung $\sum F_y = 0$ berechnen wir für $\underline{F_A = \frac{5}{8} \cdot q \cdot l}$.

Den Momentenverlauf erhalten wir aus der Überlagerung der beiden Teillösungen:

$$M = M_0 + X_1 \cdot M_1 ;$$

$$M(z) = -\frac{1}{2} \cdot q \cdot z^2 + \frac{3}{8} \cdot q \cdot l \cdot z .$$

Im Punkt A, der Einspannung, ergibt sich mit $z = l$ für das Einspannmoment

$$M_A = -\frac{q \cdot l^2}{2} + \frac{3 \cdot q \cdot l}{8} \cdot l = \frac{q \cdot l^2}{8} .$$

Für $z = 0$ ist, wie sofort ersichtlich, $M_B = 0$.

Setzen wir die Momentengleichung gleich Null

$$M(z) = -\frac{1}{2} \cdot q \cdot z^2 + \frac{3}{8} \cdot q \cdot l \cdot z = 0,$$

so können wir mit

$$\frac{1}{2} \cdot q \cdot z = \frac{3}{8} \cdot q \cdot l \quad \Rightarrow \quad z = \frac{3}{4} \cdot l$$

den Nulldurchgang (und damit den Wendepunkt der Biegelinie) bestimmen. Den Verlauf des Biegemomentes zeigt Bild 8.14c.

Zur immer notwendigen Kontrolle der Ergebnisse berechnen wir die Durchbiegung des Trägers am Punkt B, von der wir wissen, dass sie null sein muss.

In der folgenden Tabelle zur Auswertung der Integrale der Koppeltafel A8 sind anstelle der Schnittmomentverläufe in der linken Spalte bei dieser Aufgabe nur noch die Zeilen- und Spaltenbezeichnungen aus der Koppeltafel angegeben.

Mit den Schnittmomenten gemäß Bild 8.14 b und c schreiben wir:

Funktionen	Gleichung	Zahlenwerte in kN^2m^2
c 3	$\frac{1}{3} \cdot \overline{M}_a \cdot M_a$	$\frac{1}{3} \cdot l \cdot \left(-\frac{q \cdot l^2}{8} \right) = -\frac{q \cdot l^3}{24}$
c 8	$\frac{1}{3} \cdot \overline{M}_a \cdot M_c$	$\frac{1}{3} \cdot l \cdot \frac{q \cdot l^2}{8} = \frac{q \cdot l^3}{24}$
Σ		0

Damit wird die Arbeitsgleichung

$$E \cdot I \cdot 1 \cdot \delta_B = l \cdot \left(-\frac{q \cdot l^3}{24} + \frac{q \cdot l^3}{24} \right) = 0$$

und die Durchbiegung an der Lagerstelle null, was die Verformungsbedingung erfüllt und somit die Rechnung bestätigt.

Für ein n-fach statisch unbestimmtes System müssen – um das tatsächliche System so zu verändern, dass es statisch bestimmt wird – n kinematische Bindungen gelöst, d.h. Kraftgrößen gleich null gesetzt werden. Die an den gelösten Bindungen entstehenden – am tatsächlichen System aber nicht vorhandenen – Relativverformungen verletzen somit die Verformungsbedingungen.

Daraus ergibt sich die Berechnung eines n-fach statisch unbestimmten Systems mit dem Kraftgrößenverfahren nach dem folgenden Prinzip:

- Aus dem n-fach statisch unbestimmten System (*Ausgangssystem*) wird ein *statisch bestimmtes Hauptsystem* gebildet (Lastspannungszustand). Dies geschieht durch
  - Entfernen von Stützen
  - Einfügen von Gelenken oder Führungen
  - Trennschnitte.

- Unter der äußeren Last werden im Hauptsystem Relativverrückungen, die im Ausgangssystem nicht möglich sind, auftreten.
- Die gelösten Bindungen werden als Unbekannte (Kräfte oder Momente) X_k mit $k = 1 \cdots n$ unabhängig voneinander eingeführt. Es entstehen somit n Belastungsfälle und damit auch n Gleichungen des statisch bestimmten Systems (Einheitsspannungszustände).
- Der Verformungszustand des statisch unbestimmten Ausgangssystems verlangt, dass die entstandenen Verformungen an den gelösten Bindungen rückgängig gemacht werden; also $\delta_i = 0$ werden muss.
- Die an den gelösten Bindungen durch die Belastung δ_{i0} auftretenden Relativverformungen und die Einheitsgrößen δ_{ik} werden unabhängig voneinander durch die Auswertung der Arbeitsgleichungen des Prinzips der virtuellen Kräfte berechnet. Dabei sind die hierfür benötigten virtuellen Zustände mit den Einheitszuständen formal identisch.
- Die Verformungen müssen im endgültigen Zustand an jeder gelösten Bindung null sein. Die n Gleichungen zur Berechnung der n unbekannten Kraftgrößen der Einheitszustände werden auch als *Elastizitätsgleichungen* bezeichnet. Jede der Einheitskraftgrößen führt zu einem Anteil der Relativverformung δ_i an einer gelösten Bindung

$$\delta_i = \delta_{i0} + \sum_{k=1}^{n} \delta_{ik} \cdot X_k = 0 . \tag{8.40}$$

Damit wird

$$\begin{aligned} \delta_{10} + \delta_{11} \cdot X_1 + \delta_{12} \cdot X_2 + \cdots + \delta_{1n} \cdot X_n &= 0 \\ \delta_{20} + \delta_{21} \cdot X_1 + \delta_{22} \cdot X_2 + \cdots + \delta_{2n} \cdot X_n &= 0 \\ &\vdots \\ \delta_{n0} + \delta_{n1} \cdot X_1 + \delta_{n2} \cdot X_2 + \cdots + \delta_{nn} \cdot X_n &= 0 \end{aligned}$$

bzw. in Matrixschreibweise

$$\begin{bmatrix} \delta_{11} & \delta_{12} & \delta_{13} & \cdots & \delta_{1n} \\ \delta_{21} & \delta_{22} & \delta_{23} & \cdots & \delta_{2n} \\ \vdots & \vdots & \vdots & \cdots & \vdots \\ \delta_{n1} & \delta_{n2} & \delta_{n3} & \cdots & \delta_{nn} \end{bmatrix} \cdot \begin{bmatrix} X_1 \\ X_2 \\ \vdots \\ X_n \end{bmatrix} + \begin{bmatrix} \delta_{10} \\ \delta_{20} \\ \vdots \\ \delta_{n0} \end{bmatrix}_i = \begin{bmatrix} 0 \\ 0 \\ \vdots \\ 0 \end{bmatrix} . \tag{8.41}$$

- Die gesuchten Schnitt- und Reaktionsgrößen des Ausgangssystems ergeben sich aus der Überlagerung der Schnitt- und Reaktionsgrößen des Hauptsystems mit denen aller Einzelfälle. Die Überlagerung aus dem Lastspannungszustand und den X_k-fachen Einheitsspannungszuständen ergibt für die Momente

$$M = M_0 + X_1 \cdot M_1 + X_2 \cdot M_2 + \cdots + X_n \cdot M_n . \tag{8.42}$$

- Für den endgültigen Zustand müssen sowohl die Gleichgewichtsbedingungen als auch die Verformungsbedingungen erfüllt sein. Da Fehler bei der Berechnung von der Faktoren X_k bei Gleichgewichtskontrollen nicht entdeckt werden können, ist eine zusätzliche

Kontrolle der Verformungsbedingungen an den gelösten Bindungen im endgültigen Zustand erforderlich.

Das folgende Beispiel zeigt die Berechnung eines dreifach statisch unbestimmten Systems.

Beispiel 8.9

Für den beidseitig eingespannten Stahlträger ($l_1 = 3\,\text{m}$, $l_2 = \text{m}$, $E/G = 2{,}6$, $I/A = 0{,}05\,\text{m}^2$, $\kappa = 1{,}2$), der nach Bild 8.15 durch $F_z = 300\,\text{kN}$ und $F_y = 400\,\text{kN}$ belastet wird, sollen die Stütz- und Schnittgrößen ermittelt werden.

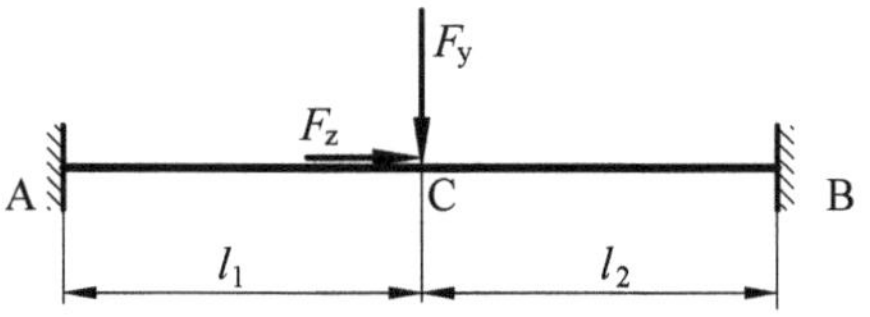

Bild 8.15: Beidseitig eingespannter Träger

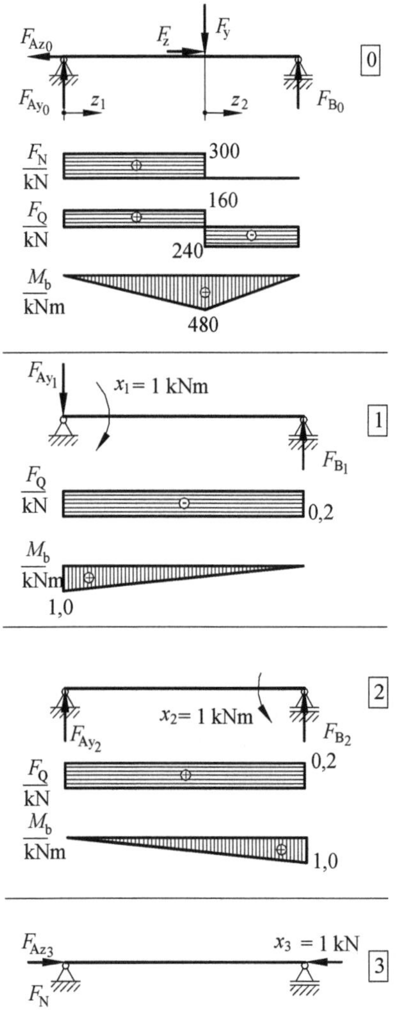

Bild 8.16: Last- und Einheitsspannungszustände

Lösung:

Für den $n = 6 + 0 - 3 \cdot 1 = 3$-fach statisch überbestimmt gelagerten Balken entfernen wir zur Schaffung des statisch bestimmten Hauptsystems im Punkt A eine und in B zwei Bindungen.

Der Last- und die Einheitsspannungszustände mit den Schnittgrößen sind auf Bild 8.16 dargestellt. Anhand der dargestellten Spannungszustände formulieren wir die Berechnungsgleichungen zunächst für den schubstarren Balken.

Die Auswertung der Integrale der Arbeitsgleichung (8.39) wollen wir wieder anhand der Koppeltafel A8. vornehmen. Wie schon bei der Lösung des Beispiels 8.7 erklärt, müssen wir dazu eine Anpassung hinsichtlich der Biegemomente und Normalkräfte unter dem Integral der Arbeitsgleichung vornehmen. Die reduzierte Länge (die physikalisch keine Länge mehr ist) erhalten wir wieder durch Gleichsetzen der ausgeklammerten Abschnittsgrößen mit den gewählten Bezugsgrößen:

$$\frac{l_j^{**}}{E_0 \cdot I_0} = \frac{l_j}{E_j \cdot A_j} \quad \Rightarrow \quad l_j^{**} = \frac{E_0 \cdot I_0}{E_j \cdot A_j} \cdot l_j .$$

Mit dem vorgegebenen Verhältnis

$I/A = 0{,}05\,\text{m}^2$ wird

$l_1^{**} = 0{,}05\,\text{m}^2 \cdot 3\,\text{m} = 0{,}15\,\text{m}^3$ und

$l_2^{**} = 0{,}05\,\text{m}^2 \cdot 2\,\text{m} = 0{,}10\,\text{m}^3$.

Damit können wir die Arbeitsgleichung mit der dimensionslosen Koordinate ζ schreiben:

$$E_0 \cdot I_0 \cdot \bar{1} \cdot \delta_i = \sum_{j=1}^{2} l_j^{**} \cdot \int_0^1 \overline{M}_b \cdot M_b \cdot d\zeta + l_j^{**} \cdot \int_0^1 \overline{F}_N \cdot F_N \cdot d\zeta = 0 .$$

Analog zum Vorgehen im Beispiel 8.7 – nur kürzer – schreiben wir mit den jeweiligen Zeilen- und Spaltenbezeichnungen der Tafel A8:

δ_{i0} **Verrückung am Hauptsystem infolge realer Belastung**

δ_{10}: $\underline{0 < z_1 < 3\,\text{m}}$: d 2: $\int_0^1 \overline{M}_b \cdot M_b \cdot d\zeta = \frac{1}{6} \cdot (1 + 2 \cdot 0{,}4) \cdot 480 = 144{,}0\,\text{kN}^2\text{m}^2$

$\underline{0 < z_2 < 2\,\text{m}}$: c 3: $\int_0^1 \overline{M}_b \cdot M_b \cdot d\zeta = \frac{1}{3} \cdot 0{,}4 \cdot 480 = 64{,}0\,\text{kN}^2\text{m}^2$

$\underline{\delta_{10}} = 3\,\text{m} \cdot 144{,}0\,\text{kN}^2\text{m}^2 + 2\,\text{m} \cdot 64{,}0\,\text{kN}^2\text{m}^2 = 560{,}0\,\text{kN}^2\text{m}^3 .$

δ_{20}: $\underline{0 < z_1 < 3\,\text{m}}$: b 2: $\int_0^1 \overline{M}_b \cdot M_b \cdot d\zeta = \frac{1}{3} \cdot 0{,}6 \cdot 480 = 96{,}0\,\text{kN}^2\text{m}^2$

$\underline{0 < z_2 < 2\,\text{m}}$: a 3/b 3: $\int_0^1 \overline{M}_b \cdot M_b \cdot d\zeta = \frac{1}{2} \cdot 0{,}6 \cdot 480 + \frac{1}{6} \cdot 0{,}4 \cdot 480 = 176{,}0\,\text{kN}^2\text{m}^2 .$

$\underline{\delta_{20}} = 3\,\text{m} \cdot 96{,}0\,\text{kN}^2\text{m}^2 + 2\,\text{m} \cdot 176{,}0\,\text{kN}^2\text{m}^2 = 640{,}0\,\text{kN}^2\text{m}^3 .$

δ_{30}: $\underline{0 < z_1 < 3\,\text{m}}$: a 1: $\int_0^1 \overline{F}_N \cdot F_N \cdot d\zeta = -1 \cdot 300 = -300\,\text{kN}^2$

$\underline{0 < z_2 < 2\,\text{m}}$: $\int_0^1 \overline{F}_N \cdot F_N \cdot d\zeta = -1 \cdot 0 = 0$

$\underline{\delta_{30}} = 0{,}15\,\text{m}^3 \cdot (-300\,\text{kN}^2) + 0{,}10\,\text{m}^3 \cdot 0 = -45{,}0\,\text{kN}^2\text{m}^3$

δ_{ik} **Verrückung am Hauptsystem infolge der Unbekannten** X_k

$\underline{\text{c 3:}}$ $\delta_{11} = 5\,\text{m} \cdot \frac{1}{3} \cdot 1\text{kN m} \cdot 1\text{kN m} = 1{,}\bar{6}\,\text{kN}^2\text{m}^3$

$\underline{\text{b 3:}}$ $\delta_{12} = 5\,\text{m} \cdot \frac{1}{6} \cdot 1\text{kN m} \cdot 1\text{kN m} = 0{,}8\bar{3}\,\text{kN}^2\text{m}^3 = \delta_{21}$

$\delta_{13} = \delta_{31} = 0$

$\underline{\text{b 2:}}$ $\delta_{22} = 5\,\text{m} \cdot \frac{1}{3} \cdot 1\text{kN m} \cdot 1\text{kN m} = 1{,}\bar{6}\,\text{kN}^2\text{m}^3$

$\delta_{23} = \delta_{32} = 0$

$\underline{\text{a 1:}}$ $\delta_{33} = 0{,}25\,\text{m}^3 \cdot (-1\text{kN m}) \cdot (-1\text{kN m}) = 0{,}25\,\text{kN}^2\text{m}^3 .$

Der gefundene Zusammenhang $\delta_{ik} = \delta_{ki}$ gilt nicht nur für diese Aufgabe; er ist allgemeingültig, wie im Abschnitt 8.5 ausführlich gezeigt wird.

Durch die Überlagerung der beiden Systeme erhalten wir gemäß Gl. (8.41) die Elastizitätsgleichungen in Matrixschreibweise

$$\begin{bmatrix} \delta_{11} & \delta_{12} & \delta_{13} \\ \delta_{21} & \delta_{22} & \delta_{22} \\ \delta_{31} & \delta_{32} & \delta_{33} \end{bmatrix} \cdot \begin{bmatrix} X_1 \\ X_2 \\ X_3 \end{bmatrix} \cdot \begin{bmatrix} \delta_{10} \\ \delta_{20} \\ \delta_{30} \end{bmatrix} = \begin{bmatrix} 0 \\ 0 \\ 0 \end{bmatrix} = \begin{bmatrix} 1{,}\overline{6} & 0{,}8\overline{3} & 0 \\ 0{,}8\overline{3} & 1{,}\overline{6} & 0 \\ 0 & 0 & 0{,}25 \end{bmatrix} \cdot \begin{bmatrix} X_1 \\ X_2 \\ X_3 \end{bmatrix} \cdot \begin{bmatrix} 560 \\ 640 \\ -45 \end{bmatrix} = \begin{bmatrix} 0 \\ 0 \\ 0 \end{bmatrix}.$$

In die Form $\underline{\underline{A}} \cdot \underline{x} = \underline{b}$ gebracht

$$\begin{bmatrix} 1{,}\overline{6} & 0{,}8\overline{3} & 0 \\ 0{,}8\overline{3} & 1{,}\overline{6} & 0 \\ 0 & 0 & 0{,}25 \end{bmatrix} \cdot \begin{bmatrix} X_1 \\ X_2 \\ X_3 \end{bmatrix} = \begin{bmatrix} -560 \\ -640 \\ 45 \end{bmatrix}$$

errechnen wir die gesuchten Faktoren $\begin{bmatrix} X_1 \\ X_2 \\ X_3 \end{bmatrix} = \begin{bmatrix} -192 \\ -288 \\ 180 \end{bmatrix}$

Durch Superposition erhalten wir mit Gl. (8.42) die Schnittmomente

$$M = M_0 + X_1 \cdot M_1 + X_2 \cdot M_2 + X_3 \cdot M_3 :$$

$$M_A = (0 - 192 \cdot 1 - 288 \cdot 0 + 180 \cdot 0)\,\text{kN m} = -192\,\text{kN m}$$

$$M_B = (0 - 192 \cdot 0 - 288 \cdot 1 + 180 \cdot 0)\,\text{kN m} = -288\,\text{kN m}$$

$$M_C = (480 - 192 \cdot 0{,}4 - 288 \cdot 0{,}6 + 180 \cdot 0)\,\text{kN m} = 230\,\text{kN m}$$

und die Längskräfte analog

$$F_L = F_{L0} + X_1 \cdot F_{L1} + X_2 \cdot F_{L2} + X_3 \cdot F_{L3} :$$

$$F_{Az} = [300 - 192 \cdot 0 - 288 \cdot 0 + 180 \cdot (-1)]\,\text{kN} = 120\,\text{kN}$$

$$F_{Bz} = [0 - 192 \cdot 0 - 288 \cdot 0 + 180 \cdot (-1)]\,\text{kN} = -180\,\text{kN}\,.$$

Für die Querkräfte des schubstarren Balkens wird dann

$$F_Q = F_{Q0} + X_1 \cdot F_{Q1} + X_2 \cdot F_{Q2} + X_3 \cdot F_{Q3} :$$

$$F_{Ay} = [160 - 192 \cdot (-0{,}2) - 288 \cdot 0{,}2 + 180 \cdot 0]\,\text{kN} = 140{,}8\,\text{kN}$$

$$F_{By} = [-240 - 192 \cdot (-0{,}2) - 288 \cdot 0{,}2 + 180 \cdot 0]\,\text{kN} = -259{,}2\,\text{kN}\,.$$

Wollen wir auch die Schubverformung berücksichtigen, also einen schubweichen Balken berechnen, müssen wir gemäß Gl. (8.39) den Schubanteil addieren; also

$$E_0 \cdot I_0 \cdot \bar{1} \cdot \delta_i = \sum_{j=1}^{2} l_j^{**} \cdot \int_0^1 \overline{M}_b \cdot M_b \cdot d\zeta + l_j^{**} \cdot \int_0^1 \overline{F}_N \cdot F_N \cdot d\zeta + l_j^{***} \cdot \int_0^1 \overline{F}_Q \cdot F_Q \cdot d\zeta = 0$$

mit $l_j^{***} = \kappa \cdot \dfrac{E_0 \cdot I_0}{G_j \cdot A_j} \cdot l_j$.

Mit den Werten der Aufgabenstellung, $E / G = 2{,}6$ und $\kappa = 1{,}2$, wird

$$l^{***} = 1{,}2 \cdot 2{,}6 \cdot 0{,}05 \cdot l = 0{,}156\,\mathrm{m}^3$$

und damit (für die eigene Nachrechnung empfohlen) die Elastizitätsgleichung

$$\begin{bmatrix} 1{,}7187 & 0{,}7813 & 0 \\ 0{,}7813 & 1{,}7187 & 0 \\ 0 & 0 & 0{,}25 \end{bmatrix} \cdot \begin{bmatrix} X_1 \\ X_2 \\ X_3 \end{bmatrix} \cdot \begin{bmatrix} 560 \\ 640 \\ -45 \end{bmatrix} = \begin{bmatrix} 0 \\ 0 \\ 0 \end{bmatrix}$$

mit der Lösung

$$\begin{bmatrix} X_1 \\ X_2 \\ X_3 \end{bmatrix} = \begin{bmatrix} -197{,}3 \\ -282{,}7 \\ 180{,}0 \end{bmatrix}.$$

Die Abweichungen zum schubstarr angenommenen Balken liegen unter 3%. Die Schnittgrößen mit den Zahlenwerten des schubweichen Balkens sind auf Bild 8.17 dargestellt.

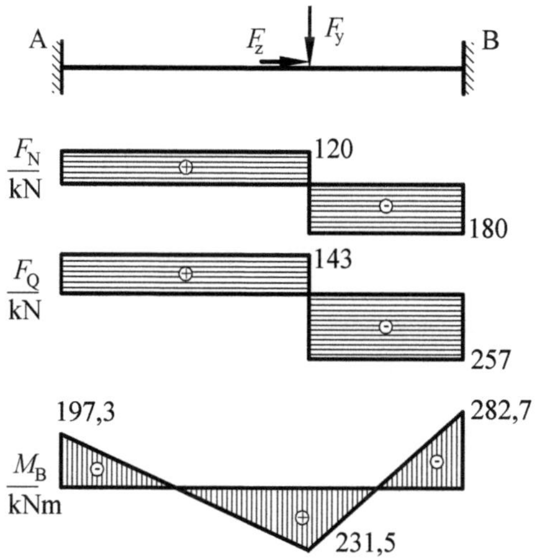

Bild 8.17: Schnittgrößen des schubweichen Balkens

Das in diesem Abschnitt praktizierte Vorgehen mit der Wahl eines statisch bestimmten Hauptsystems und der entsprechend des Grades der statischen Unbestimmtheit definierten Zusatzsysteme ist nicht auf das Kraftgrößenverfahren beschränkt, sondern ein allgemein übliches Verfahren für die Berechnung der „statisch überzähligen“ Stützkräfte.

8.4 Das Verfahren von CASTIGLIANO

8.4.1 Die Sätze von CASTIGLIANO, ENGESSER und MENABREA

Auch die auf CASTIGLIANO[76] aus dem Jahre 1879 zurückgehende Sätze basieren auf dem Prinzip der virtuellen Arbeit. Bei einem elastischen Körper, der durch einzelne Kräfte belastet ist, ergibt sich für die äußere virtuelle Arbeit, hier dem Prinzip der virtuellen Verschiebung

$$\delta W = \sum_{i=1}^{n} R_\mathrm{i} \cdot \delta d_\mathrm{i} \,,$$

wenn die entsprechenden Verschiebungen d in Richtung der Belastungsresultierenden R zusammengefasst sind. Betrachten wir nur eine einzige virtuelle Verschiebung δs_i in Richtung der Kraft F_i, folgt nach dem Prinzip der virtuellen Arbeit $\delta W = \delta U$

$$\delta U = F_\mathrm{i} \cdot \delta s_\mathrm{i}$$

und daraus im Grenzübergang

$$\frac{\partial U}{\partial s_\mathrm{i}} = F_\mathrm{i} \,. \tag{8.43a}$$

Entsprechend gilt für eine virtuelle Drehung $\delta\varphi_\mathrm{i}$ in Richtung des Einzelmomentes M_i

$$\delta U = M_\mathrm{i} \cdot \delta\varphi_\mathrm{i}$$

und daraus

$$\frac{\partial U}{\partial \varphi_\mathrm{i}} = M_\mathrm{i} \,. \tag{8.43b}$$

Dieser *erste Satz von CASTIGLIANO*, gültig für die Berechnung elastischer Strukturen unter Einzellast, gilt auch für große Verformungen.

Auch auf dem Prinzip der virtuellen Arbeit (in diesem Falle der Ergänzungsarbeit) ergibt sich für die äußere virtuelle Ergänzungsarbeit, speziell dem Prinzip der virtuellen Kräfte, der *zweite Satz von CASTIGLIANO*. Er gilt nur für kleine Verformungen. Anstelle der virtuellen Verrückungen werden virtuelle Spannungsänderungen zugrunde gelegt und die virtuelle Ergänzungsenergie U^* mit der virtuellen äußeren Arbeit bei Änderung der Belastung verglichen.

[76] CARLO ALBERTO CASTIGLIANO, 1847–1884, italienischer Ingenieur.

$$\delta W^* = \delta U^* = \sum_{i=1}^{n} \delta R_i \cdot d_i \,.$$

Dabei müssen die virtuellen Lasten den Gleichgewichtsbedingungen genügen. Für einen elastischen, mindestens statisch bestimmt gelagerten Körper (also keine Starrkörperverschiebungen möglich) auf den neben verteilten Lasten äußere Einzelkräfte F_i oder Einzelmomente M_i wirken, gilt:

$$\frac{\partial U^*}{\partial F_i} = s_i \qquad (8.44a)$$

bzw.

$$\frac{\partial U^*}{\partial M_i} = \varphi_i \qquad (8.44b)$$

mit der Verschiebung in Kraftrichtung bzw. der Verdrehung in Richtung des angreifenden Momentes.

In dieser Form – allerdings mit der Arbeit und nicht mit der Ergänzungsarbeit – kann nach ENGESSER[77] der Satz auch für ein nichtlineares Elastizitätsgesetz, nur für kleine Verformungen

$$\frac{\partial U}{\partial F_i} = s_i \qquad (8.45a)$$

bzw.

$$\frac{\partial U}{\partial M_i} = \varphi_i \qquad (8.45b)$$

angewendet werden[78]. Für linear elastische Körper mit $U=U^*$ ist das der 2. Satz von CASTIGLIANO als eine spezielle Formulierung. Deshalb wird er mitunter auch als zweiter Satz von ENGESSER bezeichnet.

Die Gleichungen (8.44) finden besonders bei elastischen Tragwerken Anwendung; Berechnungen mit nichtlinearem Elastizitätsgesetz werden praktisch kaum durchgeführt.

Ein Sonderfall ist der 1858 veröffentlichte *Satz von MENABREA*[79], der zur Berechnung der überzähligen Stützkräfte statisch überbestimmt gelagerter Tragwerke angewendet wird. Mit X_i für die statisch unbestimmten Auflagerreaktion (Kraft oder Moment) gilt:

$$\frac{\partial U}{\partial X_i} = 0 \,. \qquad (8.46)$$

---

77 FRIEDRICH ENGESSER, 1848–1931, deutscher Physiker.

78 Diese Verallgemeinerung stammt aus einem Zeitschriftenaufsatz des Jahres 1889.

79 LUIGI FEDERIGO MENABREA, 1809–1896, italienischer Ingenieur und Politiker.

8.4.2 Anwendung der Sätze von CASTIGLIANO

Das Arbeiten mit den Sätzen von CASTIGLIANO soll exemplarisch für die reine Biegung zunächst für die Verformungsberechnung nachfolgend gezeigt werden:

Nach dem zweiten Satz von CASTIGLIANO ergibt die partielle Ableitung der gesamten Formänderungsarbeit (Ergänzungsenergie) nach einer Last die Verrückung des Lastangriffspunktes in Richtung dieser Belastung. Für die Durchbiegung f unter einer Kraft F können wir mit Gleichung (8.44) schreiben:

$$f_{\mathrm{j}} = \frac{\partial U^*}{\partial F_{\mathrm{j}}} .$$

Beschreiben wir die Formänderungsarbeit durch reine Biegung nach Gl. (8.12) zu

$$U^* = U = \frac{1}{2} \cdot \int_l \frac{M_{\mathrm{b}}^2}{E \cdot I} \cdot dz$$

und leiten das Moment unter Anwendung der Kettenregel partiell nach der Kraft ab

$$\frac{\partial M_{\mathrm{b}}^2}{\partial F_{\mathrm{j}}} = \frac{\partial M_{\mathrm{b}}^2}{\partial M_{\mathrm{b}}} \cdot \frac{\partial M_{\mathrm{b}}}{\partial F_{\mathrm{j}}} = 2\, M \cdot \frac{\partial M_{\mathrm{b}}}{\partial F_{\mathrm{j}}} ,$$

wird die Durchbiegung eines Balkens an der Stelle der Krafteinleitung

$$f_{\mathrm{j}} = \frac{\partial U^*}{\partial F_{\mathrm{j}}} = \sum_k \int_{l_{\mathrm{k}}} \frac{M_{\mathrm{k}}}{E \cdot I_{\mathrm{k}}} \cdot \frac{\partial M_{\mathrm{k}}}{\partial F_{\mathrm{j}}} \cdot d\, z_{\mathrm{k}} \tag{8.47a}$$

bzw. die Neigung (Biegewinkel) des Balkens an der Stelle des Angriffspunktes des Biegemomentes in Richtung des Momentes

$$\varphi_{\mathrm{j}} = \frac{\partial U^*}{\partial M_{\mathrm{j}}} = \sum_k \int_{l_{\mathrm{k}}} \frac{M_{\mathrm{k}}}{E \cdot I_{\mathrm{k}}} \cdot \frac{\partial M_{\mathrm{k}}}{\partial M_{\mathrm{j}}} \cdot d\, z_{\mathrm{k}} . \tag{8.47b}$$

Bei der Anwendung des Verfahrens sind ein paar Besonderheiten zu beachten:

Soll die Verformung an Stellen, an denen keine Belastung eingeleitet wird, berechnet werden, muss dort eine fiktive Belastung (Hilfskraft F_{H} bzw. ein Hilfsmoment M_{H}) angesetzt werden. Diese Hilfsgröße wird nun wie eine äußere Belastung behandelt. Der Momentenverlauf wird dann als Funktion der äußeren Belastungen inklusive der Hilfsgrößen ausgedrückt. Wir bilden die partielle Ableitung nach dieser Hilfsgröße, die danach bei der Aufstellung der Integrale – vor der Ausrechnung – wieder null gesetzt wird. Die Hilfsgrößen werden somit nur für die partielle Ableitung gebraucht – müssen aber gleich zu Beginn der Rechnung (mit Auswirkungen auf die Stützkräfte) angesetzt werden.

Das folgende Beispiel soll den hier beschriebenen Rechengang veranschaulichen.

Beispiel 8.10

Für den auf Bild 8.18a dargestellten Rahmen ($E \cdot I = \text{konst.}$) sollen die Verschiebungen und die Neigung des Kraftangriffspunktes C sowie die Neigung der biegesteifen Ecke, Punkt D für den schubstarr angenommenen Träger berechnet werden.

Lösung:

Durch die Belastung wird der Lastangriffspunkt C vertikal und horizontal verschoben und verdreht. Für die horizontale Verschiebung in C wird eine Hilfskraft F_{H}, für die Verdrehungen in den Punkten C und D werden, wie auf Bild 8.18b zu sehen, die Hilfsmomente M_{H1} und M_{H2} angetragen und die Schnittbereiche festgelegt.

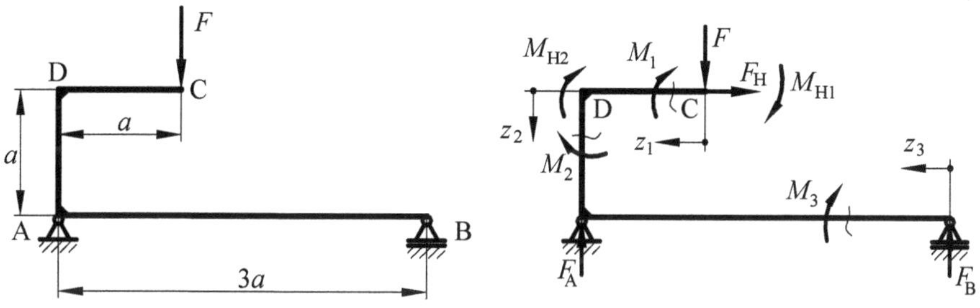

a) Belastungsschema b) freigeschnittener Träger

Bild 8.18: Rahmentragwerk

Da das Moment in der Arbeitsgleichung als quadratische Form steht, ist die Vorzeichenfestlegung nicht koordinatenabhängig wie bei der elastischen Linie. Mit der Festlegung der Richtung der Hilfsgrößen legen wir allerdings die Richtung der berechneten Verformungsgrößen fest.

Für den starren Träger ergeben sich für die Stützkräfte zu $F_{\text{A}} = 1/3 \cdot F$ und $F_{\text{B}} = 2/3 \cdot F$.

Mit der gewählten Schnittführung drücken wir die Momente als Funktion der bekannten äußeren Kräfte und der Hilfsbelastungen aus. Mit

$$F_{\text{B}} = \frac{F \cdot a + F_{\text{H}} \cdot a + M_{\text{H1}} + M_{\text{H2}}}{3 \cdot a} = \frac{F}{3} + \frac{F_{\text{H}}}{3} + \frac{M_{\text{H1}}}{3a} + \frac{M_{\text{H2}}}{3a}$$

können wir die vertikale Verschiebung des Kraftangriffspunktes mit Gl. (8.47a) mit den Momenten um den Drehpunkt A schreiben:

$$f_{\text{Cy}} = \frac{\partial U^*}{\partial F} = \frac{1}{E \cdot I} \cdot \left[\int_0^a M_1 \cdot \frac{\partial M_1}{\partial F} \cdot d\,z_1 + \int_0^a M_2 \cdot \frac{\partial M_2}{\partial F} \cdot d\,z_2 + \int_0^{3a} M_3 \cdot \frac{\partial M_3}{\partial F} \cdot d\,z_3 \right].$$

Entsprechende Gleichungen erhalten wir für die übrigen Verformungen. Zur besseren Übersicht der etwas umständlichen Rechnung wird allgemein eine Tabellenform gewählt:

k	M_k	$\dfrac{\partial M_\mathrm{k}}{\partial F}$	$\dfrac{\partial M_\mathrm{k}}{\partial F_\mathrm{H}}$	$\dfrac{\partial M_\mathrm{k}}{\partial M_\mathrm{H1}}$	$\dfrac{\partial M_\mathrm{k}}{\partial M_\mathrm{H2}}$	Grenzen
1	$-F\cdot z_1 - M_\mathrm{H1}\cdot$	$-z_1$	0	0	0	$0\cdots a$
2	$-F\cdot a - F_\mathrm{H}\cdot z_2 - M_\mathrm{H1} - M_\mathrm{H2}\cdot$	$-a$	$-z_2$	-1	0	$0\cdots a$
3	$\left(\dfrac{F}{3}+\dfrac{F_\mathrm{H}}{3}+\dfrac{M_\mathrm{H1}}{3a}+\dfrac{M_\mathrm{H2}}{3a}\right)\cdot z_3$	$\dfrac{z_3}{3}$	$\dfrac{z_3}{3}$	$\dfrac{z_3}{3a}$	$\dfrac{z_3}{3a}$	$0\cdots 3a$

Es ist also zur Ermittlung der Verformung an einer bestimmten Stelle nur die Kenntnis der Momentenverläufe in analytischer Darstellung erforderlich. Damit schreiben wir mit den zu null gesetzten Hilfsbelastungen für die Verschiebung

$$f_\mathrm{Cy} = \frac{1}{E\cdot I}\cdot\left[\int_0^a -F\cdot z_1\cdot(-z_1)\cdot d\,z_1 + \int_0^a -F\cdot a\cdot(-z_2)\cdot d\,z_2 + \int_0^{3a}\frac{F}{3}\cdot z_3\cdot\frac{z_3}{3}\cdot d\,z_3\right],$$

$$f_\mathrm{Cy} = \frac{1}{E\cdot I}\cdot\left[F\cdot\int_0^a z_1^2\cdot d\,z_1 + F\cdot a^2\cdot\int_0^a d\,z_2 + \frac{F}{9}\cdot\int_0^{3a} z_3^2\cdot d\,z_3\right] = \frac{F\cdot a^3}{E\cdot I}\cdot\left[\frac{1}{3}+1+\frac{1}{9}\cdot\frac{27}{3}\right],$$

$$\underline{f_\mathrm{Cy} = \frac{7}{3}\cdot\frac{F\cdot a^3}{E\cdot I}}.$$

Die waagerechte Verschiebung berechnen wir entsprechend zu

$$f_\mathrm{Cx} = \frac{\partial U^*}{\partial F_\mathrm{H}} = \frac{1}{E\cdot I}\cdot\left[F\cdot a\cdot\int_0^a z_2\cdot dz_2 + \frac{F}{9}\cdot\int_0^{3a} z_3^2\cdot d\,z_3\right] = \frac{F\cdot a^3}{E\cdot I}\cdot\left[\frac{1}{2}+\frac{1}{9}\cdot\frac{27}{3}\right] = \underline{\frac{3}{2}\cdot\frac{F\cdot a^3}{E\cdot I}}.$$

Für die Neigung im Punkt C gilt dann

$$\varphi_\mathrm{C} = \frac{\partial U^*}{\partial M_\mathrm{H1}} = \frac{1}{E\cdot I}\cdot\left[F\cdot\int_0^a z_1\cdot dz_1 + F\cdot a\cdot\int_0^a dz_2 + \frac{F}{9a}\cdot\int_0^{3a} z_3^2\cdot d\,z_3\right],$$

$$\varphi_\mathrm{C} = \frac{F}{E\cdot I}\cdot\left[\frac{a^2}{2}+a^2\cdot\frac{27a^3}{9a\cdot 3}\right] = \underline{\frac{5}{2}\cdot\frac{F\cdot a^2}{E\cdot I}}$$

und schließlich für die Neigung im Punkt D

$$\varphi_\mathrm{D} = \frac{\partial U^*}{\partial M_\mathrm{H2}} = \frac{1}{E\cdot I}\cdot\left[F\cdot a\cdot\int_0^a dz_2 + \frac{F}{9a}\cdot\int_0^{3a} z_3^2\cdot d\,z_3\right] = \underline{2\cdot\frac{F\cdot a^2}{E\cdot I}}.$$

Die positiven Vorzeichen der berechneten Verformungsgrößen bestätigen die angenommenen Richtungen der Verdrehungen bzw. Verschiebungen. Im berechneten Beispiel erfolgen die Verformungen somit in der Richtung der angetragenen Hilfsgrößen; wie auch – sofort einsichtig – die senkrechte Verschiebung in Richtung der Belastung.

Zur selbständigen Übung wird empfohlen die Neigung in den Auflagern zu berechnen. Für diese Berechnungen sind selbstverständlich neue Hilfsmomente anzutragen. Zur Ermittlung der Lagerneigung im Punkt A ist analog zum oben gezeigten Vorgehen ein Momentengleichung als Funktion der Hilfsbelastungen und der bekannten äußeren Kräfte (neben F nun F_A) um den Drehpunkt B aufzustellen. Zur Kontrolle der Ergebnisse sind nachfolgend die Lösungen angegeben:

$$\underline{\varphi_A = \frac{F \cdot a^2}{E \cdot I}} \quad \text{und} \quad \underline{\varphi_B = \frac{1}{2} \cdot \frac{F \cdot a^2}{E \cdot I}}.$$

Für die Anwendung auf statisch unbestimmte Systeme können wir die oben verwendete Gleichung (8.44) zur Ableitung nach der unbekannten (überzähligen) Stützkraft null setzen:

$$f_j = \frac{\partial U^*}{\partial F_j} = 0$$

oder mit dem Satz von MENABREA

$$\frac{\partial U}{\partial X_i} = 0$$

mit der statisch Unbestimmten X arbeiten, was praktisch auf das Gleiche herauskommt und auch keine Rechenvorteile bietet.

Zur Demonstration des Rechenablaufs arbeiten wir in dem folgenden Beispiel mit Gl. (8.44a) nach CASTIGLIANO und der übersichtlichen Tabelle hierzu.

Beispiel 8.11

Für den auf Bild 8.19a dargestellten schubstarren Winkelträger ($E \cdot I$ = konst.) sind die Auflagerreaktionen zu berechnen.

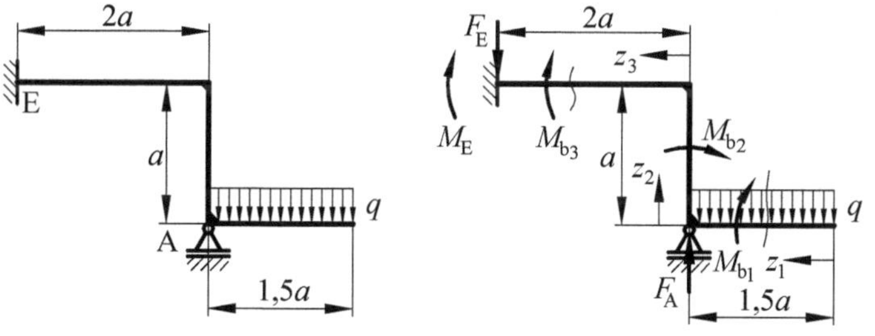

a) Belastungsschema b) freigeschnittener Träger

Bild 8.19: Statisch unbestimmt gelagerter Träger

Lösung:

Zur Berechnung der drei Auflagerunbekannten stehen zwei Gleichgewichtsbedingungen zur Verfügung; d.h. der Träger ist einfach statisch überbestimmt gelagert. Wir entfernen die Loslagerunbekannte F_A und berechnen die Kraft, die erforderlich ist, um die Verschiebung am Punkt A durch die Streckenlast durch eben diese Kraft auf null zurückzuschieben mit Gleichung (8.44a)

$$f_A = \frac{\partial U^*}{\partial F_A} = 0\,.$$

Wir schneiden den Träger frei (Bild 8.19b) und legen die Bereiche, in denen der Quotient Biegemoment durch Biegesteifigkeit stetig ist, durch entsprechende Schnitte (mit den Wegkoordinaten z_i) fest. Damit können wir die Gleichung (8.44a) konkretisieren:

$$f_{CA} = \frac{\partial U^*}{\partial F_A} = \frac{1}{E \cdot I} \cdot \left[\int_0^{3/2a} M_1 \cdot \frac{\partial M_1}{\partial F_A} \cdot d z_1 + \int_0^{a} M_2 \cdot \frac{\partial M_2}{\partial F_A} \cdot d z_2 + \int_0^{2a} M_3 \cdot \frac{\partial M_3}{\partial F_A} \cdot d z_3 \right] = 0\,.$$

Die Rechnung bestreiten wir wieder anhand der folgenden Tabelle:

k	M_k	$\frac{\partial M_k}{\partial F_A}$	Grenzen
1	$-\frac{1}{2} q \cdot z_1^2$	0	$0 \cdots 1{,}5a$
2	$-\frac{9}{8} q \cdot a^2$	0	$0 \cdots a$
3	$-\frac{3}{2} q \cdot a \cdot (\frac{3}{4} a + z_3) + F_A \cdot z_3$	z_3	$0 \cdots 2a$

$$\frac{\partial U^*}{\partial F_A} = \frac{1}{E \cdot I} \cdot \left[-\frac{9}{8} q \cdot a^2 \cdot \int_0^{2a} z_3 \cdot d z_3 - \frac{3}{2} q \cdot a \cdot \int_0^{2a} z_3^2 \cdot d z_3 + F_A \cdot \int_0^{2a} z_3^2 \cdot d z_3 \right] = 0,$$

$$\frac{8}{3} \cdot \frac{F_A \cdot a^3}{E \cdot I} = \left(\frac{9}{4} + 4 \right) \cdot \frac{q \cdot a^4}{E \cdot I}\,,$$

$$\underline{F_A = \frac{75}{32} \cdot q \cdot a\,.}$$

Die übrigen Stützgrößen werden aus den Gleichgewichtsbedingungen gewonnen.

$$F_E = F_A - q \cdot a = \underline{\frac{43}{32} \cdot q \cdot a}\,,$$

$$M_E = 2 \cdot F_A \cdot a - \frac{33}{8} \cdot q \cdot a^2 = \underline{\frac{9}{16} \cdot q \cdot a^2}\,.$$

Das hier gezeigte Verfahren von CASTIGLIANO und der vorher behandelte Arbeitssatz der virtuellen Kräfte führen auf die gleichen formalen Gleichungen. Bei dem im Abschnitt 8.3.3 gezeigten Kraftgrößenverfahren wird der Verlauf der Schnittgrößen graphisch dargestellt und die Integrale anhand der Koppeltafel gelöst. Im Gegensatz dazu werden beim Verfahren von CASTIGLIANO die Schnittgrößen analytisch bestimmt; die Integrale müssen einzeln ausgerechnet werden. Letzteres ist meist aufwendiger.

8.5 Die Sätze von MAXWELL und BETTI

8.5.1 Einflusszahlen

Nach dem Arbeitssatz der Mechanik ist die von den äußeren Kräften bei ihrem langsamen Anwachsen von Null auf den Endwert geleistete Arbeit W gleich der Formänderungsenergie U. Wir können daher Formänderungsenergie anstatt durch Spannungen bzw. Schnittlasten ebenso durch die Arbeit der Belastungen ausdrücken. Für linear elastisches Verhalten lässt sich der Zusammenhang zwischen den Verformungen und Belastungen durch so genannte Einflusszahlen α_{ik} beschreiben. Bezeichnen wir die Belastung (äußere Kräfte und Momente) allgemein mit R und die Verrückung (Verschiebungen bzw. Verdrehungen) mit d, wie sie auf Bild 8.20 dargestellt sind, so können wir für die linearen Beziehungen durch Überlagerung der Verschiebungsanteile in Richtung der betreffenden Last schreiben:

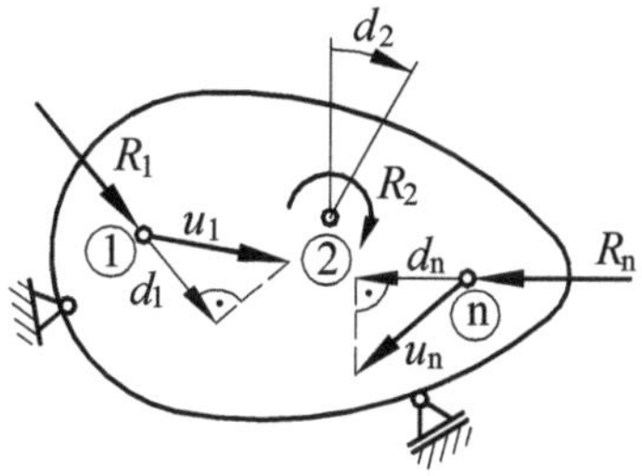

Bild 8.20: Zum Zusammenhang zwischen Belastung und Verrückung

$$\begin{aligned} d_1 &= \alpha_{11}\cdot R_1 + \alpha_{12}\cdot R_2 + \cdots + \alpha_{1n}\cdot R_n = \sum_{k=1}^{n} \alpha_{1k}\cdot R_k \\ d_n &= \alpha_{n1}\cdot R_1 + \alpha_{n2}\cdot R_2 + \cdots + \alpha_{nn}\cdot R_n = \sum_{k=1}^{n} \alpha_{nk}\cdot R_k. \end{aligned} \tag{8.48}$$

Die Einflusszahl α_{ik} ist somit die Verrückung, die eine an der Stelle k angreifende Einzellast $R_k = 1$ an der Stelle i in Richtung der Last R_i hervorruft.

$$\alpha_{ik} = \frac{d_{ik}}{R_k}. \tag{8.49}$$

Das ist der Kehrwert der Federkonstanten $c = R/d$, also die Nachgiebigkeit.

Das zu lösende Problem bei der Bestimmung der Einflusszahlen ist die Ermittlung der Verformungen, die – wie wir in den vorangegangenen Abschnitten dieses Kapitels gesehen haben – z.T. recht aufwendig werden können. Wenn wir z.B. an die Durchbiegung abgesetzter Wellen denken, ist dies ohne die entsprechende Rechentechnik in der Regel zu aufwendig.

Die Gleichung (8.48) in Matrizenform zusammengefasst, können wir schreiben:

$$\begin{bmatrix} d_1 \\ d_2 \\ \vdots \\ d_i \\ \vdots \\ d_n \end{bmatrix} = \begin{bmatrix} \alpha_{11} & \alpha_{12} & \cdots & \alpha_{1i} & \cdots & \alpha_{in} \\ \alpha_{21} & \alpha_{22} & \cdots & \alpha_{2i} & \cdots & \alpha_{2n} \\ \vdots & \vdots & & \vdots & & \vdots \\ \alpha_{i1} & \alpha_{i2} & \cdots & \alpha_{ii} & \cdots & \alpha_{in} \\ \vdots & \vdots & & \vdots & & \vdots \\ \alpha_{n1} & \alpha_{n2} & \cdots & \alpha_{ni} & \cdots & \alpha_{nn} \end{bmatrix} \cdot \begin{bmatrix} R_1 \\ R_2 \\ \vdots \\ R_i \\ \vdots \\ R_n \end{bmatrix} \tag{8.50a}$$

oder kürzer

$$\underline{d} = \underline{\underline{H}} \cdot \underline{R}. \tag{8.50b}$$

Die Einflusszahlen können wir auch, ausgehend von der Formänderungsenergie, mit dem Satz von CASTIGLIANO, Gl. (8.44) und Gl. (8.48)

$$d_\mathrm{i} = \frac{\partial U^*}{\partial R_\mathrm{i}} = \sum_{k=1}^{n} \alpha_\mathrm{ik} \cdot R_\mathrm{k}$$

berechnen. Bilden wir nun die zweite Ableitung nach irgendeiner Kraft bzw. irgendeinem Moment, so folgt aus der obigen Gleichung

$$\frac{\partial^2 U^*}{\partial R_\mathrm{i} \cdot \partial R_\mathrm{k}} = \alpha_\mathrm{ik} \tag{8.51}$$

und mit Gl. (8.47)

$$\alpha_\mathrm{ik} = \sum_{j=1}^{n} \int_0^{l_\mathrm{j}} \frac{1}{E \cdot I_\mathrm{j}} \cdot \frac{\partial M_\mathrm{j}}{\partial R_\mathrm{i}} \cdot \frac{\partial M_\mathrm{j}}{\partial R_\mathrm{k}} \cdot d z_\mathrm{j}\,. \tag{8.52}$$

8.5.2 Die MAXWELL-BETTI-Reziprozitätssätze

Unter der Voraussetzung der im obigen Abschnitt beschriebenen linearen Beziehung zwischen Belastung und Verrückung gilt der im Jahre 1870 vom englischen Physiker JAMES CLERK MAXWELL[80] postulierten *Reziprozitätssatz*

$$\alpha_\mathrm{ik} = \alpha_\mathrm{ki}\,. \tag{8.53}$$

Dieser Satz wird auch als Satz von der Gegenseitigkeit der Verschiebungen oder auch als Vertauschungssatz bezeichnet, was ihn hervorragend beschreibt. Er beinhaltet für Systeme die ein Potential besitzen (konservative Systeme), dass die Steifigkeits- bzw. Nachgiebigkeitseinflusszahlen sowie die in der Matrixmethode eingeführten Steifigkeits- bzw. Nachgiebigkeitsmatrizen stets symmetrisch sind.

Den Beweis für diesen wichtigen Satz wollen wir für zwei Kräfte F_i und F_k, die an einem Körper nach Bild 8.20 angreifen, führen:

Wir denken uns zunächst nur die an einer Stelle i angreifende Kraft F_i, die den Lastangriffspunkt um $s_\mathrm{i} = \alpha_\mathrm{ii} \cdot F_\mathrm{i}$ verschiebt und beim langsamen Anwachsen auf ihren Endwert nach Gl. (8.5) die Eigenarbeit

$$W_\mathrm{ii} = \frac{1}{2} \cdot s_\mathrm{i} \cdot F_\mathrm{i} = \frac{1}{2} \cdot \alpha_\mathrm{ii} \cdot F_\mathrm{i}^2$$

leistet. Auch der Punkt k erfährt eine Verschiebung $s_\mathrm{k} = \alpha_\mathrm{ki} \cdot F_\mathrm{i}$. Eine Arbeit wird dort allerdings nicht verrichtet, da dort noch keine Kraft wirkt. Die anschließend an der Stelle k zu-

80 JAMES CLERK MAXWELL, 1831–1879 englischer Physiker.

sätzlich aufgebrachte Kraft F_k bewirkt an dieser Stelle eine Verschiebung $s_k = \alpha_{kk} \cdot F_k$ und an der Stelle i eine Verschiebung $s_i = \alpha_{ik} \cdot F_k$. Dabei wird längs der ersten Verschiebung an der Stelle i die erste Kraft F_i in voller Größe verschoben und leistet dabei passive Arbeit, die sog. Zusatzarbeit

$$W_{ik} = \alpha_{ik} \cdot F_k \cdot F_i$$

während die von der Kraft F_k an der Stelle k geleistete Eigenarbeit

$$W_{kk} = \frac{1}{2} \cdot s_k \cdot F_k = \frac{1}{2} \cdot \alpha_{kk} \cdot F_k^2$$

beträgt. Die gesamte im Balken gespeicherte Arbeit setzt sich aus den einzelnen Anteilen zusammen.

$$W_1 = W_{ii} + W_{ik} + W_{kk} = \frac{1}{2} \cdot \alpha_{ii} \cdot F_i^2 + \alpha_{ik} \cdot F_k \cdot F_i + \frac{1}{2} \cdot \alpha_{kk} \cdot F_k^2 .$$

Da die Arbeit für beliebige Kräfte wie Momente eine positive homogen-quadratische Funktion der äußeren Belastung ist, sind die Einflusszahlen α_{ii} und α_{kk} positiv. Die Werte von α_{ik} können auch negativ sein.

Der gleiche Ablauf der Belastung nur mit umgekehrter Reihenfolge der Lastaufbringung liefert mit

$$W_2 = W_{kk} + W_{ik} + W_{ii} = \frac{1}{2} \cdot \alpha_{kk} \cdot F_k^2 + \alpha_{ik} \cdot F_i \cdot F_k + \frac{1}{2} \cdot \alpha_{ii} \cdot F_i^2$$

das gleiche Ergebnis. Das besagt auch der Arbeitssatz der Mechanik, nach dem die beiden Arbeitsbeträge gleich sein müssen, da für linear elastisches Materialverhalten die Arbeit nur von den Endwerten der Lasten und nicht von der Reihenfolge abhängen kann.

Bezogen auf die obige Ableitung mit zwei Kräften stellen wir fest, dass die Arbeit des ersten Systems an dem vom zweiten System hervorgerufenen Verschiebungen gleich der Arbeit des zweiten Systems an der Verschiebung des ersten ist.

Das führt auf den von BETTI[81] in einer Arbeit aus dem Jahre 1872 veröffentlichten Reziprozitätssatz, der aussagt, dass die Energiebeträge einander gleich seien

$$\alpha_{ik} \cdot R_k \cdot R_i = \alpha_{ki} \cdot R_i \cdot R_k . \tag{8.54}$$

Dass dies nicht nur für zwei Kräfte, wie es die obige Ableitung zeigt, sondern allgemein – wie mit Gleichung (8.54) beschrieben – gilt, wird nachfolgend für den Fall, dass anstatt der zweiten Kraft F_k ein Moment M_k mit einer daraus folgenden Verdrehung φ_k wirkt (siehe Bild 8.20) gezeigt:

Die Kraft F_i erzeugt an der Stelle k eine Verdrehung $\varphi_{ki} = \alpha_{ki} \cdot F_i$,

das Moment M_k bewirkt an der Stelle i eine Verschiebung $f_{ik} = \alpha_{ik} \cdot M_k$.

---

81 ENRICO BETTI, 1823–1892; italienischer Mathematiker.

Für die Arbeiten gilt: $\left.\begin{array}{l} W_{ik} = f_{ik} \cdot F_i = \alpha_{ik} \cdot M_k \cdot F_i \\ W_{ki} = \varphi_{ki} \cdot M_k = \alpha_{ki} \cdot F_i \cdot M_k \end{array}\right\} \Rightarrow W_{ik} = W_{ki}$.

Das heißt dann, dass die Arbeit des ersten Systems an dem vom zweiten System hervorgerufenen Verdrehung gleich der Arbeit des zweiten Systems an der Verschiebung des ersten ist.

Beispiel 8.12

Für den auf Bild 8.21 dargestellten schubstarren Träger mit Kreisquerschnitt ($E \cdot I$ = konst.) sind die Einflusszahlen, die Durchbiegung in der Trägermitte sowie die Neigung des Trägers im Festlager zu berechnen.

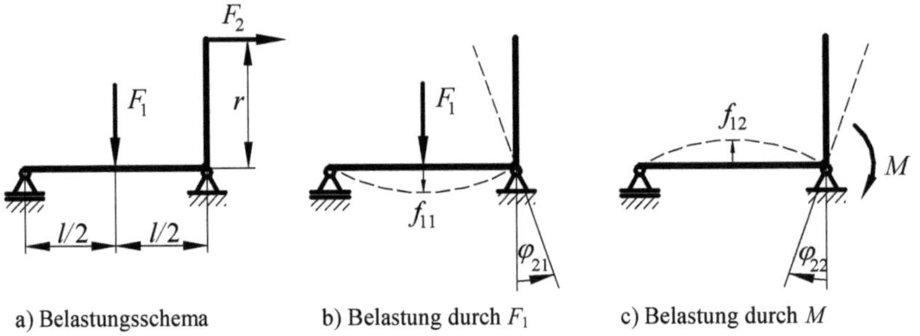

Bild 8.21: Belasteter Träger

Lösung:

Die Einflusszahlen berechnen wir nach Gl. (8.49) aus den Verformungen. Für Träger mit konstanter Biegesteifigkeit entnehmen wir für diverse Belastungssituationen die Gleichungen für Durchbiegung und Neigungswinkel aus einem Technischen Taschenbuch. Damit wird nach Bild 8.22b für die durch die Querkraft F_1 an der Stelle 1 hervorgerufene Durchbiegung

$$f_{11} = \frac{F_1 \cdot l^3}{48 \cdot E \cdot I}$$

und mit Gl. (8.49)

$$\alpha_{11} = \frac{f_{11}}{F_1} = \frac{l^3}{48 \cdot E \cdot I}.$$

Für die an der Stelle 2 durch die Querkraft bewirkte Lagerneigung (Bild 8.22c) mit daraus folgender Einflusszahl berechnen wir

$$\varphi_{21} = \frac{F_1 \cdot l^2}{16 \cdot E \cdot I} \quad \Rightarrow \quad \alpha_{21} = \frac{\varphi_{21}}{F_1} = \frac{l^2}{16 \cdot E \cdot I}.$$

Die Axialkraft F_2 belastet den Träger durch ein über die biegesteife Ecke eingeleitetes Biegemoment $M_b = F_2 \cdot a$. Die durch diese Belastung hervorgerufenen (entgegengesetzt gerichteten) Verformungen mit den daraus folgenden Einflusszahlen berechnen wir analog dem oben gezeigten Vorgehen zu

$$\varphi_{22} = -\frac{M \cdot l}{3 \cdot E \cdot I} \quad \Rightarrow \quad \alpha_{22} = \frac{\varphi_{22}}{M} = -\frac{l}{3 \cdot E \cdot I},$$

$$f_{12} = -\frac{M \cdot l^2}{6 \cdot E \cdot I} \cdot \left[\frac{z}{l} - \left(\frac{z}{l}\right)^3\right] = -\frac{M \cdot l^2}{16 \cdot E \cdot I} \quad \Rightarrow \quad \alpha_{12} = \frac{f_{12}}{M} = -\frac{l^2}{16 \cdot E \cdot I}.$$

Wegen der aus den gegenläufigen Verformungen resultierenden negativen Vorzeichen schreiben wir den Satz von MAXWELL in Beträgen

$$|\alpha_{12}| = |\alpha_{21}| = \frac{l^2}{16 \cdot E \cdot I}.$$

Nach Gl. (8.48) berechnen wir die Durchbiegung in der Trägermitte

$$f_1 = \alpha_{11} \cdot F_1 + \alpha_{12} \cdot M = \frac{l^3}{48 \cdot E \cdot I} \cdot F_1 + \frac{l^2}{16 \cdot E \cdot I} \cdot F_2 \cdot r = \underline{\frac{l^2}{16 \cdot E \cdot I} \cdot \left(\frac{F_1 \cdot l}{3} + F_2 \cdot r\right)}$$

sowie die Neigung des Trägers im Festlager

$$\varphi_2 = \alpha_{12} \cdot F_1 + \alpha_{22} \cdot M = -\frac{l^2}{16 \cdot E \cdot I} \cdot F_1 - \frac{l}{3 \cdot E \cdot I} \cdot F_2 \cdot r = \underline{-\frac{l}{E \cdot I} \cdot \left(\frac{F_1 \cdot l}{16} + \frac{F_2 \cdot r}{3}\right)}.$$

Im folgenden Beispiel wird die Anwendung auf ein statisch überbestimmtes System gezeigt.

Beispiel 8.13

Der auf Bild 8.22 gezeigte Durchlaufträger ist statisch überbestimmt gelagert. Für die gegebenen Werte sind die Stützkräfte zu ermitteln:

Werte:

Trägerlänge $L = 4 \cdot a = 16\,\text{m}$,

Trägerprofil IPE 600, DIN 10 034;

Werkstoff S 235, DIN EN 10 025
Belastung $q = 2{,}45\,\text{kN/cm}$

Lösung:

Da für die fünf Auflagerunbekannten nur zwei Gleichgewichtsbedingungen zur Verfügung stehen, ist der Träger dreifach statisch überbestimmt gelagert.

Die Lösung erfolgt mit dem Satz von BETTI. Dazu zerlegen wir das gegebene System in voneinander unabhängige Einzelsysteme. Das statisch bestimmte Hauptsystem (0-System) gewinnen wir durch die Entfernung der drei inneren Stützen. Dadurch entstehen einfache Grundbelastungsfälle.

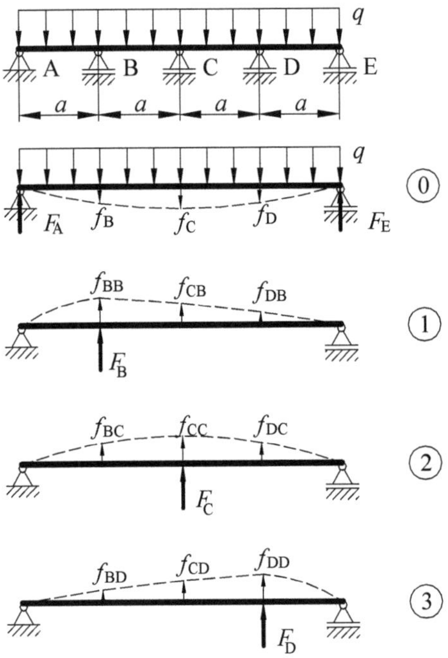

Bild 8.22: Durchlaufträger mit Haupt- und Zusatzsystemen

Das Hauptsystem und die sich aus der Entfernung der Stützen ergebenden drei Zusatzsysteme mit den durch die Belastungen (1-Größe) hervorgerufenen Verschiebungen sind aus Bild 8.22 ersichtlich.

Nun formulieren wir die Ergänzungsarbeiten für die Kombinationen des Hauptsystems mit den einzelnen Systemen:

0-1: $$W^*_{01} = q \cdot L \cdot \alpha_{0B} - \overline{F}_B \cdot \alpha_{BB} - \overline{F}_C \cdot \alpha_{BC} - \overline{F}_D \cdot \alpha_{BD}$$

$$W^*_{10} = \overline{F}_B \cdot f_{B0} = 1 \cdot 0 = 0$$

0-2: $$W^*_{02} = q \cdot L \cdot \alpha_{0C} - \overline{F}_B \cdot \alpha_{CB} - \overline{F}_C \cdot \alpha_{CC} - \overline{F}_D \cdot \alpha_{CD}$$

$$W^*_{20} = \overline{F}_C \cdot f_{C0} = 1 \cdot 0 = 0$$

0-3: $$W^*_{03} = q \cdot L \cdot \alpha_{0D} - \overline{F}_B \cdot \alpha_{DB} - \overline{F}_C \cdot \alpha_{DC} - \overline{F}_D \cdot \alpha_{DD}$$

$$W^*_{30} = \overline{F}_D \cdot f_{D0} = 1 \cdot 0 = 0 .$$

Nach dem BETTIschen Satz, Gl. (8.54), können wir die jeweiligen Ergänzungsarbeiten gleichsetzen:

$$W^*_{01} = W^*_{10} : \quad -\overline{F}_B \cdot \alpha_{BB} - \overline{F}_C \cdot \alpha_{BC} - \overline{F}_D \cdot \alpha_{BD} + q \cdot L \cdot \alpha_{0B} = 0$$

$$W^*_{02} = W^*_{20} : \quad -\overline{F}_B \cdot \alpha_{CB} - \overline{F}_C \cdot \alpha_{CC} - \overline{F}_D \cdot \alpha_{CD} + q \cdot L \cdot \alpha_{0C} = 0$$

$$W^*_{03} = W^*_{30} : \quad -\overline{F}_B \cdot \alpha_{DB} - \overline{F}_C \cdot \alpha_{DC} - \overline{F}_D \cdot \alpha_{DD} + q \cdot L \cdot \alpha_{0D} = 0$$

und nach den gesuchten Größen auflösen. Diese Gleichungen bringen wir zur Auswertung in die Matrixform $\underline{\underline{A}} \cdot \underline{x} = \underline{b}$:

$$\begin{bmatrix} \alpha_{BB} & \alpha_{BC} & \alpha_{BD} \\ \alpha_{CB} & \alpha_{CC} & \alpha_{CD} \\ \alpha_{DB} & \alpha_{DC} & \alpha_{DD} \end{bmatrix} \cdot \begin{bmatrix} F_B \\ F_C \\ F_D \end{bmatrix} = \begin{bmatrix} \alpha_{0B} \\ \alpha_{0C} \\ \alpha_{0D} \end{bmatrix} \cdot q \cdot L .$$

Die Einflusszahlen hierzu berechnen wir nach Gl. (8.49) aus den Verformungen anhand Bild 8.22 mit den Durchbiegungsgleichungen aus einem Technischen Taschenbuch. Zur empfohlenen eigenständigen Rechnung sind zur Kontrolle dieser Rechnung die Werte in der folgenden Matrix ersichtlich.

$$\begin{bmatrix} 3/4 & 11/12 & 7/12 \\ 5/6 & 4/3 & 5/6 \\ 7/12 & 11/12 & 3/4 \end{bmatrix} \cdot \begin{bmatrix} F_B \\ F_C \\ F_D \end{bmatrix} = \begin{bmatrix} 19/32 \\ 5/6 \\ 19/32 \end{bmatrix} \cdot q \cdot L .$$

Die Gleichung aufgelöst, liefert die folgenden Stützkräfte:

$$\begin{bmatrix} F_B \\ F_C \\ F_D \end{bmatrix} = \begin{bmatrix} 1/9 \\ 35/72 \\ 1/9 \end{bmatrix} \cdot q \cdot L; \qquad \underline{F_B = 435,\overline{5}\,\text{kN}} \quad \underline{F_C = 1905,\overline{5}\,\text{kN}} \quad \underline{F_D = 435,\overline{5}\,\text{kN}}.$$

Da sowohl die Geometrie als auch die Belastung des Trägers symmetrisch sind, können wir mit $\sum F_y = 0$ schreiben

$$F_A = F_E = \frac{1}{2} \cdot \left[q \cdot L - (F_B + F_C + F_D) \right] = \underline{571,\overline{6}\,\text{kN}} .$$

Mit der immer erforderlichen Kontrolle $\sum M_A = 0$ folgt:

$$2 \cdot q \cdot L - 1 \cdot F_B - 2 \cdot F_C - 3 \cdot F_D - 4 \cdot F_E = 0.$$

8.6 Das Prinzip vom stationären Wert der potentiellen Energie

8.6.1 Problembeschreibung

Eine explizite Gleichung zur Berechnung der Verformungen auf der Basis der Formänderungsenergie, wie in den vorangegangenen Abschnitten praktiziert, ist für zwei- und dreidimensionale Strukturen (Scheiben, Schalen, massive Körper) nicht mehr formulierbar.

Für solche Probleme benötigt man *Näherungsverfahren*, wie die im folgenden Kapitel vorgestellte Finite-Elemente-Methode. Bei diesen Näherungsverfahren spielen so genannte *Extremalprinzipien* der Mechanik eine große Rolle. Für die mathematische Behandlung steht hierfür die *Variationsrechnung* zur Verfügung. In den folgenden beiden Abschnitten sollen die erforderlichen Grundlagen zum Verständnis geschaffen werden

8.6.2 Zum Verständnis der Variationsrechnung

Bei der Variationsrechnung handelt es sich um eine höhere Lehre der Extremwertberechnung. Sie befasst sich mit der Problemstellung eine oder mehrere Funktionen so zu bestimmen, dass ein gegebenes, von dieser Funktion abhängiges, bestimmtes Integral einen Maximal- oder Minimalwert annimmt. Die Idee dazu geht aus von einer durch JOHANN BERNOULLI 1696 erstmals an die Fachkollegen formulierten „Einladung zur Lösung eines neuen Problems“[82], dem Problem der *Brachistochrone*[83] (siehe Bild 8.23). Unter den speziellen Lösungen zu diesem konkreten Problem durch namhafte Mathematiker dieser Zeit formuliert der ältere Bruder JAKOB BERNOULLI eine allgemeine Lösung des Problems.

Darauf aufbauend gelingt EULER 1744 der Durchbruch zu einer neuen Disziplin, der Variationsrechnung. Er führt das Problem der „Methoden um Kurven zu finden, die sich maximaler oder minimaler Eigenschaften erfreuen“, auf gewöhnliche Maxima und Minima zurück und erhält dann für die gesuchte Funktion die nach ihm benannte *EULERsche Differentialgleichung*

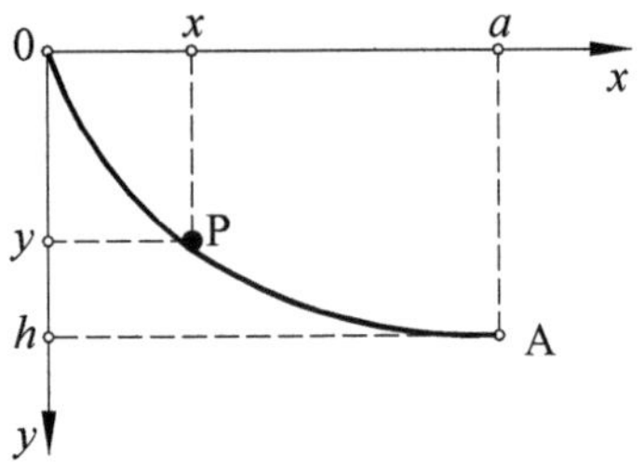

Bild 8.23: Zum Variationsproblem des JOHANN BERNOULLI /65/

$$\frac{\partial F(x,y,y')}{\partial y} - \frac{d}{dx}\frac{\partial F(x,y,y')}{\partial y'} = 0 \,. \tag{8.55}$$

Die formal-mathematische Vollendung der Variationsrechnung erfolgt 1755 mit der durch LAGRANGE 1755 definierten 1.Variation $\delta \underline{y}$ (*LAGRANGEsches Kalkül*)[84].

Symbolisch können wir das Variationsproblem wie folgt formulieren:

$$\delta \int_{x_1}^{x_2} F(x,y,y',y'',\cdots,y^{(n)})\,dx = 0 \,. \tag{8.56}$$

Die Variation einer Funktion ist definiert als

$$\delta y = \tilde{y}(x) - y(x) \,, \tag{8.57}$$

82 Juni-Band des Jahres 1696 der in Leipzig gedruckten „Acta Eruditorium“.

83 Brachistochrone: die Bahnkurve, auf der ein bewegliches „Kügelchen“/Punkt P von 0 ausgehend aufgrund seiner Schwerkraft in kürzester Zeit nach A gelangt.

84 Die historischen Ausführungen hierzu basieren auf /65/: SZABO, I: „Geschichte der mechanischen Prinzipien“, Birkhäuser Verlag 1987. Das sehr lebendig beschriebene Werk ist jedem an der Geschichte der Wissenschaften interessierten Leser sehr zu empfehlen.

siehe Bild 8.24. In dieser Gleichung ist $\tilde{y}$ eine neue Kurve, die mit y nichts zu tun hätte und ohne die Forderung, dass sie derjenigen von y benachbart sei und die Randbedingungen in P_1 und P_2 erfüllen soll, ohne Sinn wäre.

Wir erinnern uns: Das Differential ist definiert als $dy = y(x+dx) - y(x)$. In diesem Fall wird also nicht die Funktion y, sondern das Argument x verändert. Wie wir aus Bild 8.24 leicht erkennen können, ist das Differential eine tatsächliche Änderung von y beim Durchlaufen von x_1 nach x_2. Die Variation δy ist eine beliebige gedachte, also *virtuelle* Änderung von y.

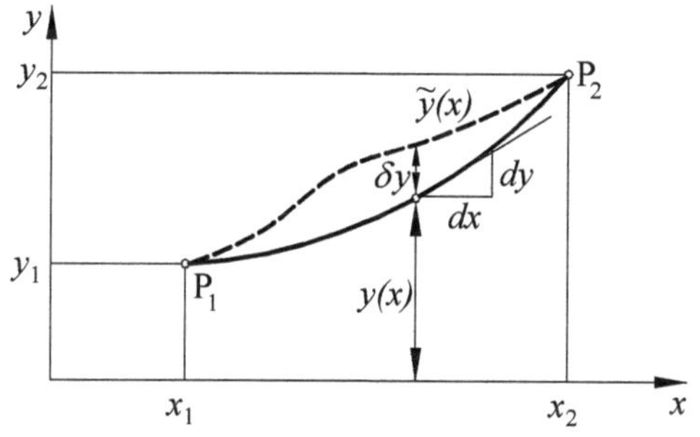

Bild 8.24: Variation und Differential einer Funktion

Die Forderung ist, dass der Unterschied zwischen den beiden Kurven beliebig klein gemacht werden soll. Dies wird mit einem Ansatz

$$\delta y(x) = a \cdot \varphi(x) \tag{8.58}$$

erreicht. Darin ist a eine beliebig kleine Zahl und $\varphi(x)$ eine beliebige Funktion, die keiner Forderung nach Nachbarschaft zu y genügen braucht.

In den Randpunkten P_1 und P_2 fallen die Kurven $\tilde{y}$ und y zusammen, sodass $\delta y(x_1) = \delta y(x_2) = 0$ gilt (Bild 8.24). Nach Gl. (8.58) bedeutet dies, dass $\varphi(x)$ an den Randstellen ebenfalls null sein muss.

Mit dem Ansatz (8.58) lassen sich die folgenden Rechenregeln ableiten:

$$\delta\left(\frac{\partial y}{\partial x}\right) = \frac{\partial}{\partial x} \cdot \delta y \tag{8.59}$$

und

$$\delta \int_a^b y \cdot dx = \int_a^b \delta y \cdot dx \,. \tag{8.60}$$

In Worten:

- Die Variation einer Ableitung ist gleich der Ableitung der Variation.
- Die Variation eines bestimmten Integrals ist gleich dem bestimmten Integral über die Variation.

Die Variation δy ist in der Technischen Mechanik – wenn y eine Verschiebung darstellt – die oben behandelte virtuelle Verschiebung.

Mit dem folgenden Trivialbeispiel, dessen Ergebnis schon beim Betrachten der Abbildung zur Aufgabenstellung bekannt ist, soll die Anwendung des oben dargestellten Prinzips deutlich werden:

Beispiel 8.14

Für den auf Bild 8.25 gezeigten, durch die Kraft F belasteten, waagerecht gehaltenen Stab ($E \cdot I =$ konst.) ist die Lagerkraft F_A gesucht.

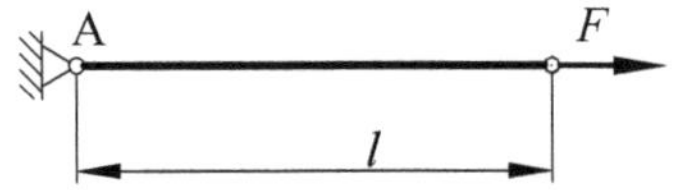

Bild 8.25: Belasteter Zugstab

Lösung (Bild 8.26):

Mit dem Prinzip der virtuellen Verrückung, Gleichungen (8.32) und (8.33) gilt mit der Verschiebung u in x-Richtung:

$$F_A \cdot \delta u = \int_V \sigma \cdot \delta \varepsilon \cdot dV .$$

Die virtuellen Änderungen δu und $\delta \varepsilon$ sind nicht unabhängig voneinander, weil gemäß Gl. (3.7):

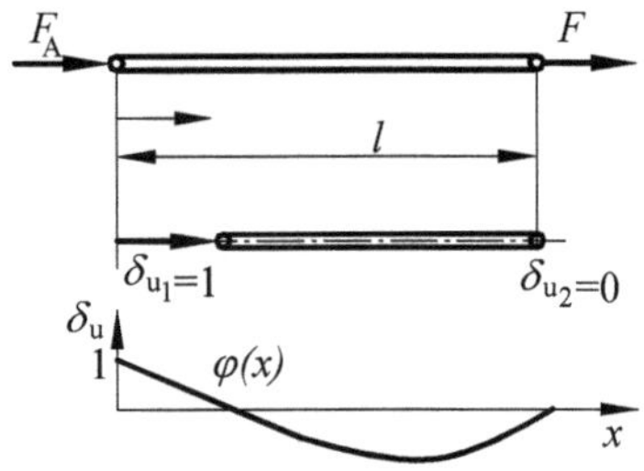

Bild 8.26: Lösungsansatz

$$\varepsilon_x = \frac{du}{dx} = \frac{d}{dx} \cdot u$$

auch die auf den Stab aufgebrachte virtuelle Verschiebung δu_1 nach Bild 8.26 eine virtuelle Verzerrung $\delta \varepsilon$ zur Folge hat. Für den hier vorliegenden linearen Fall schreiben wir bei infinitesimal kleiner Verschiebung analog dazu

$$\delta \varepsilon = D \cdot \delta u .$$

Der Operator D lässt sich als Größe für den virtuellen Verzerrungszustand, die sich für $\delta u_1 = 1$ und $\delta u_2 = 0$ innerhalb der Randbedingungen einstellt, deuten. Damit schreiben wir für die Kraft

$$F_A \cdot \delta u = \int_V \sigma \cdot D \cdot \delta u \cdot dV .$$

Da die virtuelle Verschiebung beliebig sein soll, verbleibt für die Kraft

$$F_A = \int_V \sigma \cdot D \cdot dV .$$

In dieser Gleichung ist $\sigma = \sigma_x$ die unter der äußeren Last F auftretende reale Spannung $\sigma_x = F / A$. Mit $dV = A \cdot dx$ schreiben wir schließlich

$$F_A = \int_l F \cdot D \cdot dx .$$

Um den durch D repräsentierten virtuellen Verzerrungszustand zu berechnen, wählen wir einen Ansatz für den Verlauf der virtuellen Verschiebungen des Stabes in der Form der Gleichung (8.58)

$$\delta u(x) = \delta u_1 \cdot \varphi(x),$$

der die Randbedingungen der willkürlich gewählten Funktion $\delta u(0) = \delta u_1 = 1$ und $\delta u(1) = \delta u_2 = 0$ (siehe Bild 8.26) erfüllen muss.

Damit wird nach Gl. (3.7):

$$\delta \varepsilon_x = \frac{d}{dx}[\delta u(x)] = \delta u_1 \cdot \varphi'(x) \quad \Rightarrow \quad D = \varphi'(x)$$

und wir können die Auflagerkraft berechnen:

$$F_A = \int_0^l F \cdot \varphi' \cdot dx = F \cdot \varphi \Big|_0^1 ,$$

$$F_A = F \cdot [\varphi(1) - \varphi(0)] = F \cdot (0 - 1) = -F .$$

Dieses Ergebnis zeigt auch, dass das Prinzip der virtuellen Verschiebung die Gleichgewichtsbedingung (in diesem Fall $\sum F_x = 0$) beschreibt und dabei nicht an den starren Körper gebunden ist.

Bei der Verformungsberechnung von Körpersystemen – wie z.B. Fachwerke – ist es erforderlich auch Starrkörperverschiebungen in der Rechnung zu berücksichtigen. In diesem Fall ist

$\delta u_1 = \delta u_2 = \delta u$ und damit $\varepsilon = 0$ bzw. $\delta\varepsilon = 0$. Mit $F_A = F_1$ und $F = F_2$ wird Gl. (8.33) zu

$$\sum F \cdot \delta u = (F_1 + F_2) \cdot \delta u = \int_V \sigma \cdot \delta\varepsilon \cdot dV = 0$$

und damit $F_1 = -F_2$.

Das Beispiel zeigt noch einmal, dass das Prinzip der virtuellen Verschiebung für starre Körper direkt auf die Gleichgewichtsbedingung führt (vgl. Abschnitt 8.3.2); für deformierbare Körper wegen der zusätzlichen Unbekannten aus der Verformung mit dem Ansatz (zusätzliche Gleichung) der Variationsrechnung, Gl. (8.58), zum Ergebnis führt.

8.6.3 Zum Potentialbegriff

Eine für die folgenden Betrachtungen – wie überhaupt in der Elastizitätstheorie – wichtige Annahme ist, dass die inneren elastischen Kräfte ein *Potential* haben. Das bedeutet, dass die Arbeit der elastischen Kräfte völlig in potentielle Energie übergeht. Bei der durch Belastung auftretenden Verzerrung wird die Verformungsenergie vom belasteten Körper gespeichert und bei Verschwinden der Verzerrung als Arbeit wieder abgegeben[85]. Da die potentielle Energie die Folge der Verzerrung ist und auch nur durch diese hervorgerufen wird, muss sie eine Funktion der Verzerrungskomponenten sein.

Für Näherungsverfahren ist der *Satz vom stationären Wert der potentiellen Energie*, der aus dem Prinzip der virtuellen Arbeit folgt, die Grundlage. Der Satz gilt nur für Systeme, bei denen alle äußeren eingeprägten Kräfte *Potentialkräfte* sind. Die zum Verständnis dieses Begriffes erforderlichen Größen und den Begriff selbst wollen wir zunächst definieren:

Das *Gewicht* eines Körpers ist ein Beispiel für eine Kraft, die an allen Punkten des Raumes, wo sich der Körper befindet, wirkt. Die an einem Schraubenschlüssel zum Festziehen einer Schraubenmutter angreifende Handkraft ist ein anderes Beispiel. Eine solche Kraft kann (in Grenzen) den Angriffspunkt an jeden Punkt des Raumes verschieben. Wenn diese *Kraft* $\underline{F}$ in allen Punkten des Raumes nach Größe und Richtung definiert ist, sprechen wir von einem *Kraftfeld*. Es wird durch eine Vektorfunktion $\underline{F}(x,y,z)$ beschrieben. Damit sind Größe und Richtung der Kraft in Abhängigkeit von den Koordinaten x, y, z des Angriffspunktes definiert. Wir sprechen von einer *Potentialkraft*, wenn es eine skalare Funktion $V(x,y,z)$ der Koordinaten x, y, und z des Kraftangriffspunktes gibt, aus der sich alle x-y-z-Koordinaten der Kraft wie folgt berechnen lassen:

$$F_x(x,y,z) = -\frac{\partial V}{\partial x}, \quad F_y(x,y,z) = -\frac{\partial V}{\partial y}, \quad F_z(x,y,z) = -\frac{\partial V}{\partial z}. \tag{8.61}$$

Die Funktion $V(x,y,z)$ bezeichnet man als *Potential der Kraft*. Die Bedeutung des Potentialbegriffs erschließt sich uns, wenn wir die Arbeit einer Potentialkraft längs eines infinitesimal kleinen Weges mit den Koordinaten dx, dy, und dz betrachten:

$$dW = F_x \cdot dx + F_y \cdot dy + F_z \cdot dz = -\left(\frac{\partial V}{\partial x}dx + \frac{\partial V}{\partial y}dy + \frac{\partial V}{\partial z}dz\right) = -dV. \tag{8.62}$$

Die rechten Seite der Gleichung ist das mit -1 multiplizierte[86] vollständige Differential der Funktion $V(x,y,z)$. Längs eines endlich großen Weges vom Punkt P_1 zum Punkt P_2 können wir damit die Arbeit der Kraft zu

$$W = \int_{P_1}^{P_2} dW = -\int_{P_1}^{P_2} dV = V(x_1,y_1,z_1) - V(x_2,y_2,z_2)$$

beschreiben. Das heißt, dass die Arbeit gleich der Differenz der Potentiale zwischen den beiden Punkten P_1 und P_2 und unabhängig vom Verlauf des Weges zwischen diesen Punkten ist. Diese Eigenschaft haben nur Potentialkräfte. Für die Gewichtskraft mit den Koordinaten des Schwerpunktes in einem kartesischen x, y, z-Systems (z-Achse vertikal nach oben) sind die Koordinaten

---

[85] Das ist eine Näherung, da ein Teil dieser Arbeit in andere Energieformen (z.B. Wärmeenergie) übergeht und nicht wieder in die Arbeit der elastischen Kräfte umgewandelt werden kann. Diese als *Dissipationsenergie* bezeichnete Energiemenge ist jedoch gering und in den meisten Fällen praktisch vernachlässigbar.

[86] Das negative Vorzeichen lässt sich mit dem Umstand, dass sich das Potential der Kraft bei Abgabe der Arbeit durch Verschiebung in Kraftrichtung verringert, interpretieren.

$$F_{\mathrm{Gx}}(x,y,z)=0, \qquad F_{\mathrm{Gy}}(x,y,z)=0, \qquad F_{\mathrm{Gz}}(x,y,z)=-F_{\mathrm{G}}\,.$$

Die Funktion

$$V(x,y,z)=F_{\mathrm{G}}(z-z_0)$$

mit einer frei wählbaren Konstante z_0 ist das Potential der Gewichtskraft. Für einen Weg vom Punkt P_1 zu einem tiefer liegenden Punkt P_2 verrichtet die Gewichtskraft eine Arbeit

$$W=-\int_{P_1}^{P_2} dV=V(x_1,y_1,z_1)-V(x_2,y_2,z_2)=F_{\mathrm{G}}(z_1-z_2)\,.$$

Diese Arbeit beim Absenken geht – wie wir wissen – nicht verloren. So könnte z.B. das Absenken der Last das Anheben eines Gegengewichtes bewirken; wie auch für das Anheben der Last auf den Punkt P_1 eine positive Arbeit verrichtet wurde, die beim Absenken wieder abgegeben wurde. Damit sind wir beim Begriff des Arbeitsvermögens oder auch der potentiellen Energie des Körpers. Das heißt, der Körper hat im Punkt P(x, y, z) die potentielle Energie $W(x,y,z)$. Wie aus der obigen Gleichung zu erkennen ist, sind für die potentielle Energie die Ableitungen der Funktion und die Differenzen der Funktionswerte von Bedeutung. Die Konstante z_0 ist für das Potential bedeutungslos.

8.6.4 Der Satz vom stationären Wert der potentiellen Energie

Für die folgende Betrachtung setzen wir einen linearen Zusammenhang zwischen Belastung und Verformung voraus. Dies führt dazu, dass für die komplementären Arbeiten gemäß Bild 8.9b und dem Arbeitssatz, Gl. (8.4), $W^*=W$ und $U^*=U$ gilt.

Das bisher für die virtuelle Verrückung verwendete Symbol δ verstehen wir nun als Variationssymbol im Sinne der Variationsrechnung, wie im Abschnitt 8.6.2 dargestellt. Ferner wird vorausgesetzt, dass eine virtuelle Verschiebung δs unabhängig davon ist, auf welchem Weg der Nachbarzustand erreicht wurde (siehe Bild 8.25), d.h. ein *konservatives System* vorliegt. Somit können wir jedem Zustand eine bestimmte gespeicherte Energie, die sich bei einem geschlossenen Be- und Entlastungszyklus nicht verändert, zuordnen.

Wir gehen vom Prinzip der virtuellen Verrückung, Gl. (8.34), aus und fragen unter welchen Bedingungen das Variationszeichen δ vor das Summenzeichen gezogen werden kann. Da während der virtuellen Verschiebung Kräfte und Spannungen konstant bzw. unabhängig von den Verschiebungen sind, lässt sich das Zeichen vorziehen und wird dann als Variationssymbol für eine Funktion bzw. ein Funktional (eine von Funktionen abhängige Funktion) im Sinne der Variationsrechnung verstanden.

Damit ergibt sich das Prinzip der virtuellen Verrückung zu

$$\delta\left[\int_V \underline{\underline{\sigma}}^{\mathrm{T}}\cdot\underline{\underline{\varepsilon}}\cdot dV-\int_A \underline{p}^{\mathrm{T}}\cdot\underline{s}\cdot dA-\int_V \underline{f}^{\mathrm{T}}\cdot\underline{s}\cdot dV-\underline{R}^{\mathrm{T}}\cdot\underline{d}\right]=0\,. \qquad (8.63)$$

Das hat zur Folge, dass bei einer virtuellen Verschiebung aus der Gleichgewichtslage heraus die Variation des Klammerausdrucks verschwindet, d.h. der Klammerausdruck einen stationären Wert (Extremwert) hat.

Die im gesamten Körper reversibel gespeicherte innere Formänderungsenergie (potentielle Energie)

$$U = \int_V \underline{\underline{\sigma}}^{\mathrm{T}} \cdot \underline{\underline{\varepsilon}} \cdot dV = \Pi_{\mathrm{i}} \tag{8.64}$$

wird als *inneres Potential* Π_{i} eingeführt. Der Ausdruck

$$-\int_A \underline{p}_{\mathrm{i}}^{\mathrm{T}} \cdot \underline{s}_{\mathrm{i}} \cdot dA - \int_V \underline{f}_{\mathrm{i}}^{\mathrm{T}} \cdot \underline{s}_{\mathrm{i}} \cdot dV - \underline{R}_{\mathrm{i}}^{\mathrm{T}} \cdot \underline{d}_{\mathrm{i}} = \Pi_{\mathrm{a}} \tag{8.65}$$

wird als das Potential der äußeren Kräfte bzw. *äußeres Potential* Π_{a} definiert.

Wichtig ist es, darauf hinzuweisen, dass der hier eingeführte Ausdruck für das äußere Potential nicht der Arbeit der äußeren Kräfte beim Übergang vom unbelasteten in den Endzustand entspricht. Während die Belastungen tatsächlich wirkende Oberflächen- und Volumenkräfte darstellen, handelt es sich bei $\underline{d}$ um ein beliebiges Verschiebungsfeld. Es gilt

$$\Pi_{\mathrm{a}} = -W_{\mathrm{a}} \tag{8.66}$$

mit der *Endwertarbeit* W_{a}, die durch eine tatsächlich wirkende Last mit einer von ihr *unabhängigen* Verschiebung ihres Angriffspunktes geleistet wird. Damit ist zwischen der Endwertarbeit W_{a} und der von der äußeren Last auf der von dieser hervorgerufenen – *abhängigen* – Verschiebung geleisteten Formänderungsarbeit $W = U$ zu unterscheiden. Das negative Vorzeichen interpretieren wir mit der Verringerung des Potentials durch Abgabe der Arbeit durch Verschiebung der Kraft in Kraftrichtung.

Bei linearen Verhältnissen ist mit Gl. (8.5a): $W = 1/2 \cdot F \cdot s$; es gilt somit $W_{\mathrm{a}} = 2 \cdot W$. Das heißt, dass die Endwertarbeit W_{a} – die Arbeit also, die die Kraft F auf der von ihr unabhängigen Verschiebung leistet – doppelt so groß ist, wie die Formänderungsarbeit W mit der lastabhängigen Verschiebung.

Bei virtueller Änderung der Zustandsgrößen gilt:

$$\delta W_{\mathrm{a}} = \delta W . \tag{8.67}$$

Die gesamte potentielle Energie, das Gesamtpotential, ist die Summe aus innerem und äußerem Potential, also

$$\Pi = \Pi_{\mathrm{i}} + \Pi_{\mathrm{a}} = U - W . \tag{8.68}$$

Mit dem Prinzip der virtuellen Arbeit $\delta U = \delta W = \delta W_{\mathrm{a}}$ wird

$$\delta \Pi = \delta(\Pi_{\mathrm{i}} + \Pi_{\mathrm{a}}) = 0 . \tag{8.69}$$

Das ist der Satz vom stationären Wert der potentiellen Energie; er besagt in Kurzform:

Für ein verformbares System im Gleichgewicht hat die gesamte potentielle Energie einen stationären Wert.

Reaktionskräfte und Verformungen eines belasteten Tragwerkes stellen sich demnach so ein, dass die gesamte potentielle Energie einen Extremwert – und zwar ein Minimum – annimmt. Dies ist die stabile Gleichgewichtslage, die in der Literatur üblicherweise mit der tiefsten Lage einer Kugel im Schwerefeld, die sie in einer Ebene einnehmen kann, veranschaulicht wird (siehe auch Bild 8.27).

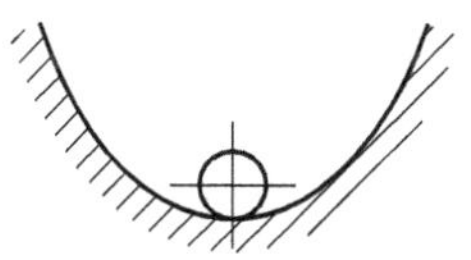

Bild 8.27: Minimum des Gesamtpotentials $\delta\Pi = 0$

Aus Gl. (8.69) folgt

$$\Pi = \Pi_i + \Pi_a = \text{Extr.} \qquad (8.70)$$

und für linear elastisches Materialverhalten die strengere Aussage

$$\Pi = \Pi_i + \Pi_a = \text{Min.} \qquad (8.71)$$

Das heißt dann, dass die geometrischen Verschiebungen, die die Gleichgewichtsbedingungen erfüllen, für das Gesamtpotential ein Minimum liefern. Obige Gleichung wird auch als *Minimumprinzip* oder GREEN-DIRICHLETsches Prinzip[87] bezeichnet.

Umgekehrt muss dann auch gelten, dass alle geometrischen Verschiebungen, die für das Gesamtpotential ein Minimum liefern, die Gleichgewichtsbedingungen erfüllen.

An dieser Stelle sei abschließend noch erwähnt, dass die Variationsformulierung kaum für exakte Lösungen Anwendung findet; für Näherungslösungen (siehe folgender Abschnitt) sowie numerische Lösungen (siehe Kapitel 9) von großer Bedeutung ist.

8.7 Näherungsverfahren

8.7.1 Problembegründung und Überblick

Bei der rechnerischen Simulation physikalischer Zusammenhänge gehen wir von Differentialgleichungen aus. Diese beschreiben an einem differential kleinen Teil das Verhalten der Struktur. Die LAPLACE-Gleichungen[88] ermöglichen die Beschreibungen von Temperaturfeldern. Die MAXWELL-Gleichungen sind die mathematische Darstellung von Magnetfeldern, die Lösung der NAVIER-STOKES-Gleichungen[89] gibt uns Einblick in das Strömungsverhalten der Fluide, die Gleichungen in der Elastizitätstheorie beschreiben das Verhalten eines Festkörpers – das heißt Verformungen und Spannungen – unter Belastung.

Die Funktion, für die die Differentialgleichung aufgestellt wird, die charakteristische Größe, ist für Festigkeitsprobleme die Verformung. Dabei ist es das primäre Ziel die Verschiebungs-

---

87 GEORGE GREEN, 1739–1841, englischer Mathematiker;
PETER GUSTAV LEJEUNE DIRICHLET, 1892–1965, deutscher Mathematiker.

88 PIERRE-SIMON LAPLACE, 1749–1827, französischer Mathematiker, Physiker und Astronom.

89 GEORG GABRIEL STOKES, 1819–1903, irischer Mathematiker und Physiker.

funktion näherungsweise zu bestimmen. Durch die Ableitung der Funktionen nach den Koordinaten ermitteln wir die gewünschten Größen, wie die Dehnungen oder die Spannungen.

Zur Lösung der Differentialgleichungen können wir auf analytische oder numerische Verfahren zurückgreifen. Die oft als „exakt“ bezeichneten analytischen Verfahren sind allerdings nur exakt im Sinne der zugrunde liegenden Theorie und des gewählten Modells, deren Ergebnisse von der Wirklichkeit durchaus abweichen können. Zudem ist ihre Anwendung auf wenige Sonderfälle beschränkt.

Wie schon im Abschnitt 8.6.1 erwähnt, ist die geschlossene analytische Herleitung der Verschiebungsfunktion von komplexen Bauteilen bei vorgegebenen Randbedingungen und bekannten elastischen Eigenschaften meist nicht möglich und wenn doch, gestaltet sie sich äußerst aufwendig.

Der Ausweg sind praktikable und hinreichend genaue Näherungslösungen, die für den Einsatz von Strukturanalyseprogrammen eine Voraussetzung sind. Diese numerischen Verfahren sind für Aufgaben der Praxis meist besser geeignet, weil sie für komplexe Geometrien anwendbar sind.

Die allen numerischen Verfahren gemeinsame Grundidee besteht darin, dass ein Näherungsansatz für eine unbekannte Funktion aufgestellt wird. Das ist meist ein Produktansatz, der aus vorgegebenen Formfunktionen und freien Koeffizienten besteht.

Die Verfahren gehen entweder von der Differentialgleichung oder von der Integralform – der sog. „schwachen Form der Differentialgleichung“ – aus.

Bei der erstgenannten Vorgehensweise (z.B. das Differenzenverfahren) wird das Differentialgleichungssystem direkt in ein algebraisches Gleichungssystem überführt.

Bei der Integralform wird aus der Forderung nach einem Extremum (z.B. Minimum der potentiellen Energie) ein algebraisches Gleichungssystem für unbekannte Koeffizienten erzeugt. Die Koeffizienten werden durch die Auflösung des Gleichungssystems bestimmt. Damit ist dann die gesuchte Näherungsfunktion festgelegt.

Der Unterschied der einzelnen Näherungsverfahren besteht nur in den Ansatzfunktionen und den Wegen zur Bestimmung der Koeffizienten dieser Funktionen.

Wir greifen auf den Ansatz, Gl. (8.58), des Abschnittes 8.6.2

$$w = \sum_{i=1}^{n} a_i \cdot \varphi_i \tag{8.72}$$

zurück. Diese Funktion beschreibt die Balkendurchsenkung w als Summe von n Ansatzfunktionen φ_i multipliziert mit den freien Parametern a_i. Dabei erfordert die Wahl der Ansatzfunktionen einige Sorgfalt, weil sie großen Einfluss auf Genauigkeit und Rechenzeit haben. Es werden bestimmte Eigenschaften gefordert, die eine gute Näherung des gemachten Ansatzes an die exakte (aber meist nicht bekannte) Lösung bieten soll. Für das Aufstellen eines solchen Ansatzes sind die folgen Formulierungen gebräuchlich:

- Die Formulierung mit dem *Prinzip der virtuellen Verrückung* führt auf Näherungsverfahren, die auf dem Prinzip des Minimums des Potentials basieren.
- Die Formulierung als *Variationsproblem* ist im Resultat gleichbedeutend, mit dem Prinzip der virtuellen Verrückung (vgl. Abschnitt 8.6.2).
- Die Formulierung als *Randwertproblem* führt auf Verfahren des gewichteten Restes.

Im Folgenden werden die in der Strukturmechanik wichtigen Näherungsverfahren genannt, der Grundgedanke kurz beschrieben und im Übrigen wird auf die Spezialliteratur verwiesen:

- Das Verfahren von RITZ[90] basiert auf dem Prinzip des Minimums des Potentials. Bei diesem Verfahren werden die geometrischen Randbedingungen exakt erfüllt, die Differentialgleichung aber nur näherungsweise. Es liefert die Grundlage für die Finite-Elemente-Methode.
- Auch das Verfahren von TREFFTZ[91] basiert auf dem Prinzip des Minimums des Potentials. Bei dieser Methode werden die Differentialgleichung durch die Näherung exakt erfüllt, die Randbedingungen nur angenähert. Bedeutung hat diese Methode für die sog. Randelementemethode.
- Das Näherungsverfahren von GALERKIN[92] basiert auf dem Verfahren des gewichteten Restes und dem Prinzip des Minimums des Potentials. Bei diesem Verfahren werden sowohl die geometrischen als auch die Kraftrandbedingungen exakt erfüllt, die Differentialgleichung aber nur näherungsweise. Durch die Forderung nach Erfüllung aller Randbedingungen ist das GALERKINsche Verfahren umständlicher, als das RITZsche zu handhaben.

Das wohl bekannteste Verfahren zur Konstruktion von Näherungslösungen, das seine Bedeutung auch durch die Finite-Elemente-Methode bekommen hat, ist das im folgenden Abschnitt beschriebene Näherungsverfahren von RITZ, das auch unter dem Namen RAYLEIGH-RITZ-Verfahren[93] bekannt ist.

8.7.2 Das Näherungsverfahren von RITZ

Wir betrachten linear elastische Systeme, bei denen alle eingeprägten Kräfte Potentialkräfte sind. Ferner setzen wir für die gesuchten Verformungszustände stabile Gleichgewichtslagen voraus. Damit schließen wir Stabilitätsprobleme, bei denen das Bauteilversagen unter der Last nicht aufgrund des Erreichens der Materialfestigkeit, sondern des Instabilwerdens infolge geometrischer Zusammenhänge (labiler Gleichgewichtszustand) eintritt, aus.

Die Näherung soll so erfolgen, dass das Prinzip der virtuellen Arbeit $\partial U = \partial W$ für eine bestimmte Gruppe virtueller Verschiebungen erfüllt ist. Für ein existierendes Potential der äußeren Kräfte können wir gemäß Gl. (8.69) für die Extremalbedingung des Potentials $\delta \Pi = 0$ schreiben.

Für eine Näherungslösung wird das Potential stets größer sein, als das Potential der exakten Lösung: $\Pi_{\text{Näherung}} > \Pi_{\text{exakt}}$.

Das Vorgehen nach RITZ besteht darin, das Extremum für einen beliebig genauen Näherungsansatz für die Verschiebung zu finden. Dieser Ansatz muss die *geometrischen Randbedingungen* – nicht aber die *Kraftrandbedingungen* – erfüllen.

Wir unterscheiden zwischen geometrischen (auch *wesentliche*) Randbedingungen wie Verformungen, z.B. Durchbiegung und Neigung, und den Kraftrandbedingungen (besser *dyna-*

---

90 WALTER RITZ, 1878–1909, Schweizer Mathematiker und Physiker.

91 ERICH IMMANUEL TREFFTZ, 1888–1937, deutscher Mathematiker.

92 BORIS GRIGORIVIECH GALERKIN, 1871–1945, russischer Mathematiker und Ingenieur.

93 Lord JOHN WILLIAM STRUTT RAYLEIGH, 1842–1919, englischer Physiker.

mische Randbedingungen oder auch *restliche Randbedingungen*) wie Biegemoment und Querkraft.

Für die unbekannte Verschiebungsfunktion $w(x)$ wird ein Ansatz entsprechend Gl. (8.58) mit n Vergleichsfunktionen $w_i(x)$ und unbestimmten Koeffizienten a_i in der Form

$$w(x) \approx \tilde{w}(x) = \sum_{i=1}^{n} a_i \cdot w_i(x) \tag{8.73}$$

gewählt. Das Verfahren fordert, dass das für die Näherungslösung gebildete Potential als Funktion der freien Konstanten des Ansatzes (8.73) einen Extremwert annimmt

$$\delta \Pi_{\text{Näherung}}(a_i) = 0\,. \tag{8.74}$$

Die unbekannten Konstanten a_i – die so genannten *RITZ-Koeffizienten* – werden so gewählt, dass Π möglichst klein wird[94]. Wir bestimmen sie durch Extremwertbildung des Energiefunktionals

$$\Pi = \Pi_a + U \tag{8.75}$$

(das Potential der äußeren Belastung Π_a ist mit einer Zunahme der inneren Energie, der Formänderungsenergie U verbunden) durch die Variation $\delta\Pi = 0$.

Dabei müssen die bekannten Ortsfunktionen $w_i(x)$ die geometrischen Randbedingen jede für sich allein erfüllen.

Aus der Bedingung

$$\Pi = \frac{\partial \Pi}{\partial a_i} = 0 \qquad (i = 1 \cdots n) \tag{8.76}$$

wird ein lineares Gleichungssystem mit n Gleichungen für die n Koeffizienten a_i gebildet. Die Qualität der Näherungslösung wird wesentlich dadurch bestimmt, wie gut mit den Ansatzfunktionen $w_i(x)$ die tatsächliche Lösungsfunktion anzunähern ist. Mit der Anzahl von Ansatzfunktionen erhöht sich die Wahrscheinlichkeit eine gute Näherung zu finden.

Für die Erklärung des Grundgedankens gehen wir von einem Biegeproblem gemäß Bild 8.28 aus, für das wir die exakte Lösung kennen und es somit einer Näherungslösung nicht bedürfte.

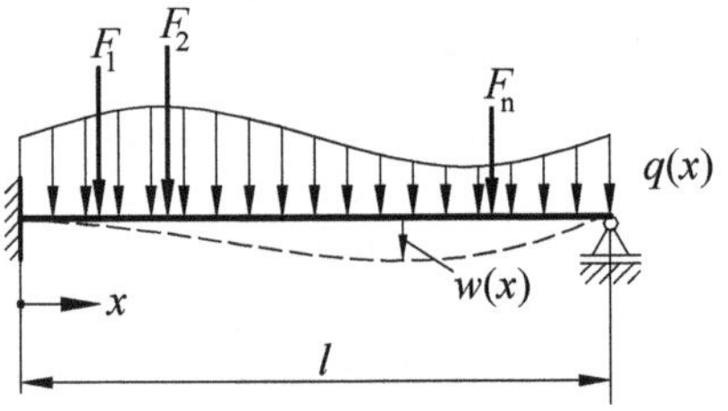

Bild 8.28: Belastungsschema Balken

Zur Problemlösung mit dem RITZschen Verfahren müssen wir die potentielle Energie $\Pi = \Pi_a + U$ des Tragwerks durch Verformungsgrößen, in diesem Falle durch $w(x)$, ausdrücken. Mit Gl. (8.12) für die Formänderungsenergie

---

94 Diese Bedingung ist auch die Grundlage der Verfahren von GALERKIN und TREFFTZ, die sich jeweils nur in der Bestimmung der Koeffizienten a_i unterscheiden.

$$U = \frac{1}{2} \cdot \int_l \frac{M_b^2(x)}{E \cdot I} \cdot dx$$

beschreiben wir das Biegemoment mit Hilfe der bekannten Differentialgleichung der Biegelinie

$$w''(x) = -\frac{M_b(x)}{E \cdot I(x)} . \tag{8.77}$$

Mit Gl. (8.77), umgestellt $M_b(x) = -E \cdot I(x) \cdot w''(x)$, wird die Formänderungsenergie

$$U = \frac{1}{2} \cdot \int_0^l E \cdot I(x) \cdot w''^2(x) \cdot dx . \tag{8.78}$$

Gemäß Bild 8.28 gilt für das Potential Π_a, das auch eine Funktion der Durchbiegung ist,

$$\Pi_a = -\sum_{k=1}^{m} F_k \cdot w_k - \int_0^l q(x) \cdot w(x) \cdot dx . \tag{8.79}$$

Damit können wir für die potentielle Energie

$$\Pi = \Pi_a + U = -\sum_{k=1}^{m} F_k \cdot w_k + \int_0^l \left[\frac{1}{2} EI(x) \cdot w''^2(x) - q(x) \cdot w(x) \right] \cdot dx \tag{8.80}$$

schreiben. Bei bekannter Belastung, Geometrie und Werkstoff erfüllt die unbekannte Funktion $w(x)$ die geometrischen Randbedingungen (Durchbiegung und Neigung)

$$w(0) = 0, \qquad w(l) = 0, \qquad w'(0) = 0$$

und die Kraftrandbedingungen (Biegemoment und Querkraft)

$$w''(l) = 0, \qquad w'''(l) = 0 .$$

Diejenige Funktion, die bei der Erfüllung *aller* Randbedingungen das Potential zum Minimum macht, ist die exakte Lösung. Beim Verfahren von RITZ wird die Näherungslösung nicht aus allen Lösungen, die die Randbedingungen erfüllen bestimmt, sondern nur aus den Funktionen eines bestimmten Funktionensystems

$$\tilde{w}(x) = c_1 \cdot w_1(x) + c_2 \cdot w_2(x) + \cdots + c_n \cdot w_n(x) . \tag{8.81}$$

Die Ansatzfunktionen $w_1(x), \cdots, w_n(x)$ gibt man sich selbst vor. Dabei ist es von Vorteil eine physikalisch sinnvolle Funktion zu wählen, weil damit die Anzahl n (und damit das Gleichungssystem) kleiner sein kann. Wenn nicht nur die geometrischen – wie für das RITZ-Verfahren erforderlich – sondern auch noch dynamische Randbedingungen erfüllt werden, wird i.A. die Näherungslösung besser. Die exakte Lösung ist in der Regel nicht im Funktionensystem. Wenn wir z.B. $\tilde{w}(x)$ anstelle von $w(x)$ in die Gl. (8.80) einsetzen, erhalten wir die beste mit dem Funktionssystem erreichbare Lösung. Weil damit alle Funktionen von x vorgegeben sind, ist dann Π nur noch eine Funktion von $c_1, \cdots, c_n$.

Da Π ein Minimum sein soll, muss

$$\Pi = \frac{\partial \Pi}{\partial c_i} = 0 \qquad (i = 1 \cdots n)$$

gelten. Damit erhalten wir n Bestimmungsgleichungen für die gesuchten n Koeffizienten, die auf die Näherungslösung führen.

Für $E \cdot I = \text{konst}$ wird Gl. (8.80)

$$-\sum_{k=1}^{m} F_k \frac{\partial \tilde{w}(x_k)}{\partial c_i} + E\,I \cdot \int_0^l w''(x) \frac{\partial \tilde{w}''(x)}{\partial c_i} \cdot dx - \int_0^l q(x) \frac{\partial \tilde{w}(x)}{\partial c_i} dx = 0 \qquad (8.82)$$

mit

$$\frac{\partial \tilde{w}(x)}{\partial c_i} = w_i(x), \qquad \frac{\partial \tilde{w}''(x)}{\partial c_i} = w_i''(x)$$

gemäß Gl. (8.81). Damit wird:

$$E\,I \cdot \sum_{j=1}^{n} \left[c_j \cdot \int_0^l w_i''(x) \cdot w_j''(x) \cdot dx \right] = \sum_{k=1}^{m} F_k \cdot w_i(x_k) + \int_0^l q(x) \cdot w_i(x) \cdot dx \,. \qquad (8.83)$$

Die Matrixform dieser Bestimmungsgleichung ist

$$\underline{\underline{A}} \cdot \underline{c} = \underline{B}\,; \qquad (8.84)$$

ausgeschrieben:

$$\begin{bmatrix} A_{11} & a_{12} & \cdots & A_{1i} & \cdots & A_{in} \\ A_{21} & A_{22} & \cdots & A_{2i} & \cdots & A_{2n} \\ \vdots & \vdots & & \vdots & & \vdots \\ A_{i1} & A_{i2} & \cdots & A_{ii} & \cdots & A_{in} \\ \vdots & \vdots & & \vdots & & \vdots \\ A_{n1} & A_{n2} & \cdots & A_{ni} & \cdots & A_{nn} \end{bmatrix} \cdot \begin{bmatrix} c_1 \\ c_2 \\ \vdots \\ c_i \\ \vdots \\ c_n \end{bmatrix} = \begin{bmatrix} B_1 \\ B_2 \\ \vdots \\ B_i \\ \vdots \\ B_n \end{bmatrix}.$$

In der Gleichung (8.84) ist $\underline{c}^T = [c_1 \cdots c_n]$ der Spaltenvektor der gesuchten Koeffizienten. Die Elemente der symmetrischen Matrix $\underline{\underline{A}}$ berechnen wir aus Gl. (8.83) zu

$$A_{ij} = E\,I \cdot \int_0^l w_i''(x) \cdot w_j''(x) \cdot dx \qquad (i, j = 1 \cdots n)\,; \qquad (8.85)$$

der Vektor $\underline{B}$ ist die rechte Seite von Gl. (8.83) mit den Elementen

$$B_i = \sum_{k=1}^{m} F_k \cdot w_i(x_k) + \int_0^l q(x) \cdot w_i(x) \cdot dx \qquad (i = 1 \cdots n)\,. \qquad (8.86)$$

Beispiel 8.15

Für den auf Bild 8.29 gezeigten, durch eine konstante Streckenlast beanspruchten Freiträger ($E \cdot I = \text{konst.}$) ist die Gleichung der Biegelinie mit dem Näherungsverfahren von RITZ zu bestimmen und das Ergebnis mit der exakten Lösung zu vergleichen.

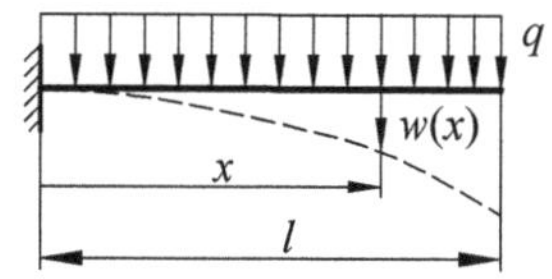

Bild 8.29: belasteter Freiträger

Lösung:

Mit einem Polynomansatz 3. Grades werden:

$$\tilde{w}(x) = c_1 \cdot x^2 + c_2 \cdot x^3$$

$$\tilde{w}'(x) = 2 \cdot c_1 \cdot x + 3 \cdot c_2 \cdot x^2$$

$$\tilde{w}''(x) = 2 \cdot c_1 + 6 \cdot c_2 \cdot x = 2 \cdot (c_1 + 3 \cdot c_2 \cdot x)\,.$$

Die geometrischen Randbedingungen $w(0) = 0$, $w'(0) = 0$ (Bild 8.29) sind erfüllt.

Für das elastische Potential schreiben wir mit Gl. (8.80)

$$\Pi = \frac{1}{2} E \cdot I \cdot \left[\int_0^l w''^2(x) \cdot dx - \int_0^l q(x) \cdot w(x) \cdot dx \right]$$

$$\Pi = \frac{1}{2} E \cdot I \cdot \left[\int_0^l 4 \cdot (c_1^2 + 6 \cdot c_1 \cdot c_2 \cdot x + 9 \cdot c_2^2 \cdot x^2) \cdot dx - q \int_0^l (c_1 \cdot x^2 + c_2 \cdot x^3) \cdot dx \right]$$

$$\Pi = 2 \cdot E \cdot I \cdot \left[(c_1^2 \cdot l + 3 \cdot c_1 \cdot c_2 \cdot l^2 + 3 \cdot c_2^2 \cdot l^3) = q \cdot \left(\frac{1}{3} \cdot c_1 \cdot l^3 + \frac{1}{4} \cdot c_2 \cdot l^4 \right) \right].$$

Setzen wir gemäß Gl. (8.82) die partiellen Ableitungen null, erhalten wir somit zwei Gleichungen für die beiden gesuchten Koeffizienten c_1 und c_2:

$$\frac{\partial \Pi}{\partial c_1} = 2 \cdot E \cdot I \cdot (2 \cdot c_1 \cdot l + 3 \cdot c_2 \cdot l^2) - \frac{1}{3} \cdot q \cdot l^3 = 0$$

$$\frac{\partial \Pi}{\partial c_2} = 2 \cdot E \cdot I \cdot (3 \cdot c_1 \cdot l^2 + 6 \cdot c_2 \cdot l^3) - \frac{1}{4} \cdot q \cdot l^4 = 0\,.$$

Dividieren wir die erste Gleichung durch $2 \cdot E \cdot I \cdot l$ und die zweite durch $2 \cdot E \cdot I \cdot l^2$ wird

$$2 \cdot c_1 + 3 \cdot c_2 \cdot l = \frac{q \cdot l^2}{6 \cdot E \cdot I}$$

$$3 \cdot c_1 + 6 \cdot c_2 \cdot l = \frac{q \cdot l^2}{8 \cdot E \cdot I}\,.$$

Die Auflösung der Gleichung

$$\begin{bmatrix} 2 & 3 \\ 3 & 6 \end{bmatrix} \cdot \begin{bmatrix} c_1 \\ c_2 \cdot l \end{bmatrix} = \begin{bmatrix} 1/6 \\ 1/8 \end{bmatrix} \cdot \frac{q \cdot l^2}{E \cdot I}$$

ergibt $c_1 = \frac{5}{24} \frac{q \cdot l^2}{E \cdot I}$ und $c_2 = -\frac{1}{12} \frac{q \cdot l}{E \cdot I}$.

Mit den gefundenen Lösungen, in die Ansatzfunktion eingesetzt, erhalten wir

$$\widetilde{w}(x) = \frac{5}{24} \frac{q \cdot l^2}{E \cdot I} \cdot x^2 - \frac{1}{12} \frac{q \cdot l}{E \cdot I} \cdot x^3 = \underline{\frac{5}{24} \frac{q \cdot l^2}{E \cdot I} \cdot x^2 \cdot \left(1 - \frac{2}{5} \cdot \frac{x}{l}\right)}.$$

Die exakte Lösung finden wir nach Formelsammlung:

$$w(x) = \frac{1}{8} \frac{q \cdot l^4}{E \cdot I} \cdot \left[1 - \frac{4}{3} \cdot \frac{x}{l} + \frac{1}{3} \cdot \left(\frac{x}{l}\right)^4\right].$$

Zur Einschätzung der Genauigkeit der Näherungslösung untersuchen wir die Durchbiegungen am Trägerende (max. Durchbiegung) und in der Trägermitte:

Für $x = l$ ist:

$$\widetilde{w}(l) = \frac{5}{24} \frac{q \cdot l^4}{E \cdot I} \cdot \left(1 - \frac{2}{5}\right) = \frac{1}{8} \frac{q \cdot l^4}{E \cdot I}.$$

Das ist die exakte Lösung für die maximale Durchbiegung.

Für $x = l/2$ gilt:

$$\widetilde{w}(l/2) = \frac{5}{24} \frac{q \cdot l^2}{E \cdot I} \cdot \frac{l^2}{4} \cdot \left(1 - \frac{2}{5} \cdot \frac{1}{2}\right) = \frac{1}{24} \frac{q \cdot l^4}{E \cdot I}.$$

und für die exakte Lösung:

$$w(l/2) = \frac{1}{8} \frac{q \cdot l^4}{E \cdot I} \cdot \left[1 - \frac{4}{3} \cdot \frac{1}{2} + \frac{1}{3} \cdot \frac{1}{16}\right] = \frac{17}{384} \frac{q \cdot l^4}{E \cdot I}.$$

In der Trägermitte wurde mit der Näherungslösung allerdings eine um 5,9 % zu geringe Durchbiegung berechnet. Bei der Nachrechnung an verschiedenen Trägerpunkten zeigt sich, dass die Abweichungen vom Trägerende zur Einspannung hin bis ca. 16 % zunehmen.

Wenn wir eine Ansatzfunktion 4. Grades wählen (in der exakten Lösung ist die Variable x in der 4. Potenz enthalten), sollte die Näherungslösung über die gesamte Länge der exakten Lösung entsprechen (mit den nachfolgenden Zwischenergebnissen zur selbständigen Lösung empfohlen).

Mit dem Ansatz: $\widetilde{w}(x) = c_1 \cdot x^2 + c_2 \cdot x^3 + c_3 \cdot x^4$ erhalten wir das Gleichungssystem

$$\begin{bmatrix} 2 & 3 & 4 \\ 3 & 6 & 9 \\ 4 & 9 & 72/5 \end{bmatrix} \cdot \begin{bmatrix} c_1 \\ c_2 \cdot l \\ c_3 \cdot l^2 \end{bmatrix} = \begin{bmatrix} 1/6 \\ 1/8 \\ 1/10 \end{bmatrix} \cdot \frac{q \cdot l^2}{E \cdot I}$$

mit den gesuchten Koeffizienten $c_1 = \frac{1}{4} \cdot \frac{q \cdot l^2}{E \cdot I}$, $c_2 = -\frac{1}{6} \cdot \frac{q \cdot l}{E \cdot I}$, $c_3 = \frac{1}{24} \cdot \frac{q}{E \cdot I}$.

Die gefundene Lösung in die Ansatzfunktion eingesetzt:

$$\widetilde{w}(x) = \frac{1}{4} \frac{q \cdot l^2}{E \cdot I} \cdot x^2 - \frac{1}{6} \frac{q \cdot l}{E \cdot I} \cdot x^3 + \frac{1}{24} \frac{q}{E \cdot I} \cdot x^4$$

ergibt für:

$$\widetilde{w}(l/4) = \frac{27}{2048} \frac{q \cdot l^4}{E \cdot I} = w(l/4)$$

$$\widetilde{w}(l/2) = \frac{17}{384} \frac{q \cdot l^4}{E \cdot I} = w(l/2)$$

$$\widetilde{w}(3l/4) = \frac{171}{2048} \frac{q \cdot l^4}{E \cdot I} = w(3l/4)$$

$$\widetilde{w}(l) = \frac{1}{8} \frac{q \cdot l^4}{E \cdot I} = w(l)$$

die exakte Lösung.

Schon die einfache Aufgabenstellung des obigen Beispiels macht deutlich, dass dieses Verfahren (wie auch die übrigen Näherungsverfahren) recht aufwendig ist. Das ist für eindimensionale Probleme nur sinnvoll, wenn die Integration der Differentialgleichung der Biegelinie noch umständlicher wird oder nicht geschlossen möglich ist (z.B. $E \cdot I \neq \text{konst}$).

Allgemein ist beim Einsatz von Näherungsverfahren das Folgende zu beachten:

- Die in diesem Kapitel nicht behandelten Näherungsverfahren von GALERKIN und TREFFTZ liefern, wenn die gleichen Ansatzfunktionen verwendet werden (können), die gleichen Lösungen, wie das Verfahren von RITZ.
- Die Qualität der Näherungslösungen verschlechtert sich immer mit der Differentiation. Brauchbare Näherungen für die Verrückung führen bei mehrfachen Ableitungen z.B. für die Ermittlung der Schnittkräfte zur Vergrößerung der Abweichungen; bis hin zur völligen Unbrauchbarkeit der Ergebnisse. Dies hat zur Konsequenz, dass z.B. die mit der Finite-Elemente-Methode ermittelten Verschiebungen genauer sind, als die aus diesen Größen abgeleiteten Spannungen (ausführlich hierzu siehe das folgende Kapitel, Beispiel 9.7).
- Aus dem obigen Punkt folgt, dass für jede Näherungslösung eine Kontrolle der Ergebnisse unabdingbar ist. Da uns das exakte Ergebnis in der Regel naturgemäß nicht be-

kannt ist (darum ja die Näherungsrechnung), ist diese Kontrolle durch analytische Abschätzungen, Plausibilitätsbetrachtungen, Kontrollrechnungen mit vereinfachten Annahmen zu führen. Dies gilt in besonderem Maße für die hierzu immer effektvoll präsentierten Softwarelösungen.

8.8 Übungen

Hinweis: Zur Übung sollten die folgenden Aufgaben mit den verschiedenen, in diesem Kapitel gezeigten, Verfahren gelöst werden.

Aufgabe 8.8.1

Für den nach Bild A8.8.1 mit $F_1 = F_2 = 20\,\text{kN}$ und $q = 24\,\text{kN/m}$ belasteten Stahlträger ($E \cdot I = 2{,}1 \cdot 10^8\,\text{N} \cdot \text{cm}^2$), $l_1 = 2000\,\text{mm}$, $l_2 = 5000\,\text{mm}$, $l_3 = 3000\,\text{mm}$ sind die Durchbiegung und die Neigung des Trägers im Punkt C sowie die Neigungen in den Lagern A und B zu berechnen

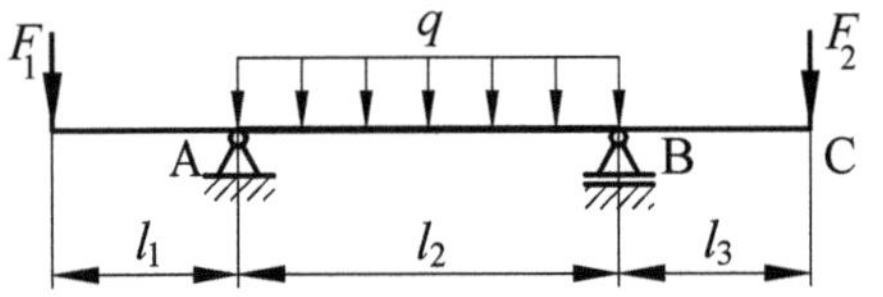

Bild A8.8.1: Träger auf zwei Stützen

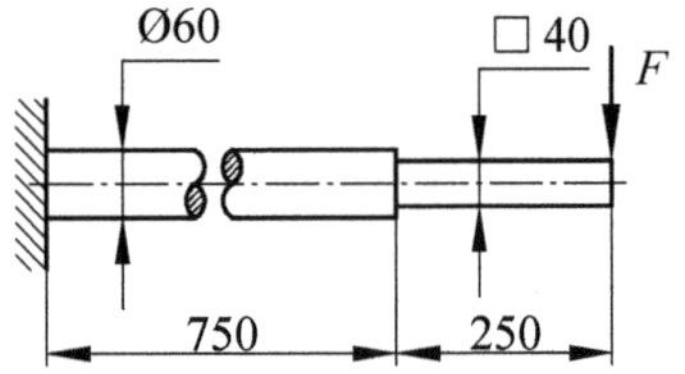

Bild A8.8.2: Achse

Aufgabe 8.8.2

Die auf Bild A8.8.2 gezeigte Achse aus C22 ($E = 2{,}1 \cdot 10^5\,\text{N/mm}^2$) wird durch eine Kraft von $F = 1{,}5\,\text{kN}$ belastet. Es ist die maximale Durchbiegung zu berechnen.

Aufgabe 8.8.3

Das Bild A8.8.3 zeigt das Belastungsschema eines Trägers I 340 DIN EN 10 024, Werkstoff S235JR. Für eine Belastung von $q = 18\,\text{kN/m}$ sind die Lagerreaktionen und die maximale Biegespannung zu berechnen.

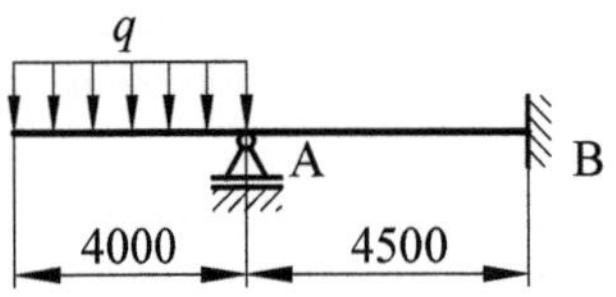

Bild A8.8.3: Kragträger mit Stütze

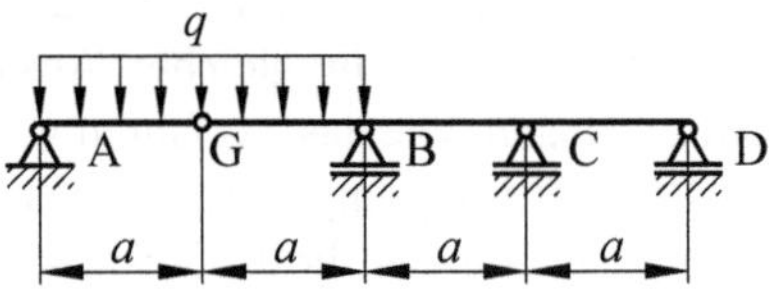

Bild A8.8.4: Gelenkträger

Aufgabe 8.8.4

Für den auf Bild 8.8.4 skizzierten Gelenkträger ($E \cdot I = \text{konst.}$) sind für eine Belastung von $q = 10\,\text{N/mm}$ die Stütz- und Gelenkkräfte sowie das maximale Biegemoment im Träger für $a = 2000\,\text{mm}$ zu berechnen.

Aufgabe 8.8.5

Für den nach Bild A8.8.5 belasteten Rahmen $(E \cdot I = \text{konst.})$ sind die Verschiebungskomponenten und der Verdrehwinkel im Punkt A zu berechnen.

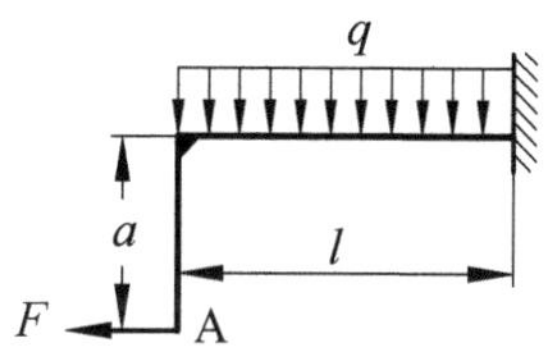

Bild A8.8.5: Rahmen

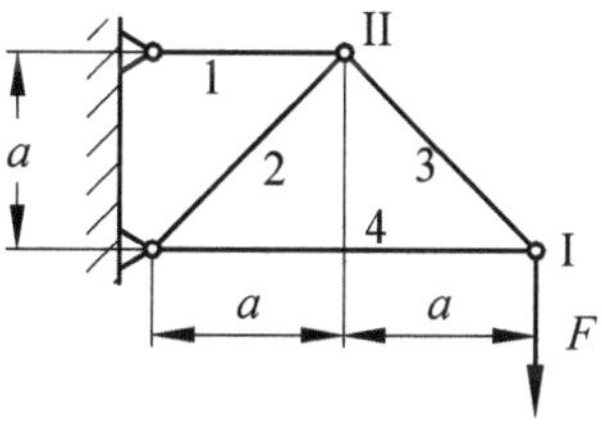

Bild A8.8.6: Fachwerk

Aufgabe 8.8.6

Für das nach Bild A8.8.6 belastete Fachwerk $(E \cdot A = \text{konst.})$ ist die vertikale Verschiebung des Knotenpunktes I zu berechnen (eine horizontale Verschiebungskomponente erhält man aus der Verlängerung des Stabes 1).

Aufgabe 8.8.7

Ein Viertelkreisbalken (Querschnitt $<< r_m$) mit der Biegesteifigkeit $E \cdot I = \text{konst.}$ und der Verdrehsteifigkeit $E \cdot I_t = \text{konst.}$ ist nach Bild A8.8.7 durch eine senkrecht auf der Ebene stehende Kraft F belastet. Es ist die Verschiebung in Lastrichtung zu berechnen.

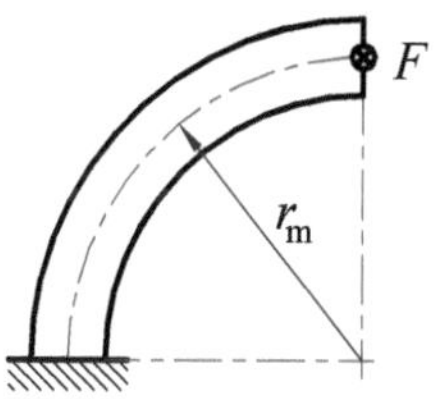

Bild A8.8.7: Viertelkreisbalken

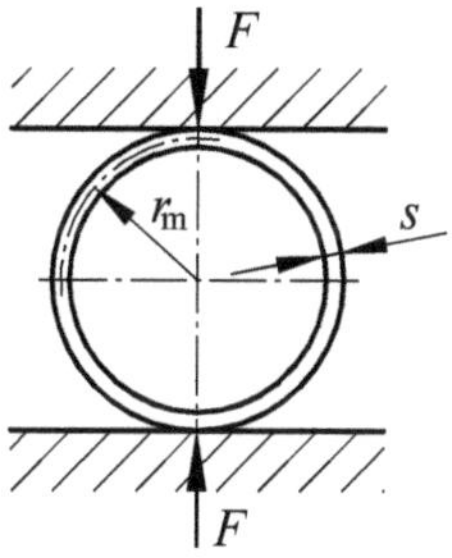

Bild A8.8.8: Dichtungsleiste

Aufgabe 8.8.8

Eine Dichtungsleiste mit Rohrquerschnitt (s $<< r_m$) wird nach Bild A8.8.8 durch die Vorspannkraft F belastet. Für die Biegesteifigkeit gilt $E \cdot I = \text{konst}$. Zur Bemessung der Nut, in die das Rohr eingelegt werden soll sind die Beträge der vertikalen und der horizontalen Verschiebung zu berechnen.

9 Anwendung der Finite-Elemente-Methode in der Strukturmechanik

9.1 Grundgedanke der Methode der finiten Elemente

Wir haben gelernt, dass es nicht möglich ist, die stark verknüpften Zusammenhänge der Festigkeitslehre als Ganzes zu erfassen, geschweige denn zu lösen. Ein Weg zur Lösung besteht in der *Diskretisierung*[95] , der Verwendung einer endlichen Zahl genau definierter Elemente des zu untersuchenden Systems. Das bezeichnet man dann als *diskretes Problem*.

Für die Fälle, in denen eine solche Diskretisierung des Problems nicht möglich ist, ist eine infinitesimale mathematische Betrachtung erforderlich. Dies führt i.A. auf Differentialgleichungen, d.h. auf eine unendliche Anzahl von unendlich kleinen Elementen. Das ist dann ein *stetiges* Problem, was in der Regel immer nur für stark vereinfachte Probleme exakt lösbar ist.

Im Lauf der Zeit sind von Mathematikern und Ingenieuren verschiedene Diskretisierungsverfahren mit dem Ziel die eingeschränkten Lösungsmöglichkeiten von Kontinuumsproblemen zu beheben, entwickelt worden. Bei diesen Approximationen[96], um die es sich dabei immer handelt, wird erwartet, dass sie mit zunehmender Verfeinerung gegen die exakte Lösung streben. Die daraus resultierenden großen Gleichungssysteme erfordern den Einsatz von moderner Rechentechnik.

Die mathematischen Grundlagen hierfür wurden bereits 1795 durch GAUSS[97] mit der Methode des gewichteten Residuums[98] und 75 Jahre später, 1870, durch RAYLEIGH mit dem Variationsverfahren gelegt.

Während Mathematiker in den 50er Jahren des 20. Jahrhunderts Verfahren entwickelt haben, die unmittelbar auf die Differentialgleichungen anwendbar sind, wie das Differenzenverfahren, die Methode des gewichteten Restes oder Näherungsverfahren zur Bestimmung des stationären Wertes von Funktionalen, war die Vorgehensweise der Ingenieure vorwiegend intuitiv. Die mathematische Begründung empirisch gefundener Lösungen erfolgte häufig erst im Nachgang.

In den frühen 40er Jahren des 20. Jahrhunderts wurden in der Festkörpermechanik durch die Anordnung einfacher elastischer Stäbe anstelle kleiner Bereiche eines Kontinuums durch HRENIKOFF[99] schon annehmbare Ergebnisse erzielt.

---

95 Diskret ‹lat.› *in der Physik*: von Gleichartigem getrennt.

96 Approximation ‹lat.›: Annäherung.

97 JOHANN CARL FRIEDRICH GAUSS, 1777–1855, deutscher Mathematiker, Astronom, Geodät und Physiker.

98 Residuum ‹lat.›: Rückstand, Überrest.

99 ALEXANDER HRENIKOFF, 1896–1984, russisch-kanadischer Bauingenieur, Mitbegründer der FEM.

Der Ansatz über kleine Teilbereiche, „Elemente“, zur Ersetzung der Kontinuumseigenschaften geht auf ARGYRIS, TURNER und CLOUGH zurück.

Auf der Grundlage der Matrizentheorie der Strukturmechanik entwickelte ARGYRIS[100] Ende der vierziger Jahren am Imperial College of Science and Technologie in London (und danach an der Universität Stuttgart) und unabhängig davon etwas später von TURNER und CLOUGH bei Boeing in Seattle, USA, Verfahren in Form der *Matrizenkraftmethode* für die Berechnung von Flugzeugrümpfen und der *Matrizenverschiebungsmethode* für die Analyse der damals neuen Pfeilflügel an Flugzeugen. Der Begriff „finites Element“ geht dabei auf eine Veröffentlichung aus dem Jahre 1960 von CLOUGH zurück.

In Deutschland wurde von 1963-1971 bei der Daimler-Benz AG in Stuttgart das selbst entwickelte FEM-Programm ESEM (Elastostatik-Element-Methode) – lange bevor die computerunterstützte Konstruktion (CAD) Anfang der 1980er Jahre ihren Einzug hielt – als das weltweit erste in der Industrie entwickelte FEM-Programm eingesetzt[101].

Das erste deutsche FEM-Lehrbuch von ZIMMER/GROTH: „Elementmethode der Elastostatik“ erschien 1970 im Oldenbourg Verlag /71/.

Die inzwischen übliche graphische Bildschirmunterstützung, die großen Anteil an der stürmischen Entwicklung der Methode hatte, war erst in den 1980er Jahren auf der Basis der CAD möglich.

Die Idee hinter der Methode der finiten Elemente ist das im Abschnitt 8.3.2 beschriebene Prinzip der virtuellen Verrückung. Der Grundgedanke besteht darin, dass die nicht exakt lösbaren Differentialgleichungen näherungsweise gelöst werden. Dazu wird – sehr vereinfachend beschrieben – der Körper in endlich kleine Elemente (*finite Elemente*) einfacher Form zerlegt (Diskretisierung) und nur in den Eckpunkten, den *Knoten*, wieder verbunden. Das Bild 9.1 zeigt am Beispiel eines Zahnrades ein FE-Netz aus zwei verschiedenen Volumen-Elementformen.

Die Belastung wird durch nur in den Knoten angreifende Kräfte, sog. *Knotenkräfte*, ersetzt.

Grund für die Zerlegung ist, dass das Verformungsverhalten $u_i = f(F_i)$ der einfachen Elemente durch einfache *Ansatzfunktionen* explizit oder näherungsweise beschrieben werden kann. Durch die Verknüpfungsbedingungen der Elemente an den Knoten wird die Gesamtsteifigkeit der Struktur aufgebaut und über die Verrückung jedes Einzelknotens die Gesamtverformung näherungsweise berechnet. Aus den Verrückungen lassen sich dann Verzerrungen und daraus über Materialgesetze die Spannungen ableiten.

Durch die Berechnung in den Knoten muss man anstelle der Differentialgleichung nur ein System algebraischer Gleichungen lösen, das allerdings sehr umfangreich werden kann.

Aufgrund der Zerlegung des zu berechnenden Kontinuums in eine oft sehr große Anzahl von Elementen und damit noch größerer Anzahl von Gleichungen ist dieses Verfahren nur mit leistungsfähiger Rechentechnik realisierbar.

---

[100] JOHN HADJI ARGYRIS, 1913–2004, griechischer Bauingenieur, Mitbegründer der FEM.

[101] Nach /29/.

So war denn auch der Fortschritt der FEM in den sechziger Jahren des vorigen Jahrhunderts stets vom Entwicklungsfortschritt der Rechentechnik bestimmt; ARGYRIS: „The Computer shapes the theory“[102].

a) Vernetzung mit Tetraederelementen b) Vernetzung mit Hexaederelementen

Bild 9.1: Finite-Elemente-Netz am Beispiel eines Zahnrades

Aus der oben beschriebenen Diskretisierung folgt, dass wir es nicht mehr mit einem Kontinuum zu tun haben, sondern mit einem Modell mit endlich vielen Freiheitsgraden. Das bedeutet dann, dass sich auf diese Weise die Differentialgleichungen nicht exakt lösen lassen und dass das Ergebnis der FE-Rechnung keine exakte Lösung des Problems darstellt. Die Lösungen sind nicht nur ungenau im Sinne der Abweichungen vom exakten Ergebnis; es lassen sich sogar durch den (unerfahrenen) Anwender auch widersinnige Ergebnisse „produzieren“.

Eine Verifizierung der gefundenen Lösung ist somit immer unverzichtbar!

Die „Elemente“, die das Verschiebungsverhalten der Knoten beschreiben, sind keine körperlichen Elemente, sondern mathematische Beziehungen. Da sich jede Funktion in eine TAYLOR-Reihe entwickeln lässt, also

$$u(x) = u(0) + u'(0) \cdot x + u''(0) \cdot \frac{x^2}{2!} + u'''(0) \cdot \frac{x^3}{3!} + \cdots, \qquad (9.1)$$

ist sie in erster Näherung als Polynom darstellbar. Die erforderlichen Ansatzfunktionen findet man auf der Grundlage eines Näherungsansatzes (meist RITZ-Verfahren; siehe Abschnitt 8.7.2, oder auch das Verfahren von GALERKIN) für eine Funktion, die man gar nicht kennt.

Das Vorgehen nach RITZ – noch einmal kurz zusammengefasst – besteht darin, das Extremum für einen beliebig genauen Näherungsansatz

102 /1/: Prolegomena, S. XII.

$$w(x) \approx \widetilde{w}(x) = \sum_{i=1}^{n} a_{\mathrm{i}} \cdot w_{\mathrm{i}}(x)$$

mit n Vergleichsfunktionen $w_{\mathrm{i}}(x)$ und unbestimmten Koeffizienten a_{i} in der Form gewählt, zu bilden. Dabei müssen die bekannten Ortsfunktionen $w_{\mathrm{i}}(x)$ nur die geometrischen Randbedingungen jede für sich allein erfüllen, so dass auch $\widetilde{w}(x)$ den geometrischen Randbedingungen genügt.

Die RITZ-Koeffizienten a_{i} sind unbekannte Konstanten, die durch Extremwertbildung des Energiefunktionals Π zu bestimmen sind. In diesem Fall ist die virtuelle Arbeit, hervorgerufen durch eine virtuelle Änderung δa_{i} der Koeffizienten,

$$\delta\Pi = \frac{\partial\Pi}{\partial a_1} \cdot \delta a_1 + \frac{\partial\Pi}{\partial a_2} \cdot \delta a_2 + \cdots + \frac{\partial\Pi}{\partial a_{\mathrm{n}}} \cdot \delta a_{\mathrm{n}} = 0 .$$

Daraus erhalten wir mit der virtuellen Änderung $\delta a_{\mathrm{i}} = 1$ die Bestimmungsgleichungen für die freien Koeffizienten a_{i}. Aus der Bedingung

$$\Pi = \frac{\partial\Pi}{\partial a_i} = 0$$

entsteht ein lineares (meist sehr großes) Gleichungssystem in Matrixform mit n Gleichungen für die n Koeffizienten a_i. Mit der Anzahl von Ansatzfunktionen erhöht sich die Wahrscheinlichkeit eine gute Näherung zu finden, zumal untaugliche Funktionen durch das Verfahren ausgefiltert werden.

Beim klassischen RITZ-Verfahren erstrecken sich die Ansatzfunktionen über das gesamte Tragwerk (*globale Ansatzfunktionen*). Weil die Entwicklung von Ansatzfunktionen sehr mühsam werden kann, beschränkt man sich meist auf nur wenige Funktionen. Bei der Finite-Elemente-Methode hingegen ist durch die Diskretisierung eine Vergrößerung der Anzahl der Ansatzfunktionen (*lokale Ansatzfunktionen*) völlig unproblematisch. Durch die elementweise Anwendung in der Finite-Elemente-Methode kann das RITZ-Verfahren auch bei komplizierten Geometrien mehrdimensionaler Gebiete eingesetzt werden.

Die Annäherung an ein exaktes Ergebnis gelingt umso besser, je kleiner (aber nicht unendlich klein) das gewählte Element wird. Damit wird aber auch die Anzahl der Elemente, die das Bauteilverhalten beschreiben sollen, größer. Das bedeutet dann, daß auch das zu lösende algebraische Gleichungssystem größer wird, was die Rechenzeit erhöht.

Eine weitere bestimmende Einflussgröße auf die Qualität des Ergebnisses ist der gewählte mathematische Lösungsansatz zur Beschreibung der unbekannten Knotenverschiebung.

Wird entsprechend

$$f(x) = a_0 + a_1 \cdot x + a_2 \cdot x^2 + \cdots + a_n \cdot x^n \qquad (9.2)$$

z.B. ein quadratischer Ansatz ($n = 2$) gewählt, wird – bei gleichen Elementzahlen – die Ergebnisgenauigkeit meist größer. Man spricht dann von einem quadratischen Element. Mit steigenden Potenzen für den Polynomansatz erhöht sich aber auch die Rechenzeit überproportional. Hier muss der Anwender einen Kompromiss aus der Elementgröße (Netzfeinheit) und Potenz der Ansatzfunktionen (Elementauswahl) je nach Aufgabenstellung suchen.

Die Methode der finiten Elemente ist heute Standard in den Ingenieurbüros. Mit dem großen Erfolg dieser für nahezu alle physikalischen Anwendungen einzusetzenden Methode kam auch die Kritik darüber, dass die Methode zunehmend unkritisch eingesetzt wird und die Ergebnisse nicht hinterfragt werden. Oft sind es die fehlenden Grundkenntnisse der Anwender – befördert auch durch Softwareanbieter, die uns glauben machen wollen, dass die Anwendung dieser Programme spielend leicht sei – und der Glauben der Nutzer, dass die Beherrschung der Benutzeroberfläche das Wichtigste für die Anwendung des Verfahrens sei.

Grundsätzlich muss der Anwender in der Lage sein, die mit der komplexen (nicht billigen und wohl auch nie fehlerfreien) Software erzielten Ergebnisse abzuschätzen. Dazu sind Grundkenntnisse vonnöten, die ihn nicht zum Sklaven der Ergebnisse der Computerrechnung machen. Der „Versuchung" den Computerergebnissen mehr zu trauen, als den Ergebnissen der Handrechnung, erliegen Anwender, die die Berechnungen selber führen können, in der Regel seltener.

Der Anwender, der die Finite-Elemente-Methode lediglich als ein „Black-Box-Softwarepaket" nutzen will, läuft Gefahr, dass er unbemerkt das Anwendungsgebiet der Methode verlässt und unkritisch fragwürdige Ergebnisse akzeptiert.

Bei der Methode der finiten Elemente handelt es sich um ein Näherungsverfahren, das wesentlich von der Qualität der verwendeten Elemente und der vom Bearbeiter vorgenommenen geometrischen Diskretisierung abhängt. Dabei liefert das Verfahren, das als ein Fehlerausgleichsverfahren zwischen exakter Lösung und Näherungslösung zu verstehen ist, Ergebnisse mit fehlerglättender Tendenz.

Erst ein Verständnis für die Grundlagen der Methode und das vorhandene Grundverständnis für das zu lösenden Problem, welches die FEM nicht liefern kann, ist die Voraussetzung für den sinnvollen Einsatz der FE-Programme, der Bewertung der Ergebnisse und dem souveränen Umgang mit dieser „Wunderwaffe der Technik"[103].

9.2 Prinzipieller Aufbau eines Finite-Elemente-Programms

Unabhängig von einem konkreten Programmpaket sind die meisten FE-Programme in der Regel modular aufgebaut: Modellieren – Berechnen – Ergebnisdarstellung.

Preprozessor ⟹ Solver ⟹ Postprozessor

- **Preprozessor:** Modul zur Erstellung des FE-Modells: Geometrie, Netz, Randbedingungen, Werkstoffeigenschaften,
- **Solver:** Modul zur Berechnung des FE-Modells: Gleichungslöser
- **Postprozessor:** Modul zur Darstellung und Auswertung der FE-Analyseergebnisse: Verformungen, Spannungen

---

[103] MATTHECK, C.: „Design in der Natur", Freiburg, Rombach Verlag, 2006.

Die Stellung einer FE-Analyse im Entwicklungsprozess ist in der Übersicht 9.1, dargestellt:

Übersicht 9.1: Einordnung der FE-Rechnung in den Konstruktionsprozess

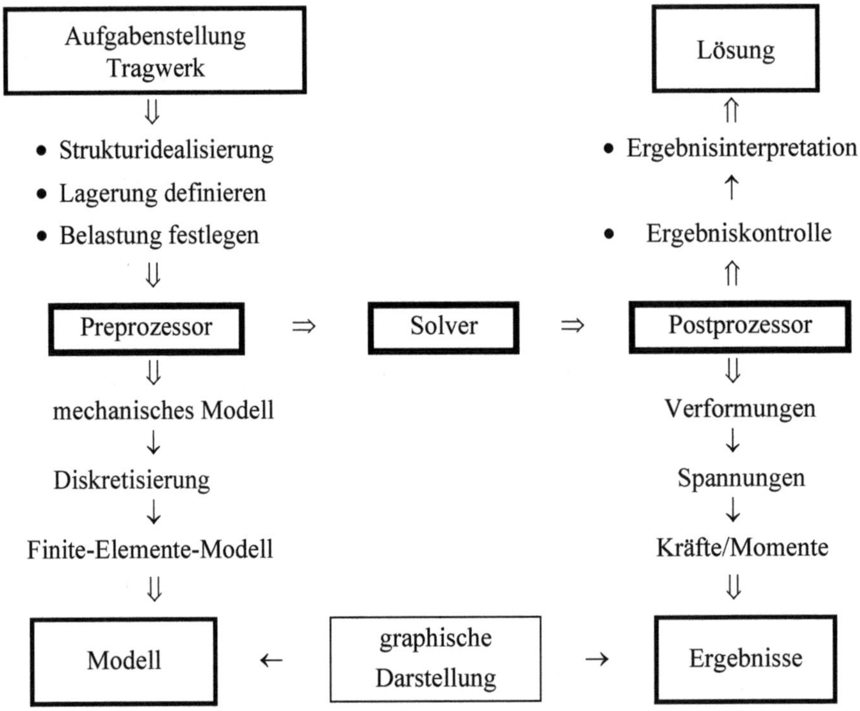

9.3 Allgemeine Vorgehensweise

Nach der Prinzipdarstellung im vorigen Abschnitt soll das Problem der Diskretisierung eines Tragwerkes mit den Worten des Urvaters der Beschreibung dieser Methode, „OLEK" ZIENKIEWICZ[104], erläutert werden:

„a) Das Kontinuum wird durch gedachte Linien oder Flächen in eine Anzahl ‚finiter Elemente' zerlegt.

b) Dabei wird angenommen, daß die Elemente durch eine bestimmte Anzahl von Knotenpunkten – angeordnet an den Elementrändern – untereinander verbunden sind. ... (es) werden ... die Verschiebungen der Knotenpunkte als die grundlegenden unbekannten Größen des Systems aufgefasst.

c) Der Verschiebungszustand innerhalb jedes ‚finiten Elementes' wird mit Hilfe eines Systems gewählter Funktionen in Abhängigkeit von den Knotenpunktverschiebungen eindeutig festgelegt.

---

104 OLGIERD CECIL ZIENKIEWICZ, 1921–2009, polnisch-brititischer Mathematiker und Ingenieur, Pionier der FEM, schrieb 1967 mit Y. K. CHEUNG das erste Lehrbuch zur Methode: „The Finite Element Method in Structural and Continuum Mechanics".

d) Durch diese Verschiebungsfunktionen ist auch der Verzerrungszustand im Inneren eines Elementes eindeutig in Abhängigkeit von den Knotenpunktverschiebungen bestimmt. Aus diesen Verzerrungen kann unter Beachtung eventuell vorhandener Anfangsverzerrungen mit dem Stoffgesetz des Materials die Spannungsverteilung im gesamten Element und damit auch an dessen Rändern ermittelt werden.

e) Es wird ein System von Knotenkräften bestimmt, das im Gleichgewicht mit den Oberflächen- und Volumenkräften steht und als ‚Ersatzbelastung' fungiert. ...“[105]

Die erforderliche Umsetzung mit Hilfe der FE-Software wird nachfolgend beschrieben.

Auch wenn die Handhabung dieser Softwarepakete im Laufe der Jahre einfacher geworden ist, benötigt der Anwender gesichertes Grundwissen über die theoretischen Zusammenhänge, da die ingenieurmäßige Aufgabenstellung in der Überführung einer realen Struktur in ein FE-Modell besteht. Auch und gerade hier gilt in besonderem Maße, dass die Ergebnisse der Rechnung nur so gut sein können, wie das vom Bearbeiter der Aufgabenstellung zugrunde gelegte Modell.

Jede FE-Analyse ist eine Simulation des realen Tragwerkverhaltens anhand eines virtuellen Modells. Die Methode selbst ist eine generelle Approximationsmethode zur numerischen Lösung von partiellen Differentialgleichungen und die Solver der FE-Programme arbeiten auf dieser Grundlage.

Der Anwender ist erst wieder nach der Rechnung, wenn es um die Plausibilitätsprüfung der Ergebnisse, die Übertragung auf das reale Bauteil und die sich daraus ergebenden Interpretationen mit Schlussfolgerungen geht, gefragt.

Die nachfolgende Kurzbeschreibung des methodischen Vorgehens nach der Verschiebungsmethode zur Lösung einer technischen Aufgabenstellung soll das Verständnis dieser Berechnungsmethode fördern und ist nicht als Ersatz für die meist mehrere Ordner füllenden Anleitungen der Programmanbieter gedacht. Die Arbeitsschritte entsprechen übrigens weitgehend der Vorgehensweise, die dem Ingenieur ohnehin bei seiner Arbeit vertraut ist:

- ***Bearbeiter*: Bauteil freischneiden – Systemgrenzen bestimmen**
  Genau wie bei dem aus der Statik bekannten „Freischneiden“ wird das zu untersuchende Bauteil aus seiner Umgebung gedanklich herausgeschnitten und die gelösten Bindungen durch entsprechende Randbedingungen – Lager oder Lasten – ersetzt.
- **Festlegen des Finite-Elemente-Modells**
  Finite-Elemente-Programme bieten je nach Anbieter Elementkataloge mit einer Vielzahl von Elementtypen an. Für die mechanische Strukturanalyse stehen Linien-, Flächen- und Volumenelemente für die Vernetzung zur Auswahl.
- **PREPROZESSOR: Erstellen eines Geometriemodells**

  Die Modellierung basiert meist entweder auf einer in das FE-Programm eingelesenen CAD-Geometrie oder einer im Preprozessor direkt erzeugten Geometrie. Durch die Wahl des Elementtyps wird zwangsläufig auch der Typ des Geometriemodells festgelegt. Es ist dabei zweckmäßig die Geometrie in leicht elementierbare Makroelemente zu unterteilen.

[105] /70/, S. 38.

- **Vernetzung (Diskretisierung)**
  Die Vernetzung – die Anzahl und die Verteilung der Elemente – hat einen entscheidenden Einfluss auf die Ergebnisgenauigkeit der FE-Analyse. Dabei existieren die Möglichkeiten
  - Vernetzung von Hand (einfache Probleme)
  - Vernetzung mit dem Vernetzer (automatische Vernetzung).

  Große FE-Programme bieten viele Steuerungs- und Korrekturmöglichkeiten für den Vernetzer zur Erzielung eines optimalen Netzes.

- **Idealisierte Lagerbedingungen definieren**
  Die Formulierung der Lagerbedingungen sind die Fesselung von maximal sechs *Knotenfreiheitsgraden* (drei Verschiebungen, drei Verdrehungen) der Schnittstellen des Modells. Auch die Lagerbedingungen sind von großer Bedeutung für das Analyseergebnis. Sie müssen die Bewegungsmöglichkeiten, ihre Sperrungen und die möglichen Verformungen des realen Bauteils möglichst genau wiedergeben. Fehler, die hier gemacht werden, können u.U. zu völlig unbrauchbaren Ergebnissen führen.
  Es ist darauf hinzuweisen, dass statisch *unterbestimmte* Systeme vom Solver nicht gelöst werden können, da das Simulationsmodell im Raum nicht eindeutig fixiert ist. Statisch *überbestimmte* Systeme stellen kein zusätzliches Problem dar. Die Begründung dafür wird mit den folgenden Abschnitten deutlich werden.

- **Idealisierte Lasten aufbringen**
  Die meist am Geometriemodell aufgebrachten Lasten werden vom Programm auf die Knoten übertragen. Als mechanische Lasten stehen Punktlasten, Linienlasten, Drücke, Volumenkräfte und Einzelmomente zur Verfügung.
  Zu beachten ist, dass die auf einen Knoten wirkenden Punktlasten (so auch die Lagerkräfte) auf Singularitäten bei der Spannungsdarstellung mit Spannungskonzentrationen führen, die in der Praxis bei einer immer durch eine reale Fläche übertragenen Last so nicht vorkommen können. In diesem Zusammenhang ist zu beachten, dass auch Linienlasten, Drücke und auch Volumenkräfte auf einzelne Knoten verteilte Einzellasten sind, was bei einer groben Vernetzung zu ungleichen Spannungsverteilungen führen kann.
  Es ist bei der Modellierung und der Auswertung zu beachten, dass ein FE-Modell kein Kontinuum ist.
  Auf besondere Möglichkeiten der Lasteinleitung und -übertragung, wie sie z.B. bei Kontaktproblemen auftreten, sei auf die Bedienungsanleitungen (Elementkatalog) der speziellen Programme verwiesen.
  Sehr vorteilhaft für die Simulation verschiedenster Belastungsannahmen in der Projektphase ist die Eingabemöglichkeit verschiedener „Lastfälle" (gemeint sind mit dieser Bezeichnung Belastungsfälle und nicht die zeitabhängige Belastung, die durch die Lastfälle üblicherweise beschrieben wird). Damit können schon am Computer Bauteile oder ganze Konstruktionen – bevor sie existieren – simulierend auf ihr Verhalten unter verschiedenen Belastungssituationen vergleichend untersucht werden. Das bedeutet in vielen Fällen teure Versuche effektiver vorzubereiten (z.B. Crashversuche der Automobilindustrie) oder sie auch zu ersetzen.

- **Werkstoffdaten definieren**
  Für die Verformungs- und Spannungsberechnung durch das FE-Programm werden für lineare Strukturanalysen nur der Elastizitätsmodul E und die Querkontraktionszahl ν benötigt, im Falle der Berücksichtigung von Beschleunigungskräften ist auch noch die Dichte ρ des Werkstoffs einzugeben. Da das Programm i.d.R. keine Spannungsanalyse durchführt, werden keine Festigkeitskennwerte des Werkstoffs benötigt.
  Für die Simulation von nichtlinearem Werkstoffverhalten muss eine (den Spezialisten vorbehaltene) umfangreiche nichtlineare Berechnung durchgeführt werden. Hierfür sind dann – neben der Erfahrung des Bearbeiters – entsprechende spezielle Angaben zum Werkstoffgesetz und spezielle Elementtypen sowie entsprechende Lösungsalgorithmen erforderlich.
- **SOLVER: Berechnung**
  Der Ablauf der Berechnung erfolgt in folgenden Schritten (siehe dazu auch die folgenden Abschnitte)
  - Erstellen der Elementsteifigkeitsmatrizen
  - Erstellen der Gesamtsteifigkeitsmatrix
  - Aufstellen des Gleichungssystems mit Lastvektor und Randbedingungen
  - Auflösung des Gleichungssystems nach den Verschiebungen und Verdrehungen
  - Berechnung der Verzerrungen
  - Berechnung der Spannungen
  - Berechnung der Kräfte
- **POSTPROZESSOR: Ergebnisse**
  Bei den meisten Programmen kann man sich alle Ergebnisse in Listen ausgeben lassen, was für die Auswertung ausgewählter Bereiche (z.B. Lagerknoten, Werte im Kerbgrund) sinnvoll ist. Gewöhnlich liegt das Hauptinteresse bei der Strukturanalyse auf den Spannungen, die aus den Verformungen berechnet werden. Hier ist das Auswerten von Listen mit einer Vielzahl von Spannungspunkten mit je sechs Spannungswerten (sog. *Koordinatenspannungen*) nicht mehr realisierbar, so dass die Auswertung als
  - Farbflächen gleicher Spannung oder Verformung
  - Linien gleicher Spannung oder Verformung (Isoklinen)
  - Vektordarstellung (Pfeile entsprechender Länge und Richtung)
  - Diagramme
  - kombinierte Darstellungen (häufig Spannungen auf dem verformten Bauteil)
  - Animation (z.B. simulierte Verformungsbewegung des Bauteils unter der Last)

  vorgenommen werden kann. Zudem werden vom Solver die drei Hauptspannungen sowie die Vergleichsspannungen nach verschiedenen Bruchhypothesen berechnet. Je nach Analyseart lassen sich natürlich auch weitere Berechnungen, wie zeitliche Verläufe, Konvergenzverhalten, Fehlerberechnungen etc. führen.

  Bei den vielen Darstellungsmöglichkeiten, beispielsweise der Spannungen, ist darauf hinzuweisen, dass das vielfach praktizierte Verschmieren der Spannungsgrenzen über die Elementgrenzen hinaus zwar „schön" aussieht, damit aber der Umstand, dass FE-Ergebnisse **immer** diskret sind, verschleiert wird. Schlimmer noch: Es werden dafür Mittelwerte aus mehreren punktweise gerechneten Spannungen mit Interpolations- oder Approximationsfunktionen gebildet (und als exakte Mathematik „verkauft"). Das kann u.U. sogar zu falschen Spannungsergebnissen aus richtig gerechneten Verschiebungen führen. Ausführlicheres hierzu im Abschnitt 9.5.3 mit den Bildern 9.26 und 9.27.

- ***Bearbeiter*: Ergebnisbeurteilung**
Die Darstellung der Ergebnisse ist noch keine Bewertung. Wie schon eingangs und an mehreren Stellen erwähnt, ist eine Überprüfung unverzichtbar. Möglichkeiten hierfür sind:
  - Kontrolle durch das FE-Programm: Hier handelt es sich im Wesentlichen um Modellkontrollen, die das Programm durchführt und bei denen grobe Fehler erkannt werden. Idealisierungsfehler wie Geometrievereinfachungen oder Festlegungen zu Elementen und Randbedingungen sind so aber nicht erfassbar. Falsche Zahleneingaben ohnehin nicht.
  - Plausibilitätskontrolle: Die Überprüfung mit dem „Ingenieurverstand" setzt eine gewisse Berufserfahrung voraus und hat ihre Grenzen bei konkreten Spannungswerten. Art und Größenordnungen von Verformungen sind hingegen oft gut zu beurteilen.
  - Vergleich mit ähnlichen Problemen: Auf diese Weise meist ist nur eine grobe Plausibilitätsuntersuchung möglich.
  - Überschlagsrechnung: An ausgewählten Stellen mit einfacher Belastung oder einer vereinfachenden Modellannahme (Vorsicht) kann eine überschlägige Berechnung der Nennspannungen geführt werden. Zu beachten ist, dass die Abweichungen umso größer werden, je stärker die Vereinfachung ist und dass eine konventionelle Nachrechnung an vielen Stellen komplexer Bauteile gar nicht möglich ist.
  - Grenzwertbetrachtungen: Auch dieses Vorgehen erfordert Berufserfahrungen und liefert keine konkreten Aussagen zu den Spannungswerten.
  - Vergleich unterschiedlicher Modelle: Mit dem Vergleich unterschiedlich stark vereinfachter Modelle (z.B. Elementtypen mit unterschiedlichem Näherungsansatz, Vernetzungsfeinheit) lässt sich recht gut das grundsätzliche Verhalten überprüfen. Kritische Bereiche (Kerben, Übergänge, komplizierte Formen etc.) lassen sich aber so nicht verifizieren.
  - Parallele Berechnung: Wegen des großen Kosten- und Zeitaufwandes ist diese Möglichkeit der Kontrolle durch einen zweiten Berechnungsingenieur mit einem anderen FE-Programm – wenn überhaupt möglich – nur für wichtige Aufgaben mit weit reichenden Folgen (Stückzahlen, Kosten, Termine) sinnvoll.
  - Praktische Messung : Wenn überhaupt schon ein Prototyp zur Verfügung steht, ist dies die zuverlässigste aber – wenn es sich nicht um die Erfassung statischer Verformungswerte handelt – eine zeitaufwendige und oft sehr teure Kontrollmöglichkeit (z.B. Betriebsfestigkeitsuntersuchungen).

- **Ergebnisbewertung**
Entscheidend für die Beurteilung der Gebrauchseigenschaften (Haltbarkeit, Betriebssicherheit) der Bauteile ist die Bewertung der errechneten Größen anhand zulässiger Werte. Diese Werte werden aus den Festigkeitsangaben der Werkstoffe und aus den Betriebsbedingungen (zulässige Spannungen, Sicherheiten) entnommen bzw. aus funktionalen Forderungen (zulässige Verformungen) definiert.

9.4 Die Matrix-Steifigkeitsmethode

9.4.1 Allgemeines

Bei der Berechnung komplizierter Strukturen entstehen umfangreiche Gleichungssysteme mit einer sehr großen Anzahl von Unbekannten. Diese kann man in der Matrixform sehr kompakt und übersichtlich darstellen. Da sie sich auch besonders gut zur numerischen Behandlung in elektronischen Rechenanlagen eignen, ist ihre Anwendung als Vorstufe und Teilbereich der Finite-Elemente-Methode folgerichtig.

Für einfache Probleme erscheint die Matrixmethode im Vergleich zu den klassischen Methoden umständlich. Ihre Vorteile zeigen sich erst für komplizierte Probleme z.B. in der Luft- und Raumfahrt, dem Schiff- oder Fahrzeugbau, für die diese Methode – in Verbindung mit der entsprechenden Rechentechnik und leistungsfähiger Software – unverzichtbar ist.

Man unterscheidet *Kraftmethoden* (statische Methoden) und *Verschiebungsmethoden* (kinematische Methoden) – siehe auch 8. Kapitel. Die Verschiebungsmethode, die auch als *Steifigkeitsmethode* bezeichnet wird, wird heute bevorzugt benutzt. Daher beziehen sich die folgenden Ausführungen ausschließlich auf diese Methode.

Die *Matrix-Steifigkeitsmethode*, von HRENIKOFF 1941 zur Berechnung hochgradig unbestimmter Fachwerksysteme entwickelt, kann als Ausgangspunkt der Finite-Elemente-Methode betrachtet werden. Sie ist ein guter Einstieg für das Verständnis, weil der ablaufende Formalismus dem der der Finite-Elemente-Methode völlig identisch ist.

9.4.2 Stab in Lokalkoordinaten

Die Demonstration dieser Methode soll an einem einfachen, leicht nachvollziehbaren Beispiel, dessen Lösung sich mit herkömmlichen Lösungsverfahren leichter finden lässt, erfolgen. Die Wahl elementarer Beispiele ermöglicht uns die einzelnen Schritte ingenieurmäßig interpretieren zu können. Dieser Vorteil ist bei komplexen Problemen in der Regel nicht mehr gegeben.

Bei angenommenen kleinen Verformungen und vorausgesetztem linearen Werkstoffverhalten werden die Verschiebungen als grundlegende Unbekannte eingeführt.

Beispiel 9.1

Für den auf Bild 9.2 dargestellten Druckstab mit stückweise konstantem Querschnitt, der durch die beiden Kräfte F_1 und F_2 zentrisch belastet wird, sind die Verschiebungen der Kraftangriffspunkte und die Kraft an der Einspannstelle für die folgenden Angaben zu berechnen: $A_2 / A_1 = 2$; $F_1 = F$, $F_2 = 2 \cdot F$, $l_1 = l_2 = l$.

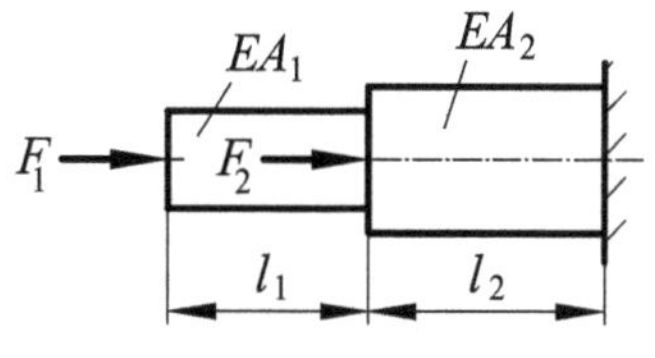

Bild 9.2: Belasteter Druckstab

Lösung:

Wir führen den Berechnungsablauf zunächst allgemein, analog einer FE-Rechnung. Unter Beachtung der Belastung und der Geometrie ergeben sich zwei Bereiche. Ein Stabelement repräsentiert dabei jeweils ein eindimensionales finites Element. Die Schnittkräfte F_{Si} und

Verschiebungen u_{Si} an den Rändern des Elementes e (immer positiv in Richtung der Lokalkoordinate s angetragen) sind aus Bild 9.3 zu ersehen.

An den Verbindungsstellen zwischen den Elementen, den Knoten (Bild 9.4), greifen innere Knotenkräfte F_{Si} und äußere Knotenkräfte F_i an. Als Stützkräfte sind die äußeren Knotenkräfte unbekannt; als Belastung stets vorgegeben.

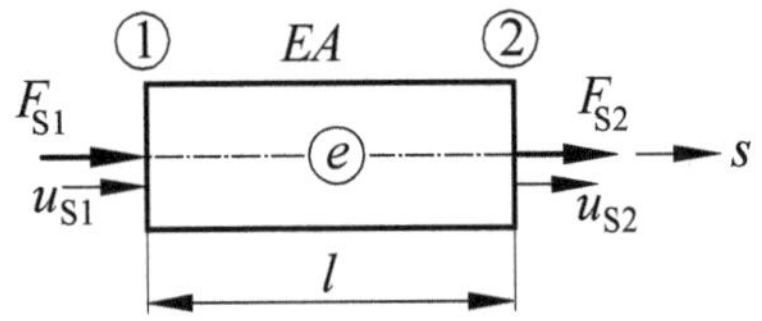

Bild 9.3: Kräfte und Verschiebungen am Stabelement

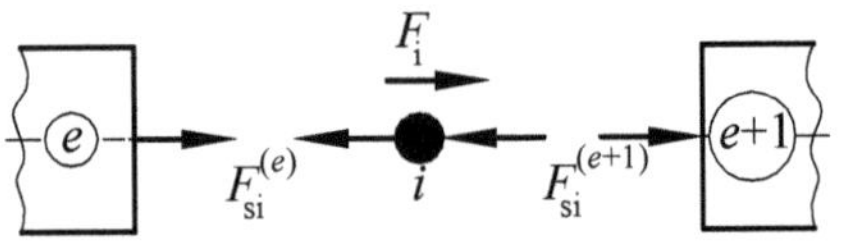

Bild 9.4: Kräfte am Knoten

Die beiden Knoten des Elementes nach Bild 9.3 können die Knotenverschiebungen u_{s1} und u_{s2} ausführen. Mit diesen Knotenwerten folgt für das Element e unter Verwendung des HOOKEschen Gesetzes die Knotenkraft

$$F_{S2}^{(e)} = (u_{S2} - u_{S1}) \cdot \frac{(E \cdot A)^{(e)}}{l^{(e)}} = (u_{S2} - u_{S1}) \cdot k^{(e)} .$$

Mit der Gleichgewichtsbedingung $F_{S1}^{(e)} + F_{S2}^{(e)} = 0$

wird $F_{S1}^{(e)} = (u_{S1} - u_{S2}) \cdot \dfrac{(E \cdot A)^{(e)}}{l^{(e)}} = (u_{S1} - u_{S2}) \cdot k^{(e)}$.

Damit können wir den Zusammenhang zwischen Belastung und Verschiebung am finiten Element in der *lokalen Finite-Elemente-Gleichung* bzw. *Elementgleichung*

$$\begin{bmatrix} F_{S1} \\ F_{S2} \end{bmatrix} = \frac{E \cdot A}{l} \cdot \begin{bmatrix} 1 & -1 \\ -1 & 1 \end{bmatrix} \cdot \begin{bmatrix} u_{S1} \\ u_{S2} \end{bmatrix} = \begin{bmatrix} k_{11} & k_{12} \\ k_{21} & k_{22} \end{bmatrix} \cdot \begin{bmatrix} u_{S1} \\ u_{S2} \end{bmatrix} \tag{9.3a}$$

bzw.

$$\underline{f} = \underline{\underline{k}} \cdot \underline{u}_S \tag{9.3b.}$$

angeben. Darin ist $\underline{f}$ der *Elementkraftvektor*, $\underline{u}_S$ *der Elementknotenvektor* und

$$\underline{\underline{k}} = \begin{bmatrix} k_{11} & k_{12} \\ k_{21} & k_{22} \end{bmatrix} = \frac{E \cdot A}{l} \cdot \begin{bmatrix} 1 & -1 \\ -1 & 1 \end{bmatrix} = k \cdot \begin{bmatrix} 1 & -1 \\ -1 & 1 \end{bmatrix} \tag{9.4}$$

die Elementsteifigkeitsmatrix (Federkonstante) in lokalen Koordinaten. Diese Rechteckmatrix ist symmetrisch.

Die Gleichgewichtsbedingung am Knoten i lautet mit Bild 9.4

$$F_i - F_{Si}^{(e)} - F_{Si}^{(e+1)} = 0$$

oder

$$F_i = F_{Si}^{(e)} + F_{Si}^{(e+1)} . \qquad (9.5)$$

Die Aufteilung in Elemente und Knoten für das Beispiel zeigt Bild 9.5. Dabei sind die äußeren Kräfte an den Knoten in Richtung der Lokalkoordinate s angetragen.

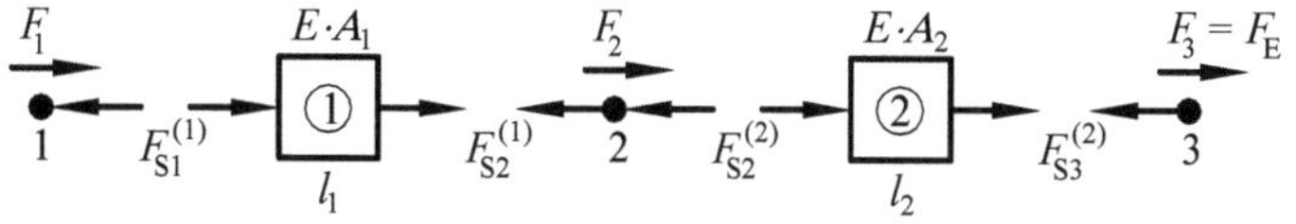

Bild 9.5: Aufteilung in Elemente und Knoten

Wir schreiben die Gleichungen der Elemente gemäß Gl. (9.3a) auf:

Element 1:
$$\begin{bmatrix} F_{S1} \\ F_{S2} \end{bmatrix} = \begin{bmatrix} k_{11}^{(1)} & k_{12}^{(1)} \\ k_{21}^{(1)} & k_{22}^{(1)} \end{bmatrix} \cdot \begin{bmatrix} u_{S1} \\ u_{S2} \end{bmatrix} = k_1 \cdot \begin{bmatrix} 1 & -1 \\ -1 & 1 \end{bmatrix} \cdot \begin{bmatrix} u_{S1} \\ u_{S2} \end{bmatrix}$$

Element 2:
$$\begin{bmatrix} F_{S2} \\ F_{S3} \end{bmatrix} = \begin{bmatrix} k_{11}^{(2)} & k_{12}^{(2)} \\ k_{21}^{(2)} & k_{22}^{(2)} \end{bmatrix} \cdot \begin{bmatrix} u_{S2} \\ u_{S3} \end{bmatrix} = k_2 \cdot \begin{bmatrix} 1 & -1 \\ -1 & 1 \end{bmatrix} \cdot \begin{bmatrix} u_{S2} \\ u_{S3} \end{bmatrix} .$$

Die Matrizen $\underline{\underline{k}}^{(e)}$ sind zwar derselben Ordnung, verknüpfen aber verschiedene Sätze von Kräften und Verschiebungen.

Mit Gl. (9.5) formulieren wir die Gleichungen der Knoten:

Knoten 1: $F_1 = F_{S1}^{(1)}$

Knoten 2: $F_2 = F_{S2}^{(1)} + F_{S2}^{(2)}$

Knoten 3: $F_3 = F_{S3}^{(2)}$.

Die Elementgleichungen in die Knotenbeziehungen eingesetzt ergibt das folgende lineare Gleichungssystem:

$$F_1 = k_1 \cdot u_{S1} - k_1 \cdot u_{S2}$$

$$F_2 = k_1 \cdot u_{S1} + k_1 \cdot u_{S2} + k_2 \cdot u_{S2} - k_2 \cdot u_{S3}$$

$$F_3 = k_2 \cdot u_{S2} + k_2 \cdot u_{S3} .$$

In der Matrixschreibweise zusammengefasst, erhalten wir den Systemzusammenhang

$$\begin{bmatrix} F_1 \\ F_2 \\ F_3 \end{bmatrix} = \begin{bmatrix} k_1 & -k_1 & 0 \\ -k_1 & k_1+k_2 & -k_2 \\ 0 & -k_2 & k_2 \end{bmatrix} \cdot \begin{bmatrix} u_{S1} \\ u_{S2} \\ u_{S3} \end{bmatrix}$$

und allgemein

$$\underline{F} = \underline{\underline{K}} \cdot \underline{U} \tag{9.6}$$

mit dem *Systemkraftvektor* $\underline{F}$, dem *Systemknotenvektor* $\underline{U}$ und der *Systemsteifigkeitsmatrix* (*Gesamtsteifigkeitsmatrix*) $\underline{\underline{K}}$. Das ist die lineare Federgleichung

Kraft = Steifigkeit (Federkonstante) x Verschiebung.

Für das Verhalten der Gesamtstruktur interessieren nicht die inneren Kräfte sondern die Gesamtsteifigkeitsmatrix

$$\underline{\underline{K}} = \begin{bmatrix} k_1 & -k_1 & 0 \\ -k_1 & k_1+k_2 & -k_2 \\ 0 & -k_2 & k_2 \end{bmatrix}.$$

Die in der Matrix auftretenden Koeffizienten k_{ij} sind Verschiebungseinflusszahlen (siehe Abschnitt 8.5); sie sind nach MAXWELL symmetrisch $k_{ij} = k_{ji}$, was damit auch für die Koeffizientenmatrix gilt.

Die Gesamtsteifigkeitsmatrix lässt sich anstatt über das Gleichgewicht – wie oben gezeigt – auch direkt durch die Addition der Elementsteifigkeitsmatrizen gewinnen (Blockaddition; *direkte Steifigkeitsmethode*). Dazu müssen wir beide Gleichungssysteme der Elementgleichungen durch Auffüllen mit Nullelementen auf drei Gleichungen erweitern:

$$\begin{bmatrix} F_{S1}^{(1)} \\ F_{S2}^{(1)} \\ 0 \end{bmatrix} = \begin{bmatrix} k_1 & -k_1 & 0 \\ -k_1 & k_1 & 0 \\ 0 & 0 & 0 \end{bmatrix} \cdot \begin{bmatrix} u_{S1} \\ u_{S2} \\ u_{S3} \end{bmatrix} \quad \text{und} \quad \begin{bmatrix} 0 \\ F_{S2}^{(2)} \\ F_{S3}^{(2)} \end{bmatrix} = \begin{bmatrix} 0 & 0 & 0 \\ k_2 & -k_2 & 0 \\ -k_2 & k_2 & 0 \end{bmatrix} \cdot \begin{bmatrix} u_{S1} \\ u_{S2} \\ u_{S3} \end{bmatrix}.$$

Anschließend können wir die beiden Elementgleichungen wegen $F_2 = F_{S2}^{(1)} + F_{S2}^{(2)}$ am zweiten Knoten durch die Addition der erweiterten Kraftvektoren

$$\underline{F} = \underline{f}^{(1)} + \underline{f}^{(2)} = \underline{\underline{k}}^{(1)} \cdot \underline{U} + \underline{\underline{k}}^{(2)} \cdot \underline{U} = (\underline{\underline{k}}^{(1)} + \underline{\underline{k}}^{(2)}) \cdot \underline{U} = \underline{\underline{K}} \cdot \underline{U}$$

zusammenfügen.

Die Gleichung kann so noch nicht aufgelöst werden, weil die Randbedingungen noch nicht berücksichtigt worden sind. Das System kann ohne Fixierung mindestens einer der drei möglichen Verschiebungen u_i eine Starrkörperverschiebung ausführen, was sich in der Singularität der Steifigkeitsmatrix zeigt. Das heißt, dass die Determinante der Gesamtsteifigkeitsmatrix $\det(\underline{\underline{K}})$ verschwindet. Erst für ein mindestens statisch bestimmtes System (positiv definite Gesamtsteifigkeitsmatrix) können wir die Gleichung auflösen. Für ein statisch überbestimmtes System wird die Auflösung sogar einfacher, weil die Anzahl der Unbekannten durch zusätzliche Sperrungen geringer wird.

Mit den Randbedingung $u_{S3} = 0$, in Gleichung (9.6) eingefügt, können die drei Unbekannten $F_3 = F_E$, u_{S1} und u_{S2} aus dem Gleichungssystem

$$\begin{bmatrix} F_1 \\ F_2 \\ F_E \end{bmatrix} = \begin{bmatrix} k_1 & -k_1 & 0 \\ -k_1 & k_1 + k_2 & -k_2 \\ 0 & -k_2 & k_2 \end{bmatrix} \cdot \begin{bmatrix} u_{S1} \\ u_{S2} \\ 0 \end{bmatrix}$$

berechnet werden.

Indem wir alle Zeilen und Spalten der Gesamtsteifigkeitsmatrix, die mit Null-Verschiebungen (hier $u_{S3} = 0$) korrespondieren, streichen, erhalten wir ein modifiziertes Gleichungssystem

$$\begin{bmatrix} F_1 \\ F_2 \end{bmatrix} = \begin{bmatrix} k_1 & -k_1 \\ -k_1 & k_1 + k_2 \end{bmatrix} \cdot \begin{bmatrix} u_{S1} \\ u_{S2} \end{bmatrix},$$

allgemein

$$\underline{F} = \underline{\underline{K}}_{\text{red}} \cdot \underline{U}. \tag{9.7}$$

Die reduzierte Matrix

$$\underline{\underline{K}}_{\text{red}} = \begin{bmatrix} k_1 & -k_1 \\ -k_1 & k_1 + k_2 \end{bmatrix}$$

ist nicht singulär, sodass wir die Gl. (9.7) nach den Verschiebungen auflösen können

$$\underline{U} = \underline{\underline{K}}_{\text{red}}^{-1} \cdot \underline{F}. \tag{9.8}$$

Für die Handrechnung ist die Inversion[106] einer Matrix (in Mathematikbüchern häufig mit der CRAMER[107]schen Regel beschrieben) – abgesehen von der obigen 2x2-Matrix – recht aufwendig. In EDV-Programmen werden spezielle Verfahren zur Inversion (z.B. GAUSS-JORDAN-Elimination[108]) eingesetzt. Mit

$$\underline{\underline{K}}_{\text{red}}^{-1} = \frac{1}{\det \underline{\underline{K}}_{\text{red}}} \cdot \begin{bmatrix} k_1 + k_2 & -k_1 \\ -k_1 & k_1 \end{bmatrix}$$

106 Inversion: ‹lat.› Umkehrung.

107 GABRIEL CRAMER, 1704–1752, Schweizer Mathematiker.

108 WILHELM JORDAN, 1842–1899, deutscher Geodät und Mathematiker.

schreiben wir für die Knotenverschiebungen, Gl. (9.8)

$$\begin{bmatrix} u_{S1} \\ u_{S2} \end{bmatrix} = \underline{\underline{K}}_{\text{red}}^{-1} \cdot \begin{bmatrix} F_1 \\ F_2 \end{bmatrix} = \begin{bmatrix} \frac{1}{k_1} + \frac{1}{k_2} & \frac{1}{k_1} \\ \frac{1}{k_1} & \frac{1}{k_1} \end{bmatrix} \cdot \begin{bmatrix} F_1 \\ F_2 \end{bmatrix}.$$

Mit den nunmehr bekannten Verschiebungen der Knoten berechnen wir die Lagerreaktion aus den im ersten Schritt der Aufteilung in Gl. (9.6) gestrichenen Größen

$$F_E = \begin{bmatrix} 0 & -k_2 & k_2 \end{bmatrix} \cdot \begin{bmatrix} u_{S1} \\ u_{S2} \\ 0 \end{bmatrix}.$$

Mit den Angaben der Aufgabenstellung und der Randbedingung $u_{S3} = 0$ wird die Systemgleichung (9.6):

$$\begin{bmatrix} F \\ 2F \\ F_E \end{bmatrix} = \frac{E \cdot A}{l} \cdot \begin{bmatrix} 1 & -1 & 0 \\ -1 & 3 & -2 \\ 0 & -2 & 2 \end{bmatrix} \cdot \begin{bmatrix} u_{S1} \\ u_{S2} \\ 0 \end{bmatrix}.$$

Das modifizierte Gleichungssystem

$$\begin{bmatrix} F \\ 2F \end{bmatrix} = \frac{EA}{l} \cdot \begin{bmatrix} 1 & -1 \\ -1 & 3 \end{bmatrix} \cdot \begin{bmatrix} u_{S1} \\ u_{S2} \end{bmatrix},$$

umgestellt nach den Verschiebungen (Verschiebung = Nachgiebigkeit x Kraft) liefert

$$\begin{bmatrix} u_{S1} \\ u_{S2} \end{bmatrix} = \frac{l}{2EA} \cdot \begin{bmatrix} 3 & 1 \\ 1 & 1 \end{bmatrix} \cdot \begin{bmatrix} F \\ 2F \end{bmatrix}.$$

Daraus berechnen wir für die beiden Knotenverschiebungen:

$$u_{S1} = \frac{l}{2EA} \cdot (3F + 2F) = \underline{\frac{5}{2} \frac{Fl}{EA}},$$

$$u_{S2} = \frac{l}{2EA} \cdot (F + 2F) = \underline{\frac{3}{2} \frac{Fl}{EA}}.$$

Die Kraft an der Einspannung wird mit dem modifizierten Gleichungssystem für die Kräfte

$$F_E = \frac{EA}{l} \cdot \begin{bmatrix} 0 & -2 & 2 \end{bmatrix} \cdot \begin{bmatrix} u_1 \\ u_2 \\ 0 \end{bmatrix},$$

$$F_E = -\frac{2EA}{l} \cdot u_{S2} = -\frac{2EA}{l} \cdot \frac{3Fl}{2EA} = \underline{-3F}.$$

Für die statisch überbestimmte Lagerung zum Vergleich stützen wir den Stab entsprechend Bild 9.6 an beiden Enden. Zudem fassen wir beide Kräfte an einem Angriffspunkt zusammen.

Mit der veränderten Aufgabenstellung, der in einem Punkt zusammengefassten Belastung $3F$, der unbekannten Stützkraft F_A anstelle der Belastung F_1 am linken Rand und den Randbedingung $u_{S1} = u_{S3} = 0$ hat die Systemgleichung (9.6) jetzt das folgende Aussehen:

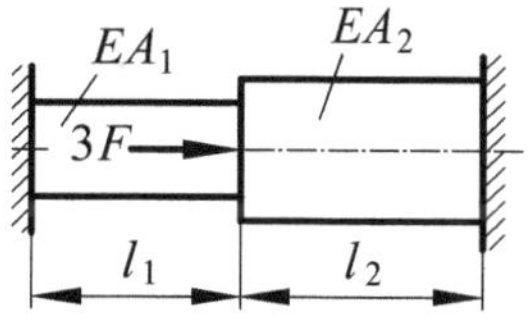

Bild 9.6: Statisch überbestimmt gelagerter Druckstab

$$\begin{bmatrix} F_A \\ 3F \\ F_E \end{bmatrix} = \frac{E \cdot A}{l} \cdot \begin{bmatrix} 1 & -1 & 0 \\ -1 & 3 & -2 \\ 0 & -2 & 2 \end{bmatrix} \cdot \begin{bmatrix} 0 \\ u_{S2} \\ 0 \end{bmatrix}.$$

Nach Streichung der mit 0-Verschiebungen korrespondierenden ersten und dritten Zeile und Spalte erhalten wir die modifizierte Gleichung

$$3F = \frac{EA}{l} \cdot 3u_{S2}$$

und damit die Knotenverschiebung

$$\underline{u_{S2} = \frac{F \cdot l}{E \cdot A}}.$$

Mit dem modifizierten Gleichungssystem für die Kräfte

$$\begin{bmatrix} F_A \\ F_E \end{bmatrix} = \frac{EA}{l} \cdot \begin{bmatrix} 1 & -1 & 0 \\ 0 & -2 & 2 \end{bmatrix} \cdot \begin{bmatrix} 0 \\ u_{S2} \\ 0 \end{bmatrix}$$

wird

$$F_A = -\frac{EA}{l} \cdot u_{S2} = -\frac{EA}{l} \cdot \frac{Fl}{EA} = \underline{-F}$$

$$F_E = -\frac{2EA}{l} \cdot u_{S2} = -\frac{2EA}{l} \cdot \frac{Fl}{EA} = \underline{-2F}.$$

Wie wir an diesem Beispiel gesehen haben, wird bei einem statisch überbestimmten System, bei dem gegenüber dem statisch bestimmten System immer mehr Freiheitsgrade gesperrt sind, die zu invertierende Gleichung kleiner. Der Lösungsaufwand für dieses Beispiel, wenn wir ihn mit dem für das ähnliche Beispiel 8.9, Kraftgrößenverfahren, vergleichen, ist hierfür auch mit der Handrechnung geringer.

Zur Zusammenfassung und Hilfe für die selbständige Bearbeitung des nächsten Beispiels, für das zur Kontrolle der Lösung nur noch Zwischenergebnisse vorgegeben werden, sind die erforderlichen Arbeitsschritte aufgeführt:

- System in (finite) Elemente aufteilen
- Anfangs- und Endpunkte der Elemente sind Knoten
- Steifigkeitsmatrix für jedes Element aufstellen
- Einzelsteifigkeitsmatrizen zur Gesamtsteifigkeitsmatrix addieren
- Randbedingungen (Lasten, Lagerbedingungen) in das Gleichungssystem einsetzen
- Aufteilen in ein Gleichungssystem zur Bestimmung der unbekannten Knotenverschiebungen und in eines zur Bestimmung der unbekannten Lagerreaktionen
- Berechnung der Knotenverschiebungen
- Berechnung der Lagerreaktionen mit Hilfe der bekannten Knotenverschiebungen

Beispiel 9.2

Für den abgesetzten, statisch überbestimmt gelagerten Druckbolzen, Bild 9.7, sind Stützkräfte an den Einspannungen zu berechnen.

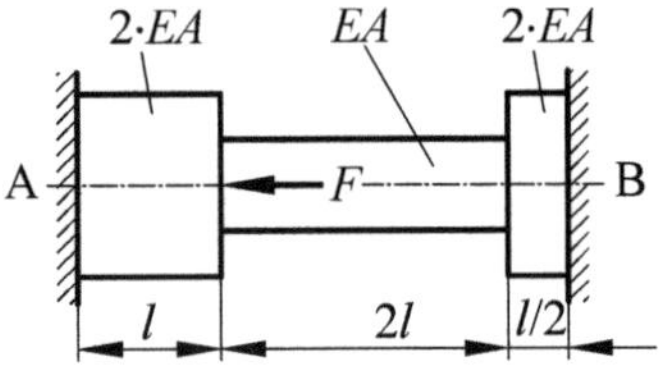

Bild 9.7: Belasteter Bolzen

Lösung:

Formulierung der Elementgleichungen:

$$\text{Element 1:}\quad \begin{bmatrix} F_{S1} \\ F_{S2} \end{bmatrix} = \frac{EA}{2l} \cdot \begin{bmatrix} 4 & -4 \\ -4 & 4 \end{bmatrix} \cdot \begin{bmatrix} u_{S1} \\ u_{S2} \end{bmatrix}$$

$$\text{Element 2:}\quad \begin{bmatrix} F_{S2} \\ F_{S3} \end{bmatrix} = \frac{EA}{2l} \cdot \begin{bmatrix} 1 & -1 \\ -1 & 1 \end{bmatrix} \cdot \begin{bmatrix} u_{S2} \\ u_{S3} \end{bmatrix}$$

$$\text{Element 3:}\quad \begin{bmatrix} F_{S3} \\ F_{S4} \end{bmatrix} = \frac{EA}{2l} \cdot \begin{bmatrix} 8 & -8 \\ -8 & 8 \end{bmatrix} \cdot \begin{bmatrix} u_{S3} \\ u_{S4} \end{bmatrix}.$$

Die Systemgleichung:

$$\begin{bmatrix} F_A \\ -F \\ 0 \\ F_B \end{bmatrix} = \frac{EA}{2l} \cdot \begin{bmatrix} 4 & -4 & 0 & 0 \\ -4 & 5 & -1 & 0 \\ 0 & -1 & 9 & -8 \\ 0 & 0 & -8 & 8 \end{bmatrix} \cdot \begin{bmatrix} 0 \\ u_{S2} \\ u_{S3} \\ 0 \end{bmatrix},$$

daraus das modifizierte Gleichungssystem:

$$\begin{bmatrix} -F \\ 0 \end{bmatrix} = \frac{EA}{2l} \cdot \begin{bmatrix} 5 & -1 \\ -1 & 9 \end{bmatrix} \cdot \begin{bmatrix} u_{S2} \\ u_{S3} \end{bmatrix}$$

Das modifizierte Gleichungssystem für die Verschiebung:

$$\begin{bmatrix} u_{S2} \\ u_{S3} \end{bmatrix} = \frac{l}{22EA} \cdot \begin{bmatrix} 9 & 1 \\ 1 & 5 \end{bmatrix} \cdot \begin{bmatrix} -F \\ 0 \end{bmatrix}$$

und daraus die beiden Knotenverschiebungen:

$$u_{S2} = \frac{9}{22}\frac{l}{EA} \cdot (-F) = \underline{-\frac{9}{22}\frac{F\,l}{E\,A}},$$

$$u_{S3} = \frac{1}{22}\frac{l}{EA} \cdot (-F) = \underline{-\frac{1}{22}\frac{F\,l}{EA}}.$$

Mit dem modifizierten Gleichungssystem für die Kräfte

$$\begin{bmatrix} F_A \\ F_B \end{bmatrix} = \frac{E\,A}{2l} \cdot \begin{bmatrix} -4 & 0 \\ 0 & -8 \end{bmatrix} \cdot \begin{bmatrix} u_{S2} \\ u_{S3} \end{bmatrix}$$

wird

$$F_A = -\frac{4\,E\,A}{2l} \cdot u_{S2} = -\frac{2\,E\,A}{l} \cdot \left(-\frac{9}{22}\frac{F\,l}{E\,A} \right) = \underline{\frac{9}{11}}F,$$

$$F_B = -\frac{8\,E\,A}{2l} \cdot u_{S3} = \frac{4\,E\,A}{l} \cdot \left(-\frac{1}{22}\frac{F\,l}{E\,A} \right) = \underline{\frac{2}{11}}F.$$

Zusammengefasst schreiben wir für den Systemknotenvektor $\underline{U} = \begin{bmatrix} u_{S1} \\ u_{S2} \\ u_{S3} \\ u_{S4} \end{bmatrix} = \frac{1}{22}\frac{F\,l}{E\,A} \cdot \begin{bmatrix} 0 \\ -9 \\ -1 \\ 0 \end{bmatrix}$

und für den Systemkraftvektor $\underline{F} = \begin{bmatrix} F_1 \\ F_2 \\ F_3 \\ F_4 \end{bmatrix} = \frac{1}{11}F \cdot \begin{bmatrix} 9 \\ -11 \\ 0 \\ 2 \end{bmatrix}.$

Die Steifigkeitsmatrix können wir auch dadurch bestimmen, dass an den Knoten Einheitsverschiebungen aufgebracht werden. Das soll an einem Stabelement mit $E \cdot A = \text{konst}$, Bild 9.8, gezeigt werden:

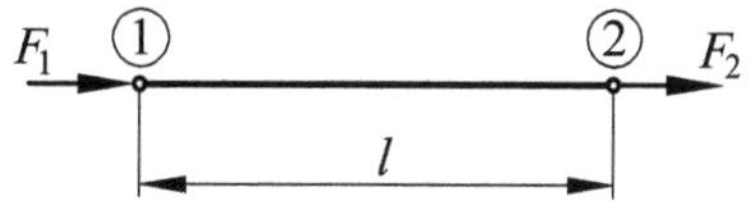

Bild 9.8: Belastetes Stabelement

Mit der Elementgleichung für den Stab

$$\begin{bmatrix} F_1 \\ F_2 \end{bmatrix} = \begin{bmatrix} k_{11} & k_{12} \\ k_{21} & k_{22} \end{bmatrix} \cdot \begin{bmatrix} u_{S1} \\ u_{S2} \end{bmatrix} = \frac{E \cdot A}{l} \cdot \begin{bmatrix} 1 & -1 \\ -1 & 1 \end{bmatrix} \cdot \begin{bmatrix} u_{S1} \\ u_{S2} \end{bmatrix}$$

schreiben wir für die Einheitsverschiebung (siehe Bild 9.9):

$u_{S1} = 1$ bei $u_{S2} = 0$

$$F_1 = k_{11} = \frac{E \cdot A}{l} = F_{11}$$

$$F_2 = k_{21} = -\frac{E \cdot A}{l} = F_{21}$$

und $u_{S2} = 1$ mit $u_{S1} = 0$:

$$F_1 = k_{12} = -\frac{E \cdot A}{l} = F_{12}$$

$$F_2 = k_{22} = \frac{E \cdot A}{l} = F_{22}.$$

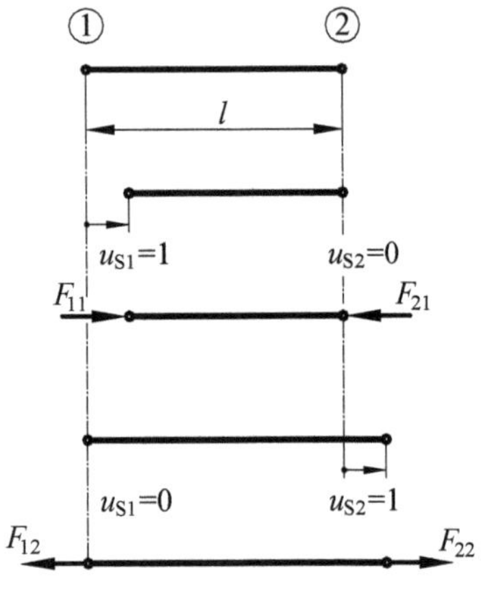

Bild 9.9: Stab mit Einheitsverschiebungen

Die dabei entstehenden Reaktionskräfte entsprechen den Werten Steifigkeitsmatrix.

Schlussfolgerungen:

- Die Koeffizienten k_{ij} der Steifigkeitsmatrix lassen sich als Kräfte infolge der Einheitsverschiebung deuten. Das bedeutet, dass sich die Steifigkeitsmatrix auch dadurch bestimmen lässt, dass an den Knoten Einheitsverschiebungen aufgebracht werden. Die dabei entstehenden Reaktionskräfte entsprechen den Werten der Steifigkeitsmatrix.
- k_{ij} entspricht der Kraft am Ort i infolge der Einheitsverschiebung am Ort j. Das heißt z.B. die k_{i1} (erste Spalte) entsprechen den Kräften an den Knoten 1 bzw. 2 infolge der Einheitsverschiebung am Ort 1(j).

9.4.3 Stab in Globalkoordinaten

Zur Beschreibung des Zusammenhanges zwischen den Elementkoordinaten (lokale Koordinaten) und den Systemkoordinaten (globale Koordinaten) gehen wir von dem einfachstmöglichen Fachwerk – einem Stabverbund aus drei Stäben – aus.

Beispiel 9.3

Für das auf Bild 9.10 dargestellte Fachwerk bestehend aus drei Stäben gleicher Länge mit gleicher Dehnsteifigkeit $E \cdot A =$ konst. sollen die Knotenverschiebungen, die Stabkräfte und die Stützkräfte mit dem FEM-Algorithmus berechnet werden.

Lösung:

Um die Elementsteifigkeitsmatrix aufstellen zu können, zerlegen wir die Konstruktion in drei Elemente und drei Knoten, wie auf Bild 9.11 gezeigt.

Im Unterschied zu den vorhergehenden Beispielen sind die Stäbe bei einem Fachwerk unter beliebigen Winkeln zu einem Bezugssystem angeordnet. Die Addition der Elementsteifigkeitsmatrizen zur Gesamtsteifigkeitsmatrix setzt aber voraus, dass die Einzelsteifigkeitsmatrizen im gleichen Koordinatensystem vorliegen. Das bedeutet, dass wir die lokalen Koordinaten $s_i^{(e)}$ auf das globale x-y-Koordinatensystem umrechnen müssen. Dabei haben die Stabkräfte $F_{Si}^{(e)}$ und die Verschiebungen $u_{Si}^{(e)}$ in der Ebene je zwei Komponenten (Freiheitsgrade) am Knoten, siehe Bild 9.12a.

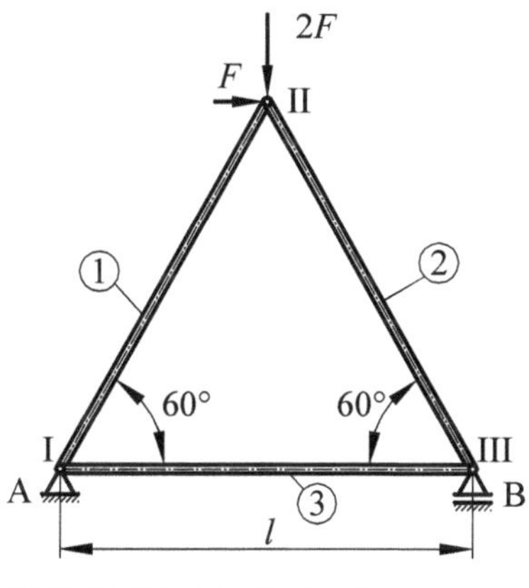

Bild 9.10: Belastetes Fachwerk

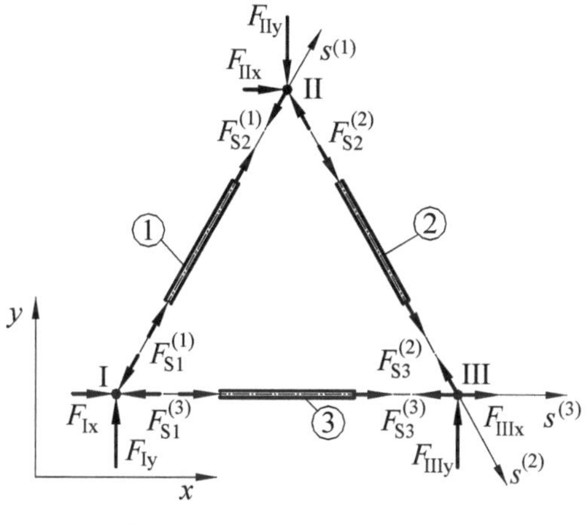

Bild 9.11: Stabelemente und Knoten

Auf Bild 9.12b ist die Verrückung eines Stabes infolge der äußeren Belastung des Tragwerkes gezeigt. Dabei verändert er sowohl seine Lage, als auch seine Richtung. Die daraus resultierenden lokalen Knotenverschiebungen u_{Si} können wir aus der Projektion der globalen Verschiebungskomponenten u_i und v_i mit dem Richtungswinkel α_i berechnen.

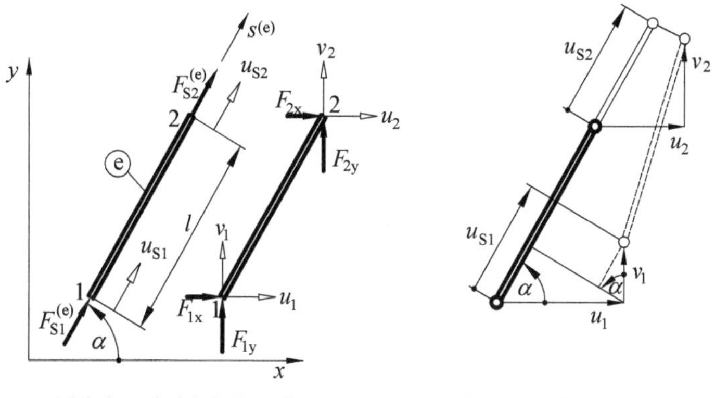

Bild 9.12: geometrische Zusammenhänge am Stabelement

Es gilt: $u_{S1} = u_1 \cdot \cos\alpha + v_1 \cdot \sin\alpha$

$$u_{S2} = u_2 \cdot \cos\alpha + v_2 \cdot \sin\alpha$$

oder in Matrixschreibweise:

$$\begin{bmatrix} u_{S1} \\ u_{S2} \end{bmatrix} = \begin{bmatrix} \cos\alpha & \sin\alpha & 0 & 0 \\ 0 & 0 & \cos\alpha & \sin\alpha \end{bmatrix} \cdot \begin{bmatrix} u_1 \\ v_1 \\ u_2 \\ v_2 \end{bmatrix}.$$

Auch in Hinblick auf die Gesamtsteifigkeitsmatrix wollen wir die folgende abkürzende Schreibweise vereinbaren: $\cos\alpha \mathrel{\hat{=}} c$; $\sin\alpha \mathrel{\hat{=}} s$. Damit wird die obige Gleichung zu

$$\begin{bmatrix} u_{S1} \\ u_{S2} \end{bmatrix} = \begin{bmatrix} c & s & 0 & 0 \\ 0 & 0 & c & s \end{bmatrix} \cdot \begin{bmatrix} u_1 \\ v_1 \\ u_2 \\ v_2 \end{bmatrix} \tag{9.9a}$$

bzw.

$$\underline{u}_S = \underline{\underline{T}} \cdot \underline{U} \tag{9.9b}$$

mit $\underline{u}_s$ dem lokalen Koordinatenvektor, $\underline{U}$ dem globalen Koordinatenvektor sowie der Transformationsmatrix $\underline{\underline{T}}$.

Mit

$$F_{S1} = (u_{S1} - u_{S2}) \cdot \frac{E \cdot A}{l}$$

$$F_{S2} = (u_{S2} - u_{S1}) \cdot \frac{E \cdot A}{l}$$

schreiben wir für die lokalen Knotenkräfte

$$F_{S1} = [u_1 \cdot \cos\alpha + v_1 \cdot \sin\alpha - (u_2 \cdot \cos\alpha + v_2 \cdot \sin\alpha)] \cdot \frac{EA}{l},$$

$$F_{S2} = [u_2 \cdot \cos\alpha + v_2 \cdot \sin\alpha - (u_1 \cdot \cos\alpha + v_1 \cdot \sin\alpha)] \cdot \frac{EA}{l}$$

und damit die Elementgleichung in Matrixschreibweise

$$\begin{bmatrix} F_{S1} \\ F_{S2} \end{bmatrix} = \frac{E \cdot A}{l} \cdot \begin{bmatrix} c & s & -c & -s \\ -c & -s & c & s \end{bmatrix} \cdot \begin{bmatrix} u_1 \\ v_1 \\ u_2 \\ v_2 \end{bmatrix} \tag{9.10a}$$

bzw.

$$\underline{f} = \underline{\underline{k}} \cdot \underline{U} \, . \tag{9.10b}$$

Die lokalen Kräfte in Stabrichtung F_{Si} zerlegen wir nun nach Bild 9.12a in die globalen Richtungen x und y zu F_{ix} und F_{iy}:

$$\begin{bmatrix} F_{1x} \\ F_{1y} \\ F_{2x} \\ F_{2y} \end{bmatrix} = \begin{bmatrix} c & 0 \\ s & 0 \\ 0 & c \\ 0 & s \end{bmatrix} \cdot \begin{bmatrix} F_{S1} \\ F_{S2} \end{bmatrix} , \tag{9.11a}$$

$$\underline{F} = \underline{\underline{T}}^{\mathrm{T}} \cdot \underline{f} \, . \tag{9.11b}$$

Die Elementgleichung in globalen Koordinaten ergibt sich, wenn wir Gl. (9.10b) in die Gleichung (9.11b) einsetzen

$$\underline{F} = \underline{\underline{T}}^{\mathrm{T}} \cdot \underline{f} = \underline{\underline{T}}^{\mathrm{T}} \cdot \underline{\underline{k}} \cdot \underline{U} \, ,$$

ausgeschrieben

$$\begin{bmatrix} F_{1x} \\ F_{1y} \\ F_{2x} \\ F_{2y} \end{bmatrix} = \begin{bmatrix} c & 0 \\ s & 0 \\ 0 & c \\ 0 & s \end{bmatrix} \cdot \begin{bmatrix} c & s & -c & -s \\ -c & -s & c & s \end{bmatrix} \cdot \frac{E \cdot A}{l} \cdot \begin{bmatrix} u_1 \\ v_1 \\ u_2 \\ v_2 \end{bmatrix}$$

und mit den mit Hilfe des FALKschen Schemas[109] ausmultipliziert

$$\begin{bmatrix} F_{1x} \\ F_{1y} \\ F_{2x} \\ F_{2y} \end{bmatrix} = \frac{E \cdot A}{l} \cdot \begin{bmatrix} c^2 & c \cdot s & -c^2 & -c \cdot s \\ c \cdot s & s^2 & -c \cdot s & -s^2 \\ -c^2 & -c \cdot s & c^2 & c \cdot s \\ -c \cdot s & -s^2 & c \cdot s & s^2 \end{bmatrix} \cdot \begin{bmatrix} u_1 \\ v_1 \\ u_2 \\ v_2 \end{bmatrix} , \tag{9.12a}$$

$$\underline{F} = \underline{\underline{K}} \cdot \underline{U} \, . \tag{9.12b}$$

---

109 GOTTFRIED FALK, 1922–1990, deutscher Physiker.

Für die symmetrische Elementsteifigkeitsmatrix schreiben wir

$$\underline{\underline{K}}^{(e)} = \frac{E \cdot A}{l} \cdot \begin{bmatrix} c^2 & c \cdot s & -c^2 & -c \cdot s \\ c \cdot s & s^2 & -c \cdot s & -s^2 \\ -c^2 & -c \cdot s & c^2 & c \cdot s \\ -c \cdot s & -s^2 & c \cdot s & s^2 \end{bmatrix} = \begin{bmatrix} k_{11}^{(e)} & k_{12}^{(e)} & k_{13}^{(e)} & k_{14}^{(e)} \\ k_{21}^{(e)} & k_{22}^{(e)} & k_{23}^{(e)} & k_{24}^{(e)} \\ k_{31}^{(e)} & k_{32}^{(e)} & k_{33}^{(e)} & k_{34}^{(e)} \\ k_{41}^{(e)} & k_{42}^{(e)} & k_{43}^{(e)} & k_{44}^{(e)} \end{bmatrix}. \tag{9.13}$$

Damit werden die drei Elementgleichungen für das obige Fachwerk

$$\begin{bmatrix} F_{1x}^{(1)} \\ F_{1y}^{(1)} \\ F_{2x}^{(1)} \\ F_{2y}^{(1)} \end{bmatrix} = \begin{bmatrix} k_{11}^{(1)} & k_{12}^{(1)} & k_{13}^{(1)} & k_{14}^{(1)} \\ k_{21}^{(1)} & k_{22}^{(1)} & k_{23}^{(1)} & k_{24}^{(1)} \\ k_{31}^{(1)} & k_{32}^{(1)} & k_{33}^{(1)} & k_{34}^{(1)} \\ k_{41}^{(1)} & k_{42}^{(1)} & k_{43}^{(1)} & k_{44}^{(1)} \end{bmatrix} \cdot \begin{bmatrix} u_1 \\ v_1 \\ u_2 \\ v_2 \end{bmatrix},$$

$$\begin{bmatrix} F_{2x}^{(2)} \\ F_{2y}^{(2)} \\ F_{3x}^{(2)} \\ F_{3y}^{(2)} \end{bmatrix} = \begin{bmatrix} k_{11}^{(2)} & k_{12}^{(2)} & k_{13}^{(2)} & k_{14}^{(2)} \\ k_{21}^{(2)} & k_{22}^{(2)} & k_{23}^{(2)} & k_{24}^{(2)} \\ k_{31}^{(2)} & k_{32}^{(2)} & k_{33}^{(2)} & k_{34}^{(2)} \\ k_{41}^{(2)} & k_{42}^{(2)} & k_{43}^{(2)} & k_{44}^{(2)} \end{bmatrix} \cdot \begin{bmatrix} u_2 \\ v_2 \\ u_3 \\ v_3 \end{bmatrix},$$

$$\begin{bmatrix} F_{1x}^{(3)} \\ F_{1y}^{(3)} \\ F_{3x}^{(3)} \\ F_{3y}^{(3)} \end{bmatrix} = \begin{bmatrix} k_{11}^{(3)} & k_{12}^{(3)} & k_{13}^{(3)} & k_{14}^{(3)} \\ k_{21}^{(3)} & k_{22}^{(3)} & k_{23}^{(3)} & k_{24}^{(3)} \\ k_{31}^{(3)} & k_{32}^{(3)} & k_{33}^{(3)} & k_{34}^{(3)} \\ k_{41}^{(3)} & k_{42}^{(3)} & k_{43}^{(3)} & k_{44}^{(3)} \end{bmatrix} \cdot \begin{bmatrix} u_1 \\ v_1 \\ u_3 \\ v_3 \end{bmatrix}$$

und die Gleichungen der Knoten:

Knoten I: $F_{\mathrm{Ix}} = F_{1x}^{(1)} + F_{1x}^{(3)}$

$F_{\mathrm{Iy}} = F_{1y}^{(1)} + F_{1y}^{(3)}$

Knoten II: $F_{\mathrm{IIx}} = F_{2x}^{(1)} + F_{2x}^{(2)}$

$F_{\mathrm{IIy}} = F_{2y}^{(1)} + F_{2y}^{(2)}$

Knoten III: $F_{\mathrm{IIIx}} = F_{3x}^{(2)} + F_{3x}^{(3)}$

$F_{\mathrm{IIIy}} = F_{3y}^{(2)} + F_{3y}^{(3)}$.

Die Vorzeichen für die Richtungen der Knotenkräfte in den obigen Gleichungen ergeben sich durch die jeweiligen Richtungswinkel α der Stäbe (siehe Bild 9.12).

Aus der Systemgleichung in allgemeiner Form

$$\begin{bmatrix} F_{\mathrm{Ix}} \\ F_{\mathrm{Iy}} \\ F_{\mathrm{IIx}} \\ F_{\mathrm{IIy}} \\ F_{\mathrm{IIIx}} \\ F_{\mathrm{IIIy}} \end{bmatrix} = \begin{bmatrix} k_{11}^{(1)}+k_{11}^{(3)} & k_{12}^{(1)}+k_{12}^{(3)} & k_{13}^{(1)} & k_{14}^{(1)} & k_{13}^{(3)} & k_{14}^{(3)} \\ k_{21}^{(1)}+k_{21}^{(3)} & k_{22}^{(1)}+k_{22}^{(3)} & k_{23}^{(1)} & k_{24}^{(1)} & k_{23}^{(3)} & k_{24}^{(3)} \\ k_{31}^{(1)} & k_{32}^{(1)} & k_{33}^{(1)}+k_{11}^{(2)} & k_{34}^{(1)}+k_{12}^{(2)} & k_{13}^{(2)} & k_{14}^{(2)} \\ k_{41}^{(1)} & k_{42}^{(1)} & k_{43}^{(1)}+k_{21}^{(2)} & k_{44}^{(1)}+k_{22}^{(2)} & k_{23}^{(2)} & k_{24}^{(2)} \\ k_{31}^{(3)} & k_{32}^{(3)} & k_{31}^{(2)} & k_{32}^{(2)} & k_{33}^{(2)}+k_{33}^{(3)} & k_{34}^{(2)}+k_{34}^{(3)} \\ k_{41}^{(3)} & k_{42}^{(3)} & k_{41}^{(2)} & k_{42}^{(2)} & k_{43}^{(2)}+k_{43}^{(3)} & k_{44}^{(2)}+k_{44}^{(3)} \end{bmatrix} \cdot \begin{bmatrix} u_1 \\ v_1 \\ u_2 \\ v_2 \\ u_3 \\ v_3 \end{bmatrix}$$

wird mit den Winkeln:

$$\alpha^{(1)} = 60°: \quad \cos\alpha = \frac{1}{2}; \quad \sin\alpha = \frac{1}{2}\cdot\sqrt{3}$$

$$\alpha^{(2)} = -60°: \quad \cos\alpha = \frac{1}{2}; \quad \sin\alpha = -\frac{1}{2}\cdot\sqrt{3}$$

$$\alpha^{(3)} = 0°: \quad \cos\alpha = 1; \quad \sin\alpha = 0$$

die Gesamtsteifigkeitsmatrix

$$\underline{\underline{K}} = \frac{E\cdot A}{l}\cdot\begin{bmatrix} \frac{5}{4} & \frac{1}{4}\sqrt{3} & -\frac{1}{4} & -\frac{1}{4}\sqrt{3} & -1 & 0 \\ & \frac{3}{4} & -\frac{1}{4}\sqrt{3} & -\frac{3}{4} & 0 & 0 \\ & & \frac{1}{2} & 0 & -\frac{1}{4} & \frac{1}{4}\sqrt{3} \\ & & & \frac{3}{2} & \frac{1}{4}\sqrt{3} & -\frac{3}{4} \\ & & & & \frac{5}{4} & -\frac{1}{4}\sqrt{3} \\ \text{sym.} & & & & & \frac{3}{4} \end{bmatrix}.$$

Setzen wir gemäß Bild 9.11 Lasten und Randbedingungen $F_{\mathrm{IIx}} = F$; $F_{\mathrm{IIy}} = -2F$; $F_{\mathrm{IIIx}} = 0$;

$u_1 = 0$; $v_1 = 0$; $v_3 = 0$

ein, wird die Systemgleichung

$$\begin{bmatrix} F_{\mathrm{Ix}} \\ F_{\mathrm{Iy}} \\ F \\ -2F \\ 0 \\ F_{\mathrm{IIIy}} \end{bmatrix} = \frac{E\cdot A}{4\cdot l}\cdot\begin{bmatrix} 5 & \sqrt{3} & -1 & -\sqrt{3} & -4 & 0 \\ \sqrt{3} & 3 & -\sqrt{3} & -3 & 0 & 0 \\ -1 & -\sqrt{3} & 2 & 0 & -1 & \sqrt{3} \\ -\sqrt{3} & -3 & 0 & 6 & \sqrt{3} & -3 \\ -4 & 0 & -1 & \sqrt{3} & 5 & -\sqrt{3} \\ 0 & 0 & \sqrt{3} & -3 & -\sqrt{3} & 3 \end{bmatrix}\cdot\begin{bmatrix} 0 \\ 0 \\ u_2 \\ v_2 \\ u_3 \\ 0 \end{bmatrix}.$$

Das modifizierte Gleichungssystem zur Berechnung der Verschiebung erhalten wir durch Streichen der Zeilen und Spalten, die mit Null-Verschiebungen korrespondieren:

$$\begin{bmatrix} F \\ -2F \\ 0 \end{bmatrix} = \frac{E\cdot A}{4\cdot l}\cdot\begin{bmatrix} 2 & 0 & -1 \\ 0 & 6 & \sqrt{3} \\ -1 & \sqrt{3} & 5 \end{bmatrix}\cdot\begin{bmatrix} u_2 \\ v_2 \\ u_3 \end{bmatrix}$$

und umgestellt daraus die Gleichungen für die unbekannten Verschiebungen

$$\begin{bmatrix} u_2 \\ v_2 \\ u_3 \end{bmatrix} = \frac{l}{12\cdot E\cdot A}\cdot\begin{bmatrix} 27 & -\sqrt{3} & 6 \\ -\sqrt{3} & 9 & -2\sqrt{3} \\ 6 & -2\sqrt{3} & 12 \end{bmatrix}\cdot\begin{bmatrix} F \\ -2F \\ 0 \end{bmatrix}.$$

Daraus berechnen wir die Knotenverschiebungen:

$$u_2 = \frac{l}{12\,E\,A}\cdot(27F + 2\sqrt{3}\,F) = \left(\frac{9}{4}+\frac{\sqrt{3}}{6}\right)\cdot\frac{F\,l}{E A} = \underline{2{,}539\cdot\frac{F\,l}{E A}},$$

$$v_2 = \frac{l}{12\,E\,A}\cdot(-\sqrt{3}F - 18F) = \left(-\frac{\sqrt{3}}{12}-\frac{3}{2}\right)\cdot\frac{F\,l}{E A} = \underline{-1{,}644\cdot\frac{F\,l}{E A}}$$

$$u_3 = \frac{l}{12\,E\,A}\cdot(6F + 4\sqrt{3}\,F) = \left(\frac{1}{2}+\frac{\sqrt{3}}{3}\right)\cdot\frac{F\,l}{E A} = \underline{1{,}077\cdot\frac{F\,l}{E A}}.$$

Mit dem modifizierten Gleichungssystem für die Kräfte berechnen wir die Stützkräfte

$$\begin{bmatrix} F_{\mathrm{Ix}} \\ F_{\mathrm{Iy}} \\ F_{\mathrm{IIIy}} \end{bmatrix} = \frac{E\cdot A}{4\cdot l}\cdot\begin{bmatrix} -1 & -\sqrt{3} & -4 \\ -\sqrt{3} & -3 & 0 \\ \sqrt{3} & -3 & -\sqrt{3} \end{bmatrix}\cdot\begin{bmatrix} u_2 \\ v_2 \\ u_3 \end{bmatrix}$$

$$F_{\mathrm{Ax}} = F_{\mathrm{Ix}} = \frac{E A}{4l}\cdot(-u_2 - \sqrt{3}\cdot v_2 - 4u_3)\cdot\frac{F\,l}{E A} = \underline{-F}$$

$$F_{\mathrm{Ay}} = F_{\mathrm{Iy}} = \frac{E A}{4l}\cdot(-\sqrt{3}\cdot u_2 - 3v_2)\cdot\frac{F\,l}{E A} = \underline{0{,}134\,F}$$

$$F_{\mathrm{B}} = F_{\mathrm{IIIy}} = \frac{E A}{4l}\cdot(\sqrt{3}\cdot u_2 - 3v_2 - \sqrt{3}\cdot u_3)\cdot\frac{F\,l}{E A} = \underline{1{,}866\,F}.$$

Die Gleichgewichtsbedingungen sind mit $F_{\mathrm{Ax}} = F$ und $F_{\mathrm{Ay}} + F_{\mathrm{B}} = 2F$ erfüllt.

Mit Hilfe der Elementgleichung (9.10a) berechnen wir die Stabkräfte:

<u>Stab 1:</u> $\alpha^{(1)} = 60°,\ u_1 = 0,\ v_1 = 0$

$$\begin{bmatrix} F_{S1} \\ F_{S2} \end{bmatrix} = \frac{E \cdot A}{l} \cdot \begin{bmatrix} c & s & -c & -s \\ -c & -s & c & s \end{bmatrix} \cdot \begin{bmatrix} 0 \\ 0 \\ u_2 \\ v_2 \end{bmatrix}$$

$$F_{S1}^{(1)} = \frac{E \cdot A}{l} \cdot \begin{bmatrix} \frac{1}{2} & \frac{1}{2}\sqrt{3} & -\frac{1}{2} & -\frac{1}{2}\sqrt{3} \end{bmatrix} \cdot \begin{bmatrix} 0 \\ 0 \\ u_2 \\ v_2 \end{bmatrix} = -0{,}155F\,,$$

$$F_{S2}^{(1)} = \frac{E \cdot A}{l} \cdot \begin{bmatrix} -\frac{1}{2} & -\frac{\sqrt{3}}{2} & \frac{1}{2} & \frac{\sqrt{3}}{2} \end{bmatrix} \cdot \begin{bmatrix} 0 \\ 0 \\ u_2 \\ v_2 \end{bmatrix} = \underline{+0{,}155F}\,.$$

Vergleichen wir die Vorzeichen mit den Eintragungen auf Bild 9.11 erkennen wir, dass der Stab 1 ein Zugstab ist, was auch der Anschauung entspricht. Für die beiden anderen Stäbe gilt dann:

<u>Stab 2:</u> $\alpha^{(2)} = -60°,\ v_3 = 0$

$$F_{S3}^{(2)} = \frac{E \cdot A}{l} \cdot \begin{bmatrix} -\frac{1}{2} & \frac{\sqrt{3}}{2} & \frac{1}{2} & -\frac{\sqrt{3}}{2} \end{bmatrix} \cdot \begin{bmatrix} u_2 \\ v_2 \\ u_3 \\ 0 \end{bmatrix} = \underline{-2{,}155F}\text{ ; Druckstab.}$$

<u>Stab 3:</u> $\alpha^{(3)} = 0°,\ u_1 = 0,\ v_1 = 0,\ v_3 = 0$

$$F_{S3}^{(3)} = \frac{E \cdot A}{l} \cdot \begin{bmatrix} -1 & 0 & 1 & 0 \end{bmatrix} \cdot \begin{bmatrix} 0 \\ 0 \\ u_3 \\ 0 \end{bmatrix} = \underline{+1{,}077F}\text{ ; Zugstab.}$$

Wie wir an den vorstehenden Beispielen erkennen können, lässt sich die Steifigkeitsmatrix des Stabelementes exakt angeben, wenn es gelingt für einfache eindimensionale Bauteile den Zusammenhang zwischen Belastung und Verformung – im Rahmen der Festlegungen – exakt zu formulieren.

Der in der Elementgleichung des Stabelementes, Gl. (9.3), beschriebene lineare Zusammenhang Kraft = Federkonstante x Verschiebung lässt sich unter den gleichen Voraussetzungen auch auf den Torsionsstab durch die Beschreibung Torsionsmoment = Torsionsfederkonstante x Verdrehwinkel übertragen. Mit der linearen Torsionsfederkonstante für den zylindrischen Torsionsstab

$$c_t = \frac{G \cdot I_p}{l}$$

wird die Steifigkeitsmatrix des Torsionsstabelementes

$$\underline{\underline{k}} = \begin{bmatrix} k_{11} & k_{12} \\ k_{21} & k_{22} \end{bmatrix} = \frac{G \cdot I_p}{l} \cdot \begin{bmatrix} 1 & -1 \\ -1 & 1 \end{bmatrix}. \qquad (9.14)$$

9.4.4 Steifigkeitsmatrix des Balkens

Für das geradlinige Balkenelement der Länge l mit konstanter Biegesteifigkeit $E \cdot I$, Bild 9.13, wollen wir die Steifigkeitsmatrix analog zum Vorgehen im Abschnitt 9.4.2 entwickeln.

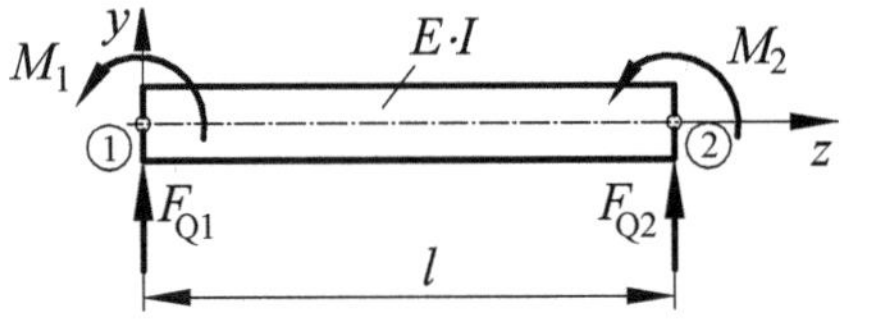

Bild 9.13: Balkenelement

In den beiden Knotenpunkten greifen jeweils – wie auf Bild 9.13 in positiver Richtung gezeigt – je eine Querkraft F_Q und ein Moment M an, die als *verallgemeinerte Knotenkräfte* $\underline{F}_i^{(e)}$ bezeichnet werden:

$$\underline{F}_1^{(e)} = \begin{bmatrix} F_{Q1} \\ M_1 \end{bmatrix} \quad \text{und} \quad \underline{F}_2^{(e)} = \begin{bmatrix} F_{Q2} \\ M_2 \end{bmatrix}.$$

Diese Belastungen rufen jeweils eine Verschiebung v quer zur Balkenachse und eine Verdrehung φ am Knoten in Richtung des Momentes hervor, die als *verallgemeinerte Knotenverschiebungen* $\underline{d}_i$ bezeichnet werden:

$$\underline{d}_1 = \begin{bmatrix} v_1 \\ \varphi_1 \end{bmatrix} \quad \text{und} \quad \underline{d}_2 = \begin{bmatrix} v_2 \\ \varphi_2 \end{bmatrix}.$$

Damit können wir analog zu Gl. (9.3) eine Steifigkeitsbeziehung auch für das Balkenelement mit vier Untermatrizen formulieren:

$$\begin{bmatrix} F_{Q1} \\ M_1 \\ F_{Q2} \\ M_2 \end{bmatrix} = \begin{bmatrix} \underline{\underline{k}}_{11}^{(e)} & \underline{\underline{k}}_{12}^{(e)} \\ \underline{\underline{k}}_{21}^{(e)} & \underline{\underline{k}}_{22}^{(e)} \end{bmatrix} \cdot \begin{bmatrix} v_1 \\ \varphi_1 \\ v_2 \\ \varphi_2 \end{bmatrix}. \qquad (9.15)$$

Die vier Untermatrizen der obigen Matrix werden mit den grundlegenden Beziehungen der elementaren Biegetheorie für einen Kragbalken mit Belastung durch eine Kraft bzw. Moment am freien Trägerende gemäß Bild 9.13 nach Tabelle 9.1 aufgestellt.

Für den am Knoten 2 durch eine gedachte Einspannung gehaltenen Balken ($v_2 = 0,\ \varphi_2 = 0$) erfährt der Knoten 1 durch die dort angreifende Belastung eine Verschiebung und eine Verdrehung, die mit Tabelle 9.1 wie folgt berechnet wird:

$$v_1 = \frac{F_{Q1} \cdot l^3}{3 \cdot E \cdot I} - \frac{M_1 \cdot l^2}{2 \cdot E \cdot I} \qquad \text{und} \qquad \varphi_1 = -\frac{F_{Q1} \cdot l^2}{2 \cdot E \cdot I} + \frac{M_1 \cdot l}{E \cdot I}.$$

Tabelle 9.1: Verformungen am Trägerende des Kragbalkens

Belastung am freien Trägerende	Durchbiegung	Verdrehwinkel
Kraft F_Q	$v = \frac{F_Q \cdot l^3}{3 \cdot E \cdot I}$	$\varphi = \frac{F_Q \cdot l^2}{2 \cdot E \cdot I}$
Moment M	$v = \frac{M \cdot l^2}{2 \cdot E \cdot I}$	$\varphi = \frac{M \cdot l}{E \cdot I}$

Nach Auflösung der obigen Gleichungen schreiben wir die Matrixgleichung des Elementes

$$\begin{bmatrix} F_{Q1} \\ M_1 \end{bmatrix} = \frac{2 \cdot E \cdot I}{l^3} \cdot \begin{bmatrix} 6 & 3l \\ 3l & 2l^2 \end{bmatrix} \cdot \begin{bmatrix} v_1 \\ \varphi_1 \end{bmatrix} \equiv \underline{\underline{k}}_{11}^{(e)} \cdot \begin{bmatrix} v_1 \\ \varphi_1 \end{bmatrix}, \tag{9.16}$$

aus der die Untermatrix $\underline{\underline{k}}_{11}^{(e)}$ folgt:

$$\underline{\underline{k}}_{11}^{(e)} = \frac{2 \cdot E \cdot I}{l^3} \cdot \begin{bmatrix} 6 & 3l \\ 3l & 2l^2 \end{bmatrix}. \tag{9.17}$$

Auf gleichem Wege, mit der Einspannung am Knoten 1 und der Belastung am Knoten 2 ergibt sich:

$$\begin{bmatrix} F_{Q2} \\ M_2 \end{bmatrix} = \frac{2 \cdot E \cdot I}{l^3} \cdot \begin{bmatrix} 6 & -3l \\ -3l & 2l^2 \end{bmatrix} \cdot \begin{bmatrix} v_2 \\ \varphi_2 \end{bmatrix} \equiv \underline{\underline{k}}_{22}^{(e)} \cdot \begin{bmatrix} v_2 \\ \varphi_2 \end{bmatrix} \tag{9.18}$$

mit der Untermatrix

$$\underline{\underline{k}}_{22}^{(e)} = \frac{2 \cdot E \cdot I}{l^3} \cdot \begin{bmatrix} 6 & -3l \\ -3l & 2l^2 \end{bmatrix}. \tag{9.19}$$

Die Verformungen des Knotens 2 rufen im Knoten 1 Reaktionen hervor , die wir aus den Gleichgewichtsbedingungen

$$\sum F_Q = F_{Q1} + F_{Q2} = 0 \qquad \text{und} \qquad \sum M = F_{Q2} \cdot l + M_1 + M_2 = 0$$

bzw. in Matrixform

$$\begin{bmatrix} F_{Q1} \\ M_1 \end{bmatrix} = \begin{bmatrix} -1 & 0 \\ -l & -1 \end{bmatrix} \cdot \begin{bmatrix} F_{Q2} \\ M_2 \end{bmatrix} \tag{9.20}$$

gewinnen. Ersetzen wir F_{Q2} und M_2 gemäß Gl. (9.18) folgt

$$\begin{bmatrix} F_{Q1} \\ M_1 \end{bmatrix} = \frac{2 \cdot E \cdot I}{l^3} \cdot \begin{bmatrix} -6 & 3l \\ -3l & l^2 \end{bmatrix} \cdot \begin{bmatrix} v_2 \\ \varphi_2 \end{bmatrix} \equiv \underline{\underline{k}}_{12}^{(e)} \cdot \begin{bmatrix} v_2 \\ \varphi_2 \end{bmatrix} \tag{9.21}$$

mit

$$\underline{\underline{k}}_{12}^{(e)} = \frac{2 \cdot E \cdot I}{l^3} \cdot \begin{bmatrix} -6 & 3l \\ -3l & l^2 \end{bmatrix} \cdot \begin{bmatrix} v_2 \\ \varphi_2 \end{bmatrix}. \tag{9.22}$$

Analog: Reaktionen im Knoten 2 durch Verformungen des Knotens 1

$$\begin{bmatrix} F_{Q2} \\ M_2 \end{bmatrix} = \begin{bmatrix} -1 & -l \\ 0 & -1 \end{bmatrix} \cdot \begin{bmatrix} F_{Q1} \\ M_1 \end{bmatrix}, \tag{9.23}$$

$$\begin{bmatrix} F_{Q2} \\ M_2 \end{bmatrix} = \frac{2 \cdot E \cdot I}{l^3} \cdot \begin{bmatrix} -6 & -3l \\ 3l & l^2 \end{bmatrix} \cdot \begin{bmatrix} v_1 \\ \varphi_1 \end{bmatrix} \equiv \underline{\underline{k}}_{21}^{(e)} \cdot \begin{bmatrix} v_1 \\ \varphi_1 \end{bmatrix} \tag{9.24}$$

und daraus

$$\underline{\underline{k}}_{21}^{(e)} = \frac{2 \cdot E \cdot I}{l^3} \cdot \begin{bmatrix} -6 & -3l \\ 3l & l^2 \end{bmatrix} \cdot \begin{bmatrix} v_1 \\ \varphi_1 \end{bmatrix}. \tag{9.25}$$

Der Vergleich der Gleichungen zeigt, dass Gl. (9.25) die Inversion der Gl. (9.22) ist:

$$\underline{\underline{k}}_{21}^{(e)} = \underline{\underline{k}}_{12}^{(e)\,\mathrm{T}}. \tag{9.26}$$

Setzen wir die Untermatrizen in Gl. (9.15) ein, erhalten wir die Steifigkeitsmatrix des Balkenelementes zu

$$\underline{\underline{k}}^{(e)} = \frac{2 \cdot E \cdot I}{l^3} \cdot \begin{bmatrix} 6 & 3l & -6 & 3l \\ 3l & 2l^2 & -3l & l^2 \\ -6 & -3l & 6 & -3l \\ 3l & l^2 & -3l & 2l^2 \end{bmatrix}. \tag{9.27}$$

Die Elemente dieser Steifigkeitsmatrix sind die Federkonstanten des Balkens; man bezeichnet sie als *Steifigkeitseinflusszahlen.*

Die Matrix, Gl. (9.27), ist symmetrisch und singulär. Die Untermatrizen in Gl. (9.15) sind im Gegensatz dazu nicht singulär, da die Teillösungen die unterschiedlichen Randbedingungen $v_1 = 0,\ \varphi_1 = 0$ und $v_2 = 0,\ \varphi_2 = 0$ berücksichtigen.

Für FE-Analysen wird das Balkenelement (wie auch das Stabelement) oft auch als *Kontinuumselement* – z.B. bei Schwingungsuntersuchungen – mit bestimmten Eigenschaften hinsichtlich Geometrie und Werkstoff benutzt. Um bestimmte Eigenschaften auszudrücken, müssen die entsprechende Differentialgleichung aufgestellt werden. Auf die Beschreibung von Kontinuumselementen wird im folgenden Abschnitt eingegangen.

9.5 Diskretisierung des Kontinuums

9.5.1 Ansatzfunktionen

Numerische Lösungen basieren in der Regel auf der Diskretisierung der Struktur. Wenn wir ein Kontinuum durch eine diskrete Struktur annähern wollen, ist der Verlauf der zu ermittelnden physikalischen Größe (Verschiebung, Druck, Temperatur etc.) auf den Elementen der diskreten Näherung abzubilden; d.h. der Verlauf ist an *endlich* vielen Stellen zu beschreiben. Man wählt also Näherungsfunktionen mit bestimmten Eigenschaften, mit dem Ziel einen einfachen Formalismus zur Interpolation der gesuchten physikalischen Größen zu erhalten, aus. Diese Funktionen werden als *Ansatzfunktionen*, auch als Form-, Näherungs-, Interpolations- oder HERMITEsche-Funktionen[110] bezeichnet. Für diese Funktionen (nicht für ihre Ableitungen) gilt:

- Die Funktion ist auf dem ganzen Element definiert.
- Jede Funktion ist einem Knoten des Elementes zugeordnet; an diesem Knoten hat die Funktion den Wert 1, an allen anderen Knoten den Wert 0.
- An gemeinsamen Kanten oder Flächen haben die Näherungsfunktionen der jeweiligen Knoten gemeinsame Werte.
- Aus den Funktionen muss sich ein linearer Ansatz bilden lassen, derart, dass eine konstante erste Ableitung (konstante Verzerrung) entsteht.

Für ein eindimensionales Element werden auf Bild 9.14 typische Ansatzfunktionen mit unterschiedlicher Potenz, die sich in der Zahl der Knoten niederschlägt sowie die mit diesen Funktionen möglichen Annäherungen an einen Kurvenverlauf gezeigt.

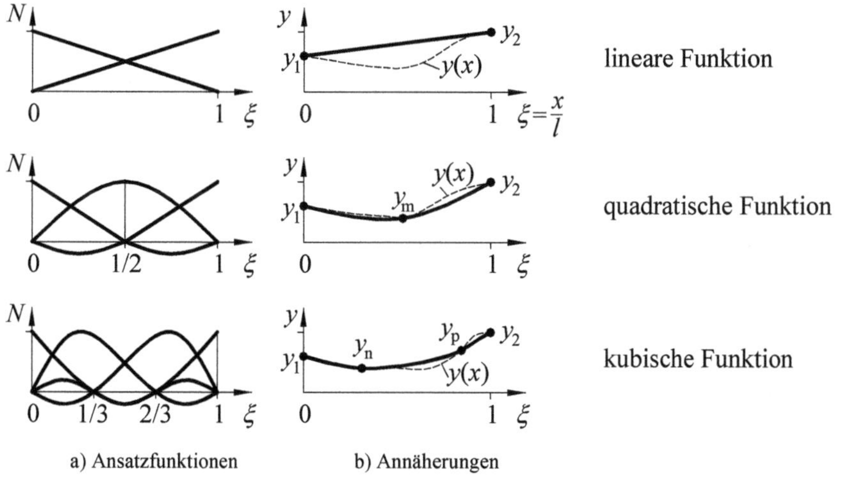

Bild 9.14: Ansatzfunktionen mit möglichen Annäherungen einer Kurve

110 CHARLES HERMITE, 1822–1901, französischer Mathematiker.

Es ist ersichtlich, dass die Qualität der Annäherung mit der Anzahl der Knoten pro Element zunimmt. Dem steht aber auch eine überproportionale Zunahme des Rechenaufwandes und damit der Kosten für die Rechnung gegenüber.

Aus der Ableitung des Prinzips der virtuellen Verrückung folgt die Forderung nach Stetigkeit des virtuellen und wirklichen Verschiebungszustandes[111].

Das erfordert, dass die physikalisch sinnvollen Ansatzfunktionen so gewählt werden müssen, dass sich mit ihnen die geometrischen Rand- und Übergangsbedingungen zwischen den Elementen auch einhalten lassen.

Es gelten einige grundsätzliche Forderungen:

- Für vorausgesetzten isotropen Werkstoff (in x- und y-Richtung dasselbe Spannungs- und Dehnungsverhalten) müssen die Funktionen vom gleichen mathematischen Typ sein.
- Die wesentlichen (kinematischen) Randbedingungen müssen erfüllt sein, dass vor, während und nach der Verformung keine Lücken zwischen benachbarten Elementrändern (Klaffungen), Bild 9.15, entstehen. Der Zusammenhang muss gewahrt bleiben.

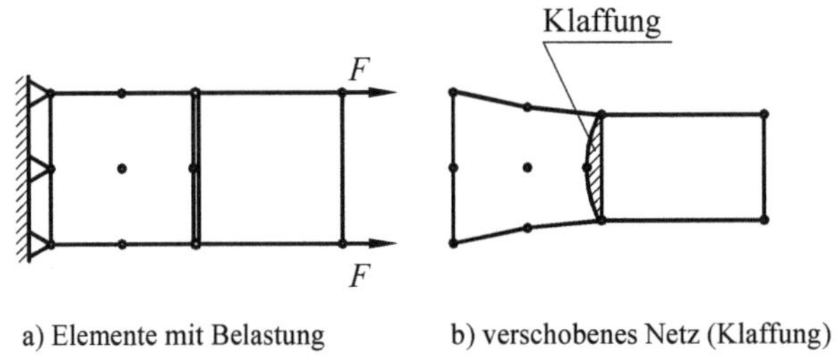
Klaffung
F
F
a) Elemente mit Belastung
b) verschobenes Netz (Klaffung)

Bild 9.15: Stetigkeitsverletzung durch Elemente unterschiedlichen Typs

- Damit die geometrischen Randbedingungen erfüllt sind, müssen die Verschiebungsansätze auf die Knoten normiert sein.
- Die Funktionen müssen ein konstantes Glied enthalten, damit im Inneren des Elementes keine Verzerrungen und Spannungen auftreten, wenn das Element Starrkörperbewegungen ausführt (Bild 9.16)

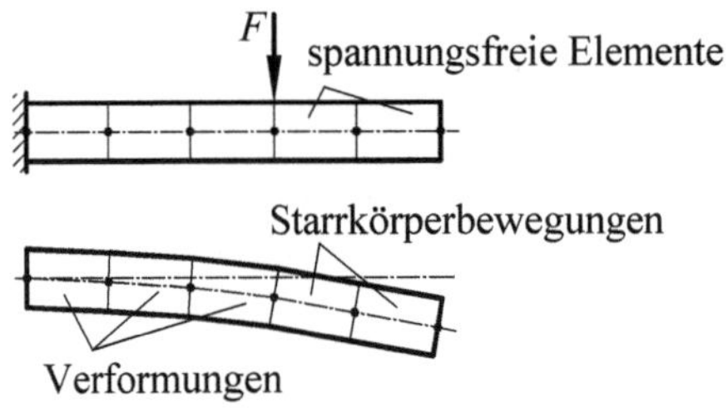

Bild 9.16: Verformung und Starrkörperbewegung eines Kragbalkens

---

111 Bei bestimmten praktischen Problemstellungen werden unter Umständen auch Stetigkeitsverletzungen (Inkompatibilitäten) zugelassen, was die diskretisierte Struktur (gewünscht) weicher werden lässt (das Finite-Elemente-Verfahren erfasst die reale Struktur immer zu steif). Überwiegt der Anteil solcher Verletzungen, können die Ergebnisse allerdings unsinnig werden.

9.5.2 Überblick über die Elemente zur Strukturanalyse

Während sich die Steifigkeitsmatrizen für Stabelemente – wie auch für Torsionsstab- und Balkenelemente – exakt angeben lassen, muss man sich beim Kontinuum künstlich finite Elemente schaffen. Zur Diskretisierung (Vernetzung) von Strukturen gibt es beliebig viele Möglichkeiten und die kommerziellen FE-Programmsysteme bieten hierzu eine große Auswahl an. In der praktischen Arbeit haben sich Einteilungen auf der Basis von Dreiecken und Vierecken durchgesetzt. Dabei lassen sich drei Hauptgruppen mit verschiedenen Typen und einer Vielzahl von Sonderelementen unterscheiden.
Für die mechanische Strukturanalyse stehen Linien-, Flächen- und Volumenelemente zur Verfügung. Auf Bild 9.17 sind die Grundformen der Elemente für lineare Ansatzfunktionen zusammengestellt.

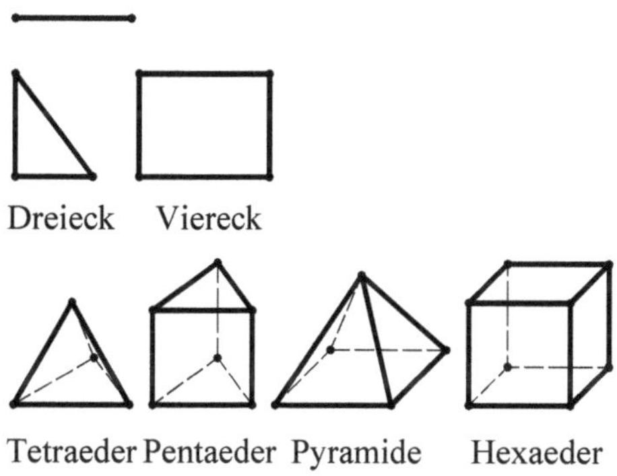

Bild 9.17: Elementformen mit linearer Ansatzfunktion

Um das Verständnis zur Problematik der Elemente zu entwickeln, werden wir uns nachfolgend mit einem einfachen Scheibentyp befassen. Dies ist das Dreieckelement mit linearem Verschiebungsansatz (CST-Element; englisch: constant strain triangle).

Tatsächlich ist das Dreieckelement als historischer Ausgangspunkt für die Entwicklung der Finite-Elemente-Methode anzusehen. Es hat wegen seiner Einfachheit noch immer seine praktische Bedeutung.

9.5.3 Das Dreieckelement mit linearem Verschiebungsansatz

Bauteile, die wir mit den Gleichungen des ebenen Spannungszustandes[112] berechnen können, bezeichnet man als Scheiben. Ein solcher Körper (siehe Bild 9.18) besitzt zwei Hauptausdehnungsrichtungen z.B. die x- und y-Richtung. Die dritte Ausdehnungsrichtung entlang der z-Achse beschreiben wir über die Dicke s. Die zwischen den Deckflächen liegende Mittelfläche mit dem Normalenvektor $\underline{n}_z$ hat die Koordinate $z = 0$. Die x- und y-Achse liegen somit in der Mittelfläche.

112 Probleme des ebenen Verzerrungszustandes (Abschnitt 3.3) werden hier nicht behandelt.

Voraussetzungen für den ebenen Spannungszustand (siehe Abschnitt 2.2) sind:

- Die Scheibendicke ist viel kleiner, als die übrigen Abmessungen ($s/l \ll 1$); die Dicke ändert sich nur geringfügig.
- Die Belastung liegt in der Scheibenmittelfläche.
- Spannungen und Verzerrungen sind über die Scheibendicke konstant.

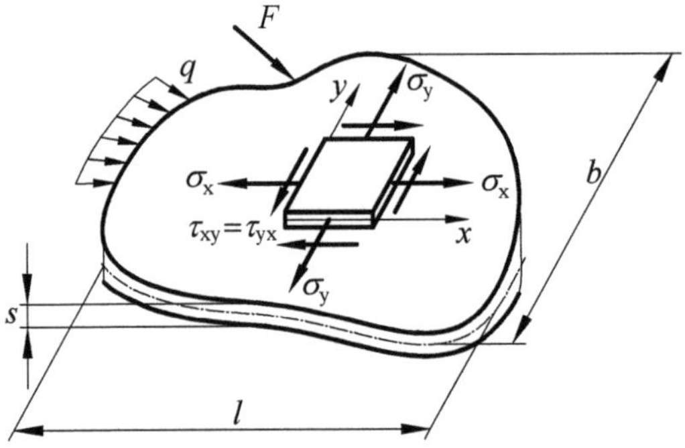

Zur näherungsweisen Nachbildung des Verformungsverhaltens der Scheibe müssen wir das ebene Kontinuum in finite Elemente nachbilden. Wenn wir die geometrische Form einer Scheibe in möglichst einfache, gleichartige Elemente aufteilen wollen, sind Dreieckformen sehr gut geeignet.

Bild 9.18: Definition des Scheibenproblems

Bei dem für die folgenden Erklärungen gewählten Dreieckelement mit linearem Verschiebungsansatz kommen alle wesentlichen Gesichtspunkte zum Tragen; bei „höheren Elementen“ ist nur der mathematische Aufwand deutlich größer.

Das grundsätzliche Problem – selbst für diese einfache Dreieckscheibe – ist, dass der Zusammenhang zwischen Belastung, Spannung und Verformung in allgemeiner Form nicht angegeben werden kann, da der Verschiebungsverlauf innerhalb des Elementes nicht bekannt ist.

Auch beim Kontinuum werden wie beim Fachwerk die Verschiebungen der Knoten als grundlegende Unbekannte eingeführt. Da wir aber den Verschiebungsverlauf im Inneren des Elementes nicht exakt angeben können, können die Verschiebungen innerhalb des Elementes auch nicht exakt durch die Knotenverschiebungen ausgedrückt werden. Das bedeutet, dass die Elementsteifigkeitsmatrix nur näherungsweise berechnet werden kann. Ein somit erforderlicher Näherungsansatz für den Verschiebungsverlauf wird mit der Wirklichkeit besser übereinstimmen, je kleiner die Elemente sind (aber nicht unendlich klein) und je mehr Parameter dieser Ansatz hat – mit der Konsequenz, dass damit das Gleichungssystem größer wird.

Aus dem genäherten festgelegten Verschiebungsverlauf können wir durch Differenzieren die Verzerrungen und über das Stoffgesetz die Spannungen und daraus die unbekannten Kräfte in jedem Punkt eines Elementes mit den Knotenverschiebungen als Parameter bestimmen.

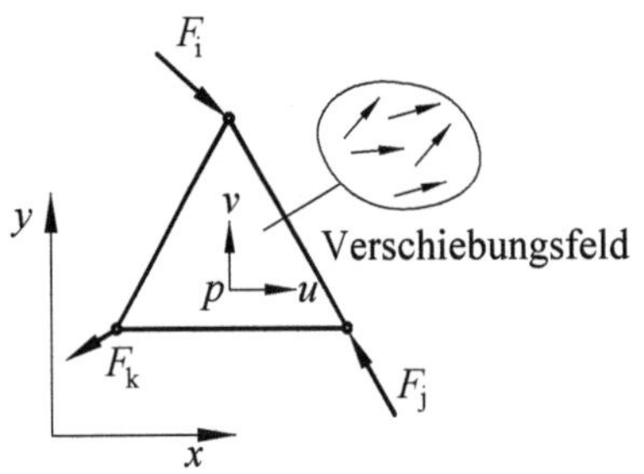

Das nicht exakt lösbare Problem, die beiden Funktionen $u(x,y)$ und $v(x,y)$ an einem beliebigen Punkt des finiten Elementes für die an den Knoten angreifende äußeren Kräfte, siehe Bild 9.19, in allgemeiner Form anzugeben, machen wir durch zwei vereinfachende Annahmen der Näherungslösung zugänglich:

Bild 9.19: CST-Element mit Belastung und Verschiebungsfeld

- Die Kräfte greifen nur in den Knoten des Elementes an. Das heißt dann, dass Schnittkräfte längs der Elementseiten durch äquivalente Einzelkräfte in den Knoten ersetzt werden müssen.
- Die Verschiebungen $u_i(x,y)$. und $v_i(x,y)$ an einer beliebigen Stelle innerhalb oder auf den Rändern des Elementes sind eindeutig durch die *Knotenverschiebungen* bestimmt.

Die Ansatzfunktionen, die diesen Zusammenhang beschreiben, gibt man selbst vor.

Für die Umsetzung dieser Forderungen zur Aufstellung der Steifigkeitsmatrix eines Dreieckelementes unter Berücksichtigung linear elastischen Verhaltens werden die folgenden Schritte ausgeführt:

1. Festlegung der Koordinaten und Bezeichnungen

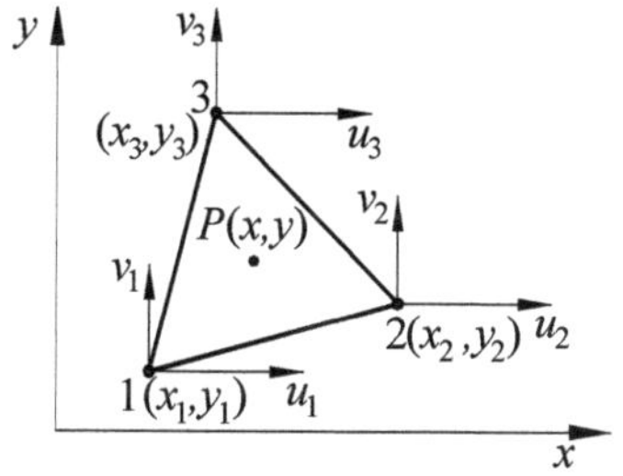

Im rechtwinkligen Koordinatensystem, siehe Bild 9.20, haben die drei Knoten 1, 2, 3 die Koordinaten $(x_1, y_1) \cdots (x_3, y_3)$.

Beim ebenen Problem hat das Dreieckelement je Knoten zwei Freiheitsgrade (Verschiebungen u_i, v_i); also sechs Freiheitsgrade.

Bild 9.20: Knotenverschiebungen am Dreieckelement

2. Wahl des Verschiebungsansatzes

Ein vollständiger linearer Verschiebungsansatz für die Verschiebung eines beliebigen Punktes in jedem Punkt des Dreiecks bei isotropem Werkstoffverhalten für die sechs Freiheitsgrade hat die Form

$$u(x,y) = \alpha_1 + \alpha_2 \cdot x + \alpha_3 \cdot y \tag{9.28a}$$

$$v(x,y) = \beta_1 + \beta_2 \cdot x + \beta_3 \cdot y\,. \tag{9.28b}$$

Die Konstanten α_i, β_i bestimmen wir, wenn wir in die Gleichungen (9.28) nacheinander die Knotenwerte x_i, y_i einsetzen (*Normierung*):

$$u_1 = \alpha_1 + \alpha_2 \cdot x_1 + \alpha_3 \cdot y_1$$

$$u_2 = \alpha_1 + \alpha_2 \cdot x_2 + \alpha_3 \cdot y_2$$

$$u_3 = \alpha_1 + \alpha_2 \cdot x_3 + \alpha_3 \cdot y_3\,,$$

in der Matrixform

$$\begin{bmatrix} u_1 \\ u_2 \\ u_3 \end{bmatrix} = \begin{bmatrix} 1 & x_1 & y_1 \\ 1 & x_2 & y_2 \\ 1 & x_3 & y_3 \end{bmatrix}_1 \cdot \begin{bmatrix} \alpha_1 \\ \alpha_2 \\ \alpha_3 \end{bmatrix}; \qquad \underline{u} = \underline{\underline{A}} \cdot \underline{\alpha} \tag{9.29a}$$

und analog für v

$$\begin{bmatrix} v_1 \\ v_2 \\ v_3 \end{bmatrix} = \begin{bmatrix} 1 & x_1 & y_1 \\ 1 & x_2 & y_2 \\ 1 & x_3 & y_3 \end{bmatrix}_1 \cdot \begin{bmatrix} \beta_1 \\ \beta_2 \\ \beta_3 \end{bmatrix}; \qquad \underline{v} = \underline{\underline{A}} \cdot \underline{\beta}. \tag{9.29b}$$

Durch diesen Ansatz haben wir erreicht, dass nicht mehr die Funktionen $u(x,y)$ und $v(x,y)$ als Unbekannte auftreten, sondern die konstanten Ansatzkoeffizienten α_i und β_i.

Die Bestimmung dieser Unbekannten erfordert die mit der Umstellung der beiden obigen Gleichungen verbundene Invertierung der Matrix $\underline{\underline{A}}$. Für die inverse Matrix schreiben wir

$$\underline{\underline{A}}^{-1} = \frac{1}{\det \underline{\underline{A}}} \cdot \begin{bmatrix} x_2 y_3 - x_3 y_2 & x_3 y_1 - x_1 y_3 & x_1 y_2 - x_2 y_1 \\ y_2 - y_3 & y_3 - y_1 & y_1 - y_2 \\ x_3 - x_2 & x_1 - x_3 & x_2 - x_1 \end{bmatrix}. \tag{9.30}$$

Mit der Abkürzung

$$\det \underline{\underline{A}} = \begin{vmatrix} 1 & x_1 & y_1 \\ 1 & x_2 & y_2 \\ 1 & x_3 & y_3 \end{vmatrix} = 1 \cdot (x_2 y_3 - x_3 y_2) - 1 \cdot (x_1 y_3 - x_3 y_1) + 1 \cdot (x_1 y_2 - x_2 y_1) = 2\,A_\Delta$$

sowie der Substitution der Differenzen der Knotenkoordinaten

$$\underline{\underline{A}}^{-1} = \frac{1}{\det \underline{\underline{A}}} \begin{bmatrix} x_2 y_3 - x_3 y_2 & x_3 y_1 - x_1 y_3 & x_1 y_2 - x_2 y_1 \\ y_2 - y_3 & y_3 - y_1 & y_1 - y_2 \\ x_3 - x_2 & x_1 - x_3 & x_2 - x_1 \end{bmatrix} = \frac{1}{2\,A_\Delta} \begin{bmatrix} a_1 & a_2 & a_3 \\ b_1 & b_2 & b_3 \\ c_1 & c_2 & c_3 \end{bmatrix}$$

können wir für die Berechnung der Ansatzkoeffizienten schreiben:

$$\begin{bmatrix} \alpha_1 \\ \alpha_2 \\ \alpha_3 \end{bmatrix} = \frac{1}{2\,A_\Delta} \begin{bmatrix} a_1 & a_2 & a_3 \\ b_1 & b_2 & b_3 \\ c_1 & c_2 & c_3 \end{bmatrix} \cdot \begin{bmatrix} u_1 \\ u_2 \\ u_3 \end{bmatrix}; \qquad \underline{\alpha} = \underline{\underline{A}}^{-1} \cdot \underline{u} \tag{9.31a}$$

$$\begin{bmatrix} \beta_1 \\ \beta_2 \\ \beta_3 \end{bmatrix} = \frac{1}{2\,A_\Delta} \begin{bmatrix} a_1 & a_2 & a_3 \\ b_1 & b_2 & b_3 \\ c_1 & c_2 & c_3 \end{bmatrix} \cdot \begin{bmatrix} v_1 \\ v_2 \\ v_3 \end{bmatrix}; \qquad \underline{\beta} = \underline{\underline{A}}^{-1} \cdot \underline{v}. \tag{9.31b}$$

3. Ermittlung der Formfunktion *N* (englisch: shape function)

Setzen wir gemäß den Gleichungen (9.31) die Ansatzkoeffizienten

$$\alpha_1 = \frac{1}{2\,A_\Delta} \cdot (a_1 \cdot u_1 + a_2 \cdot u_2 + a_3 \cdot u_3) \qquad \beta_1 = \frac{1}{2\,A_\Delta} \cdot (a_1 \cdot v_1 + a_2 \cdot v_2 + a_3 \cdot v_3)$$

$$\alpha_2 = \frac{1}{2\,A_\Delta} \cdot (b_1 \cdot u_1 + b_2 \cdot u_2 + b_3 \cdot u_3) \qquad \beta_2 = \frac{1}{2\,A_\Delta} \cdot (b_1 \cdot v_1 + b_2 \cdot v_2 + b_3 \cdot v_3)$$

$$\alpha_3 = \frac{1}{2A_\Delta} \cdot (c_1 \cdot u_1 + c_2 \cdot u_2 + c_3 \cdot u_3) \qquad \beta_3 = \frac{1}{2A_\Delta} \cdot (c_1 \cdot v_1 + c_2 \cdot v_2 + c_3 \cdot v_3)$$

in die Ansatzfunktionen, Gl. (9.28) ein

$$u(x,y) = \frac{1}{2A_\Delta} \cdot \left[a_1 \cdot u_1 + a_2 \cdot u_2 + a_3 \cdot u_3 + (b_1 \cdot u_1 + b_2 \cdot u_2 + b_3 \cdot u_3)x + (c_1 \cdot u_1 + c_2 \cdot u_2 + c_3 \cdot u_3)y\right],$$

$$v(x,y) = \frac{1}{2A_\Delta} \cdot \left[a_1 \cdot v_1 + a_2 \cdot v_2 + a_3 \cdot v_3 + (b_1 \cdot v_1 + b_2 \cdot v_2 + b_3 \cdot v_3)x + (c_1 \cdot v_1 + c_2 \cdot v_2 + c_3 \cdot v_3)y\right]$$

und ordnen nach den Knotenverschiebungen

$$u(x,y) = \frac{1}{2A_\Delta} \cdot \left[\underbrace{(a_1 + b_1 \cdot x + c_1 \cdot y)}_{N_1} \cdot u_1 + \underbrace{(a_2 + b_2 \cdot x + c_2 \cdot y)}_{N_2} \cdot u_2 + \underbrace{(a_3 + b_3 \cdot x + c_3 \cdot y)}_{N_3} \cdot u_3 \right],$$

$$v(x,y) = \frac{1}{2A_\Delta} \cdot \left[\underbrace{(a_1 + b_1 \cdot x + c_1 \cdot y)}_{N_1} \cdot v_1 + \underbrace{(a_2 + b_2 \cdot x + c_2 \cdot y)}_{N_2} \cdot v_2 + \underbrace{(a_3 + b_3 \cdot x + c_3 \cdot y)}_{N_3} \cdot v_3 \right],$$

wird zusammengefasst die Ansatzfunktion

$$u(x,y) = \frac{1}{2A_\Delta} \cdot \sum_{i=1}^{3} (a_i + b_i \cdot x + c_i \cdot y) \cdot u_i \tag{9.32a}$$

$$v(x,y) = \frac{1}{2A_\Delta} \cdot \sum_{i=1}^{3} (a_i + b_i \cdot x + c_i \cdot y) \cdot v_i \tag{9.32b}$$

mit der Formfunktion

$$N_i(x,y) = \frac{1}{2A_\Delta} \cdot (a_i + b_i \cdot x + c_i \cdot y). \tag{9.33}$$

Die Verschiebungen innerhalb eines Elementes hängen linear von den Knotenverschiebungen ab (gerade Linien der Elementränder), also

$$\begin{aligned} u(x,y) &= N_1 \cdot u_1 + N_2 \cdot u_2 + N_3 \cdot u_3 \\ v(x,y) &= N_1 \cdot v_1 + N_2 \cdot v_2 + N_3 \cdot v_3 . \end{aligned} \tag{9.34a}$$

Die Formfunktionen N verknüpfen zwei Verschiebungen (u, v) innerhalb eines Elementes mit sechs Knotenverschiebungen u_i, v_i.

$$\begin{bmatrix} u \\ v \end{bmatrix} = \begin{bmatrix} N_1 & 0 & N_2 & 0 & N_3 & 0 \\ 0 & N_1 & 0 & N_2 & 0 & N_3 \end{bmatrix} \cdot \begin{bmatrix} u_1 \\ v_1 \\ u_2 \\ v_2 \\ u_3 \\ v_3 \end{bmatrix}; \qquad \underline{u} = \underline{\underline{N}} \cdot \underline{d}. \tag{9.34b}$$

Die Aufstellung der Formfunktionen wird anhand eines einfachen Zahlenbeispiels nachfolgend demonstriert.

Beispiel 9.4

Für ein Dreieckelement nach Bild 9.20 mit den folgenden Koordinatenwerten der Knoten sollen die Formfunktionen berechnet werden: $P_1(1,1)$, $P_2(5,2)$, $P_3(4,6)$.

Lösung:

Mit $a_1 = x_2 y_3 - x_3 y_2 \quad b_1 = y_2 - y_3 \quad c_1 = x_3 - x_2$

$a_2 = x_3 y_1 - x_1 y_3 \quad b_2 = y_3 - y_1 \quad c_2 = x_1 - x_3$

$a_3 = x_1 y_2 - x_2 y_1 \quad b_3 = y_1 - y_2 \quad c_3 = x_2 - x_1$

und $2A_\Delta = (x_2 y_3 - x_3 y_2) - (x_1 y_3 - x_3 y_1) + (x_1 y_2 - x_2 y_1) = 17\,\text{LE}^2$

werden mit Gl. (9.33) $N_i = \frac{1}{2A_\Delta} \cdot (a_i + b_i \cdot x + c_i \cdot y)$:

$N_1 = \frac{1}{17} \cdot (22 - 4 \cdot x - y)$ $\qquad P_1(1,1): \quad N_{1,1} = 1$

$P_2(5,2): \quad N_{1,2} = 0$

$P_3(4,6): \quad N_{1,3} = 0$

$N_2 = \frac{1}{17} \cdot (-2 + 5 \cdot x - 3y)$ $\qquad P_1(1,1): \quad N_{2,1} = 0$

$P_2(5,2): \quad N_{2,2} = 1$

$P_3(4,6): \quad N_{2,3} = 0$

$N_3 = \frac{1}{17} \cdot (-3 - x + 4y)$ $\qquad P_1(1,1): \quad N_{3,1} = 0$

$P_2(5,2): \quad N_{3,2} = 0$

$P_3(4,6): \quad N_{3,3} = 1.$

Wie wir erkennen können, nehmen die Formfunktionen in den Knotenpunkten die Werte „0" und „1" an und zwar jede Formfunktion in „ihrem" Knoten den Wert 1, sonst 0 (vgl. auch Abschnitt 9.5.1);

$$N_{\mathrm{i}} = N_{\mathrm{i}}(x_{\mathrm{k}}, y_{\mathrm{k}}) = \begin{cases} 1 & \text{für} \quad \mathrm{i} = \mathrm{k} \\ 0 & \text{für} \quad \mathrm{i} \neq \mathrm{k}. \end{cases} \tag{9.35}$$

Durch diese Fundamentaleigenschaft müssen die Formfunktionen Interpolierende sein. Das heißt auch, dass man die Steifigkeitsmatrix dadurch bestimmen kann, dass an den Knoten Einheitsverschiebungen aufgebracht werden. Die dabei entstehenden Reaktionskräfte entsprechen den Werten der Steifigkeitsmatrix. Dies wurde bereits im Abschnitt 9.4.2 am Beispiel des Stabes gezeigt.
Die Verschiebungen längs der Dreiecksseiten hängen – wie auch aus Bild 9.21 anschaulich zu erkennen – nur von den Eckpunkten ab; d.h. die Verschiebungen sind entsprechend der Formfunktion linear.

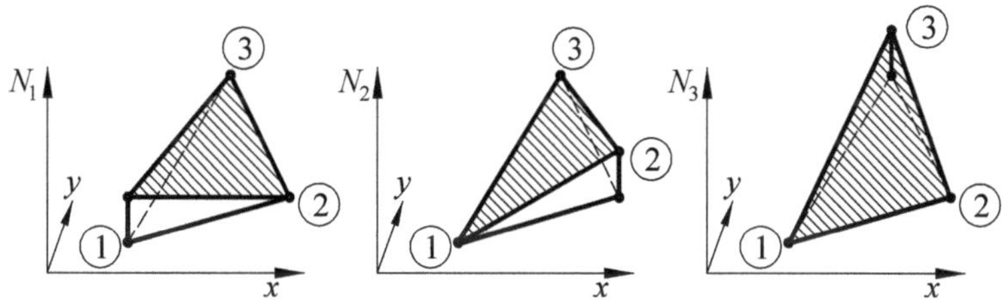

Bild 9.21: Lineare Formfunktionen für das finite Dreieckelement

4. Zusammenhang zwischen Knotenverschiebungen und Elementverzerrung

Die Beziehungen für die Verzerrung des Dreieckelementes beim ebenen Spannungszustand lauten mit den Gleichungen (3.10) bis (3.12) in der Matrixform $\underline{\varepsilon} = \underline{\underline{D}} \cdot \underline{u}$:

$$\begin{bmatrix} \varepsilon_{\mathrm{x}} \\ \varepsilon_{\mathrm{y}} \\ \gamma_{\mathrm{xy}} \end{bmatrix} = \begin{bmatrix} \partial / \partial x & 0 \\ 0 & \partial / \partial y \\ \partial / \partial y & \partial / \partial x \end{bmatrix} \cdot \begin{bmatrix} u \\ \\ v \end{bmatrix}.$$

Mit Gl. (9.34b): $\underline{u} = \underline{\underline{N}} \cdot \underline{d}$, wird $\underline{\varepsilon} = \underline{\underline{D}} \cdot \underline{\underline{N}} \cdot \underline{d}$:

$$\begin{bmatrix} \varepsilon_{\mathrm{x}} \\ \varepsilon_{\mathrm{y}} \\ \gamma_{\mathrm{xy}} \end{bmatrix} = \begin{bmatrix} \partial / \partial x & 0 \\ 0 & \partial / \partial y \\ \partial / \partial y & \partial / \partial x \end{bmatrix} \cdot \begin{bmatrix} N_2 & 0 & N_2 & 0 & N_2 & 0 \\ 0 & N_2 & 0 & N_2 & 0 & N_2 \end{bmatrix} \cdot \begin{bmatrix} u_1 \\ v_1 \\ u_2 \\ v_2 \\ u_3 \\ v_3 \end{bmatrix}.$$

Die Multiplikation der Differentialoperatormatrix $\underline{\underline{D}}$ mit der Formfunktionsmatrix $\underline{\underline{N}}$ ergibt

$$\begin{bmatrix} \varepsilon_{\mathrm{x}} \\ \varepsilon_{\mathrm{y}} \\ \gamma_{\mathrm{xy}} \end{bmatrix} = \begin{bmatrix} \frac{\partial N_1}{\partial x} & 0 & \frac{\partial N_2}{\partial x} & 0 & \frac{\partial N_3}{\partial x} & 0 \\ 0 & \frac{\partial N_1}{\partial y} & 0 & \frac{\partial N_2}{\partial y} & 0 & \frac{\partial N_3}{\partial y} \\ \frac{\partial N_1}{\partial y} & \frac{\partial N_1}{\partial x} & \frac{\partial N_2}{\partial y} & \frac{\partial N_2}{\partial x} & \frac{\partial N_3}{\partial y} & \frac{\partial N_3}{\partial x} \end{bmatrix} \cdot \begin{bmatrix} u_1 \\ v_1 \\ u_2 \\ v_2 \\ u_3 \\ v_3 \end{bmatrix}; \qquad (9.36)$$

die partiellen Ableitungen ausgeführt, wird:

$$\begin{bmatrix} \varepsilon_{\mathrm{x}} \\ \varepsilon_{\mathrm{y}} \\ \gamma_{\mathrm{xy}} \end{bmatrix} = \frac{1}{2\,A_\Delta} \begin{bmatrix} b_1 & 0 & b_2 & 0 & b_3 & 0 \\ 0 & c_1 & 0 & c_2 & 0 & c_3 \\ c_1 & b_1 & c_2 & b_2 & c_3 & b_3 \end{bmatrix} \cdot \begin{bmatrix} u_1 \\ v_1 \\ u_2 \\ v_2 \\ u_3 \\ v_3 \end{bmatrix}. \qquad (9.37)$$

In dieser Gleichung ist die Matrix $\underline{\underline{B}} = \underline{\underline{D}} \cdot \underline{\underline{N}}$

$$\underline{\underline{B}} = \frac{1}{2\,A_\Delta} \begin{bmatrix} b_1 & 0 & b_2 & 0 & b_3 & 0 \\ 0 & c_1 & 0 & c_2 & 0 & c_3 \\ c_1 & b_1 & c_2 & b_2 & c_3 & b_3 \end{bmatrix}, \qquad (9.38)$$

ausgeschrieben

$$\underline{\underline{B}} = \frac{1}{2\,A_\Delta} \begin{bmatrix} y_2 - y_3 & 0 & y_3 - y_1 & 0 & y_1 - y_2 & 0 \\ 0 & x_3 - x_2 & 0 & x_1 - x_3 & 0 & x_2 - x_1 \\ x_3 - x_2 & y_2 - y_3 & x_1 - x_3 & y_3 - y_1 & x_2 - x_1 & y_1 - y_2 \end{bmatrix}.$$

Wie wir sehen, enthält die Matrix $\underline{\underline{B}}$ nur konstante Größen – die Knotenkoordinaten. Das zeigt, dass bei einem linearen Verschiebungsansatz die Ableitungen, die Verzerrungen $\underline{\varepsilon} = \underline{\underline{B}} \cdot \underline{d}$ und natürlich dann auch die Spannungen im ganzen Element konstant sein müssen.

Das Spannungsfeld als Funktion der Knotenverschiebung berechnen wir über das Stoffgesetz

$$\underline{\sigma} = \underline{\underline{E}} \cdot \underline{\varepsilon} = \underline{\underline{E}} \cdot \underline{\underline{B}} \cdot \underline{d}. \qquad (9.39)$$

5. Ermittlung der Steifigkeitsmatrix

Zur Ermittlung der Steifigkeitsmatrix ersetzen wir das Spannungsfeld des Dreieckelementes, Gl. (9.39) zunächst durch statisch äquivalente Knotenkräfte gemäß Bild 9.22.

Die äußeren Kräfte, die einen festen Körper verformen, leisten die äußere Arbeit W. Dies ist mit einer Zunahme der inneren Energie U verbunden. Die Zusammenhänge hierzu sind ausführlich im Kapitel 8 erklärt. Es gilt Gl. (8.4): $W = U$.

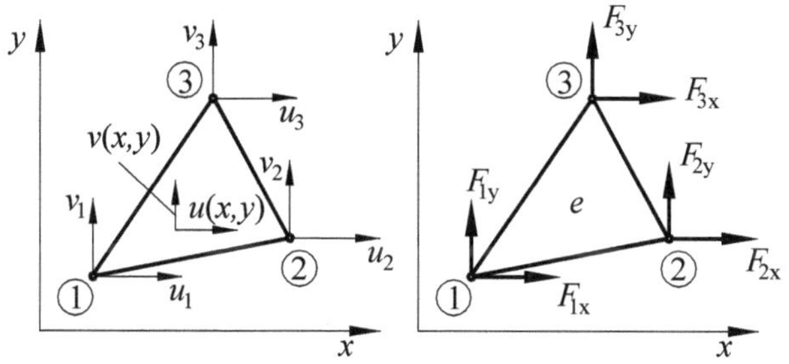

a) Knotenverschiebungen b) Knotenkräfte

Bild 9.22: Zusammenhang Knotenverschiebungen-Knotenkräfte

Für die elastische Arbeit der Knotenkräfte $\underline{F}_{\mathrm{i}}^{(e)}$ (nicht zu verwechseln mit den äußeren Kräften $\underline{F}_{\mathrm{i}}$) der Knotenverschiebung schreiben wir mit Gl. (8.5a):

$$W = \frac{1}{2} \cdot F \cdot s = \frac{1}{2} \cdot \underline{F}^{(e)\mathrm{T}} \cdot \underline{d} = \frac{1}{2} \cdot \underline{d}^{\mathrm{T}} \cdot \underline{F}^{(e)} = \frac{1}{2} \cdot \underline{d}^{\mathrm{T}} \cdot \underline{\underline{k}} \cdot \underline{d} \,. \qquad (9.40)$$

Für die innere Energie setzen wir mit Gl. (8.26) für ein Scheibenelement mit der konstanten Blechdicke t (ebener Spannungszustand)

$$U = \frac{t}{2} \cdot \int_A \underline{\sigma}^{\mathrm{T}} \cdot \underline{\varepsilon} \cdot dA = \frac{t}{2} \cdot \int_A \underline{\varepsilon}^{\mathrm{T}} \cdot \underline{\sigma} \cdot dA \,. \qquad (9.41)$$

Wir haben einen linearen Näherungsansatz gewählt, für den sowohl die Spannungen als auch die Dehnungen konstant sind, sodass wir

$$U = \frac{t}{2} \cdot A_{\Delta} \cdot \underline{\varepsilon}^{\mathrm{T}} \cdot \underline{\sigma}$$

schreiben können. Damit und mit Gl. (9.40) wird gemäß Gl. (8.4):

$$\frac{1}{2} \cdot \underline{d}^{\mathrm{T}} \cdot \underline{\underline{k}} \cdot \underline{d} = \frac{t}{2} \cdot A_{\Delta} \cdot \underline{\varepsilon}^{\mathrm{T}} \cdot \underline{\sigma} \,.$$

Mit Gleichung (9.39): $\underline{\sigma} = \underline{\underline{E}} \cdot \underline{\varepsilon} = \underline{\underline{E}} \cdot \underline{\underline{B}} \cdot \underline{d}$

und $\underline{\varepsilon}^{\mathrm{T}} = (\underline{\underline{B}} \cdot \underline{d})^{\mathrm{T}} = \underline{d}^{\mathrm{T}} \cdot \underline{\underline{B}}^{\mathrm{T}}$

wird $\frac{1}{2} \cdot \underline{d}^{\mathrm{T}} \cdot \underline{\underline{k}} \cdot \underline{d} = \frac{t}{2} \cdot A_{\Delta} \cdot \underline{d}^{\mathrm{T}} \cdot \underline{\underline{B}}^{\mathrm{T}} \cdot \underline{\underline{E}} \cdot \underline{\underline{B}} \cdot \underline{d} \,.$

Damit können wir für die Steifigkeitsmatrix des CST-Elementes (Scheibenelement, linearer Ansatz, konstante Spannungen und Dehnungen) schreiben:

$$\underline{\underline{k}} = A_{\Delta} \cdot t \cdot \underline{\underline{B}}^{\mathrm{T}} \cdot \underline{\underline{E}} \cdot \underline{\underline{B}} \,. \qquad (9.42a)$$

Die Rechnung ausgeführt

$$\underline{\underline{k}} = A_\Delta \cdot t \cdot \frac{1}{2\,A_\Delta}\begin{bmatrix} b_1 & 0 & c_1 \\ 0 & c_1 & b_1 \\ b_2 & 0 & c_2 \\ 0 & c_2 & b_2 \\ b_3 & 0 & c_3 \\ 0 & c_3 & b_3 \end{bmatrix} \cdot \frac{E}{1-\nu^2}\begin{bmatrix} 1 & \nu & 0 \\ \nu & 1 & 0 \\ 0 & 0 & \frac{1-\nu}{2} \end{bmatrix} \cdot \frac{1}{2\,A_\Delta}\begin{bmatrix} b_1 & 0 & b_2 & 0 & b_3 & 0 \\ 0 & c_1 & 0 & c_2 & 0 & c_3 \\ c_1 & b_1 & c_2 & b_2 & c_3 & b_3 \end{bmatrix}$$

ergibt die symmetrische Steifigkeitsmatrix des Dreieckelementes:

$$\underline{\underline{k}} = \frac{E \cdot t}{4\,A_\Delta (1-\nu^2)} \cdot \underline{\underline{M}} \qquad (9.42b)$$

mit der 6x6-Matrix $\underline{\underline{M}}$:

$$\begin{bmatrix} b_1^2+\frac{1-\nu}{2}c_1^2 & \nu b_1 c_1+\frac{1-\nu}{2}b_1 c_1 & b_1 b_2+\frac{1-\nu}{2}c_1 c_2 & \nu b_1 c_2+\frac{1-\nu}{2}b_2 c_1 & b_1 c_3+\frac{1-\nu}{2}c_1 c_3 & \nu b_1 c_3+\frac{1-\nu}{2}b_3 c_1 \\ & c_1^2+\frac{1-\nu}{2}b_1^2 & \nu b_2 c_1+\frac{1-\nu}{2}b_1 c_2 & c_1 c_2+\frac{1-\nu}{2}b_1 b_2 & \nu b_3 c_1 1+\frac{1-\nu}{2}b_1 c_3 & c_1 c_3+\frac{1-\nu}{2}b_1 b_3 \\ & & b_2^2+\frac{1-\nu}{2}c_2^2 & \nu b_2 c_2+\frac{1-\nu}{2}b_2 c_2 & b_2 b_3+\frac{1-\nu}{2}c_2 c_3 & \nu b_2 c_3+\frac{1-\nu}{2}b_3 c_2 \\ & & & c_2^2+\frac{1-\nu}{2}b_2^2 & \nu b_3 c_3 2+\frac{1-\nu}{2}b_2 c_3 & b_3 b_3+\frac{1-\nu}{2}c_3 c_3 \\ & & & & b_3^2+\frac{1-\nu}{2}c_3^2 & \nu b_3 c_3+\frac{1-\nu}{2}b_3 c_3 \\ \text{symm.} & & & & & c_3^2+\frac{1-\nu}{2}b_3^2 \end{bmatrix}$$

Wenn man zudem berücksichtigt, dass die Konstanten b_i. und c_i die Differenzen der Knotenkoordinaten darstellen, erhält man eine Vorstellung von der Datenmenge – schon des einfachsten Scheibenelementes – unabhängig von der noch folgenden Rechnung.
Die Gültigkeit einer Rechnung lässt sich gut an einem schon bekannten Problem überprüfen. Dies soll mit der folgenden Beispiel gezeigt werden.

Beispiel 9.5

Die bekannte Steifigkeitsmatrix für das Stabelement, Bild 9.23, soll nun über den linearen Näherungsansatz entwickelt werden:

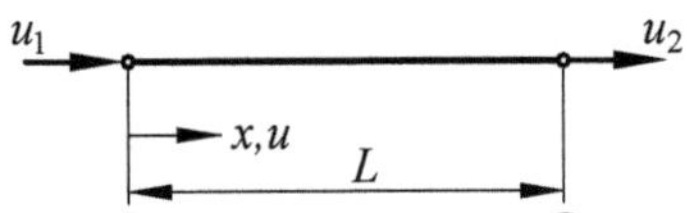

Bild 9.23: finites Stabelement

Lösung:

Die stichwortartig angegebenen Lösungsschritte folgen dem Berechnungsablauf für das CST-Element:

nicht normierter Ritz-Ansatz: $u(x) = \alpha_1 + \alpha_2 \cdot x$

Normierung auf die Knoten: $u_1 = \alpha_1 + \alpha_2 \cdot x_1 = \alpha_1 + \alpha_2 \cdot 0$

$$u_2 = \alpha_1 + \alpha_2 \cdot x_2 = \alpha_1 + \alpha_2 \cdot L$$

$\underline{u} = \underline{\underline{A}} \cdot \underline{\alpha}$: $\quad \begin{bmatrix} u_1 \\ u_2 \end{bmatrix} = \begin{bmatrix} 1 & x_1 \\ 1 & x_2 \end{bmatrix} \cdot \begin{bmatrix} \alpha_1 \\ \alpha_2 \end{bmatrix}$

Bestimmung der Konstanten: $\quad \begin{bmatrix} \alpha_1 \\ \alpha_2 \end{bmatrix} = \frac{1}{x_2 - x_1} \begin{bmatrix} x_2 & -x_1 \\ -1 & 1 \end{bmatrix} \cdot \begin{bmatrix} u_1 \\ u_2 \end{bmatrix} = \frac{1}{L} \begin{bmatrix} L & 0 \\ -1 & 1 \end{bmatrix} \cdot \begin{bmatrix} u_1 \\ u_2 \end{bmatrix}$

eingesetzt in die Ansatzfunktion: $u(x) = \frac{1}{L}\left[x_2 \cdot u_1 + x_1 \cdot u_2 + (-u_1 + u_2)x\right]$

umgestellt: $\quad u(x) = \frac{1}{L}\left[(x_2 - x)\,u_1 + (x - x_1)\,u_2\right]$

Randbedingungen eingesetzt: $\quad u(x) = \frac{1}{L}\left[(L - x)\,u_1 + x \cdot u_2\right] = \left(1 - \frac{x}{L}\right)u_1 + \left(\frac{x}{L}\right)u_2$

Formfunktion (Bild 9.24): $\quad N_i(x) = \frac{1}{L}\left[\left(1 - \frac{x}{L}\right) + \left(\frac{x}{L}\right)\right] \qquad N_1 = 1 - \frac{x}{L} = 1 - \xi \qquad N_2 = \frac{x}{L} = \xi$

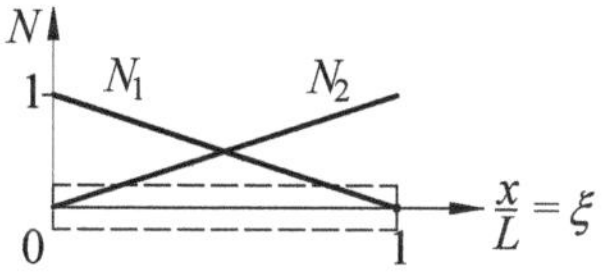

Bild 9.24: lineare Formfunktionen für den Stab

Verschiebung $\underline{u} = \underline{N} \cdot \underline{d}$: $\quad \underline{u} = \begin{bmatrix} N_1 & N_2 \end{bmatrix} \cdot \begin{bmatrix} u_1 \\ u_2 \end{bmatrix}$

Verzerrung $\underline{\varepsilon} = \underline{B} \cdot \underline{d}$: $\quad \underline{\varepsilon} = \begin{bmatrix} \frac{dN_1}{dx} & \frac{dN_2}{dx} \end{bmatrix} \cdot \begin{bmatrix} u_1 \\ u_2 \end{bmatrix} = \frac{1}{L}\begin{bmatrix} -1 & 1 \end{bmatrix} \cdot \begin{bmatrix} u_1 \\ u_2 \end{bmatrix}$

Gleichung $\underline{\underline{k}} = E \cdot A \cdot L \cdot \underline{B}^{\mathrm{T}} \cdot \underline{B}$: $\quad \underline{\underline{k}} = E \cdot A \cdot L \cdot \frac{1}{L}\begin{bmatrix} -1 \\ 1 \end{bmatrix} \cdot \frac{1}{L}\begin{bmatrix} -1 & 1 \end{bmatrix} = A \cdot E \cdot L \cdot \begin{bmatrix} \frac{1}{L^2} & -\frac{1}{L^2} \\ -\frac{1}{L^2} & \frac{1}{L^2} \end{bmatrix}$

Steifigkeitsmatrix Stabelement: $\quad \underline{\underline{k}} = \frac{E \cdot A}{L} \cdot \begin{bmatrix} 1 & -1 \\ -1 & 1 \end{bmatrix}.$

Das ist die Gleichung (9.4). Wenn es gelingt, den Zusammenhang zwischen Belastung und Verformung „exakt“ zu formulieren, führt auch der Näherungsansatz zu diesem Ergebnis.

Die Addition zur Gesamtsteifigkeitsmatrix $\underline{\underline{K}}$ aus den Einzelsteifigkeitsmatrizen $\underline{\underline{k}}_i$ erfolgt – wie beim Fachwerk (Abschnitt 9.4.3) gezeigt – über die Knoten. Damit erhält man die Beziehung $\underline{F} = \underline{\underline{K}} \cdot \underline{U}$, Gl. (9.12b), für das Gesamtsystem. Die Gesamtsteifigkeitsmatrix ist symmetrisch und singulär. Die Singularität rührt her von den Starrkörperbewegungen, die die Scheibe in der Ebene ausführen kann. Um diese Bewegungsmöglichkeiten auszuschalten, müssen alle Starrkörperfreiheitsgrade des gesamten Systems gesperrt werden. Bei einer ebenen Scheibe sind also – wie aus der Statik bekannt – drei Knoten zu sperren. Damit wird die Systemgleichung lösbar.

6. Ermittlung der Spannungen aus den Knotenverschiebungen

Über die Umstellung der modifizierten Gleichung $\underline{F} = \underline{\underline{K}}_{red} \cdot \underline{U}$ (Streichung der Zeilen und Spalten der gesperrten Knoten) nach den Knotenverschiebungen $\underline{U} = \underline{\underline{K}}^{-1}_{red} \cdot \underline{F}$ erhalten wir über die Dehnung $\underline{\varepsilon} = \underline{\underline{B}} \cdot \underline{d}$ und das HOOKEsche Gesetz die Spannungen $\underline{\sigma} = \underline{\underline{E}} \cdot \underline{\varepsilon}$ bzw. daraus die unbekannten Kräfte.

Trotz identischer Verschiebungen in den Punkten gehen die Elementspannungen nicht kontinuierlich auf das Nachbarelement über, da die Spannungen elementweise berechnet werden. Damit stellt sich die Frage nach dem Ort der Spannungsberechnung. Wenn wir die Spannungen – was möglich wäre – für jeden Knoten berechnen würden, wäre das nicht eindeutig, weil in der Regel immer mehrere Elemente an einem Knoten anstoßen (siehe Bild 9.25a). Die Größe der Spannungssprünge an den Knoten gibt dabei einen Hinweis auf die Güte der Ergebnisse.

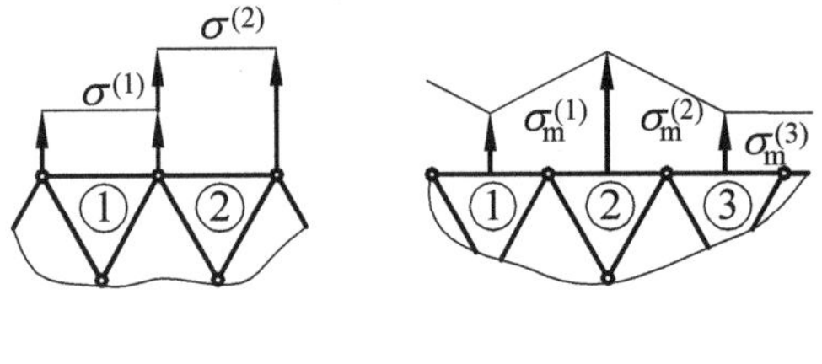

a) Knotenspannungen b) Mittelspannungen

Bild 9.25: Elementspannungen

Bei primitiven Elementen, wie dem hier behandelten CST-Element, wird üblicherweise die Spannung an den drei Knoten berechnet und damit ein Mittelwert je Element gebildet (Bild 9.25b). Besonders bei ungleichmäßigen Netzen kann dies zu größeren Interpolationsfehlern führen.

Bei komplizierteren, krummlinig berandeten finiten Elementen, auf die im nächsten Abschnitt eingegangen wird, werden die Spannungen in „natürlichen" Stützstellen (so genannte GAUSS-Punkte), die schon für die Verschiebungsrechnung für die numerische Integration verwendet wurden, berechnet und durch mehr oder weniger gute Interpolationsverfahren gemittelt. Damit werden dann von vielen Programmanbietern dem Betrachter kontinuierliche Farbübergänge über der gesamten FE-Struktur für die Spannungsverteilung gezeigt, die den Eindruck vermitteln, dass für jede Stelle der Struktur ein Spannungswert existiert (siehe dazu Bild 9.26b). Während dies in der Realität am Bauteil auch so ist, ist das bei einer FE-Rechnung, die die Spannung diskret an Punkten und nicht kontinuierlich wie die Differentialgleichung, berechnet – wie Bild 9.26a verdeutlicht – nicht möglich.

Für die Bewertung der Spannungsgrößen (vor allem der Spannungsspitzen) ist darauf hinzuweisen, dass die Spannungswerte – auf der Grundlage des linear elastischen Materialverhaltens nach dem HOOKEschen Gesetz berechnet – nur bis zur werkstoffabhängigen Proportionalitätsgrenze das tatsächliche Materialverhalten abbilden. Bei Überschreiten der Streckgrenze liegen die Rechenwerte – immer auf der Verlängerung der HOOKEschen Gerade (auch über die Bruchspannung hinaus) berechnet – deutlich über den tatsächlichen Werten und sind damit wertlos. Wie bekannt, ist der tatsächliche Spannungs-Dehnungsverlauf viel flacher und zudem nichtlinear (siehe dazu Kapitel 4 mit dem Spannungs-Dehnungsdiagramm, Bild 4.1).

Bei den meisten Programmen lassen sich solche „Spannungsüberschreitungen“, wie auch das Überschreiten vorgegebener Grenzwerte, in der Ergebnisdarstellung farblich markieren.

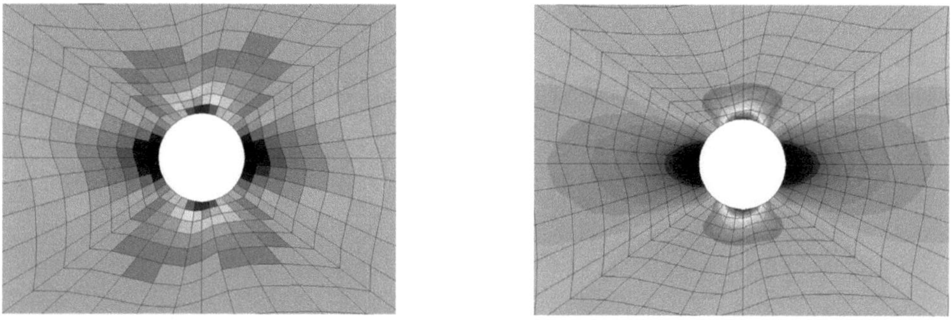

a) Spannungen elementweise b) kontinuierliche Farbübergänge

Bild 9.26: Spannungsplot

Für einen nichtlinearen Ansatz, der eine Voraussetzung für krummlinig berandete Elemente ist, sind die Verzerrungen und damit auch die Spannungen eine Ordnung tiefer als die höchste Potenz des Ansatzes – also nicht mehr konstant. Damit sind die aus der linear elastischen Annahme gewonnenen obigen Beziehungen so nicht mehranwendbar.

Für diesen Fall lässt sich die Elementsteifigkeit aus dem Prinzip der virtuellen Verschiebung (siehe Abschnitt 8.3.2) gewinnen:

$$\underline{\underline{k}} = \int_V \underline{\underline{B}}^{\mathrm{T}} \cdot \underline{\underline{E}} \cdot \underline{\underline{B}} \cdot dV \,. \tag{9.43}$$

Dreieckelemente mit linearem Verschiebungsansatz werden wegen ihrer aus dem Ansatz herrührenden hohen Steifigkeit (nicht ohne Grund sind Fachwerke aus Dreiecken aufgebaut) von vielen Anwendern seltener eingesetzt. Bessere Ergebnisse liefern in den meisten Fällen Viereckelemente. Zur Ableitung dieses Scheibenelementetyps wird auf die spezielle Fachliteratur sowie auf die Elementkataloge der Softwareanbieter verwiesen.

Elemente mit quadratischen oder höhergradigen Formfunktionen liefern in der Regel (bei höherem mathematischen Aufwand) meist bessere Ergebnisse.

Eine vergleichende einfache Untersuchung zur Konvergenz einzelner Elementtypen ist im folgenden Abschnitt zu finden.

9.5.4 Elemente mit höherer Ansatzfunktion

Die Ergebnisgenauigkeit, die Annäherung der Ansatzfunktion mit einem linearen Ansatz an eine Zielfunktion kann dadurch gesteigert werden, dass die Kurve nicht nur durch ein, sondern durch mehrere Geradenstücke angenähert wird, also das Finite-Elemente-Netz verfeinert wird. Die Grenzen dafür werden durch die Speicherkapazität und das Verfahren selbst gesetzt.

Aus Bild 9.14 ist ersichtlich, dass die Erhöhung der Knotenzahl pro Element und damit die Erhöhung der Anzahl der Freiheitsgrade zu einer bessere Anpassung an den Funktionsverlauf führt. Dazu werden neben den Eckpunkten des finiten Elementes zusätzlich noch Zwischenknoten auf den Elementrändern bzw. im Element vorgegeben (*Elemente höherer Ordnung*). Mit der Zahl der Freiheitsgrade wächst auch der Polynomgrad der Verschiebungsansätze.

Der Zusammenhang zwischen der Anzahl der Knotenpunkte und der (übereinstimmenden) Anzahl der Polynomterme – basierend auf dem PASCALschen Dreieck[113] – ist aus Bild 9.27 ersichtlich.

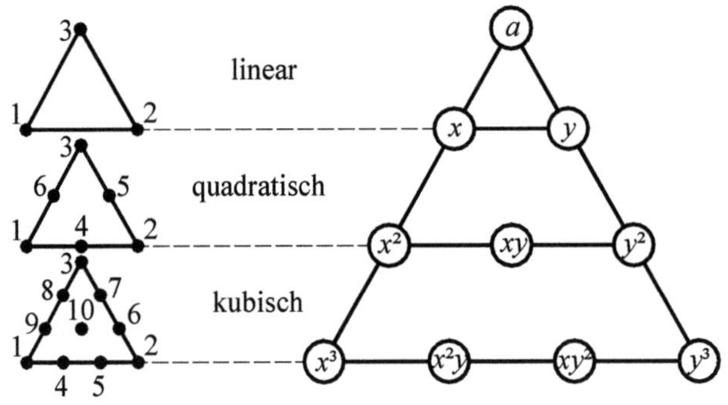

Bild 9.27: Polynomterme für das Scheiben-Dreieckelement /10/

Im folgenden Beispiel sollen die bisherigen Rechnungen, die auf linearen Ansätzen basieren, für einen quadratischen Ansatz erweitert werden. Um den Aufwand dafür – ohne Informationsverlust – gering zu halten, gehen wir von einem eindimensionalen Kontinuum aus.

Beispiel 9.6

Für das auf Bild 9.28 dargestellte konische 3-Knoten-Stabelement ist die Steifigkeitsmatrix zu entwickeln.

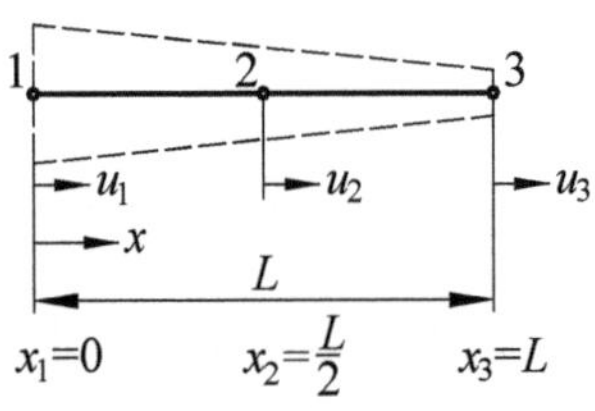

Bild 9.28: Finites 3-Knoten-Stabelement

Lösung:

Die Vorgehensweise ist analog der Rechnung im Abschnitt 9.5.3 für das CST-Element.

Für das Stabelement mit Zwischenknoten wird ein quadratischer Ansatz gewählt:

$$u(x) = \alpha_1 + \alpha_2 \cdot x + \alpha_3 \cdot x^2 . \qquad (9.44)$$

Auf die Knoten normiert $\underline{u} = \underline{\underline{A}} \cdot \underline{\alpha}$ wird

$$\begin{bmatrix} u_1 \\ u_2 \\ u_3 \end{bmatrix} = \begin{bmatrix} 1 & x_1 & x_1^2 \\ 1 & x_2 & x_2^2 \\ 1 & x_3 & x_3^2 \end{bmatrix}_1 \cdot \begin{bmatrix} \alpha_1 \\ \alpha_2 \\ \alpha_3 \end{bmatrix} .$$

---

[113] BLAISE PASCAL, 1623–1662, französischer Mathematiker, Physiker und Philosoph.

Mit der Invertierung der Matrix $\underline{\underline{A}}$ zur Bestimmung der konstanten Ansatzkoeffizienten α_i schreiben wir

$$\begin{bmatrix} \alpha_1 \\ \alpha_2 \\ \alpha_3 \end{bmatrix} = \frac{1}{\det \underline{\underline{A}}} \begin{bmatrix} x_2 x_3^2 - x_3 x_2^2 & x_3 x_1^2 - x_1 x_3^2 & x_1 x_2^2 - x_2 x_1^2 \\ x_2^2 - x_3^2 & x_3^2 - x_1^2 & x_1^2 - x_2^2 \\ x_3 - x_2 & x_1 - x_3 & x_2 - x_1 \end{bmatrix} \cdot \begin{bmatrix} u_1 \\ u_2 \\ u_3 \end{bmatrix} = \frac{1}{2A_\Delta} \begin{bmatrix} a_1 & a_2 & a_3 \\ b_1 & b_2 & b_3 \\ c_1 & c_2 & c_3 \end{bmatrix} \cdot \begin{bmatrix} u_1 \\ u_2 \\ u_3 \end{bmatrix}.$$

Die Ansatzkoeffizienten in die Ansatzfunktion eingesetzt, erhalten wir

$$u(x) = \frac{1}{\det \underline{\underline{A}}} \left[a_1 \cdot u_1 + a_2 \cdot u_2 + a_3 \cdot u_3 + (b_1 \cdot u_1 + b_2 \cdot u_2 + b_3 \cdot u_3) x + (c_1 \cdot u_1 + c_2 \cdot u_2 + c_3 \cdot u_3) x^2 \right]$$

Damit wird

$$u(x) = \frac{1}{\det \underline{\underline{A}}} \cdot \sum_{i=1}^{3} (a_i + b_i \cdot x + c_i \cdot y) \cdot u_i = N_1 \cdot u_1 + N_2 \cdot u_2 + N_3 \cdot u_3$$

und daraus die Formfunktion

$$N_i = \frac{1}{\det \underline{\underline{A}}} \cdot (a_i + b_i \cdot x + c_i \cdot x^2) \quad \text{mit } i = 1,2,3.$$

Die Formfunktionen N drücken nach Gl. (9.34) die unbekannten Verschiebungen u *innerhalb* des Elementes durch die drei Knotenverschiebungen u_i zu $\underline{u} = \underline{N} \cdot \underline{d}$ aus:

$$u(x) = \begin{bmatrix} N_1 & N_2 & N_3 \end{bmatrix} \cdot \begin{bmatrix} u_1 \\ u_2 \\ u_3 \end{bmatrix}.$$

Mit $x_1 = 0, x_2 = L/2, x_3 = L$ und $\det \underline{\underline{A}} = L^3/4$ werden

$$N_1 = \frac{4}{L^3} \cdot \left(\frac{1}{4} L^3 - \frac{3}{4} L^2 \cdot x + \frac{1}{2} L \cdot x^2 \right) = 1 - 3 \cdot \left(\frac{x}{L} \right) + 2 \cdot \left(\frac{x}{L} \right)^2 = 1 - 3\xi + 2\xi^2$$

$$N_2 = \frac{4}{L^3} \cdot \left(0 + L^2 \cdot x - L \cdot x^2 \right) = 4 \cdot \left(\frac{x}{L} \right) - 4 \cdot \left(\frac{x}{L} \right)^2 = 4\xi - 4\xi^2$$

$$N_3 = \frac{4}{L^3} \cdot \left(0 - \frac{1}{4} L^2 \cdot x + \frac{1}{2} L \cdot x^2 \right) = -\left(\frac{x}{L} \right) + 2 \cdot \left(\frac{x}{L} \right)^2 = -\xi + 2\xi^2 .$$

Die drei Formfunktionen sind auf Bild 9.29 dargestellt. Die Kontrolle der Rechnung kann anhand der Gleichung (9.35)

$$N_i = N_i(x_k) = \begin{cases} 1 & \text{für} \quad i = k \\ 0 & \text{für} \quad i \neq k \end{cases}$$

durchgeführt werden und wird für die selbständige Rechnung empfohlen.

Für die Dehnung schreiben wir gemäß Gl. (9.36)

$$\underline{\varepsilon} = \underline{D} \cdot \underline{N} \cdot \underline{d} = \underline{B} \cdot \underline{d}$$

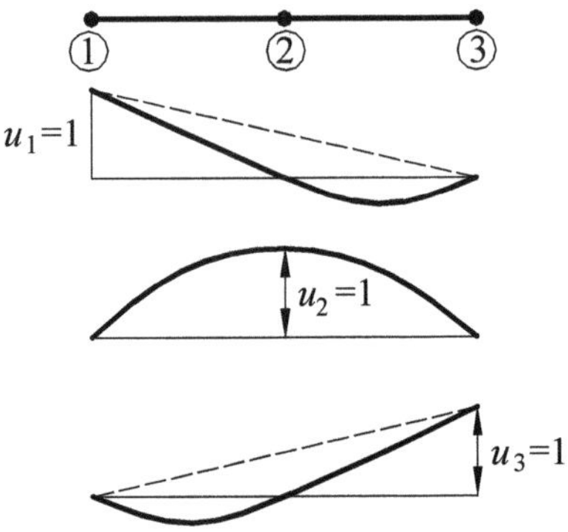

Bild 9.29: Quadratische Ansatzfunktionen

$$\underline{\varepsilon} = \begin{bmatrix} \frac{dN_1}{dx} & \frac{dN_2}{dx} & \frac{dN_3}{dx} \end{bmatrix} \cdot \begin{bmatrix} u_1 \\ u_2 \\ u_3 \end{bmatrix} = \begin{bmatrix} B_1 & B_2 & B_3 \end{bmatrix} \cdot \begin{bmatrix} u_1 \\ u_2 \\ u_3 \end{bmatrix}.$$

Mit $\quad B_i = \frac{1}{\det \underline{\underline{A}}} \cdot (b_i + 2 \cdot c_i \cdot x) \cdot u_i; \quad i = 1,2,3$ wird

$$\underline{\varepsilon} = \frac{1}{\det \underline{\underline{A}}} \begin{bmatrix} b_1 + 2 \cdot c_1 \cdot x & b_2 + 2 \cdot c_2 \cdot x & b_3 + 2 \cdot c_3 \cdot x \end{bmatrix} \cdot \begin{bmatrix} u_1 \\ u_2 \\ u_3 \end{bmatrix}$$

und den ausgerechneten und eingesetzten Werten für b_i und c_i

$$\underline{\varepsilon} = \begin{bmatrix} -\frac{3}{L} + \frac{4x}{L^2} & \frac{4}{L} - \frac{8x}{L^2} & -\frac{1}{L} + \frac{4x}{L^2} \end{bmatrix} \cdot \begin{bmatrix} u_1 \\ u_2 \\ u_3 \end{bmatrix}.$$

Mit Gl. (9.43): $\underline{\underline{k}} = \int_A \underline{\underline{B}}^T \cdot \underline{\underline{E}} \cdot \underline{\underline{B}} \cdot dV$ und $dV = A(x) \cdot dx$ sowie $\underline{\underline{E}} \equiv E$ wird

$$\underline{\underline{k}} = E \cdot \int_0^L \underline{\underline{B}}^T \cdot \underline{\underline{B}} \cdot dx = E \cdot \int_0^L \begin{bmatrix} B_1 B_1 A(x) & B_1 B_2 A(x) & B_1 B_3 A(x) \\ B_2 B_1 A(x) & B_2 B_2 A(x) & B_2 B_3 A(x) \\ B_3 B_1 A(x) & B_3 B_2 A(x) & B_3 B_3 A(x) \end{bmatrix} \cdot dx; \quad (9.45a)$$

allgemein:

$$\underline{\underline{k}} = E \cdot \int_0^L \begin{bmatrix} f_{11}(x) & f_{12}(x) & f_{13}(x) \\ f_{21}(x) & f_{22}(x) & f_{23}(x) \\ f_{31}(x) & f_{32}(x) & f_{33}(x) \end{bmatrix} \cdot dx = \begin{bmatrix} k_{11} & k_{12} & k_{13} \\ k_{21} & k_{22} & k_{23} \\ k_{31} & k_{32} & k_{33} \end{bmatrix}. \quad (9.45b)$$

Die Berechnung der Koeffizienten der Elementsteifigkeit Gl. (9.45) wird, weil umfangreiche Integrale auszuwerten sind, wesentlich komplizierter. Um z.B. den Koeffizienten k_{11} zu berechnen, muss das Integral

$$\underline{\underline{k}} = E \cdot \int_0^L B_1 \cdot B_1 \cdot A(x)\, dx$$

bestimmt werden. Zur Reduzierung des Aufwandes verwendet man die numerische anstelle der analytischen Integration. Dazu wird die GAUSSsche Integrationsformel benutzt. Diese besagt, dass das Integral näherungsweise durch die Summe der Werte der Funktionen an definierten Stellen (Integrations- oder GAUSS-Punkte) – multipliziert mit einer Wichtungskonstante – ersetzt werden kann. Hierzu wird auf die entsprechende Mathematikliteratur verwiesen.

Von den Integrationspunkten wird linear auf die Knotenwerte extrapoliert. Die Größe der Spannungssprünge an den Knoten (siehe dazu vorheriger Abschnitt), die möglichst klein sein sollten, gibt einen Hinweis auf die Güte der Ergebnisse.

Setzen wir für $A(x) = \text{konst.} = A$, wird $\int_L dx = L$ und die Steifigkeitsmatrix für das 3-Knoten-Stabelement mit konstantem Querschnitt nach Gl. (9.45) zu

$$\underline{\underline{k}} = \frac{E \cdot A}{3 \cdot L} \cdot \begin{bmatrix} 7 & -8 & 1 \\ -8 & 16 & -8 \\ 1 & -8 & 7 \end{bmatrix}. \tag{9.46}$$

Für die Formfunktion des eindimensionalen Stabelementes wurden die LAGRANGEschen Interpolationsformeln[114] (siehe Bild 9.30) zum Ausgangspunkt genommen.

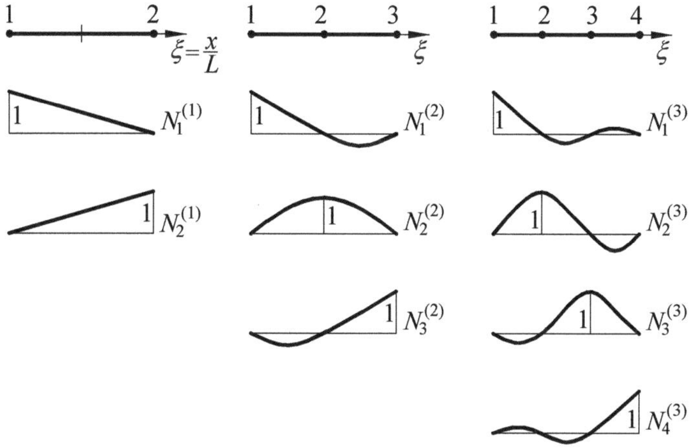

a) 1.Ordnung b) 2.Ordnung c) 3.Ordnung

Bild 9.30: Eindimensionale Ansatzfunktionen (LAGRANGEschen Interpolationspolynome)

---

114 In der numerischen Mathematik versteht man unter Polynominterpolation die Suche nach einem Polynom (Interpolationspolynom), welches exakt durch vorgegebene Punkte verläuft.

Aus den eindimensionalen Ansatzfunktionen lassen sich problemlos für mehrdimensionale Elemente andere Produkt-Formfunktionen zu „Elementfamilien“ entwickeln. Das soll am folgenden Beispiel exemplarisch gezeigt werden:

Der vollständige quadratische Verschiebungsansatz für ein Scheiben-Dreieckelement enthält

$$u(x,y) = \alpha_1 + \alpha_2 \cdot x + \alpha_3 \cdot y + \alpha_4 \cdot x^2 + \alpha_5 \cdot x\,y + \alpha_6 \cdot y^2 \qquad (9.47a)$$

$$v(x,y) = \beta_1 + \beta_2 \cdot x + \beta_3 \cdot y + \beta_4 \cdot x^2 + \beta_5 \cdot x\,y + \beta_6 \cdot y^2 \qquad (9.47b)$$

insgesamt 12 Ansatzfreiwerte. Durch die Freiheitsgrade u und v in den sechs Knotenpunkten, siehe Bild 9.27, ist der Ansatz eindeutig festgelegt. Gemäß Gl. (9.29) schreiben wir

$$\begin{bmatrix} u_1 \\ u_2 \\ u_3 \\ v_1 \\ v_2 \\ v_3 \end{bmatrix} = \begin{bmatrix} 1 & x_1 & y_1 & x_1^2 & x_1 y_1 & y_1^2 & & & & & & \\ 1 & x_1 & y_1 & x_2^2 & x_2 y_2 & y_2^2 & & & \underline{0} & & & \\ 1 & x_1 & y_1 & x_3^2 & x_3 y_3 & y_3^2 & & & & & & \\ & & & & & & 1 & x_1 & y_1 & x_1^2 & x_1 y_1 & y_1^2 \\ & & & \underline{0} & & & 1 & x_1 & y_1 & x_2^2 & x_2 y_2 & y_2^2 \\ & & & & & & 1 & x_1 & y_1 & x_3^2 & x_3 y_3 & y_3^2 \end{bmatrix} \cdot \begin{bmatrix} \alpha_1 \\ \alpha_2 \\ \alpha_3 \\ \beta_1 \\ \beta_2 \\ \beta_3 \end{bmatrix}.$$

Die weiteren Rechenschritte verlaufen wie am Beispiel des linearen Dreieckelementes ausführlich dargestellt.

Mit den sechs Formfunktion $N_{\mathrm{i}} = (A_{\mathrm{i}} + B_{\mathrm{i}} \cdot x + C_{\mathrm{i}} \cdot y + D \cdot x^2 + E_{\mathrm{i}} \cdot x \cdot y + F_{\mathrm{i}} \cdot y^2)$ schreiben wir für die Verschiebungen $\underline{u} = \underline{\underline{N}} \cdot \underline{d}$

$$\begin{bmatrix} u \\ v \end{bmatrix} = \begin{bmatrix} N_1 & 0 & \cdots & N_6 & 0 \\ 0 & N_1 & \cdots & 0 & N_6 \end{bmatrix} \cdot \begin{bmatrix} u_1 \\ v_1 \\ \vdots \\ u_6 \\ v_6 \end{bmatrix}.$$

Für das quadratische Dreieckelement, sind die auf Bild 9.31 skizzierten Formfunktionen zu unterscheiden.

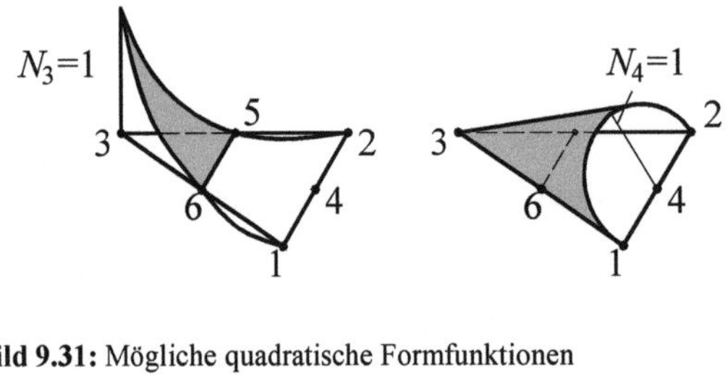

Bild 9.31: Mögliche quadratische Formfunktionen

Abschließend werden die für ein 9-Knoten-Rechteckelement vorhandenen unterschiedlichen Formfunktionen auf Bild 9.32 gezeigt.

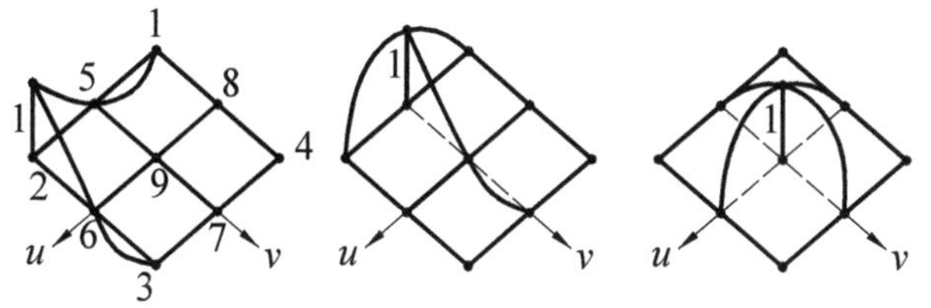

Bild 9.32: Die möglichen quadratischen Formfunktionen für das 9-Knoten-Rechteckelement

Die Formfunktionen lassen sich neben der oben gezeigten Herleitung auch durch Produktbildung aus den drei eindimensionalen Formfunktionen nach Bild 9.30b herleiten.

Mit der Beschreibung ausgewählter, einfacher Elemente in diesem Abschnitt wurde das Ziel verfolgt, das Prinzip anhand leicht nachvollziehbarer Beispiele zu erläutern. Aus diesem Grunde ist auch keine systematische Behandlung aller Elementtypen vorgenommen worden; die Darstellung ist somit bei weitem nicht vollständig. Dies bleibt neben der Beschreibung in den Elementkatalogen der Softwareanbieter besonders der einschlägigen Fachliteratur (z.B. /10/, /42/, /62/, die sich diesem Problem ausführlich widmen) vorbehalten.

9.5.5 Vernetzungsstrategien

Neben der problemgerechten Modellierung ist auch die Vernetzung eine entscheidende Größe für die Genauigkeit der Ergebnisse der FE-Analyse.

Ein grundsätzliches Kriterium ist ein möglichst gleichmäßiges Netz. Ein erfahrener Bearbeiter wird das Netz immer prüfen – es muss „schön“ aussehen, denn eine alte Anwenderregel besagt, dass ästhetische Netze auch gute Ergebnisse liefern.

Hierbei haben

- die Elementform
- der Elementtyp
- die Elementgröße bzw. die Elementzahl
- die Elementanordnung

einen maßgeblichen Einfluss auf die Rechenergebnisse.

Für das Vernetzen eines Analysemodells stehen eine Reihe von Möglichkeiten zur Verfügung, die je nach Programmanbieter durch den Preprozessor und den Solver unterstützt werden. Prinzipiell ist eine automatische Vernetzung einer Region mit definierten Elementen festgelegter Größe oder eine parametrische Vernetzung, bei der Anzahl, Größe und Form der Elemente variiert werden kann, möglich. Im Folgenden wird ein Überblick über die wichtigsten Vernetzungsstrategien gegeben.

Die **Submodelltechnik**, auch *Teilmodelltechnik* oder englisch *submodeling*, ist eine Methode zur Erhöhung der Analysegenauigkeit mit relativ geringem Modellier- und Rechenaufwand.

In Bereichen mit einem hohen Spannungsgradienten, wie an Kerben oder Querschnittübergängen, sinkt die Rechengenauigkeit eines Netzes mit konstanter Netzgröße drastisch. In diesen Bereichen ist eine relativ feine Vernetzung erforderlich. Eine entsprechend feine Vernetzung des gesamten Modells wäre unsinnig und wegen der Rechnerkapazität auch häufig nicht durchführbar.

Das Grundprinzip dieser Vernetzungsmethode besteht darin, dass die gesamte Struktur in einem ersten Rechenlauf mit grober Vernetzung ohne Rücksicht auf mögliche Spannungsspitzen gerechnet wird. Der als kritisch erkannte Bereich wird anschließend z.B. mit Hilfe eines aufgezogenen Fensters eingegrenzt und in einem zweiten Rechenlauf als separates FE-Modell fein vernetzt berechnet. Als Belastungen des neuen Bereichs werden die im ersten Rechenlauf ermittelten Knotenverschiebungen benutzt. Alle am Rand des Teilmodells liegenden neuen Knoten erhalten als Anfangsverschiebungen die berechneten Verschiebungen der nächstgelegenen Originalknoten. Zwischenwerte werden interpoliert. Dabei muss die Anzahl nicht mit der der alten Knoten übereinstimmen; auch der Elementtyp kann geändert werden. Das beruht darauf, dass Knotenverschiebungen auch bei grober Vernetzung relativ genau berechnet werden können und in einiger Entfernung zum kritischen Bereich sich die Knotenverschiebung durch das geänderte Netz nicht ändert.

Mit der Submodelltechnik lassen sich auch an großen FE-Modellen Teilbereiche mit großer Genauigkeit wirtschaftlich berechnen. Voraussetzung dafür ist die Unterstützung des Submodells durch den Preprozessor zur Erstellung und Übertragung der Knotenverschiebungen.

Bei der **Methode der adaptiven Netzverfeinerung**, auch *adaptive*[115] *Vernetzung*, *automatische Netzverfeinerung*, englisch *adaptiv meshing*, handelt es sich, wie der Name schon sagt, um eine Anpassung der Netzfeinheit an die Berechnungsergebnisse.

Wie schon im Abschnitt 9.5.3 beschrieben, ist der Spannungsunterschied in den Knoten ein Maß für die Güte der Rechnung. Ein anderes Kriterium ist die Dehnungsenergie in benachbarten Elementen. Dies nutzt man bei der adaptiven Vernetzung.

Bei Überschreitung eines vom Berechner festgelegten Grenzwertes löscht das Programm die betreffenden Elemente und nimmt in diesem Bereich eine feinere Vernetzung vor. Der Vorgang wird so lange wiederholt, bis das Kriterium erfüllt ist.

Dieses Verfahren, das nur für lineare Analysen anwendbar ist, ist nur für bestimmte Elementtypen (programmabhängig) möglich. Für Volumenmodelle steigt die Rechenzeit allerdings schnell auf unakzeptabel hohe Werte an. Bei Diskontinuitäten im Modell werden keine guten Ergebnisse erzielt. Singularitäten, wie scharfe Kerben und Lasteinleitungsstellen, führen meist zum Abbruch. Eine sinnvolle Anwendung ist in der Regel auf kleinere Schalenmodelle begrenzt.

Das Bemühen um andere adaptive Vernetzungsalgorithmen, die ein FE-Netz automatisch erstellen und dabei Diskretisierungsfehler in vorgegebenen Schranken halten, führt auf die folgenden Strategien zur optimalen Netzerzeugung:

Bei der üblichen **h-Methode** (h für hierarchisch) ist der Grad der Ansatzfunktion des Elementes festgelegt. Variiert man eine charakteristische Länge, die Kantenlänge des finiten Elementes entstehen durch die damit verbundene Netzverfeinerung mehr Elemente und Knoten. Verwendet werden lineare oder parabolische Elemente, auch *h-Elemente* genannt.

Der Gedanke der **p-Methode** (p für polynomisch) ist, dass die Genauigkeit der FE-Rechnung beliebig gesteuert werden kann ohne Überlegungen hinsichtlich Elementtyp und Netzfeinheit anstellen zu müssen. Man verwendet so genannte *p-Elemente*. Das ist ein Elementtyp ohne feste Ansatzfunktion; der Polynomgrad seiner Ansatzfunktion ist variabel.

---

115 Adaptiv ‹lat›: auf Anpassung beruhend.

Für die Berechnung muss das Bauteil nur sehr grob mit p-Elementen vernetzt werden. Wenn die Berechnungsgenauigkeit nicht ausreicht, wird nicht – wie bei der h-Methode – das Netz verfeinert, sondern der Elementansatz erhöht. Die Fehlerermittlung erfolgt durch den Vergleich zweier Rechnungsläufe mit unterschiedlichen Ansatzfunktionen. Für die anfangs festgelegte Netzaufteilung bleibt die Anzahl der Elemente hierbei unverändert, während die Anzahl der Knoten pro Element oder auch die Anzahl der Freiheitsgrade pro Knoten iterativ erhöht wird. Das verlangt spezielle Vernetzer und auch spezielle Gleichungslöser.

Zunächst wird das gesamte Modell mit linearen und anschließend mit parabolischen Elementen berechnet. Ist der Unterschied zwischen den beiden Rechenläufen hinsichtlich der Spannungs- oder Dehnungsenergiebeträge größer, als ein vorgewählter Grenzwert, so wird in den entsprechenden Bereichen die Ansatzfunktion der betroffenen Elemente um einen Polynomgrad erhöht und ein neuer Rechenlauf gestartet, bis der Grenzwert oder der höchste vom Programm erreichbare Polynomgrad erreicht ist.

Dass dieses Verfahren, das in der Regel nur für lineare Analysen anwendbar ist, längere Rechenzeiten und mehr Speicherkapazität erfordert, liegt auf der Hand. Auch ist die Methode meistens nicht mit normalen Vernetzern und Gleichunslösern kompatibel.

Dem steht ein geringer Aufwand für die Netzerstellung gegenüber; allerdings müssen auch bei diesem Verfahren kritische Modellbereiche manuell verfeinert werden. Relativ gute Ergebnisse auch bei ungünstigen Elementformen sowie eine gute Beurteilungsmöglichkeit der Ergebnisse durch die dem Verfahren innewohnende Kontrolle des Konvergenzverhaltens sind besondere Stärken der p-Methode.

Bei der **r-Methode** (r für repositioning) wird die Anzahl der Elemente, der Knoten und der Freiheitsgrade pro Knoten nicht verändert. Dafür werden die Knotenpunkte so gegeneinander verschoben, dass eine Netzverfeinerung an Stellen hoher Spannungskonzentration mit der damit verbundenen Netzaufweitung der übrigen Bereiche erzeugt wird.

9.5.6 Rand- und Zwangsbedingungen

Mit den Rand- und Zwangsbedingungen beschreiben wir die Wechselwirkung einer Struktur mit ihrer Umgebung, einem Bauteil mit den angrenzenden Baugruppen und Stützungen sowie den Belastungen. Die richtige Wahl der Randbedingungen ist – neben der Vernetzung – eine entscheidende Größe für eine erfolgreiche FE-Berechnung. Ein großer Anteil der Berechnungsfehler geht auf ungenau oder falsch definierte Randbedingungen zurück. Während man die **Randbedingungen** zum Modellieren des Umgebungseinflusses benötigt, bezeichnet man die Kopplung von Freiheitsgraden eines Modells auch als Zwangsbedingungen.

Entsprechen die Randbedingungen nicht oder nur sehr unvollständig den gegebenen Verhältnissen, haben die erzielten Ergebnisse der Rechnung mit der Wirklichkeit nichts oder nur sehr wenig zu tun. Von Spezialisten werden aus diesem Grunde auch Seminare zur problemgerechten Verwendung von Rand- und Zwangsbedingungen angeboten.

Als einfaches Beispiel für die Randbedingungen soll ein Scheibenelement dienen, bei dem an jedem Randknoten zwei Randbedingungen angegeben werden müssen. Hierbei unterscheiden wir zwischen dem *Kraftrand*, auf dem Schnittkraftgrößen vorgegeben werden und dem *Verschiebungsrand*, auf dem Verschiebungsgrößen festgelegt sind.

Starre Auflagerbedingungen können wir durch Festhalten der entsprechenden Freiheitsgrade an den Knoten definieren (Verschiebungen bzw. Verdrehungen gleich null), nachgiebige Lagerungen durch Verwendung elastischer Federelemente. Für die Simulation von Lagerbewegungen (z.B. das Nachgeben eines Brückenwiderlagers) werden die Lagerverschiebungen mit einem entsprechenden Wert vorgegeben.

Als Simulation für eine Klebung (elastische Bettung) zum Beispiel lassen sich auch gemischte Randbedingungen formulieren, bei denen die auf den Rand wirkende Schnittkraft proportional zur zugeordneten Randverschiebung ist.

Die Forderung nach Kopplung von Freiheitsgraden eines Modells führt auf sog. **Zwangsbedingungen** – auch als *Sonderrandbedingungen* bezeichnet. Als Beispiele hierfür seien schräge Ränder bzw. Auflager, Gelenke oder Kontaktstellen genannt.

Als eine Anwendung zeigt Bild 9.33 ein auf einer schrägen Schiene bewegliches Bauteil. Bei Verschiebung müssen alle Knoten der unteren Netzkante auf der Schiene bleiben.

Bei normaler globaler Beschreibung des Systems liegen die Verschiebungen in Richtung der gewählten globalen Koordinate vor. An der schiefen Ebene ist jetzt aber eine Transformation der Knotenfreiheitsgrade erforderlich. Die Knotenfreiheitsgrade sind durch die Steigung der Geraden m durch $v_i = m \cdot u_i$ gekoppelt; damit gilt:

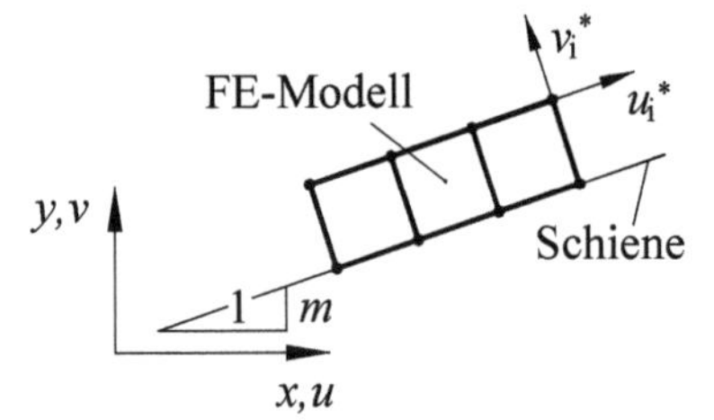

Bild 9.33: Zwangsbedingungen bei schiefer Ebene

$$\begin{bmatrix} u_i \\ v_i \end{bmatrix} = \begin{bmatrix} \cos\alpha & -\sin\alpha \\ \sin\alpha & \cos\alpha \end{bmatrix} \cdot \begin{bmatrix} u_i^* \\ v_i^* \end{bmatrix} \qquad (9.50a)$$

bzw.

$$\underline{d} = \underline{\underline{T}}_K \cdot \underline{d}^* . \qquad (9.50b)$$

Eine Alternative hierzu ist die Einführung eines schrägen nodalen (knotenbezogenen) Koordinatensystems.

Von besonderer Bedeutung sind Symmetriebedingungen, die es erlauben nur Teilsysteme mit geringerem Aufwand zu berechnen. Das folgende Bild 9.34 zeigt ein Beispiel für symmetrisches Bauteil unter symmetrischer Belastung.

Bei dieser Konstellation kann die Rechnung mit dem Viertel des Bauteils geführt werden. Zu beachten ist, dass die Lagerbedingungen an den „Schnittstellen" der Scheibe die Dehnungen in beiden Richtungen nicht behindern dürfen, um das Verformungsverhalten des ganzen Scheibenmodells an allen Rändern nicht zu verfälschen.

Abschließend soll der Einfluss der Elementform und -größe in einem Beispiel gezeigt werden. Gewöhnlich steht für die FE-Analyse keine exakte Lösung zur Verfügung, was ja auch ihren Einsatz begründet. Wir greifen deshalb für eine Konvergenzuntersuchung auf das Problem „Loch im Zugfeld", einem Problem mit nicht linearer Spannungsverteilung, für das nach KIRSCH eine analytische Lösung existiert (vgl. Abschnitt 7.2.), zurück.

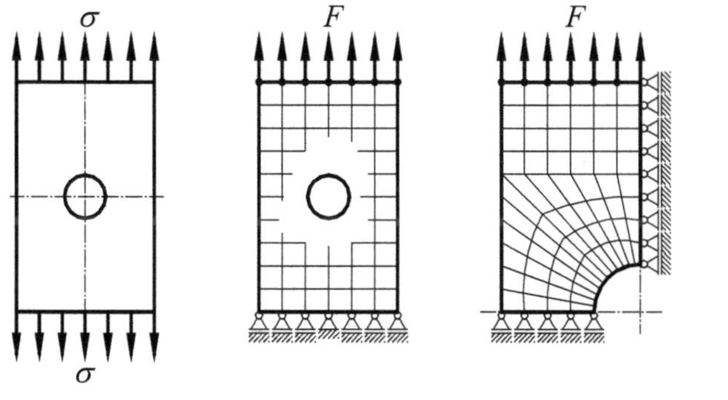

a) Problemstellung b) Netzbearbeitung c) Nutzung der Symmetrie

Bild 9.34: Randbedingungen (Netze schematisch)

Beispiel 9.7

Am Beispiel eines gelochten Zugbleches aus Stahl ($E = 2{,}1 \cdot 10^5\,\mathrm{N/mm^2}$, $\nu = 0{,}3$), wie auf Bild 9.34a dargestellt, mit der Breite $b = 180\,\mathrm{mm}$, der Länge $l = 250\,\mathrm{mm}$, der Blechdicke $s = 4\,\mathrm{mm}$ und dem Lochdurchmesser $d = 15\,\mathrm{mm}$, das durch die Kraft $F = 50\,\mathrm{kN}$ belastet wird, soll das Konvergenzverhalten für lineare und für parabolische Dreieck- und Viereckscheibenelemente untersucht und der Einfluss einer feineren Vernetzung zum Lochrand hin gezeigt werden. Abschließend soll der Einfluss von Elementform und Elementgröße auf die Ergebnisgenauigkeit der Verschiebung untersucht werden.

Lösung:

Für den Vergleich mit den Ergebnissen der numerischen Rechnung, die mit dem Programmpaket COSMOS/M geführt wurden, verwenden wir die im Abschnitt 7.2 aufgezeigte analytische Lösung von KIRSCH. Aus dieser Lösung – und natürlich auch mit dem Ingenieurverstand – kennen wir den Ort der maximalen Spannung, den gefährdeten Querschnitt, für den im Folgenden die Spannungen berechnet werden sollen.

Da es bei diesem Beispiel um das Konvergenzverhalten der jeweiligen Elementtypen geht, wird zunächst mit Netzen nahezu gleicher Maschengröße, also gleicher Elementgröße, gerechnet. Erst danach wird zum Vergleich mit einem Netz, bei dem die Elementgröße zur Bohrung hin feiner wird, gearbeitet.

Mit den gegebenen Werten der Aufgabenstellung wird die Nennspannung

$$\sigma_\mathrm{n} = \sigma = \frac{F}{b \cdot s} = 69{,}4\,\mathrm{N/mm^2}\,.$$

Die Maximalspannung, siehe hierzu Bild 7.2, wird mit $r = R = d/2$ und $\varphi = 90°$ nach Gleichung (7.5)

$$\sigma_\mathrm{max} = \frac{\sigma}{2} \cdot \left[\left(1 + \frac{R^2}{r^2}\right) - \left(1 + 3\frac{R^4}{r^4}\right) \cdot \cos 2\varphi\right] = \frac{\sigma}{2} \cdot \left[(1+1) + (1 + 3 \cdot 1)\right] = 3 \cdot \sigma = 208{,}3\,\mathrm{N/mm^2}\,.$$

Der numerischen Rechnung wird das auf Bild 9.35 gezeigte Modell zugrunde gelegt; es werden die folgenden Scheibenelemente verwendet:

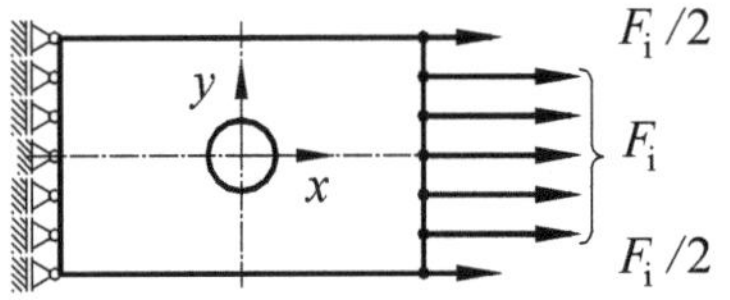

- Lineares Dreieckelement TRIANG
- Parabolisches Dreieckelement TRIANG
- Lineares Viereckelement PLANE2D
- Parabolisches Viereckelement PLANE2D

Bild 9.35: FE-Rechenmodell

Auf Bild 9.36 sind zwei Vernetzungsvarianten gezeigt. Bild 9.36a zeigt die automatische Vernetzung mit Dreieck-Scheibenelementen, Bild 9.36b eine parametrische Vernetzung mit Viereck-Scheibenelementen.

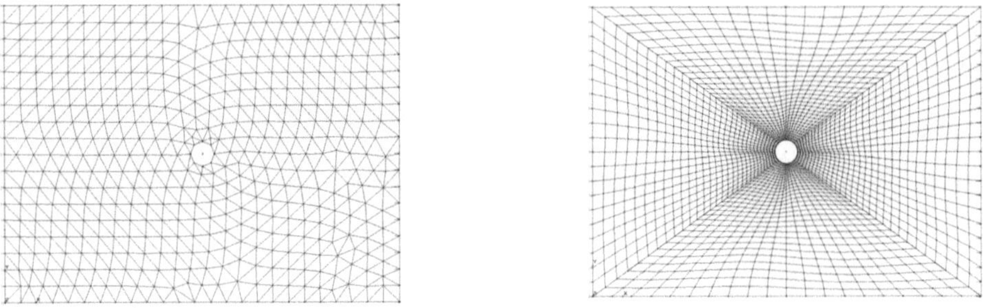

a) TRIANG-Elemente b) PLANE2D-Elemente

Bild 9.36: Vernetzungsvarianten mit Scheibenelementen

Wir wissen, dass eine unendlich feine Unterteilung die strenge Lösung des Problems darstellt, die Näherung aber auf endlicher Unterteilung basiert. Wie schon im Abschnitt 8.7.2 ausgeführt, ist die für jede Näherung erhaltene Formänderungsenergie kleiner, als der exakte Wert. Dies hat zur Folge, dass die näherungsweise ermittelten Verschiebungen und Spannungen in der Regel (Ausnahme: sog. nichtkonforme Elemente[116]) *im Durchschnitt* kleiner, als die exakten Werte sein müssen.

Wichtiger als diese Aussage ist für den Ingenieur die Frage, welche Genauigkeit für bestimmte Probleme mit einer bestimmten Netzfeinheit zu erreichen ist:

Vor allem bei den Scheiben-Dreieckelementen, automatisch vernetzt mit vorgegebener konstanter Elementgröße, Bild 9.37a, wird der starke Einfluss des Polynomgrades auf das Konvergenzverhalten deutlich.

Die Verwendung quadratischer Elemente führt für das Dreieckelement bei diesem konkreten Problem wesentlich schneller zu hinreichender Genauigkeit. Für die Scheiben-Viereckelemente, Bild 9.37b, manuell vernetzt, ist – bei gleicher Tendenz – der Unterschied geringer.

---

116 Nichtkonforme Elemente (auch nichtkompatible Elemente): Elemente, bei denen die Stetigkeit der Verschiebung verletzt werden darf. Sie weisen ein nicht monotones Konvergenzverhalten auf (Schwankungen um den exakten Wert).

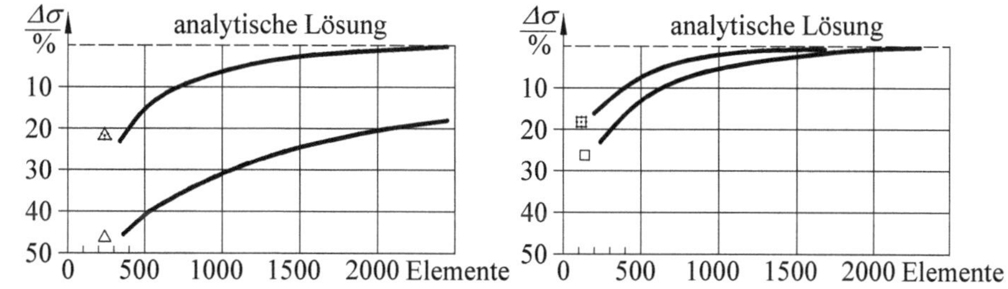

a) Dreieckelemente b) Viereckelemente

Bild 9.37: Konvergenzvergleich zwischen linearen und parabolischen Scheiben-Elementen

Das bessere Konvergenzverhalten des Scheiben-Viereckelementes mit quadratischem Näherungsansatz gegenüber dem Dreieckelement mit gleichem Ansatz bei diesem Berechnungsbeispiel zeigt Bild 9.38.

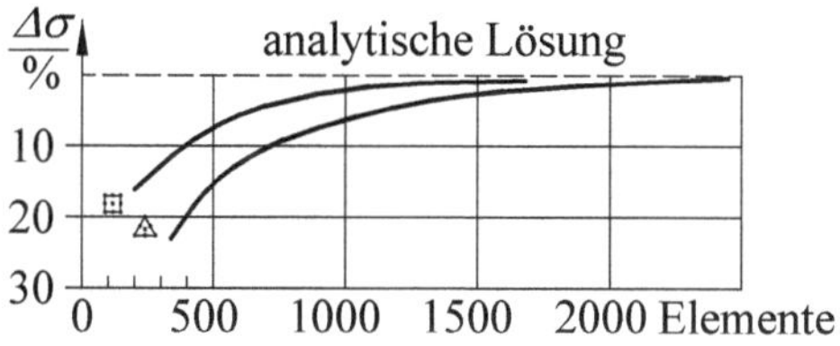

Bild 9.38: Konvergenzvergleich parabolischer Scheiben-Elemente

In Bereichen mit einem großen Spannungsgradienten, wie Kerben und großen Querschnittsübergängen, sinkt die Genauigkeit eines Netzes mit konstanter Elementgröße drastisch. Passen wir die Vernetzung z.B. von Dreieckelementen auf einfache Weise durch eine logarithmische Teilung vom Loch zum Scheibenrand entsprechend Bild 9.39 an, wird mit ca. der halben Elementzahl praktisch der analytische Wert erreicht. Das lässt sich durch Netzoptimierung, wie im Abschnitt 9.5.5 beschrieben, weiter verbessern.

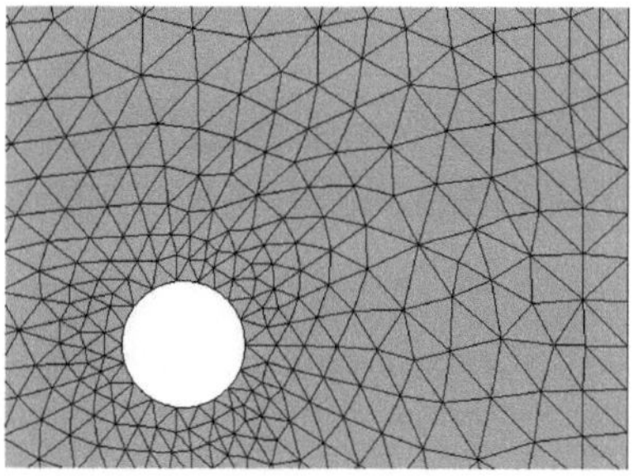

Bild 9.39: optimierte Dreieck-Vernetzung

Eine Aussage zur Spannungsverteilung in Abhängigkeit von der Elementform und Netzfeinheit lässt sich aus Bild 9.40 ableiten. Wir erkennen auch in der Schwarz-Weiß-Darstellung, dass der Spannungsverlauf qualitativ (Spannungsspitzen am oberen und unteren Lochrand; Druckspannungen, dunkle Bereiche an den seitlichen Rändern) – unabhängig von der erreichten Ergebnisgenauigkeit – auch mit einem groben Modell prinzipiell richtig wiedergegeben wird.

Zum Vergleich des Einflusses von Elementform und -größe auf die Genauigkeit der Verschiebungen stellen wir die Ergebnisse der analytischen Lösung von KIRSCH für die Verschiebung in Kraftrichtung am Rand den Ergebnissen der FE-Rechnung gegenüber.

Die Verschiebung in Kraftrichtung u_x vom Bohrungsmittelpunkt aus gemessen, siehe Bild 7.2, berechnen wir mit Gl. (7.7) zu

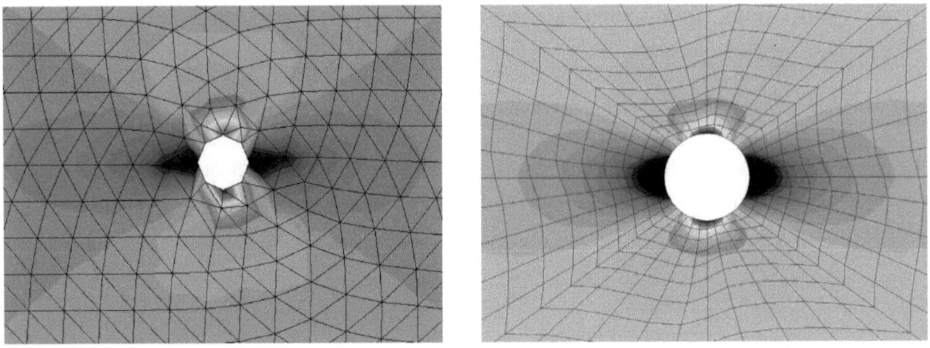

a) grobe Vernetzung mit linearen Dreieckelementen b) feine Vernetzung mit quadratischen Vierreckelementen

Bild 9.40: Spannungsverlauf im gefährdeten Querschnitt

$$u_r = u_x = \frac{\sigma}{8 \cdot G \cdot r} \cdot \left[(\kappa - 1) \cdot r^2 + 2 \cdot R^2 + 2 \cdot \left((\kappa + 1) \cdot R^2 + r^2 - \frac{R^4}{r^2} \right) \cdot \cos 2\varphi \right]$$

mit κ aus den KOLOSSOFFschen Formeln, Gl. (7.9), für den ebenen Spannungszustand

$$\kappa = \frac{3 - \nu}{1 + \nu} = 2{,}08 .$$

Für $r = l/2$ und $R = d/2$ mit $\varphi = 0$ beträgt die Verschiebung $u_x = 0{,}0417$ mm

und damit die Verlängerung des gelochten Bleches $\Delta l = 2 \cdot u_x = 0{,}0835\,\text{mm}$. Das ist übrigens 1% mehr, als für das Zugblech ohne das kleine Loch ($\Delta l = 0{,}0827\,\text{mm}$).

Für ein Modell, aufgebaut aus 1122 linearen Scheiben-Viereckelementen gleicher Größe errechnen wir eine Verlängerung von $\Delta l = 0{,}0389\,\text{mm}$, was einer Abweichung von 0,5% entspricht. Zur Beachtung: die Spannungsabweichung mit diesem Rechenmodell beträgt ca. 6%.

Mit einem gröberen Netz aus 906 linearen Dreieck-Elementen, automatisch vernetzt, wird eine Verlängerung von $\Delta l = 0{,}0385\,\text{mm}$, also der exakte Wert, berechnet. Die Abweichung für die Maximalspannung liegt für diese Modellannahme bei 33%.

Die im Abschnitt 8.7.2 getroffene Aussage, dass sich die Qualität der Näherungslösungen mit der Differentiation (Berechnung der Dehnung aus der Verschiebung) immer verschlechtert, wird hier quantifiziert. Für eine reine Verformungsberechnung führt also in diesem Fall schon eine grobe Vernetzung mit einfachen Elementen zu hinreichend genauen Ergebnissen.

Zu beachten ist, dass die für dieses spezielle Problem gewonnenen Ergebnisse – in der Tendenz wohl – nicht prinzipiell auf alle Anwendungen übertragbar sind.

9.6 Grenzen und Risiken der FEM-Anwendung

Es existieren immer noch übertriebene Vorstellungen über die Zuverlässigkeit der Ergebnisse und darüber, was eine FE-Analyse liefern kann. Besonders im Zusammenhang mit Computern herrscht die Vorstellung, dass die Ergebnisse absolut zuverlässig und genau sind. Dabei wird aber übersehen, dass der Einsatz eines FE-Programms starkes Vereinfachen und Abschätzen der Eingangs- und Randbedingungen bei der Modellbildung erfordert und die Methode selbst ein Näherungsverfahren ist, das niemals exakte Ergebnisse liefern kann.

Die offensichtlichen Vorteile, wie die Einsparung von teuren Versuchen durch virtuelle Prototypen sowie kürzere Entwicklungs- und Konstruktionsphasen, auch Risikominimierung gibt es nicht umsonst. Dem stehen Kosten für teure Geräte, Software mit laufenden Kosten und das Erfordernis nach hoch qualifizierten Spezialisten gegenüber.

So problemlos, wie die Softwareanbieter uns verständlicherweise glauben machen wollen, ist die Anwendung natürlich nicht. Abgesehen von dem Umstand, dass eine FE-Analyse immer nur eine mehr oder weniger gute Simulation der Realität darstellt, gilt es sich der Grenzen und Risiken, die dem Verfahren innewohnen, bewusst zu sein.

Wie bei jeder Simulation hängt die Qualität der Analyseergebnisse von der Qualität des Modells, das immer nur eine Vereinfachung der Realität ist, ab – das heißt in erster Linie von der Qualifikation und Erfahrung des Berechnungsingenieurs. Was dieser nicht beachtet oder nicht gewusst hat, findet keine Berücksichtigung im Modell. Begrenzte Kenntnisse des Anwenders hinsichtlich der Theorie und der Programmkenntnisse schränken zudem den Nutzen der Software ein. Dazu kommt, dass auch nicht hinreichend qualifizierte Anwender über die Beherrschung der Benutzeroberfläche „schöne" Ergebnisse mit bunten Bildern erzeugen können, die mit der Wirklichkeit nicht viel zu tun haben müssen. Dies wird noch dadurch befördert, dass Fehler bei der Modellbildung in der Regel schwer zu erkennen sind und die Kontrolle und Bewertung der Ergebnisse viel Ingenieurwissen und vor allem Erfahrung erfordern.

Die immer perfekten Darstellungen mit ihren vielen Möglichkeiten (auch mit z.T. sehr unrealistischen Genauigkeitsangaben der Zahlenwerte) verleiten zur voreiligen, kritiklosen Akzeptanz der Analyseergebnisse.

Zu beachten ist auch, dass neuartige oder große Modelle einen großen Zeitaufwand – immer verbunden mit hohen Kosten – für die Modellerstellung und anschließend für die Verifizierung der Ergebnisse (häufig auch durch teure Versuche) erfordern.

Eine Bedingung für schwierige Probleme, wie Nichtlinearitäten oder Viskoelastizitäten, ist erfahrenes hoch qualifiziertes Personal, das nachhaltig weitergebildet werden muss. Schon Anwendungen, die über eine einfache lineare Spannungs- und Verformungsberechnung hinausgehen, erfordern auch mit benutzerfreundlichen Programmpaketen den Spezialisten.

Die Grenzen des Verfahrens lassen sich durch die Weiterentwicklung und Verbesserung der Programmsysteme – z.B. zur internen Fehlerabschätzung – hinausschieben, die Risiken durch die Anwendung von Qualitätssicherungsmethoden reduzieren.

Die wesentliche Problematik aber – unabhängig von der Zuverlässigkeit der Analyseergebnisse – liegt in der Beurteilung der Ergebnisse. Fragen im Zusammenhang mit konstruktiven Gesichtspunkten, der Funktion, der Auswirkungen von Spannungen und Verformungen, der Festigkeit des Werkstoffs etc. müssen immer vom Berechner beantwortet werden können. Das ist eine unabdingbare Voraussetzung für die Beurteilung, ob Simulation und Realität hinreichend übereinstimmen und die gezogenen Schlüsse zulässig sind.

9.7 Übungen

Die im Folgenden zusammengestellten Übungsaufgaben – von Hand mit Hilfe eines Taschenrechners zu lösen – sollen den „Einsteiger“ befähigen, die prinzipielle Vorgehensweise zu verstehen und nicht den Ergebnissen der numerischen Rechnung „hilflos“ ausgeliefert zu sein. Aus diesem Grunde sind alle Aufgaben mit dem FEM-Algorithmus – auch wenn dies bei mancher der einfachen Aufgabenstellungen aufwendiger ist – zu lösen.

Aufgabe A9.7.1

Für das auf Bild A9.7.1 skizzierte Federsystem, Federkonstanten $c_1 = 10\,\text{kN/cm}$, $c_2 = 14\,\text{kN/cm}$, $c_3 = 12\,\text{kN/cm}$, das durch die Kräfte $F_2 = 16\,\text{kN}$ und $F_3 = 8\,\text{kN}$ belastet wird, sind die Knotenverschiebungen u_2 und u_3 sowie die Reaktionskräfte in den Knoten 2 und 4 zu berechnen. Für die Rechnung ist die Steifigkeitsmatrix für das Gesamtsystem unter Einbeziehung der Randbedingungen aufzustellen.

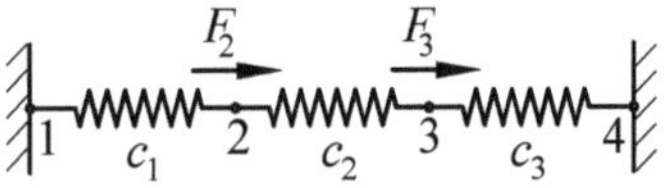

Bild A9.7.1: Federsystem

Aufgabe A9.7.2

Die auf Bild A9.7.1 gezeigte Federanordnung wird um zwei Federn verlängert. Die Federkonstanten betragen: $c_1 = c_3 = c_5 = c$ und $c_2 = c_4 = 2c$. An den Knoten 2 und 5 greifen die Kräfte $F_2 = F$ und $F_5 = 2F$ an. Es ist die Steifigkeitsmatrix für das Gesamtsystem direkt aufzuschreiben.

Aufgabe A9.7.3

Der nach Bild A9.7.3 durch $F = 40\,\text{kN}$ belastete Stahlbolzen ($E = 2{,}1 \cdot 10^5\,\text{N/mm}^2$) ist dreifach statisch überbestimmt gelagert. Mit dem FEM-Algorithmus sind die Verschiebung des Lastangriffspunktes und die Einspannkräfte zu berechnen.

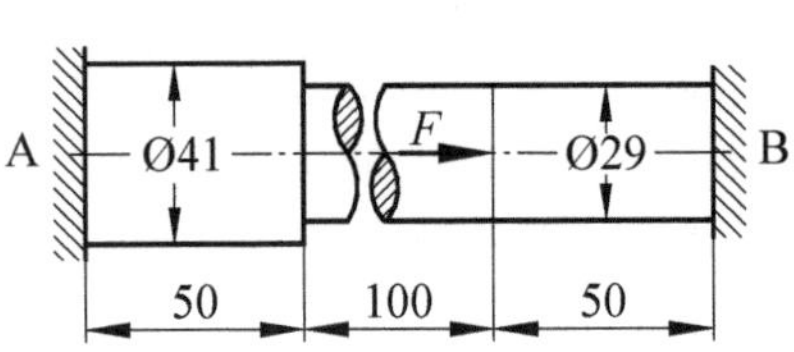

Bild A9.7.3: Bolzen

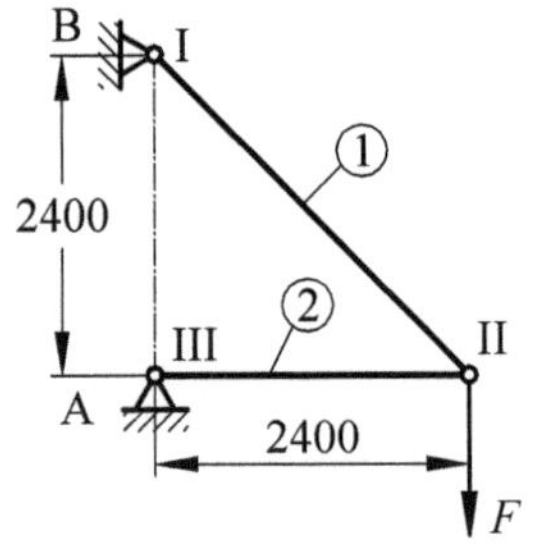

Bild A9.7.4: Ausleger

Aufgabe A9.7.4

Bild A9.7.4 zeigt einen statisch unbestimmt gelagerten Ausleger, der durch die Kraft $F = 95\,\text{kN}$ belastet wird. Die beiden Stäbe sind als Rohr 139,7 x 4 DIN 2448, S235JR ausgeführt. Mit dem FEM-Algorithmus sind:

a) die Steifigkeitsmatrix für das Gesamtsystem anzugeben
b) die Verschiebungskomponenten im Lastangriffspunkt
c) die Stützkräfte
d) die Stabkräfte zu berechnen.

Aufgabe A9.7.5

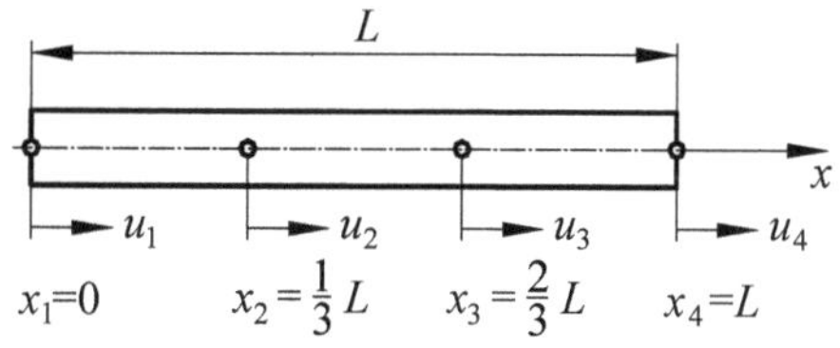

Für das auf Bild A9.7.5 dargestellte Stabelement ($E \cdot A = \text{konst}$) sind die Formfunktionen für einen kubischen Verschiebungsansatz aufzustellen.

Bild A9.7.5: Stabelement

Aufgabe A9.7.6

Für ein Scheiben-Dreieckelement der Dicke s mit den Knotenpunkten $\mathrm{P}_1(0,0)$, $\mathrm{P}_2(4,0)$, $\mathrm{P}_3(0,3)$ ist bei Annahme des ebenen Spannungszustandes für linear elastisches Werkstoffverhalten ($E = 2{,}1 \cdot 10^5\,\text{N/mm}^2$, $\nu = 0{,}3$) mittels einer linearen Formfunktion die Steifigkeitsmatrix des finiten Elementes zu ermitteln.

Ergebnisse der Übungsaufgaben

Lösungen Abschnitt 2.6

Aufgabe A2.6.1

$\sigma_0 = 66{,}7\,\mathrm{N/mm^2}$, $\sigma_\varphi = 50\,\mathrm{N/mm^2}$, $\tau_\varphi = 28{,}9\,\mathrm{N/mm^2}$

Aufgabe A2.6.2

a) $\sigma(z) = \frac{-F}{A(z)} - \frac{F_G(z)}{A(z)}$

$$F_G(z) = \rho \cdot g \cdot A_0 \cdot \left(z + \frac{z^2}{h} + \frac{z^3}{3 \cdot h^2} \right)$$

$$A(z) = A_0 \cdot \left(1 + 2 \cdot \frac{z}{h} + \frac{z^2}{h^2} \right)$$

b) Tabelle $A(z)$, $F_G(z)$, $\sigma_d(z)$:

z m	$A(z)$ $\mathrm{cm^2}$	$F_G(z)$ kN	$\sigma_d(z)$ $\mathrm{N/mm^2}$
0	1963	0	10,2
2	2827	10,747	7,1
4	3848	25,746	5,3
6	5027	45,704	4,1
8	6362	71,332	3,3
10	7854	103,367	2,7

Aufgabe A2.6.3

a) $\sigma_1 = 68{,}3\,\mathrm{N/mm^2}$, $\sigma_2 = -68{,}3\,\mathrm{N/mm^2}$, $\varphi_1 = -45°$, $\varphi_2 = 45°$

b) $\tau_{max} = 68{,}3\,\mathrm{N/mm^2}$, $\varphi_s = -90°$

c) $\sigma_M = 0$

Aufgabe A2.6.4

a) $\sigma_t = 31{,}3\,\mathrm{N/mm^2}$, $\sigma_b = 25{,}1\,\mathrm{N/mm^2}$, $\tau_t = 4{,}2\,\mathrm{N/mm^2}$

$\sigma_x = 40{,}7\,\mathrm{N/mm^2}$, $\sigma_y = 31{,}3\,\mathrm{N/mm^2}$, $\tau_{xy} = 4{,}2\,\mathrm{N/mm^2}$

$\sigma_1 = 42{,}3\,\text{N/mm}^2$, $\varphi_1 = 20{,}9°$

$\sigma_2 = 30{,}0\,\text{N/mm}^2$, $\varphi_2 = 110{,}9°$

b) $\tau_{\max} = 6{,}3\,\text{N/mm}^2$, $\varphi_\tau = -24{,}1°$

c) $\sigma_M = 36{,}0\,\text{N/mm}^2$

d) Skizze: Bild L2.6.4

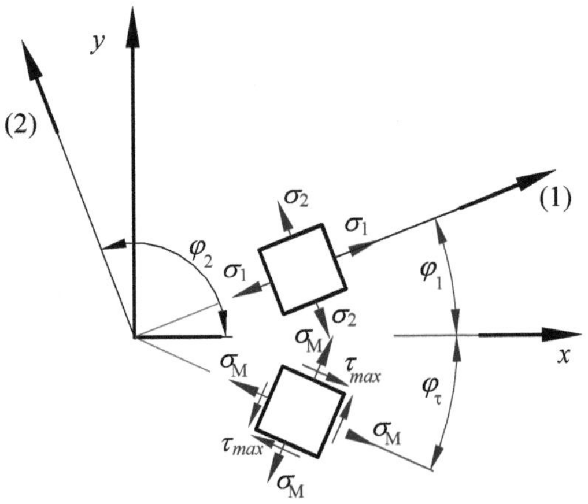

Bild L2.6.4: Hauptachsen

Aufgabe A2.6.5

$\sigma_\xi = 10\,\text{N/mm}^2$, $\sigma_\eta = -135\,\text{N/mm}^2$,

$\tau_{\xi\eta} = 30\,\text{N/mm}^2$

Aufgabe A2.6.6

a) $\tau_1 = 3\,\text{N/mm}^2$, $\tau_2 = 1{,}5\,\text{N/mm}^2$,

$\tau_3 = 1{,}5\,\text{N/mm}^2$

b) $\tau_1 = 41{,}2\,\text{N/mm}^2$, $\tau_2 = 15{,}6\,\text{N/mm}^2$, $\tau_3 = 25{,}6\,\text{N/mm}^2$

Aufgabe A2.6.7

$$\sigma_1 = 240\,\text{N/mm}^2,\ \sigma_2 = 180\,\text{N/mm}^2,\ \sigma_3 = 120\,\text{C}\,;\ \underline{\underline{S}} = \begin{bmatrix} 240 & 0 & 0 \\ 0 & 180 & 0 \\ 0 & 0 & 120 \end{bmatrix} \frac{\text{N}}{\text{mm}^2}$$

Aufgabe A2.6.8

a) $$\underline{n}_E = \begin{bmatrix} n_{Ex} \\ n_{Ey} \\ n_{Ez} \end{bmatrix} = \frac{1}{\sqrt{6^2+3^2+2^2}} \cdot \begin{bmatrix} 6 \\ 3 \\ 2 \end{bmatrix}$$

$$\underline{s}_E = \begin{bmatrix} s_{Ex} \\ s_{Ey} \\ s_{Ez} \end{bmatrix} = \begin{bmatrix} 22{,}1 \\ 15{,}7 \\ 15{,}7 \end{bmatrix} \frac{\text{kN}}{\text{cm}^2} = 31{,}4\,\text{N/mm}^2$$

$\sigma_E = 30{,}2\,\text{N/mm}^2$; $\tau_E = 8{,}5\,\text{N/mm}^2$

b) $\sigma_1 = 33{,}5\,\text{N/mm}^2$, $\sigma_2 = 15{,}0\,\text{N/mm}^2$, $\sigma_3 = 1{,}5\,\text{N/mm}^2$

$\tau_1 = 16{,}0\,\text{N/mm}^2$, $\tau_2 = 9{,}3\,\text{N/mm}^2$, $\tau_3 = 6{,}8\,\text{N/mm}^2$

Aufgabe A2.6.9

$$\sigma_r = \sigma_0 \cdot \left(1 - \frac{r_i^2}{r^2}\right), \qquad \sigma_r(r = r_i) = 0$$

$$\sigma_\varphi = \sigma_0 \cdot \left(1 + \frac{r_i^2}{r^2}\right) \qquad \sigma_r(r = r_i) = 2 \cdot \sigma_0$$

Lösungen Abschnitt 3.5

Aufgabe A3.5.1

Stabkräfte: $F_{S1} = -46{,}188\,\text{kN}$ (Druckstab), $F_{S2} = 92{,}376\,\text{kN}$ (Zugstab)

Längenänderungen: $\Delta l_1 = -0{,}366\,\text{mm}$, $\Delta l_2 = 2{,}079\,\text{mm}$

Verschiebung: $\Delta P_v = 2{,}61\,\text{mm}$

Aufgabe A3.5.2

$\varepsilon_1 = 0{,}56\,‰$, $\varphi_1 = 19{,}2°$

$\varepsilon_2 = -0{,}43\,‰$, $\varphi_2 = 109{,}2°$

Aufgabe A3.5.3

$\varepsilon_y = -7{,}45 \cdot 10^{-4}$; $\gamma_{xy} = -9{,}36 \cdot 10^{-4}$

$\varepsilon_1 = 9{,}75 \cdot 10^{-4}$, $\varphi_1 = -15{,}2°$

$\varepsilon_2 = -8{,}72 \cdot 10^{-4}$, $\varphi_2 = 74{,}8°$

Lösungen Abschnitt 4.5

Aufgabe A4.5.1

a) $\sigma_z = 463\,\text{N/mm}^2$

b) $\Delta l = 6{,}6\,\text{m}$

Aufgabe A4.5.2

a) $\sigma_z = 137\,\text{N/mm}^2$

b) $\sigma_z = 187\,\text{N/mm}^2$

Aufgabe A4.5.3

maximale Beanspruchung: Rohrunterseite an der Einspannung (Bild L4.9.3):

a) $\sigma_d = 4{,}2\,\text{N/mm}^2$, $\sigma_b = 217\,\text{N/mm}^2$

$\tau_s = 17\,\text{N/mm}^2$, $\tau_t = 95\,\text{N/mm}^2$

$\sigma_x = -222\,\text{N/mm}^2$, $\sigma_y = 0$

$\tau_{xy} = -95\,\text{N/mm}^2$

$\sigma_1 = 35{,}2\,\text{N/mm}^2$, $\varphi_1 = -69{,}7°$

$\sigma_2 = -257\,\text{N/mm}^2$, $\varphi_2 = 20{,}3°$

b) $\tau_{max} = -146\,\text{N/mm}^2$, $\varphi_s = -24{,}7°$

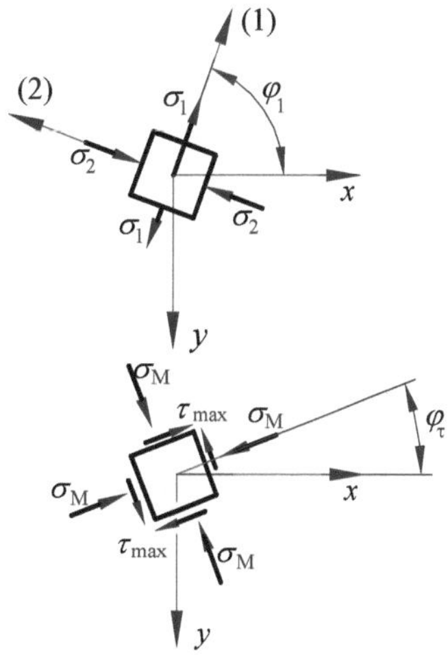

Bild L4.5.3: Hauptspannungsrichtungen

c) $\varepsilon_1 = 3{,}54 \cdot 10^{-4}$, $\varepsilon_2 = -12{,}7 \cdot 10^{-4}$, in Richtung der jeweiligen Hauptspannungen.

Aufgabe A4.5.4

$\sigma_x = \sigma_y = -161\,\text{N/mm}^2, \sigma_z = -375\,\text{N/mm}^2$

$\varepsilon_x = \varepsilon_y = 0, \varepsilon_z = -1{,}32 \cdot 10^{-3}$

$\Delta h = 0{,}0265\,\text{mm}$.

Aufgabe A4.5.5

$\sigma_z = 43{,}2\,\text{N/mm}^2$, $\tau_t = 83\,\text{N/mm}^2$

$\sigma_x = 43{,}2\,\text{N/mm}^2$, $\sigma_y = 0$, $\tau_{xy} = 83\,\text{N/mm}^2$

$\sigma_1 = 107\,\text{N/mm}^2$, $\varphi_1 = 37{,}7°$

$\sigma_2 = -64{,}2\,\text{N/mm}^2$, $\varphi_2 = 127{,}7°$

$\tau_{max} = 85{,}8\,\text{N/mm}^2$, $\varphi_s = -24{,}7°$

$\varepsilon_1 = 6 \cdot 10^{-4}$, $\varepsilon_2 = -4{,}6 \cdot 10^{-4}$

Lösungen Abschnitt 6.3

Aufgabe A6.3.1

a) $\sigma_z = 354\,\text{N/mm}^2$, $\tau_t = 250\,\text{N/mm}^2$

$\sigma_{VNH} = 484\,\text{N/mm}^2$, $S_B = 3{,}7$

b) Grenzkurve:

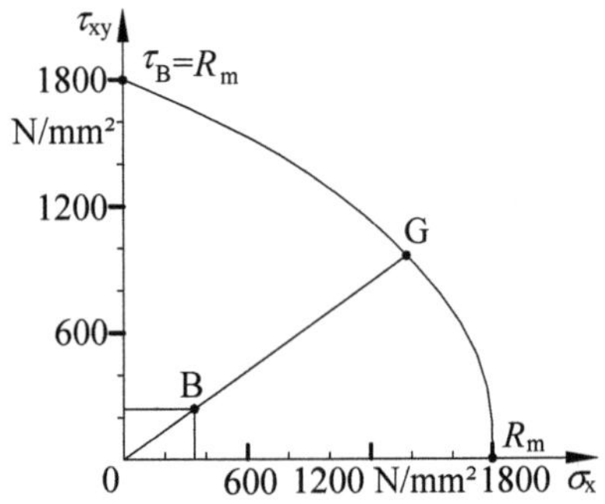

Bild L6.3.1: Grenzparabel nach der NH für das Bruchversagen

Aufgabe A6.3.2

$\gamma_{xy} = 4{,}07 \cdot 10^{-4}$

$\sigma_x = 79{,}0\,\text{N/mm}^2$, $\sigma_y = 15{,}5\,\text{N/mm}^2$, $\tau_{xy} = 33{,}0\,\text{N/mm}^2$

$\sigma_{VSH} = 103\,\text{N/mm}^2$, $S_F = 3{,}4$

Aufgabe A6.3.3

maximale Hauptspannung: $|\sigma_{max}| = 159\,\text{N/mm}^2$

Schubspannungshypothese: $\alpha_0 = 1{,}04$, $\sigma_{VSH} = 173\,\text{N/mm}^2$, $+9{,}4\,\%$

Gestaltänderungsenergiehypothese: $\alpha_0 = 1{,}20$, $\sigma_{VGEH} = 179\,\text{N/mm}^2$, $+12{,}7\,\%$.

Aufgabe A6.3.4

$M_d = 287\,\text{N m}$, $M_{bres} = 538\,\text{N m}$

$\sigma_b = \pm 85{,}6\,\text{N/mm}^2$, $\sigma_d = 1{,}8\,\text{N/mm}^2$, $\tau_t = 22{,}8\,\text{N/mm}^2$

$\alpha_0 = 0{,}49$, $\sigma_{VGEH} = 90\,\text{N/mm}^2$

Lösungen Abschnitt 7.5

Aufgabe A7.5.1

a) Außenkerbe nach Diagramm A7.7: $\alpha_{kz} = 2{,}0$

b) Innenkerbe nach FKM-Richtlinie: $\alpha_{kz} = 2{,}3$

Die Maximalspannungen werden somit bei gleicher Nennspannung an der Innenkerbe 15% größer, als an der Außenkerbe.

Aufgabe A7.5.2

$\sigma_n = 56{,}2\,\text{N/mm}^2$, $\alpha_{K,zd} = 1{,}39$, $\sigma_{max} = 78\,\text{N/mm}^2$

Aufgabe A7.5.3

$\sigma_{max} = 277\,\text{N/mm}^2 < R_e$, $\sigma_{nb} = 163\,\text{N/mm}^2$, $\alpha_{kb} = 1{,}70$ (nach Diagramm: $\alpha_{kb} = 1{,}69$)

Aufgabe A7.5.4

bezogenes Spannungsverhältnis $\chi = 1{,}31\,\text{mm}^{-1}$, $(\varphi = 0{,}31)$, dynamische Stützzahl $n_\chi = 1{,}20$

Formzahl $\alpha_{kzd} = 2{,}75$, Kerbwirkungszahl $\beta_{kzd} = 2{,}29$

Aufgabe A7.5.5

a) Nennspannung $\sigma_n = 185\,\text{N/mm}^2$, kritischen Risslänge $a_c = 33{,}5\,\text{mm}$

b) Restfestigkeit $\sigma_{c2} = 1070\,\text{MPa}$, Sicherheit bezüglich der Nennspannung $S = 5{,}78$

Lösungen Abschnitt 8.8

Aufgabe A8.8.1

$f_C = 9{,}84\,\text{mm}$, $\varphi_A = 0{,}021°$, $\varphi_B = 0{,}024°$, $\varphi_C = 0{,}270°$

Aufgabe A8.8.2

$f_{max} = 3{,}86\,\text{mm}$

Aufgabe A8.8.3

$F_A = 10\,\text{kN}$, $F_B = 48\,\text{kN}\downarrow$, $M_B = 72\,\text{kNm}$,

$\sigma_{bmax} = 156\,\text{N/mm}^2$ (Stelle A)

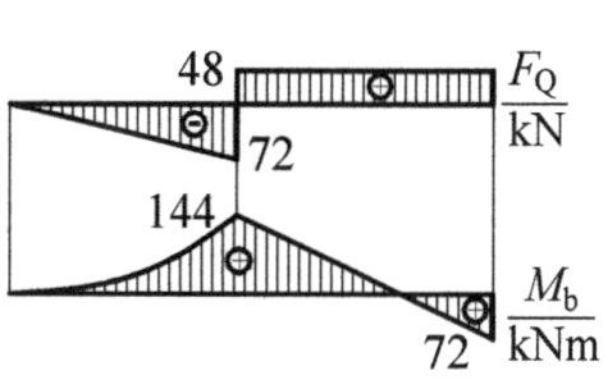

Bild L8.8.3: Schnittgrößen

Aufgabe A8.8.4

$F_A = F_G = 120\,\text{kN}$, $F_B = 55\,\text{kN}$, $F_C = 30\,\text{kN}\downarrow$, $F_D = 5\,\text{kN}$,

$M_{bmax} = 400\,\text{Nm}$ (Stelle B)

Aufgabe A8.8.5

$$f_h = \frac{F \cdot a^2}{E \cdot I}\left(\frac{1}{3}a + 1\right) - \frac{1}{6} q \cdot a \cdot l^3$$

$$f_v = \frac{l}{2 \cdot E \cdot I}\left(F \cdot a - \frac{1}{4} q \cdot l^2\right)$$

$$\varphi = \frac{1}{E \cdot I}\left(\frac{1}{2} F \cdot a^2 + F \cdot a \cdot l - \frac{1}{6} q \cdot l^3\right)$$

Aufgabe A8.8.6

$$v_v = \frac{4 \cdot F \cdot a}{E \cdot A}\left(3 + 2 \cdot \sqrt{2}\right)$$

aus der Verlängerung des Stabes 1 bzw. der Verkürzung des Stabes 4 folgt $v_h = \frac{4 \cdot F \cdot a}{E \cdot A}$

Aufgabe A8.8.7

$$v_F = F \cdot r_m^3 \cdot \frac{\pi}{4}\left[\frac{1}{E \cdot I} + \frac{1}{G \cdot I_t} \cdot \left(3 - \frac{8}{\pi}\right)\right]$$

Aufgabe A8.8.8

Die Schnittreaktionen am Viertelkreis zeigen, dass das Biegemoment an der Lasteinleitungsstelle größer, als das am seitlichen Rand ist.

$M_F = 0{,}3183 \cdot F \cdot r_m^3$; $M_h = 0{,}1817 \cdot F \cdot r_m^3$

$$v_F = \frac{F \cdot r_m^3}{E \cdot I} \cdot \left(\frac{\pi}{4} - \frac{2}{\pi}\right) = 0{,}1488 \cdot \frac{F \cdot r_m^3}{E \cdot I}$$

$$v_h = \frac{2 \cdot F \cdot r_m^3}{E \cdot I} \cdot \left(-\frac{1}{4} + \frac{1}{\pi}\right) = 0{,}1366 \cdot \frac{F \cdot r_m^3}{E \cdot I}$$

Lösungen Abschnitt 9.7

Aufgabe A9.7.1

$$\begin{bmatrix} F_1 \\ F_2 \\ F_3 \\ F_4 \end{bmatrix} = \begin{bmatrix} c_1 & -c_1 & 0 & 0 \\ -c_1 & c_1 + c_2 & -c_2 & 0 \\ 0 & -c_2 & c_2 + c_3 & -c_3 \\ 0 & 0 & -c_3 & c_3 \end{bmatrix} \cdot \begin{bmatrix} u_1 \\ u_2 \\ u_3 \\ u_4 \end{bmatrix} \Rightarrow \begin{bmatrix} F_1 \\ 16 \\ 8 \\ F_4 \end{bmatrix} = \begin{bmatrix} c_1 & -c_1 & 0 & 0 \\ -c_1 & c_1 + c_2 & -c_2 & 0 \\ 0 & -c_2 & c_2 + c_3 & -c_3 \\ 0 & 0 & -c_3 & c_3 \end{bmatrix} \cdot \begin{bmatrix} 0 \\ u_2 \\ u_3 \\ 0 \end{bmatrix}$$

$u_2 = 1{,}234\,\text{cm}$, $u_3 = 0{,}972\,\text{cm}$

$F_1 = -12{,}336\,\text{kN}$, $F_4 = -11{,}664\,\text{kN}$

Aufgabe A9.7.2

$$\begin{bmatrix} F_1 \\ F \\ 0 \\ 0 \\ 2F \\ F_5 \end{bmatrix} = \begin{bmatrix} c & -c & 0 & 0 & 0 & 0 \\ -c & 3c & -2c & 0 & 0 & 0 \\ 0 & -2c & 3c & -c & 0 & 0 \\ 0 & 0 & -c & 3c & -2c & 0 \\ 0 & 0 & 0 & -2c & 3c & -c \\ 0 & 0 & 0 & 0 & -c & c \end{bmatrix} \cdot \begin{bmatrix} 0 \\ u_2 \\ u_3 \\ u_4 \\ u_5 \\ 0 \end{bmatrix}$$

Aufgabe A9.7.3

Mit $l = 50\,\text{mm}$ und $A_1 / A_2 = 1{,}9988 \approx 2$ wird Steifigkeitsmatrix für das Gesamtsystem

$$\begin{bmatrix} F_A \\ 0 \\ F \\ F_B \end{bmatrix} = \frac{E \cdot A}{2 \cdot l} \begin{bmatrix} 4 & -4 & 0 & 0 \\ -4 & 5 & -1 & 0 \\ 0 & -1 & 3 & -2 \\ 0 & 0 & -2 & 2 \end{bmatrix} \cdot \begin{bmatrix} 0 \\ u_2 \\ u_3 \\ 0 \end{bmatrix}$$

$$u_2 = \frac{1}{7}\frac{F \cdot l}{E \cdot A} = 2{,}06 \cdot 10^{-3}\,\text{mm}, \quad u_3 = \frac{5}{7}\frac{F \cdot l}{E \cdot A} = 1{,}03 \cdot 10^{-2}\,\text{mm}$$

$$F_1 = -\frac{2}{7}F = -11{,}429\,\text{kN}\,, \quad F_4 = -\frac{5}{7}F = -28{,}571\,\text{kN}$$

Aufgabe A9.7.4

a) $$\begin{bmatrix} F_{\text{Ix}} \\ F_{\text{Iy}} \\ 0 \\ -F \\ F_{\text{IIIx}} \\ F_{\text{IIIy}} \end{bmatrix} = \frac{E \cdot A}{2 \cdot \sqrt{2} \cdot l} \begin{bmatrix} 1 & -1 & -1 & 1 & 0 & 0 \\ -1 & 1 & 1 & -1 & 0 & 0 \\ -1 & 1 & 1+2\sqrt{2} & -1 & -2\sqrt{2} & 0 \\ 1 & -1 & -1 & 1 & 0 & 0 \\ 0 & 0 & -2\sqrt{2} & 0 & 2\sqrt{2} & 0 \\ 0 & 0 & 0 & 0 & 0 & 0 \end{bmatrix} \cdot \begin{bmatrix} 0 \\ 0 \\ u_{\text{II}} \\ v_{\text{II}} \\ 0 \\ 0 \end{bmatrix}$$

b) $$\begin{bmatrix} u_{\text{II}} \\ v_{\text{II}} \end{bmatrix} = \frac{l}{E \cdot A} \cdot \begin{bmatrix} 1 & 1 \\ 1 & 1+2\sqrt{2} \end{bmatrix} \cdot \begin{bmatrix} 0 \\ -F \end{bmatrix}$$

$$u_{\text{II}} = -\frac{F \cdot l}{E \cdot A} = -0{,}64\,\text{mm}\,, \quad v_{\text{II}} = -\frac{F \cdot l}{E \cdot A} \cdot (1 + 2\sqrt{2}) = -2{,}44\,\text{mm}$$

c) $$\begin{bmatrix} F_{\text{Ix}} \\ F_{\text{Iy}} \\ F_{\text{IIIx}} \\ F_{\text{IIIy}} \end{bmatrix} = \frac{E \cdot A}{2 \cdot \sqrt{2} \cdot l} \cdot \begin{bmatrix} -1 & 1 \\ 1 & -1 \\ -2 \cdot \sqrt{2} & 0 \\ 0 & 0 \end{bmatrix} \cdot \begin{bmatrix} u_{\text{II}} \\ v_{\text{II}} \end{bmatrix} = \begin{bmatrix} -F \\ F \\ F \\ 0 \end{bmatrix} = \begin{bmatrix} -95 \\ 95 \\ 95 \\ 0 \end{bmatrix} \text{kN}$$

d) $$\begin{bmatrix} F_{s1} \\ F_{s2} \end{bmatrix} = \frac{E\cdot A}{2\cdot l}\cdot\begin{bmatrix} 1 & -1 & -1 & 1 \\ -1 & 1 & 1 & -1 \end{bmatrix}\cdot\begin{bmatrix} 0 \\ 0 \\ u_{\text{II}} \\ v_{\text{II}} \end{bmatrix} \Rightarrow F_{s1} = \sqrt{2}\cdot F = 134{,}350\,\text{kN (Zugstab)}$$

$$\begin{bmatrix} F_{s3} \\ F_{s2} \end{bmatrix} = \frac{E\cdot A}{l}\cdot\begin{bmatrix} 1 & 0 & -1 & 0 \\ -1 & 0 & 1 & 0 \end{bmatrix}\cdot\begin{bmatrix} 0 \\ 0 \\ u_{\text{III}} \\ 0 \end{bmatrix} \Rightarrow F_{s3} = -F = -95\,\text{kN (Druckstab)}$$

Aufgabe A9.7.5

$$N_1 = 1-\frac{11}{2}\cdot\left(\frac{x}{L}\right)+9\cdot\left(\frac{x}{L}\right)^2-\frac{9}{2}\cdot\left(\frac{x}{L}\right)^3 = 1-\frac{11}{2}\cdot\xi+9\cdot\xi^2-\frac{9}{2}\cdot\xi^3$$

$$N_2 = 9\cdot\left(\frac{x}{L}\right)-\frac{45}{2}\cdot\left(\frac{x}{L}\right)^2+\frac{27}{2}\cdot\left(\frac{x}{L}\right)^3 = 9\cdot\xi-\frac{45}{2}\cdot\xi^2+\frac{27}{2}\cdot\xi^3$$

$$N_3 = -\frac{9}{2}\cdot\left(\frac{x}{L}\right)+18\cdot\left(\frac{x}{L}\right)^2-\frac{27}{3}\cdot\left(\frac{x}{L}\right)^3 = -\frac{9}{2}\cdot\xi+18\cdot\xi^2-\frac{27}{3}\cdot\xi^3$$

$$N_4 = \left(\frac{x}{L}\right)-\frac{9}{2}\cdot\left(\frac{x}{L}\right)^2+\frac{9}{2}\cdot\left(\frac{x}{L}\right)^3 = \xi-\frac{9}{2}\cdot\xi^2+\frac{9}{2}\cdot\xi^3$$

Aufgabe A9.7.6

$$\underline{\underline{k}} = \frac{E\cdot s}{80\cdot A_\Delta\cdot(1-\nu^2)}\begin{bmatrix} 292 & 156 & -180 & -84 & -112 & -72 \\ 156 & 383 & -72 & -63 & -84 & -320 \\ -180 & -72 & 180 & 0 & 0 & 72 \\ -84 & -63 & 0 & -63 & 0 & 84 \\ -112 & -84 & 0 & 0 & 112 & 0 \\ -72 & -320 & 72 & 84 & 0 & 320 \end{bmatrix}$$

Formelzeichen

Lateinische Buchstaben

A	Bruchdehnung
A	Fläche, Querschnittsfläche
a	allgemeine Länge
a	Risslänge
a	RITZ-Koeffizienten (a_i)
a, b, c	allgemeine Konstanten
b	Breite
C	Konstante
c	Federkonstante
D, d	Durchmesser
$\underline{\underline{D}}$	Differentialoperatormatrix
d	Verrückungsgröße (allgemein)
$\underline{d}$	Elementknotenvektor
E	Elastizitätsmodul
$\underline{\underline{E}}$	Elastizitätsmatrix
e	Volumendehnung
$\underline{e}$	Einheitsvektor
F	Kraft
$\underline{F}$	Kraftvektor
f	Fließbedingung
f	maximale Durchbiegung
$\underline{f}$	Elementkraftvektor
G	Gleitmodul, Schubmodul
$\underline{\underline{H}}$	Nachgiebigkeitsmatrix
g	Erdbeschleunigung
h	Höhe
I	Flächenmoment 2.Ordnung
I	Invarianten des Spannungstensors (I_1, I_2, I_3)
J	J -Integral
K	Spannungsintensität (K_I, K_c)
$\underline{\underline{K}}$	Gesamtsteifigkeitsmatrix
$\underline{\underline{k}}$	Elementsteifigkeitsmatrix

L, l	Länge
M	Moment
m	Masse
m	POISSONsche Konstante
N	Lastspielzahl
N	Formfunktion
n	Stützziffer ($n_{\mathrm{pl}}, n_{\chi}$)
$\underline{n}$	Normaleneinheitsvektor
p	Druck
q	generalisierte Koordinate
q	Streckenlast
R, r	Radius
R	Spannungsverhältnis
R	Belastungsresultierende
R	Spannungsnormwert ($R_{\mathrm{e}}, R_{\mathrm{p}}, R_{\mathrm{m}}$)
$\underline{R}$	allgemeiner Belastungsvektor
S	Sicherheitszahl ($S_{\mathrm{F}}, S_{\mathrm{B}}$)
$\underline{\underline{S}}$	Spannungstensor
$\underline{\underline{S}}'$	Spannungsdeviator
$\underline{s}$	Spannungsvektor
s	Dicke
s	lokale Stabkoordinate ($s_{\mathrm{i}}^{(e)}$)
s	Verschiebung
$\underline{\underline{T}}$	Transformationsmatrix
t	Tiefe
t	Zeit
U	Formänderungsenergie (innere Arbeit)
U	Umfang
$\underline{U}$	Systemknotenvektor
u	Verschiebung
$\underline{u}$	Verschiebungsvektor
u, v, w	Koordinaten
V	Volumen
v	Aufweitung (v_{r})
v	Verschiebung
W	Formänderungsarbeit (äußere Arbeit)
W	Widerstandsmoment
w	Verschiebung
X	unbekannte Bindungskraft
Y	Geometriefaktor
x, y, z	Koordinaten

Griechische (meist altgriechische) Buchstaben

α	Winkel
α	Einflusszahl (α_{ik})
α	Formzahl (α_k)
α	linearer Wärmedehnungskoeffizient (α_T)
α	Anstrengungsverhältnis (α_0)
α, β	Ansatzkoeffizienten (α_i, β_i)
β	Winkel
β	Kerbwirkungszahl (β_k)
γ	Kerbfestigkeitsverhältnis (γ_k)
γ	Schiebung, Winkelverzerrung
γ	Winkel
δ	Verrückung
δ	virtuelle Größe (Variationssymbol)
δ	Rissspitzenöffnung
ε	elastische Dehnung
$\underline{\varepsilon}$	Verzerrungsvektor
$\underline{\underline{\varepsilon}}$	Verzerrungstensor
ζ	dimensionslose Koordinate
η	Seitenverhältnis
κ	Schubverteilungszahl
λ	Schlankheitsgrad
ν	Querkontraktionszahl
ξ, η, ζ	Koordinaten (gedrehtes Koordinatensystem)
Π	Potential
π	ARCHIMEDESsche Zahl ($\pi = 3{,}14159 \ldots$)
ρ	Dichte
σ	Normalspannung
σ'	Spannungsdeviator
$\underline{\sigma}$	Spannungsvektor
$\underline{\underline{\sigma}}$	Spannungstensor
τ	Schubspannung, (Tangentialspannung)
φ	Ansatzfunktion
φ	Winkel
χ	bezogenes Spannungsgefälle

Indizes

A, B, ..	bezogen auf so bezeichnete Punkte
A, a	außen

a	Abscheren
a	Ausschlag
a	axial
B	Bruch
b	Biegung
c	kritischer Bruchwert (engl.: crack)
D	dauerfest
d	Druck
d	Dreh...(moment)
E	Einspannung
eff	effektiv
el	elastisch
erf	erforderlich
F	Fließgröße
G	Gewicht
Grenz	Grenze
ges	gesamt
H	Hilfsgröße
i	innen
k	Kerb
krit	kritisch
L, l	längs
M, m	mittlere, Mittel
max	maximal
min	minimal
n	Nennwert
n	normal
okt	Oktaeder
opt	optimal
p	polar (Flächenmoment)
p	pressend
pl	plastisch
Q	Querschnitt
Q, q	quer
r	radial
red	reduziert
S	Stab
S	Schnitt
s	Schub
s	spezifisch
Sch	schwellend
stat	statisch
T	Temperatur
T	Trenn(festigkeit)
t	tangential
t	Torsion
u	Umfang
V	Vergleich
W	wechselnd

x, y, z	Richtungssinn nach vorgegebenen Koordinaten
z	Zug
zul	zulässig
zd	Zug-Druck
φ	Winkelbezug
0	Bezugsgröße, Nenngröße
1,2,3	Hauptrichtungen

Allgemeine Abkürzungen

DMS	Dehnmessstreifen
EPBM	elastisch plastische Bruchmechanik
ESZ	Ebener Spannungszustand
EVZ	Ebener Verzerrungszustand
FEM	Finite-Elemente-Methode
GEH	Gestaltänderungsenergiehypothese (VON MISES Hypothese)
LEBM	linear elastische Bruchmechanik
NH	Normalspannungshypothese
RSZ	Räumlicher Spannungszustand
SH	Schubspannungshypothese

Anhang

Anhang A2: Lösung Beispiel 2.6

Beispiel 2.6:

Berechnung der Hauptspannungen aus der Eigenwertgleichung

Die Berechnung der Hauptspannungen aus der Eigenwertgleichung ist die Lösung einer Gleichung 3. Grades der Form

$$y^3 + A \cdot y^2 + B \cdot y + C = 0\,. \tag{1}$$

Setzen wir σ_i statt y, wird aus (1)

$$\sigma_\mathrm{i}^3 + A \cdot \sigma_\mathrm{i}^2 + B \cdot \sigma_\mathrm{i} + C = 0\,. \tag{2}$$

Im Vergleich mit Gleichung (2.45b) gilt dann

$$A = -I_1; \quad B = I_2; \quad C = -I_3\,. \tag{3}$$

Um $A \cdot \sigma_\mathrm{i}^2$ zu eliminieren und damit auf die reduzierte Form der Gleichung (1) zu kommen, setzen wir

$$y = x - \frac{A}{3}. \tag{4}$$

(4) in (2) eingesetzt wird

$$\left(x - \frac{A}{3}\right)^3 + A \cdot \left(x - \frac{A}{3}\right)^2 + B \cdot \left(x - \frac{A}{3}\right) + C = 0\,,$$

$$x^3 - 3x^2 \cdot \frac{A}{3} + 3x \cdot \frac{A^2}{9} - \frac{A^3}{27} + Ax^2 - \frac{2}{3}A^2 x + \frac{A^3}{9} + Bx - \frac{A \cdot B}{3} + C = 0\,,$$

$$x^3 + Bx - \frac{A}{3}x + \frac{2}{27}A^3 - \frac{1}{3}A \cdot B + C = 0\,. \tag{5}$$

Mit $$a = B - \frac{A^2}{3} \tag{6}$$

und $$b = \frac{2}{27}A^3 - \frac{1}{3}A \cdot B + C \tag{7}$$

ist die reduzierte Form

$$x^3 + a\,x + b = 0\,. \tag{8}$$

Die Lösungen für die drei reellen Wurzeln (symmetrische Matrix) ergeben sich aus einer trigonometrischen Beziehung mit dem Winkel

$$\varphi = \frac{1}{3}\arccos\left[-\frac{b}{2\sqrt{(-a/3)^3}}\right]. \tag{9}$$

Damit wird:

$$x_1 = 2\cdot\sqrt{-\frac{a}{3}}\cdot\cos\varphi\,;\quad x_2 = 2\cdot\sqrt{-\frac{a}{3}}\cdot\cos(\varphi+120°)\,;\quad x_3 = 2\cdot\sqrt{-\frac{a}{3}}\cdot\cos(\varphi+240°)\,. \tag{10}$$

Mit den Werten der Aufgabenstellung werden zuerst die Invarianten des Spannungstensors, Gleichungen (2.46) bis (2.48), berechnet:

$$I_1 = \sigma_x + \sigma_y + \sigma_z = (18+6+12)\cdot\text{kN/cm}^2\,;\quad \underline{I_1 = 36\,\text{kN/cm}^2}\,,$$

$$I_2 = \sigma_x\sigma_y + \sigma_y\sigma_z + \sigma_z\sigma_x - \tau_{xy}^2 - \tau_{yz}^2 - \tau_{zx}^2 = (108+72+216-100-9-196)\,\text{kN}^2/\text{cm}^4\,;$$

$$\underline{I_2 = 91\,\text{kN}^2/\text{cm}^4}\,,$$

$$I_3 = \sigma_x\sigma_y\sigma_z + 2\,\tau_{xy}\tau_{yz}\tau_{zx} - \sigma_x\tau_{yz}^2 - \sigma_y\tau_{zx}^2 - \sigma_z\tau_{xy}^2\,;$$

$$I_3 = (1296+840-162-1176-1200)\,\text{kN}^3/\text{cm}^6\,;\quad \underline{I_3 = -402\,\text{kN}^3/\text{cm}^6}\,.$$

Damit schreiben wir Gleichung (2.45b) zu

$$\sigma_i^3 - 36\,\text{kN/cm}^2\cdot\sigma_i^2 + 91\,\text{kN}^2/\text{cm}^4\cdot\sigma_i - (-402\,\text{kN}^3/\text{cm}^6) = 0\,.$$

Gemäß (6) und (7) berechnen wir:

$$a = B - \frac{A^2}{3} = \left[91 - \frac{(-36)^2}{3}\right]\text{kN}^2/\text{cm}^4 = -341\,\text{kN}^2/\text{cm}^4\,,$$

$$b = \frac{2}{27}A^3 - \frac{1}{3}A\cdot B + C = \left[\frac{2}{27}(-36)^3 - \frac{1}{3}(-36)\cdot 91 + 402\right]\text{kN}^3/\text{cm}^6 = -1962\,\text{kN}^3/\text{cm}^6$$

sowie mit (9)

$$\varphi = \frac{1}{3}\arccos\left[-\frac{b}{2\sqrt{(-a/3)^3}}\right] = \frac{1}{3}\arccos\left[-\frac{1962}{2\sqrt{-(-341/3)^3}}\right] = 11{,}98°\,.$$

Nach (10) ergeben sich die Lösungen für x_i:

$$x_1 = 2\sqrt{-\frac{a}{3}} \cdot \cos\varphi = 2\sqrt{-\frac{(-341\,\text{kN}^2/\text{cm}^4)}{3}} \cdot \cos 11{,}98° = 20{,}858\,\text{kN/cm}^2,$$

$$x_2 = 2\sqrt{-\frac{a}{3}} \cdot (\cos\varphi + 120°) = 2\sqrt{-\frac{(-341\,\text{kN}^2/\text{cm}^4)}{3}} \cdot \cos 131{,}98° = -14{,}263\,\text{kN/cm}^2,$$

$$x_3 = 2\sqrt{-\frac{a}{3}} \cdot \cos(\varphi + 240°) = 2\sqrt{-\frac{(-341\,\text{kN}^2/\text{cm}^4)}{3}} \cdot \cos 251{,}98° = -6{,}595\,\text{kN/cm}^2.$$

Mit der Substitution (4) $\sigma_i = x_i - \frac{A}{3}$ werden die Spannungen berechnet:

$$\sigma_1 = \left[20{,}858 - \frac{(-36)}{3}\right]\text{kN/cm}^2 = 32{,}86\,\text{kN/cm}^2,$$

$$\sigma_2 = \left[-14{,}263 - \frac{(-36)}{3}\right]\text{kN/cm}^2 = -2{,}26\,\text{kN/cm}^2,$$

$$\sigma_3 = \left[-6{,}595 - \frac{(-36)}{3}\right]\text{kN/cm}^2 = 5{,}41\,\text{kN/cm}^2.$$

Die Indizierung der oben berechneten Spannung muss nicht der Festlegung für die Hauptspannungen $\sigma_1 > \sigma_2 > \sigma_3$ entsprechen; somit ist sie demgemäß neu festzulegen:

$\underline{\sigma_1 = 329\,\text{N/mm}^2}$; $\underline{\sigma_2 = 54\,\text{N/mm}^2}$; $\underline{\sigma_3 = -23\,\text{N/mm}^2}$.

Die Probe wird mit der Gleichung (2.46) durchgeführt:

$$\sigma_x + \sigma_y + \sigma_z = \sigma_1 + \sigma_2 + \sigma_3 = (180 + 60 + 120)\,\text{N/mm}^2 = (329 + 54 - 23)\,\text{N/mm}^2 = I_1$$

Die Hauptschubspannungen werden mit den Gleichungen (2.49) bis (2.51) berechnet:

$$\tau_1 = \frac{\sigma_1 - \sigma_3}{2} = \left(\frac{328{,}6 + 22{,}6}{2}\right) \cdot \text{N/mm}^2 = \underline{175{,}6\,\text{N/mm}^2},$$

$$\tau_2 = \frac{\sigma_1 - \sigma_2}{2} = \left(\frac{328{,}8 - 54{,}1}{2}\right) \cdot \text{N/mm}^2 = \underline{137{,}3\,\text{N/mm}^2},$$

$$\tau_3 = \frac{\sigma_2 - \sigma_3}{2} = \left(\frac{54{,}1 + 22{,}6}{2}\right) \cdot \text{N/mm}^2 = \underline{38{,}3\,\text{N/mm}^2}.$$

Anhang A7: Diagramme und Tabellen nach FKM-Richtlinie

Diagramm A7.1: Rundstab mit Umlaufkerbe bei Zugdruck, $r > 0$; $d / D < 1$

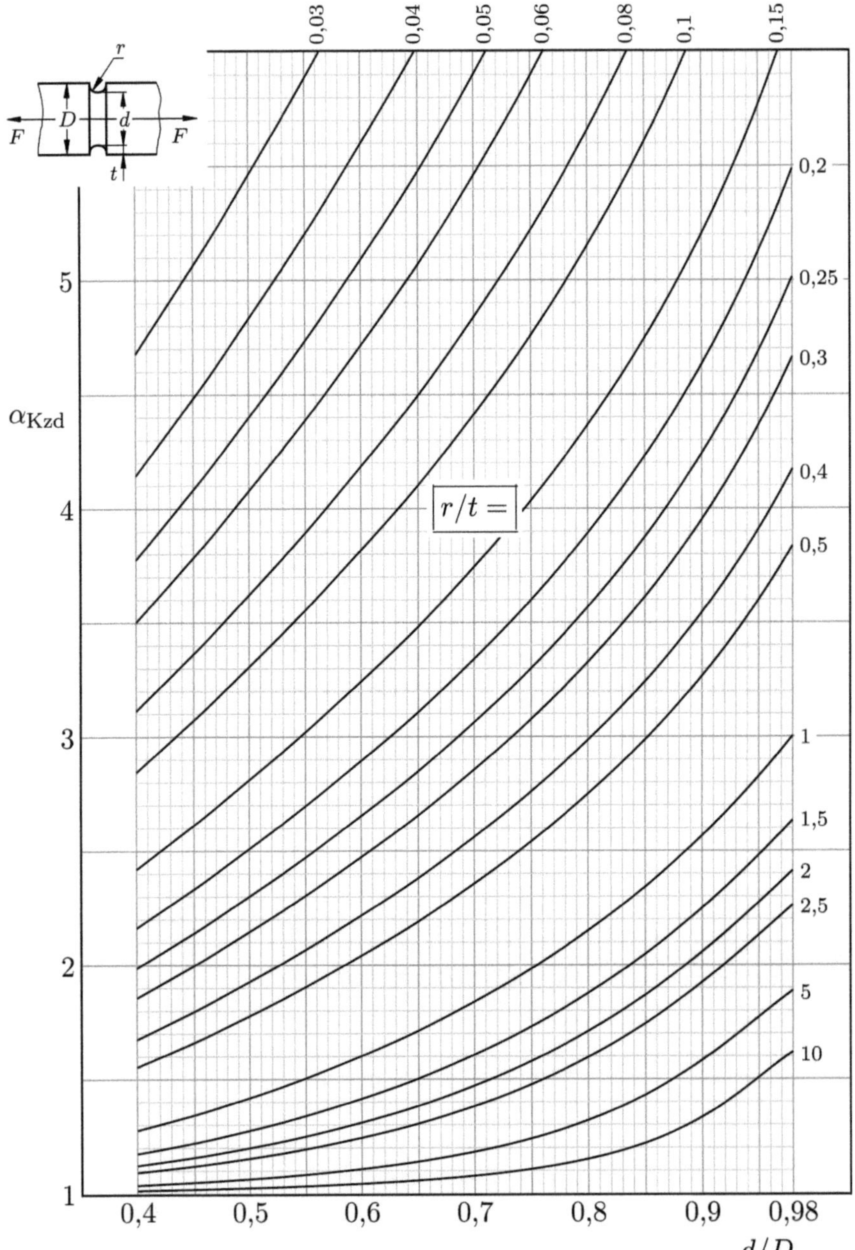

$$\alpha_{Kzd} = 1 + \frac{1}{\sqrt{0{,}22 \cdot \frac{r}{t} + 2{,}74 \cdot \frac{r}{d} \cdot \left(1 + 2 \cdot \frac{r}{d}\right)^2}}$$

Diagramm A7.2: Rundstab mit Umlaufkerbe bei Biegung, $r > 0$; $d / D < 1$

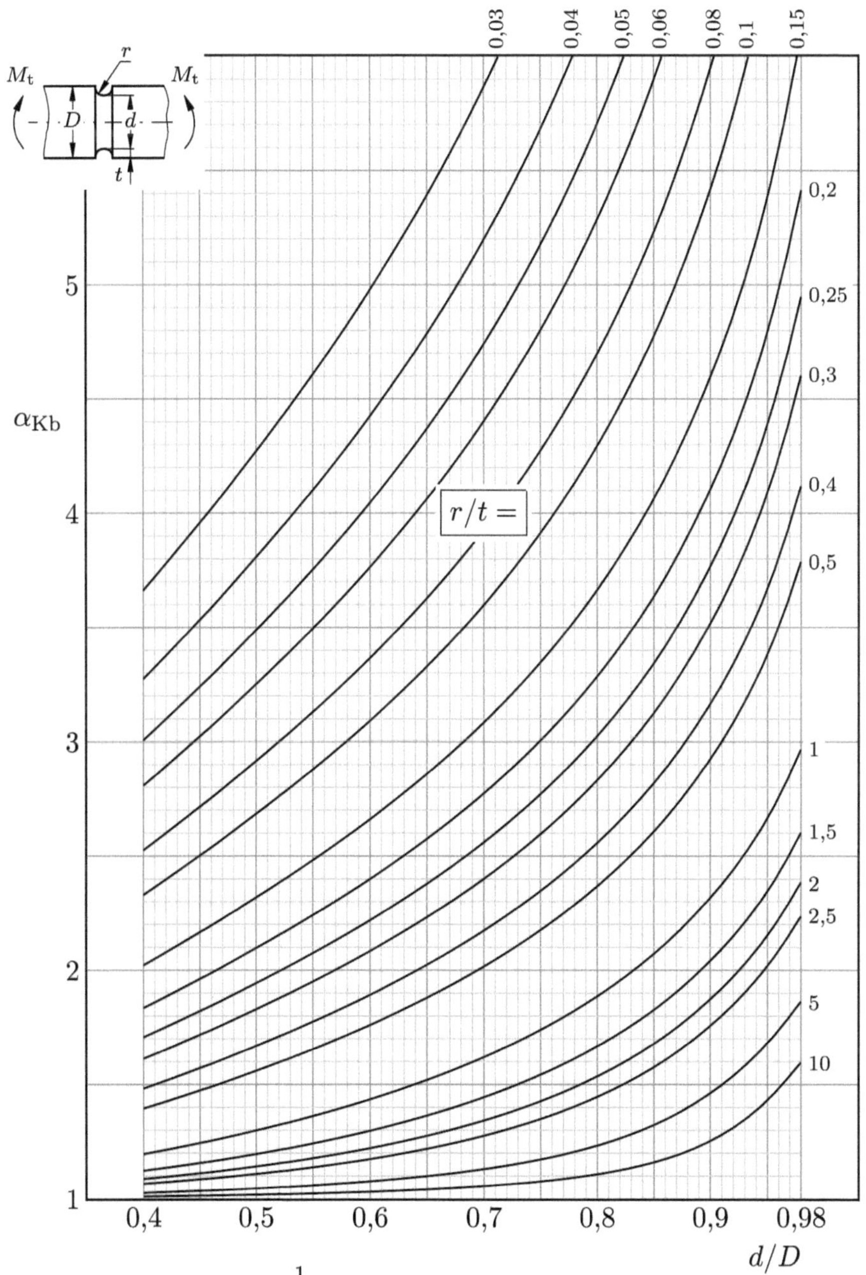

$$\alpha_{Kb} = 1 + \frac{1}{\sqrt{0{,}20 \cdot \frac{r}{t} + 5{,}5 \cdot \frac{r}{d} \cdot \left(1 + 2 \cdot \frac{r}{d}\right)^2}}$$

Diagramm A7.3: Rundstab mit Umlaufkerbe bei Torsion, $r > 0;\ d/D < 1$

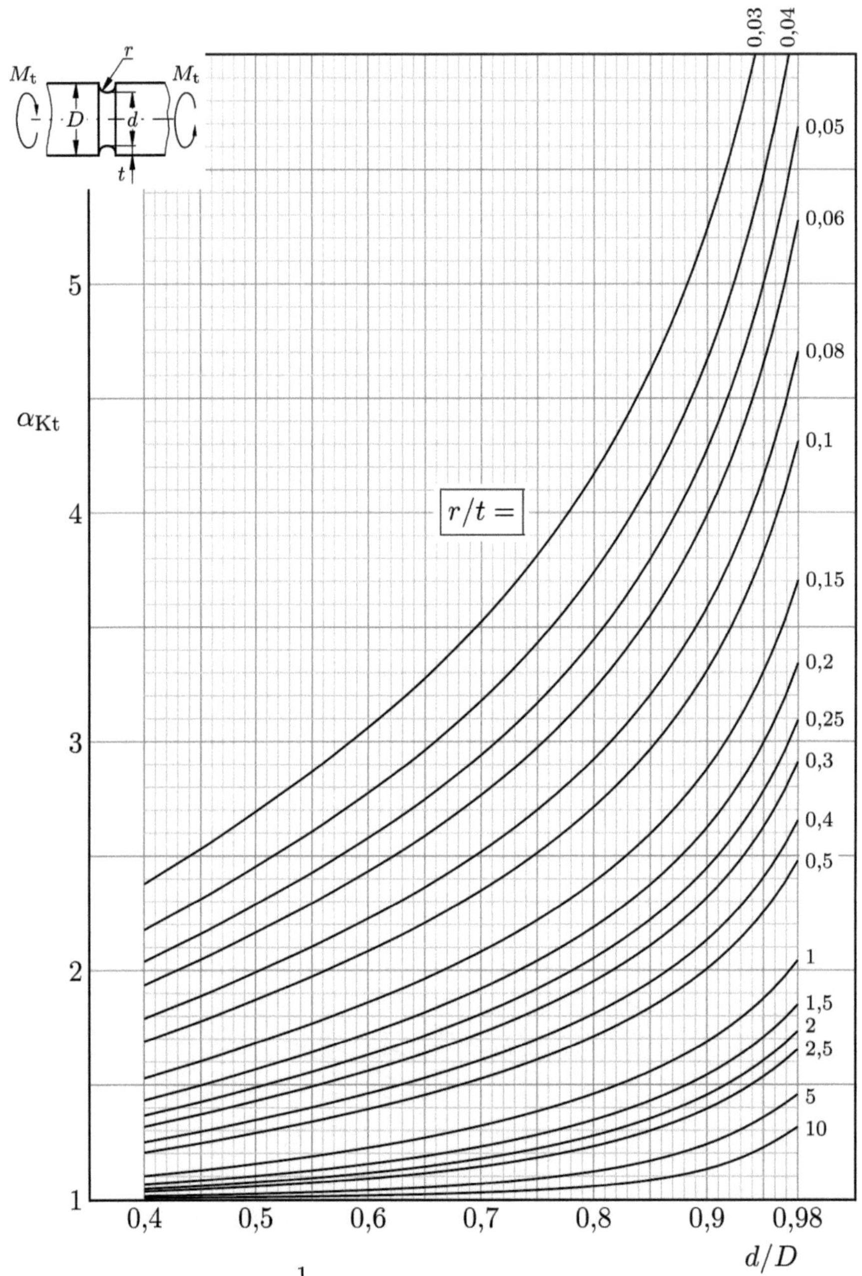

$$\alpha_{Kt} = 1 + \frac{1}{\sqrt{0{,}70 \cdot \frac{r}{t} + 20{,}6 \cdot \frac{r}{d} \cdot \left(1 + 2 \cdot \frac{r}{d}\right)^2}}$$

Diagramm A7.4: Rundstab mit Absatz bei Zugdruck, $r > 0$; $d / D < 1$

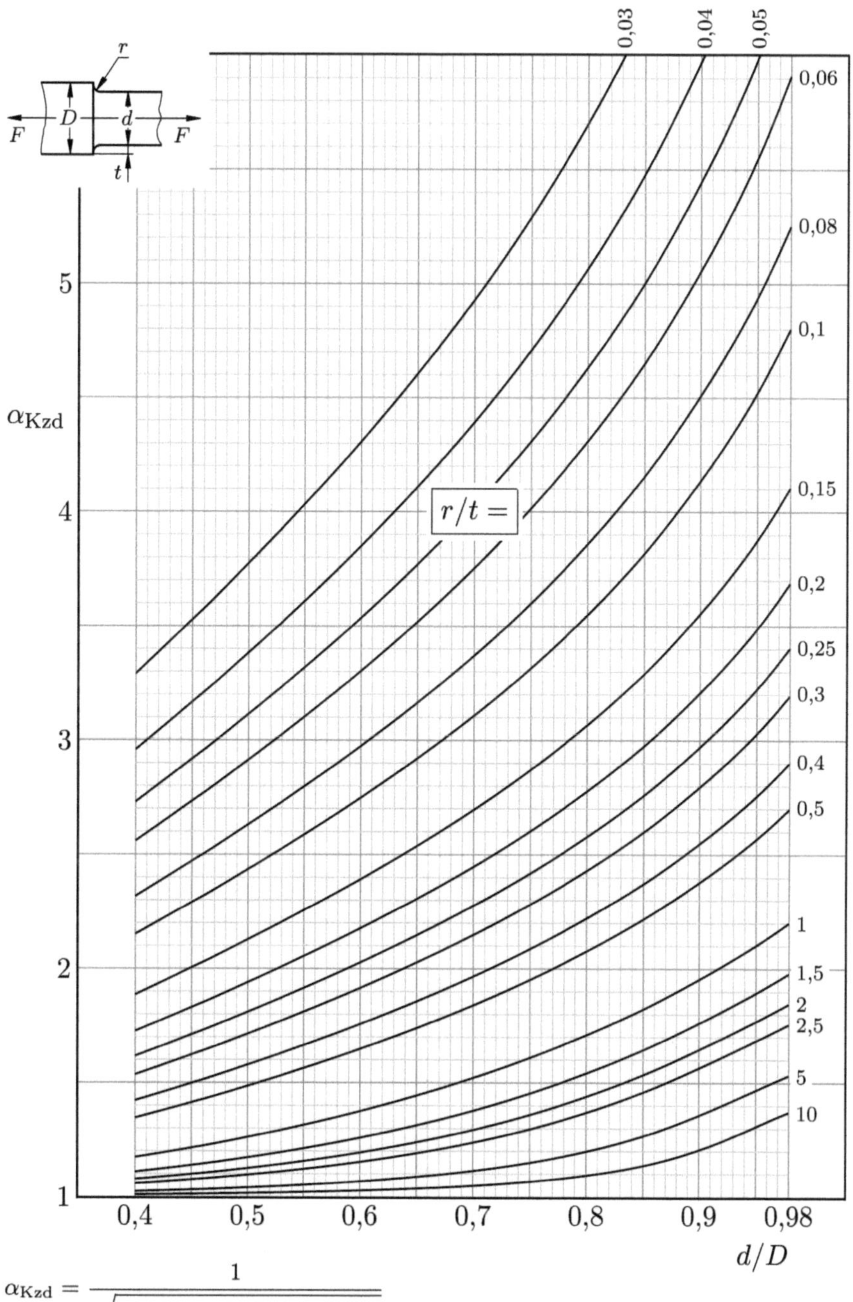

$$\alpha_{\mathrm{Kzd}} = \frac{1}{\sqrt{0{,}62\,\frac{r}{t} + 7 \cdot \frac{r}{d} \cdot \left(1 + 2\,\frac{r}{d}\right)^2}}$$

Diagramm A7.5: Rundstab mit Absatz bei Biegung, $r > 0$; $d/D < 1$

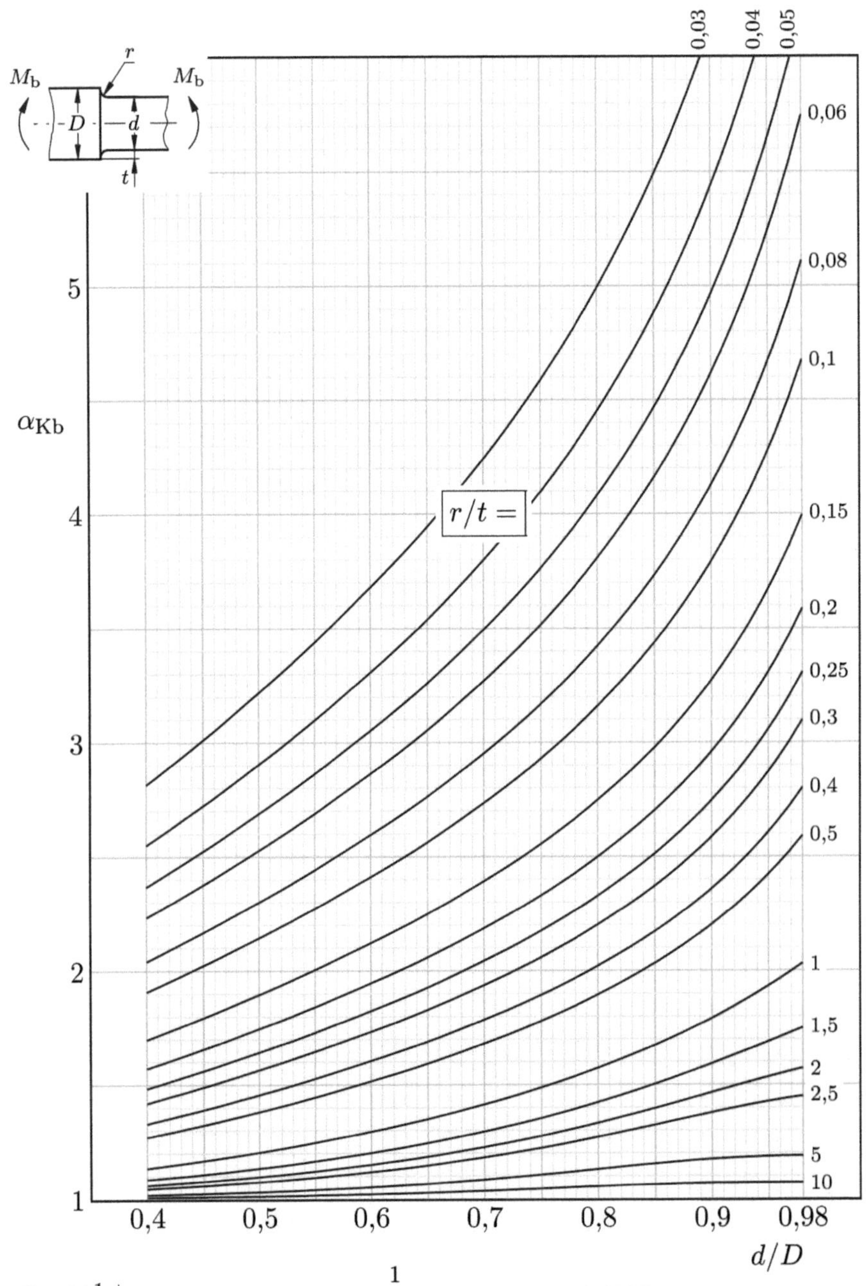

$$\alpha_{Kb} = 1 + \frac{1}{\sqrt{0{,}62 \cdot \frac{r}{t} + 11{,}6 \cdot \frac{r}{d} \cdot \left(1 + 2 \cdot \frac{r}{d}\right)^2 + 0{,}2 \cdot \left(\frac{r}{t}\right)^3 \cdot \frac{d}{D}}}$$

Diagramm A7.6: Rundstab mit Absatz bei Torsion, $r > 0;\ d\,/\,D < 1$

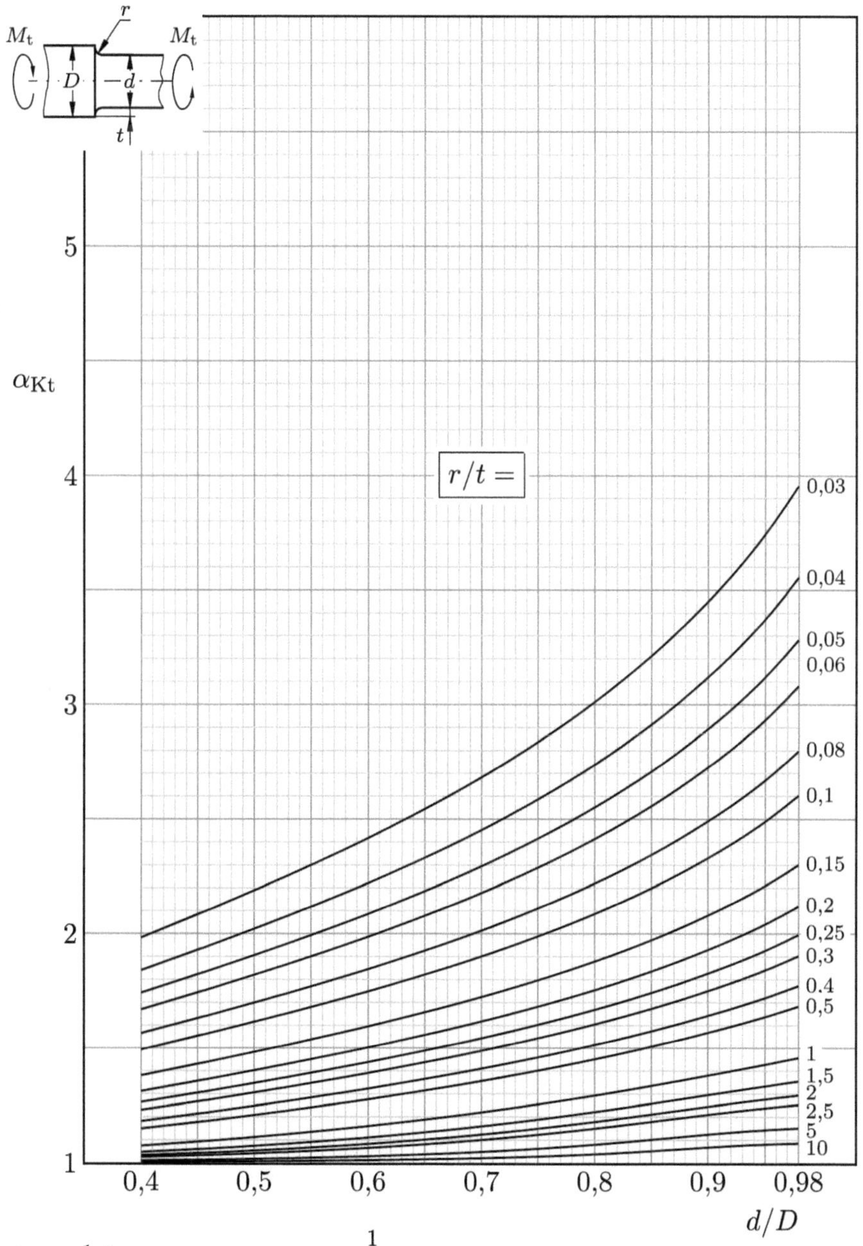

$$\alpha_{Kt} = 1 + \frac{1}{\sqrt{3{,}4 \cdot \frac{r}{t} + 38 \cdot \frac{r}{d} \cdot \left(1 + 2 \cdot \frac{r}{d}\right)^2 + 1{,}0 \cdot \left(\frac{r}{t}\right)^2 \cdot \frac{d}{D}}}$$

Diagramm A7.7: Flachstab mit beidseitiger Kerbe bei Zug oder Druck, $r > 0$; $b/B < 1$

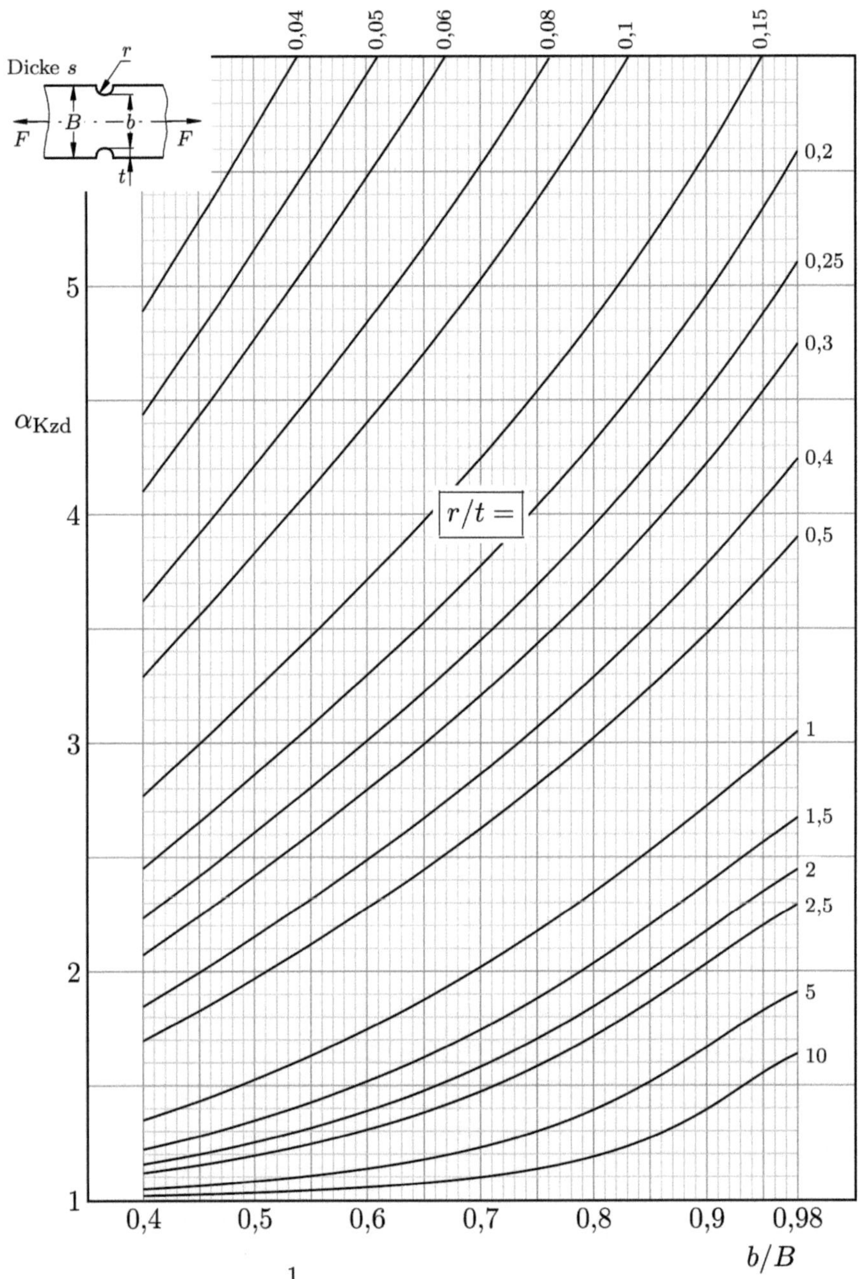

$$\alpha_{\mathrm{Kzd}} = 1 + \frac{1}{\sqrt{0{,}22\,\frac{r}{t} + 1{,}7 \cdot \frac{r}{b} \cdot \left(1 + 2\,\frac{r}{b}\right)^2}}$$

Diagramm A7.8: Flachstab mit beidseitiger Kerbe bei Biegung, $r > 0;\ b/B < 1$

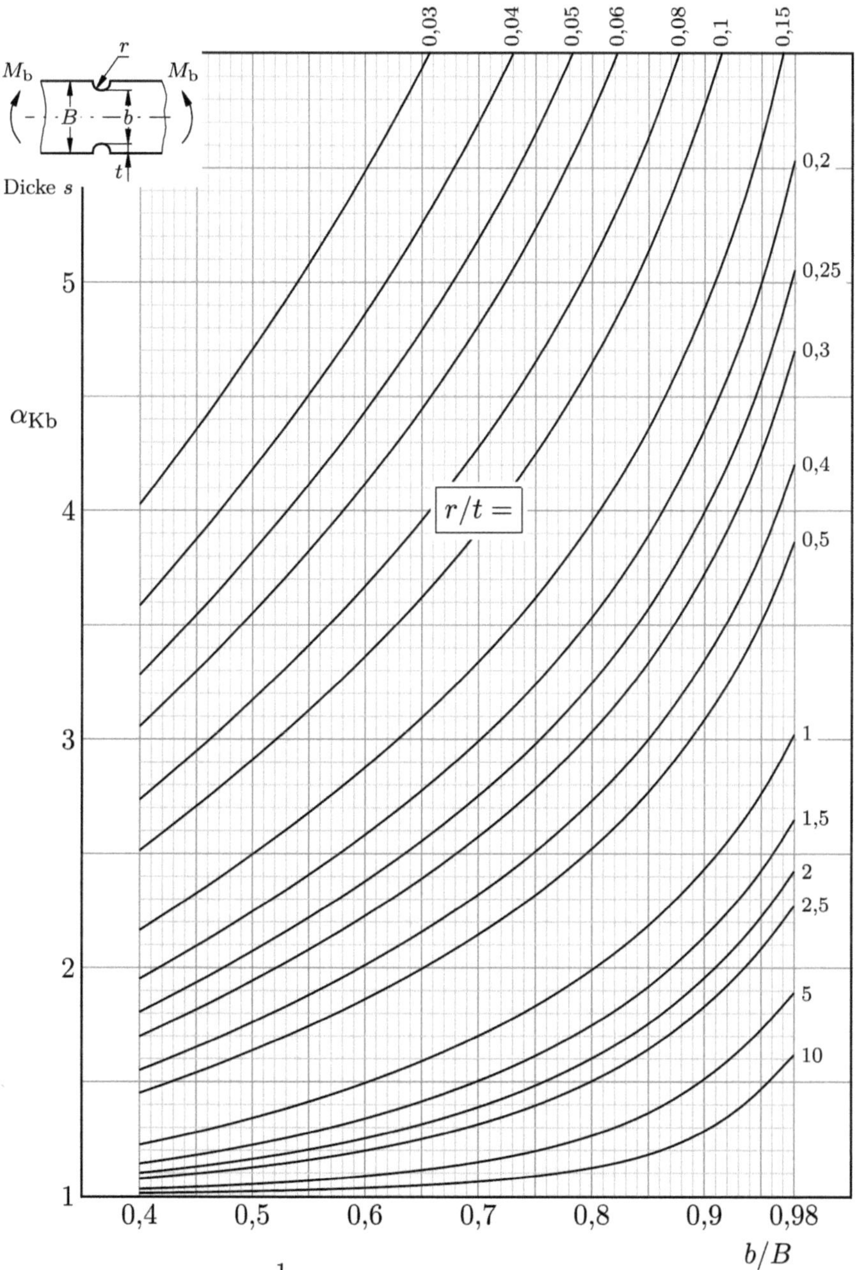

$$\alpha_{Kb} = 1 + \frac{1}{\sqrt{0{,}20 \cdot \frac{r}{t} + 4{,}2\,\frac{r}{b} \cdot \left(1 + 2\,\frac{r}{b}\right)^2}}$$

Diagramm A7.9: Flachstab mit Absatz bei Zug oder Druck, $r > 0; b/B < 1$

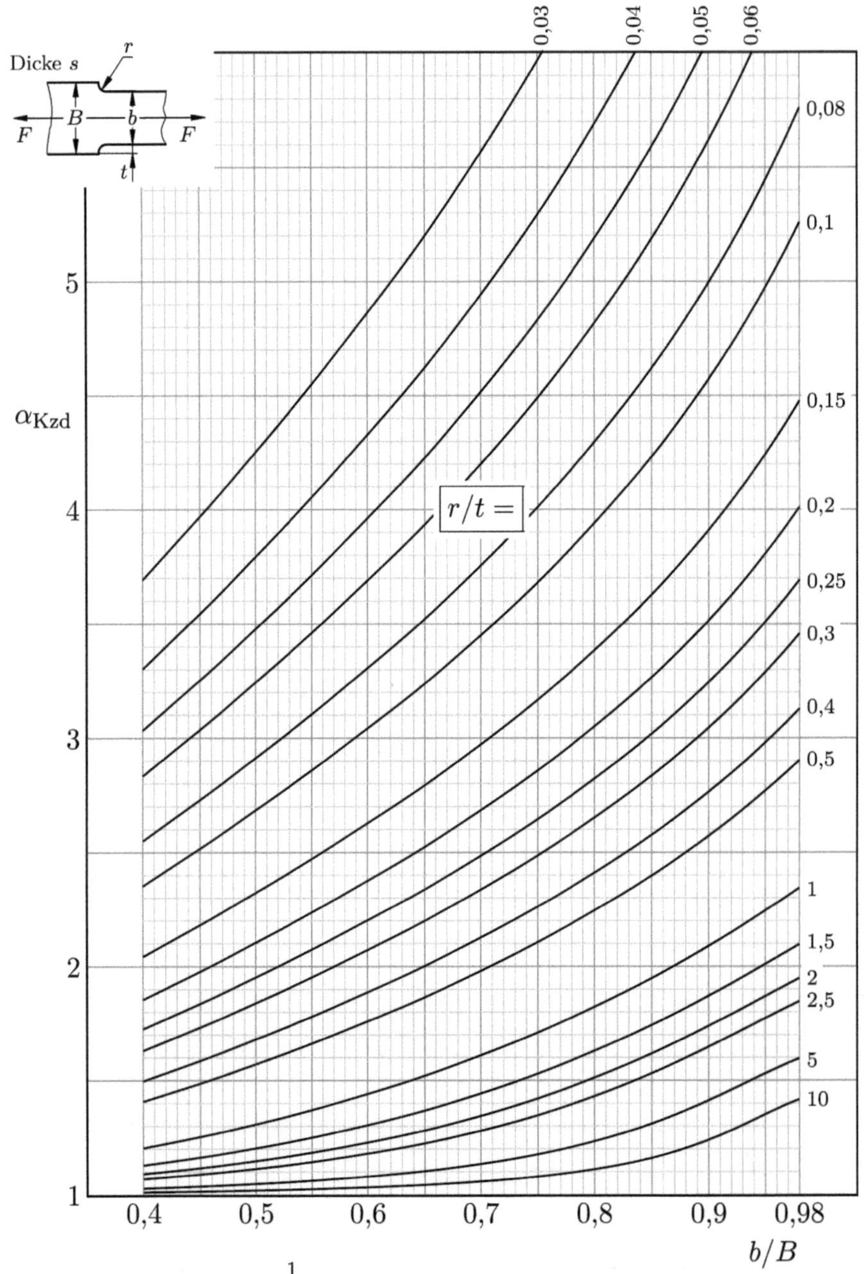

$$\alpha_{\mathrm{Kzd}} = 1 + \frac{1}{\sqrt{0{,}5 \cdot \frac{r}{t} + 5 \cdot \frac{r}{b} \cdot \left(1 + 2 \cdot \frac{r}{b}\right)^2}}$$

Diagramm A7.10: Flachstab mit Absatz bei Biegung, $r > 0$; $b/B < 1$

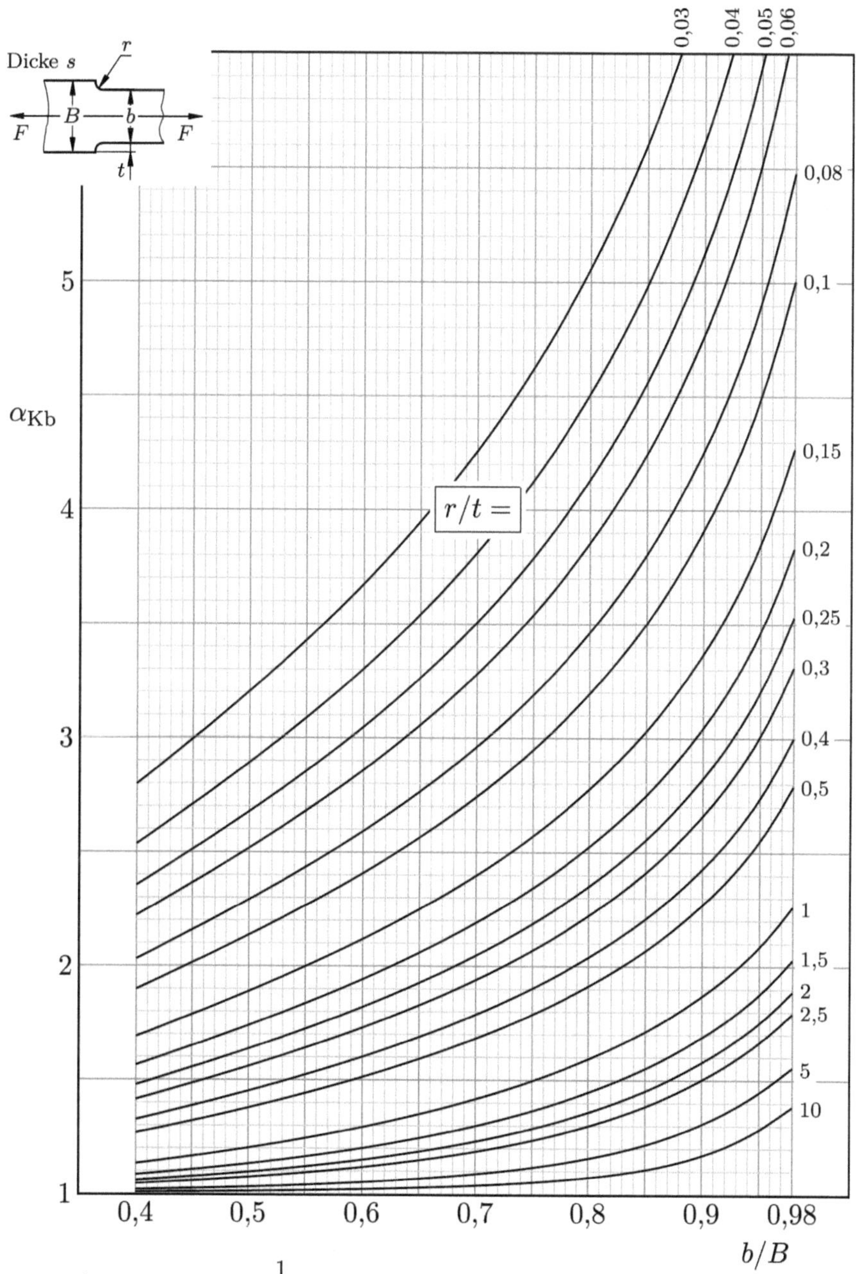

$$\alpha_{Kb} = 1 + \frac{1}{\sqrt{0{,}5 \cdot \frac{r}{t} + 12 \cdot \frac{r}{b} \cdot \left(1 + 2 \cdot \frac{r}{b}\right)^2}}$$

Diagramm A.7.11: Stützzahl n_χ

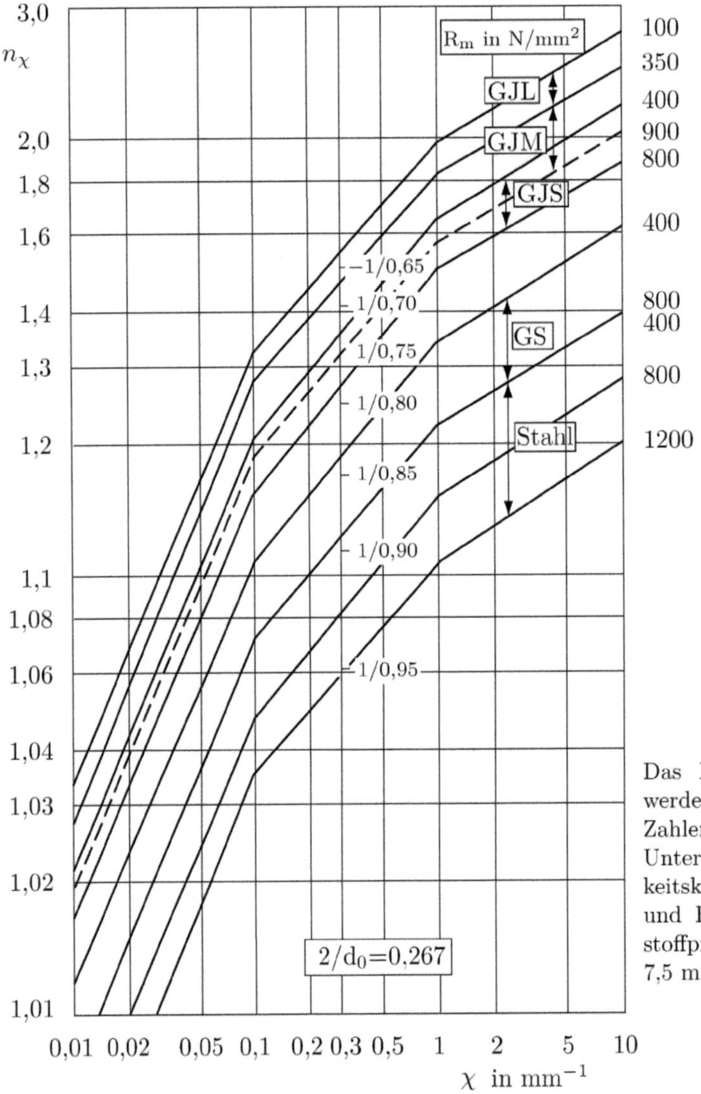

Das Diagramm darf erweitert werden auf $\chi = 100$ mm^{-1}. Zahlenwerte 1/0,065 bis 1/0,095: Unterschied der Wechselfestigkeitskennwerte für Zug-Druck und Biegung, gültig für Werkstoffprobe des Durchmessrs $d_0 = 7{,}5$ mm.

Tabelle A.7.1: Bezogenes Spannungsgefälle

Bauteilform	χ_σ	χ_τ
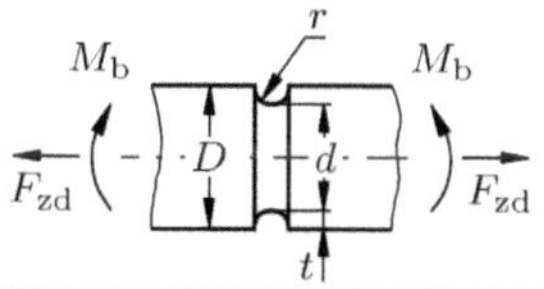	$\frac{2}{r} \cdot (1+\varphi)$	$\frac{1}{r}$
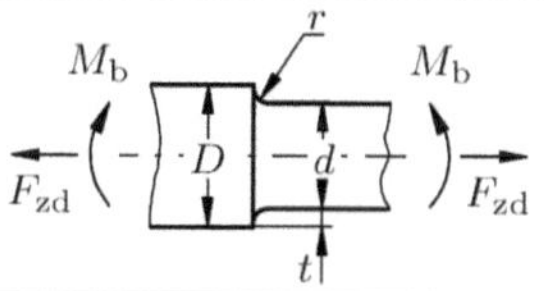	$\frac{2{,}3}{r} \cdot (1+\varphi)$	$\frac{1{,}15}{r}$
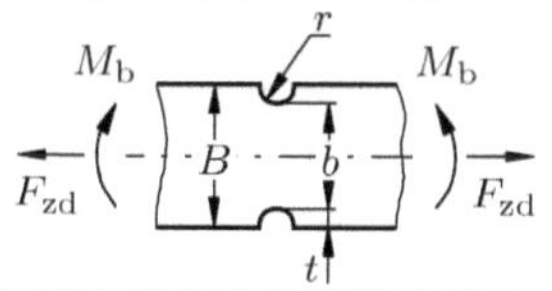	$\frac{2}{r} \cdot (1+\varphi)$	–
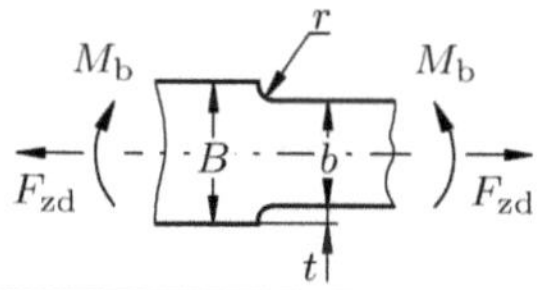	$\frac{2{,}3}{r} \cdot (1+\varphi)$	–
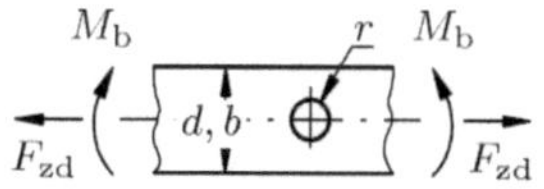 Rundstab oder Flachstab	$\frac{2{,}3}{r}$	–

Stützzahlen des nicht gekerbten Bauteiles sind mit dem bezogenen Spannungsgefälle $\chi_0 = 2/d$ bzw. $\chi_0 = 2/b$ zu berechnen

$$\varphi = 0 \text{ für } t/d > 0{,}25 \text{ oder } t/b > 0{,}25;$$

$$\varphi = 1/(4 \cdot \sqrt{t/r} + 2) \text{ für } t/d \leq 0{,}25 \text{ bzw. } t/b \leq 0{,}25\,.$$

Für Rundstäbe gelten die Gleichungen näherungsweise auch bei Längsbohrung.

Anhang A8: Koppeltafeln (Integrale)

Tabelle A8: Werte der Integrale $\int_0^1 \overline{M} \cdot M \cdot d\zeta = l \cdot$ Tafelwert

M \ $\overline{M}$		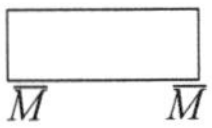	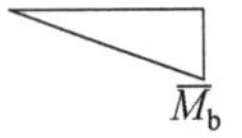	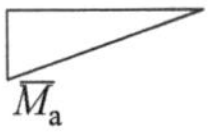	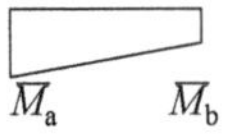
		a	b	c	d
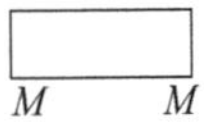	1	$\overline{M}M$	$\frac{1}{2}\overline{M}_b M$	$\frac{1}{2}\overline{M}_a M$	$\frac{1}{2}(\overline{M}_a + \overline{M}_b)M$
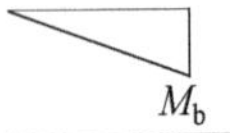	2	$\frac{1}{2}\overline{M}\,M_b$	$\frac{1}{3}\overline{M}_b M_b$	$\frac{1}{6}\overline{M}_a M_b$	$\frac{1}{6}(\overline{M}_a + 2\overline{M}_b)M_b$
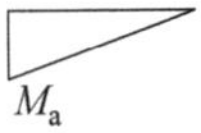	3	$\frac{1}{2}\overline{M}\,M_a$	$\frac{1}{6}\overline{M}_b M_a$	$\frac{1}{3}\overline{M}_a M_a$	$\frac{1}{6}(2\overline{M}_a + \overline{M}_b)M_b$
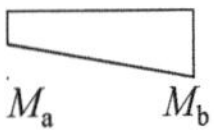	4	$\frac{1}{2}\overline{M}(M_a + M_b)$	$\frac{1}{6}\overline{M}_b(M_a + 2M_b)$	$\frac{1}{6}\overline{M}_a(2M_a + M_b)$	$\frac{1}{6}\left[\overline{M}_a(2M_a + M_b) + \overline{M}_b(M_a + 2M_b)\right]$
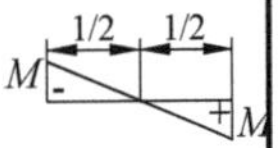	5a	0	$\frac{1}{6}\overline{M}_b M$	$-\frac{1}{6}\overline{M}_a M$	$\frac{1}{6}(-\overline{M}_a + \overline{M}_b)M$
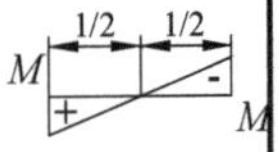	5b	0	$-\frac{1}{6}\overline{M}_b M$	$\frac{1}{6}\overline{M}_a M$	$\frac{1}{6}(\overline{M}_a - \overline{M}_b)M$
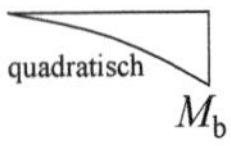	6	$\frac{1}{3}\overline{M}\,M_b$	$\frac{1}{4}\overline{M}_b M_b$	$\frac{1}{12}\overline{M}_a M_b$	$\frac{1}{12}(\overline{M}_b + 3\overline{M}_b)M_b$
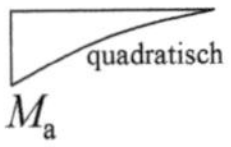	7	$\frac{1}{3}\overline{M}\,M_a$	$\frac{1}{12}\overline{M}_b M_a$	$\frac{1}{4}\overline{M}_a M_a$	$\frac{1}{12}(3\overline{M}_a + M_b)M_a$
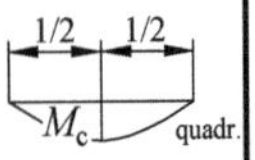	8	$\frac{2}{3}\overline{M}\,M_c$	$\frac{1}{3}\overline{M}_b M_c$	$\frac{1}{3}\overline{M}_a M_c$	$\frac{1}{3}(\overline{M}_a + \overline{M}_b)M_c$
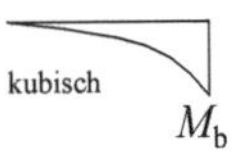	9	$\frac{1}{4}\overline{M}\,M_b$	$\frac{1}{5}\overline{M}_b M_b$	$\frac{1}{20}\overline{M}_a M_b$	$\frac{1}{20}(\overline{M}_a + 4\overline{M}_b)M_b$
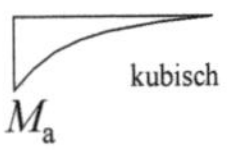	10	$\frac{1}{4}\overline{M}\,M_a$	$\frac{1}{20}\overline{M}_b M_a$	$\frac{1}{5}\overline{M}_a M_a$	$\frac{1}{20}(4\overline{M}_a + \overline{M}_b)M_a$

Literatur

/1/ ARGYRIS, J.; MLEJNEK, H.-P.: „Die Methode der Finiten Elemente“ Band I Verschiebungsmethode in der Statik, Braunschweig/Wiesbaden: Friedr. Vieweg & Sohn Verlagsgesellschaft mbH, 1988

/2/ ASSMANN, B.; SELKE, P.: „Technische Mechanik“ Band 2 Festigkeitslehre, München: Oldenbourg Verlag, 2013

/3/ Autorenkollektiv: „FKM Richtlinie: Rechnerischer Festigkeitsnachweis für Maschinenbauteile“, Frankfurt/Main: VDMA Verlag GmbH, 2011

/4/ BACKHAUS, G.: „Deformationsgesetze“, Berlin: Akademie-Verlag, 1983

/5/ BALKE, H.: „Einführung in die Technische Mechanik“, Festigkeitslehre, Berlin/Heidelberg: Springer Verlag, 2010

/6/ BATHE, H.-J.: „Finite-Elemente-Methode“, Berlin/Heidelberg: Springer Verlag, 2002

/7/ BECKER, W.; GROSS, D.: „Mechanik elastischer Körper und Strukturen“, Berlin/Heidelberg: Springer Verlag, 2002

/8/ BERGER, J.: „Technische Mechanik für Ingenieure“ Band 2 Festigkeitslehre, Braunschweig/ Wiesbaden: Friedrich Vieweg & Sohn, 1998

/9/ BETTEN, J.: „Kontinuumsmechanik“, Berlin/ Heidelberg: Springer Verlag, 2001

/10/ BETTEN, J.: „Finite Elemente für Ingenieure“,

Band 1 Grundlagen, Matrixmethoden, Elastisches Kontinuum
Band 2: Variationsrechnung, Energiemethoden, Nichtlinearitäten, Numerische. Integration, Berlin, Heidelberg: Springer Verlag, 2003/2004

/11/ BLUMENAUER, H.; PUSCH,G.: „Technische Bruchmechanik“, Leipzig: Deutscher Verlag für Grundstoffindustrie, 1993

/12/ BROMMUNDT, E.; SACHS, G.; SACHAU, D.: „Technische Mechanik“, München/Wien: Oldenbourg Verlag, 2007

/13/ BRUHNS, D.: LEHMANN, T.: „Elemente der Mechanik“ Band II Elastostatik, Braunschweig/ Wiesbaden: Friedrich Vieweg & Sohn, 1994

/14/ BÜRGEL, R.: „Festigkeitslehre und Werkstoffmechanik“,

Band 1 Lehr- und Übungsbuch Festigkeitslehre
Band 2: Werkstoffe sicher beurteilen und richtig einsetzen
Wiesbaden: Vieweg & Sohn Verlag/GWV Fachverlage GmbH, 2005

/15/ DALLMANN, R.: „Baustatik“, Band 2: Berechnung statisch unbestimmter Tragwerke, Leipzig/ München: Fachbuchverlag in Carl Hanser Verlag, 2009

/16/ DANKERT, H.; DANKERT, J.: „Technische Mechanik“, Wiesbaden: Vieweg+Teubner/ GWV Fachbuchverlage GmbH, 2011

/17/ DIETMANN, H.: „Einführung in die Elastizitäts- und Festigkeitslehre“, Stuttgart: Kröner-Verlag, 1992

/18/ DIEKER, S.; REIMERDES, H.-G.: „Elementare Festigkeitslehre im Leichtbau“, Bremen: Donat Verlag, 1992

/19/ ESCHENAUER, H.; SCHNELL, W.: „Elastizitätstheorie“. Mannheim, Leipzig, Wien/Zürich: BI-Wissenschaftsverlag, 1993

/20/ FILONENKO-BORODITSCH, M.M.: „Elastizitätstheorie“, Leipzig: Fachbuchverlag, 1967

/21/ FISCHER, K.; GÜNTHER, W.: „Technische Mechanik“, Leipzig/Stuttgart: Deutscher Verlag für Grundstoffindustrie, 1994

/22/ FRÖHLICH, P.: „FEM – Leitfaden“, Berlin/ Heidelberg: Springer Verlag, 1995

/23/ FRÖHLICH, P.: „FEM – Anwendungspraxis“, Stuttgart/Leipzig/Wiesbaden: B. G. Teubner Verlag, 2005

/24/ GÖLDNER, H.: „Leitfaden der Technische Mechanik“, Leipzig: Fachbuchverlage 1970

/25/ GÖLDNER, H. (Hrsg): „Lehrbuch Höhere Festigkeitslehre“,

Band 1: Grundlagen der Elastizitätstheorie
Band 2: Ausgewählte Kapitel
Leipzig/Köln: Fachbuchverlag, 1991/1992

/26/ GROSS, D.; HAUGER, W.; SCHRÖDER, J.; WALL, W. A.: „Technische Mechanik“,

Band 2 Elastostatik, Berlin/ Heidelberg: Springer Verlag, 2009

/27/ GROSS, D.; HAUGER, W.; WRIGGERS, P.: „Technische Mechanik“,
Band 4 Hydromechanik, Elemente der Höheren Mechanik, Numerische Methoden, Berlin/Heidelberg: Springer Verlag, 2009

/28/ GROSS, D.; SEELIG, T.: „Bruchmechanik“, Berlin/ Heidelberg: Springer Verlag, 2011

/29/ GROTH, P.: „FEM-Anwendungen“, Berlin/ Heidelberg: Springer Verlag, 2002

/30/ GUMMERT, P. RECHKLING, K.-A.: „Mechanik“, Braunschweig/Wiesbaden: Friedrich Vieweg & Sohn, 1987

/31/ HAGEDORN, P.: „Technische Mechanik“, Band 2 Festigkeitslehre, Frankfurt/Main: Verlag Harri Deutsch, 2006

/32/ HAHN, H. G.: „Methode der finiten Elemente in der Festigkeitslehre“, Wiesbaden: Akademische Verlagsgesellschaft, 1982

/33/ HAHN, H. G.: „Elastizitätstheorie“, Stuttgart: B. G. Teubner Verlag, 1985

/34/ HAHN, H. G.: „Technische Mechanik“, München/Wien: Carl Hanser Verlag, 1990

/35/ HAIBACH, E.: „Betriebsfestigkeit“, Berlin/Heidelberg: Springer Verlag, 2006

/36/ HECKEL, K.: „Einführung in die technische Anwendung der Bruchmechanik“, München/Wien: Carl Hanser Verlag, 1991

/37/ HIBBELER, R. C.: „Technische Mechanik“, München/Boston: Pearson Education, 2006

/38/ HOLZMANN, G.; MEYER, H.; SCHUMPICH, G.: „Technische Mechanik“ Festigkeitslehre, Wiesbaden: B. G. Teubner Verlag/GWV Fachbuchverlage GmbH, 2006

/39/ ISSLER, L.; RUOSS, H.; HÄFELE, P.: „Festigkeitslehre – Grundlagen“, Berlin/Heidelberg: Springer Verlag, 2004

/40/ KIENZLER, R.; SCHRÖDER, R.: „Einführung in die höhere Festigkeitslehre“, Berlin/Heidelberg: Springer Verlag, 2009

/41/ KLEIN, B.: „Leichtbau-Konstruktion“, Wiesbaden: Vieweg+Teubner/ GWV Fachbuchverlage GmbH, 2009

/42/ KLEIN, B.: „FEM“, Wiesbaden: Springer Vieweg, 2012

/43/ KOSSIRA, H.: „Grundlagen des Leichtbaus“, Berlin/Heidelberg: Springer Verlag, 1996

/44/ KREISSIG, R.; BENEDIX, U.: „Höhere Technische Mechanik“, Berlin/Heidelberg: Springer Verlag, 2002

/45/ KUNA, M.: „Numerische Beanspruchungsanalyse von Rissen“, Wiesbaden: Vieweg+Teubner/ GWV Fachbuchverlage GmbH, 2010

/46/ KÜHHORN, A.; SILBER, G.: „Technische Mechanik für Ingenieure“, Heidelberg: Hüthig Verlag, 2000

/47/ LÄPPLE, V.: „Einführung in die Festigkeitslehre“, Braunschweig/Wiesbaden: Friedrich Vieweg & Sohn, 2008

/48/ LINK, M.: „Finite Elemente in der Statik und Dynamik“, Stuttgart/Leipzig/Wiesbaden: B. G. Teubner Verlag/ GWV Fachbuchverlage GmbH, 2002

/49/ MAGNUS, K.; MÜLLER-SLANY, H. H.: „Grundlagen der Technische Mechanik“, Wiesbaden: B. G. Teubner Verlag/GWV Fachbuchverlage GmbH, 2005

/50/ MANG, H.; HOFSTETTER, G.: „Festigkeitslehre“, Wien/New York: Springer Verlag, 2008

/51/ MAYR, M.: „Technische Mechanik“, München/Wien: Carl Hanser Verlag, 2008

/52/ MAYR, M.; THALHOFER, U.: „Numerische Lösungsverfahren in der Praxis“, München/Wien: Carl Hanser Verlag, 2008

/53/ MÜLLER, W.; FERBER, F.: „Technische Mechanik für Ingenieure“, Leipzig/München: Fachbuchverlag im Carl Hanser Verlag , 2008

/54/ NAUBEREIT, H.; WEIHERT, J.: „Einführung in die Ermüdungsfestigkeit“, München/Wien: Carl Hanser Verlag, 1999

/55/ NEUBER, H.: „Kerbspannungslehre“, Berlin/Heidelberg: Springer Verlag, 1985

/56/ NIEMANN, G.; WINTER, H.; HÖHN, B.-R.: „Maschinenelemente“ Band 1, Berlin/Heidelberg: Springer Verlag, 2005

/57/ PARISCH, H.: „Festkörper-Kontinuumsmechanik“, Stuttgart/Leipzig/Wiesbaden: B. G. Teubner Verlag, 2003

/58/ RÖSLER, J.; HARDERS, H.; BÄKER, M.: „Mechanisches Verhalten der Werkstoffe“, Wiesbaden: B. G. Teubner Verlag/GWV Fachverlage GmbH, 2008

/59/ SANDER, M.: „Sicherheit und Betriebsfestigkeit von Maschinen und Anlagen“, Berlin/ Heidelberg: Springer Verlag, 2008

/60/ SAYIR, M.; DUAL, J.; KAUFMANN, S.: „Technische Mechanik 2“ Deformierbare Körper, Stuttgart/Leipzig/Wiesbaden: B. G. Teubner Verlag, 2004

/61/ STEINHILPER, W.; RÖPER, R.: „Maschinen- und Konstruktionselemente“ Band 1, Berlin/ Heidelberg: Springer Verlag, 1990

/62/ STEINKE, P.: „Finite-Elemente-Methode“, Berlin/ Heidelberg: Springer Verlag, 2004

/63/ SZABO, I.: „Einführung in die Technische Mechanik“, Berlin/ Heidelberg: Springer Verlag, 1956

/64/ SZABO, I.: „Höhere Technische Mechanik“, Berlin/ Heidelberg: Springer Verlag, 1958

/65/ SZABO, I.: „Geschichte der mechanischen Prinzipien“, Basel/Boston/Stuttgart: Birkhäuser Verlag 1987

/66/ WELLINGER, K.; DIETHMANN, H.: „Festigkeitsberechnung“, Stuttgart: Alfred Kröner Verlag, 1976

/67/ WITTENBURG, J.; PESTEL, E.: „Festigkeitslehre“, Berlin/ Heidelberg: Springer Verlag, 2001

/68/ WRIGGERS, P.; NACKENHORST, U.; BEUERMANN, S.; LÖHNERT, S.: „Technische Mechanik kompakt“, Wiesbaden: B. G. Teubner Verlag/ GWV Fachbuchverlage GmbH, 2006

/69/ ZIEGLER, F.: „Technische Mechanik der festen und flüssigen Körper“, Wien/New York: Springer Verlag, 1984

/70/ ZIENKIEWIECZ, O. C.: „Methode der finiten Elemente“, München, Wien: Carl Hanser Verlag 1984

/71/ ZIMMER, A.; GROTH, P.: „Elementmethode der Elastostatik“, München R. Oldenbourg, 1970

/72/ ZURMÜHL, R.; FALK, S.: „Matrizen“,Berlin, Heidelberg: Springer Verlag, 1992

Sachverzeichnis

A
Ansatzfunktion 220, 261
  Forderungen 262
  global 234
  höher 275
  kubisch 261
  linear 261
  lokal 234
  quadratisch 261, 276
Anstrengungsverhältnis 119
Arbeit 161, 162
  äußere 163
  komplementär 180
  virtuell 178
Arbeitsgleichung 184
Arbeitssatz 162, 163
ARGYRIS 232
Aufweitung 60
Axialdehnung 59
Axialspannung *Siehe* Längsspannung

B
BACH 119
Balken
  schubstarr 168
  schubweich 168
Bauteilbeanspruchung 105
Bauteilfestigkeit 105
  gekerbtes Teil 139
Bauteilfließgrenze
  gekerbtes Teil 139
Beanspruchungsarten 6
Belastung
  rotationssymmetrisch 22
BELTRAMI 100
BERNOULLI, JAKOB
  Hypothese 168
BERNOULLI, JOHANN 178, 212
BETTI
  Reziproksatz 207
Biegung 6
Bindungskraft 191
BOLTZMANN
  Axiom 12
Bruchgrenzfläche 108
Bruchhypothese 106
Bruchmechanik 146
  elastisch-plastisch 156
  linear elastisch 146, 148

C
CASTIGLIANO 198
  Einflußzahl 206
  erster Satz 198
  zweiter Satz 198, 200
CAUCHY 28
  Formel 33
CRAMER
  Regel 245
CTOD-Konzept 156

D
Dauerbruchversagen 120
Dehngrenze 69
Dehnmessstreifen 60
Dehnmessverfahren 60
Dehnung 51, 52
  gemischte 63
  konventionelle *Siehe* technische
  logarithmische *Siehe* natürliche
  natürliche 54
  technische 52
  veränderlicher Querschnitt 54
Dickenverzerrung 59
Diskretisierung 231, 261
Druck 6
  allseitig 19
Druckfestigkeit 69
Druckschubspannung 69

E
Eigenspannung 137
Eigenwert 36
Eigenwertgleichung 36
Eigenwertproblem 36

Einflusszahl 205
Einheitslast 191
Einheitsspannungszustand 191
Einheitsvektor 29
Einheitsverschiebung 249
EINSTEIN
  Summationsregel 30
Elastizitätsgesetz
  rotationssymmetrischer Spannungszustand 86
  verallgemeinertes 80
Elastizitätsgleichungen 193
Elastizitätsgrenze 69
Elastizitätsmodul 68
Element (FE-Element) 232
  CST-Element 263
  Dreieckelement 263
  Flächenelement 263
  höherer Ordnung 276
  Linienelement 263
  Volumenelement 263
Elementgleichung 242
Elementknotenvektor 242
Elementkraftvektor 242
Elementspannung 274
Elementsteifigkeitsmatrix 242
Elementverzerrung 269
Endwertarbeit 218
Energie
  potentiell 218
  stationärer Wert 219
Energiedichte 164
ENGESSER
  zweiter Satz 199
Ergänzungsarbeit 180
Ermüdungsrissbruchmechanik 157
EULER
  Differentialgleichung 212
  Schnittprinzip 4
Extremalbedingung
  Potential 221

F

FALK
  Schema 253
FE-Analyse 237
Feldgleichungen 94
Feldgrößen 95
FEM *Siehe* Finite-Elemente-Methode
Festigkeitsbedingung
  Gestaltänderungsenergiehypothese 116
  Normalspannungshypothese 107
  Schubspannungshypothese 111
Festigkeitshypothese 101
Finite-Elemente-Methode 232
Finite-Elemente-Programm
  Aufbau 235
Flächennormale 29
Fließbedingung 101
  Huber-Mises 103
  Tresca 103
Fließbeginn
  Kerbe 133
Fließbruchmechanik 156
Fließen
  Kerbbereich 134
Fließfläche 102
Fließhypothese 106
Fließschubspannung 111
Formänderungsarbeit
  spezifische 164, 172
Formänderungsenergie 163
  Biegemoment 166
  innere 218
  Normalkraft 164
  Querkraft 168
  räumlicher Spannungszustand 176
  Torsionsmoment 171
Formfunktion 261, 266, 268
Formzahl 129, *Siehe* Kerbformzahl
  plastisch 139
Formzahldiagramme
  Kerbgeometrie 130

G

GALERKIN 221
GALILEI 1
GAUSS 231
GAUSS-JORDAN
  Elimination 245
Geometriefaktor 150
Gesamtpotential 218
Gesamtsteifigkeitsmatrix 244
Gestaltänderungsenergiehypothese 115
Gewaltbruch 137, 146
Gleichgewichtsbedingungen 42
Gleichungssystem
  modifiziert 245
Gleitbruchversagen 108
Gleitmodul 70
Gleitung 51
Globalkoordinate 250

GREEN-DIRICHLET
  Prinzip 219
Grenzkurve
  Fließen 112
Grenzspannung 105
GRIFFITH 146
  Riss 149

H
Hauptachse 35
Hauptachsenwinkel 15
Hauptdehnung 59, 63
Hauptdehnungsrichtung 59
Hauptdehnungswinkel 59
Hauptebene *Siehe* Hauptspannungsebene
Hauptnormalspannung 16
Hauptspannung *Siehe* Hauptnormalspannung
Hauptspannungsebene 35
Hauptspannungselement 35
Hauptspannungsraum 102
Hauptspannungsrichtung 35
Hauptsystem 192
HENCKY 103
HERMITE
  Funktion 261
Hilfskraft 201
h-Methode 282
HOOKE
  Gesetz 68
  Gesetz Wärmedehnung 69
HRENIKOFF 231, 241
HUBER 103
HUBER-MISES
  Fließbedingung 103

I
Indexnotation 29
Indexschreibweise 30
Interpolationsfunktion 261
Invarianten
  Spannungstensor 36
Invarianz 28
IRWIN 146

J
J-Integral 156
JORDAN 245

K
Kerbentfestigung 145
Kerbfestigkeitsverhältnis 144
Kerbformzahl 127
Kerbgrunddehnung 134
Kerbspannung 126
Kerbverfestigung 145
Kerbwirkung 126
Kerbwirkungszahl 141
Kerbzugfestigkeit 144
Kesselformeln 24
KIRSCH
  Lösung 127
Knotenkraft 232
  global 253
  lokal 252
  verallgemeinerte 258
Knotenverschiebung 269
Koeffizientendeterminante 36
KOLOSSOFF
  Formeln 128
Kompatibilitätsbedingung 63, *Siehe* Verträglichkeitsbedingung
Kontinuum 261
Konvergenzverhalten 285, 286
Koordinatensystem
  gedreht 13
Kraftfeld 216
Kraftfluss 126
Kraftflusslinien 126
Kraftgrößenverfahren 183, 189
Kraftlinienanalogie 129
Kraftrandbedingung 221
Kugeltensor 104

L
LAGRANGE
  Befreiungsprinzip 189
  Kalkül 212
LAMÉ 99
Längenausdehnungskoeffizient 54
Längsschubmodus
  Modus II 148
Längsspannung 23, 44
LAPLACE 219
Last
  idealisiert 238
Lastspannungszustand 190
Linearität
  geometrische 163
  physikalische 163
Lokalkoordinaten 241
Lokalspannung 125

M

Makrostützwirkung 137
Materialgesetz 93
Materialkonstanten 67
Matrix-Steifigkeitsmethode 241
MAXWELL
  Reziprozitätssatz 206
Membranspannungszustand 22
Membrantheorie 22
MENABREA
  Satz 199, 203
MICHELL 100
Minimumprinzip 219
MISES 103
MOHR
  Spannungskreis 9, 26, 111
  Spannungskreise 37

N

Nachgiebigkeit 205
Nachgiebigkeitsmatrix 81
NADAI 112
Näherungsfunktion 261
Näherungsverfahren 211, 220, 227
NAVIER 68
Nennspannung 125
NEUBER 128
  Hyperbel 138
  Regel 137
Normalkraftmodus
  Modus I 148
Normalspannung 5
Normalspannungshypothese 107

O

Oktaederebene 112
Oktaederspannung 112

P

PASCAL
  Dreieck 276
p-Elemente 282
p-Methode 282
POISSON
  Konstante 53
Postprozessor 235
Potential 215
  äußeres 218
  inneres 218
Potentialkraft 216
Preprozessor 235, 237
Prinzip
  der virtuellen Arbeit 178
  der virtuellen Kräfte 182
  der virtuellen Verrückung 180
Problem
  diskret 231
  stetig 231
Proportionalitätsgrenze 69
PYTHAGORAS 31

Q

Querdehnung 52
Querdehnungszahl 52
Querkontraktion 52
Querschubmodus
  Modus III 148
Querschubzahl 168
Querschubzahlen 170
Querzahl *Siehe* Querdehnungszahl

R

Radialspannung 22, 44
Randbedingung 244, 283
  dynamisch 222
  geometrisch 221
Randwertproblem 99
RANKINE 107
RAYLEIGH 221, 231
Restfestigkeit 150
Ringspannung *Siehe* Umfangspannung
Rissausbreitungsgeschwindigkeit 157
Risslänge
  kritisch 152
Rissöffnungsverschiebung 156
Rissspitzenfeld 149
Rissspitzenöffnung 156
Risswachstum
  unterkritisch 152
Risszähigkeit 151
RITZ 221
  Koeffizienten 222, 234
  Näherungsverfahren 221, 233
r-Methode 283
Rohr
  dickwandig 47

S

SAINT-VENANT 7
  Prinzip 125
Schalen 22
Scheibe 263

Scherung 6
Schiebung 51, 57
technische 74
tensorielle 74
Schiebungsbruch 69
Schnittflächen 5
Schnittmomente 185
Schnittprinzip 7
Schnittufer 5
Schub 6
rein 19
Schubmodul 70
Schubspannung 5, 9
maximale 16
Schubspannungshypothese 110
Schubverteilungszahl 168
Schubverzerrung 168, *Siehe* Winkelverzerrung
Schubwinkel 56
Schwingbeanspruchung 120
Sicherheitsfaktor *Siehe* Sicherheitszahl
Sicherheitsnachweis 106
Sicherheitszahl 105
SNEDDON 149
Solver 235, 239
Sonderrandbedingungen *Siehe* Zwangsbedingungen
Spannung 1
nominell 129
zulässig 105
Spannungsanalyse 77
Spannungs-Dehnungs-Diagramm 68
Spannungsdeviator 104
Spannungsgefälle 142
Spannungsintensität 148, 149
zyklisch 157
Spannungsintensitätsfaktor 148
kritisch 150
Spannungskonzentration 126
Spannungsrandbedingung 99
Spannungsrandproblem 99
Spannungsspitze 125
Spannungs-Stauchungs-Diagramm 68
Spannungstensor 27
Spannungsüberhöhung 125, 129
Spannungsvektor 28
Spannungszustand 1, 3, 93
dreiachsig *Siehe* räumlich
eben 3, 11, 72
einachsig *Siehe* linear
hydrostatisch 103
linear 3
räumlich 3, 28
rotationssymmetrisch 44
zweiachsig *Siehe* eben
Sprödbruchverhalten 108
Steifigkeitseinflusszahl 260
Steifigkeitsmatrix 81, 249
3-Knoten-Stabelement 279
Balkenelement 260
Dreieckelement 265, 272
Ermittlung 270
Stabelement 242
Torsionsstabelement 258
Steifigkeitsmethode *Siehe* Verschiebungsmethode
STOKES 219
Streckgrenze 69
Stützwirkung 135
Stützzahl
plastisch 139
Stützziffer *Siehe* Stützzahl
Submodelltechnik 281
Summationskonvention 30
System
konservativ 217
Systemknotenvektor 244
Systemkraftvektor 244
Systemsteifigkeitsmatrix 244

T

Tangentenspannung *Siehe* Umfangspannung
Tangentialspannung 5
TAYLOR
Reihe 42
Tensor 27
Tensorfeld 27
Tetraederelement 31
TIMOSHENKO 125
Torsion 6
Traglastverhältnis *Siehe* Kerbfestigkeitsverhältnis
TREFFTZ 221
Trennbruch 69
Grenzkurve 108
Trennfestigkeit 107
TRESCA
Fließbedingung 102
Sechseck 112

U
Umfangsdehnung 59
Umfangsspannung 23, 44

V
Variationsproblem 212
Variationsrechnung 212
Vektor 27
Verdrehung *Siehe* Winkeländerung
Verformung 1, 51
Vergleichsspannung 101
Vernetzung 238
  adaptiv 282
  Strategie 281
Verrückung 51
Versagensbedingung
  Gestaltänderungsenergiehypothese 116
  Normalspannunungshypothese 107
  Schubspannungshypothese 111
Verschiebung 51
Verschiebungsansatz 265
Verschiebungsrandbedingung 99
Verschiebungsrandproblem 99
Verträglichkeitsbedingung 58, 64
Verzerrung 1, 51, 52
Verzerrungs-Hauptrichtung 63
Verzerrungstensor 62
Verzerrungszustand 1, 93
  allgemein 61
  eben 56, 78
virtuell 178
  Arbeit 178
  Ergänzungsarbeit 182
  Verrückung, Verschiebung 179
Volumendehnung 89
Volumendilatation *Siehe* Volumendehnung

W
Wärmedehnung 54
Wärmespannung 70
WELLS 156
Werkstoffgesetz 93
Werkstoffkonstanten 88
Werkstoffverhalten 67
Werkstoffversagen
  Trennbruch 108
Winkeländerung 51
Winkelverzerrung 56

Z
ZIENKIEWICZ 236
Zug 6
  allseitig 19
Zug-Druck-Anisotropie 108
Zugfestigkeit 69
Zwangsbedingungen 284
Zwischenknoten 276
Zylinderkoordinaten 44